"十二五"普通高等教育本科国家级规划教材

分析化学（第七版）

U0351946

华东理工大学　四川大学　编

高等教育出版社·北京

内容提要

本书是"十二五"普通高等教育本科国家级规划教材,是在第六版(署名:华东理工大学分析化学教研组、四川大学工科化学基础课程教学基地)的基础上修订而成的。

本次修订中,进一步理顺了化学分析的内容,精炼语言,使内容的条理性更强,重点和难点更明确;仪器分析部分新增了一些如超高效液相色谱、液质联用分析等分析方法的新进展、新概念,以反映学科发展的动态;新增了固相微萃取、双水相萃取等分析化学中的分离与富集方法。

本书可作为高等学校工科专业分析化学课程教材,也可供相关检验工作人员参考。

图书在版编目(CIP)数据

分析化学/华东理工大学,四川大学编. --7 版
. --北京:高等教育出版社,2018.10(2022.12重印)
 ISBN 978-7-04-050673-0

Ⅰ.①分… Ⅱ.①华… ②四… Ⅲ.①分析化学-高等学校-教材 Ⅳ.①O65

中国版本图书馆 CIP 数据核字(2018)第 221749 号

FENXIHUAXUE

策划编辑	付春江	责任编辑	鲍浩波	封面设计	杨立新	版式设计 王艳红
插图绘制	于 博	责任校对	马鑫蕊	责任印制	赵 振	

出版发行	高等教育出版社	网 址	http://www.hep.edu.cn
社 址	北京市西城区德外大街 4 号		http://www.hep.com.cn
邮政编码	100120	网上订购	http://www.hepmall.com.cn
印 刷	高教社(天津)印务有限公司		http://www.hepmall.com
开 本	787mm×960mm 1/16		http://www.hepmall.cn
印 张	30.25	版 次	1978 年 4 月第 1 版
字 数	560 千字		2018 年 10 月第 7 版
购书热线	010-58581118	印 次	2022 年 12 月第 6 次印刷
咨询电话	400-810-0598	定 价	55.00 元

本书如有缺页、倒页、脱页等质量问题,请到所购图书销售部门联系调换
版权所有 侵权必究
物 料 号 50673-00

第七版修订说明

本书第六版自 2009 年出版发行至今,受到许多高校师生的重视。随着分析化学学科的快速发展,作为高等学校理工科专业的基础课程——分析化学,也必须与时俱进,以适应新形势下的人才培养需求。为此,本书在第六版的基础上,结合校内外师生的使用意见,进行了本次修订。

本次修订主要包括以下几个方面:

1. 进一步理顺化学分析的内容,精炼语言,简化叙述性的表达,加强推理过程,使内容的条理性更强,重点和难点更明确,便于阅读。

2. 删减了部分陈旧过时的仪器分析内容,新增了一些仪器分析方法的新进展、新概念,如色谱分析法中的超高效液相色谱、液质联用分析,质谱分析中的电喷雾接口等,以反映学科发展的动态。

3. 对"分析化学中的分离与富集方法"一章进行了较大修改,将"电泳分离法"单列一节,并新增了固相微萃取、双水相萃取等新方法介绍。

4. 更新了本书的附录。

参加本次修订工作的有:华东理工大学胡坪(第 1、11、13 章)、王燕(第 4、5 章)、张波(第 3、7 章)、苏克曼(第 12 章),由王燕统稿;四川大学黄文辉(第 2、6、14 章)、梁冰(第 8、9 章)、朱晓帆(第 10 章),由梁冰统稿。

在本书修订期间,得到两校分析化学教研组的同事和专家的积极支持,得到华东理工大学教务处的大力支持,对此,修订者一并致以诚挚的谢意。

修订者期盼本书的读者对书中的不足之处给予批评和建议,不胜感谢!

修订者

2018 年 4 月

第六版修订说明

随着我国国民经济的高速发展,对创新型人才的需求日益增加,分析化学作为高等教育中理工科专业的基础课,所担当的培养学生创新能力、实践能力和自学能力的任务和要求亦相应提高,同时考虑到各校分析化学教学时数偏少的实际情况,确定本次修订的原则如下:

1. 进一步精简化学分析的内容,增加、完善化学分析各章的自学指导、提示性文字,使读者明确应掌握的重点和难点;

2. 增加仪器分析方法的应用实例,凸显方法的实用性,全书仪器分析的比重有所增加;

3. 增删部分思考题和习题,注意能力的培养。

本版在第五版的基础上,主要做了如下的修订:"绪论"一章对分析化学的作用和进展简况做适度的扩展。"误差及分析数据的统计处理"一章补充实例,介绍对测定数据进行统计检验的方法、步骤及相应得出的结论。"滴定分析"一章增加了习题的数量。"酸碱滴定法"中对分布曲线、溶液 pH 计算的例题、滴定曲线的讨论、酸碱滴定的应用示例和非水滴定等都有所增删。"配位滴定法"中删去"其它指示终点的方法"一小节;对于控制酸度进行分别滴定的例子,也做了更加明晰的讨论。"氧化还原滴定法"中修改了条件电极电位定义的描述,使之更准确、全面;精简了滴定曲线的计算;对习题做了修改和补充。"重量分析法和沉淀滴定法"一章对正文、思考题和习题再做删减。"电位分析法"中删去各种参比电极结构图及相关描述;补充膜电位形成的原因;适当扩充了酶电极、细菌电极等的性能介绍。"吸光光度法"中删去光度滴定和差示法;增加分子发光分析法简介。"原子吸收光谱法"中增加原子荧光光谱法简介。对液相色谱做少许补充后,将原"气相色谱分析法"一章改为"气相色谱法和高效液相色谱法",为叙述两种色谱分析方法方便起见,将原各小节的前后次序做了调整;对色谱分析的进展情况也做些补充。"波谱分析法简介"一章更换了波谱解析的示例。"分析化学中的分离与富集方法"一章中删去"纸色谱"一小节;增加更具实用价值的柱色谱法,将原"离子交换分离法"作为柱色谱法中的一种进行介绍;增加毛细管电泳的内容。"定量分析的一般步骤"一章中对分析测试过程的质量控制及实验室的计量认证等内容做了补充。

参加本次修订工作的有:华东理工大学朱明华(第十三章)、张济新(第一、四、七章)、苏克曼(第十二章)、王燕(第五章)、胡坪(第十一章)和张波(第三章),由张济新统稿;四川大学黄文辉(第二、六、八及十四章)、梁冰(第九章)和朱晓帆(第十章),由黄文辉统稿。

由于学校体制的变动,本版的署名改作:华东理工大学分析化学教研组 四川大学工科化学基础课程教学基地。

修订稿承蒙天津大学肖新亮教授审阅。肖教授对书稿提出了宝贵的意见和建议,修订者据以再次进行修改后定稿。对于肖教授给予本书的斧正,修订者表示由衷的谢意。

修订者期盼关心本书的读者对书中的欠妥之处提出批评、建议,不胜感谢。

修订者

2008 年 12 月

第五版修订说明

　　近年来,无论是国内外的分析化学学科,还是我国的高等教育事业都出现了长足的发展,作为高等学校中理工科专业的基础课程——分析化学,必须适应形势的变化,尽力满足新形势下对人才的培养要求。为此,结合分析化学的学科进展、本书第四版的使用情况反馈,并且吸取各兄弟院校在教学改革中的实践经验,对第四版进行修订。

　　本次修订的原则是:适应发展需要,体现学科进展,提高素质能力,加强实践应用。

　　修订者对第四版主要做了以下的工作:"绪论"一章重新改写了"分析化学的任务和作用",试图从分析化学是一门以多学科为基础的综合性科学的角度,阐明其任务和作用;从分析化学面临的新课题、新要求,扼要介绍分析化学的进展。原绪论中有关误差与数据处理部分另立为第二章,补充了用 Grubbs 法检验离群值,判断是否存在系统误差的方法及标准曲线的回归分析法。"滴定分析"一章对滴定度与物质的量浓度的关系做了进一步的说明,并删去"活度与活度系数"一节。"酸碱滴定法"重点讲清强碱滴定强酸的滴定曲线,对强碱滴定弱酸的情况,仅指出计算思路,不再列式计算;删去"终点误差"一节;原"线性滴定法简介"一节,精简成三小段,附于多元酸碱滴定之后。"配位滴定法"一章中删去滴定曲线的计算;突出配位滴定中适宜 pH 条件控制的讨论;增加配位滴定的应用示例。"氧化还原滴定法"对滴定过程中电极电位的计算做了简化;增加应用示例;选择更有代表性的例题替换原有例题。进一步精简重量分析法和沉淀滴定法的内容,并将二者合并为一章;删去"沉淀的过滤、洗涤、烘干或灼烧"一节。"电位滴定法"补充介绍一些新型膜电极。"吸光光度法"删去朗伯-比尔定律的推导,增加紫外吸收光谱法简介。"原子吸收光谱法"一章精简了叙述内容,增加 ICP 发射光谱简介。"气相色谱分析法"一章增加毛细管柱气相色谱法;扩展了高效液相色谱分析法简介;删去"利用文献保留数据(相对保留值和 Kovats′指数)的定性鉴定"。新增写"波谱分析法简介"一章,介绍红外光谱、核磁共振波谱和有机质谱的基础知识;提供有关的结构信息,并举例说明波谱的综合应用,增加了全书有机化合物分析的比重。将"定量分析中的分离方法"一章改名为"分析化学中的分离与富集方法",增加"现代分离技术简介"一节,简要介绍固相萃取、液膜分离法和超临界流体萃取等三种分离、富集的新技术。"定量分析的一般步骤"做了适当精简。经过上述内容调整后,化学分析部分有所削减,仪器分析部分增添了新内容,比重也有所增加,但全书的篇幅增加不多。

此外,在化学分析各章中,以黑体字标出了该章的学习重点,以指导读者自学掌握。为增加读者对标准方法的了解,树立依法进行质量监督、检验的思想,在介绍分析方法应用示例时,多处援引国家标准(GB)的编号,为读者今后选用分析方法时提供权威、实用的依据。对思考题、习题做了部分增删,以更加符合教学要求。对书末的索引,在编排上更加合理、醒目,便于读者检索使用。

参加本次修订工作的有:华东理工大学邵令娴(第十一章)、朱明华(第十三章)、张济新(第一、四、七章)、苏克曼(第十二章)、王燕(第五章)和张波(第三章),由张济新统稿;四川大学黄文辉(第二、八、十四章)、刘齐敏(第六章)、梁冰(第九章)和朱晓帆(第十章),由黄文辉统稿。本书修订过程中得到有关领导和教研组诸同事的支持。两校写出修订初稿后,进行了相互传阅、切磋。

顺便说明,本书第四版署名为:华东理工大学分析化学教研组　成都科学技术大学分析化学教研组。由于学校校名和体制的变动,本版的署名改为:华东理工大学化学系　四川大学化工学院。另外,与本书配套的分析化学电子教案和网络课程由高等教育出版社同时出版发行。

修订稿承蒙华南理工大学郭璇华教授审阅,对书稿提出了建设性的意见和建议,修订者对此致以衷心的感谢。

诚挚欢迎读者对书中不妥之处不吝提出批评、建议,修订者对此表示谢忱。

修订者

2003 年 1 月

第四版修订说明

本书第三版自 1989 年出版发行以来,受到许多兄弟院校分析化学教师的重视,他们把使用本教材过程中的体会,发现的不妥之处,以及改进的意见等以通信的方式或在有关的教学研讨会上与本书编者进行了交流、探讨。对关心这本教材,提出宝贵意见的同志们,编者表示由衷的感谢。本版是根据工科化学课程教学指导委员会 1993 年修订的"分析化学课程教学基本要求",参照各兄弟院校提出的意见和建议,结合编者的教学实践,对第三版进行修订的。

本次修订的原则是:突出重点,内容简明;结合实际,重视应用;培养能力,引导思考;力求文字通顺,便于学生自学。

在第三版的基础上,主要做了如下的修订工作:改写"分析化学进展",使该小节内容贴近分析化学学科的发展。删去"平均值的标准偏差"内容。贯彻国家法定计量单位制,在"滴定分析计算"中,除原有的考虑化学反应式中反应物系数比的计算方法外,增加以分子、离子的某种特定组合为基本单元的浓度表示法,如 $c_{\frac{1}{2}H_2SO_4}$,$c_{\frac{1}{5}KMnO_4}$ 和有关的计算原则与方法。在"酸碱溶液 pH 的计算"中,详细讨论了滴定分析中通常使用最多的一元弱酸和两性物质溶液的 pH 计算公式及合理简化的条件,而对强酸、多元酸及缓冲溶液的 pH 计算,仅列表说明计算公式及其简化使用的条件,以期突出重点,明确教学要求。在讨论几种酸碱滴定过程时,注意运用质子理论的观点,做到前后呼应。"线性滴定法"改写成"线性滴定法简介"。"络合滴定法"中,以副反应系数为思路,处理复杂体系的平衡问题,使读者了解副反应对主反应的影响情况,从中得出确定滴定反应条件的依据。对于金属离子指示剂改用列表的形式说明可指示的离子及使用条件,使教学要求更加明确。"氧化还原滴定法"一章,突出了副反应对条件电极电位、条件平衡常数、反应进行的方向和完全程度的影响,增加了一般可逆对称反应 φ_{eq} 计算公式的推导。"重量分析"一章,在保持基本框架的情况下,对各部分内容做了不同程度的删节,其中有关具体操作的内容,删除较多。"电位分析法"一章增加了对新型传感器的介绍,补充了离子选择性电极的特性;删去极谱和库仑分析法内容。"吸光光度法"一章根据要求删去了红外、紫外、荧光及流动注射分析。"原子吸收光谱法"一章名词术语采用国家标准,对灵敏度、检出限给了新的解释,较详细地介绍了测量条件的选择。"气相色谱分析法"一章,突出了简明特色,同时简要地补充了近年来仪器的发展情况。"定量分析中的分离方法"增加了关于萃取效率的计算说明,并列表介绍了一些牌号的离子交换树脂的性能。"定量分析的一般步骤"一章补充了取样的基本原则,增加了微波溶样新技术及分析方法的选择原则等。

为了便于学生对基本知识的掌握程度和综合运用能力进行自测,引导学生勤于思考,除了例题、思考题和习题的数量有所增加外,在内容上也做了部分更新。

参加本次修订工作的有:华东理工大学邵令娴(第十一章)、朱明华(第十二章)、沈淑娟(第五章)、张济新(第三、四章)、陈玲君(第一、二章)和吴婉华(第七章),由张济新和邵令娴统稿;四川联合大学(成都科技大学)刘齐敏(第六章)、黄文辉(第八章)、郭绍书(第九章)、张义方(第十章)和张志仲(第十三章),由黄文辉统稿。本书修订过程中,也得到两校分析化学教研组诸同事的积极支持。两校写出修订初稿后,曾相互传阅,征求意见。

修订稿承蒙清华大学化学系郁鉴源老师审阅,并提出宝贵的意见和建议。对此,修订者谨致诚挚的谢忱。

修订者衷心欢迎读者对书中欠妥之处提出批评指正。

修订者

1994 年 3 月

第三版修订说明

本书第二版自 1982 年出版以来,已过五载,这期间在分析化学教学方面发生了许多变化,主要变化有:(1) 通过教育思想的学习,广大教师对于知识与能力,教为主导与学为主体等关系都有了进一步的认识,教学法研究也开始受到重视;(2) 国家教委组织工科化学课程教学指导委员会于 1986 年制订了"分析化学课程教学基本要求",它既可检查教学质量,又便于发挥教师的主观能动性;(3) 学生的基础水平较前提高,要求本课程的起点也须相应提高。鉴于上述变化,根据各兄弟院校在使用本教材中提出的意见和建议,结合编者的教学经验,对本书第二版进行了修订。

修订的指导思想是,删去与其它课程的不必要的重复部分,修改叙述不当之处,适当减小化学分析的比重,适当增加仪器分析内容,并加强化学分析与仪器分析的结合,在正文叙述和思考题、习题的编选上,注意启发性,培养学生思维能力,扩大学生视野,以期更加适合我国工科教育的特点。

这次在第二版基础上,主要作了如下的修订:全书采用了国家法定计量单位,不再使用分析工作中沿用了几十年的当量、当量浓度和毫克当量数相等的计算原则。"酸碱滴定法"中加强了溶液中各种存在形式的分布曲线的讨论,并对滴定过程,尤其是多元酸和混合酸的滴定过程做了较为深入的讨论;增加了从质子条件出发计算溶液 pH 的内容;改写了线性滴定部分。"络合滴定法"中以主反应和副反应的概念,讨论滴定体系中复杂的平衡关系,并通过适当地计算副反应系数说明副反应对主反应的影响。"氧化还原滴定法"中删去了氧化还原反应的方向、次序等内容,从条件电极电位及其影响因素讨论有关问题,强调说明滴定的每一阶段达到平衡时,两个电对的电极电位相等,还增加了氧化还原滴定的预处理方法。在滴定分析的各章中,除了使用指示剂检测终点之外,还介绍了用物理或物理化学方法检测终点的途径,以使读者不囿于仅能使用指示剂的一种思考方式。"吸光光度法"中增加了红外、紫外光区分光光度法及流动注射分析法简介。"电位分析与其它电化学法"中重点讲明离子选择性电极的膜电位,离子浓(活)度的测定条件及其影响因素,对库仑分析和极谱分析也作了扼要介绍。"原子吸收光谱法"中对一些专用名词,如特征浓度、特征含量、检出限的定义,特别是对灵敏度的概念作了新的标准化的解释。"气相色谱分析"中增加了色谱性能的有关常数和电子捕获检测器、火焰光度检测器,并对毛细管气相色谱和高效液相色谱作了简要介绍。"定量分析的一般步骤"一章以误差为线索,阐述各分析步骤,增加了对分析结果的评价。

全书的思考题和习题在数量上有所增加,在选编中注意到启发思考、扩大知识面。对于相同类型的习题,仅在第一个题末给出答案,其余各题不再附答案,以锻炼学生的自信心。

本书由华东化工学院汪葆浚教授和成都科技大学高华寿教授担任主编。参加修订工作的有:华东化工学院邵令娴(第十一章)、朱明华(第十二章)、沈淑娟(第五、七章)、张济新(第三、四章)、陈玲君(第一、二章)和樊行雪(第三章中线性滴定部分),由邵令娴和张济新统稿;成都科技大学刘齐敏(第六章)、黄文辉(第八章)、郭绍书(第九章)、王万钧(第九章中紫外及红外光谱部分)、张义方(第十章及流动注射分析法)和张志仲(第十三章),由皮以潘和黄文辉统稿。两校分析化学教研组的其他同志也积极为本书的修订提供宝贵意见。两校写出修订的初稿后,曾相互传阅,并进行了讨论。

修订稿由高等学校工科化学课程教学指导委员会委员宣国芳副教授初审,宋清教授复审,对书稿提出了宝贵的意见和建议,特此致谢。

衷心欢迎读者就本书中存在的不妥之处提出批评和建议,修订者对此表示感谢。

修订者
1988 年 4 月

第二版修订说明

　　1978 年出版的高等学校工科《分析化学》试用教材是根据 1977 年高等学校工科教材编写会议制订的编写大纲，按当时的教学情况编写的。几年来，学生的基础水平逐步提高，1980 年教育部组织高等学校工科化学教材编审委员会重新修订了工科分析化学教学大纲，其中有些内容要求是 1978 年版试用教材中所没有的。现按照教学大纲，参照兄弟院校提出的意见，并根据我们两校在使用教材中的体会，对 1978 年版的《分析化学》进行修订。

　　在修订过程中，对内容的增删均以 1980 年的工科分析化学教学大纲及 1982 年对教学大纲的补充说明为准则，力图做到保证基础，精选教材内容，按照学科的发展和教学的实际情况逐步更新教材内容，使之有利于培养和提高学生的思维能力和动手解决问题的能力。

　　在 1978 年第一版的基础上，主要作了如下的修订：适当增加有关误差和数据处理的内容；把各种滴定分析方法的共同性问题（如基本概念、滴定反应的条件、标准溶液和计算等）列为"滴定分析"一章；改写"酸碱滴定法"一章，删去原书中的弱电解质电离平衡及计算部分，以质子理论贯穿酸碱滴定法一章的教学，适当增加"非水溶液中的酸碱滴定"的内容，增加了"滴定误差"和"线性法确定酸碱滴定终点"两节；在"氧化还原法"一章中，进一步阐明克式量电位的意义，并注意运用克式量电位来说明滴定分析过程中的问题；将"沉淀分离"方法从"重量分析"中抽出，与其它分离方法合并为"定量分析中的分离方法"一章；采样及制备试样等另列"定量分析的一般步骤"一章；仪器分析部分在"比色分析及分光光度分析法"一章中，精简了紫外分光光度分析，对比尔定律的推导有所更新，对分光光度分析的应用略有增加；在"原子吸收分光光度分析法"一章中，简要介绍了氧屏蔽及氢化物原子化法；在"电位分析法"一章中讲清楚电位分析是根据电动势的测量来进行的，并将 pH 玻璃电极及各种离子选择性电极一并归入指示电极中叙述，对玻璃电极的膜电位和 pH 标度的意义作了更为清楚的阐述；对"气相色谱法"一章略作删节；原书的第十二章"几种仪器分析法的简介"，因目前各校尚无法执行，为保证基础、精选内容，现完全删除。

　　将第一版中所有关于实验的内容（包括天平、容量器皿和各种测定实验），经适当补充，编成实验教材，另册出版。

化学分析部分及第八、十三章由华东化工学院汪葆浚、邵令娴、朱明华、沈淑娟、张济新和陈玲君修订,并由邵令娴统稿;仪器分析部分由成都科技大学高华寿、郭绍书、黄文辉、张义方、王万钧和郭铭素修订,并由皮以璠统稿;两校分析化学教研组的其他同志也参加了本书的部分修订工作。

修订稿由高等学校工科化学教材编审委员会委员韩葆玄同志初审,经工科分析化学教材编审小组复审。大连工学院、浙江大学、南京化工学院、北京化工学院与合肥工业大学等兄弟院校的分析化学教研组(室)对修订稿提出了宝贵的书面意见,特此一并致谢。

限于我们的政治思想水平、业务水平和教学经验,修订版中还有欠妥之处,欢迎读者提出批评和建议,不胜感谢。

修订者
1982 年 7 月

目录

第1章　绪论 ··· 1

§1-1　分析化学的任务和作用 ························· 1

§1-2　分析方法的分类 ··································· 2

　　化学分析法 2　仪器分析法 3

§1-3　分析化学的进展简况 ··························· 4

第2章　误差及分析数据的统计处理 ············ 6

§2-1　定量分析中的误差 ····························· 6

　　误差与准确度 6　偏差与精密度 7　准确度与精密度的关系 9

　　误差的分类及减免误差的方法 11　随机误差的正态分布 12

　　t 分布曲线 13　公差 16

§2-2　分析结果的数据处理 ··························· 17

　　可疑数据的取舍 17　平均值与标准值的比较 19　两个平均值的比较 20

§2-3　误差的传递 ······································· 22

　　系统误差的传递公式 22　随机误差的传递公式 23

§2-4　有效数字及其运算规则 ······················· 23

　　有效数字 23　修约规则 24　运算规则 25

§2-5　标准曲线的回归分析 ··························· 26

思考题 ·· 28

习题 ··· 29

第3章　滴定分析 ····································· 31

§3-1　滴定分析概述 ··································· 31

§3-2　滴定分析法的分类与滴定反应的条件 ······· 31

§3-3　标准溶液的配制 ································· 33

§3-4　标准溶液浓度表示法 ··························· 34

　　物质的量浓度 34　滴定度 35

§3-5　滴定分析结果的计算 ··························· 36

被测组分的物质的量 n_A 与滴定剂的物质的量 n_B 的关系 36

被测组分质量分数的计算 38　计算示例 38

思考题 ··· 41

习题 ··· 41

第 4 章　酸碱滴定法 ··· 43

§4-1　酸碱平衡的理论基础 ··· 43

酸碱质子理论 43　酸碱解离平衡 45

§4-2　不同 pH 溶液中酸碱存在形式的分布情况——分布曲线 ················ 48

§4-3　酸碱溶液 pH 的计算 ··· 51

质子条件式 51　一元弱酸(碱)溶液 pH 的计算 53　多元酸溶液 pH 的计算 55

两性物质溶液 pH 的计算 57　酸碱缓冲溶液 60

§4-4　酸碱滴定终点的指示方法 ·· 62

指示剂法 62　电位滴定法 68

§4-5　酸碱滴定曲线 ··· 68

一元强碱(酸)滴定强酸(碱) 68　一元强碱(酸)滴定弱酸(碱) 71

多元酸的滴定 75　混合酸的滴定 78　多元碱的滴定 78

§4-6　酸碱滴定法应用示例 ··· 80

§4-7　酸碱标准溶液的配制和标定 ·· 84

酸标准溶液 84　碱标准溶液 85

§4-8　酸碱滴定法结果计算示例 ·· 86

§4-9　非水溶液中的酸碱滴定 ··· 89

溶剂的种类和性质 89　物质的酸碱性与溶剂的关系 89　拉平效应和

区分效应 91　标准溶液和确定滴定终点的方法 91　非水滴定的应用 92

思考题 ··· 93

习题 ··· 94

第 5 章　配位滴定法 ··· 99

§5-1　概述 ··· 99

§5-2　EDTA 与金属离子的配合物及其稳定性 ······································ 101

EDTA 的性质 101　EDTA 与金属离子的配合物 103

§5-3　外界条件对 EDTA 与金属离子配合物稳定性的影响 ···················· 105

EDTA 的酸效应及酸效应系数 106　金属离子的配位效应及其副反应

系数 107　条件稳定常数 108　配位滴定中适宜 pH 条件的控制 109

§5-4　滴定曲线 ··· 111

§ 5-5　金属指示剂确定滴定终点的方法 ……………………… 113

　　金属指示剂的性质和作用原理 113　金属指示剂应具备的条件 114

　　常用的金属指示剂 114

§ 5-6　混合离子的分别滴定 …………………………………… 116

　　分别滴定的判别式 116　用控制溶液酸度的方法进行分别滴定 117

　　用掩蔽和解蔽的方法进行分别滴定 118　预先分离 121　用其它配位剂滴定 122

§ 5-7　配位滴定的方式和应用 ………………………………… 122

　　直接滴定 122　返滴定 123　置换滴定 123　间接滴定 125

思考题 …………………………………………………………… 125

习题 ……………………………………………………………… 126

第 6 章　氧化还原滴定法 ……………………………………… 129

§ 6-1　氧化还原反应平衡 ……………………………………… 129

　　条件电极电位 129　外界条件对电极电位的影响 131

§ 6-2　氧化还原反应进行的程度 ……………………………… 134

　　条件平衡常数 134　化学计量点时反应进行的程度 135

§ 6-3　氧化还原反应的速率与影响因素 ……………………… 136

§ 6-4　氧化还原滴定曲线及终点的确定 ……………………… 139

　　氧化还原滴定曲线 139　氧化还原滴定指示剂 143

§ 6-5　氧化还原滴定中的预处理 ……………………………… 145

　　预氧化和预还原 145　有机物的除去 147

§ 6-6　高锰酸钾法 ……………………………………………… 148

　　概述 148　高锰酸钾标准溶液 149　应用示例 150

§ 6-7　重铬酸钾法 ……………………………………………… 152

　　概述 152　应用示例 153

§ 6-8　碘量法 …………………………………………………… 154

　　概述 154　硫代硫酸钠标准溶液 156　碘标准溶液 157　应用示例 158

　　费休法测定微量水分 160

§ 6-9　其它氧化还原滴定法 …………………………………… 161

　　硫酸铈法 161　溴酸钾法 162　亚砷酸钠-亚硝酸钠法 163

§ 6-10　氧化还原滴定结果的计算 …………………………… 163

思考题 …………………………………………………………… 166

习题 ……………………………………………………………… 167

第 *7* 章　重量分析法和沉淀滴定法 ···················· 173

§7-1　重量分析法概述 ·················· 173
§7-2　重量分析对沉淀的要求 ·············· 174
对沉淀形式的要求 174　对称量形式的要求 175　沉淀剂的选择 175
§7-3　沉淀完全的程度与影响沉淀溶解的因素 ·········· 175
沉淀平衡与溶度积 175　影响沉淀溶解度的因素 176
§7-4　影响沉淀纯度的因素 ·················· 179
共沉淀 179　后沉淀 180　获得纯净沉淀的措施 181
§7-5　沉淀的形成与沉淀的条件 ··············· 181
沉淀的形成 181　沉淀条件的选择 182
§7-6　重量分析的计算和应用示例 ·············· 184
重量分析结果的计算 184　应用示例 186
§7-7　沉淀滴定法概述 ·················· 187
§7-8　银量法滴定终点的确定 ··············· 187
莫尔法——用铬酸钾作指示剂 188　佛尔哈德法——用铁铵矾作指示剂 189
法扬司法——用吸附指示剂 190
思考题 ······················ 192
习题 ······················· 192

第 *8* 章　电位分析法 ····················· 195

§8-1　概述 ························ 195
§8-2　参比电极 ···················· 196
甘汞电极 197　Ag-AgCl 电极 198　硫酸亚汞电极 199
§8-3　指示电极 ···················· 199
金属-金属离子电极 200　金属-金属难溶盐电极 200　汞电极 200
惰性金属电极 202　离子选择性电极 203
§8-4　电位测定法 ···················· 214
pH 的电位测定 214　离子活（浓）度的测定 218　离子选择性电极的应用 222
§8-5　电位滴定法 ···················· 223
电位滴定法的基本仪器装置 223　电位滴定终点的确定 224
电位滴定法的应用 225
§8-6　电位分析法计算示例 ················· 228
思考题 ······················ 230
习题 ······················· 231

第 *9* 章　吸光光度法 ⋯⋯⋯⋯⋯⋯⋯⋯⋯⋯⋯⋯⋯⋯⋯⋯⋯ 234

§9-1　吸光光度法基本原理 ⋯⋯⋯⋯⋯⋯⋯⋯⋯⋯⋯⋯⋯ 235

物质对光的选择性吸收 235　　光吸收的基本定律——朗伯-比尔定律 237

偏离朗伯-比尔定律的原因 238

§9-2　分光光度计及其基本部件 ⋯⋯⋯⋯⋯⋯⋯⋯⋯⋯⋯ 240

§9-3　显色反应及显色条件的选择 ⋯⋯⋯⋯⋯⋯⋯⋯⋯⋯ 245

显色反应的选择 245　　显色条件的选择 246　　显色剂 248

三元配合物在光度分析中的应用特性简介 249

§9-4　吸光度测量条件的选择 ⋯⋯⋯⋯⋯⋯⋯⋯⋯⋯⋯⋯ 250

入射光波长的选择 250　　参比溶液的选择 251　　吸光度读数范围的选择 251

§9-5　吸光光度法的应用 ⋯⋯⋯⋯⋯⋯⋯⋯⋯⋯⋯⋯⋯⋯ 252

多组分分析 253　　酸碱解离常数的测定 253

配合物组成及稳定常数的测定 255　　双波长分光光度法的应用 256

§9-6　紫外吸收光谱法简介 ⋯⋯⋯⋯⋯⋯⋯⋯⋯⋯⋯⋯⋯ 256

有机化合物电子跃迁的类型 256　　影响紫外吸收光谱的因素 258

紫外吸收光谱法的应用 258

§9-7　分子发光分析法简介 ⋯⋯⋯⋯⋯⋯⋯⋯⋯⋯⋯⋯⋯ 260

分子荧光分析法 260　　基本原理 261　　影响荧光强度的因素 263

荧光分析仪器 264　　分子荧光分析法的应用 265　　化学发光分析法 265

思考题 ⋯⋯⋯⋯⋯⋯⋯⋯⋯⋯⋯⋯⋯⋯⋯⋯⋯⋯⋯⋯⋯⋯ 270

习题 ⋯⋯⋯⋯⋯⋯⋯⋯⋯⋯⋯⋯⋯⋯⋯⋯⋯⋯⋯⋯⋯⋯⋯ 270

第 *10* 章　原子吸收光谱法 ⋯⋯⋯⋯⋯⋯⋯⋯⋯⋯⋯⋯ 273

§10-1　概述 ⋯⋯⋯⋯⋯⋯⋯⋯⋯⋯⋯⋯⋯⋯⋯⋯⋯⋯⋯ 273

§10-2　原子吸收光谱法基本原理 ⋯⋯⋯⋯⋯⋯⋯⋯⋯⋯ 274

基态和基态原子 274　　共振线和特征谱线 274

热激发时基态原子和激发态原子的关系 275　　原子吸收光谱法的定量基础 276

§10-3　原子吸收光谱仪 ⋯⋯⋯⋯⋯⋯⋯⋯⋯⋯⋯⋯⋯⋯⋯ 278

光源——空心阴极灯 279　　原子化系统 280　　分光系统 284

检测系统 285　　仪器类型 285

§10-4　定量分析方法 ⋯⋯⋯⋯⋯⋯⋯⋯⋯⋯⋯⋯⋯⋯⋯⋯ 286

标准曲线法 286　　标准加入法 287

§10-5　原子吸收光谱法中的干扰及其抑制 ⋯⋯⋯⋯⋯⋯ 287

电离干扰 287　　化学干扰 288　　物理干扰 288　　光谱干扰 288

§10-6　灵敏度、检出极限、测定条件的选择 ⋯⋯⋯⋯⋯⋯ 289

灵敏度 289　检出极限 290　测定条件的选择 292

§10-7　原子发射光谱法简介 ·· 293

基本原理和特点 293　原子发射光谱仪 293　定性和定量分析 296

§10-8　原子荧光光谱法简介 ·· 297

基本原理和特点 297　原子荧光光谱仪 297　定量分析 299

思考题 ··· 299

习题 ··· 300

第 11 章　气相色谱法和高效液相色谱法 ··························· 302

§11-1　色谱分析理论基础 ·· 302

概述 302　色谱分析基本原理 303　色谱流出曲线及有关术语 305

色谱柱效能 307　分离度 311

§11-2　色谱定性与定量分析方法 ···································· 312

色谱定性分析方法 312　色谱定量分析方法 313

§11-3　气相色谱法概述 ·· 318

气相色谱法的特点和应用 318　气相色谱分析流程 319

§11-4　气相色谱固定相 ·· 320

气相色谱柱 320　气-固色谱固定相 320　气-液色谱固定相 322

§11-5　气相色谱检测器 ·· 325

热导检测器 326　氢火焰离子化检测器 328　其它检测器 331

§11-6　气相色谱操作条件的选择 ···································· 332

载气种类及流速的选择 333　柱温的选择 333　柱长和柱内径的选择 335

进样量和进样时间的选择 335　汽化温度的选择 335

§11-7　毛细管气相色谱法简介 ······································ 335

§11-8　高效液相色谱法概述 ··· 337

高效液相色谱法的特点与应用 337　影响色谱峰扩展及色谱分离的因素 338

§11-9　高效液相色谱仪 ·· 339

§11-10　高效液相色谱法的主要分离类型 ···························· 344

液-液分配色谱法和化学键合相色谱法 344　液-固吸附色谱法 347

离子交换色谱法和离子色谱法 349　空间排阻色谱法 351

§11-11　高效液相色谱法分离类型的选择 ···························· 353

思考题 ··· 354

习题 ··· 356

第12章　波谱分析法简介 ·········· 358

§12-1　红外光谱 ············· 358

基本原理 359　红外光谱仪 361　红外光谱的应用 362

§12-2　核磁共振波谱 ··········· 363

基本原理 363　核磁共振氢谱及其提供的信息 366　核磁共振波谱仪 366

§12-3　有机质谱 ············· 367

基本原理 367　质谱离子的类型及提供的结构信息 369

§12-4　波谱的综合应用 ·········· 371

思考题 ················· 374

习题 ·················· 375

第13章　分析化学中的分离与富集方法 376

§13-1　沉淀分离法 ············ 376

无机沉淀剂沉淀分离法 377　有机沉淀剂沉淀分离法 378　共沉淀分离法 380

§13-2　溶剂萃取分离法 ·········· 381

分配系数、分配比和萃取效率、分离因数 381　萃取体系的分类和萃取条件
的选择 382　有机物的萃取分离 385　双水相萃取 385

§13-3　色谱法 ·············· 386

薄层色谱法 386　柱色谱法 389

§13-4　电泳分离法 ············ 396

基本原理 396　分类 397　毛细管电泳 399

§13-5　其它分离技术简介 ········· 402

固相萃取 402　固相微萃取 404　液膜分离法 405　超临界流体萃取 406

思考题 ················· 407

习题 ·················· 408

第14章　定量分析的一般步骤 ······· 409

§14-1　试样的采取和制备 ········· 409

取样的基本原则 409　取样操作方法 410　湿存水的处理 412

§14-2　试样的分解 ············ 412

无机物的分解 413　有机物的分解 416

§14-3　测定方法的选择 ·········· 417

§14-4　分析结果准确度的保证和评价 ···· 419

思考题 ················· 422

附录 ⋯⋯⋯⋯⋯⋯⋯⋯⋯⋯⋯⋯⋯⋯⋯⋯⋯⋯⋯⋯⋯⋯⋯⋯⋯ 423

附录一　常用基准物质的干燥条件和应用 ⋯⋯⋯⋯⋯⋯⋯ 423

附录二　弱酸和弱碱的解离常数 ⋯⋯⋯⋯⋯⋯⋯⋯⋯⋯⋯ 424

附录三　常用的酸溶液和碱溶液的相对密度和浓度 ⋯⋯⋯ 425

附录四　常用的缓冲溶液 ⋯⋯⋯⋯⋯⋯⋯⋯⋯⋯⋯⋯⋯⋯ 427

附录五　金属配合物的稳定常数 ⋯⋯⋯⋯⋯⋯⋯⋯⋯⋯⋯ 430

附录六　金属离子与氨羧配位剂形成的配合物的稳定常数($\lg K_{MY}$) ⋯⋯ 432

附录七　一些金属离子的 $\lg \alpha_{M(OH)}$ 值 ⋯⋯⋯⋯⋯⋯⋯⋯ 433

附录八　标准电极电位(18~25℃) ⋯⋯⋯⋯⋯⋯⋯⋯⋯⋯ 434

附录九　条件电极电位 $\varphi^{\ominus\prime}$ ⋯⋯⋯⋯⋯⋯⋯⋯⋯⋯⋯⋯⋯⋯ 437

附录十　难溶化合物的溶度积常数 ⋯⋯⋯⋯⋯⋯⋯⋯⋯⋯ 438

附录十一　国际相对原子质量表(2009 年) ⋯⋯⋯⋯⋯⋯⋯ 440

附录十二　一些化合物的相对分子质量 ⋯⋯⋯⋯⋯⋯⋯⋯ 441

附录十三　气相色谱常用固定液 ⋯⋯⋯⋯⋯⋯⋯⋯⋯⋯⋯ 444

参考文献 ⋯⋯⋯⋯⋯⋯⋯⋯⋯⋯⋯⋯⋯⋯⋯⋯⋯⋯⋯⋯⋯ 448

索引 ⋯⋯⋯⋯⋯⋯⋯⋯⋯⋯⋯⋯⋯⋯⋯⋯⋯⋯⋯⋯⋯⋯⋯ 451

第 *1* 章 绪论
Introduction

§1-1 分析化学的任务和作用

分析化学是人们获得物质的化学组成和结构信息的科学,它所要解决的问题是物质中含有哪些组分,各种组分的含量是多少,以及这些组分是以怎样的状态构成物质的。要解决这些问题,就要依据反映物质运动、变化的理论,制订分析方法,创建有关的实验技术,研制仪器设备,因此分析化学是化学研究中最基础、最根本的领域之一。

人类赖以生存的环境(大气、水质和土壤)需要监测;三废(废气、废液、废渣)需要治理,并加以综合利用;工业生产中工艺条件的选择、生产过程的质量控制是保证产品质量的关键;对食品的营养成分、农药残留和重金属污染状况的了解,是攸关人们生活和生存的大事;在人类与疾病的斗争中,临床诊断、病理研究、药物筛选,以至进一步研究基因缺陷;登陆月球后的岩样分析,火星、土星的临近观测……大至宇宙的深层探测,小至微观物质结构的认识,在这些人类活动的广阔天地内几乎都离不开分析化学。

据统计,在已经颁发的所有诺贝尔物理学奖、化学奖中,有约四分之一的项目和分析化学直接有关。20 世纪 90 年代以来,世界上几个科技强国纷纷把"人类基因组测序计划"列为国家重大研究项目,这将对人类的生命和生存产生重要而深远的影响,其中作为基础研究的大规模脱氧核糖核酸(DNA)测序、定位工作,曾遭遇进展缓慢的瓶颈,是由两位分析化学家提出关键性的技术平台——阵列毛细管电泳测序技术,才使该项伟大工程得以于 2000 年提前完成。继而又建立后基因组学、蛋白质组学、代谢组学等新兴课题,将 21 世纪的生命科学领域的探索,引入一个新的发展时代——后基因组时代。总之,在化学学科本身的发展上,以及相当广泛的学科门类的研究领域中,分析化学都起着显著的作用。

在化工、制药、轻工、纺织、食品、生物工程、材料、资源与环境等类专业的课程设置中,分析化学是一门基础课,由于学时数及原有知识水平的限制,本课程目前仍以成分分析为基本内容,同时兼顾有关结构分析的一些入门知识。成分分析可以分为定性分析和定量分析两部分。定性分析的任务是鉴定物质由哪些元素或离子所组成,对于有机物质还需确定其官能团及分子结构;定量分析的任务是测定物质各组成部分的含量。

通过本课程的理论学习和实验基本技能的训练,培养学生严格、认真和实事求是的科学态度,观察实验现象、分析和判断问题的能力,精密、细致地进行科学实验的技能,使学生具有科学技术工作者应具备的素质。为此在教学中应注意理论密切联系实际,引导学生深入理解所学的理论知识,培养分析问题和解决问题的能力,为他们学习后继课程和以后投身祖国的社会主义建设打下良好的基础。

§1-2　分析方法的分类

分析方法一般可以分为两大类,即化学分析法与仪器分析法。

化学分析法

以化学反应为基础的分析方法,如重量分析法和滴定分析法,称为化学分析法。

通过化学反应及一系列操作步骤使试样中的待测组分转化为另一种纯粹的、固定化学组成的化合物,再称量该化合物的质量,从而计算出待测组分的含量或质量分数,这样的分析方法称为重量分析法。

将已知浓度的试剂溶液,滴加到待测物质溶液中,使其与待测组分发生反应,而加入的试剂量恰好为按化学计量关系完成反应所必需的,根据试剂的浓度和加入的准确体积,计算出待测组分的含量,这样的分析方法称为滴定分析法(旧称容量分析法)。依据不同的反应类型,滴定分析法又可分为酸碱滴定法(又称中和法)、沉淀滴定法(又称容量沉淀法)、配位滴定法(又称络合滴定法)和氧化还原滴定法。

重量分析法和滴定分析法通常用于高含量或中含量组分的测定,即待测组分的质量分数在1%以上。重量分析法的准确度比较高,至今还有一些组分的测定是以重量分析法为标准方法,但其分析速度较慢,耗时较长。滴定分析法操作简便,省时快速,测定结果的准确度也较高(在一般情况下相对误差为±0.2%左右),所用仪器设备又很简单,在生产实践和科学实验中是重要的例行测试手段之一,因此在当前仪器分析快速发展的情况下,滴定分析法仍然具有很高的实用价值。

仪器分析法

仪器分析法是一类借助光电仪器测量试样的光学性质(如吸光度或谱线强度)、电学性质(如电流、电位、电导、电荷量)等物理或物理化学性质来求出待测组分含量的分析方法,也称物理分析法或物理化学分析法。

有的物质,其吸光度与浓度有关。物质溶液的浓度越大,其吸光度越大,通过测量吸光度来测定该物质含量的方法称为吸光光度法。

用红外线或紫外线照射不同的有机化合物,检测这些谱线被吸收的情况,可得到不同的吸收光谱图,根据图谱能够测定有机物质的结构及含量,这些方法分别称为红外吸收光谱分析法和紫外吸收光谱分析法。

不同元素的激发态原子可以产生不同的光谱是元素的特性。通过检查元素光谱中几条灵敏而且较强的谱线可进行定性分析,这是最灵敏的元素定性方法之一。此外,还可根据谱线的强度进行定量测定,这种方法称为发射光谱分析法。

不同元素的气态基态原子可以吸收不同波长的光,利用这种性质,可进行原子吸收光谱分析测定。

某些物质在特定的紫外线照射时可产生荧光,在一定条件下,荧光的强度与该物质的浓度成正比,利用这一性质所建立的测定方法称为荧光分析法。

上述的吸光光度法、红外吸收光谱分析法、紫外吸收光谱分析法、发射光谱分析法、原子吸收光谱分析法和荧光分析法等都是利用物质的光学性质,可归纳为光学分析法。

另外,还有一类仪器分析法是利用物质的电学及电化学性质测定物质组分的含量,称为电化学分析法。

最简单的电化学分析法是电重量分析法,它是使待测组分借电解作用,以单质或氧化物形式在已知质量的电极上析出,通过称量,求出待测组分的含量。

电容量分析法的原理与一般滴定分析法相同,但它是借助溶液电导、电流或电位的改变来确定滴定终点,如电导滴定、电流滴定和电位滴定。如通过电解产生滴定剂,并测量达到滴定终点时所消耗的电荷量的方法,则称为库仑滴定法。

电位分析法是电化学分析法的重要分支,它的实质是通过在零电流条件下测量两电极间的电位差来进行分析测定。在测量电位差时使用离子选择性电极,可使测定更简便、快速。

伏安分析法也属于电化学分析法,其中以滴汞电极为工作电极的极谱分析法是伏安分析法的一种特例。它是利用对试液进行电解时，在极谱仪上得到的电流－电压曲线来确定待测组分及其含量。

色谱法又名层析法（主要有气相色谱法、液相色谱法等），是一类用以分离、分析多组分混合物的极有效的物理及物理化学分析方法，具有高效、快速、灵敏和应用范围广等特点。毛细管气相色谱法与高效液相色谱法已经得到普遍应用。

还有一些其它分析方法，如质谱法、核磁共振波谱法、免疫分析、生物传感器、电子探针和离子探针表面和微区分析法等。

仪器分析法的优点是操作简便而快速，最适合生产过程中的控制分析，尤其在组分含量很低时，更加需要用仪器分析法。但有的仪器设备价格较高，平时的维修比较困难；一般来说，越是复杂、精密的仪器，维护要求（如恒温、恒湿、防震）也越高。此外，在进行仪器分析之前，时常要用化学方法对试样进行预处理（如除去干扰杂质、富集等）；在建立测定方法过程中，要把未知物的分析结果和已知的标准作比较，而该标准则常需以化学法测定。有些分析方法则更是化学分析和仪器分析的有机结合，如前所述的基于滴定分析和电位分析的电位滴定；通过化学反应显色后进行测定的吸光光度法等。所以，化学分析法与仪器分析法是互为补充的，而且前者又是后者的基础。

§1-3　分析化学的进展简况

过去的分析化学课题可以归纳为"有什么？"和"有多少？"两类，但是随着生产的发展、科技的进步和人类探索领域的不断延伸，给分析化学提出了越来越多的新课题。除了传统的工农业生产和经济部门提出的任务外，许多其它学科如生命科学、环境科学、材料科学、宇航和宇宙科学等都提出大量更为复杂的课题，而且要求也更高：不仅要测知物质的成分，还需了解其价态、状态和结构；不仅能测定常量组分（质量分数大于 1%）、微量组分（质量分数 0.01% ~ 1%），还要求能测定痕量组分（质量分数小于 0.01%）；不仅要作静态分析，还要求作动态分析，对快速反应作连续自动分析；除了破坏性取样作离线（off-line）的实验室分析外，还要求作在线（on-line）、实时（real-time），甚至是活体内（in vivo）的原位分析。

20 世纪 90 年代中期，基于微机电加工技术在分析化学中的应用，形成了微流控全分析系统，随后又提出新的理念：通过微通道中流体的控制把实验室的采样、稀释、加试剂、反应、分离和检测等全部功能都集成在邮票或信用卡大小的芯片上,即"芯片实验室"(lab-on-a-chip)。这一理念一经提出,在全世界迅速展开了研究。现在,芯片实验室不仅可用于分析学科,甚至可用于细胞培养、组织器官构建等多个领域。除此之外,生物学、信息科学、计算机技术、激光、纳米技术、光导纤维、功能材料、等离子体、化学计量学等新技术、新材料和新方法同分析化学的交叉研究,更促进了分析化学的进一步发展,因此分析化学已不再是单纯提供信息的科学,它已经发展成一门以多学科为基础的综合性科学,而分析化学工作者也应成为新课题的决策者和解决问题的参与者。近年来,我国在毛细管电泳、生物传感器、化学计量学、分子发光光谱分析、质谱分析、拉曼光谱分析和芯片实验室等许多方面的研究都取得了长足的进展。

今后,分析化学将主要在生命、环境、材料和能源等前沿领域,继续朝着高灵敏度(达原子级、分子级水平)、高选择性(复杂体系)、快速、简便、经济、分析仪器自动化、数字化、智能化、信息化和微小型化的纵深方向发展,以解决更多、更新和更为复杂的课题。

第 **2** 章　误差及分析数据的统计处理

Errors and Statistical Treatment of Analytical Data

定量分析的任务是准确测定组分在试样中的含量。在测定过程中,即使采用最可靠的分析方法,使用最精密的仪器,由技术很熟练的人员进行操作,也不可能得到绝对准确的结果。因为在任何测量过程中,误差是客观存在的。因此我们应该了解分析过程中误差产生的原因及其出现的规律,以便采取相应措施,尽可能使误差减小。另一方面需要对测试数据进行正确的统计处理,以获得最可靠的数据信息。

§2-1　定量分析中的误差

误差与准确度

误差(error)是指测定值 x_i 与真值[①] μ 之间的差值。误差的大小可用绝对误差 E(absolute error)和相对误差 E_r(relative error)表示,即

$$E = x_i - \mu \tag{2-1}$$

$$E_r = \frac{x_i - \mu}{\mu} \times 100\% \tag{2-2}$$

相对误差表示绝对误差对于真值所占的百分率。

[①]　真值(true value):在观测的瞬时条件下,产品、过程或体系质量特性的确切数值。

例如,分析天平称量两物体的质量各为 1.638 0 g 和 0.163 7 g,假定两者的真实质量分别为 1.638 1 g 和 0.163 8 g,则两者称量的绝对误差分别为

$$E = 1.638\ 0\ \text{g} - 1.638\ 1\ \text{g} = -0.000\ 1\ \text{g}$$

$$E = 0.163\ 7\ \text{g} - 0.163\ 8\ \text{g} = -0.000\ 1\ \text{g}$$

两者称量的相对误差分别为

$$E_r = \frac{-0.000\ 1}{1.638\ 1} \times 100\% = -0.006\%$$

$$E_r = \frac{-0.000\ 1}{0.163\ 8} \times 100\% = -0.06\%$$

由此可知,绝对误差相同,相对误差并不一定相同,上例中第一个称量结果的相对误差为第二个称量结果相对误差的十分之一。也就是说,同样的绝对误差,当被测定的量较大时,相对误差就比较小,测定的准确度也就比较高。因此,用相对误差来表示各种情况下测定结果的准确度更为确切些。

绝对误差和相对误差都有正值和负值。正值表示分析结果偏高,负值表示分析结果偏低。

实际工作中,真值实际上是无法获得的,人们常常用纯物质的理论值、国家权威部门提供的标准参考物质的证书上给出的数值或多次测定结果的平均值当作真值。

准确度(accuracy)是指测定平均值与真值接近的程度,常用误差大小表示。误差小,准确度高。

偏差与精密度

偏差(deviation)是指个别测定结果 x_i 与几次测定结果的平均值 $\bar{x}$ 之间的差值。与误差相似,偏差也有绝对偏差 d_i 和相对偏差 d_r 之分。测定结果与平均值之差为绝对偏差,绝对偏差在平均值中所占的百分率或千分率为相对偏差。

$$d_i = x_i - \bar{x} \tag{2-3}$$

$$d_r = \frac{x_i - \bar{x}}{\bar{x}} \times 100\% \tag{2-4}$$

各单次测定偏差绝对值的平均值,称为单次测定的平均偏差 $\bar{d}$ (average deviation),又称算术平均偏差,即

$$\overline{d} = \frac{1}{n} \sum_{i=1}^{n} |d_i| \qquad (2-5)$$

单次测定的相对平均偏差 $\overline{d}_r$ 表示为

$$\overline{d}_r = \frac{\overline{d}}{\overline{x}} \times 100\% \qquad (2-6)$$

标准偏差(standard deviation)又称均方根偏差,当测定次数 n 趋于无限多时,称为总体标准偏差,用 σ 表示如下:

$$\sigma = \sqrt{\frac{\sum_{i=1}^{n}(x_i - \mu)^2}{n}} \qquad (2-7)$$

式中,μ 为总体平均值。在校正了系统误差情况下,μ 即代表真值。

在一般的分析工作中,测定次数是有限的,这时的标准偏差称为样本[①]标准偏差,以 s 表示:

$$s = \sqrt{\frac{\sum_{i=1}^{n} d_i^2}{n-1}} \qquad (2-8)$$

式中,$(n-1)$ 表示 n 个测定值中具有独立偏差的数目,又称为自由度。

例如,对某试样独立测定 n 次,得到 n 个测定值,可计算出 $\overline{x}_n$ 及 n 个偏差值。根据多个偏差相加之和为零或接近零,这 n 个偏差值中,只有 $(n-1)$ 个是独立的,另一个值由 $(n-1)$ 个值所确定。

在计算 s 时,用一个 $\overline{x}$,故独立偏差数为 $n-1$。如果是对两组数据进行检验,用到两个平均值 $\overline{x}_1, \overline{x}_2$,则计算合并标准偏差 $s_合$ 时,独立偏差数为 $(n_1 + n_2 - 2)$ [见式(2-23)]。

s 与平均值之比称为相对标准偏差(relative standard deviation,RSD),以 s_r 表示:

$$s_r = \frac{s}{\overline{x}} \qquad (2-9)$$

---

① 总体:所研究的对象的某特性值的全体,在统计学上称为总体(或母体)。
　　样本:自总体中随机抽出一组测定值称为样本(或子样)。

s_r 如以百分率表示又称为变异系数(coefficient of variation,CV)。

精密度(precision)是指在确定条件下,将测试方法实施多次,求出所得结果之间的一致程度。精密度的大小常用偏差表示。

精密度的高低还常用重复性(repeatability)和再现性(reproducibility)表示。

重复性(r):同一操作者,在相同条件下,获得一系列结果之间的一致程度。

$$r = 2\sqrt{2}\,s_r \tag{2-10}$$

r 又称为室内精密度。s_r 计算公式与式(2-8)相同。

再现性(R):不同的操作者,在不同条件下,用相同方法获得的单个结果之间的一致程度。

$$R = 2\sqrt{2}\,s_R \tag{2-11}$$

$$s_R = \sqrt{\dfrac{\displaystyle\sum_{j=1}^{m}\sum_{i=1}^{n}(x_{ij} - \overline{x}_j)^2}{m(n-1)}} \tag{2-12}$$

式中,m 为参加测定的实验室数;n 为每个实验室重复测定次数;$\overline{x}_j$ 为第 j 个实验室 n 次测定的平均值;x_{ij} 为各实验室的测定值。R 又称为室间精密度。

在偏差的表示中,用标准偏差更合理,因为将单次测定值的偏差平方后,能将较大的偏差显著地表现出来。

例1　有两组测定值:

　　　　甲组　2.9,2.9,3.0,3.1,3.1

　　　　乙组　2.8,3.0,3.0,3.0,3.2

判断精密度的差异。

解:平均值 $\overline{x}_甲 = 3.0$　　平均偏差 $\overline{d}_甲 = 0.08$　　标准偏差 $s_甲 = 0.10$

　　　　$\overline{x}_乙 = 3.0$　　　　　　　$\overline{d}_乙 = 0.08$　　　　　　　$s_乙 = 0.14$

本例中,两组数据的平均偏差是一样的,但数据的离散程度不一致,乙组数据更分散,说明用平均偏差有时不能反映出客观情况,而用标准偏差来判断,本例中 $s_乙$ 大一些,即精密度差一些,反映了真实情况。因此在一般情况下,对测定数据应表示出标准偏差或变异系数。

准确度与精密度的关系

准确度与精密度的关系,如图 2-1 所示。

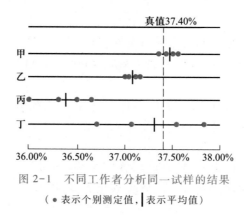

图 2-1   不同工作者分析同一试样的结果

(● 表示个别测定值，▐ 表示平均值)

图 2-1 表示甲、乙、丙、丁四人测定同一试样中铁含量时所得的结果。由图可见：甲所得结果的准确度和精密度均好；乙的结果精密度虽然好，但准确度稍差；丙的精密度和准确度都很差；丁的精密度很差，虽然平均值接近真值，但带有偶然性，是大的正、负误差抵消的结果，其结果也是不可靠的。由此可知，实验结果首先要求精密度高，才能保证有准确的结果，但高的精密度也不一定能保证有高的准确度(如无系统误差存在，则精密度高，准确度也高)。

例 2   分析铁矿中铁含量，测定结果为 37.45%，37.20%，37.50%，37.30%，37.25%。计算此结果的平均值、平均偏差、标准偏差、变异系数。

解：
$$\bar{x} = \frac{37.45\% + 37.20\% + 37.50\% + 37.30\% + 37.25\%}{5} = 37.34\%$$

各次测定偏差分别为

$$d_1 = +0.11\% \quad d_2 = -0.14\% \quad d_3 = +0.16\% \quad d_4 = -0.04\% \quad d_5 = -0.09\%$$

$$\bar{d} = \frac{1}{n} \sum_{i=1}^{n} |d_i| = \frac{0.11\% + 0.14\% + 0.16\% + 0.04\% + 0.09\%}{5} = 0.11\%$$

$$s = \sqrt{\frac{\sum_{i=1}^{n} d_i^2}{n-1}} = \sqrt{\frac{(0.11)^2 + (0.14)^2 + (0.16)^2 + (0.04)^2 + (0.09)^2}{5-1}}\% = 0.13\%$$

$$s_r = \frac{s}{\bar{x}} = \frac{0.13\%}{37.34\%} \times 100\% = 0.35\%$$

误差的分类及减免误差的方法

根据误差产生的原因及其性质的不同,可以把误差分为两类[①]:系统误差或称可测误差(determinate error),随机误差(random error)或称偶然误差。

1. 系统误差

系统误差的产生有如下原因:

(1)方法不完善造成的方法误差(method error),如反应不完全,干扰组分的影响,滴定分析中指示剂选择不当等。

(2)试剂或蒸馏水纯度不够,带入微量的待测组分,干扰测定等。

(3)测量仪器本身缺陷造成的仪器误差(instrumental error),如容量器皿刻度不准又未经校正,电子仪器"噪声"过大等。

(4)操作人员操作不当或不正确的操作习惯造成的人员误差(personal error),如观察颜色偏深或偏浅,第二次读数总是想与第一次重复等。

其中方法误差有时不被人们察觉,带来的影响也较大,在选择方法时应特别注意。

系统误差具有如下性质:

(1)重复性。同一条件下,重复测定中,重复地出现。

(2)单向性。测定结果系统偏高或偏低。

(3)误差大小基本不变,对测定结果的影响比较恒定。系统误差的大小可以测定出来,对测定结果进行校正。

校正系统误差的方法:针对系统误差产生的原因,可采用选择标准方法或进行试剂的提纯和使用校正值等办法加以消除。如选择一种标准方法与所采用的方法作对照试验或选择与试样组成接近的标准试样作对照试验,找出校正值加以校正。对试剂或实验用水是否带入被测成分,或所含杂质是否有干扰,可通过空白试验扣除空白值加以校正。

空白试验是指除了不加试样外,其它试验步骤与试样试验步骤完全一样的实验,所得结果称为空白值。

是否存在系统误差常常通过回收试验加以检查。回收试验是在测定试样某组分含量(x_1)的基础上,加入已知量的该组分(x_2),再次测定其组分含量(x_3)。由回收试验所得数据可以计算出回收率。

---

① 也有人把由于疏忽大意造成的误差划为第三类,称为过失误差(也叫粗差),此类差错只要认真操作,是可以完全避免的。

$$回收率 = \frac{x_3 - x_1}{x_2} \times 100\%$$

由回收率的高低来判断有无系统误差存在。对常量组分回收率要求高,一般为 99% 以上,对微量组分回收率要求在 95% ~ 110%。

2. 随机误差

随机误差是由一些无法控制的不确定因素所引起的,如环境温度、湿度、电压、污染情况等的变化引起试样质量、组成、仪器性能等的微小变化,操作人员实验过程中操作上的微小差别,以及其它不确定因素等所造成的误差。这类误差值时大时小,时正时负,难以找到具体的原因,更无法测量它的值。但从多次测量结果的误差来看,仍然符合一定的规律。实际工作中,随机误差与系统误差并无明显的界限,当人们对误差产生的原因尚未认识时,往往把它当作随机误差对待,进行统计处理。

随机误差的正态分布

如测定次数较多,在系统误差已经排除的情况下,随机误差的分布也有一定的规律,如以横坐标表示随机误差的值,纵坐标表示误差出现的概率大小,当测定次数无限多时,则得随机误差正态分布曲线(图 2-2)。

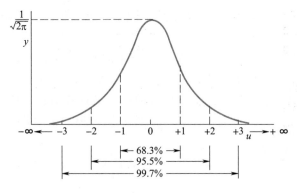

图 2-2　随机误差正态分布曲线

图 2-2 中 u 的定义为

$$u = \frac{x - \mu}{\sigma} \tag{2-13}$$

随机误差分布具有以下性质:

(1)对称性　大小相近的正误差和负误差出现的概率相等,随机误差分布曲线是对称的。

（2）单峰性　小误差出现的概率大,大误差出现的概率小,很大误差出现的概率非常小。误差分布曲线只有一个峰值。误差有明显的集中趋势。

（3）有界性　仅仅由于随机误差造成的误差值不可能很大,即大误差出现的概率很小。如果发现误差很大的测定值出现,往往是由于其它过失误差造成的,此时,对这种数据应作相应的处理。

（4）抵偿性　误差的算术平均值的极限为零。

$$\lim_{n \to \infty} \sum_{i=1}^{n} \frac{d_i}{n} = 0 \qquad (2-14)$$

在随机误差正态分布曲线上,如把曲线与横坐标从$-\infty$至$+\infty$之间所包围的面积(代表所有随机误差出现的概率的总和)定为100%,通过计算发现误差范围与出现的概率有如下关系(见表2-1和图2-2)。

表 2-1　误差在某些区间出现的概率

$x-\mu$	u	概　率
$[-\sigma, +\sigma]$	$[-1, 1]$	68.3%
$[-1.64\sigma, +1.64\sigma]$	$[-1.64, +1.64]$	90.0%
$[-1.96\sigma, +1.96\sigma]$	$[-1.96, +1.96]$	95.0%
$[-2\sigma, +2\sigma]$	$[-2, +2]$	95.5%
$[-2.58\sigma, +2.58\sigma]$	$[-2.58, +2.58]$	99.0%
$[-3\sigma, +3\sigma]$	$[-3, +3]$	99.7%

测定值或误差出现的概率称为置信度或置信水平(confidence level),图2-2中68.3%、95.5%、99.7%即为置信度,其意义可以理解为某一定范围的测定值(或误差值)出现的概率。$\mu \pm \sigma$、$\mu \pm 2\sigma$、$\mu \pm 3\sigma$等称为置信区间(confidence interval),其意义为真实值在指定概率下,分布在某一个区间。置信度选得高,置信区间就宽。

t 分布曲线

在分析测试中,测定次数是有限的,一般平行测定3~5次,无法计算总体标准偏差σ和总体平均值μ,而有限次测定的随机误差并不完全服从正态分布,而是服从类似于正态分布的t分布,t分布是由英国统计学家兼化学家W.S.Gosset提出,以Student的笔名发表的,称为置信因子t,定义为

$$t = \frac{\bar{x} - \mu}{s} \sqrt{n} \qquad (2-15)$$

t 分布曲线如图 2-3 所示。

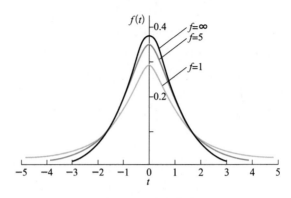

图 2-3　t 分布曲线

由图 2-3 可见,t 分布曲线与随机误差正态分布曲线相似,t 分布曲线随自由度 $f(f=n-1)$ 而变,当 $f>20$ 时,二者很近似,当 $f\to\infty$,二者一致,t 分布在分析化学中应用很多,将在后面的有关内容中讨论。

t 值与置信度和测定次数有关,其值可由表 2-2 中查得。

表 2-2　t　值　表

f	测定次数 n	置　信　度		
		90%	95%	99%
1	2	6.314	12.706	63.657
2	3	2.920	4.303	9.925
3	4	2.353	3.182	5.841
4	5	2.132	2.776	4.604
5	6	2.015	2.571	4.032
6	7	1.943	2.447	3.707
7	8	1.895	2.365	3.500
8	9	1.860	2.306	3.355
9	10	1.833	2.262	3.250
10	11	1.812	2.228	3.169
20	21	1.725	2.086	2.846
∞	∞	1.645	1.960	2.576

由式(2−15)可得

$$\mu = \overline{x} \pm \frac{ts}{\sqrt{n}} \tag{2-16}$$

置信区间的宽窄与置信度、测定值的精密度和测定次数有关,当测定值精密度愈高(s 值愈小)、测定次数愈多(n 值愈大)时,置信区间愈窄,即平均值愈接近真值,愈可靠。

式(2−16)的意义:在一定置信度下(如95%),真值(总体平均值)将在测定平均值 $\overline{x}$ 附近的一个区间,即在 $\overline{x} - \dfrac{ts}{\sqrt{n}}$ 至 $\overline{x} + \dfrac{ts}{\sqrt{n}}$ 之间存在,把握程度为95%。

式(2−16)常作为分析结果的表达式。$\pm\dfrac{ts}{\sqrt{n}}$ 表示不确定度。

置信度选择越高,置信区间越宽,其区间包括真值的可能性也就越大,在分析化学中,一般将置信度定为95%或90%。

例 3　测定 SiO_2 的质量分数,得如下数据:28.62%,28.59%,28.51%,28.48%,28.52%,28.63%。求平均值、标准偏差及置信度分别为90%和95%时平均值的置信区间。

解:　$\overline{x} = \left(\dfrac{28.62+28.59+28.51+28.48+28.52+28.63}{6} \right)\% = 28.56\%$

$$s = \sqrt{\frac{(0.06)^2+(0.03)^2+(0.05)^2+(0.08)^2+(0.04)^2+(0.07)^2}{6-1}}\% = 0.06\%$$

查表 2−2,置信度为90%,$n=6$ 时,$t=2.015$,因此

$$\mu = \left(28.56 \pm \frac{2.015 \times 0.06}{\sqrt{6}} \right)\% = (28.56 \pm 0.05)\%$$

同理,对于置信度为95%,可得

$$\mu = \left(28.56 \pm \frac{2.571 \times 0.06}{\sqrt{6}} \right)\% = (28.56 \pm 0.06)\%$$

上述计算说明,若平均值的置信区间取(28.56±0.05)%,则真值在其中出现的概率为90%,而若使真值出现的概率提高为95%,则其平均值的置信区间将扩大为(28.56±0.06)%。

例 4　测定钢中铬含量时,先测定两次,测得的数据为 1.12%和 1.15%;再测定三次,测得的数据为 1.11%,1.16%和 1.12%。试分别按两次测定和按五次测定的数据来计算平均值的置信区间(95%置信度)。

解:两次测定时

$$\bar{x} = \frac{1.12\% + 1.15\%}{2} = 1.14\%$$

$$s = \sqrt{\frac{(0.02)^2 + (0.01)^2}{2-1}}\% = 0.02\%$$

查表 2-2,得 $t_{95\%} = 12.706(n=2)$,因此

$$\mu = \left(1.14 \pm \frac{12.706 \times 0.02}{\sqrt{2}}\right)\% = (1.14 \pm 0.18)\%$$

五次测定时

$$\bar{x} = \frac{1.12\% + 1.15\% + 1.11\% + 1.16\% + 1.12\%}{5} = 1.13\%$$

$$s = \sqrt{\frac{(0.01)^2 + (0.02)^2 + (0.02)^2 + (0.03)^2 + (0.01)^2}{5-1}}\% = 0.02\%$$

查表 2-2,得 $t_{95\%} = 2.776(n=5)$,因此

$$\mu = \left(1.13 \pm \frac{2.776 \times 0.02}{\sqrt{5}}\right)\% = (1.13 \pm 0.02)\%$$

由上例可见,在一定测定次数范围内,适当增加测定次数,可使置信区间显著缩小,即可使测定的平均值 $\bar{x}$ 与总体平均值 μ 接近。

公　　差

"公差"是生产部门对于分析结果允许误差的一种表示方法。如果分析结果超出允许的公差范围,称为"超差",该项分析工作应该重做。

公差的确定与很多因素有关,一般是根据试样的组成和分析方法的准确度来确定。对组成较复杂物质(如天然矿石)的分析,允许公差范围宽一些,一般工业分析,允许相对误差在百分之几到千分之几。对于每一项具体的分析工作,有关主管部门都规定了具体的公差范围,如对钢中的硫含量分析的允许公差范围如下:

硫的质量 分数/%	≤0.020	0.020~0.050	0.050~0.100	0.100~0.200	≥0.200
公差 (绝对误差)/%	±0.002	±0.004	±0.006	±0.010	±0.015

目前,国家标准中对含量与允许公差之间的关系常常用回归方程式表示。

§2-2 分析结果的数据处理

分析工作者获得了一系列数据后,需对这些数据进行处理,譬如有个别偏离较大的数据(称为离群值或极值)是保留还是弃去,测得的平均值与真值或标准值的差异是否合理,相同方法测得的两组数据或用两种不同方法对同一试样测得的两组数据间的差异是否在允许的范围内,都应作出判断,不能随意处理。

可疑数据的取舍

数据中出现个别值离群太远时,首先要仔细检查测定过程中,是否有操作错误,是否有过失误差存在,不能随意地舍弃离群值以提高精密度,而是需进行统计处理,即判断离群值是否仍在随机误差范围内。常用的统计检验方法有 Grubbs 检验法和 Q 值检验法,这些方法都是建立在随机误差服从一定的分布规律基础上。

1. Grubbs 检验法

步骤是:将测定值由小到大排列,$x_1 < x_2 < \cdots < x_n$,其中 x_1 或 x_n 可疑,需要进行判断。首先算出 n 个测定值的平均值 $\bar{x}$ 及标准偏差 s。

判断 x_1 时按

$$G_{计算} = \frac{\bar{x} - x_1}{s} \qquad (2-17)$$

计算。

判断 x_n 时按

$$G_{计算} = \frac{x_n - \bar{x}}{s} \qquad (2-18)$$

计算。

得出的 $G_{计算}$ 值若大于表 2-3 中临界值,即 $G_{计算} > G_{表}$(置信度选 95%),则 x_1 或 x_n 应弃去,反之则保留。

表 2-3　*G* 值 表

测定次数 *n*	置 信 度		
	95%	97.5%	99%
3	1.15	1.15	1.15
4	1.46	1.48	1.49
5	1.67	1.71	1.75
6	1.82	1.89	1.94
7	1.94	2.02	2.10
8	2.03	2.13	2.22
9	2.11	2.21	2.32
10	2.18	2.29	2.41
11	2.23	2.36	2.48
12	2.29	2.41	2.55
13	2.33	2.46	2.61
14	2.37	2.51	2.66
15	2.41	2.55	2.71
20	2.56	2.71	2.88

此法计算过程中,应用了平均值 $\bar{x}$ 及标准偏差 s,故判断的准确性较高。

2. *Q* 值检验法

如果测定次数在 10 次以内,使用 *Q* 值检验法比较简便。步骤是将测定值由小到大排列,$x_1 < x_2 < \cdots < x_n$,其中 x_1 或 x_n 可疑。

当 x_1 可疑时,用

$$Q_{计算} = \frac{x_2 - x_1}{x_n - x_1} \tag{2-19}$$

算出 *Q* 值。

当 x_n 可疑时,用

$$Q_{计算} = \frac{x_n - x_{n-1}}{x_n - x_1} \tag{2-20}$$

算出 *Q* 值。式中 $x_n - x_1$ 称为极差,即最大值和最小值之差。

若 x_1 与 x_n 均可疑时,可比较 (x_2-x_1) 及 (x_n-x_{n-1}) 之差值,差值大的先检验。

若 $Q_{计算}>Q_{0.90表}$,则弃去可疑值,反之则保留。$Q_{0.90}$ 表示置信度选 90%,$Q_表$ 的数据见表 2-4。

表 2-4   Q   值   表

测定次数 n	$Q_{0.90}$	$Q_{0.95}$	$Q_{0.99}$
3	0.94	0.98	0.99
4	0.76	0.85	0.93
5	0.64	0.73	0.82
6	0.56	0.64	0.74
7	0.51	0.59	0.68
8	0.47	0.54	0.63
9	0.44	0.51	0.60
10	0.41	0.48	0.57

例 1　测定某药物中 Co 的质量分数得到结果如下:1.25×10^{-6},1.27×10^{-6},1.31×10^{-6},1.40×10^{-6}。用 Grubbs 检验法和 Q 值检验法判断 1.40×10^{-6} 这个数据是否保留。

解:用 Grubbs 检验法:$\overline{x}=1.31\times10^{-6}$,$s=0.067\times10^{-6}$,则

$$G_{计算}=\frac{1.40\times10^{-6}-1.31\times10^{-6}}{0.067\times10^{-6}}=1.34$$

查表 2-3,置信度选 95%,$n=4$,$G_表=1.46$,$G_{计算}<G_表$,故 1.40×10^{-6} 应保留。

用 Q 值检验法:可疑值为 x_n。

$$Q_{计算}=\frac{1.40\times10^{-6}-1.31\times10^{-6}}{1.40\times10^{-6}-1.25\times10^{-6}}=0.60$$

查表 2-4,$n=4$,$Q_{0.90}=0.76$,$Q_{计算}<Q_表$,故 1.40×10^{-6} 应保留,两种方法判断一致。

Q 值检验法由于不必计算 $\overline{x}$ 及 s,故使用起来比较方便。Q 值检验法在统计上有可能保留离群较远的值,置信度常选 90%,如选 95%,会使判断误差更大。判断可疑值用 Grubbs 检验法更好。

平均值与标准值的比较

为了检验一个分析方法是否可靠,是否有足够的准确度,常用已知含量的标准试样进行试验,用 t 检验法将测定的平均值与已知值(标样值)比较,按下式计算 t 值:

$$t=\frac{|\overline{x}-\mu|}{s}\sqrt{n}$$

若 $t_{计算} > t_表$,则 $\overline{x}$ 与已知值有显著差别,表明被检验的方法存在系统误差;若 $t_{计算} \leqslant t_表$ 则 $\overline{x}$ 与已知值之间的差异可认为是随机误差引起的正常差异。

例 2　一种新方法用来测定试样含铜量,用含量为 11.7 mg/kg 的标准试样,进行五次测定,所得数据为 10.9,11.8,10.9,10.3,10.0。判断该方法是否可行(是否存在系统误差)。

解:计算平均值 $\overline{x} = 10.8$,标准偏差 $s = 0.7$,则

$$t = \frac{|\overline{x} - \mu|}{s}\sqrt{n} = \frac{|10.8 - 11.7|}{0.7}\sqrt{5} = 2.87$$

查表 2-2,$t_{(0.95, n=5)} = 2.776$,$t_{计算} > t_表$,说明该方法存在系统误差,结果偏低。

两个平均值的比较

当需要对两个分析人员测定相同试样所得结果进行评价,或需对两种方法进行比较,检查两种方法是否存在显著性差异,即是否有系统误差存在,以便于选择更快、更准确、成本更低的一种方法时,可选用 t 检验法进行判断,此法可信度较高。

判断两个平均值是否有显著性差异时,首先要求这两个平均值的精密度没有大的差别,为此可采用 F 检验法进行判断。

F 检验又称方差比检验(方差即标准偏差的平方):

$$F = \frac{s_大^2}{s_小^2} \tag{2-21}$$

式中,$s_大$ 和 $s_小$ 分别代表两组数据中标准偏差大的数值和小的数值,若 $F_{计算} < F_表$($F_表$ 见表 2-5),再继续用 t 检验法判断 $\overline{x}_1$ 与 $\overline{x}_2$ 是否有显著性差异;若 $F_{计算} > F_表$,不能用此法进行判断。

表 2-5　置信度 95% 时 F 值

$f_{s小}$ \ $f_{s大}$	2	3	4	5	6	7	8	9	10	∞
2	19.00	19.16	19.25	19.30	19.33	19.36	19.37	19.38	19.39	19.50
3	9.55	9.28	9.12	9.01	8.94	8.88	8.84	8.81	8.78	8.53
4	6.94	6.59	6.39	6.26	6.16	6.09	6.04	6.00	5.96	5.63
5	5.79	5.41	5.19	5.05	4.95	4.88	4.82	4.77	4.74	4.36
6	5.14	4.76	4.53	4.39	4.28	4.21	4.15	4.10	4.06	3.67

续表

$f_{s大}$ / $f_{s小}$	2	3	4	5	6	7	8	9	10	∞
7	4.74	4.35	4.12	3.97	3.87	3.79	3.73	3.68	3.63	3.23
8	4.46	4.07	3.84	3.69	3.58	3.50	3.44	3.39	3.34	2.93
9	4.26	3.86	3.63	3.48	3.37	3.29	3.23	3.18	3.13	2.71
10	4.10	3.71	3.48	3.33	3.22	3.14	3.07	3.02	2.97	2.54
∞	3.00	2.60	2.37	2.21	2.10	2.01	1.94	1.88	1.83	1.00

$f_{s大}$:方差大的数据的自由度;$f_{s小}$:方差小的数据的自由度,$f=n-1$。

例 3 甲、乙二人对同一试样用不同方法进行测定,得两组测定值如下:

$$甲:1.26,1.25,1.22$$
$$乙:1.35,1.31,1.33,1.34$$

问两种方法间有无显著性差异?

解:$n_甲=3$ $\overline{x}_甲=1.24$ $s_甲=0.021$

$n_乙=4$ $\overline{x}_乙=1.33$ $s_乙=0.017$

$$F_{计算}=\frac{s_大^2}{s_小^2}=\frac{(0.021)^2}{(0.017)^2}=1.53$$

查表 2-5,F 值为 9.55,$F_{计算}<F_表$,说明两组数据的方差无显著性差异。进一步用 t 公式进行计算。

$$t=\frac{|\overline{x}_1-\overline{x}_2|}{s_合}\sqrt{\frac{n_1n_2}{n_1+n_2}} \tag{2-22}$$

式中

$$s_合=\sqrt{\frac{(n_1-1)s_1^2+(n_2-1)s_2^2}{n_1+n_2-2}} \tag{2-23}$$

本例中

$$s_合=\sqrt{\frac{(3-1)(0.021)^2+(4-1)(0.017)^2}{3+4-2}}=0.019$$

则

$$t=\frac{|1.24-1.33|}{0.019}\sqrt{\frac{3\times4}{3+4}}=6.20$$

查表 2-2,当 $f=n_1+n_2-2=5$,置信度 95% 时,$t_表=2.571$,$t_{计算}>t_表$,说明甲、乙二人采用的不同方法间存在显著性差异。

如要进一步查明何种方法可行,可分别与标准方法或使用标准试样进行对照试验,根据实验结果进行判断。

例 3 中两种方法所得平均值的差为 $|\bar{x}_1 - \bar{x}_2| = 0.09$,其中包含了系统误差和随机误差。根据 t 分布规律,随机误差允许最大值为

$$|\bar{x}_1 - \bar{x}_2| = ts_{合}\sqrt{\frac{n_1+n_2}{n_1 n_2}} = 2.571 \times 0.019 \times \sqrt{\frac{3+4}{3\times 4}} \approx 0.04$$

说明可能有 0.05 的值由系统误差产生。

在工作中,当我们用一种新方法对试样中某组分进行测试,获得一组测定数据,这时应进行以下工作:

(1) 首先要判断数据中的极值(极大值或极小值)是否属于异常值,如属异常值则应舍弃。

(2) 进行方法的可靠性检验,用标准试样在与试样相同的测试条件下,进行测试,将测试平均值与标准值用 t 检验法进行检查或采用在原试样中,加入被测标准物,测定加标回收率,以判断方法的准确度。

(3) 通过上述两步处理后,用 $\mu = \bar{x} \pm \dfrac{ts}{\sqrt{n}}$ 表示结果并用重复性 r [式(2-10)] 近似地表示两次平行测定之间的允许差。(s 值最好由测定 10 次以上数据计算出来。)

若上述显著性检验合格,说明新分析方法无系统误差存在,新方法可行,再考虑其它因素,如分析步骤是否简化,是否易于操作,成本是否低廉等。若新方法仍有一定优势,则原方法可被取代。

§2-3　误差的传递

分析结果是将各步骤测量值按一定公式计算出来的,而每个测量值的误差将传递到最后的结果中去,传递方式随系统误差和随机误差而不同。

系统误差的传递公式

对于加减法运算,如以测定值 A、B、C 为基础,得出分析结果 R:

$$R = A + B - C$$

则根据数学推导可知,分析结果最大可能的绝对误差 $(\Delta R)_{max}$ 为各测定值绝对误差之和,即

$$(\Delta R)_{max} = \Delta A + \Delta B + \Delta C$$

对于乘除法运算,如由测定值 A、B、C 相乘除,得出分析结果 R:

$$R = \frac{AB}{C}$$

则分析结果最大可能的相对误差$\left(\frac{\Delta R}{R}\right)_{max}$为各测定值相对误差之和,即

$$\left(\frac{\Delta R}{R}\right)_{max} = \frac{\Delta A}{A} + \frac{\Delta B}{B} + \frac{\Delta C}{C}$$

需要指出,以上讨论的是最大可能误差,即各测定值的误差相互累加。但在实际工作中,各测定值的误差可能相互部分抵消,使得分析结果的误差比按上式计算的要小些。

随机误差的传递公式

对于加减法运算,分析结果的方差为各测定值的方差之和。如$R = A + B - C$,则

$$s_R^2 = s_A^2 + s_B^2 + s_C^2$$

式中,s为标准偏差,s_A即A的标准偏差。

对于乘除法运算,分析结果的相对偏差的平方等于各测定值的相对标准偏差平方之和。如$R = \frac{AB}{C}$,则

$$\left(\frac{s_R}{R}\right)^2 = \left(\frac{s_A}{A}\right)^2 + \left(\frac{s_B}{B}\right)^2 + \left(\frac{s_C}{C}\right)^2$$

关于误差的传递,有时不需要严格运算,只要估计一下过程中可能出现的最大误差,并加以控制,常用极值误差表示,即假设每一步产生的误差都是最大的,而且相互累积。例如,分析天平绝对误差为±0.1 mg,称量一个试样,需两次读数,估计最大误差可能是±0.2 mg。滴定操作中,每读一次数误差为±0.01 mL,一次操作,必须读两次数(初读数、末读数),总误差为±0.02 mL。但在实际工作中不一定都是这种情况,很可能有正、负误差相互部分抵消,但作为一种粗略估计还是比较方便的。

§2-4 有效数字及其运算规则

有 效 数 字

在测量科学中,所用数字分为两类:一类是一些常数(如 π 等)及倍数(如$2, \frac{1}{2}$等),系非测定值,它们的有效数字位数可看作无限多位,按计算式中需要而

定。另一类是测量值或与测量值有关的计算值,它的位数多少,反映测量的精确程度,这类数字称为有效数字,也可理解为最高数字不为零的实际能测量的数字。有效数字通常保留的最后一位数字是不确定的,称为可疑数字,如滴定管读数 25.15 mL,四位有效数字最后一位数字 5 是估计值,可能是 4,也可能是 6,虽然是测定值,但不很准确。一般有效数字的最后一位数字有±1 个单位的误差。

由于有效数字位数与测量仪器精度有关,实验数据中任何一个数都是有意义的,数据的位数不能随意增加或减少,如分析天平称量某物质为 0.250 1 g(分析天平感量为±0.1 mg),不能记录为 0.250 g 或 0.250 10 g。50 mL 滴定管读数应保留小数点后两位,如 28.30 mL,不能记为 28.3 mL。

运算中,首位数字大于或等于 8,有效数字可多记一位。

数字"0"在数据中有两种意义,若只是定位作用,它就不是有效数字;若作为普通数字就是有效数字。如称量某物质为 0.087 5 g,8 前面的两个 0 只起定位作用,故 0.087 5 为三位有效数字。又如 HCl 溶液浓度为 0.210 0 mol·L^{-1},为四位有效数字。滴定管读数 30.20 mL,两个 0 都是测量数据,该数据有四位有效数字。改换单位不能改变有效数字位数。如 1.0 L 是两位有效数字,不能写成 1 000 mL,应写成 $1.0×10^3$ mL,仍然是两位有效数字。

pH、pM、lg$K$ 等有效数字位数,按照对数的尾数与真数的有效数字位数相等,对数的首数相当于真数的指数的原则来定,例如,$[H^+]=6.3×10^{-12}$ mol·L^{-1},是两位有效数字,所以 pH=11.20,而不能写成 pH=11.2。

上述内容称为有效数字的规则。

修 约 规 则

分析测试结果一般由测得的某些物理量进行计算,结果的有效数字位数必须能正确表达实验的准确度。运算过程及最终结果,都需要对数据进行修约,即舍去多余的数字,以避免不必要的烦琐计算。舍去多余数字的办法,可以归纳为"四舍六入五留双"方法,即当多余尾数小于或等于 4 时舍去尾数,大于或等于 6 时进位。尾数正好是 5 时分两种情况,若 5 后数字不为 0,一律进位,5 后无数或为 0,采用 5 前是奇数则将 5 进位,5 前是偶数则把 5 舍弃,简称"奇进偶舍"。

例如,下列数字若保留四位有效数字,则修约为

$$14.244\ 2 \rightarrow 14.24$$
$$26.486\ 3 \rightarrow 26.49$$
$$15.025\ 0 \rightarrow 15.02$$
$$15.015\ 0 \rightarrow 15.02$$
$$15.025\ 1 \rightarrow 15.03$$

另外,修约数字时要一次修约到所需位数,不能连续多次修约,如2.345 7修约到两位,应为 2.3,如连续修约则为

$$2.345\,7 \rightarrow 2.346 \rightarrow 2.35 \rightarrow 2.4$$

这是错误的修约。

运 算 规 则

1. 加减法

运算结果的有效数字位数决定于这些数据中绝对误差最大者。如 0.012 1,25.64,1.057 82 三数相加,其中 25.64 的绝对误差为±0.01,是最大者(按最后一位数字为可疑数字),故按小数点后保留两位报结果为

$$0.01+25.64+1.06 = 26.71$$

2. 乘除法

运算结果的有效数字位数决定于这些数据中相对误差最大者。如 $\dfrac{0.032\,5 \times 5.104 \times 60.094}{139.56}$,式中 0.032 5 的相对误差最大,其值为 $\dfrac{\pm 0.000\,1}{0.032\,5} \approx \pm 0.3\%$,故结果只能保留三位有效数字。

运算时,先修约再运算,或先运算最后再修约,两种情况下得到的结果数值,有时不一样。为避免出现此情况,既能提高运算速度,而又不使修约误差积累,可采用在运算过程中,将参与运算的各数的有效数字位数修约到比该数应有的有效数字位数多一位(这多取的数字称为安全数字),然后再进行运算。

如上例 $\dfrac{0.032\,5 \times 5.104 \times 60.094}{139.56}$,若先修约至三位有效数字再运算,则结果为

$$\frac{0.032\,5 \times 5.10 \times 60.1}{140} = 0.071\,2$$

若运算后再修约,则运算结果为 0.071 427,修约后为 0.0714,两者不完全一样。若采用安全数字,即本例中各数取四位有效数字,最后结果修约到三位,则

$$\frac{0.032\,5 \times 5.104 \times 60.09}{139.6} = 0.071\,40,修约为 0.071\,4$$

这是目前人们常采用的、使用安全数字的方法。

在表示分析结果时,当组分含量 ≥10% 时,用四位有效数字,组分含量在 1%~10% 之间时,用三位有效数字。表示误差大小时有效数字常取一位,最多取两位。

§2-5 标准曲线的回归分析

在分析化学中,经常使用标准曲线来获得试样某组分的浓度。如光度分析中的浓度-吸光度曲线,电位法中的浓度-电位值曲线,色谱法中的浓度-峰面积(或峰高)曲线等。

怎样才能使这些标准曲线描绘得最准确、误差最小呢?这就需要找出浓度与某特性值两个变量之间的回归直线及代表此直线的回归方程。下面简单介绍回归方程的计算方法。

设浓度 x 为自变量,某性能参数 y 为因变量,在 x 与 y 之间存在一定的相关关系,当用实验数据 x_i 与 y_i 绘图时,由于实验误差存在,绘出的点不可能全在一条直线上,而是分散在直线周围。为了找出一条直线,使各实验点到直线的距离最短(误差最小),需要用数理统计方法,利用最小二乘法关系算出相应的方程 $y=a+bx$ 中的系数 a 和 b,然后再绘出相应的直线,这样的方程称为 y 对 x 的回归方程,相应的直线称为回归直线,从回归方程或回归直线上求得的数值,误差小,准确度高。式中 a 为直线的截距,与系统误差大小有关,b 为直线的斜率,与方法灵敏度有关。

设实验点为 (x_i, y_i),则平均值

$$\bar{x} = \frac{\sum\limits_{i=1}^{n} x_i}{n} \qquad \bar{y} = \frac{\sum\limits_{i=1}^{n} y_i}{n}$$

由最小二乘法关系得

$$b = \frac{\sum\limits_{i=1}^{n} (x_i - \bar{x})(y_i - \bar{y})}{\sum\limits_{i=1}^{n} (x_i - \bar{x})^2} \tag{2-24}$$

或

$$b = \frac{\sum\limits_{i=1}^{n} x_i y_i - \dfrac{\left(\sum\limits_{i=1}^{n} x_i\right)\left(\sum\limits_{i=1}^{n} y_i\right)}{n}}{\sum\limits_{i=1}^{n} x_i^2 - \dfrac{\left(\sum\limits_{i=1}^{n} x_i\right)^2}{n}} \tag{2-25}$$

$$a = \overline{y} - b\overline{x} \tag{2-26}$$

若 a, b 值确定, 回归方程也就确定了。但这个方程是否有意义呢(因为即使数据误差很大, 仍然可以求出一相应方程)? 这就需要判断两个变量 x 与 y 之间的相关关系是否达到一定密切程度, 为此可采用相关系数(r)检验法。

(1) 当 $r = \pm 1$ 时, 两变量完全线性相关, 实验点全部在回归直线上。

(2) $r = 0$ 时, 两变量毫无相关关系。

(3) $0 < |r| < 1$ 时, 两变量有一定的相关性, 只有当 $|r|$ 大于某临界值时, 二者相关才显著, 所求回归方程才有意义。

r 按下列公式计算:

$$r = \frac{\sum\limits_{i=1}^{n}(x_i - \overline{x})(y_i - \overline{y})}{\sqrt{\sum\limits_{i=1}^{n}(x_i - \overline{x})^2 \sum\limits_{i=1}^{n}(y_i - \overline{y})^2}} \tag{2-27}$$

或

$$r = \frac{\sum\limits_{i=1}^{n}x_i y_i - n\overline{x}\,\overline{y}}{\sqrt{\left(\sum\limits_{i=1}^{n}x_i^2 - n\overline{x}^2\right)\left(\sum\limits_{i=1}^{n}y_i^2 - n\overline{y}^2\right)}} \tag{2-28}$$

r 的临界值与置信度及自由度的关系见表 2-6。

表 2-6 r 的临界值

r 置信度＼$f = n-2$	1	2	3	4	5	6	7	8	9	10
90%	0.988	0.900	0.805	0.729	0.669	0.622	0.582	0.549	0.521	0.497
95%	0.997	0.950	0.878	0.811	0.755	0.707	0.666	0.632	0.602	0.576
99%	0.999	0.990	0.959	0.917	0.875	0.834	0.798	0.765	0.735	0.708

例 分光光度法测定酚含量的数据如下:

酚含量 x	0.005	0.010	0.020	0.030	0.040	0.050
吸光度 y	0.020	0.046	0.100	0.120	0.140	0.180

用回归方程表示酚含量与吸光度的关系, 并检查方程是否有意义。

解: $n = 6$ $\quad \sum\limits_{i=1}^{6}x_i = 0.155$ $\quad \sum\limits_{i=1}^{6}y_i = 0.606$ $\quad \sum\limits_{i=1}^{6}x_i y_i = 0.0208$

$$\bar{x} = 0.025\,8 \qquad \bar{y} = 0.101$$

$$\sum_{i=1}^{6} x_i^2 = 0.005\,5 \qquad \sum_{i=1}^{6} y_i^2 = 0.078\,9$$

则

$$\sum x_i y_i - \frac{\sum x_i \sum y_i}{n} = 0.020\,8 - \frac{0.155 \times 0.606}{6} = 0.005\,1$$

$$\sum x_i^2 - \frac{\left(\sum x_i\right)^2}{n} = 0.005\,5 - \frac{0.155^2}{6} = 0.001\,5$$

故

$$b = \frac{0.005\,1}{0.001\,5} = 3.4$$

$$a = 0.101 - 3.40 \times 0.025\,8 = 0.013$$

回归方程为 $y = 0.013 + 3.4x$。

利用此方程只要测得 y(吸光度)即可求得试样中酚含量 x。

检查 x 与 y 的相关系数,代入式(2-28)得 $r = 0.996$。

查表 2-6,当 $f = 6 - 2 = 4$ 时,选置信度 95%,$r_{临} = 0.811$,$r_{计算} > r_{临}$,表明方程是有意义的,含量与吸光度之间有较好的线性关系。

思考题[①]

1. 准确度和精密度,误差和偏差有何区别与联系?

2. 下列情况分别引起什么误差? 如果是系统误差,应如何消除?

(1) 砝码被腐蚀;

(2) 天平两臂不等长;

(3) 容量瓶和吸管不配套;

(4) 重量分析中杂质被共沉淀;

(5) 天平称量时最后一位读数估计不准;

(6) 以含量为 99% 的邻苯二甲酸氢钾作基准物质标定碱溶液。

3. 用标准偏差和算术平均偏差表示结果,哪一种更合理?

4. 如何减少随机误差? 如何减少系统误差?

5. 某铁矿石中含铁 39.16%,若甲的分析结果为 39.12%,39.15% 和 39.18%,乙的分析结果为 39.19%,39.24% 和 39.28%。试比较甲、乙两人分析结果的准确度和精密度。

6. 甲、乙两人同时分析一矿物中的含硫量。每次取样 3.5 g,分析结果分别报告为

甲:0.042%,0.041%

乙:0.041 99%,0.042 01%

---

① 思考题答案及习题的详细解答过程,请见配套出版的《分析化学(第七版)学习指导》(华东理工大学、四川大学编,高等教育出版社 2019 年 9 月出版)。

哪一份报告是合理的,为什么?

习题

1. 已知分析天平能称准至±0.1 mg,要使试样的称量误差不大于±0.1%,则至少要称取试样多少克?

2. 某试样经分析测得含锰质量分数为41.24%,41.27%,41.23%,41.26%。求分析结果的平均偏差、标准偏差和变异系数。

3. 某矿石中钨的质量分数测定结果为20.39%,20.41%,20.43%。计算标准偏差及置信度为95%时平均值的置信区间。

4. 水中Cl^-含量经6次测定,求得其平均值为35.2 mg·L^{-1},$s = 0.7$ mg·L^{-1},计算置信度为90%时平均值的置信区间。

5. 用Q值检验法判断下列数据中有无应舍弃的? 置信度选90%。

(1) 24.26,24.50,24.73,24.63

(2) 6.400,6.416,6.222,6.408

(3) 31.50,31.68,31.54,31.82

6. 测定试样中P_2O_5的质量分数,测定结果为8.44%,8.32%,8.45%,8.52%,8.69%,8.38%。

用Grubbs检验法及Q值检验法对可疑数据决定取舍,求平均值、平均偏差、标准偏差和置信度为90%及99%时平均值的置信区间。

7. 有一标准试样,其标准值为0.123%,今用一新方法测定,测定结果为0.112%,0.118%,0.115%,0.119%。判断新方法是否存在系统误差。置信度选95%。

8. 用两种方法测得数据如下:

方法Ⅰ　　$n_1 = 6$,$\overline{x}_1 = 71.26\%$,$s_1 = 0.13\%$

方法Ⅱ　　$n_2 = 9$,$\overline{x}_2 = 71.38\%$,$s_2 = 0.11\%$

判断两种方法间有无显著性差异。

9. 用两种方法测定钢样中碳的质量分数,数据如下:

方法Ⅰ　　4.08%,4.03%,3.94%,3.90%,3.96%,3.99%

方法Ⅱ　　3.98%,3.92%,3.90%,3.97%,3.94%

判断两种方法的精密度是否有显著性差异。

10. 下列数据各包含几位有效数字:

(1) 0.025 1　　　(2) 0.218 0　　　(3) 1.8×10^{-5}　　　(4) pH = 2.50

11. 按有效数字运算规则计算下列各式:

(1) 2.187×0.854+9.6×10^{-5}−0.032 6×0.008 14

(2) 51.38/(8.709×0.094 60)

(3) $\dfrac{9.827 \times 50.62}{0.005\ 164 \times 136.6}$

(4) $\sqrt{\dfrac{1.5 \times 10^{-8} \times 6.1 \times 10^{-8}}{3.3 \times 10^{-6}}}$

12. 为了判断测定氯乙酸含量的方法是否可行,今对一质量分数为 99.43% 的纯氯乙酸进行测定,测定 10 次,数据如下:

97.68%,98.10%,99.07%,99.18%,99.41%,99.42%,99.70%,99.70%,99.76%,99.82%

试对这组数据:

(1) 进行异常值检查;

(2) 将所得平均值与已知值进行 t 检验,判断方法是否可行;

(3) 表示分析结果;

(4) 计算该法重复性,以近似表达两次平行测定间的允许差。

习题参考答案

第3章 滴定分析
Titrimetric Analysis

§3-1 滴定分析概述

使用滴定管将一种已知准确浓度的溶液即标准溶液(standard solution),滴加到待测物的溶液中,直到与待测组分按化学计量关系恰好完全反应,即加入标准溶液的物质的量与待测组分的物质的量符合反应式的化学计量关系,然后根据标准溶液的浓度和所消耗的体积,计算出待测组分的含量,这一类分析方法统称为滴定分析法。滴加标准溶液的操作过程称为滴定(titration)。滴加的标准溶液与待测组分恰好反应完全的这一点,称为化学计量点(stoichiometric point)。在化学计量点时,反应往往没有易为人察觉的任何外部特征,因此一般是在待测溶液中加入指示剂(indicator)(如酚酞等),当指示剂突然变色时停止滴定,这时称为滴定终点(end point)。实际分析操作中滴定终点与理论上的化学计量点不一定能恰好符合,它们之间往往存在很小的差别,由此而引起的误差称为终点误差(end point error)。

§3-2 滴定分析法的分类与滴定反应的条件

化学分析法是以化学反应为基础的,滴定分析法是化学分析法中重要的一类分析方法。按照所利用的化学反应不同,滴定分析法一般可分成下列四类。

1. 酸碱滴定法(又称中和法)

这是以质子传递反应为基础的一类滴定分析法,可用来测定酸、碱,其反应实质可用下式表示:

$$H^+ + B^{-①} \Longrightarrow HB$$

---

① 按照质子理论,B^-表示碱,参见§4-1。

2. 沉淀滴定法（又称容量沉淀法）

这是以沉淀反应为基础的一种滴定分析法，可用于对 Ag^+、CN^-、SCN^- 及卤素等离子进行测定，如将 $AgNO_3$ 配制成标准溶液，滴定 Cl^-，其反应如下：

$$Ag^+ + Cl^- \rule[0.5ex]{2em}{0.4pt} AgCl\downarrow$$

3. 配位滴定法（又称络合滴定法）

这是以配位反应为基础的一种滴定分析法，可用于对金属离子进行测定，如用 EDTA 作配位剂，有如下反应：

$$M^{2+} + Y^{4-} \rule[0.5ex]{2em}{0.4pt} MY^{2-}$$

式中，M^{2+} 表示二价金属离子；Y^{4-} 表示 EDTA 的阴离子。

4. 氧化还原滴定法

这是以氧化还原反应为基础的一种滴定分析法，可用于测定具有氧化还原性质的物质及某些不具有氧化还原性质的物质，如将 $KMnO_4$ 配制成标准溶液，滴定 Fe^{2+}，其反应如下：

$$MnO_4^- + 5Fe^{2+} + 8H^+ \rule[0.5ex]{2em}{0.4pt} Mn^{2+} + 5Fe^{3+} + 4H_2O$$

化学反应有很多，但适用于滴定分析法的化学反应必须具备下列条件：

（1）反应能定量地完成，即反应按一定的反应式进行，无副反应发生，而且进行得完全（>99.9%），这是定量计算的基础。

（2）反应速率要快。对于速率慢的反应，应采取适当措施提高其反应速率。

（3）能用比较简便的方法确定滴定的终点。

凡是能满足上述要求的反应，都可以用于直接滴定法（direct titration）中，即用标准溶液直接滴定被测物质。直接滴定法是滴定分析法中最常用和最基本的滴定方法。

如果反应不能完全符合上述要求，可以采用如下的间接滴定法（indirect titration）。

当反应速率较慢或待测物是固体时，待测物中加入符合化学计量关系的标准溶液（或称滴定剂）后，反应常常不能立即完成。这种情况下可于待测物中先加入一定量且过量的滴定剂，待反应完成后，再用另一种标准溶液滴定剩余的滴定剂。例如，Al^{3+} 与 EDTA 的配位反应的速率很慢，不能用直接滴定法进行测定，可于 Al^{3+} 溶液中先加入过量 EDTA 标准溶液并加热，待 Al^{3+} 与 EDTA 反应完全后，用 Zn^{2+} 或 Cu^{2+} 标准溶液滴定剩余的 EDTA；又如，对于固体 $CaCO_3$ 的测定，可先加入过量 HCl 标准溶液，待反应完成后，用 NaOH 标准溶液滴定剩余的 HCl。

对于没有定量关系或伴有副反应的反应，可以先用适当的试剂与待测物反应,转换成另一种能被定量滴定的物质,然后再用适当的标准溶液进行滴定。例如,$K_2Cr_2O_7$ 是强氧化剂,$Na_2S_2O_3$ 是强还原剂,但在酸性溶液中,强氧化剂可将 $S_2O_3^{2-}$ 氧化为 $S_4O_6^{2-}$ 及 SO_4^{2-} 等的混合物,而且它们之间没有一定的化学计量关系,因此不能用硫代硫酸钠溶液直接滴定重铬酸钾及其它强氧化剂。若在 $K_2Cr_2O_7$ 的酸性溶液中加入过量 KI,$K_2Cr_2O_7$ 与 KI 定量反应后析出的 I_2 就可以用 $Na_2S_2O_3$ 标准溶液直接滴定。

对于不能与滴定剂直接起反应的物质,有时可以通过另一种化学反应,以滴定法间接进行测定。例如,Ca^{2+} 没有可变价态,不能直接用氧化还原法滴定。但若将 Ca^{2+} 沉淀为 CaC_2O_4,过滤并洗净后溶解于硫酸中,再用 $KMnO_4$ 标准溶液滴定与 Ca^{2+} 结合的 $C_2O_4^{2-}$,就可以间接测定 Ca^{2+} 的含量。

间接法的广泛应用,扩展了滴定分析的应用范围。

§3-3 标准溶液的配制

滴定分析中必须使用标准溶液,最后要通过标准溶液的浓度和用量来计算待测组分的含量,因此正确地配制标准溶液,准确地标定标准溶液的浓度,对有些标准溶液进行妥善保存,对于提高滴定分析的准确度有重大意义。

配制标准溶液一般有下列两种方法。

1. 直接法

准确称取一定量的物质,溶解后,在容量瓶内稀释到一定体积,然后算出该溶液的准确浓度。用直接法配制标准溶液的物质,称为基准物质,其必须具备下列条件:

(1) 物质必须具有足够的纯度,即含量≥99.9%,其杂质的含量应少到滴定分析所允许的误差限度以下。一般选用基准试剂或优级纯试剂。

(2) 物质的组成与化学式应完全符合。若含结晶水,其含量也应与化学式相符。

(3) 性质稳定。

但是用来配制标准溶液的物质大多不能满足上述条件。如酸碱滴定法中常用的盐酸,除了恒沸点的盐酸外,一般市售盐酸中的 HCl 含量有一定的波动;又如 NaOH 也是常用的碱,但它极易吸收空气中的 CO_2 和水分,称得的质量不能代表纯 NaOH 的质量。因此,对这一类物质,不能用直接法配制标准溶液,而要用间接法配制。

2. 间接法

粗略地称取一定量物质或量取一定量体积溶液,配制成接近于所需要浓度的溶液。这样配制的溶液,其准确浓度还是未知的,必须用基准物质或另一种物质的标准溶液来测定它们的准确浓度。这种确定浓度的操作,称为标定(stand-ardization)。

如欲配制 $0.1\ mol\cdot L^{-1}$ NaOH 标准溶液,先配成约为 $0.1\ mol\cdot L^{-1}$ 的溶液,然后用该溶液滴定经准确称量的邻苯二甲酸氢钾($C_6H_4COOHCOOK$),根据两者完全作用时 NaOH 溶液的用量和邻苯二甲酸氢钾的质量,即可算出 NaOH 标准溶液的准确浓度。

在上述标定过程中,邻苯二甲酸氢钾即为基准物质。作为基准物质,除了必须满足上述以直接法配制标准溶液的物质所应具备的三个条件外,为了降低称量误差,在可能的情况下,最好还具备第四个条件,即具有较大的摩尔质量。如邻苯二甲酸氢钾和草酸($H_2C_2O_4\cdot2H_2O$)都可用作标定 NaOH 的基准物质,但前者的摩尔质量大于后者,因此更适宜于用作基准物质(参阅§3-5,例4)。常用基准物质的干燥条件和应用见附录一。

§3-4　标准溶液浓度表示法

物质的量浓度

物质的量浓度简称浓度,是指单位体积溶液所含溶质的物质的量(n)。如 B 物质的浓度以符号 c_B 表示,即

$$c_B = \frac{n_B}{V} \tag{3-1}$$

式中,V 为溶液的体积。浓度的常用单位为 $mol\cdot L^{-1}$。

物质 B 的物质的量 n_B 与物质 B 的质量 m_B 的关系为

$$n_B = \frac{m_B}{M_B} \tag{3-2}$$

式中,M_B 为物质 B 的摩尔质量。根据式(3-2),可以从溶质的质量求出溶质的物质的量,进而计算溶液的浓度。

例1　已知浓硫酸的相对密度为 1.84,其中 H_2SO_4 含量约为 95%,求 $c_{H_2SO_4}$。

解:根据式(3-2)可知 1 L 浓硫酸中含 H_2SO_4 的物质的量为

$$n_{H_2SO_4} = \frac{m_{H_2SO_4}}{M_{H_2SO_4}} = \frac{1.84\ g\cdot mL^{-1}\times1\,000\ mL\times95\%}{98.08\ g\cdot mol^{-1}} = 17.8\ mol$$

$$c_{H_2SO_4} = \frac{n_{H_2SO_4}}{V_{H_2SO_4}} = \frac{17.8 \text{ mol}}{1.00 \text{ L}} = 17.8 \text{ mol} \cdot L^{-1}$$

例2　欲配制 $c_{H_2C_2O_4 \cdot 2H_2O}$ 为 0.2100 mol·L^{-1} 的标准溶液 250 mL，应称取 $H_2C_2O_4 \cdot 2H_2O$ 多少克？

解：$H_2C_2O_4 \cdot 2H_2O$ 的摩尔质量为 126.07g·mol^{-1}，故

$$m_{H_2C_2O_4 \cdot 2H_2O} = c_{H_2C_2O_4 \cdot 2H_2O} \cdot V_{H_2C_2O_4 \cdot 2H_2O} \cdot M_{H_2C_2O_4 \cdot 2H_2O}$$
$$= 0.2100 \text{ mol} \cdot L^{-1} \times 250.0 \times 10^{-3} \text{ L} \times 126.07 \text{ g} \cdot mol^{-1} = 6.619g$$

滴　定　度

"滴定度"是指与每毫升标准溶液相当的被测组分的质量，用 $T_{被测物/滴定剂}$ 表示。例如，用来测定铁含量的 $KMnO_4$ 标准溶液，其滴定度可用 $T_{Fe/KMnO_4}$ 或 $T_{Fe_2O_3/KMnO_4}$ 表示。

若 $T_{Fe/KMnO_4} = 0.005682$ g·mL^{-1}，即表示 1 mL $KMnO_4$ 溶液相当于 0.005682 g 铁，也就是说，1 mL 的 $KMnO_4$ 标准溶液能把 0.005682 g Fe^{2+} 氧化成 Fe^{3+}。在生产实际中，常常需要对大批试样测定其中同一组分的含量，这时若用滴定度来表示标准溶液所相当的被测组分的质量，那么计算被测组分的含量就比较方便。如上例中，如果已知滴定中消耗 $KMnO_4$ 标准溶液的体积为 V，则被测定铁的质量 $m_{Fe} = TV$。

浓度 c 与滴定度 T 之间关系推导如下。

对于一个化学反应：

$$aA + bB \Longrightarrow cC + dD$$

A 为被测组分，B 为标准溶液，若以 V_B 为反应完成时标准溶液消耗的体积（mL），m_A 和 M_A 分别代表物质 A 的质量（g）和摩尔质量（g·mol^{-1}）。当反应达到化学计量点时

$$\frac{m_A}{M_A} = \frac{a}{b} \cdot \frac{c_B V_B}{1000}$$

$$\frac{m_A}{V_B} = \frac{a c_B M_A}{b\,1000}$$

由滴定度定义 $T_{A/B} = m_A / V_B$ 得

$$T_{A/B} = \frac{a}{b} \cdot \frac{c_B M_A}{1000} \tag{3-3}$$

例3　求 0.1000 mol·L^{-1} NaOH 标准溶液对 $H_2C_2O_4$ 的滴定度。

解:NaOH 与 $H_2C_2O_4$ 的反应式为

$$H_2C_2O_4+2NaOH \Longrightarrow Na_2C_2O_4+2H_2O$$

即 $a=1, b=2$,按式(3-3),得

$$T_{H_2C_2O_4/NaOH}=\frac{a}{b} \cdot \frac{c_{NaOH}M_{H_2C_2O_4}}{1\,000}=\frac{1}{2} \times \frac{0.100\,0 \text{ mol} \cdot L^{-1} \times 90.04 \text{ g} \cdot mol^{-1}}{1\,000 \text{ mL} \cdot L^{-1}}=0.004\,502 \text{ g} \cdot mL^{-1}$$

有时滴定度也可以用每毫升标准溶液中所含溶质的质量来表示,如 $T_{I_2}=0.014\,68 \text{ g} \cdot mL^{-1}$,即每毫升标准碘溶液含有碘 0.014 68 g。这种表示法的应用范围不及上一种表示法广泛。

§3-5 滴定分析结果的计算

滴定分析是用标准溶液去滴定被测组分的溶液,由于对反应物选取的基本单元不同,因此可以用两种不同的计算方法。

假如选取分子、离子或原子作为反应物的基本单元,此时滴定分析结果计算的依据为:当滴定到化学计量点时,它们的物质的量之间的关系恰好符合其化学反应式所表示的化学计量关系。

被测组分的物质的量 n_A 与滴定剂的物质的量 n_B 的关系

在直接滴定法中,设被测组分 A 与滴定剂 B 间的反应为

$$aA+bB \Longrightarrow cC+dD$$

当滴定到达化学计量点时 a mol A 恰好与 b mol B 作用完全,即

$$n_A:n_B=a:b$$

故

$$n_A=\frac{a}{b}n_B \qquad n_B=\frac{b}{a}n_A \tag{3-4}$$

例如,用 Na_2CO_3 作基准物质标定 HCl 溶液的浓度时,其反应式为

$$2HCl+Na_2CO_3 \Longrightarrow 2NaCl+H_2CO_3$$

则

$$n_{HCl}=2n_{Na_2CO_3}$$

若被测物是溶液,其体积为 V_A,浓度为 c_A,到达化学计量点时去浓度为 c_B

的滴定剂的体积为 V_B, 则

$$c_A V_A = \frac{a}{b} c_B V_B$$

例如,用已知浓度的 NaOH 标准溶液测定 H_2SO_4 溶液浓度,其反应式为

$$H_2SO_4 + 2NaOH === Na_2SO_4 + 2H_2O$$

滴定到达化学计量点时

$$c_{H_2SO_4} \cdot V_{H_2SO_4} = \frac{1}{2} c_{NaOH} \cdot V_{NaOH}$$

$$c_{H_2SO_4} = \frac{c_{NaOH} \cdot V_{NaOH}}{2 V_{H_2SO_4}}$$

上述关系式也能用于有关溶液稀释的计算中。因为溶液稀释后,浓度虽然降低了,但所含溶质的物质的量没有改变,所以

$$c_1 V_1 = c_2 V_2$$

式中,c_1、V_1 分别为稀释前溶液的浓度和体积;c_2、V_2 分别为稀释后溶液的浓度和体积。

在间接法滴定中涉及两个或两个以上反应,应从总的反应中找出实际参加反应的物质的物质的量之间关系。例如,在酸性溶液中以 $KBrO_3$ 为基准物质标定 $Na_2S_2O_3$ 溶液的浓度时,反应分两步进行。首先,在酸性溶液中 $KBrO_3$ 与过量的 KI 反应析出 I_2:

$$BrO_3^- + 6I^- + 6H^+ === 3I_2 + 3H_2O + Br^- \tag{1}$$

然后用 $Na_2S_2O_3$ 溶液为滴定剂,滴定析出的 I_2:

$$I_2 + 2S_2O_3^{2-} === 2I^- + S_4O_6^{2-} \tag{2}$$

I^- 在反应(1)中被氧化成 I_2,而在反应(2)中 I_2 又被还原成 I^-,实际上总的反应相当于 $KBrO_3$ 氧化了 $Na_2S_2O_3$。在反应(1)中 1 mol $KBrO_3$ 产生 3 mol I_2,而反应(2)中 1 mol I_2 和 2 mol $Na_2S_2O_3$ 反应,结合反应(1)与(2),$KBrO_3$ 与 $Na_2S_2O_3$ 之间的化学计量关系是 1:6,即

$$n_{Na_2S_2O_3} = 6n_{KBrO_3}$$

又如,用 $KMnO_4$ 法滴定 Ca^{2+},经过如下几步:

$$Ca^{2+} \xrightarrow{C_2O_4^{2-}} CaC_2O_4 \downarrow \xrightarrow{H^+} C_2O_4^{2-} \xrightarrow{MnO_4^-} 2CO_2$$

此处 Ca^{2+} 与 $C_2O_4^{2-}$ 反应的物质的量比是 $1:1$,而 $C_2O_4^{2-}$ 与 $KMnO_4$ 是按 $5:2$ 的物质的量比互相反应的:

$$5C_2O_4^{2-}+2MnO_4^-+16H^+ \longrightarrow 2Mn^{2+}+10CO_2\uparrow+8H_2O$$

故

$$n_{Ca}=\frac{5}{2}n_{KMnO_4}$$

被测组分质量分数的计算

若称取试样的质量为 $m_{试}$,测得被测组分的质量为 m,则被测组分在试样中的质量分数 w_A 为

$$w_A=\frac{m}{m_{试}}\times100\% \tag{3-5}$$

在滴定分析中,被测组分的物质的量 n_A 是由滴定剂的浓度 c_B、体积 V_B 及被测组分与滴定剂反应的物质的量比 $a:b$ 求得的,即

$$n_A=\frac{a}{b}n_B=\frac{a}{b}c_B\cdot V_B$$

则被测组分的质量 m_A 为

$$m_A=n_A M_A=\frac{a}{b}c_B\cdot V_B\cdot M_A$$

于是

$$w_A=\frac{\dfrac{a}{b}c_B\cdot V_B\cdot M_A}{m_{试}}\times100\% \tag{3-6}$$

如果溶液的浓度用滴定度 $T_{A/B}$ 表示,根据滴定度的定义,得

$$m_A=T_{A/B}\cdot V_B$$

$$w_A=\frac{T_{A/B}\cdot V_B}{m_{试}}\times100\% \tag{3-7}$$

以上是滴定分析中计算被测组分质量分数的一般通式。

计 算 示 例

例1 欲配制 $0.1\ mol\cdot L^{-1}$ HCl 溶液 500 mL,应取 $6\ mol\cdot L^{-1}$ 盐酸多少毫升?

解:设应取盐酸 x mL,则

$$x \cdot 6 \text{ mol} \cdot \text{L}^{-1} = 500 \text{ ml} \times 0.1 \text{ mol} \cdot \text{L}^{-1}$$

$$x = 8.3 \text{ mL}$$

例 2 中和 20.00 mL 0.094 50 mol·L^{-1} H$_2$SO$_4$ 溶液,需用 0.200 0 mol·L^{-1} NaOH 溶液多少毫升?

解:

$$2\text{NaOH} + \text{H}_2\text{SO}_4 === \text{Na}_2\text{SO}_4 + 2\text{H}_2\text{O}$$

$$n_{\text{NaOH}} = 2n_{\text{H}_2\text{SO}_4}$$

$$V_{\text{NaOH}} = \frac{n_{\text{NaOH}}}{c_{\text{NaOH}}} = \frac{2n_{\text{H}_2\text{SO}_4}}{c_{\text{NaOH}}} = \frac{2c_{\text{H}_2\text{SO}_4} \cdot V_{\text{H}_2\text{SO}_4}}{c_{\text{NaOH}}} = \frac{2 \times 0.094 \, 50 \text{ mol} \cdot \text{L}^{-1} \times 20.00 \text{ mL}}{0.200 \, 0 \text{ mol} \cdot \text{L}^{-1}} = 18.90 \text{ mL}$$

例 3 有一 KOH 溶液,22.59 mL 能中和二水合草酸(H$_2$C$_2$O$_4$·2H$_2$O)0.300 0 g。求该 KOH 溶液的浓度。

解:此滴定反应为

$$\text{H}_2\text{C}_2\text{O}_4 + 2\text{OH}^- === \text{C}_2\text{O}_4^{2-} + 2\text{H}_2\text{O}$$

$$n_{\text{KOH}} = 2n_{\text{H}_2\text{C}_2\text{O}_4 \cdot 2\text{H}_2\text{O}}$$

$$c_{\text{KOH}} = \frac{n_{\text{KOH}}}{V_{\text{KOH}}} = \frac{2n_{\text{H}_2\text{C}_2\text{O}_4 \cdot 2\text{H}_2\text{O}}}{V_{\text{KOH}}} = \frac{2m_{\text{H}_2\text{C}_2\text{O}_4 \cdot 2\text{H}_2\text{O}}}{M_{\text{H}_2\text{C}_2\text{O}_4 \cdot 2\text{H}_2\text{O}} V_{\text{KOH}}}$$

$$= \frac{2 \times 0.300 \, 0 \text{ g}}{126.1 \text{ g} \cdot \text{mol}^{-1} \times 22.59 \times 10^{-3} \text{ L}}$$

$$= 0.210 \, 6 \text{ mol} \cdot \text{L}^{-1}$$

例 4 选用邻苯二甲酸氢钾(KHC$_8$H$_4$O$_4$)作基准物质,标定 0.1 mol·L^{-1} NaOH 溶液的准确浓度。今欲把用去的 NaOH 溶液体积控制为 25 mL 左右,应称取基准物质多少克?如改用二水合草酸(H$_2$C$_2$O$_4$·2H$_2$O)作基准物质,应称取多少克?

解:以邻苯二甲酸氢钾作基准物质时,其滴定反应式为

$$\text{KHC}_8\text{H}_4\text{O}_4 + \text{OH}^- === \text{KC}_8\text{H}_4\text{O}_4^- + \text{H}_2\text{O}$$

所以

$$n_{\text{NaOH}} = n_{\text{KHC}_8\text{H}_4\text{O}_4}$$

$$m_{\text{KHC}_8\text{H}_4\text{O}_4} = n_{\text{KHC}_8\text{H}_4\text{O}_4} \cdot M_{\text{KHC}_8\text{H}_4\text{O}_4} = n_{\text{NaOH}} \cdot M_{\text{KHC}_8\text{H}_4\text{O}_4} = c_{\text{NaOH}} V_{\text{NaOH}} \cdot M_{\text{KHC}_8\text{H}_4\text{O}_4}$$

$$= 0.1 \text{ mol} \cdot \text{L}^{-1} \times 25 \times 10^{-3} \text{ L} \times 204.2 \text{ g} \cdot \text{mol}^{-1} \approx 0.5 \text{ g}$$

若以二水合草酸作基准物质,由上例可知:

$$n_{\text{NaOH}} = 2n_{\text{H}_2\text{C}_2\text{O}_4 \cdot 2\text{H}_2\text{O}}$$

$$m_{\text{H}_2\text{C}_2\text{O}_4 \cdot 2\text{H}_2\text{O}} = n_{\text{H}_2\text{C}_2\text{O}_4 \cdot 2\text{H}_2\text{O}} \cdot M_{\text{H}_2\text{C}_2\text{O}_4 \cdot 2\text{H}_2\text{O}} = \frac{1}{2} n_{\text{NaOH}} \cdot M_{\text{H}_2\text{C}_2\text{O}_4 \cdot 2\text{H}_2\text{O}}$$

$$= \frac{c_{\text{NaOH}} \cdot V_{\text{NaOH}} \cdot M_{\text{H}_2\text{C}_2\text{O}_4 \cdot 2\text{H}_2\text{O}}}{2}$$

$$= \frac{1}{2} \times 0.1 \text{ mol} \cdot \text{L}^{-1} \times 25 \times 10^{-3} \text{ L} \times 126.1 \text{ g} \cdot \text{mol}^{-1} \approx 0.2 \text{ g}$$

由此可见,采用邻苯二甲酸氢钾作基准物质可减少称量上的相对误差。

例 5 测定工业纯碱中 Na_2CO_3 的含量时,称取 0.245 7 g 试样,用 0.207 1 $mol \cdot L^{-1}$ HCl 标准溶液滴定,以甲基橙指示终点,用去 HCl 标准溶液 21.45 mL。求纯碱中 Na_2CO_3 的质量分数。

解:滴定反应为

$$2HCl + Na_2CO_3 \rightleftharpoons 2NaCl + H_2CO_3$$

$$w_{Na_2CO_3} = \frac{m_{Na_2CO_3}}{m_{试}} = \frac{n_{Na_2CO_3} \cdot M_{Na_2CO_3}}{m_{试}} = \frac{\frac{1}{2}n_{HCl} \cdot M_{Na_2CO_3}}{m_{试}} = \frac{\frac{1}{2}c_{HCl} \cdot V_{HCl} \cdot M_{Na_2CO_3}}{m_{试}} \times 100\%$$

$$= \frac{\frac{1}{2} \times 0.207\ 1\ mol \cdot L^{-1} \times 21.45 \times 10^{-3}\ L \times 106.0\ g \cdot mol^{-1}}{0.245\ 7\ g} \times 100\%$$

$$= 95.82\%$$

例 6 有一 $KMnO_4$ 标准溶液,已知其浓度为 0.020 10 $mol \cdot L^{-1}$,求其 $T_{Fe/KMnO_4}$ 和 $T_{Fe_2O_3/KMnO_4}$。如果称取试样 0.271 8 g,溶解后将溶液中的 Fe^{3+} 还原成 Fe^{2+},然后用 $KMnO_4$ 标准溶液滴定,用去 26.30 mL,求试样中 Fe、Fe_2O_3 的质量分数。

解:滴定反应为

$$5Fe^{2+} + MnO_4^- + 8H^+ \rightleftharpoons 5Fe^{3+} + Mn^{2+} + 4H_2O$$

$$n_{Fe} = 5n_{KMnO_4}$$

$$n_{Fe_2O_3} = \frac{5}{2}n_{KMnO_4}$$

依据式(3-3)得

$$T_{Fe/KMnO_4} = \frac{5}{1} \cdot \frac{c_{KMnO_4} \cdot M_{Fe}}{1\ 000} = \frac{5}{1} \cdot \frac{0.020\ 10\ mol \cdot L^{-1} \times 55.85\ g \cdot mol^{-1}}{1\ 000\ mL \cdot L^{-1}}$$

$$= 0.005\ 613\ g \cdot mL^{-1}$$

同理

$$T_{Fe_2O_3/KMnO_4} = \frac{5}{2} \cdot \frac{0.020\ 10\ mol \cdot L^{-1} \times 159.7\ g \cdot mol^{-1}}{1\ 000\ mL \cdot L^{-1}} = 0.008\ 025\ g \cdot mL^{-1}$$

$$w_{Fe} = \frac{T_{Fe/KMnO_4} \cdot V_{KMnO_4}}{m_{试}} \times 100\%$$

$$= \frac{0.005\ 613\ g \cdot mL^{-1} \times 26.30\ mL}{0.271\ 8\ g} \times 100\%$$

$$= 54.31\%$$

$$w_{Fe_2O_3} = \frac{T_{Fe_2O_3/KMnO_4} \cdot V_{KMnO_4}}{m_{试}} \times 100\%$$

$$= \frac{0.008\ 025\ g \cdot mL^{-1} \times 26.30\ mL}{0.271\ 8\ g} \times 100\%$$

$$= 77.65\%$$

思考题

1. 什么是滴定分析？它的主要分析方法有哪些？
2. 能用于滴定分析的化学反应必须符合哪些条件？
3. 什么是化学计量点，什么是滴定终点？
4. 下列物质中哪些可以用直接法配制标准溶液，哪些只能用间接法配制？

$$H_2SO_4,KOH,KMnO_4,K_2Cr_2O_7,KIO_3,Na_2S_2O_3 \cdot 5H_2O$$

5. 表示标准溶液浓度的方法有几种？各有何优缺点？
6. 基准物质条件之一是要具有较大的摩尔质量，对这个条件如何理解？
7. 若将 $H_2C_2O_4 \cdot 2H_2O$ 基准物质长期存放在有硅胶的干燥器中，当用它标定 NaOH 溶液的浓度时，结果是偏低还是偏高？
8. 什么是滴定度？滴定度与物质的量浓度如何换算？试举例说明。

习题

1. 已知浓硝酸的相对密度为 1.42，其中含 HNO_3 约为 70%，求其浓度。欲配制 1 L $0.25 \ mol \cdot L^{-1} \ HNO_3$ 溶液，应取这种浓硝酸多少毫升？

2. 已知浓硫酸的相对密度为 1.84，其中 H_2SO_4 含量约为 96%。欲配制 1 L $0.20 \ mol \cdot L^{-1}$ H_2SO_4 溶液，应取这种浓硫酸多少毫升？

3. 计算密度为 $1.05 \ g \cdot mL^{-1}$ 的冰醋酸（含 HOAc99.6%）的浓度。欲配制 $0.10 \ mol \cdot L^{-1}$ HOAc 溶液 500 mL，应取这种冰醋酸多少毫升？

4. 有一 NaOH 溶液，其浓度为 $0.5450 \ mol \cdot L^{-1}$，取该溶液 100.0 mL，需加水多少毫升方能配成 $0.5000 \ mol \cdot L^{-1}$ 的 NaOH 溶液？

5. 欲配制 $0.2500 \ mol \cdot L^{-1}$ HCl 溶液，现有 $0.2120 \ mol \cdot L^{-1}$ HCl 溶液 1000 mL，应再加入 $1.121 \ mol \cdot L^{-1}$ HCl 溶液多少毫升？

6. 已知海水的平均密度为 $1.02 \ g \cdot mL^{-1}$，若其中 Mg^{2+} 的含量为 0.115%，求每升海水中所含 Mg^{2+} 的物质的量及其浓度。取海水 2.50 mL，以蒸馏水稀释至 250.0 mL，计算该溶液中 Mg^{2+} 的质量浓度（$mg \cdot L^{-1}$）。

7. 中和下列酸溶液，需要多少毫升 $0.2150 \ mol \cdot L^{-1}$ NaOH 溶液？
（1）22.53 mL $0.1250 \ mol \cdot L^{-1} \ H_2SO_4$ 溶液；
（2）20.52 mL $0.2040 \ mol \cdot L^{-1}$ HCl 溶液。

8. 用同一 $KMnO_4$ 标准溶液分别滴定体积相等的 $FeSO_4$ 和 $H_2C_2O_4$ 溶液，耗用的 $KMnO_4$ 标准溶液体积相等，试问 $FeSO_4$ 和 $H_2C_2O_4$ 两种溶液浓度的比例关系 $c_{FeSO_4} : c_{H_2C_2O_4}$ 为多少？

9. 高温水解法将铀盐中的氟以 HF 的形式蒸馏出来，收集后以 $Th(NO_3)_4$ 溶液滴定其中的 F^-，反应式为

$$Th^{4+} + 4F^- \Longrightarrow ThF_4 \downarrow$$

设称取铀盐试样 1.037 g，消耗 $0.1000 \ mol \cdot L^{-1} \ Th(NO_3)_4$ 溶液 3.14 mL，计算试样中氟的质量分数。

10. 假如有一邻苯二甲酸氢钾试样，其中邻苯二甲酸氢钾含量约为 90%，其余为不与碱

作用的杂质,今用酸碱滴定法测定其含量。若采用浓度为 1.000 mol·L^{-1}的 NaOH 标准溶液滴定之,欲控制滴定时碱溶液体积在 25 mL 左右,则:

(1)需称取上述试样多少克?

(2)以浓度为 0.0100 mol·L^{-1}的碱溶液代替 1.000 mol·L^{-1}碱溶液滴定,重复上述计算。

(3)通过上述(1)(2)计算结果,说明为什么在滴定分析中通常采用的滴定剂浓度为 0.1~0.2 mol·L^{-1}。

11. 计算下列溶液的滴定度,以 g·mL^{-1}表示:

(1)以 0.2015 mol·L^{-1} HCl 溶液,用来测定 Na$_2$CO$_3$、NH$_3$;

(2)以 0.1896 mol·L^{-1} NaOH 溶液,用来测定 HNO$_3$、CH$_3$COOH。

12. 计算 0.01135 mol·L^{-1} HCl 溶液对 CaO 的滴定度。

13. 欲配制 250 mL 下列溶液,它们对于 HNO$_2$ 的滴定度均为 4.00 mg(HNO$_2$)·mL^{-1},问各需称取多少克?(1)KOH;(2)KMnO$_4$。

14. 已知某高锰酸钾溶液对 CaC$_2$O$_4$ 的滴定度为 $T_{CaC_2O_4/KMnO_4} = 0.006405$ g·mL^{-1},求此高锰酸钾溶液的浓度及它对 Fe^{2+} 的滴定度。

15. 在 1 L 0.2000 mol·L^{-1} HCl 溶液中,需加入多少毫升水,才能使稀释后的 HCl 溶液对 CaO 的滴定度 $T_{CaO/HCl} = 0.005000$ g·mL^{-1}?

16. 30.0 mL 0.150 mol·L^{-1} HCl 溶液和 20.0 mL 0.150 mol·L^{-1} Ba(OH)$_2$ 溶液相混合,所得溶液是酸性、中性、还是碱性?计算反应后过量反应物的浓度。

17. 滴定 0.1560 g 草酸试样,用去 0.1011 mol·L^{-1} NaOH 溶液 22.60 mL。求草酸试样中 H$_2$C$_2$O$_4$·2H$_2$O 的质量分数。

18. 分析不纯 CaCO$_3$(其中不含干扰物质)时,称取试样 0.3000 g,加入浓度为 0.2500 mol·L^{-1} 的 HCl 标准溶液 25.00 mL。煮沸除去 CO$_2$,用浓度为 0.2012 mol·L^{-1} 的 NaOH 溶液返滴过量的酸,消耗了 5.84 mL。计算试样中 CaCO$_3$ 的质量分数。

19. 在 500 mL 溶液中,含有 9.21 g K$_4$[Fe(CN)$_6$]。计算该溶液的浓度及在以下反应中对 Zn^{2+} 的滴定度:

$$3Zn^{2+} + 2[Fe(CN)_6]^{4-} + 2K^+ \rule[0.5ex]{1.5em}{0.4pt}\!\!\!= K_2Zn_3[Fe(CN)_6]_2$$

习题参考答案

第 **4** 章　酸碱滴定法
Acid-Base Titration

　　酸碱滴定法所涉及的反应是酸碱反应,因此必须首先对酸碱平衡的基础理论进行简要的讨论,然后再介绍酸碱滴定法的有关理论和应用。

§4-1　酸碱平衡的理论基础

　　众所周知,根据酸碱电离理论,电解质溶液解离时所生成的阳离子全部是 H^+ 的是酸,解离时所生成的阴离子全部是 OH^- 的是碱,酸碱发生中和反应后生成盐和水。但是电离理论只适用于水溶液,不适用于非水溶液,而且也不能解释有的物质(如 NH_3 等)不含 OH^-,但却具有碱性的事实。为了进一步认识酸碱反应的本质和便于对水溶液和非水溶液中的酸碱平衡问题统一加以考虑,现引入酸碱质子理论。

酸碱质子理论

　　酸碱质子理论(proton theory)是在 1923 年由布朗斯特(Brønsted)提出的。根据酸碱质子理论,凡是能给出质子(H^+)的物质是酸;凡是能接受质子的物质是碱,它们之间的关系可用下式表示:

$$酸 \rightleftharpoons 质子 + 碱$$

例如:

$$HOAc \rightleftharpoons H^+ + OAc^-$$

上式中的 HOAc 是酸,它给出质子后,转化成的 OAc^- 对于质子具有一定的亲和力,能接受质子,因而 OAc^- 就是 HOAc 的共轭碱。这种因一个质子的得失而互相转变的一对酸碱,称为共轭酸碱对。关于共轭酸碱对还可再举数例如下:

$$HClO_4 \rightleftharpoons H^+ + ClO_4^-$$

$$HSO_4^- \rightleftharpoons H^+ + SO_4^{2-}$$

$$NH_4^+ \rightleftharpoons H^+ + NH_3$$

$$H_2PO_4^- \rightleftharpoons H^+ + HPO_4^{2-}$$

$$HPO_4^{2-} \rightleftharpoons H^+ + PO_4^{3-}$$

$$^+H_3N-R-NH_3^+ \rightleftharpoons H^+ + ^+H_3N-R-NH_2$$

可见酸和碱可以是阳离子、阴离子,也可以是中性分子。

有些分子或离子,在不同的环境中可分别作酸或碱,如 HPO_4^{2-} 作为 $H_2PO_4^-$ 的共轭碱,作为 PO_4^{3-} 的共轭酸,具有酸碱两性。

上面各个共轭酸碱对的质子得失反应,称为酸碱半反应。由于质子的半径极小,电荷密度极高,它不可能在水溶液中独立存在(或者说只能瞬间存在),因此上述的各种酸碱半反应在溶液中也不能单独进行。实际上,当一种酸给出质子时,溶液中必定有一种碱来接受质子。例如,HOAc 在水溶液中解离时,作为溶剂的水就是可以接受质子的碱,它们之间的反应可以表示如下:

$$HOAc \rightleftharpoons H^+ + OAc^-$$

$$H_2O + H^+ \rightleftharpoons H_3O^+$$

$$\overline{\qquad\qquad\qquad\qquad\qquad\qquad}$$

$$HOAc + H_2O \rightleftharpoons H_3O^+ + OAc^-$$

$$酸_1 \quad 碱_2 \qquad 酸_2 \quad 碱_1$$

两个共轭酸碱对通过质子交换,相互作用而达到平衡。

同样,碱在水溶液中接受质子的过程,也必须有溶剂(水)分子参与。例如:

$$NH_3 + H^+ \rightleftharpoons NH_4^+$$

$$H_2O \rightleftharpoons H^+ + OH^-$$

$$\overline{\qquad\qquad\qquad\qquad\qquad\qquad}$$

$$NH_3 + H_2O \rightleftharpoons OH^- + NH_4^+$$

在这个平衡中作为溶剂的水起了酸的作用。与 HOAc 在水中解离的情况相比较可知,水是一种两性溶剂。

由于水分子的两性作用,一个水分子可以从另一个水分子中夺取质子而形成 H_3O^+ 和 OH^-,即

$$H_2O + H_2O \rightleftharpoons H_3O^+ + OH^-$$

根据酸碱质子理论,酸和碱的中和反应也是质子的转移过程,例如 HCl 与 NH_3 反应:

$$HCl + H_2O \Longrightarrow H_3O^+ + Cl^-$$

$$H_3O^+ + NH_3 \Longrightarrow NH_4^+ + H_2O$$

反应的结果是各反应物转化为它们各自的共轭酸或共轭碱。

所谓盐的水解过程,实质上也是质子的转移过程。它们和酸碱解离过程在本质上是相同的,例如:

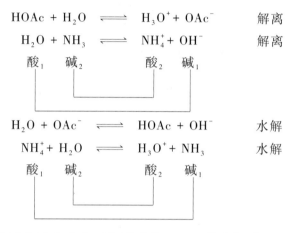

上述最后的两个反应式也可分别看作 HOAc 的共轭碱 OAc^- 的解离反应和 NH_3 的共轭酸 NH_4^+ 的解离反应。总之,各种酸碱反应过程都是质子转移过程,因此运用酸碱质子理论就可以找出各种酸碱反应的共同基本特征。

酸碱的强弱取决于物质给出质子或接受质子能力的强弱。给出质子的能力越强,酸性就越强,反之就越弱。同样,接受质子的能力越强,碱性就越强,反之就越弱。

在共轭酸碱对中,如果酸越容易给出质子,酸性越强,则其共轭碱对质子的亲和力就越弱,就越不容易接受质子,碱性就越弱。例如,$HClO_4$、HCl 是强酸,它们的共轭碱 ClO_4^-、Cl^- 都是弱碱。反之,NH_4^+、HS^- 等是弱酸,而其共轭碱中 NH_3 是较强的碱,S^{2-} 则是强碱。欲定量说明酸碱的强弱,可以用酸碱的解离平衡常数说明。

酸碱解离平衡

酸碱的解离反应达到平衡时,可以通过酸碱的解离平衡常数来表示。

溶剂水分子之间存在的质子传递作用,称为水的质子自递作用,其平衡常数称为水的质子自递常数,用 K_w 表示。

$$H_2O+H_2O \rightleftharpoons H_3O^+ + OH^-$$

$$K_w = [H^+][OH^-]$$

25 ℃时 $K_w = 10^{-14}$,水合质子 H_3O^+ 常常简写作 H^+。

弱酸(如 HOAc)在水溶液中的解离反应和解离平衡常数可表达为

$$HOAc+H_2O \rightleftharpoons H_3O^+ + OAc^-$$

$$K_a = \frac{[H^+][OAc^-]}{[HOAc]} \qquad K_a = 1.8 \times 10^{-5}$$

HOAc 的共轭碱 OAc^- 的解离平衡常数 K_b 为

$$OAc^- + H_2O \rightleftharpoons HOAc+OH^-$$

$$K_b = \frac{[HOAc][OH^-]}{[OAc^-]} \qquad K_b = 5.6 \times 10^{-10}$$

显然,共轭酸碱对的 K_a 和 K_b 有下列关系:

$$K_a \cdot K_b = [H^+][OH^-] = K_w = 1.0 \times 10^{-14} \qquad (25℃)$$

例 1 已知 NH_3 的解离反应为

$$NH_3+H_2O \rightleftharpoons NH_4^+ + OH^- \qquad K_b = 1.8 \times 10^{-5}$$

求 NH_3 的共轭酸的解离常数 K_a。

解:NH_3 的共轭酸为 NH_4^+,它的解离反应为

$$NH_4^+ + H_2O \rightleftharpoons NH_3 + H_3O^+$$

$$K_a = \frac{K_w}{K_b} = \frac{10^{-14}}{1.8 \times 10^{-5}} = 5.6 \times 10^{-10}$$

对于多元酸,要注意 K_a 与 K_b 的对应关系,如三元酸 H_3A 在水溶液中:

$$H_3A+H_2O \xrightleftharpoons{K_{a_1}} H_3O^+ + H_2A^- \qquad H_2A^- + H_2O \xrightleftharpoons{K_{b_3}} H_3A+OH^-$$

$$H_2A^- + H_2O \xrightleftharpoons{K_{a_2}} H_3O^+ + HA^{2-} \qquad HA^{2-} + H_2O \xrightleftharpoons{K_{b_2}} H_2A^- + OH^-$$

$$HA^{2-} + H_2O \xrightleftharpoons{K_{a_3}} H_3O^+ + A^{3-} \qquad A^{3-} + H_2O \xrightleftharpoons{K_{b_1}} HA^{2-} + OH^-$$

即 $\qquad K_{a_1} \cdot K_{b_3} = K_{a_2} \cdot K_{b_2} = K_{a_3} \cdot K_{b_1} = [H^+][OH^-] = K_w$

例 2 S^{2-} 与 H_2O 的反应为

$$S^{2-} + H_2O \rightleftharpoons HS^- + OH^- \qquad K_{b_1} = 1.4$$

求 S^{2-} 的共轭酸的解离常数 K_{a_2}。

解：S^{2-} 的共轭酸为 HS^-，其解离反应为

$$HS^- + H_2O \rightleftharpoons H_3O^+ + S^{2-}$$

$$K_{a_2} = \frac{K_w}{K_{b_1}} = \frac{10^{-14}}{1.4} = 7.1 \times 10^{-15}$$

例3 试求 HPO_4^{2-} 的 pK_{b_2} 和 K_{b_2}。

解：HPO_4^{2-} 为两性物质，既可作为酸失去质子（以 pK_{a_3} 衡量其强度），也可作为碱获得质子（以 pK_{b_2} 衡量其强度）。现需求 HPO_4^{2-} 的 pK_{b_2}，所以应查出它的共轭酸 $H_2PO_4^-$ 的 pK_{a_2}，经查表可知 $K_{a_2} = 6.2 \times 10^{-8}$，即 $pK_{a_2} = 7.21$。

由于　　　　　　　　　　　$K_{a_2} \cdot K_{b_2} = 10^{-14}$

所以　　　　　　　　　　$pK_{b_2} = 14 - pK_{a_2} = 14 - 7.21 = 6.79$

即　　　　　　　　　　　　$K_{b_2} = 1.6 \times 10^{-7}$

酸碱解离常数 K_a 和 K_b（见附录二）的大小也可定量说明酸碱的强弱程度。例如，欲比较 $HOAc-OAc^-$、$NH_4^+-NH_3$、HS^--S^{2-} 和 $H_2PO_4^--HPO_4^{2-}$ 四对共轭酸碱对的强弱情况，将上面例题中的有关数据列成下表：

共轭酸碱对	K_a	K_b
$HOAc-OAc^-$	1.8×10^{-5}	5.6×10^{-10}
$H_2PO_4^--HPO_4^{2-}$	6.2×10^{-8}	1.6×10^{-7}
$NH_4^+-NH_3$	5.6×10^{-10}	1.8×10^{-5}
HS^--S^{2-}	7.1×10^{-15}	1.4

可以看出，这四种酸的强度顺序为

$$HOAc > H_2PO_4^- > NH_4^+ > HS^-$$

而它们共轭碱的强度恰好相反，为

$$OAc^- < HPO_4^{2-} < NH_3 < S^{2-}$$

这就定量说明了酸越强，其共轭碱越弱；反之，酸越弱，它的共轭碱越强的规律。

§4-2 不同 pH 溶液中酸碱存在形式的分布情况 ——分布曲线

从酸(或碱)解离反应式可知,当共轭酸碱对处于平衡状态时,溶液中存在着 H^+ 和不同的酸碱形式。这时它们的浓度称为平衡浓度(equilibrium concentration),各种存在形式平衡浓度之和称为总浓度或分析浓度(analytical concentration),某一存在形式的平衡浓度占总浓度的分数,即为该存在形式的分布系数(distribution coefficient),以 δ 表示。当溶液的 pH 发生变化时,酸碱解离平衡随之移动,以致酸碱存在形式的分布情况也跟着变化。分布系数 δ 与溶液 pH 的关系曲线称为分布曲线(distribution curve)。讨论分布曲线可以深入理解酸碱滴定的过程、终点误差以及分步滴定的可能性,而且也有利于了解配位滴定与沉淀反应条件的选择原则。现对一元酸、二元酸和三元酸分布系数的计算和分布曲线分别讨论如下。

1. 一元酸

以乙酸(HOAc)为例,设它的总浓度为 c。它在溶液中存在 HOAc 和 OAc^- 两种形式,它们的平衡浓度分别为[HOAc]和[OAc^-],则 $c=[HOAc]+[OAc^-]$。又设 HOAc 所占的分数为 δ_1,OAc^- 所占的分数为 δ_0,则

$$\delta_1 = \frac{[HOAc]}{c} = \frac{[HOAc]}{[HOAc]+[OAc^-]} = \frac{1}{1+\dfrac{[OAc^-]}{[HOAc]}} = \frac{1}{1+\dfrac{K_a}{[H^+]}} = \frac{[H^+]}{[H^+]+K_a}$$

$$(4-1a)$$

同理可得

$$\delta_0 = \frac{[OAc^-]}{c} = \frac{K_a}{[H^+]+K_a} \qquad (4-1b)$$

显然,这两种组分分布系数之和应该等于 1,即

$$\delta_1 + \delta_0 = 1$$

如果以 pH 为横坐标,各存在形式的分布系数为纵坐标,可得如图 4-1 所示的分布曲线。从图中可以看到:

(1) 当 $pH = pK_a$ 时,$\delta_0 = \delta_1 = 0.5$,溶液中 HOAc 与 OAc^- 两种形式各占 50%;

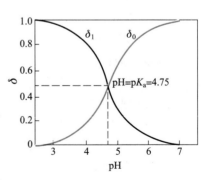

图 4-1 HOAc、OAc^- 分布系数与 溶液 pH 的关系曲线

（2）当 pH $\ll$ pK_a 时，$\delta_1 \gg \delta_0$，溶液中 HOAc 为主要的存在形式；

（3）当 pH $\gg$ pK_a 时，$\delta_0 \gg \delta_1$，溶液中 OAc$^-$ 为主要的存在形式。

2. 二元酸

以草酸（$H_2C_2O_4$）为例，其在溶液中的存在形式有：$H_2C_2O_4$、$HC_2O_4^-$ 和 $C_2O_4^{2-}$。根据物料平衡，草酸的总浓度 c 应为上述三种存在形式的平衡浓度之和，即

$$c = [H_2C_2O_4] + [HC_2O_4^-] + [C_2O_4^{2-}]$$

如果以 δ_2、δ_1、δ_0 分别代表 $H_2C_2O_4$、$HC_2O_4^-$、$C_2O_4^{2-}$ 的分布系数，则

$$\delta_2 = \frac{[H_2C_2O_4]}{c} = \frac{[H_2C_2O_4]}{[H_2C_2O_4] + [HC_2O_4^-] + [C_2O_4^{2-}]}$$

$$= \frac{1}{1 + \dfrac{[HC_2O_4^-]}{[H_2C_2O_4]} + \dfrac{[C_2O_4^{2-}]}{[H_2C_2O_4]}} = \frac{1}{1 + \dfrac{K_{a_1}}{[H^+]} + \dfrac{K_{a_1}K_{a_2}}{[H^+]^2}}$$

$$= \frac{[H^+]^2}{[H^+]^2 + K_{a_1}[H^+] + K_{a_1}K_{a_2}} \tag{4-2a}$$

同理可得

$$\delta_1 = \frac{K_{a_1}[H^+]}{[H^+]^2 + K_{a_1}[H^+] + K_{a_1}K_{a_2}} \tag{4-2b}$$

$$\delta_0 = \frac{K_{a_1}K_{a_2}}{[H^+]^2 + K_{a_1}[H^+] + K_{a_1}K_{a_2}} \tag{4-2c}$$

于是可得图 4-2 所示的分布曲线。由图可知：

（1）当 pH $\ll$ pK_{a_1}时，$\delta_2 \gg \delta_1$，溶液中 $H_2C_2O_4$ 为主要的存在形式；

（2）当 p$K_{a_1} \ll$ pH $\ll$ pK_{a_2}时，$\delta_1 \gg \delta_2$ 和 $\delta_1 \gg \delta_0$，δ_1 最大，溶液中 $HC_2O_4^-$ 为主要的存在形式；

（3）当 pH $\gg$ pK_{a_2}时，$\delta_0 \gg \delta_1$，溶液中 $C_2O_4^{2-}$ 为主要的存在形式。

由于草酸的 pK_{a_1} = 1.23，pK_{a_2} = 4.19，比较接近，因此在 $HC_2O_4^-$ 的优势区内，各种形式的存在情况比较复杂。计算表明，在 pH = 2.2～3.2 时，明显出现三种组分同时存在的状况，而在 pH = 2.71 时，虽然 $HC_2O_4^-$ 的分布系数达到最大（0.938），但 δ_2 与 δ_0 的数值也各占 0.031。

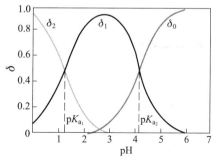

图 4-2 草酸溶液中各种存在形式的
分布系数与溶液 pH 的关系曲线

例　计算酒石酸在 pH=3.71 时,三种存在形式的分布系数。

解:酒石酸为二元酸,查表得 $pK_{a_1}=3.04$,$pK_{a_2}=4.37$,故

$$\delta_2=\frac{(10^{-3.71})^2}{(10^{-3.71})^2+10^{-3.04}\times10^{-3.71}+10^{-3.04}\times10^{-4.37}}=0.149$$

同理可求得 $\delta_1=0.698$;$\delta_0=0.153$。

3. 三元酸

以磷酸(H_3PO_4)为例,其情况更复杂些,以 δ_3、δ_2、δ_1 和 δ_0 分别表示 H_3PO_4、$H_2PO_4^-$、HPO_4^{2-} 和 PO_4^{3-} 的分布系数,仿照二元酸分布系数的推导方法,可得下列各分布系数的计算公式:

$$\delta_3=\frac{[H^+]^3}{[H^+]^3+K_{a_1}[H^+]^2+K_{a_1}K_{a_2}[H^+]+K_{a_1}K_{a_2}K_{a_3}} \tag{4-3a}$$

$$\delta_2=\frac{K_{a_1}[H^+]^2}{[H^+]^3+K_{a_1}[H^+]^2+K_{a_1}K_{a_2}[H^+]+K_{a_1}K_{a_2}K_{a_3}} \tag{4-3b}$$

$$\delta_1=\frac{K_{a_1}K_{a_2}[H^+]}{[H^+]^3+K_{a_1}[H^+]^2+K_{a_1}K_{a_2}[H^+]+K_{a_1}K_{a_2}K_{a_3}} \tag{4-3c}$$

$$\delta_0=\frac{K_{a_1}K_{a_2}K_{a_3}}{[H^+]^3+K_{a_1}[H^+]^2+K_{a_1}K_{a_2}[H^+]+K_{a_1}K_{a_2}K_{a_3}} \tag{4-3d}$$

图 4-3 为磷酸溶液中各种存在形式的分布曲线。由于 H_3PO_4 的 $pK_{a_1}=2.12$,$pK_{a_2}=7.20$,$pK_{a_3}=12.36$,三者相差较大,各存在形式同时共存的情况不如草酸明显:

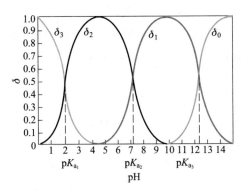

图 4-3　磷酸溶液中各种存在形式的分布系数与溶液 pH 的关系曲线

(1) 当 $pH\ll pK_{a_1}$ 时,$\delta_3\gg\delta_2$,溶液中 H_3PO_4 为主要的存在形式;

(2) 当 $pK_{a_1}\ll pH\ll pK_{a_2}$ 时,$\delta_2\gg\delta_3$ 和 $\delta_2\gg\delta_1$,δ_2 最大,溶液中 $H_2PO_4^-$ 为

主要的存在形式；

（3）当 $pK_{a_2} \ll pH \ll pK_{a_3}$ 时，$\delta_1 \gg \delta_2$ 和 $\delta_1 \gg \delta_0$，δ_1 最大，溶液中 HPO_4^{2-} 为主要的存在形式；

（4）当 $pH \gg pK_{a_3}$ 时，$\delta_0 \gg \delta_1$，溶液中 PO_4^{3-} 为主要的存在形式。

应该指出，在 pH = 4.7 时，$H_2PO_4^-$ 占 99.4%，另外两种形式（H_3PO_4 和 HPO_4^{2-}）各占 0.3%。同样，当 pH = 9.8 时，HPO_4^{2-} 占绝对优势（99.5%），$H_2PO_4^-$ 和 PO_4^{3-} 各占约 0.3%。这两种 pH 情况下，由于各次要的存在形式所占比重甚微，因而在分布曲线图中没有明显表达出来。

从上述讨论中可以看出，无论是一元酸还是多元酸，其各组分的分布系数 δ 的计算式，都是用 $[H^+]$ 及 K_{a_1}、K_{a_2}……来表示，而不出现酸的总浓度 c，可见分布系数 δ 仅与溶液中的 $[H^+]$ 及酸的解离常数 K_a 有关，而与酸的总浓度无关。

本节采用代数法计算分布系数 δ 的公式较长，而且计算也较为烦琐。还可以通过其它的途径，直接由给定的 pH 与 pK 之差计算分布系数，该种计算方法较为简便[①]。

§4-3 酸碱溶液 pH 的计算

酸碱滴定中 $[H^+]$ 或 pH 的计算非常重要。根据酸碱反应中实际存在的平衡关系可推导出计算 $[H^+]$ 的关系式。在允许的计算误差范围内，进行合理的近似处理后可得到结果。

质子条件式

酸碱反应的实质是质子转移。能够准确反映整个平衡体系中质子转移的严格的数量关系式称为质子条件式（proton balance equation，PBE），质子条件式建立的依据是反应中得失质子总量相等，即质子平衡。具体列出质子条件式的步骤如下：

（1）为判断组分得失质子情况，先选择溶液中大量存在并与质子转移直接相关的酸碱组分作为参考水准（又称零水准）。一般选择原始的酸碱组分。

（2）在酸碱反应达到平衡时，根据参考水准，找出失质子的产物和得质子的产物。

（3）依据反应中得失质子总量相等的原则，建立失质子产物的总物质的量等于得质子产物总物质的量的数学关系式，即质子条件式。

---

① 可参阅：孟凡昌,潘祖亭. 计算酸碱组分分布系数 δ 的新方法. 化学通报,1985(11):17-18.

例如,在一元弱酸(设为 HA)的水溶液中,大量存在并参加质子转移的物质是 HA 和 H_2O,选择两者作为参考水准。由于存在下列两个反应:

HA 的解离反应　　　　$HA+H_2O \Longrightarrow H_3O^+ + A^-$

水的质子自递反应　　　$H_2O+H_2O \Longrightarrow H_3O^+ + OH^-$

因而溶液中除 HA 和 H_2O 外,还有 H_3O^+、A^- 和 OH^-,从参考水准出发考察得失质子情况,可知 H_3O^+ 是得质子的产物(以下简作 H^+),而 A^- 和 OH^- 是失质子的产物。总的得失质子的物质的量应该相等,可写出质子条件式如下:

$$[H^+] = [A^-] + [OH^-] \tag{4-4}$$

又如,对于 Na_2CO_3 的水溶液,选择 CO_3^{2-} 和 H_2O 作为参考水准,由于存在下列反应:

$$CO_3^{2-} + H_2O \Longrightarrow HCO_3^- + OH^-$$
$$CO_3^{2-} + 2H_2O \Longrightarrow H_2CO_3 + 2OH^-$$
$$H_2O \Longrightarrow H^+ + OH^- ①$$

将各种存在形式与参考水准相比较,可知 OH^- 为失质子的产物,HCO_3^-、H_2CO_3 和第三个反应式中的 H^+(即 H_3O^+)都是得质子的产物,但需注意其中一个 H_2CO_3 得到 2 个质子,在列出质子条件式时,应在 $[H_2CO_3]$ 前乘以系数 2,以使得失质子的物质的量相等,因此 Na_2CO_3 溶液的质子条件式为

$$[H^+] + [HCO_3^-] + 2[H_2CO_3] = [OH^-] \tag{4-5}$$

质子条件式也可以通过溶液中各有关存在形式的物料平衡(某组分的总浓度等于其各有关存在形式平衡浓度之和)与电荷平衡(溶液中正离子的总电荷数等于负离子的总电荷数,以维持溶液的电中性)求得。现仍以 Na_2CO_3 的水溶液为例,设 Na_2CO_3 的总浓度为 c,有

物料平衡　　　$[CO_3^{2-}] + [HCO_3^-] + [H_2CO_3] = c$

$[Na^+] = 2c$

电荷平衡　　　$[H^+] + [Na^+] = [HCO_3^-] + 2[CO_3^{2-}] + [OH^-]$

将上列三式进行整理,也可得到式(4-5)所示的质子条件式。

例 1　写出 Na_2HPO_4 水溶液的质子条件式。

---

①　从质子理论看,这个反应式表示 H_2O 的质子自递过程,与常写的

$H_2O+H_2O \Longrightarrow H_3O^+ + OH^-$

是等同的,虽然在形式上与电离理论中水的解离反应式相同,但是式子的含义不同。

解:根据参考水准的选择标准,确定 H_2O 和 HPO_4^{2-} 为参考水准,溶液中的质子转移反应有

$$HPO_4^{2-}+H_2O \Longrightarrow H_2PO_4^-+OH^-$$

$$HPO_4^{2-}+2H_2O \Longrightarrow H_3PO_4+2OH^-$$

$$HPO_4^{2-} \Longrightarrow H^++PO_4^{3-}$$

$$H_2O \Longrightarrow H^++OH^-$$

质子条件式为

$$[H^+]+[H_2PO_4^-]+2[H_3PO_4]=[PO_4^{3-}]+[OH^-]$$

例 2　写出 NH_4HCO_3 水溶液的质子条件式。

解:选择 NH_4^+、HCO_3^- 和 H_2O 为参考水准,溶液中的质子转移反应有

$$HCO_3^-+H_2O \Longrightarrow H_2CO_3+OH^-$$

$$HCO_3^- \Longrightarrow H^++CO_3^{2-}$$

$$NH_4^+ \Longrightarrow H^++NH_3$$

$$H_2O \Longrightarrow H^++OH^-$$

质子条件式为

$$[H^+]+[H_2CO_3]=[CO_3^{2-}]+[NH_3]+[OH^-]$$

一元弱酸(碱)溶液 pH 的计算

对于一元弱酸 HA 溶液,有下列质子转移反应:

$$HA \Longrightarrow A^-+H^+$$

$$H_2O \Longrightarrow H^++OH^-$$

质子条件式为

$$[H^+]=[A^-]+[OH^-]$$

上列两个质子转移反应式说明一元弱酸溶液中的 $[H^+]$ 来自两部分,即来自弱酸的解离(相当于式中的 $[A^-]$ 项)和水的质子自递反应(相当于式中的 $[OH^-]$ 项)。

以 $[A^-]=K_a\dfrac{[HA]}{[H^+]}$ 和 $[OH^-]=\dfrac{K_w}{[H^+]}$ 代入上述质子条件式可得

$$[H^+]=K_a\frac{[HA]}{[H^+]}+\frac{K_w}{[H^+]}$$

经整理后可得

$$[H^+]=\sqrt{K_a[HA]+K_w} \qquad\qquad (4-6)$$

上式为计算一元弱酸溶液中 $[H^+]$ 的精确公式。式中的 $[HA]$ 为 HA 平衡浓度,在实际应用中,根据计算 $[H^+]$ 时的允许误差大小,以及弱酸的 c 与 K_a 值的大小,可以考虑合理简化,采取一些近似计算的方法[①]。

若计算结果的允许误差为 5%,则若酸不是太弱,K_w 可以忽略;若酸解离常数不是太大,可以用 c 代替 $[HA]$,判别用公式可表达为

$$cK_a \geqslant 10K_w, \quad c/K_a \geqslant 105$$

根据酸碱解离平衡的具体情况可做出如下的近似处理:

(1) 当酸极弱,溶液又极稀时,满足 $c/K_a \leqslant 105$ 和 $cK_a \leqslant 10K_w$ 条件时,$[HA] = c\delta_{HA} = c\dfrac{[H^+]}{[H^+]+K_a}$($c$ 为 HA 的总浓度),代入式(4-6),则可推导出一元三次方程:

$$[H^+]^3 + K_a[H^+]^2 - (cK_a + K_w)[H^+] - K_aK_w = 0$$

显然,上述计算方程过于麻烦。

(2) 当酸极弱但浓度不是太低,此时水的解离不能忽略,但 HA 的平衡浓度 $[HA]$ 可以认为近似等于总浓度 c,即可以略去弱酸本身的解离,以 c 代替 $[HA]$。在满足 $cK_a \leqslant 10K_w, c/K_a \geqslant 105$ 条件时,可将式(4-6)简化为近似公式:

$$[H^+] = \sqrt{cK_a + K_w} \tag{4-7}$$

(3) 当弱酸的 K_a 不是很小且浓度较小时,则由酸解离提供的 $[H^+]$ 将高于水解离所提供的 $[H^+]$,在满足 $cK_a \geqslant 10K_w, c/K_a \leqslant 105$ 条件时,可将式(4-6)中的 K_w 项略去,则得

$$[H^+] = \sqrt{K_a[HA]} = \sqrt{K_a(c - [H^+])}$$

即

$$[H^+] = \frac{1}{2}(-K_a + \sqrt{K_a^2 + 4cK_a}) \tag{4-8}$$

(4) 当 K_a 和 c 均不是很小,且 $c \gg K_a$ 时,不仅水的解离可以忽略,而且弱酸的解离对其总浓度的影响可以忽略,即满足 $c/K_a \geqslant 105$ 和 $cK_a \geqslant 10K_w$ 两个条件,则式(4-6)可进一步简化为

$$[H^+] = \sqrt{cK_a} \tag{4-9}$$

此即常用的最简式。

例 3 计算 10^{-4} mol·L^{-1} 的 H_3BO_3 溶液的 pH。已知 $pK_a = 9.24$。

解:由题意可得

---

① 胡乃非,林树昌.$[H^+]$近似计算公式的使用条件的探讨. 化学通报,1990(12):35-38.

$$cK_a = 10^{-4} \times 10^{-9.24} = 5.8 \times 10^{-14} < 10K_w$$

因此水解离产生的 $[H^+]$ 项不能忽略。

另一方面

$$c/K_a = 10^{-4}/10^{-9.24} = 10^{5.24} \gg 105$$

可以用总浓度 c 近似代替平衡浓度 $[H_3BO_3]$，应选用式(4-7)计算：

$$[H^+] = \sqrt{cK_a + K_w} = \sqrt{10^{-4} \times 10^{-9.24} + 10^{-14}} \ \text{mol} \cdot \text{L}^{-1} = 2.6 \times 10^{-7} \ \text{mol} \cdot \text{L}^{-1}$$
$$\text{pH} = 6.59$$

如按最简式(4-9)计算，则

$$[H^+] = \sqrt{cK_a} = \sqrt{10^{-4} \times 10^{-9.24}} \ \text{mol} \cdot \text{L}^{-1} = 2.4 \times 10^{-7} \ \text{mol} \cdot \text{L}^{-1}$$
$$\text{pH} = 6.62$$

用最简式求得的 $[H^+]$ 与用近似公式求得的 $[H^+]$ 相比较，二者相差约为 -8%，可见在计算之前根据题设条件，正确选择计算式至关重要。

例 4 试求 $0.12 \ \text{mol} \cdot \text{L}^{-1}$ 一氯乙酸溶液的 pH。已知 $pK_a = 2.86$。

解：由题意得

$$cK_a = 0.12 \times 10^{-2.86} \gg 10K_w$$

因此水解离产生的 $[H^+]$ 项可忽略。

又

$$c/K_a = 0.12/10^{-2.86} = 87 < 105$$

说明酸解离较多，不能用总浓度近似代替平衡浓度，应采用近似计算式(4-8)计算：

$$[H^+] = \frac{1}{2}\left(-10^{-2.86} + \sqrt{(10^{-2.86})^2 + 4 \times 0.12 \times 10^{-2.86}}\right) \ \text{mol} \cdot \text{L}^{-1} = 0.012 \ \text{mol} \cdot \text{L}^{-1}$$
$$\text{pH} = 1.92$$

读者试自行计算，若以最简式(4-9)求算 $[H^+]$，将引入多大的相对误差。

例 5 已知 HOAc 的 $pK_a = 4.74$，求 $0.30 \ \text{mol} \cdot \text{L}^{-1}$ HOAc 溶液的 pH。

解：
$$cK_a = 0.30 \times 10^{-4.74} \gg 10K_w$$
$$c/K_a = 0.30/10^{-4.74} \gg 105$$

符合两个简化的条件，可采用最简式(4-9)计算：

$$[H^+] = \sqrt{cK_a} = \sqrt{0.30 \times 10^{-4.74}} \ \text{mol} \cdot \text{L}^{-1} = 2.3 \times 10^{-3} \ \text{mol} \cdot \text{L}^{-1}$$
$$\text{pH} = 2.64$$

多元酸溶液 pH 的计算

浓度为 c 的二元弱酸溶液 H_2A 的解离平衡为

$$H_2A \Longleftrightarrow HA^- + H^+$$

$$HA^- \rightleftharpoons A^{2-} + H^+$$

$$H_2O \rightleftharpoons OH^- + H^+$$

H_2A 溶液的质子条件式为

$$[H^+] = [HA^-] + 2[A^{2-}] + [OH^-]$$

由于溶液为酸性, 所以 $[OH^-]$ 可忽略不计, 由平衡关系得

$$[H^+] = K_{a_1} \frac{[H_2A]}{[H^+]} + 2K_{a_1}K_{a_2} \frac{[H_2A]}{[H^+]^2}$$

或

$$[H^+] = \frac{K_{a_1}[H_2A]}{[H^+]} \left(1 + \frac{2K_{a_2}}{[H^+]}\right) \tag{4-10}$$

通常二元酸的 $K_{a_1} \gg K_{a_2}$, 当 $\dfrac{2K_{a_2}}{[H^+]} = \dfrac{2K_{a_2}}{\sqrt{cK_{a_1}}} \ll 1$ 时, 该项可忽略。于是得

$$[H^+] = \sqrt{K_{a_1}[H_2A]} = \sqrt{K_{a_1}(c - [H^+])}$$

即

$$[H^+] = \frac{1}{2}\left(-K_{a_1} + \sqrt{K_{a_1}^2 + 4cK_{a_1}}\right) \tag{4-11}$$

此时, 二元弱酸的 $[H^+]$ 主要由第一步解离所决定, 计算可类同于一元酸的处理, 按一元弱酸近似处理的条件, 当 $cK_{a_1} \geqslant 10K_w$, $c/K_{a_1} \geqslant 105$ 时

$$[H^+] = \sqrt{cK_{a_1}} \tag{4-12}$$

例 6　已知室温下 H_2CO_3 的饱和水溶液浓度约为 $0.040\ mol \cdot L^{-1}$, 试求该溶液的 pH。

解: 查表得 $pK_{a_1} = 6.35$, $pK_{a_2} = 10.33$。由于 $K_{a_1} \gg K_{a_2}$, 可按一元酸计算。

又由于

$$cK_{a_1} = 0.040 \times 10^{-6.35} \gg 10K_w \quad c/K_{a_1} = 0.040/10^{-6.35} = 8.9 \times 10^4 \gg 105$$

应采用式 (4-12) 进行计算:

$$[H^+] = \sqrt{0.04 \times 10^{-6.35}}\ mol \cdot L^{-1} = 1.3 \times 10^{-4}\ mol \cdot L^{-1}$$

$$pH = 3.89$$

例 7　求 $0.090\ mol \cdot L^{-1}$ 酒石酸溶液的 pH。

解: 酒石酸是二元酸, 查表得 $pK_{a_1} = 3.04$, $pK_{a_2} = 4.37$。由于

$$K_{a_1}/K_{a_2} = 10^{-3.04}/10^{-4.37} = 21.4$$

比值较大, 而且酒石酸溶液的浓度也不是非常小, 现暂忽略酸的第二级解离, 先按一元弱酸处理。

$$cK_{a_1} = 0.090 \times 10^{-3.04} \gg 10K_w$$

$$c/K_{a_1} = 0.090/10^{-3.04} = 99 < 105$$

因此计算中可忽略水的质子自递反应所提供的 $[H^+]$，但不能用总浓度 c 代替平衡浓度 $[H_2A]$，应采用式(4-11)进行计算：

$$[H^+] = \frac{1}{2}\left(-10^{-3.04} + \sqrt{(10^{-3.04})^2 + 4 \times 0.090 \times 10^{-3.04}}\right) \text{ mol} \cdot L^{-1} = 8.6 \times 10^{-3} \text{ mol} \cdot L^{-1}$$

$$pH = 2.07$$

检验：$\dfrac{2K_{a_2}}{[H^+]} = \dfrac{2 \times 10^{-4.37}}{8.6 \times 10^{-3}} = 0.009\ 9 \ll 1$，所以略去第二级解离的做法是允许的。

两性物质溶液 pH 的计算

有一类两性物质如 $NaHCO_3$、K_2HPO_4、NaH_2PO_4、NH_4OAc、$(NH_4)_2CO_3$ 及邻苯二甲酸氢钾等在水溶液中，既可给出质子，显出酸性，又可接受质子，显出碱性，因此其酸碱平衡较为复杂，但在计算 $[H^+]$ 时仍可以从具体情况出发，做合理简化的处理，以便于运算。

以 NaHA 为例，溶液中的质子转移反应有：

$$HA^- \Longrightarrow H^+ + A^{2-}$$
$$HA^- + H_2O \Longrightarrow H_2A + OH^-$$
$$H_2O \Longrightarrow H^+ + OH^-$$

质子条件式为

$$[H_2A] + [H^+] = [A^{2-}] + [OH^-]$$

将平衡常数 K_{a_1}、K_{a_2} 及 K_w 代入上式，得

$$\frac{[H^+][HA^-]}{K_{a_1}} + [H^+] = \frac{K_{a_2}[HA^-]}{[H^+]} + \frac{K_w}{[H^+]}$$

$$[H^+] = \sqrt{\frac{K_{a_1}(K_{a_2}[HA^-] + K_w)}{K_{a_1} + [HA^-]}} \tag{4-13}$$

式(4-13)为精确计算式。

如果 HA^- 给出质子与接受质子的能力都比较弱，则可以认为 $[HA^-] \approx c$；另根据计算可知，若允许有 5% 误差，在 $cK_{a_2} \geq 10K_w$ 时，HA^- 提供的 $[H^+]$ 比水提供的 $[H^+]$ 大得多，所以可略去 K_w 项，则得近似计算式：

$$[H^+] = \sqrt{\frac{cK_{a_1}K_{a_2}}{K_{a_1} + c}} \tag{4-14}$$

如果 $c/K_{a_1} \geqslant 10$，则分母中的 K_{a_1} 可略去，经整理可得

$$[H^+] = \sqrt{K_{a_1} K_{a_2}} \qquad (4-15)$$

式(4-15)为常用的最简式。当满足 $cK_{a_2} \geqslant 10K_w$ 和 $c/K_{a_1} \geqslant 10$ 两个条件时，用最简式计算出的 $[H^+]$ 与用精确式求得的 $[H^+]$ 相比，其允许误差在 5% 以内。

例 8　计算 0.10 mol·L^{-1} 的邻苯二甲酸氢钾溶液的 pH。

解：查表得邻苯二甲酸氢钾的 $pK_{a_1} = 2.89$，$pK_{a_2} = 5.54$，则

$$pK_{b_2} = 14 - 2.89 = 11.11$$

查表时请注意多元酸，各级 K_a、K_b 之间的相互对应关系。从 pK_{a_2} 和 pK_{b_2} 可知，邻苯二甲酸氢根离子的酸性和碱性都比较弱，可以认为 $[HA^-] \approx c$。

$$cK_{a_2} = 0.10 \times 10^{-5.54} \gg 10K_w$$

$$c/K_{a_1} = 0.10/10^{-2.89} = 77.6 \gg 10$$

根据式(4-15)

$$[H^+] = \sqrt{10^{-2.89} \times 10^{-5.54}} \ \text{mol·L}^{-1} = 10^{-4.22} \ \text{mol·L}^{-1}$$

$$pH = 4.22$$

例 9　分别计算 0.05 mol·L^{-1} NaH$_2$PO$_4$ 和 3.33×10^{-2} mol·L^{-1} Na$_2$HPO$_4$ 溶液的 pH。

解：查表得 H$_3$PO$_4$ 的 $pK_{a_1} = 2.16$，$pK_{a_2} = 7.21$，$pK_{a_3} = 12.32$。

NaH$_2$PO$_4$ 和 Na$_2$HPO$_4$ 都属于两性物质，但是它们的酸性和碱性都比较弱，可以认为平衡浓度等于总浓度，因此可根据题设条件，采用适当的计算式进行计算。

(1) 对于 0.05 mol·L^{-1} NaH$_2$PO$_4$ 溶液

$$cK_{a_2} = 0.05 \times 10^{-7.21} \gg 10K_w$$

$$c/K_{a_1} = 0.05/10^{-2.16} = 7.23 < 10$$

所以应采用式(4-14)计算：

$$[H^+] = \sqrt{\frac{0.05 \times 10^{-2.16} \times 10^{-7.21}}{10^{-2.16} + 0.05}} \ \text{mol·L}^{-1} = 1.9 \times 10^{-5} \ \text{mol·L}^{-1}$$

$$pH = 4.72$$

(2) 对于 3.33×10^{-2} mol·L^{-1} Na$_2$HPO$_4$ 溶液

由于本题涉及 K_{a_2} 和 K_{a_3}，所以在运用公式及判别式时，应将有关公式中的 K_{a_1} 和 K_{a_2} 分别换成 K_{a_2} 和 K_{a_3}。

$$cK_{a_3} = 3.33 \times 10^{-2} \times 10^{-12.32} = 1.59 \times 10^{-14} \approx K_w$$

$$c/K_{a_2} = 3.33 \times 10^{-2}/10^{-7.21} \gg 10$$

可见式(4-13)中的 K_w 项不能略去。另一方面，由于 $c/K_{a_2} \gg 10$，所以式(4-13)中分母

项 K_{a_2} 可略去。

$$[H^+] = \sqrt{\frac{10^{-7.21}(10^{-12.32} \times 3.33 \times 10^{-2} + 10^{-14})}{3.33 \times 10^{-2}}} \ mol \cdot L^{-1} = 2.2 \times 10^{-10} \ mol \cdot L^{-1}$$

$$pH = 9.66$$

本题如果不根据具体情况,选用适当的简化式,而直接使用最简式(4-15)计算,则求得的 $[H^+]$ 与用近似公式求得的 $[H^+]$ 相比较,对于 NaH_2PO_4 溶液二者相差约为 $+10\%$;而对于 Na_2HPO_4 溶液,二者相差则为 -23.1%。

表 4-1 总结了一元弱酸(碱)、二元弱酸(碱)、两性物质的 pH 计算公式在允许误差为 5% 范围内的使用条件,其中,(a) 为精确式,(b) 为近似计算式,(c) 为最简式。

表 4-1　几种酸溶液、两性物质溶液和缓冲溶液 $[H^+]$ 的计算公式及其使用条件

计算公式		使用条件（允许误差 5%）
一元弱酸	(a) $[H^+] = \sqrt{K_a[HA] + K_w}$	
	(b) $[H^+] = \sqrt{cK_a + K_w}$	$c/K_a \geq 105$
	$[H^+] = \frac{1}{2}(-K_a + \sqrt{K_a^2 + 4cK_a})$	$cK_a \geq 10K_w$
	(c) $[H^+] = \sqrt{cK_a}$	$\begin{cases} c/K_a \geq 105 \\ cK_a \geq 10K_w \end{cases}$
两性物质	(a) $[H^+] = \sqrt{K_{a_1}(K_{a_2}[HA^-] + K_w)/(K_{a_1} + [HA^-])}$	
	(b) $[H^+] = \sqrt{cK_{a_1}K_{a_2}/(K_{a_1} + c)}$	$cK_{a_2} \geq 10K_w$
	(c) $[H^+] = \sqrt{K_{a_1}K_{a_2}}$	$\begin{cases} cK_{a_2} \geq 10K_w \\ c/K_{a_1} \geq 10 \end{cases}$
二元弱酸	(a) $[H^+] = \frac{K_{a_1}[H_2A]}{[H^+]} + 2K_{a_1}K_{a_2}\frac{[H_2A]}{[H^+]^2}$	
	(b) $[H^+] = \sqrt{K_{a_1}[H_2A]}$	$\begin{cases} cK_{a_1} \geq 10K_w \\ 2K_{a_2}/[H^+] \ll 1 \end{cases}$
	(c) $[H^+] = \sqrt{cK_{a_1}}$	$\begin{cases} cK_{a_1} \geq 10K_w \\ c/K_{a_1} \geq 105 \\ 2K_{a_2}/[H^+] \ll 1 \end{cases}$
缓冲溶液	(a) $[H^+] = \frac{c_a - [H^+] + [OH^-]}{c_b + [H^+] - [OH^-]}K_a$ *	
	(b) $[H^+] = K_a(c_a - [H^+])/(c_b + [H^+])$	$[H^+] \gg [OH^-]$
	(c) $[H^+] = K_a c_a/c_b$	$\begin{cases} c_a \gg [OH^-] - [H^+] \\ c_b \gg [H^+] - [OH^-] \end{cases}$

* c_a 及 c_b 分别为 HA 及其共轭碱 A^- 的总浓度。

当需要计算一元弱碱等碱性物质溶液的 pH 时,只需将计算式及使用条件中的$[H^+]$和K_a相应地换成$[OH^-]$和K_b即可。

例 10　计算 0.20 mol·L^{-1} Na$_2$CO$_3$ 溶液的 pH。

解:查表得 H$_2$CO$_3$ pK_{a_1}=6.35,pK_{a_2}=10.33。故

$$pK_{b_1} = pK_w - pK_{a_2} = 14 - 10.33 = 3.67$$

同理 pK_{b_2}=7.65。由于$K_{b_1} \gg K_{b_2}$,可按一元碱处理:

$$cK_{b_1} = 0.20 \times 10^{-3.67} \gg 10K_w$$

$$c/K_{b_1} = 0.20/10^{-3.67} = 935 > 105$$

$$[OH^-] = \sqrt{0.20 \times 10^{-3.67}} \text{ mol·L}^{-1} = 6.54 \times 10^{-3} \text{ mol·L}^{-1}$$

$$pOH = 2.18 \qquad pH = 11.82$$

酸碱缓冲溶液

缓冲溶液是一类能够抵制外界加入少量酸或碱或稀释的影响,维持溶液的 pH 基本保持不变的溶液。溶液的这种抗 pH 变化的作用称为缓冲作用。酸碱缓冲溶液大都是由一对共轭酸碱对组成,如 HOAc−NaOAc、NH$_3$·H$_2$O−NH$_4$Cl 等;也可由一些较浓的强酸或强碱组成,如 HCl 溶液、NaOH 溶液等。

对于由弱酸(HA)与其共轭碱(A$^-$)组成的缓冲溶液,溶液中 HA 和 A$^-$的平衡关系为

$$HA \Longrightarrow H^+ + A^-$$

$$[H^+] = K_a \frac{[HA]}{[A^-]}$$

$[HA]$和$[A^-]$均为平衡浓度,$[HA] = c_{HA} - [H^+]$,$[A^-] = c_{A^-} + [H^+]$,c_{HA}、c_{A^-}分别是弱酸(HA)与其共轭碱(A$^-$)的初始浓度,则

$$[H^+] = K_a \frac{c_{HA} - [H^+]}{c_{A^-} + [H^+]} \qquad (4-16)$$

当组成缓冲溶液的 HA 与 A$^-$的浓度均较大,计算时可近似用它们的初始浓度c_{HA}和c_{A^-}代替$[HA]$和$[A^-]$,于是计算式为

$$[H^+] = K_a \frac{c_{HA}}{c_{A^-}}$$

等式两边取对数得

$$pH = pK_a - \lg \frac{c_{HA}}{c_{A^-}} \qquad (4-17)$$

由上述计算关系式可知,缓冲溶液的 pH 首先取决于弱酸的解离常数 K_a,对一定的缓冲溶液,pK_a 一定,其 pH 随着 c_{HA} 和 c_{A^-} 的浓度比的改变而改变。各种不同的共轭酸碱对由于它们的 K_a 不同,组成缓冲溶液所能控制的 pH 也不同。表 4-2 列出了常用的酸碱缓冲溶液,供实际选择时参考。

表 4-2　常用的缓冲溶液

缓冲溶液	共轭酸	共轭碱	pK_a	可控制的 pH 范围
邻苯二甲酸氢钾-HCl	$C_6H_4 \langle {}^{COOH}_{COOH}$	$C_6H_4 \langle {}^{COOH}_{COO^-}$	2.89	1.9~3.9
六亚甲基四胺-HCl	$(CH_2)_6N_4H^+$	$(CH_2)_6N_4$	5.15	4.2~6.2
NaH_2PO_4-Na_2HPO_4	$H_2PO_4^-$	HPO_4^{2-}	7.21	6.2~8.2
$Na_2B_4O_7$-HCl	H_3BO_3	$H_2BO_3^-$	9.24	8.0~9.1
$Na_2B_4O_7$-NaOH	H_3BO_3	$H_2BO_3^-$	9.24	9.2~11.0
$NaHCO_3$-Na_2CO_3	HCO_3^-	CO_3^{2-}	10.33	9.3~11.3

一般弱酸及其共轭碱缓冲体系的有效缓冲范围为 $pH = pK_a \pm 1$,即约有两个 pH 单位。例如 HOAc-NaOAc 缓冲体系,$pK_a = 4.74$,其缓冲范围是 $pH = 4.74 \pm 1$,$NH_3 \cdot H_2O$-NH_4Cl 缓冲体系,$pK_b = 4.74$,其缓冲范围为 $pH = 9.26 \pm 1$。当缓冲溶液的浓度较高,且弱酸与共轭碱的浓度比接近于 1:1 时,缓冲溶液的缓冲能力最大。

例 11　10.0 mL 0.20 mol·L^{-1} 的 HOAc 溶液与 5.5 mL 0.20 mol·L^{-1} 的 NaOH 溶液混合,求该混合液的 pH。已知 HOAc 的 $pK_a = 4.74$。

解:加入 HOAc 的物质的量为

　　　　$0.20 \text{ mol·L}^{-1} \times 10.0 \times 10^{-3} \text{ L} = 2.0 \times 10^{-3} \text{ mol}$

加入 NaOH 的物质的量为

　　　　$0.20 \text{ mol·L}^{-1} \times 5.5 \times 10^{-3} \text{ L} = 1.1 \times 10^{-3} \text{ mol}$

反应后生成的 OAc$^-$ 的物质的量为 1.1×10^{-3} mol,则

$$c_b = \frac{1.1 \times 10^{-3} \text{ mol}}{(10.0+5.5) \times 10^{-3} \text{ L}} = 0.071 \text{ mol} \cdot \text{L}^{-1}$$

剩余的 HOAc 的物质的量为

$$2.0 \times 10^{-3} \text{ mol} - 1.1 \times 10^{-3} \text{ mol} = 0.9 \times 10^{-3} \text{ mol}$$

$$c_a = \frac{0.9 \times 10^{-3} \text{ mol}}{(10.0+5.5) \times 10^{-3} \text{ L}} = 0.058 \text{ mol} \cdot \text{L}^{-1}$$

$$[H^+] = \frac{c_a}{c_b} K_a = \frac{0.058}{0.071} \times 10^{-4.74} \text{ mol} \cdot \text{L}^{-1} = 1.5 \times 10^{-5} \text{ mol} \cdot \text{L}^{-1}$$

$$pH = 4.83$$

由于 $c_a \gg [OH^-] - [H^+]$，且 $c_b \gg [H^+] - [OH^-]$，所以采用最简式计算是允许的。

如取 c_a/c_b 分别为 10/1 或 1/10 进行计算，可以求得 pH 为 3.7 和 5.7。

例 12 NH_3-NH_4Cl 混合溶液中，NH_3 的浓度为 $0.8 \text{ mol} \cdot \text{L}^{-1}$，$NH_4Cl$ 的浓度为 $0.9 \text{ mol} \cdot \text{L}^{-1}$，求该混合液的 pH。

解：查表得 NH_3 的 $pK_b = 4.74$，则

$$[OH^-] = \frac{c_b}{c_a} K_b = \frac{0.8}{0.9} \times 10^{-4.74} \text{ mol} \cdot \text{L}^{-1} = 1.62 \times 10^{-5} \text{ mol} \cdot \text{L}^{-1}$$

$$pOH = 4.79 \qquad pH = 9.21$$

由于 $c_a \gg [H^+] - [OH^-]$，且 $c_b \gg [OH^-] - [H^+]$，所以采用最简式计算是允许的。

本题如果从 NH_4^+ 出发，可由 NH_4^+-NH_3 的平衡中，求得 NH_4^+ 的 $pK_a = 9.26$，再代入 $[H^+] = K_a c_a / c_b$，亦可得到相同的答案。

§4-4 酸碱滴定终点的指示方法

滴定分析中判断终点有两类方法，即指示剂法和电位滴定法。指示剂法是利用指示剂(indicator)在一定条件(如某一 pH 范围)时变色来指示终点；电位滴定法是通过测量两个电极的电位差，根据电位差的突然变化来确定终点。

本节将结合酸碱滴定讨论上述两类方法，但是它们的基本原理对于其它的滴定分析，如配位滴定、氧化还原滴定都是适用的。

指 示 剂 法

酸碱滴定中是利用酸碱指示剂颜色的突然变化来指示滴定终点。酸碱指示剂一般是有机弱酸或弱碱，当溶液的 pH 改变时，指示剂由于结构的改变而发生颜色的改变。例如，酚酞为无色的二元弱酸，当溶液的 pH 渐渐升高时，酚酞先给出一个质子 H^+，形成无色的离子；然后再给出第二个质子 H^+ 并发生结构的改变，

成为具有共轭体系醌式结构的红色离子,第二步解离过程的 pK_{a_2} = 9.1。当溶液呈强碱性时,又进一步变为无色的羧酸盐式离子,而使溶液褪色。酚酞的结构变化过程可表示如下:

无色分子　　　　　　　无色分子　　　　　　　无色离子

红色离子　　　　　　　无色离子

酚酞结构变化的过程也可简单表示为

$$\text{无色分子} \underset{H^+}{\overset{OH^-}{\rightleftharpoons}} \text{无色离子} \underset{H^+}{\overset{OH^-}{\rightleftharpoons}} \text{红色离子} \underset{H^+}{\overset{强碱}{\rightleftharpoons}} \text{无色离子}$$

上式表明,这个转变过程是可逆过程,当溶液 pH 降低时,平衡向左移动,酚酞又变成无色分子。因此酚酞在酸性溶液中是无色,当 pH 升高到一定数值时酚酞变成红色,强碱溶液中酚酞又呈无色。

又如甲基橙,它是一种有机弱碱,在溶液中存在着如下式所示的平衡。黄色的甲基橙分子,在酸性溶液中获得一个 H^+,转变成为红色离子:

$$Na^{+-}O_3S—\!\!\!\!\!\!\bigcirc\!\!\!\!\!\!—N=N—\!\!\!\!\!\!\bigcirc\!\!\!\!\!\!—N(CH_3)_2 + H_3O^+$$

黄色分子

$$\rightleftharpoons Na^{+-}O_3S—\!\!\!\!\!\!\bigcirc\!\!\!\!\!\!—\overset{H}{\underset{}{N}}—N=\!\!\!\!\!\!\bigcirc\!\!\!\!\!\!=\overset{+}{N}(CH_3)_2 + H_2O$$

红色离子

根据实际测定,酚酞在 pH<8 的溶液中呈无色,当溶液的 pH>10 时酚酞呈红色,pH 8~10 是酚酞逐渐由无色变为红色的过程,称为酚酞的"变色范围"。

甲基橙则当溶液 pH<3.1 时呈红色,pH>4.4 时呈黄色,pH 3.1~4.4 是甲基橙的变色范围。

　　由于各种指示剂的平衡常数不同,各种指示剂的变色范围也不相同。表 4-3 中列出了几种常用酸碱指示剂的变色范围。由于变色范围是由目视判断得到的,而每个人的眼睛对颜色的敏感度不相同,所以各书刊报道的变色范围也略有差异。

表 4-3　几种常用酸碱指示剂的变色范围(室温)

指示剂	变色范围 pH	颜色变化	pK_{HIn}	浓度	用量(滴/10 mL 试液)
百里酚蓝	1.2~2.8	红~黄	1.7	1 $g \cdot L^{-1}$ 的 20% 乙醇溶液	1~2
甲基黄	2.9~4.0	红~黄	3.3	1 $g \cdot L^{-1}$ 的 90% 乙醇溶液	1
溴酚蓝	3.0~4.6	黄~紫	4.1	1 $g \cdot L^{-1}$ 的 20% 乙醇溶液或其钠盐水溶液	1
甲基橙	3.1~4.4	红~黄	3.4	0.5 $g \cdot L^{-1}$ 的水溶液	1
溴甲酚绿	4.0~5.6	黄~蓝	4.9	1 $g \cdot L^{-1}$ 的 20% 乙醇溶液或其钠盐水溶液	1~3
甲基红	4.4~6.2	红~黄	5.0	1 $g \cdot L^{-1}$ 的 60% 乙醇溶液或其钠盐水溶液	1
溴百里酚蓝	6.2~7.6	黄~蓝	7.3	1 $g \cdot L^{-1}$ 的 20% 乙醇溶液或其钠盐水溶液	1
中性红	6.8~8.0	红~黄橙	7.4	1 $g \cdot L^{-1}$ 的 60% 乙醇溶液	1
苯酚红	6.8~8.4	黄~红	8.0	1 $g \cdot L^{-1}$ 的 60% 乙醇溶液或其钠盐水溶液	1
百里酚蓝	8.0~9.6	黄~蓝	8.9	1 $g \cdot L^{-1}$ 的 20% 乙醇溶液	1~4
酚酞	8.0~10.0	无~红	9.1	5 $g \cdot L^{-1}$ 的 90% 乙醇溶液	1~3
百里酚酞	9.4~10.6	无~蓝	10.0	1 $g \cdot L^{-1}$ 的 90% 乙醇溶液	1~2

　　从表 4-3 中可以清楚地看出,不同的酸碱指示剂具有不同的变色范围,有的在酸性溶液中变色,如甲基橙、甲基红等;有的在中性附近变色,如中性红、苯酚

红等;有的则在碱性溶液中变色,如酚酞、百里酚酞等。

指示剂之所以具有变色范围,可由指示剂在溶液中的平衡移动过程来加以解释。现以 HIn 表示弱酸型指示剂,它在溶液中的平衡移动过程可以简单地用下式表示:

$$HIn \rightleftharpoons H^+ + In^-$$

$$\quad\text{酸式}\qquad\qquad\text{碱式}$$

达到平衡时,它的平衡常数为

$$\frac{[H^+][In^-]}{[HIn]} = K_{HIn}$$

K_{HIn} 称为指示剂常数,它在一定温度下为一常数。若将上式改变一下形式,可得

$$\frac{[In^-]}{[HIn]} = \frac{K_{HIn}}{[H^+]}$$

式中,$[In^-]$ 代表碱式颜色的浓度;$[HIn]$ 代表酸式颜色的浓度,而二者的比值决定了指示剂的颜色。从上式可知,该比值与两个因素有关,一个是 K_{HIn},另一个是溶液的 $[H^+]$。K_{HIn} 是由指示剂的本质决定的,对于某种指示剂,它是一个常数,因此该指示剂的颜色就完全由溶液中的 $[H^+]$ 来决定。当溶液中的 $[H^+]$ 等于 K_{HIn} 的数值时,$[In^-]$ 等于 $[HIn]$,此时溶液的颜色应该是酸色和碱色的中间颜色(又称指示剂的理论变色点)。如果此时的酸度以 pH 来表示,则

$$pH = pK_{HIn}$$

各种指示剂由于其指示剂常数 K_{HIn} 不同,呈中间颜色时的 pH 也各不相同。

当溶液中 $[H^+]$ 发生改变时,$[In^-]$ 和 $[HIn]$ 的比值也发生改变,溶液的颜色也逐渐改变。一般来讲,当 $[In^-]$ 是 $[HIn]$ 的 1/10 时,人眼能勉强辨认出碱色;如 $[In^-]/[HIn]$ 小于 1/10,则人眼就看不出碱色了。因此变色范围的一边为

$$\frac{[In^-]}{[HIn]} = \frac{K_{HIn}}{[H^+]} = \frac{1}{10} \qquad [H^+]_1 = 10K_{HIn}$$

$$pH_1 = pK_{HIn} - 1$$

而当 $[In^-]/[HIn] = 10/1$ 时,人眼能勉强辨认出酸色,同理也可求得,变色范围的另一边为

$$pH_2 = pK_{HIn} + 1$$

上述两种情况可综合表示为

$$\frac{[\text{In}^-]}{[\text{HIn}]} < \frac{1}{10} = \frac{1}{10} \sim 1 \sim \frac{10}{1} > \frac{10}{1}$$

酸色　略带　中间　略带　碱色
　　　碱色　颜色　酸色

酸色　⟵　变色范围　⟶　碱色

$$pH_1 = pK_{HIn} - 1 \qquad\qquad pH_2 = pK_{HIn} + 1$$

由上可知,当溶液的 pH 由 pH_1 逐渐上升到 pH_2 时,溶液的颜色也由酸色逐渐变为碱色,理论上变色范围 pH_1 与 pH_2 相差 2 个 pH 单位,由于实际的变色范围是依靠人眼的观察测定得到的,而人眼对于各种颜色的敏感程度不同,所以表 4-3 所列大多数指示剂实际的变色范围都小于 2 个 pH 单位。例如,甲基橙的 pK_{HIn} 为 3.4,按照推算,变色范围似应为 2.4~4.4,但由于浅黄色在红色中不明显,只有当黄色所占比重较大时才能被观察到,因此甲基橙实际的变色范围为 3.1~4.4。

综上所述,关于酸碱指示剂的性质,可以得出如下的结论:① 指示剂的变色范围不一定恰好位于 pH = 7 的左右,而是随各种指示剂常数 K_{HIn} 的不同而不同;② 指示剂的颜色在变色范围内显示出逐渐变化的过程;③ 各种指示剂的变色范围的幅度各不相同,但一般来说,不大于 2 个 pH 单位,也不小于 1 个 pH 单位。

使用指示剂时还应注意,滴定溶液中指示剂加入量的多少也会影响变色的敏锐程度,一般而言,指示剂适当少用,变色反而会明显些。而且,指示剂本身也是弱酸或弱碱,它也要消耗滴定剂溶液,指示剂加得过多,将引入误差。另外,指示剂的变色范围还受温度的影响。

由于指示剂具有一定的变色范围,因此只有当溶液中 pH 改变超过一定数值,指示剂才能从一种颜色变为另一种颜色。在酸碱滴定中,为达到准确度要求,滴定终点要在化学计量点前后 0.1% 的范围内,有时这样的范围较为狭窄,这时指示剂变色就难以完成,终点确定就有困难(参阅 §4-5),因此有必要设法使指示剂的变色范围变窄,使指示剂的颜色变化更敏锐些。为此,可使用另一类指示剂——混合指示剂。常用的混合指示剂见表 4-4。

表 4-4　几种常用的混合指示剂

混合指示剂溶液的组成	变色时 pH	颜色		备注
		酸色	碱色	
一份 1 g·L⁻¹甲基黄乙醇溶液 一份 1 g·L⁻¹亚甲基蓝乙醇溶液	3.25	蓝紫	绿	pH = 3.2,蓝紫色 pH = 3.4,绿色
一份 1 g·L⁻¹甲基橙水溶液 一份 2.5 g·L⁻¹靛蓝二磺酸钠水溶液	4.1	紫	黄绿	pH = 4.1,灰色

续表

混合指示剂溶液的组成	变色时 pH	颜色		备注
		酸色	碱色	
一份 1 g·L^{-1}溴甲酚绿钠盐水溶液 一份 2 g·L^{-1}甲基橙水溶液	4.3	橙	蓝绿	pH = 3.5,黄色 pH = 4.05,绿色 pH = 4.3,浅绿色
三份 1 g·L^{-1}溴甲酚绿乙醇溶液 一份 2 g·L^{-1}甲基红乙醇溶液	5.1	酒红	绿	pH = 5.1,灰色
一份 1 g·L^{-1}溴甲酚绿钠盐水溶液 一份 1 g·L^{-1}氯酚红钠盐水溶液	6.1	黄绿	蓝绿	pH = 5.4,蓝绿色 pH = 5.8,蓝 pH = 6.0,蓝带紫 pH = 6.2,蓝紫
一份 1 g·L^{-1}中性红乙醇溶液 一份 1 g·L^{-1}亚甲基蓝乙醇溶液	7.0	紫蓝	绿	pH = 7.0,紫蓝色
一份 1 g·L^{-1}甲酚红钠盐水溶液 三份 1 g·L^{-1}百里酚蓝钠盐水溶液	8.3	黄	紫	pH = 8.2,玫瑰红 pH = 8.4,清晰的紫色
一份 1 g·L^{-1}百里酚蓝 50%乙醇溶液 三份 1 g·L^{-1}酚酞 50%乙醇溶液	9.0	黄	紫	从黄到绿,再到紫色
一份 1 g·L^{-1}酚酞乙醇溶液 一份 1 g·L^{-1}百里酚酞乙醇溶液	9.9	无色	紫	pH = 9.6,玫瑰红色 pH = 10,紫色
二份 1 g·L^{-1}百里酚酞乙醇溶液 一份 1 g·L^{-1}茜素黄 R 乙醇溶液	10.2	黄	紫	

混合指示剂是利用颜色之间的互补作用,使变色范围变窄,达到颜色变化敏锐的效果。混合指示剂有两种配制方法,一种是由两种或两种以上的指示剂混合而成。如溴甲酚绿(pK_{HIn} = 4.9)和甲基红(pK_{HIn} = 5.0),前者当 pH<4.0 时呈黄色(酸色),pH>5.6 时呈蓝色(碱色),后者当 pH<4.4 时呈红色,pH>6.2 时呈浅黄色(碱色)。它们按一定配比混合后,两种颜色叠加在一起,酸色为酒红色(红稍带黄),碱色为绿色。当 pH = 5.1 时,甲基红呈橙色而溴甲酚绿呈绿色,两者互为补色而呈现浅灰色,这时颜色发生突变,变色十分敏锐。它们的颜色叠加情况示意如下:

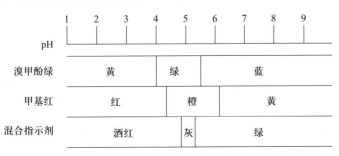

另一种混合指示剂是在某种指示剂中加入一种惰性染料。例如,中性红与染料亚甲基蓝混合配成的混合指示剂,在 pH = 7.0 时呈紫蓝色,变色范围只有 0.2 个 pH 单位左右,比单独的中性红的变色范围窄得多。

如果把甲基红、溴百里酚蓝、百里酚蓝、酚酞按一定比例混合,溶于乙醇,配成混合指示剂,可随 pH 的不同而逐渐变色,实验室中常用的 pH 试纸,就是基于混合指示剂的原理制成的。

电位滴定法

用指示剂指示滴定终点,操作简便,不需特殊设备,因此指示剂法使用广泛,但也有其不足之处,如各人眼睛辨别颜色的能力有差异,指示剂法不能用于有色溶液的滴定等。此外,对于某些酸碱滴定(如 $K_a < 10^{-7}$ 的弱酸或 $K_b < 10^{-7}$ 的弱碱的滴定),变色不敏锐,难以判断终点,而电位滴定法在这些方面却表现出它的优越性。

在酸碱滴定过程中,随着滴定剂的逐渐加入,溶液中的 $[H^+]$ 不断变化,而且在化学计量点附近出现 pH 的突跃(下一节将详细讨论这一过程)。电位滴定法(potentiometric titration)是用参比电极和指示电极测量出滴定过程中溶液 pH 的变化情况,进而确定滴定的终点(电位滴定法将在第八章电位分析法中详细讨论)。

§4-5 酸碱滴定曲线

为了正确地运用酸碱滴定法进行分析测定,必须了解酸碱滴定过程中 H^+ 浓度的变化规律,才有可能选择合适的指示剂,或者以电位滴定法准确地确定滴定终点。滴定过程中用来描述随着标准溶液的不断加入,待测酸碱溶液 pH 不断变化的曲线称为酸碱滴定曲线(titration curve)。由于各种不同类型的酸碱滴定过程中 H^+ 浓度的变化规律各不相同,因此下面分别予以讨论。

一元强碱(酸)滴定强酸(碱)

在强碱(酸)滴定强酸(碱)过程中,反应的实质是

$$H^+ + OH^- \Longrightarrow H_2O$$

以 $0.100\ 0\ mol \cdot L^{-1}$ NaOH 标准溶液滴定 $20.00\ mL\ 0.100\ 0\ mol \cdot L^{-1}$ HCl 溶液为例来说明滴定过程中 pH 的变化与滴定曲线的形状。该滴定过程可分为四个阶段:

(1) 滴定开始前　溶液中仅有 HCl 存在,所以溶液的 pH 取决于 HCl 溶液的原始浓度,即

$$[H^+] = 0.100\ 0\ mol \cdot L^{-1} \qquad pH = 1.00$$

（2）滴定开始至化学计量点前　由于加入了 NaOH，部分 HCl 被中和，所以溶液的 pH 由剩余的 HCl 量计算。例如，加入 18.00 mL NaOH 溶液时，还剩余 2.00 mL HCl 溶液未被中和，这时溶液中的 H^+ 浓度应为

$$[H^+] = \frac{0.1000 \text{ mol} \cdot L^{-1} \times 2.00 \text{ mL}}{20.00 \text{ mL} + 18.00 \text{ mL}} = 5.3 \times 10^{-3} \text{ mol} \cdot L^{-1}$$

$$pH = 2.28$$

从滴定开始直到化学计量点前的各点都这样计算。

（3）化学计量点时　当加入 20.00 mL NaOH 溶液时，HCl 被 NaOH 全部中和，生成 NaCl 溶液，这时

$$[H^+] = [OH^-] = 1.0 \times 10^{-7} \text{ mol} \cdot L^{-1}$$

$$pH = 7$$

（4）化学计量点后　过了化学计量点，再加入 NaOH 溶液，溶液的 pH 取决于过量的 NaOH。例如，加入 20.02 mL NaOH 溶液时，NaOH 溶液过量 0.02 mL，根据过量的 NaOH，可以算出

$$[OH^-] = \frac{0.1000 \text{ mol} \cdot L^{-1} \times (20.02 - 20.00) \text{ mL}}{20.00 \text{ mL} + 20.02 \text{ mL}} = 5.0 \times 10^{-5} \text{ mol} \cdot L^{-1}$$

$$pOH = 4.30 \qquad pH = 9.70$$

化学计量点后都这样计算。

如此逐一计算，并把结果列于表 4−5 中。如果以 NaOH 溶液的加入量为横坐标。对应的溶液 pH 为纵坐标，绘制关系曲线，则得如图 4−4 所示的滴定曲线。

表 4−5　用 $0.1000 \text{ mol} \cdot L^{-1}$ NaOH 溶液滴定 20.00 mL $0.1000 \text{ mol} \cdot L^{-1}$ HCl 溶液

加入 NaOH 溶液体积/mL	滴定分数/%	剩余 HCl 溶液的体积/mL	过量 NaOH 溶液的体积/mL	pH
		20.00		1.00
18.00	90.0	2.00		2.28
19.80	99.0	0.20		3.30
19.98	99.9	0.02		4.31A ⎫滴定
20.00	100.0	0.00		7.00 ⎬
20.02	100.1		0.02	9.70B ⎭突跃
20.20	101.0		0.20	10.70
22.00	110.0		2.00	11.70
40.00	200.0		20.00	12.50

以上采用分段计算滴定曲线上各点 pH 的方法,所用算式简单,运算也不复杂,但须手工逐点求算,似较费时。作为改进,可以根据溶液电中性条件推导出滴定曲线方程[①],利用计算机求出标准溶液加入量(体积)与相应 pH 的一组数据,然后绘制滴定曲线。

从图 4-4 和表 4-5 可以看出,在滴定开始时,溶液中还存在着较多的 HCl,因此 pH 升高十分缓慢。随着滴定的不断进行,溶液中 HCl 含量的减少,pH 的升高逐渐增快。尤其是当滴定接近化学计量点时,溶液中剩余的 HCl 已极少,pH 升高极快。图 4-4 中,曲线上的 A 点为加入 NaOH 溶液 19.98 mL,比化学计量点时应加入的 NaOH 溶液体积少 0.02 mL(相当于-0.1%),曲线上的 B 点是超过化学计量点 0.02 mL(相当于+0.1%),A 与 B 之间仅差 NaOH 溶液 0.04 mL,不过 1 滴左右,但溶液的 pH 却从 4.31 急增至 9.70,增幅达约 5.4 个 pH 单位,溶液也由酸性突变到碱性,溶液的性质由量变引起了质变。

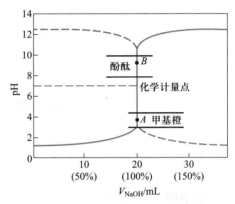

图 4-4 以 0.100 0 mol·L^{-1} NaOH 溶液滴定 20.00 mL 0.100 0 mol·L^{-1} HCl 溶液的滴定曲线

从图 4-4 也可看到,在化学计量点前后 0.1%,此时曲线呈现几乎垂直的一段,表明溶液的 pH 有一个突然的改变,这种 pH 的突然改变称为滴定突跃(titration jump),而突跃所在的 pH 范围称为滴定突跃范围。此后,再继续滴加 NaOH 溶液,则溶液的 pH 变化便越来越小,曲线又趋平坦。

如果用 0.100 0 mol·L^{-1} HCl 标准溶液滴定 20.00 mL 0.100 0 mol·L^{-1} NaOH 溶液,其滴定曲线如图 4-4 中的虚线所示。显然滴定曲线形状与 NaOH 溶液滴定 HCl 溶液相似,但 pH 是随着 HCl 标准溶液的加入而逐渐减小。

需要注意的是滴定突跃的大小与被滴定物质及标准溶液的浓度有关。图 4-5 绘出 NaOH 溶液浓度分别为 1 mol·L^{-1}、0.1 mol·L^{-1} 及 0.01 mol·L^{-1} 滴定相应浓度的 HCl 溶液时的三条滴定曲线,从图中可以看出虽然浓度改变,但化学计量点时溶液的 pH 依然是 7,只是滴定突跃的大小各不相同,酸碱溶液越浓,滴定突跃越大,使用 1 mol·L^{-1} 溶液的情况下滴定突跃在 pH = 3.3~10.7,与 0.1 mol·L^{-1}

① 休哈 L,柯特尔里 S. 分析化学中的溶液平衡. 周锡顺,戴明,李俊义,译. 北京:人民教育出版社,1979:319.

HCl 溶液的滴定曲线相比,增加了 2 个 pH 单位;而当用 $0.01\ mol\cdot L^{-1}$ NaOH 溶液滴定 $0.01\ mol\cdot L^{-1}$ HCl 溶液时,滴定突跃在 pH = 5.3~8.7。相比于 $0.1\ mol\cdot L^{-1}$ HCl 溶液的滴定曲线,减少了 2 个 pH 单位。

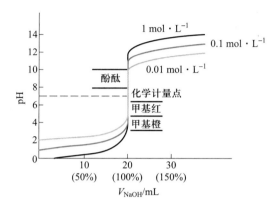

图 4-5　以不同浓度 NaOH 溶液滴定不同浓度 HCl 溶液的滴定曲线

　　滴定突跃具有非常重要的意义,它是选择指示剂的依据。指示剂应在滴定突跃范围内变色,由此可以说明滴定的完成。当用 $0.100\ 0\ mol\cdot L^{-1}$ NaOH 溶液滴定 $0.100\ 0\ mol\cdot L^{-1}$ HCl 溶液,其滴定突跃范围的 pH 为 4.31~9.70,则可以选择甲基红、甲基橙与酚酞等作指示剂。如果选择甲基橙作指示剂,当溶液颜色由红色变为黄色[①]时,溶液的 pH 约为 4.4,这时离开化学计量点已不到半滴,滴定误差小于 0.1%,符合滴定分析要求。如果用酚酞作为指示剂,当酚酞颜色由无色变为微红色时,pH 略大于 8.0,此时超过化学计量点也不到半滴,终点误差也不超过 0.1%,同样符合滴定分析要求。实际分析时,为了便于人眼对颜色的辨别,通常选用酚酞作指示剂,其终点颜色由无色变成微红色。

　　总之,在酸碱滴定中,如果用指示剂指示终点,则应根据化学计量点附近的滴定突跃来选择指示剂,应使指示剂的变色范围全部或部分处于滴定突跃范围内。选择指示剂的原则是本章学习中的重点之一,务请读者深入领会。

一元强碱(酸)滴定弱酸(碱)

　　在日常的质量检验中,需要测定弱酸含量的分析任务还是比较多的,例如,作为食品添加剂的冰乙酸就是利用 NaOH 滴定该商品的乙酸含量。现以 NaOH 溶液滴定乙酸(HOAc)溶液为例来进行讨论。

---

　　① 由于人眼对于红色中略带黄色不易察觉,如§4-4 所述,因此用甲基橙指示剂时,一般都用酸溶液来滴定碱,终点时由黄色变为黄色中略带红色,较易观察。

NaOH 滴定 HOAc 的滴定反应可表示为

$$HOAc+OH^- \Longrightarrow OAc^- + H_2O$$

以 $0.1000\ mol \cdot L^{-1}$ NaOH 标准溶液滴定 $20.00\ mL\ 0.1000\ mol \cdot L^{-1}$ HOAc 为例说明这类滴定过程中溶液 pH 变化与滴定曲线。与讨论强酸强碱滴定曲线 方法相似,讨论也分为四个阶段:

(1) 滴定开始前 此时溶液的 pH 由 $0.1000\ mol \cdot L^{-1}$ 的 HOAc 溶液的酸度 决定。根据弱酸 pH 计算的最简式(见表 4-1):

$$[H^+] = \sqrt{cK_a}$$

$$[H^+] = \sqrt{0.1000 \times 1.8 \times 10^{-5}}\ mol \cdot L^{-1} = 1.34 \times 10^{-3}\ mol \cdot L^{-1}$$

$$pH = 2.87$$

(2) 滴定开始至化学计量点前 这一阶段的溶液由未反应的 HOAc 与反应 产物 NaOAc 组成,其 pH 由 HOAc-NaOAc 缓冲体系来决定,即

$$[H^+] = K_{a(HOAc)} \frac{[HOAc]}{[OAc^-]}$$

例如,当滴入 NaOH 溶液 19.98 mL(剩余 HOAc 溶液 0.02 mL)时

$$[HOAc] = \frac{0.1000\ mol \cdot L^{-1} \times 0.02\ mL}{20.00\ mL + 19.98\ mL} = 5.0 \times 10^{-5}\ mol \cdot L^{-1}$$

$$[OAc^-] = \frac{0.1000\ mol \cdot L^{-1} \times 19.98\ mL}{20.00\ mL + 19.98\ mL} = 5.0 \times 10^{-2}\ mol \cdot L^{-1}$$

$$[H^+] = 1.8 \times 10^{-5} \times \frac{5.0 \times 10^{-5}}{5.0 \times 10^{-2}}\ mol \cdot L^{-1} = 1.8 \times 10^{-8}\ mol \cdot L^{-1}$$

$$pH = 7.74$$

(3) 化学计量点时 此时溶液的 pH 由体系产物的解离决定。化学计量点 时体系产物是 NaOAc 与 H_2O,OAc^- 是一种弱碱。因此

$$[OH^-] = \sqrt{cK_{b(OAc^-)}}$$

$$K_{b(OAc^-)} = \frac{K_w}{K_{a(HOAc)}} = \frac{1.0 \times 10^{-14}}{1.8 \times 10^{-5}} = 5.56 \times 10^{-10}$$

$$c = [OAc^-] = 0.1000\ mol \cdot L^{-1} \times \frac{20.00\ mL}{20.00\ mL + 20.00\ mL} = 5.0 \times 10^{-2}\ mol \cdot L^{-1}$$

$$[OH^-] = \sqrt{5.0 \times 10^{-2} \times 5.56 \times 10^{-10}}\ mol \cdot L^{-1} = 5.27 \times 10^{-6}\ mol \cdot L^{-1}$$

$$pOH = 5.28 \qquad pH = 8.72$$

（4）化学计量点后 此时溶液的组成是过量 NaOH 和滴定产物 NaOAc。由于过量 NaOH 的存在，抑制了 OAc^- 的水解。因此，溶液的 pH 由过量 NaOH 中 $[OH^-]$ 来决定。

例如，滴入 20.02 mL NaOH 溶液（过量的 NaOH 为 0.02 mL），则

$$[OH^-] = \frac{0.1000 \text{ mol} \cdot L^{-1} \times 0.02 \text{ mL}}{20.00 \text{ mL} + 20.02 \text{ mL}} = 5.0 \times 10^{-5} \text{ mol} \cdot L^{-1}$$

$$pOH = 4.30 \qquad pH = 9.70$$

按上述方法，依次计算出滴定过程中溶液的 pH，其计算结果列于表 4-6，并根据计算结果绘制滴定曲线，得到如图 4-6 中的曲线 Ⅰ。该图中的虚线为强碱滴定强酸的曲线。

表 4-6 用 0.1000 mol·L⁻¹ NaOH 溶液滴定 20.00 mL 0.1000 mol·L⁻¹ HOAc 溶液

加入 NaOH 溶液体积/mL	滴定分数/%	剩余 HOAc 溶液的体积/mL	过量 NaOH 溶液的体积/mL	pH
0.00	0	20.00		2.87
10.00	50.0	10.00		4.74
18.00	90.0	2.00		5.70
19.80	99.0	0.20		6.74
19.98	99.9	0.02		7.74A ⎫ 滴定
20.00	100.0	0.00		8.72 ⎬ 突跃
20.02	100.1		0.02	9.70B ⎭
20.20	101.0		0.20	10.70
22.00	110.0		2.00	11.70
40.00	200.0		20.00	12.50

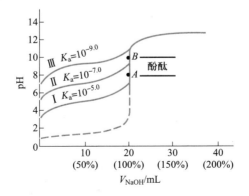

图 4-6 以 NaOH 溶液滴定不同弱酸溶液的滴定曲线

通过电位滴定法实际测量或推导出滴定曲线方程式由计算机计算,也可以得出强碱滴定弱酸的滴定曲线。

将图 4-6 中的曲线 I 与虚线进行比较可以看出,由于 HOAc 是弱酸,滴定开始前溶液中 $[H^+]$ 就较低,pH 较 NaOH 滴定 HCl 时高。滴定开始后 pH 逐渐升高,随着 NaOH 溶液的不断加入,NaOAc 不断生成,在溶液中形成弱酸及其共轭碱(HOAc-OAc$^-$)的缓冲体系,pH 增加较慢,使这一段曲线较为平坦。当滴定接近化学计量点时,由于溶液中剩余的 HOAc 已很少,溶液的缓冲能力已逐渐减弱,于是随着 NaOH 溶液的不断滴入,溶液的 pH 变化逐渐加快,到达化学计量点时,在其附近出现一个较为短小的滴定突跃。突跃的 pH 为 7.74~9.70,处于碱性范围内,这是由于化学计量点时溶液中存在着大量的 OAc$^-$,它是弱碱,使溶液显微碱性。

根据化学计量点附近的滴定突跃范围,用酚酞或百里酚蓝指示终点是合适的,也可以用百里酚酞指示终点。请读者考虑,若此时选用在酸性溶液中变色的指示剂如甲基橙、溴酚蓝,将对滴定结果产生什么影响?

比较 0.100 0 mol · L^{-1} NaOH 溶液滴定 0.100 0 mol · L^{-1} HCl 溶液和 0.100 0 mol · L^{-1} NaOH 溶液滴定 0.100 0 mol · L^{-1} HOAc 溶液可知,滴定的突跃范围从 4.3~9.7 变为 7.7~9.7,已明显减小,若用 NaOH 滴定更弱的酸(如解离常数为 10^{-7} 左右的弱酸),则滴定到达化学计量点时溶液 pH 较高,化学计量点附近的滴定突跃范围更小(见图 4-6 中的曲线 II)。在这种滴定中用酚酞指示终点已不合适,应选用变色范围 pH 更高些的指示剂,如百里酚酞(变色范围 pH = 9.4~10.6)。

如果被滴定的酸更弱(如 H$_3$BO$_3$,其解离常数为 10^{-9} 左右),则滴定到达化学计量点时,溶液的 pH 更高,图 4-6 的曲线 III 上已看不出滴定突跃。对于这类极弱酸,在水溶液中就无法用一般的酸碱指示剂来指示滴定终点,但是可以设法使弱酸的酸性增强后再测定,也可以用非水滴定等方法测定,这些将在后文分别讨论。

由上述情况可知,强碱滴定一元弱酸的突跃范围与弱酸的浓度及其解离常数有关。酸的解离常数越小(即酸的酸性越弱),浓度越低,则滴定突跃范围也就越小。一般来讲,只有滴定突跃大于 0.3pH 单位,这时人眼能够辨别指示剂颜色的改变,滴定才可以直接进行。因此,在 ΔpH $\geqslant$ 0.3,终点误差为 $\pm$0.1% 时,弱酸溶液的浓度 c 和弱酸解离常数 K_a 的乘积 $cK_a \geqslant 10^{-8}$[①]时,可认为该酸溶液可

---

① 关于滴定分析的可行性界限 $cK_a \geqslant 10^{-8}$,可参阅:王毓芳,徐钟隽.滴定分析的可行性界限.大学化学,1987,2(4):19-22,该文对配位滴定的可行性界限也有所讨论,而且酸碱滴定和配位滴定二者得出一致的结论。

被强碱直接准确滴定。

目视直接滴定的条件: $cK_a \geqslant 10^{-8}$ 是本节的重要结论,也是本章的学习重点之一。

应该指出,上述判别能否目视直接滴定的条件 $cK_a \geqslant 10^{-8}$ 的导出,还与滴定反应的完全程度、终点检测的灵敏度,以及对滴定分析的准确度要求等诸因素有关。若其它因素不变,而把允许的误差放宽至可大于 $\pm 0.1\%$ 时,目视直接滴定对 cK_a 乘积的要求也可相应降低。

极弱碱的共轭酸是较强的弱酸,例如苯胺($C_6H_5NH_2$),其 $pK_b = 9.34$,属极弱的碱,但是它的共轭酸 $C_6H_5NH_2H^+$($pK_a = 4.66$)是较强的弱酸,显然能满足 $cK_a \geqslant 10^{-8}$ 的要求,因此可以用碱标准溶液直接滴定盐酸苯胺。

对于稍强碱的共轭酸,如 NH_4Cl,由于 NH_4^+ 的 $pK_a = 9.26$,不能满足 $cK_a \geqslant 10^{-8}$ 的要求,所以不能用标准碱溶液直接滴定,但是可以间接测定 NH_4^+ 的含量(在 §4-6 中讨论)。

强酸滴定弱碱的情况,只要 $cK_b \geqslant 10^{-8}$,就能用酸标准溶液直接滴定,因此不再赘述。

多元酸的滴定

现以 NaOH 溶液滴定 H_3PO_4 溶液为例进行讨论。H_3PO_4 是三元酸,其三级解离如下:

$$H_3PO_4 \rightleftharpoons H^+ + H_2PO_4^- \qquad pK_{a_1} = 2.16$$
$$H_2PO_4^- \rightleftharpoons H^+ + HPO_4^{2-} \qquad pK_{a_2} = 7.21$$
$$HPO_4^{2-} \rightleftharpoons H^+ + PO_4^{3-} \qquad pK_{a_3} = 12.32$$

用 NaOH 溶液滴定 H_3PO_4 溶液时,中和反应可以写成:

$$H_3PO_4 + NaOH \rightleftharpoons NaH_2PO_4 + H_2O \qquad (1)$$
$$NaH_2PO_4 + NaOH \rightleftharpoons Na_2HPO_4 + H_2O \qquad (2)$$

首先,H_3PO_4 被滴定到 $H_2PO_4^-$,出现第一个滴定突跃,继续滴定,生成 HPO_4^{2-},出现第二个滴定突跃。由于 HPO_4^{2-} 的 K_{a_3} 无法满足 $cK_{a_3} \geqslant 10^{-8}$ 的要求,所以不能直接滴定。H_3PO_4 作为三元酸,只能出现两个滴定突跃。图 4-7 为 NaOH 溶液滴定 H_3PO_4 溶液的滴定曲线。

要准确地计算 H_3PO_4 的滴定曲线的各点 pH 是个比较复杂的问题,这里不作介绍[①]。如果采用电位滴定法,可以绘得 NaOH 溶液滴定 H_3PO_4 溶液的

---

① 可参阅:范瑞溪. 微机在分析化学中的应用. 北京:高等教育出版社,1989:374-383.

曲线,但是对分析工作者来说最关心的还是化学计量点时的 pH。

通过计算可以求得化学计量点的 pH。如以 0.10 mol·L^{-1} NaOH 溶液滴定 0.10 mol·L^{-1} H$_3$PO$_4$ 溶液,则第一化学计量点时,NaH$_2$PO$_4$ 的浓度为 0.05 mol·L^{-1},第二化学计量点时,Na$_2$HPO$_4$ 的浓度为 3.33×10^{-2} mol·L^{-1}(溶液体积已增加了两倍)。在 §4-3 中的例 9 已求得上述两种溶液的 pH 分别为 4.72 和 9.66。但是对于多元酸滴定的化学计量点计算,由于反应交叉进行,无法达到较高的滴定准确度,因此用最简式计算化学计量点的 pH 也是允许的。

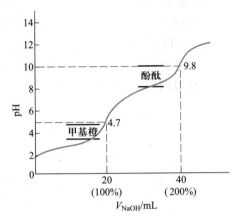

图 4-7 以 NaOH 溶液滴定
H$_3$PO$_4$ 溶液的滴定曲线

第一化学计量点:

$$[H^+]_1 = \sqrt{K_{a_1}K_{a_2}} = \sqrt{10^{-2.16}\times10^{-7.21}}\ \text{mol·L}^{-1} = 10^{-4.68}\ \text{mol·L}^{-1}$$
$$pH = 4.68$$

第二化学计量点:

$$[H^+]_2 = \sqrt{K_{a_2}K_{a_3}} = \sqrt{10^{-7.21}\times10^{-12.32}}\ \text{mol·L}^{-1} = 10^{-9.76}\ \text{mol·L}^{-1}$$
$$pH = 9.76$$

从 H$_3$PO$_4$ 的滴定曲线可以看出,化学计量点附近的曲线倾斜,滴定突跃较为短小,其主要原因是 H$_3$PO$_4$ 被滴定的两步反应有交叉进行的情况。从 §4-2 中图 4-3 可知,当 pH=4.7 时,H$_2$PO$_4^-$ 的分布系数为 99.4%,而同时存在的另外两种形式 H$_3$PO$_4$ 和 HPO$_4^{2-}$ 各约占 0.3%,这说明当 0.3% 左右的 H$_3$PO$_4$ 尚未被中和时,已经有 0.3% 左右的 H$_2$PO$_4^-$ 进一步被中和成 HPO$_4^{2-}$ 了,因此,两步中和反应稍有交叉地进行。同样,当 pH=9.8 时,HPO$_4^{2-}$ 占 99.5%,两步中和反应也是稍有交叉地进行,因此,对于多元酸的滴定不能要求过高的准确度。

H$_3$PO$_4$ 的两步滴定由于突跃较短且倾斜,则指示剂选择时,若选用甲基橙、酚酞指示终点,则变色不明显,滴定终点很难判断,使得终点误差很大。如果分别改用溴甲酚绿和甲基橙(变色时 pH=4.3)、酚酞和百里酚酞(变色时 pH=9.9)混合指示剂(参阅表 4-4),则终点时变色明显,若再采用较浓的试液和标准溶液,就可以获得符合分析要求的结果。

再比较顺丁烯二酸($pK_{a_1} = 1.75$，$pK_{a_2} = 5.83$）和丙二酸（$pK_{a_1} = 2.65$，$pK_{a_2} = 5.28$）的滴定情况，通过计算二者的分布系数 δ 可知，顺丁烯二酸在 $pH = 2.86 \sim 4.72$ 时是三种组分共存，而丙二酸的三种组分共存的 pH 范围更宽，为 $2.61 \sim 5.32$，可见后者的两步中和反应交叉进行的情况更为严重，表现在滴定曲线（见图 4-8）上，于滴定至 100% 时丙二酸曲线的倾斜度更甚，以至于看不出滴定突跃，所以丙二酸只出现一个滴定突跃，而顺丁烯二酸有两个滴定突跃。

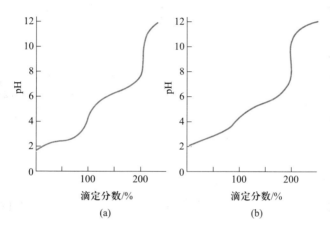

图 4-8 以 NaOH 溶液滴定(a)顺丁烯二酸和(b)丙二酸的滴定曲线

综合上述几种酸的讨论可知，多元酸的滴定要考虑能否被准确滴定、能否被分步滴定几个方面。由于多元酸在水溶液中分步解离，逐级被碱中和，因此多元酸滴定中不一定每个 H^+ 都能被准确滴定而产生突跃。多元酸能否被准确滴定的条件之一是 $cK_a \geqslant 10^{-8}$，哪一级解离的 H^+ 能满足此条件，就有被准确滴定的可能性，不能满足此条件，则不能被准确滴定，如 H_3PO_4 的第三级解离就不能被准确滴定。但若要使相邻的两个 H^+ 能被分别滴定，还需要考虑它们各自解离常数的大小，若多元酸相邻的两个解离常数相差不大，如丙二酸的 $\Delta pK_a = 2.63$，则丙二酸的第一个 H^+ 还未被完全中和，第二个 H^+ 就已被碱中和了，两步中和反应交叉严重，这样，第一个化学计量点附近就没有明显的 pH 突跃，无法准确滴定。当多元酸相邻的两个解离常数相差较大，如 H_3PO_4 的 K_{a_1} 和 K_{a_2}，$\Delta pK_a = 5.05$，则 H_3PO_4 的第一个 H^+ 被中和后，碱再中和第二个 H^+，可以分步滴定，但根据分布系数，还是稍有交叉反应。因而，多元酸测定的准确度要求不能太高。一般在允许 $\pm 1\%$ 的终点误差，滴定突跃 $\geqslant 0.4pH$ 时，要进行分步滴定必须满足下列要求：

$$\begin{cases} c_0 K_{a_1} \geqslant 10^{-9} & （c_0 \text{ 为酸的初始浓度，允许误差} \pm 1\%） \\ K_{a_1} / K_{a_2} > 10^4 \end{cases}$$

此外,分步滴定对 c_0 也有一定的要求,K_{a_1}/K_{a_2} 的比值越大,允许 c_0 越低[①]。

(1) 若 $cK_{a_1} \geqslant 10^{-9}$、$cK_{a_2} \geqslant 10^{-9}$、$K_{a_1}/K_{a_2} > 10^4$,第一级解离的 H^+ 先被滴定,出现第一个滴定突跃,第二级解离的 H^+ 后被滴定,出现第二个滴定突跃,两个 H^+ 能被分步滴定。

(2) 若 $cK_{a_1} \geqslant 10^{-9}$、$cK_{a_2} \geqslant 10^{-9}$、$K_{a_1}/K_{a_2} < 10^4$,滴定时两个滴定突跃将混在一起,这时只出现一个滴定突跃,两个 H^+ 不能被分步滴定。

(3) 若 $cK_{a_1} \geqslant 10^{-9}$、$cK_{a_2} < 10^{-9}$、$K_{a_1}/K_{a_2} > 10^4$,第一级解离的 H^+ 能被滴定,第二级解离的 H^+ 不能被滴定。

(4) 若 $cK_{a_1} \geqslant 10^{-9}$、$cK_{a_2} < 10^{-9}$、$K_{a_1}/K_{a_2} < 10^4$,由于第二级解离的影响,两个 H^+ 都不能被滴定。

混合酸的滴定

混合酸有两种情况,可以是两种弱酸混合,也可以是强酸与弱酸混合。

1. 两种弱酸(HA+HB)混合

这种情况与多元酸相似,但是在确定能否分别滴定的条件时,除了比较两种酸的强度($K_{a(HA)}/K_{a(HB)}$)之外,还应考虑浓度(c_{HA} 和 c_{HB})的因素,因此在允许 $\pm 1\%$ 误差和滴定突跃 $\geqslant 0.4pH$ 时,若进行分别滴定,测定其中较强的一种弱酸(如 HA),需要满足下列条件:

$$\begin{cases} c_{HA}K_{HA} \geqslant 10^{-9} & (允许误差 \pm 1\%) \\ c_{HA}K_{HA}/c_{HB}K_{HB} > 10^4 \end{cases}$$

参照多元酸的滴定情况,读者可自行考虑若还需测定 HB 的含量,或者仅需测定 HA+HB 的总量,各需满足哪些条件。

2. 强酸(HX)与弱酸(HA)混合

这种情况下,应将弱酸的强度 K_{HA}、各酸的浓度 c_{HX} 和 c_{HA} 及其比值 c_{HX}/c_{HA} 和对测定准确度的要求等因素综合加以考虑,判断分别滴定和测定总量的可行性,其影响的情况比较复杂,本书不详细讨论。

多元碱的滴定

多元碱的滴定与多元酸的滴定相类似,有关多元酸分步滴定的结论也适用于强酸滴定多元碱的情况,只是需将 K_a 换成 K_b。

标定 HCl 溶液浓度时,常用 Na_2CO_3 作基准物质,Na_2CO_3 为多元碱。现以 HCl 溶液滴定 Na_2CO_3 为例讨论如下。

---

① 林树昌,曾泳淮. 酸碱滴定原理. 北京:高等教育出版社,1989:254.

Na$_2$CO$_3$ 是二元碱,在水溶液中存在如下解离平衡:

$$CO_3^{2-}+H_2O \rightleftharpoons HCO_3^-+OH^- \qquad pK_{b_1}=3.67$$

$$HCO_3^-+H_2O \rightleftharpoons H_2CO_3 + OH^- \qquad pK_{b_2}=7.65$$

$$\rightarrow CO_2 + H_2O$$

按照滴定条件判断,Na$_2$CO$_3$ 是能够进行分步滴定的。若以 0.100 0 mol · L^{-1} HCl 标准溶液滴定 20.00 mL 0.100 0 mol · L^{-1} Na$_2$CO$_3$ 溶液,则第一化学计量点时,反应生成 NaHCO$_3$。NaHCO$_3$ 为两性物质,其浓度为 0.050 mol · L^{-1},根据 OH$^-$ 浓度计算的最简式,则

$$[OH^-]=\sqrt{K_{b_1}K_{b_2}}=\sqrt{10^{-3.67}\times10^{-7.65}} \text{ mol} \cdot \text{L}^{-1} = 10^{-5.66} \text{ mol} \cdot \text{L}^{-1}$$

$$pOH=5.66 \qquad pH_1=8.34$$

第二化学计量点时,反应生成 H$_2$CO$_3$(H$_2$O+CO$_2$),其在水溶液中 H$_2$CO$_3$ 的浓度为 0.1/3=0.033 mol · L^{-1},因此,按计算二元弱酸 pH 的最简公式计算,则

$$[H^+]_2=\sqrt{cK_{a_1}}=\sqrt{c\frac{K_w}{K_{b_2}}}=\sqrt{0.033\times\frac{10^{-14}}{10^{-7.65}}} \text{ mol} \cdot \text{L}^{-1} = 1.2\times10^{-4} \text{ mol} \cdot \text{L}^{-1}$$

$$pH_2=3.92$$

HCl 溶液滴定 Na$_2$CO$_3$ 溶液的滴定曲线一般也采用电位滴定法来绘制,如图 4-9 所示。从图中可看到,在 pH = 8.34 附近,滴定突跃不是很明显,其原因是 K_{b_1} 与 K_{b_2} 之比接近于 10^4,两步中和反应稍有交叉,此时选用酚酞(pH = 9.0)为指示剂,终点误差较大,滴定准确度不高。若采用甲酚红与百里酚蓝混合指示剂(变色时 pH 为 8.3),则终点变色会明显一些。在 pH = 3.92 附近有一较明显的滴定突跃。若选择甲基橙(pH = 3.4)为指示剂,终点变化不敏锐。为提高滴定准确度,可采用为 CO$_2$ 所饱和并含有相同浓度 NaCl 和指示剂的溶液作对比。也有选择甲基红(pH = 5.0)为指示剂,滴定时加热除去 CO$_2$ 等方法,使滴定终点敏锐,准确度提高。

工业上,纯碱 Na$_2$CO$_3$ 或混合碱(如

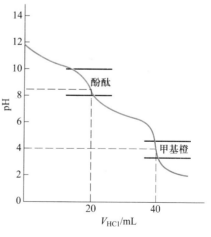

图 4-9 以 HCl 溶液滴定 Na$_2$CO$_3$ 溶液的滴定曲线

NaOH+Na$_2$CO$_3$ 或 NaHCO$_3$+Na$_2$CO$_3$)的含量常用 HCl 标准溶液来测定。

*　　*　　*　　*　　*

　　本节所述的各种酸碱滴定,都是根据"S"形的滴定曲线找出化学计量点附近的滴定突跃,确定终点,从而求得被测物质的含量。显然,对于极弱的酸或碱,或者解离常数相差较小的多元酸或混合酸,其滴定曲线上无明显的滴定突跃,也就难于进行测定或分步滴定,但是采用线性滴定法(linear titration)可以有助于这一难题的解决。

　　线性滴定法是将滴定过程中的滴定剂体积 V 和溶液 pH 之间的关系经过数学处理,导出 (V_e–V)同 V 的关系式,V_e 为滴定至化学计量点时滴定剂的体积。例如,将一元酸滴定的一系列(V_e–V)与 V 的数据,以 V 为横坐标,(V_e–V)为纵坐标,可得如图 4–10 所示的两段直线,两直线在横轴上相交,交点处 V_e–V=0,即为化学计量点时滴定剂的加入量 V_e,从而可求得被测物质的浓度或含量。

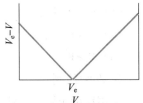

　　运用线性滴定法对于 pK_a≥11 的一元弱酸能得到满意的测定结果,对于 ΔpK_a≥0.2 的多元酸或混合酸也可测得各组分的含量,因而线性滴定法扩展了滴定分析的应用范围。

　　关于线性滴定法的讨论、各种类型滴定关系式的导出、具体操作以及一些应用示例,可参阅:汪葆浚,樊行雪,吴婉华.线性滴定法.北京:高等教育出版社,1985。

图 4–10　线性滴定曲线

§4–6　酸碱滴定法应用示例

　　从本章前述各节中可以看出,许多无机和有机的酸、碱物质都可用酸碱滴定法直接测定,对于极弱酸或极弱碱,有的可在非水溶液中测定(参阅§4–9),或用线性滴定法测定,而更多的物质,包括非酸(碱)物质,还可用间接的酸碱滴定法测定,因此酸碱滴定法的应用范围相当广泛。

　　在我国的国家标准和有关的部颁标准中,如化学试剂、化工产品、食品添加剂、水质标准、石油产品等凡涉及酸度、碱度项目的,多数都采用简便易行的酸碱滴定法。

　　1. 混合碱的测定

　　混合碱的组分主要有:NaOH、Na$_2$CO$_3$、NaHCO$_3$,由于在水溶液中 NaOH 与 NaHCO$_3$ 不可能共存,因此混合碱的组成或者为三种组分中任一种,或者为 NaOH+Na$_2$CO$_3$ 或 Na$_2$CO$_3$+NaHCO$_3$ 的混合物。若是单一组分的化合物,用 HCl 标准溶液直接滴定即可;若是两种组分的混合物,则一般可用双指示剂法进行测定。

　　双指示剂法测定混合碱时,无论其组成如何,滴定方法均是相同的。具体操作如下:准确称取一定量试样,溶解后先以酚酞为指示剂,用 HCl 标准溶液滴定至溶液粉红色消失,记下 HCl 标准溶液所消耗的体积 V_1(mL)。此时,若存在 NaOH 则全部被中和,若存在 Na_2CO_3 则被中和为 $NaHCO_3$。然后在溶液中加入甲基橙指示剂,继续用 HCl 标准溶液滴定至溶液由黄色变为橙红色,记下又用去的 HCl 标准溶液的体积 V_2(mL)。显然,V_2 是滴定溶液中 $NaHCO_3$(包括溶液中原本存在的 $NaHCO_3$ 与 Na_2CO_3 被中和所生成的 $NaHCO_3$)所消耗的体积。由于 Na_2CO_3 被中和到 $NaHCO_3$ 与 $NaHCO_3$ 被中和到 H_2CO_3 所消耗的 HCl 标准滴定溶液的体积是相等的。因此,有如下判别式:

(1)$V_1 = V_2$,这表明溶液中只有 Na_2CO_3 存在;

(2)$V_1 \neq 0,V_2 = 0$,这表明溶液中只有 NaOH 存在;

(3)$V_1 = 0,V_2 \neq 0$,这表明溶液中只有 $NaHCO_3$ 存在;

(4)$V_1 > V_2$,这表明溶液中有 NaOH 与 Na_2CO_3 存在;

(5)$V_1 < V_2$,这表明溶液中有 Na_2CO_3 与 $NaHCO_3$ 存在。

2. 硼酸的测定

H_3BO_3 的 $pK_a = 9.24$,不能用碱标准溶液直接滴定。但是 H_3BO_3 可与某些多羟基化合物[①],如乙二醇、丙三醇、甘露醇等反应,生成配合酸。如下式所示:

这种配合酸的解离常数在 10^{-6} 左右[②],因而使弱酸得到强化,用 NaOH 标准溶液滴定时化学计量点的 pH ≈ 9,可用酚酞或百里酚酞指示终点。

钢铁及合金中硼含量的测定也是采用本法,在去除干扰元素后的溶液中加甘露醇,以 NaOH 滴定。

3. 铵盐的测定

$(NH_4)_2SO_4$、NH_4Cl 都是常见的铵盐,由于 NH_4^+ 的 $pK_a = 9.26$,不能用碱标准溶液直接滴定,但测定铵盐可采用下列几种方法。

(1)蒸馏法 置铵盐试样于蒸馏瓶中,加入过量 NaOH 溶液后加热煮沸,蒸馏出的 NH_3 吸收在过量的 H_2SO_4 或 HCl 标准溶液中,剩余过量的酸用 NaOH 标准溶液回滴,用甲基红和亚甲基蓝混合指示剂指示终点,测定过程的反应式如下:

---

① 要求在碳链的一侧含有相邻的两个—OH,否则由于空间阻碍而不能形成配合酸。

② 林树昌,曾泳淮. 滴定硼酸原理的讨论. 化学教育,1984(5):27-30.

$$NH_4^+ + OH^- \overset{\triangle}{\Longrightarrow} NH_3 \uparrow + H_2O$$

$$NH_3 + HCl \Longrightarrow NH_4^+ + Cl^-$$

$$NaOH + HCl(剩余) \Longrightarrow NaCl + H_2O$$

也可用硼酸溶液吸收蒸馏出的 NH_3，生成的 $H_2BO_3^-$ 是较强的碱，可用 H_2SO_4 或 HCl 标准溶液滴定，用甲基红和溴甲酚绿混合指示剂指示终点。使用以硼酸代替 H_2SO_4 吸收 NH_3 的改进方法时，所用的硼酸吸收液的浓度及用量都不要求精确，而且仅需配制一种酸标准溶液，测定过程的反应式如下：

$$NH_3 + H_3BO_3 \Longrightarrow NH_4^+ + H_2BO_3^-$$

$$HCl + H_2BO_3^- \Longrightarrow H_3BO_3 + Cl^-$$

蒸馏法测定 NH_4^+ 比较准确，但较费时。

（2）甲醛法 甲醛与 NH_4^+ 有如下反应：

$$4NH_4^+ + 6HCHO \Longrightarrow (CH_2)_6N_4H^+ + 3H^+ + 6H_2O$$

按化学计量关系生成的酸(包括 H^+ 和质子化的六亚甲基四胺)用碱标准溶液滴定。计算结果时应注意反应中 4 个 NH_4^+ 反应生成 4 个可与碱作用的 H^+，因此当用 NaOH 滴定时，NH_4^+ 与 NaOH 的化学计量关系为 1：1。由于反应产物六亚甲基四胺是一种有机弱碱，可用酚酞指示终点。

（3）克氏(Kjeldahl)定氮法 对于含氮的有机物质(如面粉、谷物、肥料、生物碱、肉类中的蛋白质、土壤、饲料、合成药等)常通过克氏定氮法测定氮含量，以确定其氨基态氮(NH_2-N)或蛋白质的含量。

测定时将试样与浓 H_2SO_4 共煮，进行消化分解，并加入 K_2SO_4，提高沸点，以促进分解过程，使有机物转化成 CO_2 和 H_2O，所含的氮在 $CuSO_4$ 或汞盐催化下成为 NH_4^+：

$$C_mH_nN \xrightarrow[CuSO_4]{H_2SO_4,\,K_2SO_4} CO_2 \uparrow + H_2O + NH_4^+$$

溶液以过量 NaOH 碱化后，再以蒸馏法测定 NH_4^+。

4. SiO_2 的测定

硅酸盐试样中 SiO_2 含量常用重量法测定。重量法准确度较高，但太费时，因此生产实际中多采用氟硅酸钾滴定法，这也是一种酸碱滴定法。

硅酸盐试样一般难溶于酸，可用 KOH 或 NaOH 熔融，使之转化为可溶性硅酸盐，例如 K_2SiO_3，在强酸溶液中，过量 KCl、KF 存在下，生成难溶的氟硅酸钾沉淀，反应如下式所示：

$$2K^+ + SiO_3^{2-} + 6F^- + 6H^+ \Longrightarrow K_2SiF_6 \downarrow + 3H_2O$$

将生成的 K_2SiF_6 沉淀过滤。为防止 K_2SiF_6 的溶解损失,用 KCl 乙醇溶液洗涤沉淀,并用 NaOH 溶液中和未洗净的游离酸至酚酞变红,然后加入沸水使 K_2SiF_6 水解:

$$K_2SiF_6 + 3H_2O \Longrightarrow 2KF + H_2SiO_3 + 4HF$$

水解生成的 $HF(pK_a = 3.46)$ 可用碱标准溶液滴定,从而计算出试样中 SiO_2 的含量。

由于整个反应过程中有 HF 参加或生成,而 HF 对玻璃容器有腐蚀作用,因此操作必须在塑料容器中进行。

5. 酸酐和醇类的测定

酸酐与水缓慢反应生成酸:

$$(RCO)_2O + H_2O \Longrightarrow 2RCOOH$$

碱存在时可以加速上述反应。因此在实际测定中,需先在试样中加入过量的 NaOH 标准溶液,加热回流,促使酸酐水解完全,再用酸标准溶液滴定多余的碱,用酚酞或百里酚蓝指示终点。

利用酸酐与醇的反应,又可将上述测定酸酐的方法扩展到测定醇类。如使用乙酸酐与醇反应:

$$(CH_3CO)_2O + ROH \Longrightarrow CH_3COOR + CH_3COOH$$
$$(CH_3CO)_2O(剩余) + H_2O \Longrightarrow 2CH_3COOH$$

以 NaOH 标准溶液滴定上述两反应所生成的乙酸,再另取一份相同量的乙酸酐,使之与水作用,亦以 NaOH 标准溶液滴定,从两份测定结果之差即可求得醇的含量。

6. 醛和酮的测定

常用的有下列两种方法。

(1) 盐酸羟胺法(或称肟化法) 盐酸羟胺与醛、酮反应生成肟和游离酸,其化学反应式如下:

$$R-\underset{\underset{\textstyle H}{|}}{C}=O + NH_2OH \cdot HCl \Longrightarrow R-\underset{\underset{\textstyle H}{|}}{C}=N-OH + H_2O + HCl$$

$$\underset{\underset{\textstyle R'}{|}}{\overset{\overset{\textstyle R}{|}}{C}}=O + NH_2OH \cdot HCl \Longrightarrow \underset{\underset{\textstyle R'}{|}}{\overset{\overset{\textstyle R}{|}}{C}}=NOH + H_2O + HCl$$

生成的游离酸可用碱标准溶液滴定。由于溶液中存在着过量的盐酸羟胺,呈酸性,因此采用溴酚蓝指示终点。

（2）亚硫酸钠法 醛、酮与过量亚硫酸钠反应,生成加成化合物和游离碱,如下式所示：

$$R-\underset{H}{\overset{}{C}}=O + Na_2SO_3 + H_2O \Longrightarrow \underset{H}{\overset{R}{\underset{SO_3Na}{C}}}\overset{OH}{\underset{}{}} + NaOH$$

$$\underset{R'}{\overset{R}{C}}=O + Na_2SO_3 + H_2O \Longrightarrow \underset{R'}{\overset{R}{\underset{SO_3Na}{C}}}\overset{OH}{\underset{}{}} + NaOH$$

生成的 NaOH 可用酸标准溶液滴定,采用百里酚酞指示终点。

由于测定操作简单,准确度较高,常用这种方法测定甲醛,也可用来测定较多种醛和少数几种酮。

§4-7 酸碱标准溶液的配制和标定

酸标准溶液

酸标准溶液一般用 HCl 溶液配制,常用的浓度为 $0.1 \ mol \cdot L^{-1}$,但有时也需用到浓度高达 $1 \ mol \cdot L^{-1}$ 和低到 $0.01 \ mol \cdot L^{-1}$ 的。

HCl 标准溶液一般用间接法配制,然后用基准物质标定,常用的基准物质是无水 Na_2CO_3 和硼砂。

1. 无水 Na_2CO_3

其优点是容易获得纯品,一般可用市售的"基准物"级试剂 Na_2CO_3 作基准物质。但由于 Na_2CO_3 易吸收空气中的水分,因此使用前应在 270 ℃ 左右干燥,然后密封于瓶内,保存于干燥器中备用。称量时动作要快,以免吸收空气中的水分而引入误差。

用 Na_2CO_3 标定 HCl 溶液,利用下述反应,用甲基橙指示终点：

$$Na_2CO_3 + 2HCl \Longrightarrow 2NaCl + H_2CO_3$$
$$\downarrow$$
$$CO_2\uparrow + H_2O$$

Na_2CO_3 基准物质的缺点是容易吸水,由于称量而造成的误差也稍大(见 §4-8,例 5),此外,终点时变色也不甚敏锐。

2. 硼砂（$Na_2B_4O_7 \cdot 10H_2O$）

其优点是容易制得纯品，不易吸水，由于称量而造成的误差较小（见§4-8，例5）。但当空气中相对湿度小于39%时，容易失去结晶水，因此应将其保存在相对湿度为60%的恒湿器[①]中。

硼砂是由 NaH_2BO_3 和 H_3BO_3 按 $1:1$ 结合，并脱去水分而组成的，可以看作是 H_3BO_3 被 NaOH 中和了一半的产物。硼砂溶于水，发生下列反应：

$$B_4O_7^{2-}+5H_2O \Longrightarrow 2H_2BO_3^-+2H_3BO_3$$

根据质子理论，所得的产物之一 $H_2BO_3^-$ 是弱酸 H_3BO_3 的共轭碱：

$$H_3BO_3 \Longrightarrow H^++H_2BO_3^-$$

已知 H_3BO_3 的 $pK_a = 9.24$，它的共轭碱 $H_2BO_3^-$ 的 $pK_b = 4.76$，因此 $H_2BO_3^-$ 的碱性已不太弱。

硼砂基准物质的标定反应为

$$Na_2B_4O_7+2HCl+5H_2O \Longrightarrow 4H_3BO_3+2NaCl$$

以甲基红指示终点，变色明显。

碱标准溶液

碱标准溶液一般用 NaOH 配制，最常用的浓度为 $0.1 \ mol \cdot L^{-1}$，但有时也需用到浓度高达 $1 \ mol \cdot L^{-1}$ 和低到 $0.01 \ mol \cdot L^{-1}$ 的。NaOH 易吸潮，也易吸收空气中的 CO_2，以致常含有 Na_2CO_3，而且 NaOH 还可能含有硫酸盐、硅酸盐、氯化物等杂质，因此应采用间接法配制标准溶液，然后加以标定。

含有 Na_2CO_3 的碱标准溶液在用甲基橙作指示剂滴定强酸时，不会因 Na_2CO_3 的存在而引入误差；如用来滴定弱酸，用酚酞作指示剂，滴到酚酞出现浅红色时，Na_2CO_3 仅交换 1 个质子，即作用到生成 $NaHCO_3$，于是就会引起一定的误差。因此应配制和使用不含 CO_3^{2-} 的碱标准溶液。

可用不同方法配制不含 CO_3^{2-} 的碱标准溶液。最常用的方法是取一份纯净 NaOH，加入一份水，搅拌，使之溶解，配成50%的浓溶液。在这种浓溶液中 Na_2CO_3 的溶解度很小，待 Na_2CO_3 沉降后，吸取上层澄清液，稀释至所需浓度。

由于 NaOH 固体一般只在其表面形成一薄层 Na_2CO_3，因此亦可称取较多的 NaOH 固体于烧杯中，以蒸馏水洗涤两三次，每次用水少许，以洗去表面的 Na_2CO_3，倾去洗涤液，留下固体 NaOH，配成所需浓度的碱溶液。为了配制不含

---

① 装有食盐和蔗糖饱和溶液的干燥器，其上部空气的相对湿度即为60%。

CO_3^{2-} 的碱溶液,所用蒸馏水亦应不含 CO_2。

为了标定 NaOH 溶液,可选用多种基准物质,如 $H_2C_2O_4 \cdot 2H_2O$、KHC_2O_4、苯甲酸和邻苯二甲酸氢钾等,其中邻苯二甲酸氢钾容易用重结晶法制得纯品,不含结晶水,不吸潮,容易保存,标定时,由于称量而造成的误差也较小(见 §3-5,例 4),因而是一种经常选用的基准物质。

标定反应为

由于邻苯二甲酸的 $pK_{a_2} = 5.54$,因此采用酚酞指示终点时,变色相当敏锐。

§4-8　酸碱滴定法结果计算示例

例 1　称取纯 $CaCO_3$ 0.500 0 g,溶于 50.00 mL HCl 溶液中,多余的酸用 NaOH 溶液回滴,计消耗 6.20 mL。已知:1.000 mL NaOH 溶液相当于 1.010 mL HCl 溶液。求两种溶液的浓度。

解: 6.20 mL NaOH 溶液相当于 6.20 mL×1.010 = 6.26 mL HCl 溶液,因此与 $CaCO_3$ 反应的 HCl 溶液的体积实际为

$$50.00 \text{ mL} - 6.26 \text{ mL} = 43.74 \text{ mL}$$

设 HCl 溶液和 NaOH 溶液的浓度分别为 c_1 和 c_2。已知 $M_{CaCO_3} = 100.1 \text{ g} \cdot \text{mol}^{-1}$。根据反应式

$$CaCO_3 + 2HCl =\!=\!= CaCl_2 + CO_2 \uparrow + H_2O$$

可知 $n_{HCl} = 2n_{CaCO_3}$,故

$$c_1 \times 43.74 \times 10^{-3} \text{ L} = 2 \times \frac{0.500 0 \text{ g}}{100.1 \text{ g} \cdot \text{mol}^{-1}}$$

$$c_1 = 0.228 4 \text{ mol} \cdot \text{L}^{-1}$$

$$c_2 \times 1.000 \times 10^{-3} \text{ L} = 0.228 4 \text{ mol} \cdot \text{L}^{-1} \times 1.010 \times 10^{-3} \text{ L}$$

$$c_2 = 0.230 7 \text{ mol} \cdot \text{L}^{-1}$$

因此,HCl 溶液浓度为 $0.228 4 \text{ mol} \cdot \text{L}^{-1}$,NaOH 溶液浓度为 $0.230 7 \text{ mol} \cdot \text{L}^{-1}$。

例 2　用酸碱滴定法测定某试样中的含磷量。称取试样 0.956 7 g,经处理后使 P 转化成 H_3PO_4,再在 HNO_3 介质中加入钼酸铵,即生成磷钼酸铵沉淀,其反应如下式所示:

$$H_3PO_4 + 12MoO_4^{2-} + 2NH_4^+ + 22H^+ =\!=\!= (NH_4)_2HPO_4 \cdot 12MoO_3 \cdot H_2O \downarrow + 11H_2O$$

将黄色的磷钼酸铵沉淀过滤,洗至不含游离酸,溶于 22.48 mL $0.201 6 \text{ mol} \cdot \text{L}^{-1}$ NaOH 溶液中,其反应式为

$$(NH_4)_2 HPO_4 \cdot 12MoO_3 \cdot H_2O + 24OH^- \Longrightarrow 12MoO_4^{3-} + HPO_4^{2-} + 2NH_4^+ + 13H_2O$$

用 $0.1987 \ mol \cdot L^{-1}$ HNO_3 标准溶液回滴过量的碱至酚酞变色,耗去 7.62 mL。求试样中 P 的质量分数。

解:由反应式可知 $1P \sim 1H_3PO_4 \sim 1(NH_4)_2 HPO_4 \cdot 12MoO_3 \cdot H_2O \sim 24OH^-$,故

$$\frac{n_P}{n_{NaOH}} = \frac{1}{24}$$

$$m_P = n_P M_P = \frac{M_P}{24} n_{NaOH}$$

$$
\begin{aligned}
w_P &= \frac{M_P}{24 m_{试}} n_{NaOH} \times 100\% \\
&= \frac{30.97 \ g \cdot mol^{-1}}{24 \times 0.9567 \ g} (0.2016 \ mol \cdot L^{-1} \times 22.48 \times 10^{-3} \ L - 0.1987 \ mol \cdot L^{-1} \times 7.62 \times 10^{-3} \ L) \times 100\% \\
&= 0.407\%
\end{aligned}
$$

例 3 称取混合碱($Na_2CO_3 + NaOH$ 或 $Na_2CO_3 + NaHCO_3$ 的混合物)试样 1.200 g,溶于水,用 $0.5000 \ mol \cdot L^{-1}$ HCl 溶液滴定至酚酞褪色,用去 30.00 mL。然后加入甲基橙,继续滴加 HCl 溶液至呈现橙色,又用去 5.00 mL。试样中含有何种组分?其质量分数各为多少?

解:设 $V_1 = 30.00$ mL,$V_2 = 5.00$ mL,因为 $V_1 > V_2$,故存在 NaOH 和 Na_2CO_3。

$$
\begin{aligned}
w_{NaOH} &= \frac{c_{HCl}(V_1 - V_2) \times M_{NaOH}}{m_{试}} \times 100\% \\
&= \frac{0.5000 \ mol \cdot L^{-1} \times (30.00 - 5.00) \times 10^{-3} \ L \times 40.01 \ g \cdot mol^{-1}}{1.200 \ g} \times 100\% \\
&= 41.68\%
\end{aligned}
$$

$$
\begin{aligned}
w_{Na_2CO_3} &= \frac{c_{HCl} \times 2V_2 \times \dfrac{M_{Na_2CO_3}}{2}}{m_{试}} \times 100\% \\
&= \frac{0.5000 \ mol \cdot L^{-1} \times 2 \times 5.00 \times 10^{-3} \ L \times \dfrac{106.0 \ g \cdot mol^{-1}}{2}}{1.200 \ g} \times 100\% \\
&= 22.08\%
\end{aligned}
$$

试样中含 NaOH 41.68%,含 Na_2CO_3 22.08%。

例 4 已知试样可能含有 Na_3PO_4、Na_2HPO_4、NaH_2PO_4 或它们的混合物,以及其它不与酸作用的物质。今称取试样 2.000 g,溶解后用甲基橙指示终点,以 $0.5000 \ mol \cdot L^{-1}$ HCl 溶液滴定时需用 32.00 mL。同样质量的试样,当用酚酞指示终点,需 HCl 标准溶液 12.00 mL。求试样中各组分的质量分数。

解:在这个测定中设 $V_1 = 32.00$ mL,$V_2 = 12.00$ mL。当用 HCl 溶液滴定到酚酞变色时,发生下述反应:

$$Na_3PO_4 + HCl = Na_2HPO_4 + NaCl \qquad (1)$$

当滴定到甲基橙变色时,则除了上述反应外,还发生下述反应:

$$Na_2HPO_4 + HCl = NaH_2PO_4 + NaCl \qquad (2)$$

设试样中 Na_3PO_4 的质量分数为 $w_{Na_3PO_4}$,根据反应式(1)可得

$$w_{Na_3PO_4} = \frac{c_{HCl} \times V_2 \times M_{Na_3PO_4}}{m_{试}} \times 100\%$$

$$= \frac{0.500\,0\ mol \cdot L^{-1} \times 12.00 \times 10^{-3}\ L \times 163.9\ g \cdot mol^{-1}}{2.000\ g} \times 100\%$$

$$= 49.17\%$$

当到达甲基橙指示的终点时,用去的 HCl 消耗在两部分:一为中和 Na_3PO_4,即反应式(1)(2)所需的 HCl 量;另一为中和试样中原有的 Na_2HPO_4 所需的 HCl 量,后者用去的 HCl 溶液体积为 $V_1 - 2V_2$,则

$$w_{Na_2HPO_4} = \frac{c_{HCl} \times (V_1 - 2V_2) \times M_{Na_2HPO_4}}{m_{试}} \times 100\%$$

$$= \frac{0.500\,0\ mol \cdot L^{-1} \times (32.00 - 2 \times 12.00) \times 10^{-3}\ L \times 142.0\ g \cdot mol^{-1}}{2.000\ g} \times 100\%$$

$$= 28.40\%$$

由于 NaH_2PO_4 不能与 Na_3PO_4 共存,所以试样中不会含有 NaH_2PO_4,故试样含 Na_3PO_4 49.17%,含 Na_2HPO_4 28.40%。

例 5　分别以 Na_2CO_3 和硼砂($Na_2B_4O_7 \cdot 10H_2O$)标定 HCl 溶液(浓度大约为 $0.2\ mol \cdot L^{-1}$),希望用去的 HCl 溶液为 25 mL 左右。已知天平的称量误差为 ± 0.1 mg,从减少称量误差所占的百分比考虑,选择哪种基准物质较好?

解:欲使 HCl 溶液耗量为 25 mL,需称取两种基准物质的质量分别为 m_1 和 m_2,可计算如下:

Na_2CO_3:　　　　　　$Na_2CO_3 + 2HCl = 2NaCl + CO_2 \uparrow + H_2O$

$$0.2\ mol \cdot L^{-1} \times 25 \times 10^{-3}\ L = 2 \times \frac{m_1}{106.0\ g \cdot mol^{-1}}$$

$$m_1 = 0.265\,0\ g \approx 0.26\ g$$

硼砂:　　　　　　$Na_2B_4O_7 \cdot 10H_2O + 2HCl = 4H_3BO_3 + 2NaCl + 5H_2O$

$$0.2\ mol \cdot L^{-1} \times 25 \times 10^{-3}\ L = 2 \times \frac{m_2}{381.4\ g \cdot mol^{-1}}$$

$$m_2 = 0.953\,5\ g \approx 1\ g$$

可知,当以 Na_2CO_3 标定 HCl 溶液时,需称取 0.26 g 左右,由于减量法称量,因此天平的最大称量误差为 0.1 mg × 2 = 0.2 mg,称量误差为

$$\frac{0.2 \times 10^{-3}\ g}{0.26\ g} = 7.7 \times 10^{-4} \approx 0.08\%$$

同理可算出硼砂的称量误差约为 0.02%。可见 Na_2CO_3 的称量误差约为硼砂的 4 倍,所以选用硼砂作为标定 HCl 溶液的基准物质更为理想。

§4-9　非水溶液中的酸碱滴定

水是最常用的溶剂,酸碱滴定一般都在水溶液中进行。但是许多有机试样难溶于水;许多弱酸、弱碱,当它们的解离常数小于 10^{-8} 时,不能满足目视直接滴定的要求,在水溶液中不能直接滴定。另外,当弱酸和弱碱并不很弱时,其共轭碱或共轭酸在水溶液中也不能直接滴定。为了解决这些问题,可以采用非水滴定(nonaqueous titration),从而扩大酸碱滴定的应用范围。除酸碱滴定外,氧化还原滴定、配位滴定和沉淀滴定等,也可在非水溶液中进行,但以酸碱滴定法应用较广。

溶剂的种类和性质

非水滴定中常用的溶剂种类很多,根据溶剂酸碱性的差异,可分成两性溶剂和惰性溶剂两大类。

1. 两性溶剂

这类溶剂既能给出质子,也能接受质子,溶剂分子之间也有质子自递作用,按照它们给出或接受质子的能力,又可将两性溶剂细分成:

(1) 中性溶剂　给出或接受质子的能力相当,最典型的中性溶剂是水,甲醇、乙醇和异丙醇也属于这一类。

(2) 酸性溶剂　酸性显著地比水强的两性溶剂,较易给出质子,乙酸、乙酸酐、甲酸属于这一类。

(3) 碱性溶剂　碱性比水强的两性溶剂,易于接受质子,乙二胺、丁胺、二甲基甲酰胺属于这一类。

2. 惰性溶剂

惰性溶剂给出质子和接受质子的能力都非常弱,或根本没有。惰性溶剂不参与质子转移过程,因此只在溶质分子之间进行质子的转移。苯、四氯化碳、氯仿、丙酮、甲基异丁酮都属于这一类。

吡啶只能接受质子,不能给出质子,是单纯的碱性溶剂,其本身也不会发生质子自递作用,因此与上述两性的碱性溶剂也有所不同。

物质的酸碱性与溶剂的关系

在§4-1 已经提到,在水溶液中质子的传递过程都是通过水分子来实现的,因此酸碱的解离过程必须结合水分子的作用来考虑,即酸碱解离常数的大小和水分子的作用有关,或者说物质的酸碱性,不但和物质的本质有关,也和溶剂的性质有关。这种情况在非水溶液中表现得尤为明显。

同一种酸,溶解在不同的溶剂中时,它将表现出不同的强度,例如苯甲酸在水中是较弱的酸,苯酚在水中是极弱的酸,但当使用碱性溶剂(如乙二胺)代替水时,苯甲酸和苯酚表现出的酸的强度都有所增强。

同理,吡啶、胺类、生物碱以及乙酸根阴离子 OAc⁻ 等在水溶液中是强度不同的弱碱,但在酸性溶剂中,它们则表现出较强的碱性。

溶质的酸碱性不仅与溶剂的酸碱性有关,而且也与溶剂的介电常数有关,本书限于篇幅在此不详细讨论。

在进行非水滴定选择溶剂时,还应考虑反应进行的完全程度。例如,吡啶(py)作为弱碱,当在水中以强酸(HX)滴定时,发生下列反应:

$$HX + H_2O \rightleftharpoons H_3O^+ + X^-$$

$$H_3O^+ + py \rightleftharpoons H_2O + pyH^+$$

但由于水的碱性较 py 强,H_2O 将与 py 争夺质子,使后一反应向左进行,以至于滴定反应不能进行完全。为使滴定弱碱的反应进行完全,应选择碱性比 H_2O 更弱的溶剂,乙酸的碱性比水更弱,所以应在乙酸溶剂中用酸滴定吡啶。

基于同样的考虑,在滴定弱酸时,应选择酸性更弱的溶剂,而且酸性越弱,反应越完全。如苯酚(HA)在水中与碱 OH⁻ 反应时

$$HA + OH^- \rightleftharpoons A^- + H_2O$$

由于水的酸性较 HA 强,因而使上述反应不能进行完全,但乙二胺的酸性比水更弱,不影响苯酚同碱的反应,所以可在乙二胺中直接以碱滴定苯酚。图 4-11 和图 4-12 分别为在水及乙二胺溶液中滴定苯甲酸、苯酚的滴定曲线,而且可以看到苯甲酸在碱性溶剂中滴定时,其滴定突跃也显著增大。

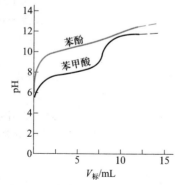

图 4-11　在水溶液中以 NaOH 溶液
滴定苯甲酸和苯酚的滴定曲线

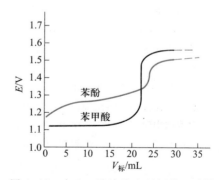

图 4-12　在乙二胺溶液中以氨基乙醇钠
溶液滴定苯甲酸和苯酚的滴定曲线

拉平效应和区分效应

$HClO_4$、H_2SO_4、HCl 和 HNO_3 四种强酸,尽管它们的强度是有区别的,但是在水中却显示不出什么差异。这是由于水是两性溶剂,具有一定碱性,对质子有一定的亲和力。当这些强酸溶于水时,只要它们的浓度不是太大,它们的质子将全部被水分子夺取,即全部解离转化为 H_3O^+:

$$HClO_4 + H_2O \Longrightarrow ClO_4^- + H_3O^+$$

$$H_2SO_4 + H_2O \Longrightarrow HSO_4^- + H_3O^+$$

$$HCl + H_2O \Longrightarrow Cl^- + H_3O^+$$

$$HNO_3 + H_2O \Longrightarrow NO_3^- + H_3O^+$$

H_3O^+ 成了水溶液中能够存在的最强的酸的形式,从而使这四种强酸的酸度全部被拉平到水合质子 H_3O^+ 的强度水平。这就是"拉平效应"(leveling effect),具有拉平效应的溶剂称"拉平溶剂"。

如果把这四种强酸溶解到乙酸介质中,由于乙酸是酸性溶剂,对质子的亲和力较弱,这四种强酸就不能将其质子全部转移给 HOAc 分子,并且显示出程度上的差别:

$$HClO_4 + HOAc \Longrightarrow ClO_4^- + H_2OAc^+$$

$$H_2SO_4 + HOAc \Longrightarrow HSO_4^- + H_2OAc^+$$

$$HCl + HOAc \Longrightarrow Cl^- + H_2OAc^+$$

$$HNO_3 + HOAc \Longrightarrow NO_3^- + H_2OAc^+$$

实验证明,$HClO_4$ 的质子转移过程最为完全,从上到下,质子转移程度依次减弱,于是这四种酸的强度就得以区分:

$$HClO_4 > H_2SO_4 > HCl > HNO_3$$

这种能区分酸碱强度的作用称"区分效应"(differentiating effect),这类溶剂称"区分溶剂"。

拉平效应和区分效应都是相对的。一般来讲,碱性溶剂对于酸具有拉平效应,对于碱就具有区分效应。水把四种强酸拉平,但它却能使四种强酸与乙酸区分开;而在碱性溶剂液氨中,乙酸也将被拉平到和四种强酸相同的强度。

酸性溶剂对酸具有区分效应,但对碱却具有拉平效应。

在非水滴定中,利用溶剂的拉平效应可以测定酸或碱的总浓度;利用溶剂的区分效应,可以分别测定不同强度的酸或不同强度的碱的各自含量。

惰性溶剂没有明显的酸碱性,不参与质子转移反应,因而没有拉平效应。正因为如此,当物质溶解在惰性溶剂中时,各种物质的酸碱性的差异得以保存,所以惰性溶剂具有良好的区分效应。

从以上的讨论可知,在非水滴定中溶剂的选择是十分重要的问题。

标准溶液和确定滴定终点的方法

1. 酸标准溶液

在非水滴定中测定碱常用 $HClO_4$ 的乙酸溶液作酸标准溶液。由于 $HClO_4$ 的浓溶液中仅含 70%～72% 的 $HClO_4$，还含有不少的水分，使用前需加入一定量的乙酸酐以除去水分，以免水分的存在影响质子转移过程和滴定终点的观察。

$HClO_4$ 的乙酸溶液，可用邻苯二甲酸氢钾作基准物质，在乙酸溶液中进行标定，反应式为

用甲基紫指示终点。

2. 碱标准溶液

最常用的碱标准溶液是甲醇钠的苯-甲醇溶液。甲醇钠由金属钠与甲醇反应制得：

$$2CH_3OH + 2Na === 2CH_3ONa + H_2 \uparrow$$

氢氧化四丁基铵 $(C_4H_9)_4N^+OH^-$ 的甲醇-甲苯溶液也常用。氢氧化四丁基铵碱性强，滴定产物易溶于有机溶剂中。

碱标准溶液的标定常用苯甲酸作基准物质。以甲醇钠标准溶液为例，标定反应如下：

$$C_6H_5COOH + CH_3ONa === C_6H_5COO^- + Na^+ + CH_3OH$$

以百里酚蓝指示终点。保存碱标准溶液时要注意防止吸收水分和 CO_2。另外，有机溶剂的体积膨胀系数较大，因此当温度改变时，要注意校正标准溶液的浓度。

3. 滴定终点的确定

常用两种方法：一种是电位法，一种是指示剂法。电位法在电位分析法一章中讨论，这里简单介绍指示剂法。

非水滴定中指示剂的选用通常是由实验的方法来确定，即在电位滴定的同时，观察指示剂颜色的变化，选取与电位滴定终点相符的指示剂。一般来讲，非水滴定用的指示剂随溶剂而异，表 4-7 所列可供参考。

表 4-7　非水溶液滴定中所用的指示剂

溶剂	指示剂
酸性溶剂（乙酸）	甲基紫、结晶紫、中性红等
碱性溶剂（乙二胺、二甲基甲酰胺等）	百里酚蓝、偶氮紫、邻硝基苯胺、对羟基偶氮紫等
惰性溶剂（氯仿、CCl_4、苯、甲苯等）	甲基红等

非水滴定的应用

由于采用不同性质的非水溶剂，使一些酸碱的强度得到增强，也增加了反应的完全程度，提供了可以直接滴定的条件，因而非水滴定扩大了酸碱滴定的应用范围。

利用非水滴定可以测定一些酸类，如磺酸、羧酸、酚类、酰胺，某些含氮化物和不同的含硫化物。

非水滴定还可以测定碱类,如脂肪族的伯胺、仲胺和叔胺、芳香胺类、环状结构中含有氮的化合物(如吡啶和吡唑)等。

此外,非水滴定还可用于某些酸的混合物或碱的混合物的分别测定。

思考题

1. 从下列物质中,找出共轭酸碱对:

$$HOAc, NH_4^+, F^-, (CH_2)_6N_4H^+, H_2PO_4^-, CN^-, OAc^-,$$

$$HCO_3^-, H_3PO_4, (CH_2)_6N_4, NH_3, HCN, HF, CO_3^{2-}$$

2. 写出下列物质在水溶液中的质子条件式:

(1) $NH_3 \cdot H_2O$ (2) $NaHCO_3$ (3) $(NH_4)_2HPO_4$

3. 有三种缓冲溶液,它们的组成如下:

(1) $1.0 \ mol \cdot L^{-1} \ HOAc + 1.0 \ mol \cdot L^{-1} \ NaOAc$ 溶液

(2) $1.0 \ mol \cdot L^{-1} \ HOAc + 0.01 \ mol \cdot L^{-1} \ NaOAc$ 溶液

(3) $0.01 \ mol \cdot L^{-1} \ HOAc + 1.0 \ mol \cdot L^{-1} \ NaOAc$ 溶液

这三种缓冲溶液的缓冲能力(或缓冲容量)有什么不同?加入稍多的酸或稍多的碱时,哪种溶液的 pH 将发生较大的改变?哪种溶液仍具有较好的缓冲作用?

4. 欲配制 pH ≈ 3 的缓冲溶液,应选下列何种酸及其共轭碱(括号内为 pK_a):

HOAc(4.74),甲酸(3.74),一氯乙酸(2.86),二氯乙酸(1.30),苯酚(9.95)

5. 可以采用哪些方法确定酸碱滴定的终点?试简要地进行比较。

6. 酸碱滴定中指示剂的选择原则是什么?

7. 下列各种弱酸、弱碱,能否用酸碱滴定法直接测定? 如果可以,应选用哪种指示剂? 为什么?

(1) $CH_2ClCOOH$,HF,吡啶,苯胺;

(2) NaOAc,苯甲酸钠,苯酚钠$\left(\bigcirc\!\!\!\!-ONa \right)$,盐酸羟胺$(NH_2OH \cdot HCl)$。

8. 用 NaOH 溶液滴定下列各种多元酸时会出现几个滴定突跃? 分别应采用何种指示剂指示终点?

$$H_2SO_4, H_2SO_3, H_2C_2O_4, H_2CO_3, H_3PO_4$$

9. 根据分布曲线并联系 K_{a_1}/K_{a_2} 的比值说明下列二元酸能否分步滴定:

$$H_2C_2O_4, 丙二酸, 顺丁烯二酸, 琥珀酸$$

10. 为什么 NaOH 标准溶液能直接滴定乙酸,而不能直接滴定硼酸? 试加以说明。

11. 为什么 HCl 标准溶液可直接滴定硼砂,而不能直接滴定甲酸钠? 试加以说明。

12. 下列混合酸中的各组分能否分别直接滴定? 如果能,应选用何种指示剂指示终点?

(1) $0.1 \ mol \cdot L^{-1} \ HCl + 0.1 \ mol \cdot L^{-1} \ H_3BO_3$ 溶液

(2) $0.5 \ mol \cdot L^{-1} \ H_3PO_4 + 0.5 \ mol \cdot L^{-1} \ H_2SO_4$ 溶液

13. 下列混合碱能否分别直接滴定? 如果能,应如何确定终点? 并写出各组分含量的计算式(以 $g \cdot mL^{-1}$ 表示)。

（1）NaOH+NH$_3$·H$_2$O　　　　　　　　（2）NaOH+Na$_2$CO$_3$

14. NaOH 标准溶液如吸收了空气中的 CO$_2$,当用其测定某一强酸的浓度,分别用甲基橙或酚酞指示终点时,对测定结果的准确度各有何影响? 当测定某一弱酸浓度时,对测定结果有何影响?

15. 标定 NaOH 溶液的浓度时,若采用:

（1）部分风化的 H$_2$C$_2$O$_4$·2H$_2$O;

（2）含有少量中性杂质的 H$_2$C$_2$O$_4$·2H$_2$O。

则标定所得的浓度偏高、偏低,还是准确? 为什么?

16. 用下列物质标定 HCl 溶液浓度:

（1）在 110 ℃烘过的 Na$_2$CO$_3$;

（2）在相对湿度为 30%的容器中保存的硼砂。

则标定所得的浓度偏高、偏低,还是准确? 为什么?

17. 用蒸馏法测定 NH$_4^+$ 含量,可用过量的 H$_2$SO$_4$ 溶液吸收,也可用 H$_3$BO$_3$ 溶液吸收,试对这两种分析方法进行比较。

18. 今欲分别测定下列混合物中的各个组分,试拟出测定方案(包括主要步骤、标准溶液、指示剂和含量计算式,以 g·mL^{-1}表示)。

（1）H$_3$BO$_3$+硼砂　　　　　　　　　　（2）HCl+NH$_4$Cl

（3）NH$_3$·H$_2$O+NH$_4$Cl　　　　　　　（4）NaH$_2$PO$_4$+Na$_2$HPO$_4$

（5）NaH$_2$PO$_4$+H$_3$PO$_4$　　　　　　　（6）NaOH+Na$_3$PO$_4$

19. 有一碱液,可能是 NaOH、Na$_2$CO$_3$、NaHCO$_3$ 或它们的混合物,如何判断其组分并测定各组分的含量? 说明理由。

20. 有一溶液,可能是 Na$_3$PO$_4$、Na$_2$HPO$_4$、NaH$_2$PO$_4$ 或它们的混合物,如何判断其组分并测定各组分的含量? 说明理由。

21. 欲以非水滴定测定 NaOAc、酒石酸钠、苯甲酸、苯酚、吡啶时,各应选用何种性质的溶剂?

22. 在什么溶剂中乙酸、水杨酸、HCl、HClO$_4$ 的强度可以区分开? 在什么溶剂中它们的强度将被拉平?

23. 对于不符合直接目视滴定条件的弱酸或弱碱,可以通过哪些途径进行测定?

习题

1. 下列各种弱酸的 pK_a 已在括号内注明,求它们的共轭碱的 pK_b:

（1）HCN(9.21)　（2）HCOOH(3.74)　（3）苯酚(9.95)　（4）苯甲酸(4.21)

2. 已知 H$_3$PO$_4$ 的 pK_{a_1}=2.16,pK_{a_2}=7.21,pK_{a_3}=12.32,求其共轭碱 PO$_4^{3-}$ 的 pK_{b_1},HPO$_4^{2-}$ 的 pK_{b_2}和 H$_2$PO$_4^-$ 的 pK_{b_3}。

3. 已知琥珀酸(CH$_2$COOH)$_2$(以 H$_2$A 表示)的 pK_{a_1}=4.19,pK_{a_2}=5.57,试计算在 pH=4.88 和 5.0 时 H$_2$A、HA$^-$ 和 A^{2-} 的分布系数 δ_2、δ_1 和 δ_0。若该酸的总浓度为 0.010 mol·L^{-1},求 pH=4.88时的三种形式的平衡浓度。

4. 计算下列各溶液的 pH：

（1）0.10 mol·L^{-1} HOAc 溶液　　　　（2）0.10 mol·L^{-1} NH$_3$·H$_2$O 溶液

（3）0.15 mol·L^{-1} NH$_4$Cl 溶液　　　　（4）0.15 mol·L^{-1} NaOAc 溶液

（5）0.1 mol·L^{-1} NaH$_2$PO$_4$ 溶液　　　（6）0.05 mol·L^{-1} K$_2$HPO$_4$ 溶液

5. 计算下列水溶液的 pH（括号内为 pK_a）。

（1）0.10 mol·L^{-1} 乳酸+0.10 mol·L^{-1} 乳酸钠（3.76）溶液；

（2）0.01 mol·L^{-1} 邻硝基酚+0.012 mol·L^{-1} 邻硝基酚的钠盐（7.21）溶液。

6. 下列三种缓冲溶液的 pH 各为多少？ 如分别加入 1.0 mL 6.0 mol·L^{-1} HCl 溶液，溶液的 pH 各变为多少？

（1）100 mL 1.0 mol·L^{-1} HOAc+1.0 mol·L^{-1} NaOAc 溶液；

（2）100 mL 0.050 mol·L^{-1} HOAc+1.0 mol·L^{-1} NaOAc 溶液；

（3）100 mL 0.070 mol·L^{-1} HOAc+0.070 mol·L^{-1} NaOAc 溶液。

计算结果说明了什么问题？

7. 需配制 pH=5.2 的溶液，应在 1 L 0.01 mol·L^{-1} 苯甲酸溶液中加入多少克苯甲酸钠？

8. 将一弱碱 0.950 g 溶解成 100 mL 溶液，其 pH 为 11.0，已知该弱碱的相对分子质量为 125，求弱碱的 pK_b。

9. 用 0.010 00 mol·L^{-1} HNO$_3$ 溶液滴定 20.00 mL 0.010 00 mol·L^{-1} NaOH 溶液时，化学计量点时 pH 为多少？ 化学计量点附近的滴定突跃范围为多少？ 应选用何种指示剂指示终点？

10. 如以 0.200 0 mol·L^{-1} NaOH 标准溶液滴定 0.200 0 mol·L^{-1} 邻苯二甲酸氢钾溶液，化学计量点时的 pH 为多少？ 化学计量点附近的滴定突跃范围为多少？ 应选用何种指示剂指示终点？

11. 用 0.100 0 mol·L^{-1} NaOH 溶液滴定 0.100 0 mol·L^{-1} 酒石酸溶液时，有几个滴定突跃？ 在第二化学计量点时 pH 为多少？ 应选用何种指示剂指示终点？

12. 有一三元酸，其 pK_{a1}=2，pK_{a2}=6，pK_{a3}=12。 用 NaOH 溶液滴定时，第一和第二化学计量点的 pH 分别为多少？ 两个化学计量点附近有无滴定突跃？ 可选用何种指示剂指示终点？ 能否直接滴定至酸的质子全部被中和？

13. 标定 HCl 溶液时，以甲基橙为指示剂，用 Na$_2$CO$_3$ 作基准物质，称取 Na$_2$CO$_3$ 0.613 5 g，用去 HCl 溶液 24.96 mL。求 HCl 溶液的浓度。

14. 标定 NaOH 溶液，用邻苯二甲酸氢钾基准物质 0.502 6 g，以酚酞为指示剂滴定至终点，用去 NaOH 溶液 21.88 mL。求 NaOH 溶液的浓度。

15. 称取粗铵盐 1.075 g，与过量碱共热，蒸出的 NH$_3$ 用过量的硼酸溶液吸收，再用 0.386 5 mol·L^{-1} HCl 溶液滴定至甲基红和溴甲酚绿混合指示剂终点，需 33.68 mL HCl 溶液。求试样中 NH$_3$ 的质量分数和以 NH$_4$Cl 表示的质量分数。

16. 称取不纯的硫酸铵 1.000 g，以甲醛法分析，加入已中和至中性的甲醛溶液和 0.363 8 mol·L^{-1} NaOH 标准溶液 50.00 mL，过量的 NaOH 再用 0.301 2 mol·L^{-1} HCl 标准溶液 21.64 mL 回滴至酚酞终点。试计算（NH$_4$）$_2$SO$_4$ 的纯度。

17. 面粉和小麦中粗蛋白质含量是将氮含量乘以5.7而得到的(不同物质有不同系数), 2.449 g面粉经消化后,用NaOH处理,蒸出的NH_3用100.0 mL 0.010 86 mol·L^{-1} HCl标准溶液吸收,需用0.012 28 mol·L^{-1} NaOH标准溶液15.30 mL回滴。计算面粉中粗蛋白质的质量分数。

18. 一试样含丙氨酸[$CH_3CH(NH_2)COOH$]和惰性物质,用克氏法测定氮,称取试样2.215 g,消化后,蒸馏出NH_3并吸收在50.00 mL 0.146 8 mol·L^{-1} H_2SO_4标准溶液中,再用0.092 14 mol·L^{-1}NaOH标准溶液11.37 mL回滴,求丙氨酸的质量分数。

19. 移取10 mL醋样,置于锥形瓶中,加2滴酚酞指示剂,用0.163 8 mol·L^{-1} NaOH标准溶液滴定醋中的HOAc,如需要28.15 mL,则试样中HOAc浓度是多少? 若移取的醋样溶液$\rho = 1.004$ g·mL^{-1},试样中HOAc的质量分数为多少?

20. 称取浓磷酸试样2.000 g,加入适量的水,用0.889 2 mol·L^{-1} NaOH标准溶液滴定至甲基橙变色时,消耗NaOH标准溶液21.73 mL。计算试样中H_3PO_4的质量分数。若以P_2O_5表示,其质量分数为多少?

21. 向0.358 2 g含$CaCO_3$及不与酸作用杂质的石灰石里加入25.00 mL 0.147 1 mol·L^{-1} HCl标准溶液,过量的酸需用10.15 mL NaOH标准溶液回滴。已知1.000 mL NaOH溶液相当于1.032 mL HCl溶液。求石灰石中$CaCO_3$的质量分数及CO_2的质量分数。

22. 含有SO_3的发烟硫酸试样1.400 g,溶于水,用0.805 0 mol·L^{-1} NaOH标准溶液滴定时消耗36.10 mL。求试样中SO_3和H_2SO_4的质量分数(假设试样中不含其它杂质)。

23. 有一Na_2CO_3与$NaHCO_3$的混合物0.372 9 g,用0.134 8 mol·L^{-1} HCl标准溶液滴定,用酚酞指示终点时耗去21.36 mL。试求当以甲基橙指示终点时,将需要多少毫升上述浓度的HCl标准溶液?

24. 称取混合碱试样0.947 6 g,加酚酞指示剂,用0.278 5 mol·L^{-1} HCl标准溶液滴定至终点,耗去酸溶液34.12 mL,再加甲基橙指示剂,滴定至终点,又耗去酸23.66 mL。求试样中各组分的质量分数。

25. 称取混合碱试样0.652 4 g,以酚酞为指示剂,用0.199 2 mol·L^{-1} HCl标准溶液滴定至终点,用去酸溶液21.76 mL。再加甲基橙指示剂,滴定至终点,又耗去酸溶液27.15 mL。求试样中各组分的质量分数。

26. 一试样仅含NaOH和Na_2CO_3,一份质量为0.351 5 g的试样需35.00 mL 0.198 2 mol·L^{-1} HCl标准溶液滴定到酚酞变色,那么还需再加入多少毫升上述HCl溶液可达到以甲基橙为指示剂的终点? 分别计算试样中NaOH和Na_2CO_3的质量分数。

27. 一瓶纯KOH吸收了CO_2和水,称取其混合试样1.186 g,溶于水,稀释至500.0 mL,移取50.00 mL,以25.00 mL 0.087 17 mol·L^{-1} HCl标准溶液处理,煮沸驱除CO_2,过量的酸用0.023 65 mol·L^{-1} NaOH标准溶液10.09 mL滴至酚酞终点。另取50.00 mL试样的稀释液,加入过量的中性$BaCl_2$,滤去沉淀,滤液用20.38 mL上述酸溶液滴至酚酞终点。计算试样中KOH、K_2CO_3和H_2O的质量分数。

28. 有一Na_3PO_4试样,其中含有Na_2HPO_4。称取0.997 4 g试样,以酚酞为指示剂,用0.264 8 mol·L^{-1} HCl标准溶液滴定至终点,用去16.97 mL。再加入甲基橙指示剂,继续用上述 HCl 溶液滴定至终点时，又用去 23.36 mL。求试样中 Na_3PO_4、Na_2HPO_4 的质量分数。

29. 称取 25.00 g 土壤试样置于玻璃钟罩的密闭空间内，同时也放入盛有 100.0 mL NaOH 溶液的圆盘，以吸收 CO_2，48 h 后移取出 25.00 mL NaOH 溶液，用 13.58 mL 0.115 6 $mol·L^{-1}$ HCl 标准溶液滴定至酚酞终点。空白试验时 25.00 mL NaOH 溶液需 25.43 mL 上述酸溶液。计算在细菌作用下土壤释放 CO_2 的速度，以 $mg\ CO_2/[g(土壤)·h]$ 表示。

30. 磷酸盐溶液需用 12.25 mL 酸标准溶液滴定至酚酞终点，继续滴定需再加 36.75 mL 酸溶液至甲基橙终点。计算溶液的 pH。

31. 称取硅酸盐试样 0.100 0 g，经熔融分解，沉淀 K_2SiF_6，然后过滤、洗净，水解产生的 HF 用 0.147 7 $mol·L^{-1}$ NaOH 标准溶液滴定。以酚酞作指示剂，耗去 NaOH 标准溶液 24.72 mL。计算试样中 SiO_2 的质量分数。

32. 欲检测贴有"3% H_2O_2"标签的旧瓶中 H_2O_2 的含量，移取瓶中溶液 5.00 mL，加入过量 Br_2，发生下列反应：

$$H_2O_2 + Br_2 === 2H^+ + 2Br^- + O_2\uparrow$$

作用 10 min 后，驱除过量的 Br_2，再以 0.316 2 $mol·L^{-1}$ 碱标准溶液滴定上述反应产生的 H^+，需 17.08 mL 达到终点。计算瓶中 H_2O_2 的含量，以 g/100 mL 表示。

33. 有一 HCl + H_3BO_3 混合试液，移取 25.00 mL，用甲基红-溴甲酚绿指示终点，需 0.199 2 $mol·L^{-1}$ NaOH 标准溶液 21.22 mL。另取 25.00 mL 试液，加入甘露醇后，需 38.74 mL 上述碱溶液滴定至酚酞终点。求试液中 HCl 与 H_3BO_3 的含量，以 $mg·mL^{-1}$ 表示。

34. 阿司匹林即乙酰水杨酸，其含量可用酸碱滴定法测定。称取试样 0.250 0 g，准确加入 50.00 mL 0.102 0 $mol·L^{-1}$ 的 NaOH 标准溶液，煮沸，冷却后，再用 0.052 64 $mol·L^{-1}$ H_2SO_4 标准溶液 23.75 mL 回滴过量的 NaOH，以酚酞指示终点。求试样中乙酰水杨酸的质量分数。

已知:反应式可表示为

$$HOOCC_6H_4OCOCH_3 \xrightarrow{NaOH} NaOOCC_6H_4ONa$$

乙酰水杨酸的摩尔质量为 180.16 $g·mol^{-1}$。

35. 一份 1.992 g 纯酯试样，在 25.00 mL 乙醇-KOH 溶液中加热皂化后，需用 14.73 mL 0.386 6 $mol·L^{-1}$ H_2SO_4 标准溶液滴定至溴甲酚绿终点。已知 25.00 mL 乙醇-KOH 溶液空白试验需用 34.54 mL 上述酸溶液。试求酯的摩尔质量。

36. 有机化学家欲求得新合成醇的摩尔质量，取试样 55.0 mg，用乙酸酐法测定时，需用 0.096 90 $mol·L^{-1}$ NaOH 标准溶液 10.23 mL。用相同量乙酸酐作空白试验时，需用同浓度的 NaOH 溶液 14.71 mL 滴定所生成的酸。试计算醇的相对分子质量，设其分子中只有 1 个 —OH。

37. 有一纯的(100%)未知有机酸 400 mg，用 0.099 96 $mol·L^{-1}$ NaOH 标准溶液滴定，滴定曲线表明该酸为一元酸，加入 32.80 mL NaOH 溶液时到达终点。当加入 16.40 mL NaOH 标准溶液时，pH 为 4.20。根据上述数据求:

（1）酸的 pK_a；

（2）酸的相对分子质量；

（3）如酸只含 C、H、O，写出符合逻辑的化学式 [本题中 $A_{r(C)} = 12$、$A_{r(H)} = 1$、$A_{r(O)} = 16$]。

习题参考答案

第5章 配位滴定法
Coordination Titration

§5-1 概述

配位滴定法是以配位反应为基础的一种滴定分析方法。早期，用 $AgNO_3$ 标准溶液滴定 CN^-，发生如下反应形成配位化合物（coordination compound，简称配合物）：

$$Ag^+ + 2CN^- \rightleftharpoons Ag(CN)_2^-$$

滴定到达化学计量点时，多加一滴 $AgNO_3$ 溶液，Ag^+ 就与 $Ag(CN)_2^-$ 反应生成白色的 $Ag[Ag(CN)_2]$ 沉淀，以指示终点的到达。终点时的反应为

$$Ag(CN)_2^- + Ag^+ \rightleftharpoons Ag[Ag(CN)_2]\downarrow$$

配合物的稳定性以配合物稳定常数 $K_{稳}$ 表示，如上例中：

$$K_{稳} = \frac{[Ag(CN)_2^-]}{[Ag^+][CN^-]^2} = 10^{21.1}$$

$Ag(CN)_2^-$ 的 $K_{稳} = 10^{21.1}$，说明反应进行得很完全。各种配合物都有其稳定常数，从配合物稳定常数的大小可以判断配位反应进行的完全程度，以及能否满足滴定分析的要求。

配位滴定中常用的滴定剂即配位剂（coordination agent），有两类：一类是无机配位剂，另一类是有机配位剂。一般无机配位剂很少用于滴定分析，这是因为① 这类配位剂和金属离子形成的配合物不够稳定，不能符合滴定反应的要求；② 在配位过程中有逐级配位现象，而且各级配合物的稳定常数相差较小，故溶液中常常同时存在多种形式的配离子，使滴定过程中突跃不明显，终点难以判断，而且也无恒定的化学计量关系。例如，Cd^{2+} 与 CN^- 的配位反应分四级进行，存在下列四种形式：

$$Cd^{2+}+CN^- \rightleftharpoons Cd(CN)^+ \rightleftharpoons Cd(CN)_2 \rightleftharpoons Cd(CN)_3^- \rightleftharpoons Cd(CN)_4^{2-}$$

$$K_稳 \qquad 3.02\times10^5 \qquad 1.38\times10^5 \qquad 3.63\times10^5 \qquad 3.80\times10^5$$

因为各级稳定常数相差很小,因而滴定时产物的组成不定,化学计量关系也就不确定,所以无机配位剂在分析化学中的应用受到一定的限制,一般只用作掩蔽剂等。大多数有机配位剂与金属离子的配位反应不存在上述的缺陷,故配位滴定中常用有机配位剂,其中最常用的是氨羧类配位剂。

氨羧类配位剂大部分是以氨基二乙酸基团[—N(CH$_2$COOH)$_2$]为基体的有机配位剂[或称螯合剂(chelant)],这类配位剂中含有配位能力很强的氨氮($\diagup \overset{\cdot\cdot}{N} \diagdown$)和羧氧($\overset{—C—O^-}{\underset{O}{\|}}$)这两种配位原子,它们能与多种金属离子形成稳定的可溶性配合物。氨羧类配位剂的种类很多,常见的有以下几种。

乙二胺四乙酸,简称 EDTA:

$$\begin{array}{c}
\text{HOOCH}_2\text{C} \diagdown \qquad\qquad\qquad\qquad \diagup \text{CH}_2\text{COOH} \\
\text{N—CH}_2\text{—CH}_2\text{—N} \\
\text{HOOCH}_2\text{C} \diagup \qquad\qquad\qquad\qquad \diagdown \text{CH}_2\text{COOH}
\end{array}$$

环己烷二胺四乙酸,简称 CyDTA:

乙二醇二乙醚二胺四乙酸(EGTA):

乙二胺四丙酸(EDTP):

$$CH_2-N \begin{cases} CH_2CH_2COOH \\ \\ CH_2CH_2COOH \end{cases}$$

$$CH_2-N \begin{cases} CH_2CH_2COOH \\ \\ CH_2CH_2COOH \end{cases}$$

氨羧类配位剂中应用最为广泛的是 EDTA,它可以直接或间接滴定几十种金属离子。本章主要讨论以 EDTA 为配位剂滴定金属离子的配位滴定法。

§5-2 EDTA 与金属离子的配合物及其稳定性

EDTA 的性质

乙二胺四乙酸(ethylene diamine tetraacetic acid,EDTA 或 EDTA 酸)是一种多元酸,可用 H_4Y 表示。EDTA 在水中的溶解度较小(22 ℃时每 100 mL 水中仅能溶解 0.02 g),也难溶于酸和一般的有机溶剂,但易溶于氨溶液和 NaOH 溶液中,生成相应的盐,故实际使用时常用其二钠盐,即乙二胺四乙酸二钠($Na_2H_2Y\cdot 2H_2O$,相对分子质量 372.24),一般也简称 EDTA。它在水溶液中的溶解度较大,22 ℃时每 100 mL 水中能溶解 11.1 g,浓度约为 0.3 mol·L^{-1},pH≈4.5。

在 EDTA 的结构中,两个羧基上的 H^+ 可转移到 N 原子上,形成双偶极离子:

$$^-OOCH_2C \diagdown \overset{H}{\underset{+}{N}}-CH_2-CH_2-\overset{H}{\underset{+}{N}} \diagup^{CH_2COOH}_{CH_2COO^-}$$

$$HOOCH_2C$$

若 EDTA 溶于酸度很高的溶液,它的两个羧基可以再接受 H^+ 而形成 H_6Y^{2+},相当于形成一个六元酸,EDTA 在水溶液中的六级解离平衡为

$$H_6Y^{2+} \Longrightarrow H^+ + H_5Y^+ \qquad \frac{[H^+][H_5Y^+]}{[H_6Y^{2+}]} = K_{a_1} = 10^{-0.9}$$

$$H_5Y^+ \Longrightarrow H^+ + H_4Y \qquad \frac{[H^+][H_4Y]}{[H_5Y^+]} = K_{a_2} = 10^{-1.6}$$

$$H_4Y \Longrightarrow H^+ + H_3Y^- \qquad \frac{[H^+][H_3Y^-]}{[H_4Y]} = K_{a_3} = 10^{-2.0}$$

$$H_3Y^- \Longrightarrow H^+ + H_2Y^{2-} \qquad \frac{[H^+][H_2Y^{2-}]}{[H_3Y^-]} = K_{a_4} = 10^{-2.67}$$

$$H_2Y^{2-} \Longrightarrow H^+ + HY^{3-} \qquad \frac{[H^+][HY^{3-}]}{[H_2Y^{2-}]} = K_{a_5} = 10^{-6.16}$$

$$HY^{3-} \Longrightarrow H^+ + Y^{4-} \qquad \frac{[H^+][Y^{4-}]}{[HY^{3-}]} = K_{a_6} = 10^{-10.26}$$

联系六级解离关系，存在下列平衡：

$$H_6Y^{2+} \underset{+H^+}{\overset{-H^+}{\rightleftharpoons}} H_5Y^+ \underset{+H^+}{\overset{-H^+}{\rightleftharpoons}} H_4Y \underset{+H^+}{\overset{-H^+}{\rightleftharpoons}} H_3Y^-$$

$$H_2Y^{2-} \underset{+H^+}{\overset{-H^+}{\rightleftharpoons}} HY^{3-} \underset{+H^+}{\overset{-H^+}{\rightleftharpoons}} Y^{4-} \tag{5-1}$$

由于分步解离，已质子化了的 EDTA 在水溶液中总是以 H_6Y^{2+}、H_5Y^+、H_4Y、H_3Y^-、H_2Y^{2-}、HY^{3-} 和 Y^{4-} 七种形式存在。从式(5-1)可以看出，EDTA 中各种存在形式间的浓度比例取决于溶液的 pH。若溶液酸度增大，pH 减小，上述平衡向左移动；反之，若溶液酸度减小，pH 增大，则上述平衡右移。EDTA 各种存在形式的分配情况与 pH 之间的分布曲线如图 5-1 所示。

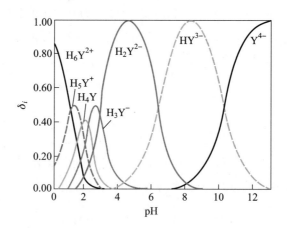

图 5-1　EDTA 各种存在形式在不同 pH 时的分布曲线

图 5-1 可以清楚地看出不同 pH 时 EDTA 各种存在形式的分配情况。在 pH<1的强酸性溶液中，EDTA 主要以 H_6Y^{2+} 形式存在；在 pH = 1~1.6 的溶液中，

主要以 H_5Y^+ 形式存在;在 pH=1.6~2.0 的溶液中,主要以 H_4Y 形式存在;在 pH=2.0~2.67 的溶液中,主要存在形式是 H_3Y^-;在 pH=2.67~6.16 的溶液中,主要存在形式是 H_2Y^{2-};在 pH=6.16~10.26 的溶液中,主要存在形式是 HY^{3-},在 pH 很大(>12)时才几乎完全以 Y^{4-} 形式存在。

EDTA 与金属离子的配合物

在 EDTA 分子的结构中,具有六个可与金属离子形成配位键的原子(两个氨基氮和四个羧基氧,它们都有孤对电子,能与金属离子形成配位键),因而,EDTA 可以与金属离子形成稳定的配合物。EDTA 与金属离子的配位反应具有以下几方面的特点:

(1) EDTA 与许多金属离子可形成配位比为 1∶1 的稳定配合物,例如:

$$Ca^{2+} + Y^{4-} \Longrightarrow CaY^{2-}$$

$$Fe^{3+} + Y^{4-} \Longrightarrow FeY^-$$

反应中无逐级配位现象,反应的定量关系明确。只有极少数金属离子[如 Zr(IV)和 Mo(VI)等]例外。

(2) EDTA 与多数金属离子形成的配合物具有相当的稳定性。从 EDTA 与 Ca^{2+}、Fe^{3+} 的配合物的结构图(如图 5-2 所示)可以看出,EDTA 与金属离子配位时形成五个五元环(四个 O—C—C—N 五元环,一个 N—C—C—N 五元环),具有这种环状结构的配合物称为螯合物(chelate)。从配合物的研究可知,具有五元环或六元环的螯合物很稳定,而且所形成的环愈多,螯合物愈稳定。因而 EDTA 与大多数金属离子形成的螯合物具有较大的稳定性。

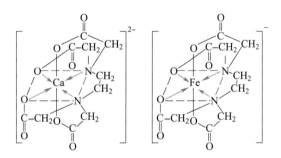

图 5-2　EDTA 与 Ca^{2+}、Fe^{3+} 的配合物的结构示意图

(3) EDTA 与金属离子形成的配合物大多带电荷,水溶性好,反应速率较快,而且无色的金属离子与 EDTA 生成的配合物仍为无色,有利于用指示剂确定

滴定终点,但有色的金属离子与 EDTA 形成的配合物其颜色将加深。例如,CuY^{2-}为深蓝色、FeY^-为黄色、NiY^{2-}为蓝色。滴定时,如遇有色的金属离子,则试液的浓度不宜过大,否则将影响指示剂的终点显示。

上述特点说明 EDTA 和金属离子的配位反应能够符合滴定分析对反应的要求。

金属离子与 EDTA(简单表示成 Y)的配位反应,略去电荷,可简写成:

$$M + Y \rightleftharpoons MY$$

其稳定常数 $K_稳$ 或 K_{MY} 为

$$K_{MY} = \frac{[MY]}{[M][Y]} \tag{5-2}$$

EDTA 与一些常见金属离子的配合物的稳定常数见表 5-1。

表 5-1　EDTA 与一些常见金属离子的配合物的稳定常数
(溶液离子强度 $I = 0.1 \ mol \cdot L^{-1}$,温度 293 K)

阳离子	lgK_{MY}	阳离子	lgK_{MY}	阳离子	lgK_{MY}
Na^+	1.66	Ce^{4+}	15.98	Cu^{2+}	18.80
Li^+	2.79	Al^{3+}	16.3	Ga^{3+}	20.3
Ag^+	7.32	Co^{2+}	16.31	Ti^{3+}	21.3
Ba^{2+}	7.86	Pt^{2+}	16.31	Hg^{2+}	21.8
Mg^{2+}	8.69	Cd^{2+}	16.46	Sn^{2+}	22.1
Sr^{2+}	8.73	Zn^{2+}	16.50	Th^{4+}	23.2
Be^{2+}	9.20	Pb^{2+}	18.04	Cr^{3+}	23.4
Ca^{2+}	10.69	Y^{3+}	18.09	Fe^{3+}	25.1
Mn^{2+}	13.87	VO_2^+	18.1	U^{4+}	25.8
Fe^{2+}	14.33	Ni^{2+}	18.60	Bi^{3+}	27.94
La^{3+}	15.50	VO^{2+}	18.8	Co^{3+}	36.0

由表 5-1 可见,金属离子与 EDTA 形成的配合物的稳定性主要取决于金属离子的电荷、离子半径和电子层结构等因素。碱金属离子的配合物最不稳定;碱土金属离子的配合物 $lgK_{MY} = 8 \sim 11$;过渡元素、稀土元素、Al^{3+} 的配合物 $lgK_{MY} =$

15~19;其它三价、四价金属离子和 Hg^{2+} 的配合物 $\lg K_{MY} > 20$。

　　EDTA 与金属离子形成的配合物的稳定性对配位滴定反应的完全程度有着重要的影响,可以用 $\lg K_{MY}$ 衡量在不发生副反应情况下配合物的稳定程度。但外界条件如溶液的酸度、其它配位剂、干扰离子等对配位滴定反应的完全程度也都有着较大的影响,尤其是溶液的酸度对 EDTA 在溶液中的存在形式、金属离子在溶液中的存在形式,以及 EDTA 与金属离子形成的配合物的稳定性均有显著的影响。因此,在几种外界条件的影响中,酸度的影响常常是配位滴定中首先应考虑的问题。

§5-3　外界条件对 EDTA 与金属离子配合物稳定性的影响

　　在 EDTA 滴定中,被测金属离子 M 与 EDTA 配位,生成配合物 MY,此为主反应。反应物 M、Y 及反应产物 MY 都可能同溶液中其它组分发生副反应,使 MY 配合物的稳定性受到影响,如下式所示:

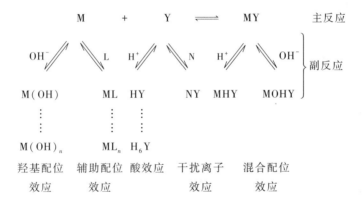

式中,L 为辅助配位剂;N 为干扰离子。

　　反应物金属离子与 OH^- 离子或辅助配位剂 L 发生的副反应,EDTA 与 H^+ 离子或干扰离子发生的副反应,都不利于主反应的进行。而反应产物 MY 发生的副反应,在酸度较高情况下,生成酸式配合物 MHY;在碱度较高时,生成 $M(OH)Y$、$M(OH)_2Y$ 等碱式配合物,这些副反应称为混合配位效应,混合配位效应使 EDTA 对金属离子总配位能力增强,故有利于主反应的进行。但其产物大多数不太稳定,其影响一般可以忽略不计。下面着重对 EDTA 的酸效应、金属离子的配位效应分别加以讨论。

EDTA 的酸效应及酸效应系数

EDTA 与金属离子的反应本质上是 Y^{4-} 离子与金属离子的反应。由 EDTA 的解离平衡可知,Y^{4-} 离子只是 EDTA 各种存在形式中的一种,只有当 $pH \geqslant 12$ 时, EDTA 才全部以 Y^{4-} 离子形式存在。溶液 pH 减小,将使式(5-1)所示的平衡向左移动,产生 HY^{3-}、H_2Y^{2-}、H_3Y^-、H_4Y 等,Y^{4-} 减少,因而使 EDTA 与金属离子的反应能力降低。这种由于 H^+ 与 Y^{4-} 作用而使 Y^{4-} 参与主反应能力下降的现象称为 EDTA 的酸效应(acidic effect)。酸效应的大小用酸效应系数 $\alpha_{Y(H)}$ 来衡量。酸效应系数表示在一定 pH 条件下 EDTA 的各种存在形式的总浓度 $[Y']$ 与能参与配位反应的 Y^{4-} 的平衡浓度之比。即

$$\alpha_{Y(H)} = \frac{[Y']}{[Y^{4-}]} \qquad (5-3)$$

式中,$[Y'] = [Y^{4-}] + [HY^{3-}] + [H_2Y^{2-}] + \cdots + [H_5Y^+] + [H_6Y^{2+}]$。

$$\alpha_{Y(H)} = \frac{[Y^{4-}] + [HY^{3-}] + [H_2Y^{2-}] + \cdots + [H_5Y^+] + [H_6Y^{2+}]}{[Y^{4-}]}$$

$$= 1 + \frac{[H^+]}{K_{a_6}} + \frac{[H^+]^2}{K_{a_6}K_{a_5}} + \frac{[H^+]^3}{K_{a_6}K_{a_5}K_{a_4}} + \frac{[H^+]^4}{K_{a_6}K_{a_5}K_{a_4}K_{a_3}} +$$

$$\frac{[H^+]^5}{K_{a_6}K_{a_5}K_{a_4}K_{a_3}K_{a_2}} + \frac{[H^+]^6}{K_{a_6}K_{a_5}K_{a_4}K_{a_3}K_{a_2}K_{a_1}}$$

$$\alpha_{Y(H)} = 1 + \beta_1[H^+] + \beta_2[H^+]^2 + \beta_3[H^+]^3 + \cdots + \beta_5[H^+]^5 + \beta_6[H^+]^6 \qquad (5-4)$$

式中,β 为累积稳定常数,其中:

$$\beta_1 = \frac{1}{K_{a_6}}$$

$$\beta_2 = \frac{1}{K_{a_5}K_{a_6}}$$

$$\beta_3 = \frac{1}{K_{a_4}K_{a_5}K_{a_6}}$$

$$\beta_4 = \frac{1}{K_{a_3}K_{a_4}K_{a_5}K_{a_6}}$$

$$\cdots\cdots$$

由上述计算关系可见,酸效应系数与 EDTA 的各级解离常数和溶液的酸度

有关。在一定温度下,解离常数为定值,因而 $\alpha_{Y(H)}$ 仅随着溶液酸度而变。溶液酸度越大,$[H^+]$ 越大,$\alpha_{Y(H)}$ 值越大,表示酸效应引起的副反应越严重。如果 H^+ 与 Y^{4-} 之间没有发生副反应,即未参加配位反应的 EDTA 全部以 Y^{4-} 形式存在,则 $\alpha_{Y(H)} = 1$。

不同 pH 时的 $\alpha_{Y(H)}$ 列于表 5-2。

表 5-2　不同 pH 时的 $\lg\alpha_{Y(H)}$

pH	$\lg\alpha_{Y(H)}$	pH	$\lg\alpha_{Y(H)}$	pH	$\lg\alpha_{Y(H)}$
0.0	23.64	3.8	8.85	7.4	2.88
0.4	21.32	4.0	8.44	7.8	2.47
0.8	19.08	4.4	7.64	8.0	2.27
1.0	18.01	4.8	6.84	8.4	1.87
1.4	16.02	5.0	6.45	8.8	1.48
1.8	14.27	5.4	5.69	9.0	1.28
2.0	13.51	5.8	4.98	9.5	0.83
2.4	12.19	6.0	4.65	10.0	0.45
2.8	11.09	6.4	4.06	11.0	0.07
3.0	10.60	6.8	3.55	12.0	0.01
3.4	9.70	7.0	3.32	13.0	0.00

金属离子的配位效应及其副反应系数

在配位滴定中,金属离子常发生两类副反应:一类是金属离子在水中和 OH^- 生成各种羟基配离子,例如,Fe^{3+} 在水溶液中能生成 $Fe(OH)^{2+}$、$Fe(OH)_2^+$ 等,使金属离子参与主反应的能力下降,这种现象称为金属离子的羟基配位效应,也称金属离子的水解效应。金属离子的羟基配位效应可用副反应系数 $\alpha_{M(OH)}$ 表示(参阅附录七):

$$\alpha_{M(OH)} = \frac{[M]+[MOH]+[M(OH)_2]+\cdots+[M(OH)_n]}{[M]}$$

$$= 1+\beta_1[OH^-]+\beta_2[OH^-]^2+\cdots+\beta_n[OH^-]^n \tag{5-5}$$

金属离子的另一类副反应是金属离子与辅助配位剂的作用,有时为了防止金属离子在滴定条件下生成沉淀或掩蔽干扰离子等原因,在试液中须加入某些辅助配位剂,使金属离子与辅助配位剂发生作用,产生金属离子的辅助配位效应。例如,在 pH = 10 时滴定 Zn^{2+},加入 $NH_3 \cdot H_2O-NH_4Cl$ 缓冲溶液,这是为了控制滴定所需的 pH,同时又使 Zn^{2+} 与 NH_3 配位形成 $[Zn(NH_3)_4]^{2+}$,从而防止 $Zn(OH)_2$ 沉淀析出。辅助配位效应可用副反应系数 $\alpha_{M(L)}$ 表示:

$$\alpha_{M(L)} = \frac{[M]+[ML]+[ML_2]+\cdots+[ML_n]}{[M]}$$

$$= 1+\beta_1[L]+\beta_2[L]^2+\beta_3[L]^3+\cdots+\beta_n[L]^n \qquad (5-6)$$

综合上述两种情况,金属离子的总的副反应系数可用 α_M 表示:

$$\alpha_M = \frac{[M']}{[M]} \qquad (5-7)$$

式中,$[M]$ 为游离金属离子浓度;$[M'] = [M]+[MOH]+[M(OH)_2]+\cdots+[M(OH)_n]+[ML]+[ML_2]+\cdots+[ML_n]$。

对含辅助配位剂 L 的溶液,经推导可得

$$\alpha_M = \alpha_{M(L)}+\alpha_{M(OH)}-1 \qquad (5-8)$$

条件稳定常数

由于实际反应中存在诸多副反应,它们对 EDTA 与金属离子的主反应有着不同程度的影响,因此,必须对式(5-2)表示的配合物的稳定常数进行修正,若综合考虑 EDTA 的酸效应和金属离子的副效应,则由式(5-3)和式(5-7)可得

$$[Y^{4-}] = \frac{[Y']}{\alpha_{Y(H)}}, \quad [M] = \frac{[M']}{\alpha_M}$$

代入式(5-2)得

$$\frac{[MY]}{[M'][Y']} = \frac{K_{MY}}{\alpha_{Y(H)}\alpha_M} = K_{M'Y'} \qquad (5-9)$$

取对数得

$$\lg K_{M'Y'} = \lg K_{MY}-\lg\alpha_M-\lg\alpha_{Y(H)} \qquad (5-10)$$

$K_{M'Y'}$ 称为条件稳定常数,当在一定的条件下(如溶液酸碱度、辅助配位剂的浓度

等一定时),$\alpha_{Y(H)}$ 和 α_M 可以成为定值,则此时 $K_{M'Y'}$ 为常数。当外界条件改变时,$K_{M'Y'}$ 也改变。其大小说明溶液酸碱度和辅助配位效应对配合物实际稳定程度的影响。$K_{M'Y'}$ 是以 EDTA 总浓度和金属离子总浓度表示的稳定常数。一般 MY 的副反应影响较小,在此忽略不作考虑。

影响配位滴定主反应完全程度的因素很多,在诸多影响因素中,若系统中无共存离子干扰、不存在辅助配位剂、金属离子不易水解时,最主要的影响是 EDTA 的酸效应,因此可将式(5-10)简化为仅考虑 EDTA 的酸效应的影响,即

$$\frac{[MY]}{[M][Y']} = \frac{K_{MY}}{\alpha_{Y(H)}} = K'_{MY}$$

取对数得

$$\lg K'_{MY} = \lg K_{MY} - \lg \alpha_{Y(H)} \tag{5-11}$$

上式中 K'_{MY} 是考虑了酸效应后 EDTA 与金属离子配合物的稳定常数,即在一定酸度条件下用 EDTA 溶液总浓度表示的稳定常数。它的大小说明溶液的酸度对配合物实际稳定性的影响。pH 越大,$\lg \alpha_{Y(H)}$ 值越小,条件稳定常数越大,配位反应越完全,对滴定越有利;反之 pH 降低,条件稳定常数将减小,不利于滴定。因此,欲使配位滴定反应完全,必须减小酸效应的影响,而酸效应的大小与 pH 有关,故必须控制适宜的 pH 条件。

配位滴定中适宜 pH 条件的控制

配位滴定中适宜 pH 条件的控制由 EDTA 的酸效应和金属离子的羟基配位效应决定。根据酸效应可确定滴定时允许的最低 pH,根据羟基配位效应可大致估计滴定允许的最高 pH,从而得出滴定的适宜 pH 范围。

滴定时允许的最低 pH 取决于滴定允许的误差和检测终点的准确度。配位滴定的目测终点与化学计量点 pM 的差值 ΔpM 一般为 $\pm(0.2 \sim 0.5)$,即至少为 ± 0.2。若允许相对误差为 $\pm 0.1\%$,根据终点误差公式可得

$$\lg(cK'_{MY}) \geqslant 6 \tag{5-12}$$

此处,c 应为化学计量点时的浓度,但为简化起见,忽略滴定过程中体积变化的影响,用金属离子的分析浓度表示。通常将式(5-12)作为判别能否准确滴定单一金属离子的条件。

将式(5-11)和式(5-12)结合可得

$$\lg c + \lg K_{MY} - \lg \alpha_{Y(H)} \geqslant 6$$

$$\lg\alpha_{Y(H)} \leqslant \lg c + \lg K_{MY} - 6 \qquad (5-13)$$

由此式可算出 $\lg\alpha_{Y(H)}$，再查表 5-2，用内插法可求得配位滴定允许的最低 pH(pH_{min})。

由式(5-13)可知，由于不同金属离子的 $\lg K_{MY}$ 不同，所以滴定时允许的最低 pH 也不相同。将各种金属离子的 $\lg K_{MY}$ 值与其最低 pH(或对应的 $\lg\alpha_{Y(H)}$ 与最低 pH)绘成曲线，称为 EDTA 的酸效应曲线或林邦(Ringbom)曲线，如图 5-3 所示。图中金属离子位置所对应的 pH，就是滴定该金属离子时所允许的最低 pH。

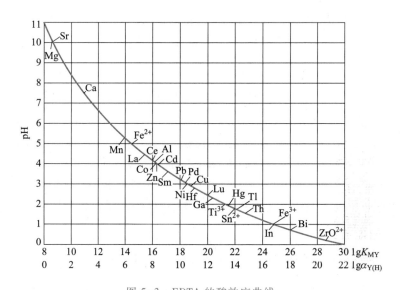

图 5-3　EDTA 的酸效应曲线

金属离子浓度 0.01 mol·L^{-1}，允许测定的相对误差为 ±0.1%

从图 5-3 可以查出单独滴定某种金属离子时允许的最低 pH，例如，FeY^- 配合物很稳定($\lg K_{FeY^-} = 25.1$)，查图 5-3 得 pH>1，即可在强酸性溶液中滴定；而 ZnY^{2-} 配合物的稳定性($\lg K_{ZnY^{2-}} = 16.50$)比 FeY^- 的稍差些，须在弱酸性溶液中(pH≥4.0)滴定；CaY^{2-} 配合物的稳定性更差一些($\lg K_{CaY^{2-}} = 10.69$)，须在 pH≥7.6 的碱性溶液中滴定。

在满足滴定允许的最低 pH 的条件下，若溶液的 pH 升高，则 $\lg K'_{MY}$ 增大，配位反应的完全程度也增大。但若溶液的 pH 太高，则某些金属离子会形成羟基配合物，致使羟基配位效应增大，最终反而影响滴定的主反应。因此，配位滴定还应考虑不使金属离子发生羟基化反应的 pH 条件，这个允许的最高 pH 通常由金属离子氢氧化物的溶度积常数估计求得。

例 试计算 $0.010\ mol\cdot L^{-1}$ EDTA 滴定同浓度 Zn^{2+} 溶液的最低和最高 pH。已知 $lgK_{ZnY} = 16.50$，$K_{sp} = 1.2\times10^{-17}$。

解：已知 $c = 0.01\ mol\cdot L^{-1}$，$lgK_{ZnY} = 16.50$，由式(5-13)可得

$$lg\alpha_{Y(H)} \leqslant lgc + lgK_{ZnY} - 6$$
$$= lg0.01 + 16.50 - 6 = 8.50$$

查表 5-2，用内插法求得 $pH_{min} > 3.97$。

由 K_{sp} 计算式可得 $[OH^-] = \sqrt{\dfrac{K_{sp}}{[Zn^{2+}]}} = \sqrt{\dfrac{1.2\times10^{-17}}{0.01}}\ mol\cdot L^{-1} = 3.5\times10^{-8}\ mol\cdot L^{-1}$

$$pOH = 7.46 \quad pH = 6.54$$

所以，用 EDTA 滴定 $0.01\ mol\cdot L^{-1}\ Zn^{2+}$ 溶液适宜 pH 范围为 3.97~6.54。

除了上述从 EDTA 酸效应和羟基配位效应来考虑配位滴定的适宜 pH 范围外，还需要考虑指示剂的颜色变化对 pH 的要求。滴定时实际应用的 pH 比理论上允许的最低 pH 要大一些，这样，其它非主要影响因素也考虑在内了。但也应该指出，不同的情况下，矛盾的主要方面不同。如果加入的辅助配位剂的浓度过大，辅助配位效应就可能变成主要影响；若加入的辅助配位剂与金属离子形成的配合物比 EDTA 形成的配合物更稳定，则将掩蔽欲测定的金属离子，而使滴定无法进行。

从本节讨论中，可以看出滴定时溶液的酸度多方面地影响滴定反应的进行及终点检测，因此，配位滴定中适宜 pH 的选择是本章学习的重点之一，请读者注意体会。

§5-4 滴定曲线

配位滴定中，随着配位剂的不断加入，被滴定的金属离子的 [M] 不断减小，与酸碱滴定情况类似，在化学计量点附近 $pM(=-lg[M])$ 将发生突跃。配位滴定过程中 pM 的变化规律可以用 pM 对配位剂 EDTA 的加入量所绘制的滴定曲线来表示。

在计算滴定曲线时，要用到 K_{MY}，如上节所述，在配位滴定中，除了主反应外，还有不同的副反应存在，而后者对 EDTA 与金属离子的配合物 MY 的稳定性又有着较为显著的影响，因此，在表征 MY 稳定性时，应该使用条件稳定常数 K'_{MY}。对于不易水解或不与其它配位剂配位的金属离子(如 Ca^{2+})，只需考虑 EDTA 的酸效应，引入 $\alpha_{Y(H)}$ 对 K_{MY} 进行修正；对于易水解的金属离子(如 Al^{3+})，还应考虑水解效应，引入 $\alpha_{Y(H)}$ 和 $\alpha_{Al(OH)}$ 修正 K_{MY}；而对于易水解又易与辅助配位剂配位的

金属离子(如 Zn^{2+} 在 NH_3 缓冲溶液中),则应考虑以 $\alpha_{Y(H)}$、$\alpha_{Zn(OH)}$ 和 $\alpha_{Zn(NH_3)}$ 修正 K_{MY}。然后利用式(5-10)式(5-11)即可计算出不同 pH 溶液中,在滴定的不同阶段被滴定金属离子的浓度,据此绘制滴定曲线。

　　图 5-4 和图 5-5 分别为 EDTA 滴定 Ca^{2+} 和在 NH_3-NH_4^+ 缓冲溶液中滴定 Ni^{2+} 的滴定曲线。

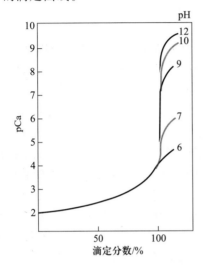

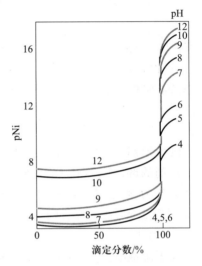

图 5-4　0.0100 mol · L^{-1} EDTA 滴定 0.0100 mol · L^{-1} Ca^{2+} 溶液的滴定曲线

图 5-5　EDTA 滴定 0.0100 mol · L^{-1} Ni^{2+} 溶液的滴定曲线,溶液中 [NH$_3$]+[NH$_4^+$]= 0.1 mol · L^{-1}

　　在配位滴定中,影响滴定突跃的因素是金属离子浓度 c_M 和条件稳定常数 K'_{MY}。c_M 越大,pM 突跃越大;K'_{MY} 越大,pM 突跃越大。K'_{MY} 的大小除了和 K_{MY} 有关外,还与 EDTA 的酸效应和金属离子的副反应等有关,如上述用 EDTA 测定 Ca^{2+} 的浓度,由图 5-4 可见,化学计量点前的 pCa 只取决于溶液中剩余的 Ca^{2+} 的浓度,与 pH 无关。化学计量点后,溶液中 pCa 主要取决于过量的 EDTA 和 K'_{MY},故滴定曲线的变化与 pH 有关。pH 越小,酸度越大,K'_{MY} 越小,pCa 越小,曲线后一段位置越低,突跃范围越小。图中 pH=6 时,突跃几乎没有。有些金属离子易水解,滴定时往往需加入辅助配位剂防止水解,此时滴定过程中将同时存在酸效应和辅助配位效应。化学计量点前一段曲线的位置,主要因 pH 对辅助配位剂的配位效应的影响而改变,由图 5-5 可见,在碱性条件下测定 Ni^{2+} 时,常加入 NH_3-NH_4Cl 缓冲溶液以控制溶液 pH,并使金属离子生成氨配合物,氨配合物的稳定性与氨的浓度及溶液酸度有关。溶液的 pH 越高,溶液中氨的浓度越大,生成的氨配合物越稳定,游离的金属离子的浓度就越小,pNi 越高,滴定曲线在化学计量点前的位置越高。在化学计量点后 pNi 也随溶液 pH 的升高而升高。由图 5-5 可知,在 pH=9 时化学计量点前后的 pNi 突跃最大,滴定终点指示剂变色最明显。

§5-5 金属指示剂确定滴定终点的方法

配位滴定与其它滴定一样,判断滴定终点的方法有多种,除了使用金属指示剂外,还可以运用电位滴定、光度测定等仪器分析技术确定滴定终点,但最常用的还是以金属指示剂判断滴定终点的方法。

金属指示剂的性质和作用原理

金属指示剂是一些有机配位剂,可与金属离子形成有色配合物,其颜色与游离指示剂的颜色不同,因而能指示滴定过程中金属离子浓度的变化情况。现以铬黑 T 为例说明其作用原理。铬黑 T 在 pH=8~11 时呈蓝色,它与 Ca^{2+}、Mg^{2+}、Zn^{2+} 等金属离子形成的配合物呈酒红色。如果用 EDTA 滴定这些金属离子,加入铬黑 T 指示剂,滴定前它与少量金属离子配位成酒红色,绝大部分金属离子处于游离状态。随着 EDTA 的滴入,游离金属离子逐步被配位而形成配合物 MY。等到游离金属离子几乎完全配位后,继续滴加 EDTA 时,由于 EDTA 与金属离子配合物的条件稳定常数大于铬黑 T 与金属离子配合物(M-铬黑 T)的条件稳定常数,因此 EDTA 夺取 M-铬黑 T 中的金属离子,将指示剂游离出来,溶液的颜色由酒红色突变为游离铬黑 T 的蓝色,指示滴定终点的到达:

$$M-铬黑\ T + Y \rightleftharpoons MY + 铬黑\ T$$
$$\qquad\quad 酒红色 \qquad\qquad\qquad\quad 蓝色$$

应该指出,许多金属指示剂不仅具有配位剂的性质,而且本身常是多元弱酸或多元弱碱,能随溶液 pH 变化而显示不同的颜色。例如铬黑 T,它是一个三元酸,第一级解离极容易,第二级和第三级解离则较难($pK_{a_2}=6.3$,$pK_{a_3}=11.6$),在溶液中存在下列平衡:

$$H_2In^- \underset{+H^+}{\overset{-H^+}{\rightleftharpoons}} HIn^{2-} \underset{+H^+}{\overset{-H^+}{\rightleftharpoons}} In^{3-}$$
$$\ \ 红色 \qquad\qquad\ 蓝色 \qquad\qquad 橙色$$
$$pH<6 \qquad\quad pH=8\sim11 \quad\ pH>12$$

铬黑 T 与许多阳离子,如 Ca^{2+}、Mg^{2+}、Zn^{2+}、Cd^{2+} 等形成酒红色的配合物(M-

铬黑T)。显然,铬黑T在pH<6或>12时,游离指示剂的颜色与M-铬黑T的颜色没有显著的差别。只有在pH=8～11时进行滴定,终点时溶液颜色由金属离子配合物的酒红色变成游离指示剂的蓝色,颜色变化才显著。因此使用金属指示剂,必须注意选用合适的pH范围。

金属指示剂应具备的条件

由以上讨论可知,作为金属指示剂,必须具备下列条件:

(1)在滴定的pH范围内,游离指示剂和指示剂与金属离子的配合物两者的颜色应有显著的差别,这样才能使终点颜色变化明显。

(2)指示剂与金属离子形成的有色配合物要有适当的稳定性。指示剂与金属离子配合物的稳定性必须小于EDTA与金属离子配合物的稳定性,这样在滴定到达化学计量点时,指示剂才能被EDTA置换出来,而显示终点的颜色变化。但如果指示剂与金属离子所形成的配合物太不稳定,则在化学计量点前指示剂就开始游离出来,使终点变色不敏锐,并使终点提前出现而引入误差。

另一方面,如果指示剂与金属离子形成更稳定的配合物而不能被EDTA置换,则虽加入过量EDTA也达不到终点,这种现象称为指示剂的封闭。例如,铬黑T能被Fe^{3+}、Al^{3+}、Cu^{2+}和Ni^{2+}等离子封闭。

为了消除封闭现象,可以加入适当的配位剂来掩蔽能封闭指示剂的离子(量多时要分离除去)。有时使用的蒸馏水不合要求,其中含有微量重金属离子,也能引起指示剂封闭,所以配位滴定要求蒸馏水有一定的质量指标。

(3)指示剂与金属离子形成的配合物应易溶于水,如果生成胶体溶液或沉淀,在滴定时指示剂与EDTA的置换作用将进行缓慢而使终点拖长,这种现象称为指示剂的僵化。例如,用PAN作指示剂,在温度较低时,易发生僵化。

为了避免指示剂的僵化,可以加入有机溶剂或将溶液加热,以增大有关物质的溶解度。加热还可加快反应速率。在可能发生僵化时,接近终点时更要缓慢滴定,剧烈振摇。

金属指示剂多数是具有若干双键的有色有机化合物,易受日光、氧化剂、空气等作用而分解,有些在水溶液中不稳定,有些久置会变质。为了避免指示剂变质,有些指示剂可以用中性盐(如NaCl固体等)稀释后配成固体指示剂使用,有时可在指示剂溶液中加入可以防止指示剂变质的试剂,如在铬黑T溶液中加三乙醇胺等。一般指示剂都不宜久置,最好是用时新配。

常用的金属指示剂

一些常用金属指示剂的主要使用情况列于表5-3。

表 5-3　常见的金属指示剂

指示剂	适用的 pH 范围	颜色变化		直接滴定的离子	配制	注意事项
		In	MIn			
铬黑 T (eriochrome black T) 简称 BT 或 EBT	8~10	蓝	红	pH = 10，Mg^{2+}、Zn^{2+}、Cd^{2+}、Pb^{2+}、Mn^{2+}、稀土元素离子	1：100NaCl（固体）	Fe^{3+}、Al^{3+}、Cu^{2+}、Ni^{2+} 等离子封闭 EBT
酸性铬蓝 K (acid chrome blue K)	8~13	蓝	红	pH = 10，Mg^{2+}、Zn^{2+}、Mn^{2+} pH = 13，Ca^{2+}	1：100NaCl（固体）	
二甲酚橙 (xylenol orange) 简称 XO	<6	亮黄	红	pH<1，ZrO^{2+} pH = 1~3.5，Bi^{3+}、Th^{4+} pH = 5~6，Tl^{3+}、Zn^{2+}、Pb^{2+}、Cd^{2+}、Hg^{2+}、稀土元素离子	5 g·L^{-1} 水溶液	Fe^{3+}、Al^{3+}、Ni^{2+}、Ti(Ⅳ) 等离子封闭 XO
磺基水杨酸 (sulfo-salicylic acid) 简称 ssal	1.5~2.5	无色	紫红	pH = 1.5~2.5，Fe^{3+}	50 g·L^{-1} 水溶液	ssal 本身无色，FeY^- 呈黄色
钙指示剂 (calcon-carboxylic acid) 简称 NN	12~13	蓝	红	pH = 12~13，Ca^{2+}	1：100NaCl（固体）	Ti(Ⅳ)、Fe^{3+}、Al^{3+}、Cu^{2+}、Ni^{2+}、Co^{2+}、Mn^{2+} 等离子封闭 NN
PAN [1-(2-pyridylazo)-2-naphthol]	2~12	黄	紫红	pH = 2~3，Th^{4+}、Bi^{3+} pH = 4~5，Cu^{2+}、Ni^{2+}、Pb^{2+}、Cd^{2+}、Zn^{2+}、Mn^{2+}、Fe^{2+}	1 g·L^{-1}乙醇溶液	MIn 在水中溶解度很小，为防止 PAN 僵化，滴定时须加热

除表 5-3 中所列指示剂外,还有一种 Cu-PAN 指示剂,它是 CuY 与少量 PAN 的混合溶液。用此指示剂可以滴定许多金属离子,包括一些与 PAN 配位不够稳定或不显色的离子。将此指示剂加到含有被测金属离子 M 的试液中时,发生如下置换反应:

$$CuY + PAN + M \rightleftharpoons MY + Cu-PAN$$
　　蓝色　　黄色　　　　　　　　　　紫红色

溶液呈现紫红色。用 EDTA 滴定时,EDTA 先与游离的金属离子 M 配位,当加入的 EDTA 定量配位 M 后,EDTA 将夺取 Cu-PAN 中的 Cu^{2+},而使 PAN 游离出来:

$$Cu-PAN + Y \rightleftharpoons CuY + PAN$$
　　　紫红色　　　　　　　蓝色　　黄色

溶液由紫红色变为 CuY 及 PAN 混合而成的绿色,即到达终点。因滴定前加入的 CuY 与最后生成的 CuY 是相等的,故加入的 CuY 不影响测定结果。

Cu-PAN 指示剂可在很宽的 pH 范围(pH = 2~12)内使用。该指示剂能被 Ni^{2+} 封闭。此外,使用此指示剂时不可同时加入能与 Cu^{2+} 生成更稳定配合物的其它掩蔽剂。

§5-6　混合离子的分别滴定

由于 EDTA 能和许多金属离子形成稳定的配合物,实际的分析对象又常常比较复杂,在被测定溶液中可能存在多种金属离子,在滴定时很可能相互干扰,因此,在混合离子中如何滴定某一种离子或分别滴定某几种离子是配位滴定中要解决的重要问题。

分别滴定的判别式

前已述及,当滴定单独一种金属离子时,只要满足 $\lg(c_M K'_{MY}) \geqslant 6$ 的条件,就可以准确地进行滴定,相对误差 $|E_r| \leqslant 0.1\%$。但当溶液中有两种或两种以上的金属离子共存时,情况就比较复杂。若溶液中含有金属离子 M 和 N,它们均可与 EDTA 形成配合物,此时欲测定 M 的含量,共存的 N 是否对 M 的测定产生干扰,则需考虑 N 的副反应。设该副反应系数为 $\alpha_{Y(N)}$,当 $K_{MY} > K_{NY}$,且 $\alpha_{Y(N)} \gg \alpha_{Y(H)}$ 情况下,可推导出下式:

$$\lg(c_M K_{MY'}) \approx \lg K_{MY} - \lg K_{NY} + \lg \frac{c_M}{c_N} \approx \Delta\lg K + \lg \frac{c_M}{c_N} \qquad (5-14)$$

即两种金属离子配合物的稳定常数差值 $\Delta\lg K$ 越大,被测离子浓度 c_M 越大,干扰离子浓度 c_N 越小,则在 N 存在下准确滴定 M 的可能性就越大。至于 $\Delta\lg K$ 应满足怎样的数值才能进行分别滴定,需根据所要求的测定准确度、浓度比 $\frac{c_M}{c_N}$ 及在滴定终点和化学计量点之间 pM 的差值 ΔpM 等因素来决定。对于有干扰离子存在时的配位滴定,一般允许有小于 0.5% 的相对误差,当用指示剂检测终点 ΔpM ≈ 0.3,由误差图[①]查得需 $\lg(c_M K_{MY'}) = 5$。当 $c_M = c_N$ 时,则

$$\Delta\lg K = 5 \qquad (5-15)$$

故一般常以 $\Delta\lg K = 5$ 作为分别滴定的判别式,它表示在滴定 M 时,N 不干扰。

　　例如,当溶液中 Bi^{3+}、Pb^{2+} 浓度皆为 0.01 mol·L^{-1} 时,用 EDTA 滴定 Bi^{3+} 有无可能? 查表 5-1 可知,$\lg K_{BiY} = 27.94$,$\lg K_{PbY} = 18.04$,则 $\Delta\lg K = 27.94 - 18.04 = 9.9$,符合式(5-15)的要求,故可以选择滴定 Bi^{3+} 而 Pb^{2+} 不干扰。由酸效应曲线可查得滴定 Bi^{3+} 的最低 pH 约为 0.7,但滴定时 pH 不能太大,在 pH ≈ 2 时,Bi^{3+} 将开始水解而析出沉淀。因此滴定 Bi^{3+} 的适宜 pH 范围为 0.7～2。通常选取 pH = 1 时进行滴定,以保证滴定时不会析出 Bi^{3+} 的水解产物,Pb^{2+} 也不会干扰 Bi^{3+} 与 EDTA 的反应。

　　当溶液中有两种以上金属离子共存时,能否分别滴定应首先判断各组分在测定时有无相互干扰,若 $\Delta\lg K$ 足够大,则相互无干扰,这时可通过控制酸度依次测出各组分的含量。若有干扰,则需采用掩蔽等方法去除干扰。

用控制溶液酸度的方法进行分别滴定

　　如前所述,当用分别滴定的判别式判别若干组分在测定时无相互干扰后,可通过控制酸度依次测出各组分的含量。具体过程如下:

　　(1) 比较混合物中各组分离子与 EDTA 形成配合物的稳定常数大小,得出首先被滴定的应是 K_{MY} 最大的那种离子。

　　(2) 用式(5-15)判断稳定常数最大的金属离子和与其相邻的另一金属离子之间有无干扰。

　　(3) 若无干扰,则可通过计算确定稳定常数最大的金属离子测定的 pH 范围,选择指示剂,按照与单组分测定相同的方式进行测定,其它离子依此

① 林邦 A. 分析化学中的络合作用. 戴明,译. 北京:高等教育出版社,1987:81.

类推。

（4）若有干扰，则不能直接测定，需采取掩蔽、解蔽或分离等方式去除干扰后再测定。

例　溶液中含有 Fe^{3+}、Al^{3+}、Ca^{2+} 和 Mg^{2+}，假定它们的浓度皆为 $0.01 \ mol \cdot L^{-1}$，能否通过控制溶液酸度分别滴定 Fe^{3+} 和 Al^{3+}？已知 $\lg K_{FeY} = 25.1$，$\lg K_{AlY} = 16.3$，$\lg K_{CaY} = 10.69$，$\lg K_{MgY} = 8.69$。

解：比较已知的稳定常数大小可知，K_{FeY} 最大，K_{AlY} 次之，所以滴定 Fe^{3+} 时，最可能发生干扰的是 Al^{3+}：

$$\Delta \lg K = \lg K_{FeY} - \lg K_{AlY} = 25.1 - 16.3 = 8.8 > 5$$

根据式（5-15）可知滴定 Fe^{3+} 时，共存的 Al^{3+} 没有干扰。

从图 5-3 查得测 Fe^{3+} 的 $pH_{min} \approx 1$，考虑到 Fe^{3+} 的水解效应，需 $pH < 2.2$，因此测定 Fe^{3+} 的 pH 范围应为 $1 \sim 2.2$。查表 5-3 可知，磺基水杨酸在 $pH = 1.5 \sim 2.0$ 范围内，与 Fe^{3+} 形成的配合物呈紫红色，据此可选定 pH 在 $1.5 \sim 2.0$ 范围，用 EDTA 直接滴定 Fe^{3+} 离子，终点时溶液颜色由紫红色变为黄色。Al^{3+}、Ca^{2+} 及 Mg^{2+} 不干扰。

滴定 Fe^{3+} 后的溶液，继续滴定 Al^{3+}，此时，应考虑 Ca^{2+}、Mg^{2+} 是否会干扰 Al^{3+} 的测定，由于

$$\Delta \lg K = \lg K_{AlY} - \lg K_{CaY} = 16.3 - 10.69 = 5.61 > 5$$

故 Ca^{2+}、Mg^{2+} 不会造成干扰。

与确定测 Fe^{3+} 的 pH 范围步骤相似，可得出应在 $pH = 4 \sim 6$ 测定 Al^{3+}，实验时，先调节 $pH = 3.5$，加入过量的 EDTA，煮沸，再加六亚甲基四胺缓冲溶液，控制 $pH = 4 \sim 6$，用 PAN 作指示剂，用 Cu^{2+} 标准溶液回滴过量的 EDTA，即可测出 Al^{3+} 的含量（参考 §5-7 返滴定）。

控制溶液的 pH 范围是在混合离子溶液中进行选择性滴定的途径之一，滴定的 pH 范围是综合了滴定适宜的 pH、指示剂的变色，同时考虑共存离子的存在等情况后确定的，而且实际滴定时选取的 pH 范围一般比上述求得的适宜 pH 范围要更狭窄一些。通过控制溶液酸度对混合离子溶液进行分别滴定，是本章学习的另一重点，请读者仔细体会上述原则。

用掩蔽和解蔽的方法进行分别滴定

若被测金属离子的配合物与干扰离子的配合物的稳定常数相差不大（$\Delta \lg K < 5$），就不能用控制酸度的方法进行分别滴定，此时可利用掩蔽剂（masking agent）来降低干扰离子的浓度以消除干扰。但需注意干扰离子存在的量不能太大，否则得不到满意的结果。

掩蔽方法按所用反应类型不同，可分为配位掩蔽法、沉淀掩蔽法和氧化还原掩蔽法等，其中用得最多的是配位掩蔽法。

1. 配位掩蔽法

此法是基于干扰离子与掩蔽剂形成稳定配合物以消除干扰。例如，石灰石、

白云石中 CaO 与 MgO 的含量测定,即以三乙醇胺掩蔽试样中的 Fe^{3+}、Al^{3+} 和 Mn^{2+},使之生成更稳定的配合物,消除干扰。然后在 pH = 10 时,以 EDTA 滴定 CaO 和 MgO 的总量,用 KB 指示剂①确定终点。

又如,在 Al^{3+} 与 Zn^{2+} 两种离子共存时,可用 NH_4F 掩蔽 Al^{3+},使其生成稳定的 AlF_6^{3-} 离子,再于 pH = 5~6 时,用 EDTA 滴定 Zn^{2+}。

一些常见的配位掩蔽剂见表 5-4。

表 5-4　一些常见的配位掩蔽剂

名称	pH 范围	被掩蔽离子	备注
KCN	>8	Co^{2+}、Ni^{2+}、Cu^{2+}、Zn^{2+}、Hg^{2+}、Cd^{2+}、Ag^+、Tl^+ 及铂系元素	
NH_4F	4~6	Al^{3+}、$Ti(Ⅳ)$、$Sn(Ⅳ)$、$W(Ⅵ)$ 等	NH_4F 比 NaF 好,加入后溶液 pH 变化不大
邻二氮菲	5~6	Cu^{2+}、Co^{2+}、Ni^{2+}、Zn^{2+}、Hg^{2+}、Cd^{2+}、Mn^{2+}	
三乙醇胺（TEA）	10	Al^{3+}、$Sn(Ⅳ)$、$Ti(Ⅳ)$、Fe^{3+}	与 KCN 并用,可提高掩蔽效果
	11~12	Fe^{3+}、Al^{3+} 及少量 Mn^{2+}	
二巯基丙醇	10	Hg^{2+}、Cd^{2+}、Zn^{2+}、Bi^{3+}、Pb^{2+}、Ag^+、As^{3+}、$Sn(Ⅳ)$ 及少量 Cu^{2+}、Co^{2+}、Ni^{2+}、Fe^{3+}	
硫脲	弱酸性	Cu^{2+}、Hg^{2+}、Tl^+	
酒石酸	1.5~2	Sb^{3+}、$Sn(Ⅳ)$	在抗坏血酸存在下
	5.5	Fe^{3+}、Al^{3+}、$Sn(Ⅳ)$、Ca^{2+}	
	6~7.5	Mg^{2+}、Cu^{2+}、Fe^{3+}、Al^{3+}、Mo^{4+}	
	10	Al^{3+}、$Sn(Ⅳ)$、Fe^{3+}	

使用掩蔽剂时需注意下列几点:

（1）干扰离子与掩蔽剂形成的配合物应远比与 EDTA 形成的配合物稳定。而且形成的配合物应为无色或浅色的,不影响滴定终点的判断。

---

①　KB 指示剂是酸性铬蓝 K 和萘酚氯 B 以一定比例混合配制而成的指示剂,其终点敏锐性比单纯的酸性铬蓝 K 高。

（2）掩蔽剂不与待测离子配位，即使与待测离子形成配合物，其稳定性也应远小于待测离子与 EDTA 配合物的稳定性。

（3）使用掩蔽剂时应注意适用的 pH 范围，如在 pH = 8 ~ 10 时测定 Zn^{2+}，用铬黑 T 作指示剂，则用 NH_4F 可掩蔽 Al^{3+}。但是在测定含有 Ca^{2+}、Mg^{2+}、Al^{3+} 溶液中的 Ca^{2+}、Mg^{2+} 总量时，于 pH = 10 滴定，因为 F^- 与被测物 Ca^{2+} 要生成 CaF_2 沉淀，所以就不能用氟化物来掩蔽 Al^{3+}。此外，选用掩蔽剂还要注意它的性质和加入时的 pH 条件。例如，**KCN 剧毒，只允许在碱性溶液中使用**；若将它加入酸性溶液中，则产生的剧毒 HCN 呈气体逸出，对环境与人有严重危害；滴定后的溶液也应注意处理，以免造成污染[①]。掩蔽 Fe^{3+}、Al^{3+} 等的三乙醇胺，必须在酸性溶液中加入，然后再碱化，否则 Fe^{3+} 将生成氢氧化物沉淀而不能进行配位掩蔽。

2. 沉淀掩蔽法

此法是加入选择性沉淀剂作掩蔽剂，使干扰离子形成沉淀以降低其浓度，在不分离沉淀的情况下滴定。例如，欲测定 Ca^{2+}、Mg^{2+} 离子，由于 $\lg K_{CaY} = 10.7$，$\lg K_{MgY} = 8.7$，它们的 $\Delta \lg K < 5$，故不能通过控制酸度进行分别滴定。这时可根据钙、镁的氢氧化物溶解度的差异，加入 NaOH 溶液，使 pH ≈ 12，则 Mg^{2+} 生成 $Mg(OH)_2$ 沉淀，用钙指示剂可以指示 EDTA 滴定 Ca^{2+} 的终点。

用于沉淀掩蔽法的沉淀反应必须具备下列条件：

（1）生成的沉淀溶解度要小，使反应完全。

（2）生成的沉淀应是无色或浅色致密的，最好是晶形沉淀，其吸附能力很弱。

实际应用时，较难完全满足上述条件，故沉淀掩蔽法应用不广。常用的沉淀掩蔽剂及其应用范围见表 5-5。

表 5-5　配位滴定中常用的沉淀掩蔽剂及其应用范围

名称	被掩蔽的离子	待测定的离子	pH 范围	指示剂
NH_4F	Mg^{2+}、Ca^{2+}、Sr^{2+}、Ba^{2+} 及稀土	Zn^{2+}、Cd^{2+}、Mn^{2+}（有还原剂存在下）	10	铬黑 T
		Cu^{2+}、Co^{2+}、Ni^{2+}	10	紫脲酸铵
K_2CrO_4	Ba^{2+}	Sr^{2+}	10	Mg-EDTA 铬黑 T

----

① 用含 Na_2CO_3 的 $FeSO_4$ 溶液处理，使 CN^- 转化为稳定的 $Fe(CN)_6^{4-}$。

续表

名称	被掩蔽的离子	待测定的离子	pH 范围	指示剂
Na_2S 或铜试剂	Bi^{3+}、Cd^{2+}、Cu^{2+}、Hg^{2+}、Pb^{2+} 等	Mg^{2+}、Ca^{2+}	10	铬黑 T
H_2SO_4	Pb^{2+}	Bi^{3+}	1	二甲酚橙
$K_4[Fe(CN)_6]$	微量 Zn^{2+}	Pb^{2+}	5~6	二甲酚橙

3. 氧化还原掩蔽法

此法利用氧化还原反应,变更干扰离子价态,以消除其干扰。例如,用 EDTA 滴定 Bi^{3+}、Zr^{4+}、Th^{4+} 等离子时,溶液中如果存在 Fe^{3+},将有干扰。但 Fe^{2+} 与 EDTA 配合物的稳定常数比 Fe^{3+} 与 EDTA 配合物的稳定常数小得多 ($lgK_{FeY^-} = 25.1$,$lgK_{FeY^{2-}} = 14.33$),因此可加入抗坏血酸或羟胺等还原剂,将 Fe^{3+} 还原成 Fe^{2+},增大 ΔlgK 值,以消除干扰。

常用的还原剂有抗坏血酸、羟胺、联胺、硫脲、半胱氨酸等,其中有些还原剂同时又是配位剂。

若有些干扰离子的高价态在 EDTA 的滴定时不产生干扰,则可以预先将低价干扰离子(如 Cr^{3+}、VO^{2+} 等离子)氧化成高价酸根(如 $Cr_2O_7^{2-}$、VO_3^- 等)来消除干扰。

4. 解蔽方法

将一些离子掩蔽,对某种离子进行滴定后,使用另一种试剂破坏掩蔽所产生配合物,使被掩蔽的离子重新释放出来,这种作用称为解蔽(demasking),所用的试剂称为解蔽剂。

例如,铜合金中 Cu^{2+}、Zn^{2+}、Pb^{2+} 三种离子共存,欲测定其中 Zn^{2+} 和 Pb^{2+},用氨水中和试液,加 KCN 掩蔽 Cu^{2+} 和 Zn^{2+},在 pH = 10 时,用铬黑 T 作指示剂,用 EDTA 滴定 Pb^{2+}。滴定后的溶液加入甲醛或三氯乙醛作解蔽剂,破坏 $Zn(CN)_4^{2-}$ 配离子:

$$Zn(CN)_4^{2-}+4HCHO+4H_2O \rightleftharpoons Zn^{2+} + 4H_2C\overset{OH}{\underset{|}{—}}CN + 4OH^-$$

羟基乙腈

释放出的 Zn^{2+},再用 EDTA 继续滴定。$Cu(CN)_3^{2-}$ 配离子比较稳定,不易被醛类解蔽,但要注意甲醛应分次滴加,用量也不宜过多。如甲醛过多,温度较高,可能使 $Cu(CN)_3^{2-}$ 配离子部分破坏而影响 Zn^{2+} 的测定结果。

预 先 分 离

当用控制溶液酸度进行分别滴定或掩蔽干扰离子都有困难的时候,可采用分离的方法。

分离的方法有很多种,现仅简要叙述有关配位滴定中必须进行分离的一些情况。例如,钴、镍混合液中测定 Co^{2+}、Ni^{2+},须先进行离子交换分离。又如,磷矿石中一般含 Fe^{3+}、Al^{3+}、Ca^{2+}、Mg^{2+}、PO_4^{3-} 及 F^- 等离子,其中 F^- 的干扰最为严重,它能与 Al^{3+} 生成很稳定的配合物,在酸度低时 F^- 又能与 Ca^{2+} 生成 CaF_2 沉淀,因此在配位滴定中,必须首先加酸,加热,使 F^- 生成 HF 挥发逸去。如果测定中必须进行沉淀分离时,为了避免待测离子的损失,决不允许先沉淀分离大量的干扰离子后,再测定少量离子,此外,还应尽可能选用能同时沉淀多种干扰离子的试剂来进行分离,以简化分离步骤。

用其它配位剂滴定

除 EDTA 外,其它氨羧类配位剂与金属离子形成配合物的稳定性也各有特点,可以选择不同配位剂进行滴定,以提高滴定的选择性。

EDTA 与 Ca^{2+}、Mg^{2+} 形成的配合物的稳定性相差不多($\lg K_{MgY} = 8.69$,$\lg K_{CaY} = 10.69$),而 EGTA 与 Ca^{2+}、Mg^{2+} 形成的配合物的稳定性相差较大($\lg K_{Mg\text{-}EGTA} = 5.2$,$\lg K_{Ca\text{-}EGTA} = 11.0$),故可以在 Ca^{2+}、Mg^{2+} 共存时,用 EGTA 直接滴定 Ca^{2+}。

EDTP 与 Cu^{2+} 的配合物较稳定,而与 Zn^{2+}、Cd^{2+}、Mn^{2+} 及 Mg^{2+} 等离子的配合物稳定性就差很多,所以可在 Zn^{2+}、Cd^{2+}、Mn^{2+} 及 Mg^{2+} 存在下用 EDTP 直接滴定 Cu^{2+}。

CyDTA 滴定 Al^{3+} 的反应速率较快,且可在室温下进行滴定,故可作测定 Al^{3+} 的滴定剂。

§5-7　配位滴定的方式和应用

在配位滴定中,采用不同的滴定方式不仅可以扩大配位滴定的应用范围,而且可以提高配位滴定的选择性。

直　接　滴　定

这种方法是在满足滴定条件的基础上,用 EDTA 标准溶液直接滴定待测离子。操作简便,一般情况下引入的误差也较少,故在可能的范围内应尽可能采用直接滴定法。

在适宜的条件下,大多数金属离子都可以采用 EDTA 直接滴定。例如:

pH = 1,滴定 Bi^{3+};

pH = 1.5~2.5,滴定 Fe^{3+};

pH=2.5~3.5，滴定 Th^{4+}；

pH=5~6，滴定 Zn^{2+}、Pb^{2+}、Cd^{2+} 及稀土元素离子；

pH=9~10，滴定 Zn^{2+}、Mn^{2+}、Cd^{2+} 及稀土元素离子；

pH=10，滴定 Mg^{2+}；

pH=12~13，滴定 Ca^{2+}。

但在下列情况下，不宜采用直接滴定法：

（1）待测离子（如 Al^{3+}、Cr^{3+} 等）与 EDTA 配位反应速率很慢，本身又易水解或封闭指示剂。

（2）待测离子（如 Ba^{2+}、Sr^{2+} 等）虽能与 EDTA 形成稳定的配合物，但缺少变色敏锐的指示剂。

（3）待测离子（如 SO_4^{2-}、PO_4^{3-} 等）不与 EDTA 形成配合物，或待测离子（如 Na^+ 等）与 EDTA 形成的配合物不稳定。

这些情况下需采用其它滴定方式。

返 滴 定

上述（1）和（2）两种情况可采用返滴定法。这种方法是在试液中先加入一定量且过量的 EDTA 标准溶液，使待测离子与 EDTA 完全配位，再用其它金属离子的标准溶液滴定过量的 EDTA，从而求得被测物质的含量。

例如，在 Al^{3+} 的滴定中，Al^{3+} 与 EDTA 的反应速率缓慢，Al^{3+} 对二甲酚橙等指示剂也有封闭作用，而且 Al^{3+} 又易水解生成多核羟基配合物，如 $[Al_2(H_2O)_6(OH)_3]^{3+}$、$[Al_3(H_2O)_6(OH)_6]^{3+}$ 等，因而配位比不恒定。为此，可先加入已知过量的 EDTA 标准溶液，在 pH≈3.5（防止 Al^{3+} 水解）时，煮沸溶液。使 Al^{3+} 与 EDTA 配位完全。然后调节溶液 pH 至 5~6（此时 AlY 稳定，不会重新水解析出多核配合物），以二甲酚橙为指示剂，用 Zn^{2+} 或 Cu^{2+} 标准溶液返滴定过量的 EDTA 以测得铝的含量。

又如，测定 Ba^{2+} 时没有变色敏锐的指示剂，可加入过量 EDTA 溶液，与 Ba^{2+} 配位后，用铬黑 T 作指示剂，再用 Mg^{2+} 标准溶液返滴定过量的 EDTA。

值得注意的是，作为返滴定的金属离子，它与 EDTA 配合物的稳定性要适当；既要有足够的稳定性以保证滴定的准确度，又不宜超出待测离子与 EDTA 配合物的稳定性太多，否则在返滴定的过程中，它可能将被测离子从已生成的配合物中置换出来，造成测定误差。一般在 pH=4~6 时，Zn^{2+}、Cu^{2+} 是良好的返滴定剂，在 pH=10 时，宜选 Mg^{2+} 作返滴定剂。

置 换 滴 定

上述（1）和（2）两种情况，除了采用返滴定法外，还可采用置换滴定法。此法是利用置换反应,置换出相应数量的金属离子或 EDTA,然后用 EDTA 或金属离子标准溶液滴定被置换出的金属离子或 EDTA。

（1）置换出金属离子　若被测离子 M 与 EDTA 反应不完全或所形成的配合物不够稳定,可用 M 置换出另一配合物（NL）中的 N,然后用 EDTA 滴定 N,即可间接求得 M 的含量:

$$M + NL \Longrightarrow ML + N$$

例如,Ag^+ 与 EDTA 的配合物不稳定（$\lg K_{AgY} = 7.32$）,不能用 EDTA 直接滴定,但可使 Ag^+ 与 $Ni(CN)_4^{2-}$ 反应,则 Ni^{2+} 被置换出来:

$$2Ag^+ + Ni(CN)_4^{2-} \Longrightarrow 2Ag(CN)_2^- + Ni^{2+}$$

在 pH = 10 的氨性溶液中,以紫脲酸铵作指示剂,用 EDTA 滴定被置换出来的 Ni^{2+},即可间接求得 Ag^+ 的含量。

（2）置换出 EDTA　先将 EDTA 与被测离子 M 全部配位,再加入对被测离子 M 选择性高的配位剂 L,使生成 ML,并释放出 EDTA:

$$MY + L \Longrightarrow ML + Y$$

待反应完全后,用另一金属离子标准溶液滴定释放出的 EDTA,即可求得 M 的含量。

例如,铜及铜合金中的 Al 和水处理剂 $AlCl_3$ 测定都是在试液中加入过量的 EDTA,使与 Al 配位完全,用 Zn^{2+} 溶液去除过量的 EDTA 后,加 NaF 或 KF,置换出与 Al 配位的 EDTA,再以 Zn^{2+} 标准溶液滴定之。

又如,测定锡合金中的 Sn 时,也是采用类似的方式,于试液中加入过量的 EDTA,将可能存在的如 Pb^{2+}、Zn^{2+}、Cd^{2+}、Bi^{3+} 等与 Sn（IV）一起发生配位反应。用 Zn^{2+} 标准溶液除去过量的 EDTA,然后加入 NH_4F,使与 SnY 中的 Sn（IV）发生配位反应,并将 EDTA 置换释放出来,再用 Zn^{2+} 标准溶液滴定释放出的 EDTA,即可求得 Sn（IV）的含量。

置换滴定法是提高配位滴定选择性的途径之一,同时也扩大了配位滴定的应用范围。

再如,铬黑 T 与 Ca^{2+} 显色的灵敏度较差,但与 Mg^{2+} 显色却很灵敏,利用这一差异如在 pH = 10 的溶液中,用 EDTA 滴定 Ca^{2+} 时,常于溶液中先加入少量 MgY,由于 $\lg K_{CaY} = 10.69$,$\lg K_{MgY} = 8.69$,此时发生下列置换反应:

$$MgY + Ca^{2+} \Longrightarrow CaY + Mg^{2+}$$

置换出的 Mg^{2+} 与铬黑 T 的配合物溶液呈现很深的红色。滴定时,EDTA 先与 Ca^{2+} 配位,到滴定终点时,EDTA 夺取 Mg-铬黑 T 配合物中的 Mg^{2+},游离出蓝色的指示剂,颜色变化很明显。此处,滴定前加入的少量 MgY 与最后生成的 MgY 的量相等,故加入的 MgY 不影响测定结果。这是通过置换滴定,提高指示剂指示终点敏锐性的例子。

用 CuY–PAN 作指示剂时,也是利用置换滴定法的原理。

间 接 滴 定

对于不能形成配合物或者形成的配合物不稳定的情况可采用间接滴定法。此法是加入过量的、能与 EDTA 形成稳定配合物的金属离子作沉淀剂,以沉淀待测离子,过量沉淀剂用 EDTA 滴定。或将沉淀分离、溶解后,再用 EDTA 滴定其中的金属离子。如测定 PO_4^{3-},可加一定量且过量的 $Bi(NO_3)_3$,使之生成 $BiPO_4$ 沉淀,再用 EDTA 滴定剩余的 Bi^{3+}。又如测定 Na^+ 时,将 Na^+ 沉淀为乙酸铀酰锌钠 $NaOAc \cdot Zn(OAc)_2 \cdot 3UO_2(OAc)_2 \cdot 9H_2O$,分离沉淀并再次溶解后,用 EDTA 滴定 Zn^{2+},从而求得 Na^+ 含量。

间接滴定方式操作较繁,当然,引入误差的机会也增多,不是一种很好的分析测定的方法。

思考题

1. EDTA 与金属离子的配合物有哪些特点?

2. 配合物的稳定常数与条件稳定常数有什么不同? 为什么要引入条件稳定常数?

3. 在配位滴定中控制适当的酸度有什么重要意义? 实际应用时应如何全面考虑选择滴定时的 pH?

4. 金属指示剂的作用原理如何? 它应该具备哪些条件?

5. 为什么使用金属指示剂时要限定适宜的 pH? 为什么同一种指示剂用于不同金属离子滴定时,适宜的 pH 条件不一定相同?

6. 什么是金属指示剂的封闭和僵化? 如何避免?

7. 两种金属离子 M 和 N 共存时,什么条件下才可用控制酸度的方法进行分别滴定?

8. 掩蔽的方法有哪些? 各运用于什么场合? 为防止干扰,是否在任何情况下都能使用掩蔽方法?

9. 用 EDTA 滴定含有少量 Fe^{3+} 的 Ca^{2+}、Mg^{2+} 试液时,用三乙醇胺、KCN 都可以掩蔽 Fe^{3+},抗坏血酸则不能掩蔽;在滴定有少量 Fe^{3+} 存在的 Bi^{3+} 时,恰恰相反,抗坏血酸可以掩蔽 Fe^{3+},而三乙醇胺、KCN 则不能掩蔽。请说明理由。

10. 如何利用掩蔽和解蔽作用来测定 Ni^{2+}、Zn^{2+}、Mg^{2+} 混合溶液中各组分的含量?

11. 配位滴定中,在什么情况下不能采用直接滴定方式? 试举例说明之。

12. 欲测定含 Pb^{2+}、Al^{3+} 和 Mg^{2+} 试液中的 Pb^{2+} 含量,共存的两种离子是否有干扰? 应如何测定 Pb^{2+} 含量? 试拟出简要方案。

13. 若配制 EDTA 溶液时所用的水中含有 Ca^{2+},则下列情况对测定结果有何影响?

（1）以 $CaCO_3$ 为基准物质标定 EDTA 溶液，用所得 EDTA 标准溶液滴定试液中的 Zn^{2+}，以二甲酚橙为指示剂；

（2）以金属锌为基准物质，二甲酚橙为指示剂标定 EDTA 溶液，用所得 EDTA 标准溶液滴定试液中 Ca^{2+} 的含量；

（3）以金属锌为基准物质，铬黑 T 为指示剂标定 EDTA 溶液，用所得 EDTA 标准溶液滴定试液中 Ca^{2+} 的含量。

14. 用返滴定法测定 Al^{3+} 含量时，首先在 pH = 3.5 加入过量 EDTA 并加热，使 Al^{3+} 配位。试说明选择此 pH 的理由。

15. 今欲不经分离用配位滴定法测定下列混合溶液中各组分的含量，试设计简要方案（包括滴定剂、酸度、指示剂、所需其它试剂以及滴定方式）。

（1）Zn^{2+}、Mg^{2+} 混合液中两者含量的测定；

（2）含有 Fe^{3+} 的试液中测定 Bi^{3+}；

（3）Fe^{3+}、Cu^{2+}、Ni^{2+} 混合液中各离子含量的测定；

（4）水泥中 Fe^{3+}、Al^{3+}、Ca^{2+} 和 Mg^{2+} 的分别测定。

习题

1. 计算 pH = 5.0 时 EDTA 的酸效应系数 $\alpha_{Y(H)}$。若此时 EDTA 各种存在形式的总浓度为 $0.020\,0$ $mol \cdot L^{-1}$，则 $[Y^{4-}]$ 为多少？

2. pH = 5.0 时，锌与 EDTA 配合物的条件稳定常数是多少？假设 Zn^{2+} 和 EDTA 的浓度皆为 0.01 $mol \cdot L^{-1}$（不考虑羟基配位等副反应）。pH = 5.0 时，能否用 EDTA 标准溶液滴定 Zn^{2+}？

3. 假设 Mg^{2+} 和 EDTA 的浓度皆为 0.01 $mol \cdot L^{-1}$，在 pH = 6.0 时，镁与 EDTA 配合物的条件稳定常数是多少（不考虑羟基配位等副反应）？在此 pH 下能否用 EDTA 标准溶液滴定 Mg^{2+}？如不能滴定，求其允许的最小 pH。

4. 试求用 EDTA 滴定浓度各为 0.01 $mol \cdot L^{-1}$ 的 Fe^{3+} 和 Fe^{2+} 溶液时所允许的最小 pH。

5. 计算用 $0.020\,0$ $mol \cdot L^{-1}$ EDTA 标准溶液滴定同浓度的 Cu^{2+} 溶液时的适宜酸度范围。

6. 称取 $0.100\,5$ g 纯 $CaCO_3$，溶解后，用容量瓶配成 100 mL 溶液。移取 25.00 mL，在 pH>12 时，用钙指示剂指示终点，用 EDTA 标准溶液滴定，用去 24.90 mL。试计算：

（1）EDTA 溶液的浓度；

（2）每毫升 EDTA 溶液相当于多少克 ZnO、Fe_2O_3？

7. 称取基准试剂 Zn（$M = 65.38$ $g \cdot mol^{-1}$）$0.168\,5$ g，用 HCl 溶液溶解，置于容量瓶中，配制成 250 mL 溶液，移取 25.00 mL 标定 EDTA 标准溶液，用去 EDTA 溶液 25.54 mL。计算 EDTA 标准溶液的浓度。

8. 用配位滴定法测定氯化锌（$ZnCl_2$）的含量。称取 $0.250\,0$ g 试样，溶于水后，稀释至 250 mL，移取 25.00 mL，在 pH = 5~6 时，用二甲酚橙作指示剂，用 $0.010\,24$ $mol \cdot L^{-1}$ EDTA 标准溶液滴定，用去 17.61 mL。计算试样中 $ZnCl_2$ 的质量分数。

9. 称取 1.032 g 氧化铝试样，溶解后，移入 250 mL 容量瓶，稀释至刻度。移取 25.00 mL，加入 $T_{Al_2O_3} = 1.505$ $mg \cdot mL^{-1}$ 的 EDTA 标准溶液 10.00 mL，以二甲酚橙为指示剂，用 $Zn(OAc)_2$ 标

准溶液进行返滴定,至红紫色终点,用去 Zn(OAc)$_2$ 标准溶液 12.20 mL。已知 1 mLZn(OAc)$_2$ 溶液相当于 0.681 2 mL EDTA 溶液。求试样中 Al$_2$O$_3$ 的质量分数。

10. 用 0.010 60 mol·L^{-1} EDTA 标准溶液滴定水中钙和镁的含量,取 100.0 mL 水样,以铬黑 T 为指示剂,在 pH = 10 时滴定,用去 EDTA 标准溶液 31.30 mL。另取一份 100.0 mL 水样,加 NaOH 使其呈强碱性,使 Mg^{2+} 成 Mg(OH)$_2$ 沉淀,用钙指示剂指示终点,继续用 EDTA 标准溶液滴定,用去 19.20 mL。计算:

（1）水的总硬度（以 CaCO$_3$mg·L^{-1} 表示）;

（2）水中钙和镁的含量（以 CaCO$_3$mg·L^{-1} 和 MgCO$_3$mg·L^{-1} 表示）。

11. 某含 PO$_4^{3-}$（M = 94.97 g·mol^{-1}）的试样溶液 25.00 mL,加入 30.00 mL 浓度为 0.012 10 mol·L^{-1} 的 Bi(NO$_3$)$_3$ 标准溶液,使其生成 BiPO$_4$ 沉淀。以二甲酚橙为指示剂,用 0.010 20 mol·L^{-1} EDTA 标准溶液滴定剩余的 Bi(NO$_3$)$_3$,用去 11.80 mL。求试样溶液中 PO$_4^{3-}$ 的含量（以 g·L^{-1} 表示）。

12. 分析含铜、锌、镁合金试样时,称取 0.500 0 g 试样,溶解后用容量瓶配成 100 mL 试液。移取 25.00 mL,调至 pH = 6,用 PAN 作指示剂,用 0.050 00 mol·L^{-1} EDTA 标准溶液滴定铜和锌,用去 37.30 mL。另外又移取 25.00 mL 试液,调至 pH = 10,加 KCN 以掩蔽铜和锌,用同浓度 EDTA 溶液滴定 Mg^{2+},用去 4.10 mL,然后再滴加甲醛以解蔽锌,又用同浓度 EDTA 溶液滴定,用去 13.40 mL。计算试样中铜、锌、镁的质量分数。

13. 称取含 Fe$_2$O$_3$ 和 Al$_2$O$_3$ 试样 0.201 5 g,溶解后,在 pH = 2.0 时以磺基水杨酸为指示剂,加热至 50 ℃ 左右,以 0.020 08 mol·L^{-1} EDTA 标准溶液滴定至红色消失,用去 15.20 mL。然后加入上述 EDTA 溶液 25.00 mL,加热煮沸,调至 pH = 4.5,以 PAN 为指示剂,趁热用 0.021 12 mol·L^{-1} Cu^{2+} 标准溶液返滴定,用去 8.16 mL。计算试样中 Fe$_2$O$_3$ 和 Al$_2$O$_3$ 的质量分数。

14. 分析含铅、铋和镉的合金试样时,称取试样 1.936 g,溶于 HNO$_3$ 溶液后,用容量瓶配成 100.0 mL 试液。移取该试液 25.00 mL,调至 pH = 1,以二甲酚橙为指示剂,用 0.024 79 mol·L^{-1} EDTA 标准溶液滴定,用去 25.67 mL,然后加六亚甲基四胺缓冲溶液调节 pH = 5,继续用上述 EDTA 溶液滴定,又用去 24.76 mL。加入邻二氮菲,置换出 EDTA 配合物中的 Cd^{2+},然后用 0.021 74 mol·L^{-1} Pb(NO$_3$)$_2$ 标准溶液滴定游离的 EDTA,用去 6.76 mL。计算合金中铅、铋和镉的质量分数。

15. 称取含锌、铝的试样 0.120 0 g,溶解后,调至 pH = 3.5,加入 50.00 mL 0.025 00 mol·L^{-1} EDTA 溶液,加热煮沸,冷却后,加乙酸缓冲溶液,此时 pH = 5.5,以二甲酚橙为指示剂,用 0.020 00 mol·L^{-1} 锌标准溶液滴定至红色,用去 5.08 mL。加足量 NH$_4$F,煮沸,再用上述锌标准溶液滴定,用去 20.70 mL。计算试样中锌、铝的质量分数。

16. 称取苯巴比妥钠（C$_{12}$H$_{11}$N$_2$O$_3$Na,M = 254.2 g·mol^{-1}）试样 0.201 4 g,溶于稀碱溶液中并加热（60 ℃）使之溶解,冷却后,加乙酸酸化并移入 250 mL 容量瓶中,加入 0.030 00 mol·L^{-1} Hg(ClO$_4$)$_2$ 标准溶液 25.00 mL,稀释至刻度,放置待下述反应发生:

$$Hg^{2+} + 2C_{12}H_{11}N_2O_3^- \Longrightarrow Hg(C_{12}H_{11}N_2O_3)_2 \downarrow$$

干过滤弃去沉淀,滤液用干烧杯接收。移取 25.00 mL 滤液,加入 10 mL 0.01 mol·L^{-1} MgY 溶液,释放出的 Mg^{2+} 在 pH = 10 时以铬黑 T 为指示剂,用 0.0100 mol·L^{-1} EDTA 标准溶液滴定至终点,用去 3.60 mL。计算试样中苯巴比妥钠的质量分数。

习题参考答案

第 **6** 章　氧化还原滴定法
Oxidation-Reduction Titration

　　氧化还原滴定法是以氧化还原反应为基础的滴定分析法。氧化还原反应是基于电子转移的反应,反应机理比较复杂;有的反应除了主反应外,还伴随有副反应,因而没有确定的计量关系;有一些反应从化学平衡的观点判断可以进行,但反应速率较慢;有的氧化还原反应中常有诱导反应发生,它对滴定分析往往是不利的,应设法避免之,但是如果严格控制实验条件,也可以利用诱导反应对混合物进行选择性滴定或分别滴定。因此,在氧化还原滴定中,除了从化学平衡的观点判断反应的可行性外,还应考虑反应机理、反应速率、反应条件及滴定条件的控制等问题。

　　氧化剂和还原剂均可以作为滴定剂,一般根据滴定剂的名称来命名氧化还原滴定法,常用的有高锰酸钾法、重铬酸钾法、碘量法、溴酸钾法及硫酸铈法等。

　　氧化还原滴定法的应用很广泛,能够运用直接滴定法或间接滴定法测定许多无机物和有机物。

§6-1　氧化还原反应平衡

条件电极电位

　　氧化还原半反应(redox half-reaction)为

$$Ox + ze^- \rightleftharpoons Red$$

　　　　　　氧化态　　　　　还原态

对于可逆的氧化还原电对如 Fe^{3+}/Fe^{2+}、$I_2/2I^-$,在氧化还原反应的任一瞬间,都能迅速建立起氧化还原反应平衡,其电位可用能斯特方程式(Nernst equation)表示:

$$\varphi_{Ox/Red} = \varphi_{Ox/Red}^{\ominus} + \frac{0.059 \text{ V}}{z} \lg \frac{a_{Ox}}{a_{Red}} (25 \text{ °C}) \tag{6-1}$$

式中，a_{Ox} 和 a_{Red} 分别为氧化态和还原态的活度；$\varphi^\ominus$ 是电对的标准电极电位 (standard electrode potential)，是指在一定温度下（通常为 25 ℃），当 $a_{Ox} = a_{Red} = 1\ mol \cdot L^{-1}$ 时（若反应物有气体参加，则其分压等于 100 kPa）的电极电位。常见电对的标准电极电位值列于附录八。

事实上，通常知道的是离子的浓度，而不是活度，若用浓度代替活度，则需引入活度系数 γ，若溶液中氧化态或还原态离子发生副反应，存在形式也不止一种时，还需引入副反应系数 α。

由 $a_{Ox} = \gamma_{Ox}[Ox]$，$\alpha_{Ox} = \dfrac{c_{Ox}}{[Ox]}$，故

$$a_{Ox} = \gamma_{Ox}\frac{c_{Ox}}{\alpha_{Ox}}$$

同理可得

$$a_{Red} = \gamma_{Red}\frac{c_{Red}}{\alpha_{Red}}$$

则式 (6-1) 可以写成

$$\varphi_{Ox/Red} = \varphi^\ominus_{Ox/Red} + \frac{0.059\ V}{z}\lg\frac{\gamma_{Ox}\alpha_{Red}}{\gamma_{Red}\alpha_{Ox}} + \frac{0.059\ V}{z}\lg\frac{c_{Ox}}{c_{Red}} \tag{6-2}$$

当 $c_{Ox} = c_{Red} = 1\ mol \cdot L^{-1}$ 时，式 (6-2) 为

$$\varphi_{Ox/Red} = \varphi^\ominus_{Ox/Red} + \frac{0.059\ V}{z}\lg\frac{\gamma_{Ox}\alpha_{Red}}{\gamma_{Red}\alpha_{Ox}} \tag{6-3}$$

式 (6-3) 中离子的活度系数 γ 及副反应系数 α 在一定条件下是一固定值，因而式 (6-3) 数值应为一常数，以 $\varphi^{\ominus'}$ 表示：

$$\varphi^{\ominus'} = \varphi^\ominus_{Ox/Red} + \frac{0.059\ V}{z}\lg\frac{\gamma_{Ox}\alpha_{Red}}{\gamma_{Red}\alpha_{Ox}} \tag{6-4}$$

$\varphi^{\ominus'}$ 称为条件电极电位 (conditional electrode potential)［亦称为克式量电位 (formal potential)］。它是在特定条件下氧化态和还原态的总浓度均为 $1\ mol \cdot L^{-1}$ 时的实际电极电位，它在条件不变时为一常数，此时式 (6-2) 可写为一般通式

$$\varphi_{Ox/Red} = \varphi^{\ominus'}_{Ox/Red} + \frac{0.059\ V}{z}\lg\frac{c_{Ox}}{c_{Red}} \tag{6-5}$$

标准电极电位与条件电极电位的关系，与在配位反应中的稳定常数 K 和条件稳定常数 K' 的关系相似。显然，在引入条件电极电位后，计算结果就比较符合实际情况。

条件电极电位的大小,反映了在外界因素影响下,氧化还原电对的实际氧化还原能力。应用条件电极电位比用标准电极电位能更正确地判断氧化还原反应的方向、次序和反应完成的程度。附录九列出了部分氧化还原半反应的条件电极电位。但由于条件电极电位的数据目前还较少,在缺乏数据的情况下,亦可采用相近条件下的条件电极电位或采用标准电极电位并通过能斯特方程式来考虑外界因素的影响。

外界条件对电极电位的影响

1. 离子强度的影响

离子强度较大时,活度系数远小于1,活度与浓度差别较大,若用浓度代替活度,用能斯特方程式计算的结果与实际情况有差异。但由于各种副反应对电位的影响远比离子强度的影响大,离子强度的影响又难以校正,因此,一般都忽略离子强度的影响。

2. 副反应的影响

在氧化还原反应中,常利用沉淀反应和配位反应使电对的氧化态或还原态的浓度发生变化,从而改变电对的电极电位,控制反应进行的方向和程度。

当加入一种可与电对的氧化态或还原态生成沉淀的沉淀剂时,电对的电极电位就会发生改变。氧化态生成沉淀时使电对的电极电位降低,而还原态生成沉淀时则使电对的电极电位增高。例如,碘化物还原 Cu^{2+} 的反应式及半反应的标准电极电位为

$$2Cu^{2+}+4I^- \Longequal 2CuI+I_2$$

$$\varphi^{\ominus}_{Cu^{2+}/Cu^+} = 0.16 \text{ V} \qquad \varphi^{\ominus}_{I_2/2I^-} = 0.54 \text{ V}$$

从标准电极电位看,应当是 I_2 氧化 Cu^+,事实上是 Cu^{2+} 氧化 I^- 的反应进行得很完全,原因在于 I^- 与 Cu^+ 生成了难溶解的 CuI 沉淀。

例 1　计算 KI 浓度为 1 mol·L^{-1} 时,Cu^{2+}/Cu^+ 电对的条件电极电位(忽略离子强度的影响)。

解: 已知 $\varphi^{\ominus}_{Cu^{2+}/Cu^+} = 0.16 \text{ V}$,$K_{sp(CuI)} = 1.27×10^{-12}$。根据式(6−1)得

$$\varphi_{Cu^{2+}/Cu^+} = \varphi^{\ominus}_{Cu^{2+}/Cu^+} + 0.059 \text{ V} \lg \frac{[Cu^{2+}]}{[Cu^+]}$$

$$= \varphi^{\ominus}_{Cu^{2+}/Cu^+} + 0.059 \text{ V} \lg \frac{[Cu^{2+}][I^-]}{K_{sp(CuI)}}$$

$$= \varphi^{\ominus}_{Cu^{2+}/Cu^+} + 0.059 \text{ V} \lg \frac{[I^-]}{K_{sp(CuI)}} + 0.059 \text{ V} \lg[Cu^{2+}]$$

若 Cu^{2+} 未发生副反应,则 $[Cu^{2+}]=c_{Cu^{2+}}$,令 $[Cu^{2+}]=[I^-]=1\ mol \cdot L^{-1}$,故

$$\varphi^{\ominus'}_{Cu^{2+}/Cu^+}=\varphi^{\ominus}_{Cu^{2+}/Cu^+}+0.059\ V\ lg\frac{[I^-]}{K_{sp(CuI)}}$$

$$=0.16\ V-0.059\ V\ lg(1.27\times10^{-12})=0.86\ V$$

此时 $\varphi^{\ominus'}_{Cu^{2+}/Cu^+}>\varphi^{\ominus}_{I_2/2I^-}$,因此 Cu^{2+} 能够氧化 I^-。

溶液中总有各种阴离子存在,它们常与金属离子的氧化态及还原态生成稳定性不同的配合物,从而改变电对的电极电位。若氧化态生成的配合物更稳定,其结果是电对的电极电位降低,若还原态生成的配合物更稳定,则使电对的电极电位增高。例如,用碘量法测定 Cu^{2+} 时,Fe^{3+} 也能氧化 I^-,从而干扰 Cu^{2+} 的测定。若加入 NaF,则 Fe^{3+} 与 F^- 形成稳定的配合物,Fe^{3+}/Fe^{2+} 电对的电极电位显著降低,Fe^{3+} 就不再氧化 I^- 了。

例 2   计算 $pH=3.0$、NaF 浓度为 $0.2\ mol \cdot L^{-1}$ 时 Fe^{3+}/Fe^{2+} 电对的条件电极电位。在此条件下,用碘量法测定 Cu^{2+} 时,Fe^{3+} 会不会干扰测定? 若 pH 改为 1.0,结果又如何? 已知 Fe^{3+} 氟配合物的 $lg\beta_1 \sim lg\beta_3$ 分别是 5.2,9.2,11.9;Fe^{2+} 基本不与 F^- 配位,$lgK^H_{HF}=3.1$;$\varphi^{\ominus}_{Fe^{3+}/Fe^{2+}}=0.77\ V$,$\varphi_{I_2/2I^-}=0.54\ V$。

解:

$$\varphi_{Fe^{3+}/Fe^{2+}}=\varphi^{\ominus}_{Fe^{3+}/Fe^{2+}}+0.059\ V\ lg\frac{[Fe^{3+}]}{[Fe^{2+}]}$$

$$=\varphi^{\ominus}_{Fe^{3+}/Fe^{2+}}-0.059\ V\ lg\alpha_{Fe^{3+}}+0.059\ V\ lg\frac{c_{Fe^{3+}}}{c_{Fe^{2+}}}$$

$$\varphi^{\ominus'}_{Fe^{3+}/Fe^{2+}}=\varphi^{\ominus}_{Fe^{3+}/Fe^{2+}}-0.059\ V\ lg\alpha_{Fe^{3+}}$$

$pH=3.0$ 时

$$\alpha_{F(H)}=1+K^H_{HF}[H^+]=1+10^{-3.0+3.1}=10^{0.4}$$

$$[F^-]=\frac{0.2\ mol \cdot L^{-1}}{10^{0.4}}=10^{-1.1}\ mol \cdot L^{-1}$$

$$\alpha_{Fe^{3+}(F)}=1+\beta_1[F^-]+\beta_2[F^-]^2+\beta_3[F^-]^3$$

$$=1+10^{-1.1+5.2}+10^{-2.2+9.2}+10^{-3.3+11.9}$$

$$=10^{8.6}\gg10^{0.4}=\alpha_{F(H)}$$

所以

$$\alpha_{Fe^{3+}}\approx\alpha_{Fe^{3+}(F)}=10^{8.6}$$

$$\varphi^{\ominus'}_{Fe^{3+}/Fe^{2+}}=0.77\ V-0.059\ V\ lg\ 10^{8.6}=0.26\ V$$

此时 $\varphi^{\ominus}_{I_2/2I^-}>\varphi^{\ominus'}_{Fe^{3+}/Fe^{2+}}$,$Fe^{3+}$ 不氧化 I^-,不干扰碘量法测 Cu^{2+}。

$pH=1.0$ 时,同理可得 $\alpha_{Fe^{3+}(F)}=10^{3.8}\approx\alpha_{Fe^{3+}}$,$\varphi^{\ominus'}_{Fe^{3+}/Fe^{2+}}=0.55\ V$。这时 $\varphi^{\ominus'}_{Fe^{3+}/Fe^{2+}}>\varphi^{\ominus}_{I_2/2I^-}$,$Fe^{3+}$ 将氧化 I^-,不能消除 Fe^{3+} 的干扰。

3. 酸度的影响

若有 H^+ 或 OH^- 参加氧化还原半反应,则酸度变化直接影响电对的电极电位。

例 3 碘量法中的一个重要反应是

$$H_3AsO_4 + 2I^- + 2H^+ \rightleftharpoons HAsO_2 + I_2 + 2H_2O$$

已知 $\varphi_{H_3AsO_4/HAsO_2}^{\ominus} = 0.56$ V, $\varphi_{I_2/2I^-}^{\ominus} = 0.54$ V；H_3AsO_4 的 pK_{a_1}、pK_{a_2} 和 pK_{a_3} 分别是 2.26、6.77 和 11.29，$HAsO_2$ 的 $pK_a = 9.2$。计算 pH = 8 时的 $NaHCO_3$ 溶液中 $H_3AsO_4/HAsO_2$ 电对的条件电极电位，并判断反应进行的方向（忽略离子强度的影响）。

解：$I_2/2I^-$ 电对的电极电位在 pH ≤ 8 时几乎与 pH 无关，而 $H_3AsO_4/HAsO_2$ 电对的电极电位则受酸度的影响较大。

从标准电极电位看，$\varphi_{H_3AsO_4/HAsO_2}^{\ominus} > \varphi_{I_2/2I^-}^{\ominus}$，在酸性溶液中，上述反应向右进行，$H_3AsO_4$ 氧化 I^- 为 I_2。如果加入 $NaHCO_3$ 使溶液的 pH = 8，则 $H_3AsO_4/HAsO_2$ 电对的条件电极电位将发生变化。

在酸性条件下，$H_3AsO_4/HAsO_2$ 电对的半反应为

$$H_3AsO_4 + 2H^+ + 2e^- \rightleftharpoons HAsO_2 + 2H_2O$$

根据能斯特方程式

$$\varphi_{H_3AsO_4/HAsO_2} = \varphi_{H_3AsO_4/HAsO_2}^{\ominus} + \frac{0.059 \text{ V}}{2} \lg \frac{[H_3AsO_4][H^+]^2}{[HAsO_2]}$$

若考虑副反应，由于不同 pH 时 H_3AsO_4-$HAsO_2$ 体系中各形式的分布是不同的，它们的平衡浓度在总浓度一定时，由其分布系数所决定：

$$[H_3AsO_4] = c_{H_3AsO_4} \cdot \delta_{H_3AsO_4}$$

$$[HAsO_2] = c_{HAsO_2} \cdot \delta_{HAsO_2}$$

$$\varphi_{H_3AsO_4/HAsO_2} = \varphi_{H_3AsO_4/HAsO_2}^{\ominus} + \frac{0.059 \text{ V}}{2} \lg \frac{\delta_{H_3AsO_4} \cdot [H^+]^2}{\delta_{HAsO_2}} + \frac{0.059 \text{ V}}{2} \lg \frac{c_{H_3AsO_4}}{c_{HAsO_2}}$$

条件电极电位

$$\varphi_{H_3AsO_4/HAsO_2}^{\ominus'} = \varphi_{H_3AsO_4/HAsO_2}^{\ominus} + \frac{0.059 \text{ V}}{2} \lg \frac{\delta_{H_3AsO_4} \cdot [H^+]^2}{\delta_{HAsO_2}}$$

由于 $HAsO_2$ 是很弱的酸，当 pH = 8 时，主要以 $HAsO_2$ 形式存在，$\delta_{HAsO_2} \approx 1$。

$$\delta_{H_3AsO_4} = \frac{[H^+]^3}{[H^+]^3 + [H^+]^2 K_{a_1} + [H^+] K_{a_1} K_{a_2} + K_{a_1} K_{a_2} K_{a_3}}$$

$$= \frac{10^{-24}}{10^{-24} + 10^{(-16-2.26)} + 10^{(-8-2.26-6.77)} + 10^{(-2.26-6.77-11.29)}}$$

$$= 10^{-7.0}$$

将此值代入上式，得

$$\varphi_{H_3AsO_4/HAsO_2}^{\ominus'} = 0.56 \text{ V} + \frac{0.059 \text{ V}}{2} \lg 10^{(-7.0-16)} = -0.118 \text{ V}$$

以上计算说明,酸度减小,$H_3AsO_4/HAsO_2$ 电对的条件电极电位变小,致使 $\varphi_{I_2/2I^-}^{\ominus} > \varphi_{H_3AsO_4/HAsO_2}^{\ominus'}$,因此 I_2 可氧化 $HAsO_2$ 为 H_3AsO_4,此时上述氧化还原反应的方向发生了改变。但应注意,这种反应方向的改变,仅限于标准电极电位相差很小的两电对间才能发生。

§6-2　氧化还原反应进行的程度

条件平衡常数

氧化还原反应进行的程度可用平衡常数的大小来衡量,氧化还原反应的平衡常数可根据能斯特方程从有关电对的标准电极电位或条件电极电位求得。若考虑了溶液中各种副反应的影响,引用的是条件电极电位,则求得的是条件平衡常数(conditional equilibrium constant)K'。

25 ℃时,两个电对的半反应及相应的能斯特方程分别为

$$Ox_1 + z_1 e^- === Red_1 \quad \varphi_1 = \varphi_1^{\ominus'} + \frac{0.059\ V}{z_1} \lg \frac{c_{Ox_1}}{c_{Red_1}}$$

$$Ox_2 + z_2 e^- === Red_2 \quad \varphi_2 = \varphi_2^{\ominus'} + \frac{0.059\ V}{z_2} \lg \frac{c_{Ox_2}}{c_{Red_2}}$$

氧化还原反应的通式为

$$z_2 Ox_1 + z_1 Red_2 === z_2 Red_1 + z_1 Ox_2 \quad ①$$

反应到达平衡时,$\varphi_1 = \varphi_2$,即

$$\varphi_1^{\ominus'} + \frac{0.059\ V}{z_1} \lg \frac{c_{Ox_1}}{c_{Red_1}} = \varphi_2^{\ominus'} + \frac{0.059\ V}{z_2} \lg \frac{c_{Ox_2}}{c_{Red_2}}$$

整理后得到

$$\lg K' = \lg \left[\left(\frac{c_{Red_1}}{c_{Ox_1}} \right)^{z_2} \left(\frac{c_{Ox_2}}{c_{Red_2}} \right)^{z_1} \right] = \frac{(\varphi_1^{\ominus'} - \varphi_2^{\ominus'})\ z}{0.059\ V} \tag{6-6}$$

式中,z 为 z_1、z_2 的最小公倍数。由上式可见,条件平衡常数 K' 的大小是由氧化剂和还原剂两个电对的条件电极电位之差 $\Delta\varphi^{\ominus}$ 和转移的电子数决定的。$\varphi_1^{\ominus'}$ 和

---

①　　如果 z_1 和 z_2 有除 1 以外的公约数,则氧化还原反应方程式中的 z_1、z_2 要约分为最简数。

$\varphi_2^{\ominus'}$ 相差越大，K' 越大，反应进行得越完全。实际上，大多数氧化还原反应的 $\Delta\varphi^{\ominus}$ 都是较大的，条件平衡常数也是较大的。

例 （1）计算 $1\ mol\cdot L^{-1}H_2SO_4$ 溶液中下述反应的条件平衡常数：

$$Ce^{4+} + Fe^{2+} \rightleftharpoons Ce^{3+} + Fe^{3+}$$

（2）计算 $0.5\ mol\cdot L^{-1}H_2SO_4$ 溶液中下述反应的条件平衡常数：

$$2Fe^{3+} + 3I^- \rightleftharpoons 2Fe^{2+} + I_3^-$$

解：（1）已知 $\varphi_{Fe^{3+}/Fe^{2+}}^{\ominus'} = 0.68\ V$，$\varphi_{Ce^{4+}/Ce^{3+}}^{\ominus'} = 1.44\ V$，根据式（6-6）得

$$\lg K' = \frac{(\varphi_{Ce^{4+}/Ce^{3+}}^{\ominus'} - \varphi_{Fe^{3+}/Fe^{2+}}^{\ominus'})z_1 \cdot z_2}{0.059\ V} = \frac{(1.44\ V - 0.68\ V) \times 1 \times 1}{0.059\ V} = 12.9$$

$$K' = 7.9 \times 10^{12}$$

计算结果说明条件平衡常数 K' 值很大，此反应进行得很完全。

（2）已知 $\varphi_{Fe^{3+}/Fe^{2+}}^{\ominus'} = 0.68\ V$，$\varphi_{I_3^-/3I^-}^{\ominus'} = 0.55\ V$。同样，根据式（6-6）得

$$\lg K' = \frac{(\varphi_{Fe^{3+}/Fe^{2+}}^{\ominus'} - \varphi_{I_3^-/3I^-}^{\ominus'})z}{0.059\ V} = \frac{(0.68\ V - 0.55\ V) \times 2}{0.059\ V} = 4.4$$

$$K' = 2.5 \times 10^4$$

计算结果说明此条件下的条件平衡常数不够大，反应不能定量完成。

化学计量点时反应进行的程度

$\varphi_1^{\ominus'}$ 和 $\varphi_2^{\ominus'}$ 相差多大时反应才能定量完成，满足定量分析的要求呢？要使反应完全程度达 99.9% 以上，化学计量点（stoichiometry point）时

$$\left(\frac{c_{Red_1}}{c_{Ox_1}}\right)^{z_2} \geqslant 10^{3z_2}, \left(\frac{c_{Ox_2}}{c_{Red_2}}\right)^{z_1} \geqslant 10^{3z_1}$$

如 $z_1 = z_2 = 1$，则代入式（6-6）得

$$\lg K' = \lg\left(\frac{c_{Red_1}}{c_{Ox_1}}\right)\left(\frac{c_{Ox_2}}{c_{Red_2}}\right) \geqslant \lg(10^3 \times 10^3) = 6 \tag{6-7}$$

再将式（6-7）代入式（6-6）得

$$\varphi_1^{\ominus'} - \varphi_2^{\ominus'} = \frac{0.059\ V}{z_1 z_2}\lg K' \geqslant \frac{0.059\ V}{1} \times 6 \approx 0.35\ V \tag{6-8}$$

即两个电对的条件电极电位之差必须大于 0.4 V[①]，这样的反应才能用于滴定分析。

在某些氧化还原反应中，虽然两个电对的条件电极电位相差足够大，符合上述要求，但由于其它副反应的发生，氧化还原反应不能定量地进行，即氧化剂与还原剂之间没有一定的化学计量关系，这样的反应仍不能用于滴定分析。例如 $K_2Cr_2O_7$ 与 $Na_2S_2O_3$ 的反应，从它们的电极电位来看，反应是能够进行完全的。此时 $K_2Cr_2O_7$ 可将 $Na_2S_2O_3$ 氧化为 SO_4^{2-}，但除了这一反应外，还可能有部分被氧化至单质 S 而使它们的化学计量关系不能确定，因此在碘量法中以 $K_2Cr_2O_7$ 作基准物质来标定 $Na_2S_2O_3$ 溶液时，并不能应用它们之间的直接反应（参见 §6-8）。另一方面还应考虑反应的速率问题，这将在下节讨论。

§6-3　氧化还原反应的速率与影响因素

前节讨论了根据氧化还原电对的标准电极电位或条件电极电位，可以判断氧化还原反应进行的方向和反应进行的程度，但这只能指出反应进行的可能性，并未指出反应的速率。实际上不同的氧化还原反应，其反应速率会有很大的差别。有的反应虽然从理论上看是可以进行的，但由于反应速率太慢而可以认为氧化剂与还原剂之间并没有发生反应。所以对于氧化还原反应，一般不能单从化学平衡观点来考虑反应的可能性，还应从它们的反应速率来考虑反应的现实性。

例如，水溶液中的溶解氧：

$$O_2 + 4H^+ + 4e^- \rightleftharpoons 2H_2O \qquad \varphi^{\ominus}_{O_2/H_2O} = 1.23 \text{ V}$$

其标准电极电位较高，应该很容易氧化一些较强的还原剂（如 Sn^{2+}、Ti^{3+} 等），但实践证明，这些强还原剂在水溶液中却有一定的稳定性，说明它们与水中的溶解氧或空气中的氧之间的氧化还原反应是缓慢的。

又如，在分析化学中常用的下列反应：

---

① 若 $z_1 \neq z_2$，$\lg K' = \lg\left(\dfrac{c_{Red_1}}{c_{Ox_1}}\right)^{z_2}\left(\dfrac{c_{Ox_2}}{c_{Red_2}}\right)^{z_1} \geqslant \lg(10^{3z_2} \times 10^{3z_1})$，即

$$\lg K' \geqslant 3(z_1 + z_2)$$

两个电对的条件电极电位的差值为 $\varphi_1^{\ominus'} - \varphi_2^{\ominus'} \geqslant 3(z_1 + z_2)\dfrac{0.059 \text{ V}}{z_1 z_2}$。

$$2MnO_4^- + 5C_2O_4^{2-} + 16H^+ \longrightarrow 2Mn^{2+} + 10CO_2\uparrow + 8H_2O \qquad (1)$$

$$Cr_2O_7^{2-} + 6I^- + 14H^+ \longrightarrow 2Cr^{3+} + 3I_2 + 7H_2O \qquad (2)$$

反应进行较慢,需要一定时间才能完成。

反应速率缓慢的原因是由于在许多氧化还原反应中电子的转移往往会遇到很多阻力,如溶液中的溶剂分子和各种配体的阻碍、物质之间的静电排斥力等。此外,由于价态的改变而引起的电子层结构、化学键性质和物质组成的变化也会阻碍电子的转移。例如,$Cr_2O_7^{2-}$ 被还原为 Cr^{3+} 及 MnO_4^- 被还原为 Mn^{2+},由带负电荷的含氧酸根转变为带正电荷的水合离子,结构发生了很大的改变,导致反应速率缓慢。

另一方面,上面反应式(1)或(2)只表示了反应的最初状态和最终状态,不能说明反应进行的真实情况。实际上氧化还原反应大多经历了一系列中间步骤,即反应是分步进行的。总的反应式表示的是一系列反应的总的结果,在这一系列反应中,只要有一步反应是慢的,就会影响总的反应速率。

影响氧化还原反应速率的因素,除了氧化还原电对本身的性质外,还有反应时外界的条件,如反应物浓度、酸度、温度、催化剂等,下面分别进行讨论。

1. 反应物浓度

根据质量作用定律,反应速率与反应物浓度的乘积成正比。由于氧化还原反应的机理较为复杂,不能从总的反应式来判断反应物浓度对反应速率的影响程度。但一般说来,增加反应物浓度可以加速反应的进行。

对于有 H^+ 参与的反应,反应速率也与溶液的酸度有关。例如,对于反应式(2),提高 I^- 及 H^+ 的浓度,有利于反应的加速进行,其中酸度的影响更大。为使此反应迅速完成,需要将溶液中的 $[H^+]$ 保持在 $0.8 \sim 1\ mol\cdot L^{-1}$ 左右。但酸度又不可太高,否则空气中的氧将 I^- 氧化的速率也要加快,给测定带来误差。

2. 温度

对大多数反应来说,升高溶液的温度可加快反应速率。通常溶液温度每升高 10 ℃,反应速率增大 $2 \sim 3$ 倍。例如,在酸性溶液中 MnO_4^- 与 $C_2O_4^{2-}$ 的反应[反应式(1)],在室温下,反应速率缓慢。如果将溶液加热,反应速率便大为加快。所以用 $KMnO_4$ 滴定 $H_2C_2O_4$ 时,通常将溶液加热至 $75 \sim 85$ ℃。但升高温度时还应考虑到其它一些可能引起的不利因素。对于反应式(1),温度过高,会引起部分 $H_2C_2O_4$ 分解。有些物质(如 I_2)较易挥发,如将溶液加热,则会引起挥发损失,所以对于反应式(2),不能用加热的办法来提高其反应速率。又如有些物质(如 Sn^{2+}、Fe^{2+} 等)很容易被空气中的氧所氧化,如将溶液加热,就会促使它们氧化,使测定结果出现大的误差。只有采用别的办法提高反应速率。

3. 催化剂

氧化还原反应中经常利用催化剂来改变反应速率。催化剂可分为正催化剂和负催化剂。正催化剂加快反应速率,负催化剂减慢反应速率。

催化反应的机理非常复杂。例如,上述 MnO_4^- 与 $C_2O_4^{2-}$ 之间的反应,Mn^{2+} 的存在能促使反应迅速进行。其反应机理可能是在 $C_2O_4^{2-}$ 存在下 Mn^{2+} 被 MnO_4^- 氧化而生成 $Mn(Ⅲ)$:

$$MnO_4^- + 4Mn^{2+} + 5nC_2O_4^{2-} + 8H^+ \longrightarrow 5Mn(C_2O_4)_n^{(3-2n)} + 4H_2O$$

上述反应是分步进行的,反应过程可简单表示如下:

$$Mn(Ⅶ) \xrightarrow{Mn(Ⅱ)} Mn(Ⅵ) + Mn(Ⅲ)$$
$$\xrightarrow{Mn(Ⅱ)} Mn(Ⅳ) + Mn(Ⅲ)$$
$$\xrightarrow{Mn(Ⅱ)} Mn(Ⅲ)$$

$$Mn(Ⅲ) \xrightarrow{nC_2O_4^{2-}} Mn(C_2O_4)_n^{(3-2n)} \longrightarrow Mn(Ⅱ) + CO_2 \uparrow$$

在此,Mn^{2+} 参加反应的中间步骤,加速了反应,但在最后又重新产生出来,它起了催化剂的作用。同时,在反应式(1)中 Mn^{2+} 是反应的生成物之一,因此假如在溶液中并不另外加入 Mn^{2+},则在反应开始时由于一般 $KMnO_4$ 溶液中 Mn^{2+} 含量极少,所以虽加热到 $75 \sim 85 \, ℃$,反应进行得仍较为缓慢,MnO_4^- 褪色很慢。但反应一经开始,溶液中产生了少量的 Mn^{2+} 后,由于 Mn^{2+} 的催化作用,就使以后的反应大为加速。这里加速反应的催化剂 Mn^{2+} 是由反应本身生成的,因此这种反应称为自动催化作用。

氧化还原反应中借加入催化剂以促进反应速率的还有很多例子,如用过硫酸铵作氧化剂用银盐作催化剂以氧化锰或钒,用空气氧化 $TiCl_3$ 时用 Cu^{2+} 作催化剂等。

在分析化学中,还经常应用负催化剂。例如,加入多元醇可以减慢 $SnCl_2$ 与空气中的氧的作用,加入 AsO_3^{3-} 可以防止 SO_3^{2-} 与空气中的氧起作用等。

4. 诱导作用

有的氧化还原反应在通常情况下不发生或反应速率极慢,但在另一反应进行时会促进这一反应的发生。例如,在酸性溶液中 $KMnO_4$ 氧化 Cl^- 的反应速率极慢,当溶液中同时存在 Fe^{2+} 时,$KMnO_4$ 与 Fe^{2+} 的反应加速了 $KMnO_4$ 氧化 Cl^- 的反应。由于一种氧化还原反应的发生而促进另一种氧化还原反应进行的现象,称为诱导作用。

$$MnO_4^- + 5Fe^{2+} + 8H^+ \Longrightarrow Mn^{2+} + 5Fe^{3+} + 4H_2O(诱导反应)$$

$$2MnO_4^- + 10Cl^- + 16H^+ \Longrightarrow 2Mn^{2+} + 5Cl_2 + 8H_2O(受诱反应)$$

其中,MnO_4^- 称为作用体,Fe^{2+} 称为诱导体,Cl^- 称为受诱体。

诱导反应的产生与氧化还原反应的中间步骤中所产生的不稳定中间价态离子等因素有关。上例中,就是由于 MnO_4^- 被 Fe^{2+} 还原时,经过一系列转移 1 个电子的氧化还原反应,产生 Mn(Ⅵ)、Mn(Ⅴ)、Mn(Ⅳ)、Mn(Ⅲ)等不稳定的中间价态离子,它们能与 Cl^- 起反应,因而出现诱导反应。

如果在溶液中加入过量的 Mn^{2+},则 Mn^{2+} 能使 Mn(Ⅶ)迅速转变为Mn(Ⅲ),而此时又因溶液中有大量 Mn^{2+},故可降低 Mn(Ⅲ)/Mn(Ⅱ)电对的电位,从而使 Mn(Ⅲ)只与 Fe^{2+} 起反应而不与 Cl^- 起反应,这样就可防止 Cl^- 对 MnO_4^- 的还原作用。因此只要在溶液中加入 $MnSO_4$-H_3PO_4-H_2SO_4 混合液,就能使高锰酸钾法测定铁的反应可以在稀盐酸溶液中进行,关于这一点在实际应用上是很重要的。

由前面的讨论可知,为了使氧化还原反应能按所需方向定量地、迅速地进行,选择和控制适当的反应条件和滴定条件(包括温度、酸度、浓度和滴定速度等)是十分重要的。

§6-4　氧化还原滴定曲线及终点的确定

氧化还原滴定曲线

氧化还原滴定法和其它滴定方法类似,随着滴定剂的不断加入,被滴定物质的氧化态和还原态的浓度逐渐改变,有关电对的电极电位也随之不断变化,反映这种变化的滴定曲线一般用实验方法测得。对于可逆的氧化还原体系,根据能斯特方程式计算得出的滴定曲线与实验测得的曲线比较吻合。

现 以 在 1 mol·L^{-1} H_2SO_4 中用 0.100 0 mol·L^{-1} Ce(SO$_4$)$_2$ 溶液滴定 0.100 0 mol·L^{-1} $FeSO_4$ 溶液为例说明可逆的、对称的[①]氧化还原电对的滴定曲线。

滴定反应为

$$Ce^{4+} + Fe^{2+} \Longrightarrow Ce^{3+} + Fe^{3+}$$

$$\varphi_{Ce^{4+}/Ce^{3+}}^{\ominus'} = 1.44 \text{ V} \qquad \varphi_{Fe^{3+}/Fe^{2+}}^{\ominus'} = 0.68 \text{ V}$$

滴定开始后,溶液中同时存在两个电对。在滴定过程中,每加入一定量滴定剂,

---

①　对称的电对是指氧化还原半反应中氧化态与还原态的化学计量数相同,如 $Fe^{3+} + e^- \Longrightarrow Fe^{2+}$。而不对称的电对则是氧化态与还原态的化学计量数不同,如 $I_2 + 2e^- \Longrightarrow 2I^-$。

反应达到一个新的平衡,此时两个电对的电极电位相等,即

$$\varphi_{Fe^{3+}/Fe^{2+}}^{\ominus'}+0.059 \text{ V } \lg \frac{c_{Fe(\text{Ⅲ})}}{c_{Fe(\text{Ⅱ})}}=\varphi_{Ce^{4+}/Ce^{3+}}^{\ominus'}+0.059 \text{ V } \lg \frac{c_{Ce(\text{Ⅳ})}}{c_{Ce(\text{Ⅲ})}}$$

因此,在滴定的不同阶段可选用便于计算的电对,按能斯特方程式计算体系的电极电位值。各滴定阶段电极电位的计算如下:

1. 化学计量点前

滴定加入的 Ce^{4+} 几乎全部被 Fe^{2+} 还原成 Ce^{3+},Ce^{4+} 的浓度极小,不易直接求得。但知道了滴定分数,$c_{Fe(\text{Ⅲ})}/c_{Fe(\text{Ⅱ})}$ 值就确定了,这时可以利用 Fe^{3+}/Fe^{2+} 电对来计算电极电位值。

2. 化学计量点时

此时,Ce^{4+} 和 Fe^{2+} 都定量地转变成 Ce^{3+} 和 Fe^{3+}。未反应的 Ce^{4+} 和 Fe^{2+} 的浓度都很小,不易直接单独按某一电对来计算电极电位,而要由两个电对的能斯特方程式联立求得。

令化学计量点时的电极电位为 φ_{sp},则

$$\varphi_{sp}=\varphi_{Ce^{4+}/Ce^{3+}}^{\ominus'}+0.059 \text{ V } \lg \frac{c_{Ce(\text{Ⅳ})}}{c_{Ce(\text{Ⅲ})}}$$

$$=\varphi_{Fe^{3+}/Fe^{2+}}^{\ominus'}+0.059 \text{ V } \lg \frac{c_{Fe(\text{Ⅲ})}}{c_{Fe(\text{Ⅱ})}} \tag{6-9}$$

又令

$$\varphi_1^{\ominus'}=\varphi_{Ce^{4+}/Ce^{3+}}^{\ominus'} \qquad \varphi_2^{\ominus'}=\varphi_{Fe^{3+}/Fe^{2+}}^{\ominus'}$$

则由式(6-9)可得

$$\varphi_{sp}=\varphi_1^{\ominus'}+0.059 \text{ V } \lg \frac{c_{Ce(\text{Ⅳ})}}{c_{Ce(\text{Ⅲ})}}$$

$$\varphi_{sp}=\varphi_2^{\ominus'}+0.059 \text{ V } \lg \frac{c_{Fe(\text{Ⅲ})}}{c_{Fe(\text{Ⅱ})}}$$

将上两式相加得

$$2\varphi_{sp}=\varphi_1^{\ominus'}+\varphi_2^{\ominus'}+0.059 \text{ V } \lg \frac{c_{Ce(\text{Ⅳ})} c_{Fe(\text{Ⅲ})}}{c_{Ce(\text{Ⅲ})} c_{Fe(\text{Ⅱ})}}$$

根据前述滴定反应式,当加入 $Ce(SO_4)_2$ 的物质的量与 Fe^{2+} 的物质的量相等时,$c_{Ce(\text{Ⅳ})}=c_{Fe(\text{Ⅱ})}$,$c_{Ce(\text{Ⅲ})}=c_{Fe(\text{Ⅲ})}$,此时

$$\lg \frac{c_{Ce(IV)} \, c_{Fe(III)}}{c_{Ce(III)} \, c_{Fe(II)}} = 0$$

故

$$\varphi_{sp} = \frac{\varphi_1^{\ominus'} + \varphi_2^{\ominus'}}{2}$$

即

$$\varphi_{sp} = \frac{1.44 \text{ V} + 0.68 \text{ V}}{2} = 1.06 \text{ V}$$

对于一般的可逆对称氧化还原反应：

$$z_2 Ox_1 + z_1 Red_2 \Longrightarrow z_2 Red_1 + z_1 Ox_2$$

可用类似的方法，求得化学计量点时的电位 φ_{sp} 与 $\varphi_1^{\ominus'}$、$\varphi_2^{\ominus'}$ 的关系：

$$\varphi_{sp} = \frac{z_1 \varphi_1^{\ominus'} + z_2 \varphi_2^{\ominus'}}{z_1 + z_2} \tag{6-10}$$

3. 化学计量点后

此时可利用 Ce^{4+}/Ce^{3+} 电对来计算电位值。

按上述方法将不同滴定点所计算的电极电位值列于表 6-1 中，并绘制滴定曲线如图 6-1 所示。化学计量点前后电位突跃的位置由 Fe^{2+} 剩余 0.1% 和 Ce^{4+} 过量 0.1% 时两点的电极电位所决定，即电位突跃范围为 0.86~1.26 V。在该体系中化学计量点的电位（1.06 V）正好处于滴定突跃的中间，化学计量点前后的曲线基本对称。

表 6-1　1 $mol \cdot L^{-1}$ H_2SO_4 中用 0.100 0 $mol \cdot L^{-1}$ Ce^{4+} 溶液滴定

0.100 0 $mol \cdot L^{-1}$ Fe^{2+} 溶液时电极电位的变化（25 ℃）

滴定分数/%	$\dfrac{c_{Ox}}{c_{Red}}$	电极电位 φ/V
	$\dfrac{c_{Fe(III)}}{c_{Fe(II)}}$	
9	10^{-1}	0.62
50	10^{0}	0.68
91	10^{1}	0.74
99	10^{2}	0.80

续表

滴定分数/%	$\dfrac{c_{Ox}}{c_{Red}}$	电极电位 φ/V
99.9	10^3	0.86 ⎫
100		1.06 ⎪
	$\dfrac{c_{Ce(IV)}}{c_{Ce(III)}}$	⎬ 突跃范围
100.1	10^{-3}	1.26 ⎭
101	10^{-2}	1.32
110	10^{-1}	1.38
200	10^0	1.44

从表 6-1 及图 6-1 可见,对于可逆的、对称的氧化还原电对,滴定分数为 50%时溶液的电极电位就是被测物电对的条件电极电位;滴定分数为 200%时,溶液的电极电位就是滴定剂电对的条件电极电位。

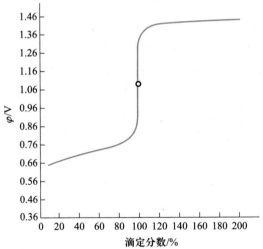

图 6-1　用 0.100 0 mol·L^{-1} Ce^{4+} 溶液滴定
0.100 0 mol·L^{-1} Fe^{2+} 溶液的滴定曲线

化学计量点附近电位突跃的长短与两个电对的条件电极电位差值的大小有关。电极电位差值越大,突跃越长;反之,则较短。例如,用 $KMnO_4$ 溶液滴定 Fe^{2+} 时电位突跃为 0.86 ~ 1.46 V,比用 $Ce(SO_4)_2$ 溶液滴定 Fe^{2+} 时电位的突跃(0.86 ~ 1.26 V)长些。

氧化还原滴定曲线常因滴定时介质的不同而改变其位置和突跃的长短。例如,图6-2是用 KMnO₄ 溶液在不同介质中滴定 Fe^{2+} 的滴定曲线。图中曲线说明以下两点:

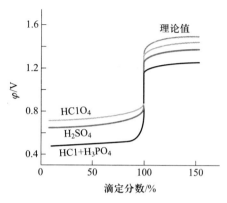

图6-2　用 KMnO₄ 溶液在不同
介质中滴定 Fe^{2+} 的滴定曲线

（1）化学计量点前,曲线的位置取决于 $\varphi'_{Fe^{3+}/Fe^{2+}}$,而 $\varphi^{\ominus}_{Fe^{3+}/Fe^{2+}}$ 的大小与 Fe^{3+} 和介质阴离子的配位作用有关。由于 PO_4^{3-} 易与 Fe^{3+} 形成稳定的无色 $Fe(PO_4)_2^{3-}$ 配离子而使 Fe^{3+}/Fe^{2+} 电对的条件电极电位降低（0.51 V）,ClO_4^- 则不与 Fe^{3+} 形成配合物,故 $\varphi^{\ominus}_{Fe^{3+}/Fe^{2+}}$ 较高（0.73 V）（参阅附录九）。所以在有 H_3PO_4 存在时的 HCl 溶液中,用 KMnO₄ 溶液滴定 Fe^{2+} 的曲线位置最低,滴定突跃最长。因此,无论用 $Ce(SO_4)_2$、KMnO₄ 或 $K_2Cr_2O_7$ 标准溶液滴定 Fe^{2+},在 H_3PO_4 和 HCl 溶液中,终点时颜色变化都较敏锐。

（2）化学计量点后,溶液中存在过量的 KMnO₄,但实际上决定电极电位的是 $Mn(III)/Mn(II)$ 电对（参阅§6-3）,因而曲线的位置取决于 $\varphi^{\ominus}_{Mn(III)/Mn(II)}$。由于 $Mn(III)$ 易与 PO_4^{3-}、SO_4^{2-} 等阴离子配位而降低其条件电极电位,与 ClO_4^- 则不配位,所以在 $HClO_4$ 介质中用 KMnO₄ 滴定 Fe^{2+},在化学计量点后曲线位置最高。

根据上述讨论可知,用电位法测得滴定曲线后,即可由滴定曲线中的突跃确定滴定终点。如果是用指示剂确定滴定终点,则终点时的电极电位取决于指示剂变色时的电极电位,这也可能与化学计量点电位不一致。这些问题在实际工作中应该予以考虑。

氧化还原滴定指示剂

在氧化还原滴定中,除了用电位滴定（见§8-4）确定终点外,还经常用指示剂来指示终点。氧化还原滴定中常用的指示剂有以下几类。

1. 氧化还原指示剂

氧化还原指示剂是其本身具有氧化还原性质的有机化合物,它的氧化态和还原态具有不同颜色,它能因氧化还原作用而发生颜色变化。例如,常用的氧化还原指示剂二苯胺磺酸钠,它的氧化态呈紫红色,还原态是无色的。其氧化还原反应如下:

$$2 \quad \text{无色 (二苯胺磺酸盐)} \rightleftharpoons$$

$$^-SO_3\text{—}\diagdown\text{N}=\text{—}=\text{N—}\diagup SO_3^- + 2H^+ + 2e^-$$
紫红色

若用 $K_2Cr_2O_7$ 溶液滴定 Fe^{2+},以二苯胺磺酸钠为指示剂,则滴定到化学计量点时,稍微过量的 $K_2Cr_2O_7$ 就使二苯胺磺酸钠由无色的还原态氧化为紫红色的氧化态,以指示终点的到达。

如果用 In_{Ox} 和 In_{Red} 分别表示指示剂的氧化态和还原态,则

$$In_{Ox} + ze^- \rightleftharpoons In_{Red}$$

$$\varphi = \varphi_{In}^{\ominus} + \frac{0.059 \text{ V}}{z} \lg \frac{[In_{Ox}]}{[In_{Red}]}$$

式中,$\varphi_{In}^{\ominus}$ 为指示剂的标准电极电位。当溶液中氧化还原电对的电极电位改变时,指示剂的氧化态和还原态的浓度比也会发生改变,因而溶液的颜色将发生变化。

与酸碱指示剂的变色情况相似,当 $[In_{Ox}]/[In_{Red}] \geqslant 10$ 时,溶液呈现氧化态的颜色,此时

$$\varphi \geqslant \varphi_{In}^{\ominus} + \frac{0.059 \text{ V}}{z} \lg 10 = \varphi_{In}^{\ominus} + \frac{0.059}{z} \text{ V}$$

当 $[In_{Ox}]/[In_{Red}] \leqslant \dfrac{1}{10}$ 时,溶液呈现还原态的颜色,此时

$$\varphi \leqslant \varphi_{In}^{\ominus} + \frac{0.059 \text{ V}}{z} \lg \frac{1}{10} = \varphi_{In}^{\ominus} - \frac{0.059}{z} \text{ V}$$

故指示剂变色的电位范围为 $\varphi_{In}^{\ominus} \pm \dfrac{0.059}{z}$ V。在实际工作中,采用条件电极电位比较合适,得到指示剂变色的电位范围为 $\varphi_{In}^{\ominus\prime} \pm \dfrac{0.059}{z}$V。由于此范围甚小,一般就可用指示剂的条件电极电位 $\varphi_{In}^{\ominus\prime}$ 来估量指示剂变色的电位范围。

表 6-2 列出了一些氧化还原指示剂的条件电极电位。在选择指示剂时,应使指示剂的条件电极电位尽量与反应的化学计量点时的电位一致,以减少终点误差。

表 6-2 一些氧化还原指示剂的条件电极电位

指 示 剂	$\varphi_{In}^{\ominus'}/V$	颜色变化	
	$[H^+] = 1mol \cdot L^{-1}$	氧化态	还原态
亚甲基蓝	0.53	蓝	无色
二苯胺	0.76	紫	无色
二苯胺磺酸钠	0.84	紫红	无色
邻苯氨基苯甲酸	0.89	紫红	无色
邻二氮菲-亚铁	1.06	浅蓝	红
硝基邻二氮菲-亚铁	1.25	浅蓝	紫红

2. 自身指示剂

有些标准溶液或被滴定物本身具有颜色,如果反应产物无色或颜色很浅,则滴定时无需另加指示剂,它们本身的颜色变化起着指示剂的作用,这种物质叫自身指示剂。例如,用 $KMnO_4$ 作滴定剂滴定无色或浅色的还原剂溶液时,由于 MnO_4^- 本身呈紫红色,反应后它被还原为 Mn^{2+},Mn^{2+} 几乎无色,因而滴定到化学计量点后,稍过量的 MnO_4^- 就可使溶液呈粉红色(此时 MnO_4^- 的浓度约为 $2 \times 10^{-6} \, mol \cdot L^{-1}$),指示终点的到达。

3. 专属指示剂

可溶性淀粉与游离碘生成深蓝色配合物的反应是专属反应。当 I_2 被还原为 I^- 时,蓝色消失;当 I^- 被氧化为 I_2 时,蓝色出现。当 I_2 溶液的浓度为 $5 \times 10^{-6} \, mol \cdot L^{-1}$ 时即能看到蓝色,反应极灵敏,因而淀粉是碘量法的专属指示剂。

§6-5 氧化还原滴定中的预处理

预氧化和预还原

在氧化还原滴定中,通常将欲测组分氧化为高价状态后,用还原剂滴定;或者将欲测组分还原为低价状态后,用氧化剂滴定。这种滴定前使欲测组分转变为一定价态的步骤称为预氧化(preoxidation)或预还原(prereduction)。

预处理时所用的氧化剂或还原剂必须符合以下条件:

（1）反应速率快。

（2）必须将欲测组分定量地氧化或还原。

（3）反应应具有一定的选择性。例如，用金属锌为预还原剂，由于 $\varphi_{Zn^{2+}/Zn}^{\ominus}$ 值较低（-0.76 V），电位比它高的金属离子都可被还原，所以金属锌的选择性较差。而用 $SnCl_2$（$\varphi_{Sn^{4+}/Sn^{2+}}^{\ominus} = +0.154$ V）为预还原剂，则选择性较高。

（4）过量的氧化剂或还原剂要易于除去。除去的方法有如下几种：

① 加热分解。如（NH_4）$_2S_2O_8$、H_2O_2 可借加热煮沸，分解而除去。

② 过滤。如 $NaBiO_3$ 不溶于水，可借过滤除去。

③ 利用化学反应。如用 $HgCl_2$ 可除去过量 $SnCl_2$，其反应为

$$SnCl_2 + 2HgCl_2 =\!=\!= SnCl_4 + Hg_2Cl_2 \downarrow$$

生成的 Hg_2Cl_2 沉淀不被一般滴定剂氧化，不必过滤除去。

预处理时常用的氧化剂和还原剂列于表 6-3 和表 6-4 中。

表 6-3　预处理时常用的氧化剂

氧化剂	反应条件	主要应用	除去方法
$NaBiO_3$ $NaBiO_3$（固）$+6H^+ +2e^-$ $=\!=\!= Bi^{3+} +Na^+ +3H_2O$ $\varphi^{\ominus} = 1.80$ V	室温，HNO_3 介质 H_2SO_4 介质	$Mn(\mathrm{II}) \longrightarrow Mn(\mathrm{VII})$ $Ce(\mathrm{III}) \longrightarrow Ce(\mathrm{IV})$	过滤
PbO_2	$pH = 2\sim6$ 焦磷酸盐缓冲液	$Mn(\mathrm{II}) \longrightarrow Mn(\mathrm{III})$ $Ce(\mathrm{III}) \longrightarrow Ce(\mathrm{IV})$ $Cr(\mathrm{III}) \longrightarrow Cr(\mathrm{VI})$	过滤
（NH_4）$_2S_2O_8$ $S_2O_8^{2-} +2e^- =\!=\!= 2SO_4^{2-}$ $\varphi^{\ominus} = 2.00$ V	酸性 Ag^+ 作催化剂	$Ce(\mathrm{III}) \longrightarrow Ce(\mathrm{IV})$ $Mn(\mathrm{II}) \longrightarrow Mn(\mathrm{VII})$ $Cr(\mathrm{III}) \longrightarrow Cr(\mathrm{VI})$ $V(\mathrm{IV}) \longrightarrow V(\mathrm{V})$	煮沸分解
H_2O_2 $H_2O_2 +2e^- =\!=\!= 2OH^-$ $\varphi^{\ominus} = 0.88$ V	$NaOH$ 介质 HCO_3^- 介质 碱性介质	$Cr(\mathrm{III}) \longrightarrow Cr(\mathrm{VI})$ $Co(\mathrm{II}) \longrightarrow Co(\mathrm{III})$ $Mn(\mathrm{II}) \longrightarrow Mn(\mathrm{IV})$	煮沸分解，加少量 Ni^{2+} 或 I^- 作催化剂，加速 H_2O_2 分解

续表

氧化剂	反应条件	主要应用	除去方法
高锰酸盐	焦磷酸盐和氟化物，$Cr(Ⅲ)$ 存在时	$Ce(Ⅲ) \longrightarrow Ce(Ⅳ)$ $V(Ⅳ) \longrightarrow V(Ⅴ)$	亚硝酸钠和尿素
高氯酸	浓、热的 $HClO_4$	$V(Ⅳ) \longrightarrow V(Ⅴ)$ $Cr(Ⅲ) \longrightarrow Cr(Ⅵ)$	迅速冷却至室温，用水稀释

表 6-4　预处理时常用的还原剂

还原剂	反应条件	主要应用	除去方法
SO_2 $SO_4^{2-}+4H^++2e^-$ $=== SO_2(水)+2H_2O$ $\varphi^{\ominus}=0.20\ V$	室温，HNO_3 介质 H_2SO_4 介质	$Fe(Ⅲ) \longrightarrow Fe(Ⅱ)$ $As(Ⅴ) \longrightarrow As(Ⅲ)$ $Sb(Ⅴ) \longrightarrow Sb(Ⅲ)$ $Cu(Ⅱ) \longrightarrow Cu(Ⅰ)$	煮沸，通 CO_2
$SnCl_2$ $Sn^{4+}+2e^- === Sn^{2+}$ $\varphi^{\ominus}=0.15\ V$	酸性，加热	$Fe(Ⅲ) \longrightarrow Fe(Ⅱ)$ $Mo(Ⅵ) \longrightarrow Mo(Ⅴ)$ $As(Ⅴ) \longrightarrow As(Ⅲ)$	快速加入过量的 $HgCl_2$ $Sn^{2+}+2HgCl_2 ===$ $Sn^{4+}+Hg_2Cl_2+2Cl^-$
锌-汞齐还原柱	H_2SO_4 介质	$Cr(Ⅲ) \longrightarrow Cr(Ⅱ)$ $Fe(Ⅲ) \longrightarrow Fe(Ⅱ)$ $Ti(Ⅳ) \longrightarrow Ti(Ⅲ)$ $V(Ⅴ) \longrightarrow V(Ⅱ)$	
盐酸肼、硫酸肼或肼	酸性	$As(Ⅴ) \longrightarrow As(Ⅲ)$	浓 H_2SO_4，加热
汞阴极	恒定电位下	$Fe(Ⅲ) \longrightarrow Fe(Ⅱ)$ $Cr(Ⅲ) \longrightarrow Cr(Ⅱ)$	

有机物的除去

　　试样中存在的有机物对测定往往发生干扰。具有氧化还原性质或配位化合性质的有机物使溶液的电极电位发生变化。为此，必须除去试样中的有机物。常用的方法有干法灰化和湿法灰化等。干法灰化是在高温下使有机物被空气中的氧或纯氧（氧瓶燃烧法）氧化而破坏。湿法灰化是使用氧化性酸如 HNO_3、H_2SO_4 或 $HClO_4$[①]，在它们的沸点时使有机物分解除去。

———————————

　　① 浓、热的 $HClO_4$ 易爆炸！操作应十分小心。

§6-6   高锰酸钾法

概   述

高锰酸钾是一种强氧化剂。在强酸性溶液中，$KMnO_4$ 与还原剂作用时得到 5 个电子，还原为 Mn^{2+}：

$$MnO_4^- + 8H^+ + 5e^- \rightleftharpoons Mn^{2+} + 4H_2O \quad \varphi^{\ominus} = 1.51 \text{ V}$$

在中性或碱性溶液中，得到 3 个电子，还原为 MnO_2：

$$MnO_4^- + 2H_2O + 3e^- \rightleftharpoons MnO_2 + 4OH^- \quad \varphi^{\ominus} = 0.58 \text{ V}$$

由此可见，高锰酸钾法（potassium permanganate method）既可在酸性条件下使用，也可在中性或碱性条件下使用。由于 $KMnO_4$ 在强酸性溶液中具有更强的氧化能力，因此一般都在强酸条件下使用。但 $KMnO_4$ 在碱性条件下氧化有机物的反应速率比在酸性条件下更快。在 NaOH 浓度大于 2 $mol \cdot L^{-1}$ 的碱溶液中，很多有机物与 $KMnO_4$ 反应，此时 MnO_4^- 被还原为 MnO_4^{2-}：

$$MnO_4^- + e^- \rightleftharpoons MnO_4^{2-} \quad \varphi^{\ominus} = 0.56 \text{ V}$$

用 $KMnO_4$ 作氧化剂，可直接滴定许多还原性物质，如 Fe(Ⅱ)、H_2O_2[①]、草酸盐、As(Ⅲ)、Sb(Ⅲ)、W(Ⅴ) 及 U(Ⅳ) 等。

有些氧化性物质，不能用 $KMnO_4$ 溶液直接滴定，可用间接法测定。例如，测定 MnO_2 的含量时，可在试样的 H_2SO_4 溶液中加入一定量且过量的 $Na_2C_2O_4$，待 MnO_2 与 $C_2O_4^{2-}$ 作用完毕后，用 $KMnO_4$ 标准溶液滴定过量的 $C_2O_4^{2-}$。利用类似的方法，还可测定 PbO_2、Pb_3O_4、$K_2Cr_2O_7$、$KClO_3$、H_3VO_4 等氧化剂的含量。

某些物质虽不具氧化还原性，但能与另一还原剂或氧化剂定量反应，也可以用间接法测定，例如，测定 Ca^{2+} 时，先将 Ca^{2+} 沉淀为 CaC_2O_4，再用稀 H_2SO_4 将所得沉淀溶解，然后用 $KMnO_4$ 标准溶液滴定溶液中的 $C_2O_4^{2-}$，从而间接求得 Ca^{2+} 的

---

① H_2O_2 通常用作氧化剂，其半反应为

$$H_2O_2 + 2H^+ + 2e^- \rightleftharpoons 2H_2O \quad \varphi^{\ominus} = 1.776 \text{ V}$$

但与强氧化剂 $KMnO_4$ 作用时，则成为还原剂，此时失去 2 个电子而被氧化为氧：

$$H_2O_2 - 2e^- \rightleftharpoons O_2 + 2H^+ \quad \varphi^{\ominus} = 0.682 \text{ V}$$

含量。显然,凡是能与 $C_2O_4^{2-}$ 定量地沉淀为草酸盐的金属离子(如 Sr^{2+}、Ba^{2+}、Ni^{2+}、Cd^{2+}、Zn^{2+}、Cu^{2+}、Pb^{2+}、Hg^{2+}、Ag^+、Bi^{3+}、Ce^{3+}、La^{3+} 等)都能用同样的方法测定。

高锰酸钾法的优点是 $KMnO_4$ 氧化能力强,应用广泛。但由于其氧化能力强,它可以和很多还原性物质发生作用,所以干扰也比较严重。此外,$KMnO_4$ 试剂常含少量杂质,其标准溶液不够稳定。

高锰酸钾标准溶液

市售的高锰酸钾常含有少量杂质,如硫酸盐、氯化物及硝酸盐等,因此不能用直接法配制准确浓度的标准溶液。$KMnO_4$ 氧化能力强,易和水中的有机物、空气中的尘埃、氨等还原性物质作用。$KMnO_4$ 还能自行分解,如下式所示:

$$4KMnO_4 + 2H_2O = 4MnO_2 \downarrow + 4KOH + 3O_2 \uparrow$$

分解的速率随溶液的 pH 而改变,在中性溶液中,分解很慢,但 Mn^{2+} 和 MnO_2 的存在能加速其分解,见光时分解得更快。因此,$KMnO_4$ 溶液的浓度容易改变。

为了配制较稳定的 $KMnO_4$ 溶液,可称取稍多于理论量的 $KMnO_4$ 固体,溶于一定体积的蒸馏水中,加热煮沸,冷却后贮于棕色瓶中,于暗处放置数天,使溶液中可能存在的还原性物质完全氧化。然后过滤除去析出的 MnO_2 沉淀,再进行标定。使用经久放置后的 $KMnO_4$ 溶液时应重新标定其浓度。

$KMnO_4$ 溶液可用还原剂作基准物质来标定。$H_2C_2O_4 \cdot 2H_2O$、$Na_2C_2O_4$、$FeSO_4 \cdot (NH_4)_2SO_4 \cdot 6H_2O$、纯铁丝及 As_2O_3[①]等都可用作基准物质。其中草酸钠不含结晶水,容易提纯,是最常用的基准物质。

在 H_2SO_4 溶液中 MnO_4^- 与 $C_2O_4^{2-}$ 的反应为

$$2MnO_4^- + 5C_2O_4^{2-} + 16H^+ = 2Mn^{2+} + 10CO_2 \uparrow + 8H_2O$$

为使此反应能定量、迅速地进行,应注意下述滴定条件:

(1)温度　在室温下此反应的速率缓慢,因此应将溶液加热至 75~85 ℃。但温度不宜过高,否则在酸性溶液中会使部分 $H_2C_2O_4$ 发生分解:

$$H_2C_2O_4 = CO_2 \uparrow + CO + H_2O$$

---

① $KMnO_4$ 与 As_2O_3 的反应为

$$5AsO_3^{3-} + 2MnO_4^- + 6H^+ = 5AsO_4^{3-} + 2Mn^{2+} + 3H_2O$$

滴定时加 1 滴 $0.002\,5\ mol \cdot L^{-1}$ KIO_3 溶液作催化剂,以邻二氮菲-亚铁作指示剂。

（2）酸度 溶液保持足够的酸度，一般在开始滴定时，溶液中的 $[H^+]$ 为 $0.5\sim1\ mol\cdot L^{-1}$。酸度不够时，往往容易生成 MnO_2 沉淀，酸度过高又会促使 $H_2C_2O_4$ 分解。

（3）滴定速度 由于 MnO_4^{2-} 与 $C_2O_4^{2-}$ 的反应是自动催化反应（参阅 §6-3），滴定开始时，加入的第一滴 $KMnO_4$ 红色溶液褪色很慢，所以开始滴定时滴定速度要慢些，在 $KMnO_4$ 红色没有褪去以前，不要加入第二滴。等几滴 $KMnO_4$ 溶液已起作用后，滴定速度就可以稍快些，但不能让 $KMnO_4$ 溶液像流水似的流下去，否则加入的 $KMnO_4$ 溶液来不及与 $C_2O_4^{2-}$ 反应，即在热的酸性溶液中发生分解：

$$4MnO_4^- + 12H^+ = 4Mn^{2+} + 5O_2 + 6H_2O$$

高锰酸钾法滴定终点是不太稳定的，这是由于空气中的还原性气体及尘埃等杂质落入溶液中能使 $KMnO_4$ 缓慢分解，而使粉红色消失，所以经过 30 s 不褪色即可认为终点已到。

应 用 示 例

1. 过氧化氢的测定

商品双氧水中过氧化氢的含量可用 $KMnO_4$ 标准溶液直接滴定，其反应为

$$5H_2O_2 + 2MnO_4^- + 6H^+ = 2Mn^{2+} + 5O_2 + 8H_2O$$

此滴定在室温时可在硫酸或盐酸介质中顺利进行，但开始时反应进行较慢，反应产生的 Mn^{2+} 可起催化作用，使以后的反应加速。

H_2O_2 不稳定，在其工业品中一般加入某些有机物如乙酰苯胺等作稳定剂，这些有机物大多能与 MnO_4^- 作用而干扰 H_2O_2 的测定。此时过氧化氢宜采用碘量法或硫酸铈法测定。

2. 钙的测定

某些金属离子能与 $C_2O_4^{2-}$ 生成难溶草酸盐沉淀，如果将生成的草酸盐沉淀溶于酸中，然后用 $KMnO_4$ 标准溶液来滴定 $C_2O_4^{2-}$，就可间接测定这些金属离子。钙离子的测定就可采用此法。

在沉淀 Ca^{2+} 时，为了获得颗粒较大的晶形沉淀，并保证 Ca^{2+} 与 $C_2O_4^{2-}$ 有 1∶1 的关系，必须选择适当的沉淀条件。通常是在含 Ca^{2+} 的试液中先加盐酸酸化，再加入 $(NH_4)_2C_2O_4$。由于 $C_2O_4^{2-}$ 在酸性溶液中大部分以 $HC_2O_4^-$ 存在，$C_2O_4^{2-}$ 的浓度很小，此时即使 Ca^{2+} 浓度相当大，也不会生成 CaC_2O_4 沉淀。向加入 $(NH_4)_2C_2O_4$ 后的溶液中滴加稀氨水，由于酸逐渐被中和，$C_2O_4^{2-}$ 浓度缓缓增加，

就可以生成粗颗粒结晶的 CaC_2O_4 沉淀。最后应控制溶液的 pH = 3.5 ~ 4.5(甲基橙显黄色)并继续保温约 30 min 使沉淀陈化[①]。这样不仅可避免 $Ca(OH)_2$ 或 $(CaOH)_2C_2O_4$ 沉淀的生成,而且所得 CaC_2O_4 沉淀又便于过滤和洗涤。放置冷却后,过滤、洗涤,将 CaC_2O_4 溶于稀硫酸中,即可用 $KMnO_4$ 标准溶液滴定热溶液中与 Ca^{2+} 定量结合的 $C_2O_4^{2-}$。

3. 铁的测定

用 $KMnO_4$ 溶液滴定 Fe^{2+},以测定矿石(如褐铁矿等)、合金、金属盐类及硅酸盐等试样的含铁量,有很大的实用价值。

试样溶解后(通常使用盐酸作溶剂),生成的 Fe^{3+}(实际上是 $FeCl_4^-$、$FeCl_6^{3-}$ 等配离子)应先用还原剂还原为 Fe^{2+},然后用 $KMnO_4$ 标准溶液滴定。常用的还原剂是 $SnCl_2$(亦有用 Zn、Al、H_2S、SO_2 及汞齐等作还原剂的),多余的 $SnCl_2$ 可以借加入 $HgCl_2$ 而除去:

$$SnCl_2 + 2HgCl_2 \Longrightarrow SnCl_4 + Hg_2Cl_2 \downarrow$$

但是 $HgCl_2$ 有剧毒! 为了避免对环境的污染,近年来采用了各种不用汞盐的测定铁的方法。

在用 $KMnO_4$ 溶液滴定前还应加入硫酸锰、硫酸及磷酸的混合液,其作用是:

(1)避免 Cl^- 存在下所发生的诱导反应(参阅 §6—3)。

(2)由于滴定过程中生成黄色的 Fe^{3+},达到终点时,微过量的 $KMnO_4$ 所呈现的粉红色将不易分辨,以致影响终点的正确判断。在溶液中加入磷酸后,PO_4^{3-} 与 Fe^{3+} 生成无色的 $Fe(PO_4)_2^{3-}$ 配离子,就可使终点易于观察。

4. 有机物的测定

在强碱性溶液中,过量 $KMnO_4$ 能定量地氧化某些有机物。例如,$KMnO_4$ 与甲酸的反应为

$$HCOO^- + 2MnO_4^- + 3OH^- \longrightarrow CO_3^{2-} + 2MnO_4^{2-} + 2H_2O$$

待反应完成后,将溶液酸化,用还原剂标准溶液(亚铁离子标准溶液)滴定溶液中所有的高价态的锰,使之还原为 Mn(Ⅱ),计算出消耗的还原剂的物质的量。用同样方法,测出反应前一定量碱性 $KMnO_4$ 溶液相当于还原剂的物质的量,根据二者之差即可计算出甲酸的含量。用此法还可测定葡萄糖、酒石酸、柠檬酸、甲醛等的含量。

---

① 若将溶液连同沉淀放置过夜以进行陈化,则不必保温,但对 Mg 含量高的试样,陈化不宜过久,以免发生 Mg 后沉淀。

　5. 水样中化学需氧量（COD）的测定

　COD[①]是量度水体受还原性物质[②]污染程度的综合性指标。它是指水体中还原性物质所消耗的氧化剂的量，换算成氧的质量浓度（以 $mg \cdot L^{-1}$ 计）。测定时在水样中加入 H_2SO_4 及一定量且过量的 $KMnO_4$ 溶液，置沸水浴中加热，使其中的还原性物质氧化。用一定量且过量的 $Na_2C_2O_4$ 溶液还原剩余的 $KMnO_4$，再以 $KMnO_4$ 标准溶液返滴定剩余的 $Na_2C_2O_4$。本法适用于地表水、地下水、饮用水和生活污水中 COD 的测定。Cl^- 对此法有干扰，可用 Ag_2SO_4 予以除去，含 Cl^- 高的工业废水中 COD 的测定，要采用 $K_2Cr_2O_7$ 法（见下节）。

　以 C 代表水中还原性物质，反应式为

$$4MnO_4^- + 5C + 12H^+ \longrightarrow 4Mn^{2+} + 5CO_2 \uparrow + 6H_2O$$

$$2MnO_4^- + 5C_2O_4^{2-} + 16H^+ \longrightarrow 4Mn^{2+} + 10CO_2 \uparrow + 8H_2O$$

　此法必须严格控制加热和溶液沸腾的时间，这是因为 $KMnO_4$ 在酸性水溶液中沸腾时不够稳定。

§6-7　重铬酸钾法

概　述

　$K_2Cr_2O_7$ 在酸性条件下与还原剂作用，$Cr_2O_7^{2-}$ 得到 6 个电子而被还原成 Cr^{3+}：

$$Cr_2O_7^{2-} + 14H^+ + 6e^- \Longrightarrow 2Cr^{3+} + 7H_2O \quad \varphi^{\ominus} = 1.33 \text{ V}$$

可见，$K_2Cr_2O_7$ 的氧化能力比 $KMnO_4$ 稍弱些，但它仍是一种较强的氧化剂。用重铬酸钾法（potassium dichromate method）能测定许多无机物和有机物。此法只能在酸性条件下使用，它的应用范围比高锰酸钾法窄些。它具有如下的优点：

　（1）$K_2Cr_2O_7$ 易于提纯，可以准确称取一定质量干燥纯净的 $K_2Cr_2O_7$，直接配制成一定浓度的标准溶液，不必再进行标定。

　（2）$K_2Cr_2O_7$ 溶液相当稳定，只要保存在密闭容器中，浓度可长期保持不变。

　（3）在 $1 \text{ mol} \cdot L^{-1}$ HCl 溶液中，在室温下不受 Cl^- 还原作用的影响，可在 HCl

---

　①　COD 为 chemical oxygen demand 的简称。用 $KMnO_4$ 法测定时称为 COD_{Mn} 或"高锰酸盐指数"。

　②　还原性物质主要有各种有机物（如有机酸、腐殖酸、脂肪酸、糖类化合物、可溶性淀粉等），以及还原性无机物质（如亚硝酸盐、亚铁盐、硫化物等）。

溶液中进行滴定。

重铬酸钾法也有直接法和间接法之分。对一些有机试样,常在其 H_2SO_4 溶液中加入过量 $K_2Cr_2O_7$ 标准溶液,加热至一定温度,冷却后稀释,再用 Fe^{2+}(一般用硫酸亚铁铵)标准溶液返滴定。这种间接方法可以用于电镀液中有机物的测定[①]。

应用 $K_2Cr_2O_7$ 标准溶液进行滴定时,常用氧化还原指示剂,如二苯胺磺酸钠或邻苯氨基苯甲酸等。

应该指出,$K_2Cr_2O_7$ 有毒,使用时应注意废液的处理,以免污染环境。

应 用 示 例

1. 铁的测定

重铬酸钾法测定铁是利用下列反应:

$$6Fe^{2+}+Cr_2O_7^{2-}+14H^+ === 6Fe^{3+}+2Cr^{3+}+7H_2O$$

试样(铁矿石等)一般用 HCl 溶液加热分解。在热的浓 HCl 溶液中,将铁还原为亚铁,然后用 $K_2Cr_2O_7$ 标准溶液滴定。铁的还原方法除用 $SnCl_2$ 还原外,也采用 $SnCl_2+TiCl_3$ 还原(无汞测铁法)。与高锰酸钾法测定铁相比,两种方法在测定步骤上有如下不同之处:

(1)重铬酸钾的电极电位与氯的电极电位相近,因此在 HCl 溶液中进行滴定时,不会因氧化 Cl^- 而发生误差,因而滴定时不需加入 $MnSO_4$。

(2)滴定时需要采用氧化还原指示剂,如用二苯胺磺酸钠作指示剂。终点时溶液由绿色(Cr^{3+} 的颜色)突变为紫色或紫蓝色。已知二苯胺磺酸钠变色时的 $\varphi_{In}^{\Theta'} = 0.84$ V(表 6-2)。如 Fe^{3+}/Fe^{2+} 电对按 $\varphi_{Fe^{3+}/Fe^{2+}}^{\Theta'} = 0.68$ V 计算,则滴定至 99.9% 时的电极电位为

$$\varphi = \varphi_{Fe^{3+}/Fe^{2+}}^{\Theta'}+0.059 \text{ V} \lg \frac{c_{Fe(III)}}{c_{Fe(II)}}$$

$$= 0.68 \text{ V}+0.059 \text{ V} \lg \frac{99.9}{0.1}$$

$$= 0.86 \text{ V}$$

可见,当滴定进行至 99.9% 时,电极电位已超过指示剂变色的电位(>0.84 V),滴定终点将过早到达。为了减少终点误差,需要在试液中加入 H_3PO_4,使 Fe^{3+} 生

---

① 电镀液中若含有机酸和盐类,要测定其中的有机酸(如苯甲酸、柠檬酸等),就不能用酸碱滴定法进行滴定。如用重铬酸钾法,则可快速测定。

成无色的稳定 $Fe(PO_4)_2^{3-}$ 配位阴离子,这样既消除了 Fe^{3+} 的黄色影响,又降低了 Fe^{3+}/Fe^{2+} 电对的电极电位。例如,在 $1\ mol\cdot L^{-1}\ HCl$ 与 $0.25\ mol\cdot L^{-1}\ H_3PO_4$ 溶液中 $\varphi^{\ominus'}_{Fe^{3+}/Fe^{2+}} = 0.51\ V$,从而避免了过早氧化指示剂。

2. 水样中化学需氧量的测定

在酸性介质中以 $K_2Cr_2O_7$ 为氧化剂,测定水样中化学需氧量的方法记作 COD_{Cr}。反应式为

$$2Cr_2O_7^{2-}+3C+16H^+ \longrightarrow 4Cr^{3+}+3CO_2\uparrow+8H_2O$$

该式表明 $2\ mol\ Cr_2O_7^{2-}$ 与 $3\ mol\ C$ 及 $3\ mol\ O_2$ 转移电子数($12\ mol$)相当,则

$$n_{O_2} = \frac{3}{2}n_{Cr_2O_7^{2-}}$$

§6-8　碘量法

概　　述

碘量法(iodometric methods)是利用 I_2 的氧化性和 I^- 的还原性来进行滴定的分析方法。其半反应为

$$I_2 + 2e^- \rightleftharpoons 2I^-$$

由于固体 I_2 在水中的溶解度很小($0.001\ 33\ mol\cdot L^{-1}$),故实际应用时通常将 I_2 溶解在 KI 溶液中,此时 I_2 在溶液中以 I_3^- 形式存在:

$$I_2 + I^- \rightleftharpoons I_3^-$$

半反应为

$$I_3^- + 2e^- \rightleftharpoons 3I^- \qquad \varphi^{\ominus'}_{I_3^-/3I^-} = 0.534\ V$$

但为方便起见,I_3^- 一般仍简写为 I_2。

由 $I_2/2I^-$ 电对的条件电极电位或标准电极电位可见,I_2 是一种较弱的氧化剂,能与较强的还原剂[如 $Sn(II)$、$Sb(III)$、As_2O_3、S^{2-}、SO_3^{2-} 等]作用,例如:

$$I_2 + SO_2 + 2H_2O \Longrightarrow 2I^- + SO_4^{2-} + 4H^+$$

因此,可用 I_2 标准溶液直接滴定这类还原性物质,这种方法称为直接碘量法(direct iodimetry)。另一方面,I^- 作为一中等强度的还原剂,能被一般氧化剂(如 $K_2Cr_2O_7$、$KMnO_4$、H_2O_2、KIO_3 等)定量氧化而析出 I_2,例如:

$$2MnO_4^- + 10I^- + 16H^+ \Longrightarrow 2Mn^{2+} + 5I_2 + 8H_2O$$

析出的 I_2 可用还原剂 $Na_2S_2O_3$ 标准溶液滴定：

$$I_2 + 2S_2O_3^{2-} \Longrightarrow 2I^- + S_4O_6^{2-}$$

因而可间接测定氧化性物质,这种方法称为间接碘量法(indirect iodimetry)。

直接碘量法的基本反应为

$$I_2 + 2e^- \Longrightarrow 2I^-$$

由于 I_2 的氧化能力不强,能被 I_2 氧化的物质有限,而且受溶液中 H^+ 浓度的影响较大,所以直接碘量法的应用受到一定的限制。

但是,凡能与 KI 作用定量地析出 I_2 的氧化性物质及能与过量 I_2 在碱性介质中作用的有机物质[①],都可用间接碘量法测定。间接碘量法的基本反应为

$$2I^- - 2e^- \Longrightarrow I_2$$

$$I_2 + 2S_2O_3^{2-} \Longrightarrow S_4O_6^{2-} + 2I^-$$

I_2 与硫代硫酸钠定量反应生成连四硫酸钠($Na_2S_4O_6$)。

应该注意, I_2 和 $Na_2S_2O_3$ 的反应须在中性或弱酸性[②]溶液中进行。因为在碱性溶液中,会同时发生如下反应：

$$Na_2S_2O_3 + 4I_2 + 10NaOH \Longrightarrow 2Na_2SO_4 + 8NaI + 5H_2O$$

而使氧化还原过程复杂化。而且在较强的碱性溶液中, I_2 会发生歧化反应：

$$3I_2 + 6OH^- \Longrightarrow IO_3^- + 5I^- + 3H_2O$$

会给测定带来误差。

如果需要在弱碱性溶液中滴定 I_2 ,应用 Na_3AsO_3 代替 $Na_2S_2O_3$ 。

因为 I_2 具有挥发性,容易挥发损失; I^- 在酸性溶液中易被空气中氧所氧化：

---

① 例如,甲醛在碱性溶液中被过量 I_2 氧化为甲酸盐：

$$I_2 + HCHO + 3OH^- \Longrightarrow HCOO^- + 2H_2O + 2I^-$$

反应完后以 HCl 酸化,然后用 $Na_2S_2O_3$ 标准溶液滴定过量的 I_2 。在碱性溶液中, I_2 虽可发生歧化反应生成 IO_3^- 和 I^- ,但在酸化后仍将重新析出 I_2 ：

$$6H^+ + IO_3^- + 5I^- \Longrightarrow 3I_2 + 3H_2O$$

② 在较强酸性溶液中 $Na_2S_2O_3$ 易分解,因此在较强酸性溶液中滴定时应注意搅拌,不使 $Na_2S_2O_3$ 局部过浓,以减少 $Na_2S_2O_3$ 分解所造成的误差。

$$4I^- + 4H^+ + O_2 \Longrightarrow 2I_2 + 2H_2O$$

此反应在中性溶液中进行极慢,但随溶液中 H^+ 浓度增加而加快,若直接受阳光照射,反应速率增加更快。所以碘量法一般在中性或弱酸性溶液中及低温($<25\ ℃$)下进行滴定。I_2 溶液应保存于棕色密闭的容器中。在间接碘量法中,氧化析出的 I_2 必须立即进行滴定,滴定最好在碘量瓶中进行。为了减少 I^- 与空气的接触,滴定时不应剧烈摇荡。

碘量法的终点常用淀粉指示剂来确定。在有少量 I^- 存在下,I_2 与淀粉反应形成蓝色吸附配合物,根据蓝色的出现或消失来指示终点。在室温及少量 I^-($\geqslant 0.001\ mol \cdot L^{-1}$)存在下,该反应的灵敏度为 $[I_2] = 0.5 \sim 1 \times 10^{-5}\ mol \cdot L^{-1}$,无 I^- 时反应的灵敏度降低。反应的灵敏度还随溶液温度升高而降低($50\ ℃$ 时的灵敏度只有 $25\ ℃$ 时的 $1/10$)。乙醇及甲醇的存在均降低其灵敏度(醇含量超过 50% 的溶液不产生蓝色,小于 5% 的无影响)。

淀粉溶液应用新鲜配制的,若放置过久,则与 I_2 形成的配合物不呈蓝色而呈紫红色。这种紫红色吸附配合物在用 $Na_2S_2O_3$ 滴定时褪色慢,终点不敏锐。

碘量法用的标准溶液主要有硫代硫酸钠和碘标准溶液两种,分述如下。

硫代硫酸钠标准溶液

硫代硫酸钠($Na_2S_2O_3 \cdot 5H_2O$)一般都含有少量杂质,如 S、Na_2SO_3、Na_2SO_4、Na_2CO_3、$NaCl$ 等,同时还容易风化、潮解,因此不能直接配制成准确浓度的溶液,只能先配制成近似浓度的溶液,然后再标定。

$Na_2S_2O_3$ 溶液浓度不稳定,容易改变,主要有以下几点原因:

(1)溶解的 CO_2 的作用　　在稀酸($pH < 4.6$)溶液中含有 CO_2 时,会促使 $Na_2S_2O_3$ 分解:

$$Na_2S_2O_3 + H_2CO_3 \Longrightarrow NaHCO_3 + NaHSO_3 + S\downarrow$$

此分解作用一般在配成溶液的最初十天内发生。

(2)空气中 O_2 的作用

$$2Na_2S_2O_3 + O_2 \Longrightarrow 2Na_2SO_4 + 2S\downarrow$$

(3)细菌的作用

$$Na_2S_2O_3 \xrightarrow{\text{细菌}} Na_2SO_3 + S\downarrow$$

此作用是使 $Na_2S_2O_3$ 分解的主要原因。

因此,配制 $Na_2S_2O_3$ 溶液时,为了赶去水中的 CO_2 和杀死细菌,应用新煮沸并冷却了的蒸馏水,加入少量 Na_2CO_3(约 0.02%)使溶液呈微碱性,有时为了避免细菌的作用,加入少量 HgI_2(10 mg·L^{-1})。为了避免日光促进 $Na_2S_2O_3$ 的分解,溶液应保存在棕色瓶中,放置暗处,经 8~14 天再标定。长期保存的溶液,隔 1~2 月标定一次,若发现溶液变浑,应弃去重配。

标定 $Na_2S_2O_3$ 溶液的基准物质有纯碘、纯铜、KIO_3、$KBrO_3$、$K_2Cr_2O_7$、$K_3[Fe(CN)_6]$ 等。这些物质除纯碘外,都能与 KI 反应而析出 I_2:

$$IO_3^- + 5I^- + 6H^+ === 3I_2 + 3H_2O$$

$$BrO_3^- + 6I^- + 6H^+ === 3I_2 + 3H_2O + Br^-$$

$$Cr_2O_7^{2-} + 6I^- + 14H^+ === 2Cr^{3+} + 3I_2 + 7H_2O$$

$$2[Fe(CN)_6]^{3-} + 2I^- === 2[Fe(CN)_6]^{4-} + I_2$$

$$2Cu^{2+} + 4I^- === 2CuI\downarrow + I_2$$

析出的 I_2 用 $Na_2S_2O_3$ 标准溶液滴定:$2S_2O_3^{2-} + I_2 === S_4O_6^{2-} + 2I^-$。这些标定方法是间接碘量法的应用。标定时应注意以下几点:

(1)基准物质(如 $K_2Cr_2O_7$)与 KI 反应时,溶液的酸度越大,反应速率越快,但酸度太大时,I^- 容易被空气中的 O_2 氧化,所以在开始滴定时,溶液中 $[H^+]$ 一般以 0.8~1.0 mol·L^{-1} 为宜。

(2)$K_2Cr_2O_7$ 与 KI 的反应速率较慢,应将溶液在暗处放置一定时间(5 min),待反应完全后再以 $Na_2S_2O_3$ 溶液滴定。KIO_3 与 KI 的反应速率快,不需要放置。

(3)在以淀粉作指示剂时,应先以 $Na_2S_2O_3$ 溶液滴定至溶液呈浅黄色(大部分 I_2 已作用),然后加入淀粉溶液,用 $Na_2S_2O_3$ 溶液继续滴定至蓝色恰好消失,即为终点。淀粉指示剂若加入太早,则大量的 I_2 与淀粉结合成蓝色物质,这一部分碘就不容易与 $Na_2S_2O_3$ 反应,因而使滴定发生误差。

滴定至终点后,再经过几分钟,溶液又会出现蓝色,这是由于空气氧化 I^- 所引起的。

碘标准溶液

用升华法制得的纯碘,可以直接配制标准溶液。但通常是用市售的纯碘先配制成近似浓度的溶液,然后再进行标定。

由于碘几乎不溶于水,但能溶于 KI 溶液,所以配制溶液时应加入过量 KI。

碘溶液应避免与橡胶等有机物接触,也要防止见光、遇热,否则浓度将发生变化。

标准碘溶液的浓度,可借与已知浓度的 $Na_2S_2O_3$ 标准溶液比较求得。也可

用 As_2O_3(俗名砒霜,剧毒!)作基准物质来标定。As_2O_3 难溶于水,但易溶于碱性溶液中,生成亚砷酸盐:

$$As_2O_3 + 6OH^- \Longrightarrow 2AsO_3^{3-} + 3H_2O$$

亚砷酸与碘的反应是可逆的:

$$H_3AsO_3 + I_2 + H_2O \Longrightarrow H_3AsO_4 + 2I^- + 2H^+$$

反应应在微碱性溶液中(加入 $NaHCO_3$ 使溶液的 $pH \approx 8$)进行。

应 用 示 例

1. 硫化钠总还原能力的测定

在弱酸性溶液中,I_2 能氧化 H_2S:

$$H_2S + I_2 \Longrightarrow S\downarrow + 2H^+ + 2I^-$$

这是用直接碘量法测定硫化物。为了防止 S^{2-} 在酸性条件下生成 H_2S 而损失,在测定时应用移液管加硫化钠试液于过量酸性碘溶液中,反应完毕后,再用 $Na_2S_2O_3$ 标准溶液回滴多余的碘。硫化钠中常含有 Na_2SO_3 及 $Na_2S_2O_3$ 等还原性物质,它们也与 I_2 作用,因此测定结果实际上是硫化钠的总还原能力。

其它能与酸作用生成 H_2S 的试样(如某些含硫的矿石,石油和废水中的硫化物,钢铁中的硫,以及有机物中的硫等,都可使其转化为 H_2S),可用镉盐或锌盐的氨溶液吸收它们与酸反应时生成的 H_2S,然后用碘量法测定其中的含硫量。

2. 硫酸铜中铜的测定

二价铜盐与 I^- 的反应如下:

$$2Cu^{2+} + 4I^- \Longrightarrow 2CuI\downarrow + I_2$$

析出的碘用 $Na_2S_2O_3$ 标准溶液滴定,就可计算出铜的含量。

上述反应是可逆的,为了促使反应实际上趋于完全,必须加入过量的 KI。由于 CuI 沉淀强烈地吸附 I_2,会使测定结果偏低。

如果加入 KSCN,使 CuI 转化为溶解度更小的 CuSCN 沉淀:

$$CuI + KSCN \Longrightarrow CuSCN\downarrow + KI$$

则不仅可以释放出被 CuI 吸附的 I_2,而且反应时再生出来的 I^- 可与未作用的 Cu^{2+}反应。这样,就可以使用较少的 KI 而能使反应进行得更完全。但是 KSCN 只能在接近终点时加入,否则 SCN^- 可能被氧化而使结果偏低。

为了防止铜盐水解,反应必须在酸性溶液中进行(一般控制 $pH = 3 \sim 4$)。酸度过低,反应速率慢,终点拖长;酸度过高,则 I^- 被空气氧化为 I_2 的反应被 Cu^{2+} 催化而加速,使结果偏高。又因大量 Cl^- 与 Cu^{2+} 配位,因此应用 H_2SO_4 而不用 HCl(少量 HCl 不干扰)溶液。

矿石(铜矿等)、合金、炉渣或电镀液中的铜,也可应用碘量法测定。对于固体试样,可选用适当的溶剂溶解后,再用上述方法测定。但应注意防止其它共存离子的干扰。例如,试样常含有 Fe^{3+},由于 Fe^{3+} 能氧化 I^-:

$$2Fe^{3+} + 2I^- =\!=\!= 2Fe^{2+} + I_2$$

故它干扰铜的测定。若加入 NH_4HF_2,可使 Fe^{3+} 生成稳定的 FeF_6^{3-} 配位离子,使 Fe^{3+}/Fe^{2+} 电对的电极电位降低,从而可防止 Fe^{3+} 氧化 I^-。NH_4HF_2 还可控制溶液的酸度,使 pH 为 3~4。

3. 漂白粉中有效氯的测定

漂白粉的主要成分是 $CaCl(OCl)$,其它还有 $CaCl_2$、$Ca(ClO_3)_2$ 及 CaO 等。漂白粉的质量以有效氯(能释放出来的氯量)来衡量,用 Cl 的质量分数表示。

测定漂白粉中的有效氯时,使试样溶于稀 H_2SO_4 溶液中,加过量 KI,反应生成的 I_2 用 $Na_2S_2O_3$ 标准溶液滴定,反应为

$$ClO^- + 2I^- + 2H^+ =\!=\!= I_2 + Cl^- + H_2O$$
$$ClO_2^- + 4I^- + 4H^+ =\!=\!= 2I_2 + Cl^- + 2H_2O$$
$$ClO_3^- + 6I^- + 6H^+ =\!=\!= 3I_2 + Cl^- + 3H_2O$$

4. 有机物的测定

对于能被碘直接氧化的物质,只要反应速率足够快,就可用直接碘量法进行测定(如抗坏血酸、巯基乙酸、四乙基铅及安乃近药物等)。抗坏血酸(即维生素 C)是生物体中不可缺少的维生素之一,它具有抗坏血病的功能,也是衡量蔬菜、水果品质的常用指标之一。抗坏血酸分子中的烯醇基具有较强的还原性,能被 I_2 定量氧化成二酮基:

$$C_6H_8O_6 + I_2 =\!=\!= C_6H_6O_6 + 2HI$$

用直接碘量法可滴定抗坏血酸。从反应式看在碱性溶液中有利于反应向右进行,但碱性条件会使抗坏血酸被空气中氧所氧化,也造成 I_2 的歧化反应。

间接碘量法更广泛地应用于有机物的测定中。例如,在葡萄糖的碱性试液中,加入一定量且过量的 I_2 标准溶液,葡萄糖被 I_2 氧化后的反应为

$$I_2 + 2OH^- =\!=\!= IO^- + I^- + H_2O$$
$$CH_2OH(CHOH)_4CHO + IO^- + OH^- =\!=\!= CH_2OH(CHOH)_4COO^- + I^- + H_2O$$

碱液中剩余的 IO^-，歧化为 IO_3^- 及 I^-：

$$3IO^- \Longrightarrow IO_3^- + 2I^-$$

溶液酸化后又析出 I_2：

$$IO_3^- + 5I^- + 6H^+ \Longrightarrow 3I_2 + 3H_2O$$

最后以 $Na_2S_2O_3$ 标准溶液滴定析出的 I_2。

费休法测定微量水分

卡尔·费休（Karl Fisher）于 1935 年提出的用碘量法测定微量水分的方法，长期以来被广泛应用于无机物和有机物中水分的测定。近年来，虽可用气相色谱法测定水分，但对难于汽化物质中的微量水分，费休法仍为较好而灵敏的测定方法。

费休法的基本原理是利用 I_2 氧化 SO_2 时，需要定量的水参加反应：

$$SO_2 + I_2 + 2H_2O \Longrightarrow H_2SO_4 + 2HI$$

但此反应是可逆的，要使反应向右进行，需要加入适当的碱性物质以中和反应后生成的酸。采用吡啶（C_5H_5N）作溶剂可满足此要求，此时反应进行如下：

$$C_5H_5N \cdot I_2 + C_5H_5N \cdot SO_2 + C_5H_5N + H_2O \longrightarrow 2C_5H_5N \overset{H}{\underset{I}{\big|}} + C_5H_5N \overset{SO_2}{\underset{O}{\big|}}$$

碘吡啶　　亚硫酸吡啶　　　　　　　　　　　　　　　　　氢碘酸吡啶　　硫酸吡啶

生成的硫酸吡啶很不稳定，能与水发生副反应，消耗一部分水而干扰测定：

$$C_5H_5N \overset{SO_2}{\underset{O}{\big|}} + H_2O \longrightarrow C_5H_5N \overset{H}{\underset{SO_4H}{\big|}}$$

若有甲醇存在，则硫酸吡啶可生成稳定的甲基硫酸氢吡啶：

$$C_5H_5N \overset{SO_2}{\underset{O}{\big|}} + CH_3OH \longrightarrow C_5H_5N \overset{H}{\underset{SO_4 \cdot CH_3}{\big|}}$$

使反应能顺利地向右进行。

由上述可知，滴定时的标准溶液是含 I_2、SO_2、C_5H_5N 及 CH_3OH 的混合溶液。

此溶液称为费休试剂。

费休试剂具有 I_2 的棕色,与 H_2O 反应时,棕色立即褪去,当溶液中出现棕色时,即到达滴定的终点。对于微量水分的测定,根据颜色判断终点不够灵敏,最常使用电化学方法来指示终点。

此法不仅可用于水分测定,而且根据反应中生成或消耗的水分量,也可用来间接测定某些有机官能团。

费休法主要优点是应用范围广,测定速度快,缺点是试剂不稳定,标准溶液对水的滴定度下降较快。最近提出的改进试剂是在其它成分不变的情况下,用乙二醇单甲醚代替甲醇,这就扩大了试剂的适用范围,减少了有干扰的副反应。

§6-9 其它氧化还原滴定法

硫 酸 铈 法

硫酸铈法(cerium sulphate method)是使用 $Ce(SO_4)_2$ 作氧化剂的滴定法。

硫酸高铈 $Ce(SO_4)_2$ 是一种强氧化剂,但要在酸度较高的溶液中使用,因在酸度较低的溶液中 Ce^{4+} 易水解。Ce^{4+}/Ce^{3+} 电对的电极电位决定于酸的浓度和阴离子的种类(见附录九)。因为在 $HClO_4$ 中 Ce^{4+} 不形成配合物,在其它酸中 Ce^{4+} 都可能与相应的阴离子(如 Cl^- 和 SO_4^{2-} 等)形成配合物,所以在分析上 $Ce(SO_4)_2$ 在 $HClO_4$ 或 HNO_3 溶液中比在 H_2SO_4 溶液中使用得更为广泛。

在 H_2SO_4 介质中,$Ce(SO_4)_2$ 的条件电极电位介于 $KMnO_4$ 与 $K_2Cr_2O_7$ 之间,能用 $KMnO_4$ 法测定的物质,一般也能用硫酸铈法测定。与高锰酸钾法相比,硫酸铈法具有如下特点:

(1)Ce^{4+} 还原为 Ce^{3+} 时,只有一个电子的转移:

$$Ce^{4+} + e^- \rightleftharpoons Ce^{3+}$$

在还原过程中不生成中间价态的产物,反应简单。能在多种有机物(如醇类、甘油、醛类等)存在下测定 Fe^{2+} 而不发生诱导氧化。

(2)能在较高浓度的盐酸中滴定还原剂。

(3)可由易于提纯的 $Ce(SO_4)_2 \cdot 2(NH_4)_2SO_4 \cdot 2H_2O$ 直接配制标准溶液,不必进行标定。铈的标准溶液很稳定,放置较长时间或加热煮沸也不易分解,而且铈不像在重铬酸钾法中六价铬那样有毒,因此在废液处理上较为方便。

（4）在酸度较低（$[H^+]<1\ mol\cdot L^{-1}$）时，磷酸有干扰，它可能生成磷酸高铈沉淀。

（5）$Ce(SO_4)_2$ 溶液呈橙黄色，Ce^{3+} 无色，用 $0.1\ mol\cdot L^{-1}\ Ce(SO_4)_2$ 滴定无色溶液时，可用它自身作指示剂，但灵敏度不高。由于 Ce^{4+} 的橙黄色随温度升高而加深，所以在热溶液中滴定时终点变色较明显。如用邻二氮菲-亚铁作指示剂，则终点时变色敏锐，效果更好。

溴 酸 钾 法

溴酸钾法（potassium bromate method）是用 $KBrO_3$ 作氧化剂的滴定方法。$KBrO_3$ 在酸性溶液中是一种强氧化剂，其半反应为

$$2BrO_3^- + 12H^+ + 10e^- \Longrightarrow Br_2 + 6H_2O \qquad \varphi^{\ominus}_{BrO_3^-/Br_2} = +1.52\ V$$

但 $KBrO_3$ 本身和还原剂的反应进行得很慢，实际上常在 $KBrO_3$ 标准溶液中加入过量 KBr（或在滴定前加入 KBr），当溶液酸化时 BrO_3^- 即氧化 Br^- 而析出游离溴：

$$BrO_3^- + 5Br^- + 6H^+ \Longrightarrow 3Br_2 + 3H_2O$$

此游离 Br_2 能氧化还原性物质：

$$Br_2 + 2e^- \Longrightarrow 2Br^- \qquad \varphi^{\ominus}_{Br_2/2Br^-} = +1.08\ V$$

溴酸钾法也可用来直接测定一些能与 $KBrO_3$ 迅速反应的物质。例如，欲测定矿石中锑的含量，可将矿样溶解，将 $Sb(V)$ 还原为 $Sb(III)$，在 HCl 溶液中以甲基橙为指示剂，用 $KBrO_3$ 标准溶液滴定，至溶液有微过量的 Br_2 时，甲基橙被氧化而褪色，即为终点：

$$3Sb^{3+} + BrO_3^- + 6H^+ \Longrightarrow 3Sb^{5+} + Br^- + 3H_2O$$

此法还可用来直接测定 $As(III)$、$Sn(II)$、$Tl(I)$ 及联氨（N_2H_4）等。

溴酸钾法常与碘量法配合使用，即用过量的 $KBrO_3$ 标准溶液与待测物质作用，过量的 $KBrO_3$ 在酸性溶液中与 KI 作用，析出游离 I_2，再用 $Na_2S_2O_3$ 标准溶液滴定之。这种间接溴酸钾法在有机物分析中应用较多，特别是利用 Br_2 的取代反应可测定许多芳香族化合物，例如苯酚的测定就是利用苯酚与溴的反应：

测定时可于苯酚试液中加一定量且过量的 $KBrO_3$-KBr 标准溶液,以 HCl 溶液酸化后,$KBrO_3$ 与 KBr 反应产生一定量的游离 Br_2,此 Br_2 与苯酚进行上述反应。待反应完成后,使多余的 Br_2 与 KI 作用,置换出相当量的 I_2,再用 $Na_2S_2O_3$ 标准溶液滴定。从加入的 $KBrO_3$ 量中减去剩余量,即可算出试样中苯酚的含量。

应用相同方法还可测定甲酚、间苯二酚及苯胺等。

由于 8-羟基喹啉能定量沉淀许多金属离子,因而可用溴酸钾法测定沉淀中 8-羟基喹啉的含量,从而间接测定金属含量。8-羟基喹啉与 Br_2 的反应为

溴酸钾很容易从水溶液中再结晶提纯,因此可用直接法配制准确浓度的标准溶液,不必进行标定,也可用基准物质(如 As_2O_3)或用间接碘量法标定溴酸钾标准溶液。

亚砷酸钠-亚硝酸钠法

亚砷酸钠-亚硝酸钠法(sodium arsenite-sodium nitrate method)是使用 Na_3AsO_3-$NaNO_2$ 混合溶液作还原剂的滴定方法,可测定矿石、普钢及低合金钢中的锰。试样用磷酸分解,在 $AgNO_3$ 催化作用下,用过硫酸铵将 Mn(Ⅱ)氧化为 Mn(Ⅶ),然后用 Na_3AsO_3-$NaNO_2$ 标准溶液滴定,滴定反应如下:

$$2MnO_4^- + 5AsO_3^{3-} + 6H^+ \rule[0.5ex]{2em}{0.4pt} 2Mn^{2+} + 5AsO_4^{3-} + 3H_2O$$

$$2MnO_4^- + 5NO_2^- + 6H^+ \rule[0.5ex]{2em}{0.4pt} 2Mn^{2+} + 5NO_3^- + 3H_2O$$

标准溶液的浓度用含锰标样(如标准钢样)标定。

试样中铜、镍、钴含量高时,可用氨水、过硫酸铵将锰以水合二氧化锰状态与其杂质分离,少量钼、钒对测定无影响。

§6-10 氧化还原滴定结果的计算

氧化还原滴定结果的计算主要依据被测物与滴定剂间的化学计量关系,确定化学计量数(或物质的量之比),计算出被测物的含量。

例1 用 25.00 mL $KMnO_4$ 溶液恰能氧化一定质量的 $KHC_2O_4 \cdot H_2O$,而同量 $KHC_2O_4 \cdot H_2O$ 又恰能被 20.00 mL 0.2000 $mol \cdot L^{-1}$ KOH 溶液中和。求 $KMnO_4$ 溶液的浓度。

解:由氧化还原反应式 $2MnO_4^- + 5C_2O_4^{2-} + 16H^+ \rightleftharpoons 2Mn^{2+} + 10CO_2 + 8H_2O$ 可知化学计量关系为 $n_{KMnO_4} = \dfrac{2}{5} n_{C_2O_4^{2-}}$,故

$$c_{KMnO_4} \cdot V_{KMnO_4} = \frac{2}{5} \cdot \frac{m_{KHC_2O_4 \cdot H_2O}}{M_{KHC_2O_4 \cdot H_2O}}$$

$$m_{KHC_2O_4 \cdot H_2O} = c_{KMnO_4} \cdot V_{KMnO_4} \cdot \frac{5 M_{KHC_2O_4 \cdot H_2O}}{2}$$

在酸碱反应中 $n_{KOH} = n_{HC_2O_4^-}$,即

$$c_{KOH} \cdot V_{KOH} = \frac{m_{KHC_2O_4 \cdot H_2O}}{M_{KHC_2O_4 \cdot H_2O}}$$

$$m_{KHC_2O_4 \cdot H_2O} = c_{KOH} \cdot V_{KOH} \cdot M_{KHC_2O_4 \cdot H_2O}$$

已知两次作用的 $KHC_2O_4 \cdot H_2O$ 的量相同,而 $V_{KMnO_4} = 25.00$ mL, $V_{KOH} = 20.00$ mL, $c_{KOH} = 0.2000$ mol·L^{-1},故

$$c_{KMnO_4} \cdot V_{KMnO_4} \cdot \frac{5 M_{KHC_2O_4 \cdot H_2O}}{2} = c_{KOH} \cdot V_{KOH} \cdot M_{KHC_2O_4 \cdot H_2O}$$

$$c_{KMnO_4} \times 25.00 \text{ mL} \times \frac{5}{2} = 0.2000 \text{ mol} \cdot L^{-1} \times 20.00 \text{ mL}$$

$$c_{KMnO_4} = 0.06400 \text{ mol} \cdot L^{-1}$$

例 2　以 KIO_3 为基准物质采用间接碘量法标定 0.1 mol·L^{-1} $Na_2S_2O_3$ 溶液的浓度。若滴定时,欲将消耗的 $Na_2S_2O_3$ 溶液的体积控制在 25 mL 左右,问应当称取 KIO_3 多少克?

解:反应式为

$$IO_3^- + 5I^- + 6H^+ \rightleftharpoons 3I_2 + 3H_2O$$

$$I_2 + 2S_2O_3^{2-} \rightleftharpoons 2I^- + S_4O_6^{2-}$$

由上式可知化学计量关系为 $1IO_3^- \sim 3I_2 \sim 6S_2O_3^{2-}$,故

$$n_{IO_3^-} = \frac{1}{6} n_{S_2O_3^{2-}} = \frac{1}{6} c_{Na_2S_2O_3} \cdot V_{Na_2S_2O_3}$$

$$n_{KIO_3} = \frac{1}{6} c_{Na_2S_2O_3} \cdot V_{Na_2S_2O_3} = \frac{1}{6} \times 0.1 \text{ mol} \cdot L^{-1} \times 25 \times 10^{-3} \text{ L} = 0.0004 \text{ mol}$$

应称取 KIO_3 的质量为

$$m_{KIO_3} = n_{KIO_3} \cdot M_{KIO_3} = 0.0004 \text{ mol} \times 214.0 \text{ g} \cdot \text{mol}^{-1} = 0.09 \text{ g}$$

例 3　0.1000 g 工业甲醇,在 H_2SO_4 溶液中与 25.00 mL 0.01667 mol·L^{-1} $K_2Cr_2O_7$ 溶液

作用。反应完成后,以邻苯氨基苯甲酸作指示剂,用 $0.1000\ mol\cdot L^{-1}(NH_4)_2Fe(SO_4)_2$ 溶液滴定剩余的 $K_2Cr_2O_7$,用去 $10.00\ mL$。求试样中甲醇的质量分数。

解: 在 H_2SO_4 介质中,甲醇被过量的 $K_2Cr_2O_7$ 氧化成 CO_2 和 H_2O:

$$CH_3OH + Cr_2O_7^{2-} + 8H^+ == CO_2\uparrow + 2Cr^{3+} + 6H_2O$$

过量的 $K_2Cr_2O_7$,用 Fe^{2+} 溶液滴定,反应如下:

$$Cr_2O_7^{2-} + 6Fe^{2+} + 14H^+ == 2Cr^{3+} + 6Fe^{3+} + 7H_2O$$

与 CH_3OH 作用的 $K_2Cr_2O_7$ 的物质的量应为加入的 $K_2Cr_2O_7$ 的总物质的量减去与 Fe^{2+} 作用的 $K_2Cr_2O_7$ 的物质的量。由反应式可知如下化学计量关系:

$$1CH_3OH \sim 1Cr_2O_7^{2-} \sim 6Fe^{2+}$$

$$n_{CH_3OH} = n_{Cr_2O_7^{2-}},\ n_{Cr_2O_7^{2-}} = \frac{1}{6}n_{Fe^{2+}}$$

$$w_{CH_3OH} = \frac{\left(c_{K_2Cr_2O_7}\cdot V_{K_2Cr_2O_7} - \frac{1}{6}c_{Fe^{2+}}\cdot V_{Fe^{2+}}\right)\cdot M_{CH_3OH}}{m_{试}} \times 100\%$$

$$= \frac{\left(25.00\times0.01667 - \frac{1}{6}\times0.1000\times10.00\right)\times10^{-3}\ mol\times32.04\ g\cdot mol^{-1}}{0.1000\ g} \times 100\%$$

$$= 8.01\%$$

例 4 称取苯酚试样 $0.5015\ g$,用 NaOH 溶液溶解后,用水准确稀释至 $250.0\ mL$,移取 $25\ mL$ 试液于碘量瓶中,加入 $KBrO_3-KBr$ 标准溶液 $25.00\ mL$ 及 HCl 溶液,使苯酚溴化为三溴苯酚。加入 KI 溶液,使未反应的 Br_2 还原并析出定量的 I_2,然后用 $0.1012\ mol\cdot L^{-1}$ $Na_2S_2O_3$ 标准溶液滴定,用去 $15.05\ mL$。另取 $25.00\ mL$ $KBrO_3-KBr$ 标准溶液,加入 HCl 及 KI 溶液,析出的 I_2 用 $0.1012\ mol\cdot L^{-1}$ $Na_2S_2O_3$ 标准溶液滴定,用去 $40.20\ mL$。计算试样中苯酚的质量分数。

解: 有关反应式如下:

$$KBrO_3 + 5KBr + 5HCl == 6KCl + 3Br_2 + 3H_2O$$

$$C_6H_5OH + 3Br_2 == C_6H_2Br_3OH + 3HBr$$

$$Br_2 + 2KI == I_2 + 2KBr$$

$$I_2 + 2Na_2S_2O_3 == 2NaI + Na_2S_4O_6$$

化学计量关系为 $1C_6H_5OH \sim 3Br_2 \sim 3I_2 \sim 6Na_2S_2O_3$,故

$$n_{C_6H_5OH} = \frac{1}{6}n_{S_2O_3^{2-}}$$

$$w_{苯酚} = \frac{\frac{1}{6} \times c_{Na_2S_2O_3} \times (V_{1(Na_2S_2O_3)} - V_{2(Na_2S_2O_3)}) \cdot M_{C_6H_5OH}}{m_{试} \times \frac{25.00 \text{ mL}}{250.0 \text{ mL}}} \times 100\%$$

$$= \frac{\frac{1}{6} \times 0.1012 \text{ mol} \cdot L^{-1} \times (40.20 - 15.05) \times 10^{-3} \text{ L} \times 94.11 \text{ g} \cdot mol^{-1}}{0.5015 \text{ g} \times \frac{25.00 \text{ mL}}{250.0 \text{ mL}}} \times 100\%$$

$$= 79.60\%$$

思考题

1. 处理氧化还原反应平衡时,为什么要引入条件电极电位? 外界条件对条件电极电位有何影响?

2. 为什么银还原器(金属银浸于 1 mol·L^{-1} HCl 溶液中)只能还原 Fe^{3+} 而不能还原 Ti(Ⅳ)? 试由条件电极电位的大小加以说明。

3. 如何判断氧化还原反应进行的完全程度? 是否平衡常数大的氧化还原反应都能用于氧化还原滴定? 为什么?

4. 影响氧化还原反应速率的主要因素有哪些? 如何加速反应的完成?

5. 解释下列现象:

(1) 将氯水慢慢加入到含有 Br^- 和 I^- 的酸性溶液中,以 CCl_4 萃取,CCl_4 层变为紫色。如继续加氯水,CCl_4 层的紫色消失而呈红褐色。

(2) 虽然从电位的大小看 $\varphi_{I_2/2I^-}^{\ominus} > \varphi_{Cu^{2+}/Cu^+}^{\ominus}$,应该 I_2 氧化 Cu^{2+},但是 Cu^{2+} 却能将 I^- 氧化为 I_2。

(3) 用 $KMnO_4$ 溶液滴定 $C_2O_4^{2-}$ 时,滴入 $KMnO_4$ 溶液的红色褪去的速度由慢到快。

(4) Fe^{2+} 的存在加速 $KMnO_4$ 氧化 Cl^- 的反应。

(5) 以 $K_2Cr_2O_7$ 标定 $Na_2S_2O_3$ 溶液浓度时,使用的是间接碘量法。能否用 $K_2Cr_2O_7$ 溶液直接滴定 $Na_2S_2O_3$ 溶液? 为什么?

6. 哪些因素影响氧化还原滴定的突跃范围的大小? 如何确定化学计量点时的电极电位?

7. 氧化还原滴定中可用哪些方法检测终点? 氧化还原指示剂为什么能指示滴定终点?

8. 氧化还原滴定前为什么要进行预处理? 对预处理所用的氧化剂或还原剂有哪些要求?

9. 某溶液含有 $FeCl_3$ 及 H_2O_2。写出用高锰酸钾法测定其中 H_2O_2 及 Fe^{3+} 的步骤,并说明测定中应注意哪些问题。

10. 测定软锰矿中 MnO_2 含量时,在 HCl 溶液中 MnO_2 能氧化 I^- 析出 I_2,可以用碘量法测定 MnO_2 的含量,但 Fe^{3+} 有干扰。实验说明,用磷酸代替 HCl 溶液时,Fe^{3+} 无干扰,为什么?

11. 用间接碘量法测定铜时,Fe^{3+} 和 AsO_4^{3-} 都能氧化 I^- 而干扰铜的测定。实验说明,加入 NH_4HF_2 以使溶液的 pH ≈ 3.3,此时铁和砷的干扰都消除,为什么?

12. 拟定分别测定一混合试液中 Cr^{3+} 及 Fe^{3+} 的分析方案。

习题

1. 计算在 H_2SO_4 介质中,H^+ 浓度分别为 $1\ mol \cdot L^{-1}$ 和 $0.1 mol \cdot L^{-1}$ 时 VO_2^+/VO^{2+} 电对的条件电极电位。已知 $\varphi^\ominus = 1.00\ V$,忽略离子强度的影响。

2. 根据 $\varphi^\ominus_{Hg^{2+}/Hg}$ 和 Hg_2Cl_2 的溶度积计算 $\varphi^\ominus_{Hg_2Cl_2/Hg}$。如果溶液中 Cl^- 浓度为 $0.010\ mol \cdot L^{-1}$,$Hg_2Cl_2/\ Hg$ 电对的条件电极电位为多少?

3. 计算以下半反应的条件电极电位。已知 $\varphi^\ominus = 0.390\ V$,$pH = 7$,抗坏血酸 $pK_{a_1} = 4.10$,$pK_{a_2} = 11.79$。

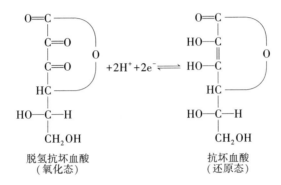

脱氢抗坏血酸　　　　　　　　抗坏血酸
（氧化态）　　　　　　　　　　（还原态）

提示:半反应为

$$A + 2H^+ + 2e^- \rightleftharpoons H_2A$$

能斯特方程式为 $\varphi = \varphi^\ominus + \dfrac{0.059\ V}{2} lg \dfrac{[A][H^+]^2}{[H_2A]}$,设 $[A] = c$,找出二元酸的分布系数。

4. 在 $1\ mol \cdot L^{-1} HCl$ 溶液中用 Fe^{3+} 溶液滴定 Sn^{2+} 时,计算:

(1) 此氧化还原反应的平衡常数及化学计量点时反应进行的程度;

(2) 滴定的电位突跃范围。在此滴定中应选用什么指示剂?用所选指示剂时滴定终点是否和化学计量点一致?

5. 计算 $pH = 10.0$,$c_{NH_3} = 0.1\ mol \cdot L^{-1}$ 的溶液中 Zn^{2+}/Zn 电对的条件电极电位(忽略离子强度的影响)。已知锌氨配离子的各级累积稳定常数为:$lg\beta_1 = 2.27$,$lg\beta_2 = 4.61$,$lg\beta_3 = 7.01$,$lg\beta_4 = 9.06$;NH_4^+ 的解离常数为 $K_a = 10^{-9.25}$。

6. 在酸性溶液中用高锰酸钾法测定 Fe^{2+} 时,$KMnO_4$ 溶液的浓度是 $0.024\ 84\ mol \cdot L^{-1}$,求:用(1) Fe;(2) Fe_2O_3;(3) $FeSO_4 \cdot 7H_2O$ 表示的滴定度。

7. 称取软锰矿试样 $0.500\ 0\ g$,在酸性溶液中将试样与 $0.670\ 0\ g$ 纯 $Na_2C_2O_4$ 充分反应,最后用 $0.020\ 00\ mol \cdot L^{-1}\ KMnO_4$ 溶液滴定剩余的 $Na_2C_2O_4$,至终点时用去 $30.00\ mL$。计算试样中 MnO_2 的质量分数。

8. 称取褐铁矿试样 $0.400\ 0\ g$,用 HCl 溶液溶解后,将 Fe^{3+} 还原为 Fe^{2+},用 $K_2Cr_2O_7$ 标准溶液滴定。若所用 $K_2Cr_2O_7$ 溶液的体积(以 mL 为单位)与试样中 Fe_2O_3 的质量分数相等。求 $K_2Cr_2O_7$ 溶液对铁的滴定度。

9. 盐酸羟胺($NH_2OH \cdot HCl$)可用溴酸钾法和碘量法测定。量取 20.00 mL $KBrO_3$ 溶液与 KI 反应,析出的 I_2 用 0.102 0 $mol \cdot L^{-1} Na_2S_2O_3$ 溶液滴定,需用 19.61 mL。1 mL $KBrO_3$ 溶液相当于多少毫克的 $NH_2OH \cdot HCl$?

10. 称取含 KI 试样 1.000 g,溶于水。加 10 mL 0.050 00 $mol \cdot L^{-1} KIO_3$ 溶液处理,反应后煮沸驱尽所生成的 I_2,冷却后,加入过量 KI 溶液与剩余的 KIO_3 反应。析出的 I_2 需用 21.14 mL 0.100 8 $mol \cdot L^{-1}$ $Na_2S_2O_3$ 溶液滴定。计算试样中 KI 的质量分数。

11. 将 1.000 g 钢样中的铬氧化成 $Cr_2O_7^{2-}$,加入 25.00 mL 0.100 0 $mol \cdot L^{-1} FeSO_4$ 标准溶液,然后用 0.018 0 $mol \cdot L^{-1} KMnO_4$ 标准溶液 7.00 mL 回滴剩余的 $FeSO_4$ 溶液。计算钢样中铬的质量分数。

12. 10.00 mL 市售 H_2O_2(相对密度 1.010)需用 36.82 mL 0.024 00 $mol \cdot L^{-1} KMnO_4$ 溶液滴定。计算试液中 H_2O_2 的质量分数。

13. 称取铜矿试样 0.600 0 g,用酸溶解后,控制溶液的 pH 为 3~4,用 20.00 mL $Na_2S_2O_3$ 溶液滴定至终点。1 mL $Na_2S_2O_3$ 溶液 ~0.004 175 g $KBrO_3$。计算 $Na_2S_2O_3$ 溶液的准确浓度及试样中 Cu_2O 的质量分数。

14. 现有硅酸盐试样 1.000 g,用重量法测定其中铁及铝时,得到 $Fe_2O_3 + Al_2O_3$ 沉淀共重 0.500 0 g。将沉淀溶于酸并将 Fe^{3+} 还原成 Fe^{2+} 后,用 0.033 33 $mol \cdot L^{-1} K_2Cr_2O_7$ 溶液滴定至终点时用去 25.00 mL。计算试样中 FeO 及 Al_2O_3 的质量分数。

15. 称取含有 As_2O_3 和 As_2O_5 的试样 1.500 g,处理为含 AsO_3^{3-} 和 AsO_4^{3-} 的溶液。将溶液调节为弱碱性,以 0.050 00 $mol \cdot L^{-1}$ 碘溶液滴定至终点,用去 30.00 mL。将此溶液用盐酸调节至酸性并加入过量 KI 溶液,释放出的 I_2 再用 0.300 0 $mol \cdot L^{-1} Na_2S_2O_3$ 溶液滴定至终点,用去 30.00 mL。计算试样中 As_2O_3 与 As_2O_5 的质量分数。

提示:弱碱性时滴定三价砷,反应如下:

$$H_3AsO_3 + I_2 + H_2O \Longrightarrow H_3AsO_4 + 2I^- + 2H^+$$

在酸性介质中,反应如下:

$$H_3AsO_4 + 2I^- + 2H^+ \Longrightarrow H_3AsO_3 + I_2 + H_2O$$

16. 漂白粉中的"有效氯"①可用亚砷酸钠法测定:

$$Ca(OCl)Cl + Na_3AsO_3 \Longrightarrow CaCl_2 + Na_3AsO_4$$

现有含"有效氯" 29.00% 的试样 0.300 0 g,用 25.00 mL Na_3AsO_3 溶液恰能与之作用。每毫升 Na_3AsO_3 溶液含多少克的砷?又同样质量的试样用碘量法测定,需用 $Na_2S_2O_3$ 标准溶液(1 mL ~0.012 50 g $CuSO_4 \cdot 5H_2O$)多少毫升?

17. 分析某一不纯的硫化钠,已知其中除含 $Na_2S \cdot 9H_2O$ 外,还含有 $Na_2S_2O_3 \cdot 5H_2O$,取此试样 10.00 g 配成 500 mL 溶液。

---

① 漂白粉可用 Ca(OCl)Cl 表示,其中次氯酸根有漂白作用,遇酸可放出具有氧化能力的"有效氯":

$$Ca(OCl)Cl + 2H^+ \Longrightarrow Cl_2 \uparrow + Ca^{2+} + H_2O$$

（1）测定 $Na_2S \cdot 9H_2O$ 和 $Na_2S_2O_3 \cdot 5H_2O$ 的总量时，取试样溶液 25.00 mL，加入装有 50 mL 0.052 50 mol·L^{-1} I_2 溶液及酸的碘量瓶中，用 0.101 0 mol·L^{-1} $Na_2S_2O_3$ 溶液滴定多余的 I_2，用去 16.91 mL。

（2）测定 $Na_2S_2O_3 \cdot 5H_2O$ 的含量时，取 50 mL 试样溶液，用 $ZnCO_3$ 悬浮液沉淀除去其中的 Na_2S 后[①]，取滤液的一半，用 0.050 00 mol·L^{-1} I_2 溶液滴定其中的 $Na_2S_2O_3$，用去 5.65 mL。

由上述实验结果计算原试样中 $Na_2S \cdot 9H_2O$ 及 $Na_2S_2O_3 \cdot 5H_2O$ 的质量分数，并写出主要反应。

18. 化学需氧量（COD）的测定。今取废水样 100.0 mL 用 H_2SO_4 酸化后，加入 25.00 mL 0.016 67 mol·L^{-1} $K_2Cr_2O_7$ 溶液，以 Ag_2SO_4 为催化剂，煮沸一定时间，待水样中还原性物质较完全地氧化后，以邻二氮菲-亚铁为指示剂，用 0.100 0 mol·L^{-1} $FeSO_4$ 溶液滴定剩余的 $Cr_2O_7^{2-}$，用去 15.00 mL。计算废水样中化学需氧量，以 mg·L^{-1} 表示。

19. 称取丙酮试样 1.000 g，定容于 250 mL 容量瓶中，移取 25.00 mL 于盛有 NaOH 溶液的碘量瓶中，准确加入 50.00 mL 0.050 00 mol·L^{-1} I_2 标准溶液，放置一定时间后，加 H_2SO_4 调节溶液呈弱酸性，立即用 0.100 0 mol·L^{-1} $Na_2S_2O_3$ 溶液滴定过量的 I_2，用去 10.00 mL。计算试样中丙酮的质量分数。

提示：丙酮与碘的反应为

$$CH_3COCH_3 + 3I_2 + 4NaOH \Longrightarrow CH_3COONa + 3NaI + 3H_2O + CHI_3$$

20. 称取含有 Na_2S 和 Sb_2S_5 的试样 0.200 0 g，溶解后，使 Sb 全部变为 SbO_3^{3-}，然后在 $NaHCO_3$ 介质中用 0.010 00 mol·L^{-1} I_2 溶液滴定至终点，用去 20.00 mL；另取同样质量的试样溶于酸后，将产生的 H_2S 完全吸收于含有 70.00 mL 相同浓度 I_2 的溶液中，用 0.020 00 mol·L^{-1} $Na_2S_2O_3$ 溶液滴定过量的 I_2 溶液，用去 10.00 mL。计算试样中 Na_2S 和 Sb_2S_5 的质量分数。

21. 称取含有 PbO 和 PbO_2 的混合试样 1.234 g，用 20.00 mL 0.250 0 mol·L^{-1} $H_2C_2O_4$ 溶液处理，此时 Pb（Ⅳ）被还原为 Pb（Ⅱ），将溶液中和后，使 Pb^{2+} 定量沉淀为 PbC_2O_4。过滤，将滤液酸化，用 0.040 00 mol·L^{-1} $KMnO_4$ 溶液滴定，用去 10.00 mL。沉淀用酸溶解后，用相同浓度 $KMnO_4$ 溶液滴定至终点，用去 30.00 mL。计算试样中 PbO 及 PbO_2 的质量分数。

22. 试剂厂生产的试剂 $FeCl_3 \cdot 6H_2O$，为了检查质量，称取 0.500 0 g 试样，溶于水，加浓 HCl 溶液 3 mL 和 KI 2g，最后用 0.100 0 mol·L^{-1} $Na_2S_2O_3$ 标准溶液 18.17 mL 滴定至终点。计算该试剂中 $FeCl_3 \cdot 6H_2O$ 的质量分数。

23. 移取 20.00 mL HCOOH 和 HOAc 的混合试液，用 0.100 0 mol·L^{-1} NaOH 溶液滴定至终点时，共用去 25.00 mL。另取上述试液 20.00 mL，准确加入 0.025 00 mol·L^{-1} $KMnO_4$ 强碱性溶液 75.00 mL。$KMnO_4$ 与 HCOOH 反应完全后，调节至酸性，加入 0.200 0 mol·L^{-1} Fe^{2+} 标准溶液 40.00 mL，将剩余的 MnO_4^- 及 MnO_4^{2-} 歧化生成的 MnO_4^- 和 MnO_2 全部还原为 Mn^{2+}，剩余

---

① $ZnCO_3$ 与 Na_2S 反应如下：

$$ZnCO_3 + Na_2S \Longrightarrow ZnS \downarrow + Na_2CO_3$$

的 Fe^{2+} 溶液用上述 $KMnO_4$ 标准溶液滴定至终点,用去 24.00 mL。计算试液中 HCOOH 和 HOAc 的浓度。

提示:在碱性溶液中反应为

$$HCOOH + 2MnO_4^- + 2OH^- === CO_2 \uparrow + 2MnO_4^{2-} + 2H_2O$$

酸化后的反应为

$$3MnO_4^{2-} + 4H^+ === 2MnO_4^- + MnO_2 \downarrow + 2H_2O$$

24. 移取一定体积的乙二醇试液,用 50.00 mL 高碘酸钾溶液处理,待反应完全后,将混合溶液调节至 pH = 8.0,加入过量 KI,释放出的 I_2 用 0.050 00 mol·L^{-1} 亚砷酸盐溶液滴定至终点,用去 14.30 mL。已知 50.00 mL 该高碘酸钾的空白溶液在 pH = 8.0 时,加入过量 KI,释放出的 I_2 所消耗等浓度的亚砷酸盐溶液为 30.10 mL。计算试液中含乙二醇的质量(mg)。

提示:反应式为

$$CH_2OHCH_2OH + IO_4^- === 2HCHO + IO_3^- + H_2O$$
$$IO_4^- + 2I^- + H_2O === IO_3^- + I_2 + 2OH^-$$
$$I_2 + AsO_3^{3-} + H_2O === 2I^- + AsO_4^{3-} + 2H^+$$

25. 甲酸钠(HCOONa)和 $KMnO_4$ 在中性介质中按下述反应式反应:

$$3HCOO^- + 2MnO_4^- + H_2O === 2MnO_2 \downarrow + 3CO_2 \uparrow + 5OH^-$$

称取 HCOONa 试样 0.5000 g,溶于水后,在中性介质中加入过量的 0.060 00 mol·L^{-1} $KMnO_4$ 溶液 50.00 mL,过滤除去 MnO_2 沉淀,以 H_2SO_4 酸化溶液后,用 0.100 0 mol·L^{-1} $H_2C_2O_4$ 溶液滴定过量的 $KMnO_4$ 至终点,用去 25.00 mL。计算试样中 HCOONa 的质量分数。

26. 在仅含有 Al^{3+} 的水溶液中,加 NH_3-NH_4OAc 缓冲溶液使 pH = 9.0,然后加入稍过量的 8-羟基喹啉,使 Al^{3+} 定量地生成喹啉铝沉淀:

$$Al^{3+} + 3HOC_9H_6N === Al(OC_9H_6N)_3 \downarrow + 3H^+$$

将沉淀过滤并洗去过量的 8-羟基喹啉,然后将沉淀溶于 HCl 溶液中。用 15.00 mL 0.123 8 mol·L^{-1} $KBrO_3$-KBr 标准溶液处理,产生的 Br_2 与 8-羟基喹啉发生取代反应。待反应完全后,再加入过量的 KI,使其与剩余的 Br_2 反应生成 I_2:

$$Br_2 + 2I^- === I_2 + 2Br^-$$

最后用 0.1028 mol·L^{-1} $Na_2S_2O_3$ 标准溶液滴定析出的 I_2,用去 5.45 mL。计算试液中铝的质量(以 mg 表示)。

27. 用碘量法测定葡萄糖的含量。准确称取 10.00 g 试样溶解后,定容于 250 mL 容量瓶中,移取 50.00 mL 试液于碘量瓶中,加入 0.050 00 mol·L^{-1} I_2 溶液 30.00 mL(过量的),在搅拌下加入 40 mL 0.1 mol·L^{-1} NaOH 溶液,摇匀后,放置暗处 20 min。然后加入 0.5 mol·L^{-1} HCl 8 mL,析出的 I_2 用 0.100 0 mol·L^{-1} $Na_2S_2O_3$ 溶液滴定至终点,用去 9.96 mL。计算试样中葡萄糖的质量分数。

提示:反应式为

$$C_6H_{12}O_6 + I_2(过量的) + 2NaOH \Longrightarrow C_6H_{12}O_7 + 2NaI + H_2O$$

$$I_2(剩余的) + 2OH^- \Longrightarrow IO^- + I^- + H_2O$$

剩余的 IO^- 在碱性条件下发生歧化反应：

$$3IO^- \Longrightarrow IO_3^- + 2I^-$$

经酸化后又析出 I_2：

$$IO_3^- + 5I^- + 6H^+ \Longrightarrow 3I_2 + 3H_2O$$

最后用 $Na_2S_2O_3$ 溶液滴定析出的 I_2：

$$I_2 + 2S_2O_3^{2-} \Longrightarrow 2I^- + S_4O_6^{2-}$$

28. 丁基过氧化氢(C_4H_9OOH)的测定，是在酸性条件下使它与过量 KI 反应，析出的 I_2 再用 $Na_2S_2O_3$ 标准溶液滴定，反应式为

$$C_4H_9OOH + 2I^- + 2H^+ \Longrightarrow C_4H_9OH + I_2 + H_2O$$

$$I_2 + 2S_2O_3^{2-} \Longrightarrow 2I^- + S_4O_6^{2-}$$

今称取含丁基过氧化氢试样 0.315 0 g。滴定析出的 I_2 用去 0.100 0 mol·L^{-1} $Na_2S_2O_3$ 溶液 18.20 mL。计算试样中丁基过氧化氢的质量分数。已知 $M_{C_4H_9OOH} = 90.08$ g·mol^{-1}。

29. 称取一含 MnO、Cr_2O_3 矿样 2.000 g，用 Na_2O_2 熔融后，将浸取液煮沸，除去剩余过氧化物，溶液酸化，将沉淀滤去，向滤液中加入 0.100 0 mol·L^{-1} $FeSO_4$ 溶液 50.00 mL，过量 $FeSO_4$ 用 0.010 00 mol·L^{-1} $KMnO_4$ 溶液滴定，用去 16.00 mL，沉淀用 0.100 0 mol·L^{-1} $FeSO_4$ 溶液 10.00 mL 处理，过量 $FeSO_4$ 又用 0.010 0 mol·L^{-1} $KMnO_4$ 溶液滴定，用去 7.00 mL。计算矿样中 MnO 和 Cr_2O_3 的质量分数。

提示：试样溶解后，碱性溶液中生成 MnO_4^{2-}、CrO_4^{2-}。酸化时，反应式为

$$3MnO_4^{2-} + 4H^+ \Longrightarrow 2MnO_4^- + MnO_2 + 2H_2O$$

$$2CrO_4^{2-} + 2H^+ \Longrightarrow Cr_2O_7^{2-} + H_2O$$

沉淀 MnO_2 与 Fe^{2+} 反应：

$$MnO_2 + 2Fe^{2+} + 4H^+ \Longrightarrow Mn^{2+} + 2Fe^{3+} + 2H_2O$$

30. 一含 Sb_2S_3 的试样，今用两种不同的方法测定试样中 Sb_2S_3 的质量分数。已知 $M_{Sb_2S_3} = 339.7$ g·mol^{-1}。

方法一：称取 0.200 0 g，制成溶液后，用 0.025 00 mol·L^{-1} I_2 溶液 20.00 mL 滴定至 SbO_4^{3-} 终点，反应式为

$$SbO_3^{3-} + I_2 + 2HCO_3^- \Longrightarrow SbO_4^{3-} + 2I^- + 2CO_2 \uparrow + H_2O$$

方法二：将上述试样 0.200 0 g 置于燃烧管中，在氧气流中燃烧所产生的 SO_2 气体全部通过 $FeCl_3$ 吸收液，使 Fe^{3+} 还原成 Fe^{2+}，然后用 0.015 03 mol·L^{-1} $KMnO_4$ 标准溶液滴定，用去 20.00 mL。反应式为

$$Sb_2S_3 + 3O_2 \Longrightarrow 3SO_2 + 2Sb$$

$$SO_3^{2-} + 2Fe^{3+} + H_2O \Longrightarrow SO_4^{2-} + 2Fe^{2+} + 2H^+$$

如何判断两种测定方法是否准确可靠？

习题参考答案

第 7 章　重量分析法和沉淀滴定法

Gravimetry and Precipitation Titration

在众多的化学反应中,有一类能生成沉淀的反应,如恰当利用这类沉淀反应可以定量测定试样中的某些组分,因而构成重量分析法的基础之一;另外还基于此建立了沉淀滴定法,本章对这两种分析方法分别予以讨论。

§7-1　重量分析法概述

重量分析法(或称重量分析)是用适当方法先将试样中的待测组分与其它组分分离,然后用称量的方法测定该组分的含量。待测组分与试样中其它组分分离的方法,常用的有下面两种。

1. 沉淀法

这种方法是使待测组分生成难溶化合物沉淀下来,然后称量沉淀的质量,根据沉淀的质量计算出待测组分的含量。例如,测定试液中 SO_4^{2-} 含量时,在试液中加入过量 $BaCl_2$ 溶液,使 SO_4^{2-} 定量生成难溶的 $BaSO_4$ 沉淀,经过滤、洗涤、干燥后,称量 $BaSO_4$ 的质量,从而计算出试液中硫酸根离子的含量。

2. 汽化法

这种方法适用于挥发性组分的测定。一般是用加热或蒸馏等方法使被测组分转化为挥发性物质逸出,然后根据试样质量的减少来计算试样中该组分的含量;或用吸收剂将逸出的挥发性物质全部吸收,根据吸收剂质量的增加来计算该组分的含量。例如,要测定水合氯化钡晶体($BaCl_2 \cdot 2H_2O$)中结晶水的含量,可将氯化钡试样加热,使水分逸出,根据试样质量的减少计算其含湿量。也可以用吸湿剂(如高氯酸镁)吸收逸出的水分,根据吸湿剂质量的增加来计算试样的含湿量。

　　上述两种方法都是根据称得的质量来计算试样中待测组分的含量。重量分析中的全部数据都需由分析天平称量得到,在分析过程中不需要基准物质和由容量器皿引入的数据,因而避免了这方面的误差。重量分析比较准确,对于高含量的硅、磷、硫、钨和稀土元素等试样的测定,至今仍常使用,测定的相对误差绝对值一般不大于 0.1%。重量分析法的不足之处是操作较繁,费时,不适于生产中的控制分析,对低含量组分的测定误差较大。

　　上述两种方法中以沉淀法应用较多,本章主要讨论沉淀法。

　　在沉淀法各步骤中,最重要的一步是进行沉淀反应,其中如沉淀剂的选择与用量、沉淀反应的条件、如何减少沉淀中杂质等都会影响分析结果的准确度,因此重量分析法的重点是关于沉淀反应的讨论。

§7-2　重量分析对沉淀的要求

　　在重量分析中,沉淀是经过烘干或灼烧后再称量的。例如,测定 SO_4^{2-} 时,以 $BaCl_2$ 为沉淀剂,生成 $BaSO_4$ 沉淀(称为沉淀形式),该沉淀在灼烧过程中不发生化学变化,最后称量 $BaSO_4$ 的质量,计算 SO_4^{2-} 含量,称量形式是 $BaSO_4$。有些情况下,由于在烘干或灼烧过程中可能发生化学变化,使沉淀转化成另一种物质。例如,在测定 Mg^{2+} 时,沉淀形式是 $MgNH_4PO_4 \cdot 6H_2O$,灼烧后转化为 $Mg_2P_2O_7$,因此测定方法的称量形式是 $Mg_2P_2O_7$。

　　对沉淀形式和称量形式,分别提出以下要求。

对沉淀形式的要求

　　(1) 沉淀要完全,沉淀的溶解度要小。例如,$CaSO_4$ 与 CaC_2O_4 的溶度积 K_{sp} 分别为 2.45×10^{-5} 和 1.78×10^{-9},前者的溶解度比较大,因此测定 Ca^{2+} 时,常采用草酸铵作为沉淀剂,使 Ca^{2+} 生成溶解度很小的 CaC_2O_4 沉淀。

　　(2) 沉淀要纯净,尽量避免混进杂质,并应易于过滤和洗涤。颗粒较粗的晶形沉淀(crystalline precipitate),如 $MgNH_4PO_4 \cdot 6H_2O$,在过滤时不会塞住滤纸的小孔,过滤速度快,而且其总表面积较小,吸附杂质的机会较少,沉淀较纯净,洗涤也比较容易。

　　非晶形沉淀(amorphous precipitate),如 $Al(OH)_3$,体积庞大疏松,表面积很大,吸附杂质的机会较多,洗涤较困难,过滤速度慢,费时,因此使用重量法测定 Al^{3+} 时,常采用有机沉淀剂,如 8-羟基喹啉。

　　(3) 易转化为称量形式。

对称量形式的要求

（1）组成必须与化学式完全符合，这是对称量形式最重要的要求。显然，如果组成与化学式不完全符合，则无从计算分析结果。例如，磷钼酸铵虽然是一种溶解度很小的晶形沉淀，但由于它的组成不定，不能利用它作为测定 PO_4^{3-} 的称量形式，通常采取磷钼酸喹啉作为测定 PO_4^{3-} 的称量形式。

（2）称量形式要稳定，不易吸收空气中的水分和二氧化碳，而且在干燥、灼烧时也不易分解，否则就不适于用作称量形式。

（3）称量形式的摩尔质量尽可能地大，如此则少量的待测组分可转化得到较大量的称量物质，从而提高分析灵敏度，减少称量误差。

沉淀剂的选择

除了根据上述对沉淀的要求来考虑沉淀剂的选择外，还要求沉淀剂应具有较好的选择性，即要求沉淀剂只能和待测组分生成沉淀，而与试液中的其它共存组分不起作用。例如，丁二酮肟和 H_2S 都可使 Ni^{2+} 沉淀，但在测定 Ni^{2+} 时常选用前者。又如沉淀锆离子时，选用在盐酸溶液中与锆有特效反应的苦杏仁酸作沉淀剂，这时即使有钛、铁、钒、铝、铬等十多种离子存在，也不会发生干扰。

此外，还应尽可能选用易挥发或易灼烧除去的沉淀剂，一些铵盐和有机沉淀剂都能满足这项要求。

许多有机沉淀剂的选择性较好，而且组成固定，易于分离和洗涤，简化了操作，加快了分析速度，称量形式的摩尔质量也较大，因此在沉淀分离中，有机沉淀剂的应用日益广泛。

§7-3 沉淀完全的程度与影响沉淀溶解度的因素

利用沉淀反应进行重量分析时，沉淀反应是否进行完全，可以根据反应达到平衡后溶液中未被沉淀的待测组分的量来衡量。显然，难溶化合物的溶解度小，沉淀有可能完全；否则，沉淀就不完全。在重量分析中，为了满足定量分析的要求，必须考虑影响沉淀溶解度的各种因素，以便选择和控制沉淀的条件。

沉淀平衡与溶度积

难溶化合物 MA 在饱和溶液中的平衡可表示为

$$MA_{(固)} \rightleftharpoons \underset{溶液}{M^+ + A^-} \tag{7-1}$$

式中，$MA_{(固)}$ 表示固态的 MA，在一定温度下其活度积 K_{ap} 是一常数，即

$$a_{M^+} \cdot a_{A^-} = K_{ap} \tag{7-2}$$

式中，a_{M^+} 和 a_{A^-} 为 M^+ 和 A^- 两种离子的活度，活度与浓度的关系为

$$a_{M^+} = \gamma_{M^+} [M^+] \tag{7-3}$$

$$a_{A^-} = \gamma_{A^-} [A^-]$$

式中，γ_{M^+} 和 γ_{A^-} 为两种离子的活度系数，它们与溶液的离子强度有关。将式（7-3）代入式（7-2）得

$$[M^+][A^-]\gamma_{M^+} \cdot \gamma_{A^-} = K_{ap} \tag{7-4}$$

在纯水中 MA 的溶解度很小，则

$$[M^+] = [A^-] = S_0 \tag{7-5}$$

$$[M^+][A^-] = S_0^2 = K_{sp} \tag{7-6}$$

上两式中的 S_0 是在很稀的溶液中、没有其它离子存在时 MA 的溶解度，由 S_0 所得的溶度积 K_{sp} 非常接近于活度积 K_{ap}。当外界条件变化，如酸度的变化、配位剂的存在等，都会使金属离子浓度或沉淀剂浓度发生变化，从而影响沉淀的溶解度和溶度积。因此溶度积 K_{sp} 只在一定条件下才是一个常数。

　　如果溶液中的离子浓度变化不太大，溶度积数值在数量级上一般不发生改变，所以在稀溶液中，仍常用离子浓度乘积来研究沉淀的情况。如果溶液中的电解质浓度较大（如以后将讨论的盐效应），就必须考虑活度对沉淀的影响。

影响沉淀溶解度的因素

　　影响沉淀溶解度的因素很多，如同离子效应、盐效应、酸效应及配位效应等。此外，温度、溶剂、沉淀的颗粒大小和结构，也对溶解度有影响，下面分别予以讨论。

　　1. 同离子效应（commonion effect）

　　若要沉淀完全，溶解损失应尽可能小。对重量分析来说，要求沉淀溶解损失的量不能超过一般称量的精确度（即0.2 mg），即处于允许的误差范围之内。但一般沉淀很少能达到这要求。例如，用 $BaCl_2$ 使 SO_4^{2-} 沉淀成 $BaSO_4$，$K_{sp(BaSO_4)} = 1.08 \times 10^{-10}$，当加入 $BaCl_2$ 的量与 SO_4^{2-} 的量符合化学计量关系时，在200 mL溶液中溶解的 $BaSO_4$ 的质量为

$$\sqrt{1.08 \times 10^{-10}} \times 233 \times \frac{200}{1\,000} \text{ g} = 4.8 \times 10^{-4} \text{ g} = 0.48 \text{ mg}$$

溶解所损失的量已超过重量分析的要求。

但是,如果加入过量的 $BaCl_2$,沉淀达到平衡时,设过量的 $[Ba^{2+}]=$ $0.01\ mol\cdot L^{-1}$,则可计算出 200 mL 溶液中溶解的 $BaSO_4$ 的质量:

$$\frac{1.08\times10^{-10}}{0.01}\times233\times\frac{200}{1\ 000}\ g=5.0\times10^{-7}\ g=0.000\ 5\ mg$$

显然,这已远小于允许溶解损失的质量,可以认为沉淀已经完全。

因此,在进行重量分析时,常使用过量的沉淀剂,利用同离子效应来降低沉淀的溶解度,以使沉淀完全。沉淀剂过量的程度,应根据沉淀剂的性质来确定。若沉淀剂不易挥发,应过量少些,如过量 20%~50%;若沉淀剂易挥发除去,则过量程度可适当大些,甚至过量 100%。

必须指出,沉淀剂决不能加得太多,否则将适得其反,可能产生其它影响(如盐效应、配位效应等),反而使沉淀的溶解度增大。

2. 盐效应(salt effect)

在难溶电解质的饱和溶液中,加入其它强电解质,会使难溶电解质的溶解度比同温度时在纯水中的溶解度增大,这种现象称为盐效应。例如,在 KNO_3 强电解质存在的情况下,$AgCl$、$BaSO_4$ 的溶解度比在纯水中大,而且溶解度随强电解质浓度增大而增大。例如,当溶液中 $MgCl_2$ 浓度由 0 增到 $0.008\ 0\ mol\cdot L^{-1}$ 时,$BaSO_4$ 的溶解度由 $1.04\times10^{-5}\ mol\cdot L^{-1}$ 增大到 $1.9\times10^{-5}\ mol\cdot L^{-1}$。

发生盐效应的原因是由于加入的强电解质的种类和浓度影响被测离子的活度系数,当强电解质的浓度增大到一定程度时,离子强度增大而使离子活度系数明显减小。但在一定温度下,K_{ap} 是常数,根据式(7-4),$[M^+][A^-]$ 必然要增大,致使沉淀的溶解度增大。

应当指出,如果沉淀本身的溶解度很小,一般来讲,盐效应的影响很小,可以不予考虑。只有当沉淀的溶解度比较大,而且溶液的离子强度很高时,才考虑盐效应的影响。

3. 酸效应(acidic effect)

与配位滴定中 EDTA 的酸效应相同,溶液的酸度对沉淀溶解度的影响,称为酸效应。酸效应的发生主要是由于溶液中 H^+ 浓度的大小对弱酸、多元酸或难溶酸解离平衡的影响。若沉淀是强酸盐,如 $BaSO_4$、$AgCl$ 等,其溶解度受酸度影响不大;若沉淀是弱酸或多元酸盐[如 CaC_2O_4、$Ca_3(PO_4)_2$]或难溶酸(如硅酸、钨酸)以及许多与有机沉淀剂形成的沉淀,则酸效应就很显著。

通过计算可知,沉淀的溶解度随溶液酸度增加而增加,在以草酸铵沉淀 Ca^{2+} 的重量分析测定中,在 pH=2 时 CaC_2O_4 的溶解损失已超过重量分析要求。若要符合允许误差,则沉淀反应需在 pH=4~6 的溶液中进行。

4. 配位效应(coordination effect)

若溶液中存在配位剂,它能与生成沉淀的离子形成配合物,将使沉淀溶解度增大,甚至不产生沉淀,这种现象称为配位效应。例如,用 Cl^- 沉淀 Ag^+ 时的反应:

$$Ag^+ + Cl^- \Longrightarrow AgCl\downarrow$$

若溶液中有氨水,则 NH_3 能与 Ag^+ 配位,形成 $Ag(NH_3)_2^+$ 配离子,因而 AgCl 在 $0.01\ mol\cdot L^{-1}$氨水中的溶解度比在纯水中的溶解度大 40 倍。如果氨水的浓度足够大,则不能生成 AgCl 沉淀。又如 Ag^+ 溶液中加入 Cl^-,最初生成 AgCl 沉淀,但若继续加入过量的 Cl^-,则 Cl^- 能与 AgCl 配位成 $AgCl_2^-$ 和 $AgCl_3^{2-}$ 等配离子,而使 AgCl 沉淀逐渐溶解。AgCl 在 $0.01\ mol\cdot L^{-1}$ HCl 溶液中的溶解度比在纯水中的溶解度小,这时同离子效应是主要的;若$[Cl^-]$增到 $0.5\ mol\cdot L^{-1}$,则 AgCl 的溶解度超过纯水中的溶解度,此时配位效应的影响已超过同离子效应;若$[Cl^-]$更大,则由于配位效应起主要作用,AgCl 沉淀就可能不出现。因此用 Cl^- 沉淀 Ag^+ 时,必须严格控制 Cl^- 浓度。应当指出,配位效应使沉淀溶解度增大的程度与沉淀的溶度积和形成配合物的稳定常数的相对大小有关。形成的配合物越稳定,配位效应越显著,沉淀的溶解度越大。

从以上的讨论可知,在进行沉淀反应时,对无配位反应的强酸盐沉淀,应主要考虑同离子效应和盐效应;对弱酸盐或难溶酸盐,多数情况应主要考虑酸效应;在有配位反应,尤其在能形成较稳定的配合物,而沉淀的溶解度又不太小时,则应主要考虑配位效应。

除上述因素外,温度、其它溶剂的存在及沉淀本身颗粒的大小和结构,也都对沉淀的溶解度有所影响。

(1) 温度的影响   溶解一般是吸热过程,绝大多数沉淀的溶解度随温度升高而增大。

(2) 溶剂的影响   大部分无机物沉淀是离子型晶体,在有机溶剂中的溶解度比在纯水中要小。例如,在 $CaSO_4$ 溶液中加入适量乙醇,则 $CaSO_4$ 的溶解度就大为降低。

(3) 沉淀颗粒大小和结构的影响   同一种沉淀,在相同质量时,颗粒越小,其总表面积越大,溶解度越大[①]。因为小晶体比大晶体有更多的角、边和表面,处于这些位置的离子受晶体内离子的吸引力小,而且又受到外部溶剂分子的作用,容易进入溶液中,所以小颗粒沉淀的溶解度比大颗粒的大。在沉淀形成后,

---

① 休哈 L,柯特尔里 S.分析化学中的溶液平衡.周锡顺,戴明,李俊义,译.北京:人民教育出版社,1979:243-245.

常将沉淀和母液一起放置一段时间进行陈化[①]，使小晶体逐渐转变为大晶体，有利于沉淀的过滤与洗涤。陈化还可使沉淀结构发生转变，由初生成时的结构转变为另一种更稳定的结构，溶解度就大为减小。例如，初生成的 CoS 是 α 型，$K_{sp[CoS(\alpha)]} = 4 \times 10^{-21}$，放置后转变成 β 型，$K_{sp[CoS(\beta)]} = 2 \times 10^{-25}$。

§7-4　影响沉淀纯度的因素

在重量分析中，要求获得纯净的沉淀。但当难溶物质从溶液中析出时，会或多或少地夹杂溶液中的其它组分，污染沉淀。因此，必须了解影响沉淀纯度的各种因素，找出减少杂质的方法，以获得合乎重量分析要求的沉淀。

共　沉　淀

当一种难溶物质从溶液中沉淀析出时，溶液中的某些可溶性杂质会被沉淀带下来而混杂于沉淀中，这种现象称为共沉淀（coprecipitation）。例如，用沉淀剂 $BaCl_2$ 沉淀 SO_4^{2-} 时，如试液中有 Fe^{3+}，则由于共沉淀，在得到的 $BaSO_4$ 沉淀中常含有 $Fe_2(SO_4)_3$，因而沉淀经过过滤、洗涤、干燥、灼烧后不呈 $BaSO_4$ 的纯白色，而略带灼烧后的 Fe_2O_3 的棕色。因共沉淀而使沉淀沾污，这是重量分析中重要的误差来源之一。产生共沉淀的原因是表面吸附、形成混晶、吸留和包藏等，其中主要的是表面吸附。

1. 表面吸附

由于沉淀表面离子电荷的作用力未完全平衡，因而在沉淀表面形成自由力场，特别是在棱边和顶角，自由力场更显著。于是溶液中带相反电荷的离子被吸引到沉淀表面上，形成第一吸附层。沉淀吸附离子时，优先吸附与沉淀中的离子相同的，或大小相近、电荷相等的离子，或能与沉淀中的离子生成溶解度较小的物质的离子。例如，加过量的 $BaCl_2$ 到 H_2SO_4 溶液中，生成 $BaSO_4$ 沉淀后，溶液中有 Ba^{2+}、H^+、Cl^- 存在，这时沉淀表面上的 SO_4^{2-} 将强烈吸引溶液中的 Ba^{2+}，形成第一吸附层，使晶体沉淀表面带正电荷。然后它又吸引溶液中带负电荷的离子，如 Cl^-，构成电中性的双电层，如图 7-1 所示。如果在上述溶液中，除 Cl^- 外尚有 NO_3^-，则因 $Ba(NO_3)_2$ 的溶解度比 $BaCl_2$ 小，第二层将优先吸附 NO_3^-。此外，由于带电荷多的高价离子静电引力强，也易被吸附，因此对这些离子应设法除去或掩蔽。沉淀吸附杂质的量还与下列因素有关：

---

① "陈化"将在"沉淀条件的选择"中讨论。

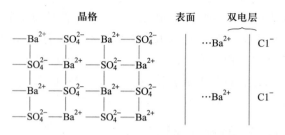

图 7-1   晶体表面吸附示意图

（1）沉淀的总表面积   沉淀的总表面积越大，吸附杂质就越多。

（2）杂质离子的浓度   溶液中杂质浓度越大，吸附现象越严重。

（3）温度   吸附与解吸是可逆过程，吸附是放热过程，增高溶液温度，将减少吸附。

2. 混晶

如果试液中的杂质与沉淀具有相同的晶格，或杂质离子与构晶离子具有相同的电荷和相近的离子半径，杂质将进入晶格中形成混晶而玷污沉淀，如 $MgNH_4PO_4 \cdot 6H_2O$ 和 $MgNH_4AsO_4 \cdot 6H_2O$、$CaCO_3$ 和 $NaNO_3$、$BaSO_4$ 和 $PbSO_4$ 等。只要有符合上述条件的杂质离子存在，它们就会在沉淀过程中取代构晶离子而进入沉淀内部，这时即使用洗涤或陈化的方法净化沉淀，效果也不显著。为减免混晶的生成，最好事先将这类杂质分离除去。

3. 吸留和包藏

吸留是被吸附的杂质机械地嵌入沉淀中。包藏常指母液机械地包藏在沉淀中。这些现象的发生，是由于沉淀剂加入太快，使沉淀急速生长，沉淀表面吸附的杂质来不及离开就被随后生成的沉淀所覆盖，使杂质被吸留或母液被包藏在沉淀内部。这类共沉淀不能用洗涤的方法除去杂质，但可以借改变沉淀条件、陈化或重结晶的方法来减免。

从带入杂质方面来看，共沉淀现象对分析测定是不利的，但是可利用这一现象富集分离溶液中的某些微量成分。本书 §13-1 对利用共沉淀的分离、富集，有进一步的介绍。

后 沉 淀

后沉淀（postprecipitation）是由于沉淀速度的差异，而在已形成的沉淀上形成第二种不溶物质，这种情况大多发生在特定组分形成的稳定的过饱和溶液中。例如，在 Mg^{2+} 存在下沉淀 CaC_2O_4 时，镁由于形成稳定的草酸盐过饱和溶液而不立即析出。如果草酸钙沉淀后立即过滤，则沉淀只吸附少量镁；若把含有 Mg^{2+} 的母液与草酸钙沉淀共置一段时间，则草酸镁的后沉淀量将会增多。

后沉淀引入的杂质量比共沉淀要多,且随沉淀放置时间的延长而增多。因此为防止后沉淀现象的发生,某些沉淀的陈化时间不宜过长。

获得纯净沉淀的措施

（1）采用适当的分析程序和沉淀方法。如果溶液中同时存在含量相差很大的两种离子,需要沉淀分离,为了防止含量少的离子因共沉淀而损失,应该先沉淀含量少的离子。例如,分析烧结菱镁矿（含 MgO 90% 以上,CaO 1% 左右）时,应先沉淀 Ca^{2+}。由于 Mg^{2+} 含量太大不能采用一般的草酸铵沉淀 Ca^{2+} 方法,否则 MgC_2O_4 共沉淀严重。但可在大量乙醇介质中用稀硫酸将 Ca^{2+} 沉淀成 $CaSO_4$ 而分离。此外,对一些离子采用均相沉淀法（将在下节讨论）或选用适当的有机沉淀剂,也可以减免共沉淀。

（2）降低易被吸附离子的浓度。为了降低杂质浓度,一般都是在稀溶液中进行沉淀。但对一些高价离子或含量较多的杂质,就必须加以分离或掩蔽。例如,将 SO_4^{2-} 沉淀成 $BaSO_4$ 时,溶液中若有较多的 Fe^{3+}、Al^{3+} 等离子,就必须加以分离或掩蔽。

（3）针对不同类型的沉淀,选用适当的沉淀条件（见下节）。

（4）在沉淀分离后,用适当的洗涤剂洗涤沉淀。

（5）必要时进行再沉淀（或称二次沉淀）,即将沉淀过滤、洗涤、溶解后,再进行一次沉淀。再沉淀时由于杂质浓度已大为降低,共沉淀现象随之减弱。

§7-5　沉淀的形成与沉淀的条件

为了获得纯净且易于分离和洗涤的沉淀,必须了解沉淀形成的过程和选择适当的沉淀条件。

沉淀的形成

沉淀的形成一般要经过晶核形成和晶核长大两个过程。将沉淀剂加入试液中,当形成沉淀的离子浓度的乘积超过该条件下沉淀的溶度积时,离子通过相互碰撞聚集成微小的晶核,溶液中的构晶离子向晶核表面扩散,并沉积在晶核上,晶核就逐渐长大成沉淀微粒。这种由离子形成晶核,再进一步聚集成沉淀微粒的速率称为聚集速率。在聚集的同时,构晶离子在一定晶格中定向排列的速率称为定向速率。如果聚集速率大而定向速率小,即离子很快地聚集生成沉淀微粒,却来不及进行晶格排列,则得到非晶形沉淀。反之,如果定向速率大而聚集速率小,即离子较缓慢地聚集成沉淀,有足够时间进行晶格排列,则得到晶形沉淀。

聚集速率(或称为"形成沉淀的初始速率")主要由沉淀时的条件所决定,其中最重要的条件是溶液中生成沉淀物质的过饱和度。聚集速率与溶液的相对过饱和度成正比,其经验公式表示如下:

$$v = K \frac{Q-S}{S} \tag{7-7}$$

式中,v 为形成沉淀的初始速率(聚集速率);Q 为加入沉淀剂瞬间,生成沉淀物质的浓度;S 为沉淀的溶解度;$Q-S$ 为沉淀物质的过饱和度;$(Q-S)/S$ 为相对过饱和度;K 为比例常数,它与沉淀的性质、温度、溶液中存在的其它物质等因素有关。

从式(7-7)可知,相对过饱和度越大,则聚集速率越大。若要聚集速率小,必须使相对过饱和度小,就是要求沉淀的溶解度(S)大,加入沉淀剂瞬间生成沉淀物质的浓度(Q)不太大,即可获得晶形沉淀。反之,若沉淀的溶解度很小,瞬间生成沉淀物质的浓度又很大,则将形成非晶形沉淀,甚至形成胶体。例如,在稀溶液中沉淀 $BaSO_4$,通常都能获得细晶形沉淀;若在浓溶液(如 $0.75 \sim 3 \ mol \cdot L^{-1}$)中,则形成胶状沉淀。

定向速率主要决定于沉淀物质的本性。一般极性强的盐类,如 $MgNH_4PO_4$、$BaSO_4$、CaC_2O_4 等,具有较大的定向速率,易形成晶形沉淀。氢氧化物的定向速率较小,因此其沉淀一般为非晶形的。特别是高价金属离子的氢氧化物,如 $Fe(OH)_3$、$Al(OH)_3$ 等,结合的 OH^- 越多,定向排列越困难,定向速率越小。此外,这类沉淀的溶解度极小,聚集速率很大,加入沉淀剂瞬间形成大量晶核,使水合离子来不及脱水,便带着水分子进入晶核,晶核又进一步聚集,因而一般都形成质地疏松、体积庞大、含有大量水分的非晶形或胶状沉淀。二价金属离子(如 Mg^{2+}、Zn^{2+}、Cd^{2+} 等)的氢氧化物含 OH^- 较少,如果条件适当,可能形成晶形沉淀。金属离子的硫化物一般都比其氢氧化物溶解度小,因此硫化物聚集速率很大,定向速率很小,所以二价金属离子的硫化物大多也是非晶形或胶状沉淀。

如上所述,从很浓的溶液中析出 $BaSO_4$ 时,可以得到非晶形沉淀,而从很稀的热溶液中析出 Ca^{2+}、Mg^{2+} 等二价金属离子的氢氧化物并经过放置后,也可能得到晶形沉淀。因此,沉淀的类型,不仅取决于沉淀的本质,也取决于沉淀时的条件,若适当改变沉淀条件,也可能改变沉淀的类型。

沉淀条件的选择

聚集速率和定向速率这两个速率的相对大小直接影响沉淀的类型。为了得到纯净而易于分离和洗涤的晶形沉淀,要求有较小的聚集速率,这就应选择适当

的沉淀条件。从式(7-7)可知,欲得到晶形沉淀应满足下列条件:

(1)在适当稀的溶液中进行沉淀,以降低相对过饱和度。

(2)在不断搅拌下慢慢地滴加稀的沉淀剂,以免局部相对过饱和度太大。

(3)在热溶液中进行沉淀,使溶解度略有增加,相对过饱和度降低。同时,升高温度,可减少杂质的吸附。为防止因溶解度增大而造成的溶解损失,沉淀须经冷却后才可过滤。

(4)陈化(aging)。陈化就是在沉淀定量完全后,将沉淀和母液共置一段时间。当溶液中大小晶体共存时,由于微小晶体比大晶体溶解度大,溶液对大晶体已经达到饱和,而对微小晶体尚未饱和,因而微小晶体逐渐溶解。溶解到一定程度后,溶液对小晶体达到饱和时,对大晶体已成为过饱和,于是构晶离子就在大晶体上沉积。当溶液浓度降低到对大晶体是饱和溶液时,对小晶体已不饱和,小晶体又要继续溶解。这样继续下去,小晶体逐渐消失,大晶体不断长大,最后获得颗粒大的晶体。

陈化作用还能使沉淀变得更纯净。这是因为大晶体的比表面较小,吸附杂质量少。同时,由于小晶体溶解,原来吸附、吸留或包藏的杂质,将重新溶入溶液中,从而提高了沉淀的纯度。

加热和搅拌可以增加沉淀的溶解速率和离子在溶液中的扩散速率,因此可以缩短陈化时间。

为改进沉淀结构,已研究发展了另一途径的沉淀方法——均相沉淀法(homogeneous precipitation):沉淀剂不是直接加入到溶液中,而是通过溶液中发生的化学反应,缓慢而均匀地在溶液中产生沉淀剂,从而使沉淀在整个溶液中均匀、缓缓地析出。这样可获得颗粒较粗、结构紧密、纯净而易于过滤的沉淀。

例如,为了使溶液中的 Ca^{2+} 与 $C_2O_4^{2-}$ 能形成较大的晶形沉淀,可在酸性溶液中加入草酸铵(溶液中主要存在形式是 $HC_2O_4^-$ 和 $H_2C_2O_4$),然后加入尿素,加热煮沸。尿素按下式水解:

$$OC\diagup\!\!\!\begin{array}{c} NH_2 \\[4pt] \\[4pt] NH_2 \end{array} +H_2O \xrightarrow{90\sim100\ ℃} CO_2+2NH_3$$

生成的 NH_3 中和溶液中的 H^+,溶液的酸度逐渐降低,$C_2O_4^{2-}$ 浓度不断增大,最后均匀而缓慢地析出 CaC_2O_4 沉淀。在沉淀过程中,溶液的相对过饱和度始终比较小,所以可获得大颗粒的 CaC_2O_4 沉淀。

也可以利用氧化还原反应进行均相沉淀。例如,在测定 ZrO^{2+} 时,于含有 AsO_3^{3-} 的 H_2SO_4 溶液中,加入硝酸盐 将 AsO_3^{3-} 氧化为 AsO_4^{3-},使 $(ZrO)_3(AsO_4)_2$

均匀沉淀,反应如下:

$$2AsO_3^{3-} + 3ZrO^{2+} + 2NO_3^- \xrightarrow{\quad\quad} (ZrO)_3(AsO_4)_2 \downarrow + 2NO_2^-$$

此外,还可利用酯类和其它有机化合物的水解、配合物的分解,或缓慢地合成所需的沉淀剂等方式来进行均相沉淀。

得到纯净而又易于分离的沉淀之后,还需经过过滤、洗涤、烘干或灼烧等操作,这些环节完成得好坏也同样影响分析结果的准确度,有关过滤、洗涤、烘干、灼烧等操作的原则详见相关实验教材。

重量分析中使用较多的是采用晶形沉淀形式的测定方法,纵观其全过程,包括沉淀、过滤、洗涤、烘干、灼烧和称量等诸多环节,其中对测定准确度影响最为关键的一环就是使被测组分生成纯净、颗粒大、易于分离和洗涤的沉淀。所以学习重量分析(沉淀法)的着重点应放在如何创造生成晶形沉淀的反应条件上,其余的内容都是围绕这一重点而展开的。

§7-6　重量分析的计算和应用示例

重量分析结果的计算

重量分析是根据称量形式的质量来计算待测组分的含量。

例如,测定某试样中的硫含量时,使之沉淀为 $BaSO_4$,灼烧后称量 $BaSO_4$ 沉淀,其质量为 0.555 2 g,则试样中的硫含量可计算如下:

$$m_s = m_{BaSO_4} \times \frac{M_S}{M_{BaSO_4}} = 0.555\ 2\ g \times \frac{32.07\ g \cdot mol^{-1}}{233.4\ g \cdot mol^{-1}} = 0.076\ 42\ g$$

在上例计算过程中,用到的待测组分的摩尔质量与称量形式的摩尔质量之比为一常数,通常称为化学因数(chemical factor)或换算因数。在计算化学因数时,必须给待测组分的摩尔质量和(或)称量形式的摩尔质量乘以适当系数,使分子和分母中待测元素的原子数目相等。

例 1　在镁的测定中先将 Mg^{2+} 沉淀为 $MgNH_4PO_4$,再灼烧成 $Mg_2P_2O_7$ 称量。若 $Mg_2P_2O_7$ 质量为 0.351 5 g,则镁的质量为多少?

解:每一个 $Mg_2P_2O_7$ 分子含有两个 Mg 原子,故

$$m_{Mg} = m_{Mg_2P_2O_7} \times \frac{2M_{Mg}}{M_{Mg_2P_2O_7}} = 0.351\ 5\ g \times \frac{2 \times 24.31\ g \cdot mol^{-1}}{222.6\ g \cdot mol^{-1}} = 0.076\ 77\ g$$

例2 测定磁铁矿(不纯的 Fe_3O_4)中 Fe_3O_4 含量时,将试样溶解后,将 Fe^{3+} 沉淀为 $Fe(OH)_3$,然后灼烧为 Fe_2O_3,称得 Fe_2O_3 的质量为 0.150 1 g。求 Fe_3O_4 的质量。

解:每一个 Fe_3O_4 分子含有 3 个 Fe 原子,而每一个 Fe_2O_3 分子含有 2 个 Fe 原子,所以每两个 Fe_3O_4 分子可以转化为三个 Fe_2O_3 分子。因此

$$m_{Fe_3O_4} = m_{Fe_2O_3} \times \frac{2M_{Fe_3O_4}}{3M_{Fe_2O_3}} = 0.150\ 1\ g \times \frac{2 \times 231.5\ g \cdot mol^{-1}}{3 \times 159.7\ g \cdot mol^{-1}} = 0.145\ 1\ g$$

若需计算待测组分在试样中的质量分数 w,则

$$w_{待测组分} = \frac{m_{待测组分}}{m_{试}} \times 100\% = \frac{m_{称量形式} \times F}{m_{试}} \times 100\%$$

式中,F 为待测组分在该换算中的化学因数。

例3 分析某铬矿(不纯的 Cr_2O_3)中的 Cr_2O_3 含量时,把 Cr 转变为 $BaCrO_4$ 沉淀。设称取 0.500 0 g 试样,转变为 $BaCrO_4$ 的质量为 0.253 0 g。求此矿中 Cr_2O_3 的质量分数。

解:由 $BaCrO_4$ 质量换算为 Cr_2O_3 质量的化学因数 F 为 $\dfrac{M_{Cr_2O_3}}{2 \times M_{BaCrO_4}}$,故

$$w_{Cr_2O_3} = \frac{0.253\ 0\ g}{0.500\ 0\ g} \times \frac{152.0\ g \cdot mol^{-1}}{2 \times 253.3\ g \cdot mol^{-1}} \times 100\% = 15.18\%$$

例4 分析不纯的 NaCl 和 NaBr 混合物时,称取试样 1.000 g,溶于水,加入沉淀剂 $AgNO_3$,得到 AgCl 和 AgBr 沉淀的质量为 0.526 0 g。若将此沉淀在氯气流中加热,使 AgBr 转变为 AgCl,再称其质量为 0.426 0 g。试样中 NaCl 和 NaBr 的质量分数各为多少?

解:设 NaCl 的质量为 $x(g)$,NaBr 的质量为 $y(g)$,则

$$m_{AgCl} = x \times \frac{M_{AgCl}}{M_{NaCl}}$$

$$m_{AgBr} = y \times \frac{M_{AgBr}}{M_{NaBr}}$$

$$\left(x \times \frac{M_{AgCl}}{M_{NaCl}} \right) + \left(y \times \frac{M_{AgBr}}{M_{NaBr}} \right) = 0.526\ 0\ g$$

$$\left(x \times \frac{143.3\ g \cdot mol^{-1}}{58.44\ g \cdot mol^{-1}} \right) + \left(y \times \frac{187.8\ g \cdot mol^{-1}}{102.9\ g \cdot mol^{-1}} \right) = 0.526\ 0\ g$$

$$2.452x + 1.825y = 0.526\ 0\ g \tag{1}$$

经氯气流处理后 AgCl 质量为

$$\left(x \times \frac{M_{AgCl}}{M_{NaCl}} \right) + \left(y \times \frac{M_{AgBr}}{M_{NaBr}} \times \frac{M_{AgCl}}{M_{AgBr}} \right) = 0.426\ 0\ g$$

$$\left(x \times \frac{143.3\ g \cdot mol^{-1}}{58.44\ g \cdot mol^{-1}} \right) + \left(y \times \frac{143.3\ g \cdot mol^{-1}}{102.9\ g \cdot mol^{-1}} \right) = 0.426\ 0\ g$$

$$2.452x + 1.393y = 0.4260 \text{ g} \tag{2}$$

联立(1)(2)两式可得

$$x = 0.04223 \text{ g} \qquad y = 0.23155 \text{ g}$$
$$w_{\text{NaCl}} = 4.22\% \qquad w_{\text{NaBr}} = 23.15\%$$

应 用 示 例

重量分析是一种准确、精密的分析方法。在此列举一些常用的或我国的国家标准规定的重量分析实例。

1. 硫酸根的测定

测定硫酸根时一般都用 $BaCl_2$ 将 SO_4^{2-} 沉淀成 $BaSO_4$,再灼烧,称量,但较费时。多年来,对于重量法测定 SO_4^{2-} 曾作过不少改进,力图克服其烦琐费时的缺点。

由于 $BaSO_4$ 沉淀颗粒较细,浓溶液中沉淀时可能形成胶体;$BaSO_4$ 不易被一般溶剂溶解,不能利用二次沉淀方式净化,因此沉淀作用应在稀盐酸溶液中进行。溶液中不允许有酸不溶物和易被吸附的离子(如 Fe^{3+}、NO_3^- 等)存在。对于存在的 Fe^{3+},常采用 EDTA 配位掩蔽。

为缩短分析操作时间,现有时使用玻璃砂芯坩埚抽滤 $BaSO_4$ 沉淀,经烘干后,称量,但测定的准确度比灼烧法稍差。

硫酸钡重量法测定 SO_4^{2-} 的方法应用很广。工业上铁矿中的硫和钡的含量,磷肥、萃取磷酸、水泥中的硫酸根和许多其它可溶硫酸盐的含量都可用此法测定。

2. 硅酸盐中二氧化硅的测定

硅酸盐在自然界分布很广,绝大多数硅酸盐不溶于酸,因此试样一般需用碱性熔剂熔融后,再用酸处理。此时金属元素成为离子溶于酸中,而硅酸根则大部分成胶状硅酸 $SiO_2 \cdot xH_2O$ 析出,少部分仍分散在溶液中,需经脱水才能沉淀。经典方法是用盐酸反复蒸干脱水,准确度虽高,但手续麻烦,费时。后来多采用动物胶凝聚法,即利用动物胶吸附 H^+ 而带正电荷(蛋白质中氨基酸的氨基吸附 H^+),与带负电荷的硅酸胶粒发生胶凝而析出,但必须蒸干,才能完全沉淀。近年来,有的用长碳链季铵盐,如十六烷基三甲基溴化铵(简称 CTMAB)作沉淀剂,它在溶液中成带正电荷胶粒,可以不再加盐酸蒸干,而将硅酸定量沉淀,所得沉淀疏松而易洗涤。这种方法比动物胶法优越,且可缩短分析时间。

得到的硅酸沉淀,需经高温灼烧才能完全脱水和除去带入的沉淀剂。但即使经过灼烧,一般还可能带有不挥发的杂质(如铁、铝等的化合物)。在要求较高的分析中,于灼烧、称量后,还需加氢氟酸及 H_2SO_4,再加热灼烧,使 SiO_2 成 SiF_4 挥发逸去,最后称量,由两次质量之差即可求得纯 SiO_2 的质量。

3. 其它

如丁二酮肟试剂与 Ni^{2+} 生成鲜红色沉淀,该沉淀组成恒定,经烘干后称量,可得满意的测定结果。工业上钢铁及合金中的镍即采用此法测定。

§7-7 沉淀滴定法概述

沉淀滴定法是以沉淀反应为基础的一种滴定分析方法。虽然能形成沉淀的反应很多,但并不是所有的沉淀反应都能用于滴定分析。用于沉淀滴定法的沉淀反应必须符合下列几个条件:

(1) 生成的沉淀应具有恒定的组成,而且溶解度必须很小;

(2) 沉淀反应必须迅速、定量地进行;

(3) 能够用适当的指示剂或其它方法确定滴定的终点。

由于上述条件的限制,能用于沉淀滴定法的反应不是很多。现主要使用生成难溶银盐的沉淀反应,例如:

$$Ag^+ + Cl^- =\!=\!= AgCl \downarrow$$
$$Ag^+ + SCN^- =\!=\!= AgSCN \downarrow$$

这类利用生成难溶银盐反应的测定方法称为银量法,用银量法可以测定 Cl^-、Br^-、I^-、Ag^+、CN^-、SCN^- 等离子。

在沉淀滴定法中,除了银量法外,还有利用其它沉淀反应的方法,如 $K_4[Fe(CN)_6]$ 与 Zn^{2+}、四苯硼酸钠 $[NaB(C_6H_5)_4]$ 与 K^+ 形成沉淀的反应:

$$2K_4[Fe(CN)_6] + 3Zn^{2+} =\!=\!= K_2Zn_3[Fe(CN)_6]_2 \downarrow + 6K^+$$
$$NaB(C_6H_5)_4 + K^+ =\!=\!= KB(C_6H_5)_4 \downarrow + Na^+$$

都可用于滴定分析法。

本章着重讨论银量法。银量法可分为直接法和间接法。直接法是用 $AgNO_3$ 标准溶液直接滴定被沉淀的物质。间接法是于待测定试液中先加入一定量且过量的 $AgNO_3$ 标准溶液,再用 NH_4SCN 标准溶液来滴定剩余的 $AgNO_3$ 溶液。

§7-8 银量法滴定终点的确定

沉淀滴定法中可以用指示剂确定终点,也可以用电位滴定确定终点。现以银量法为例,将几种确定滴定终点的方法介绍如下。

莫尔法——用铬酸钾作指示剂

水是人们在生产、生活中接触最多、需求量最大的物质,在天然水中几乎都含有不等数量的 Cl^-,而来自城镇自来水厂的生活饮用水中更带有消毒处理后的余氯,当饮用水中的 Cl^- 含量超过 $4.0\ g\cdot L^{-1}$ 时,将有害于人的健康,因此对水中 Cl^- 含量的监测就显得相当重要。多数情况下采用莫尔法(Mohr method)测定水中的 Cl^- 含量[①],即在含有 Cl^- 的中性溶液中,加入 K_2CrO_4 指示剂,用 $AgNO_3$ 标准溶液滴定。由于 $AgCl$ 的溶解度比 Ag_2CrO_4 小,在用 $AgNO_3$ 溶液滴定过程中,首先生成 $AgCl$ 沉淀,待 $AgCl$ 定量沉淀后,过量的一滴 $AgNO_3$ 溶液才与 K_2CrO_4 反应,并立即形成砖红色的 Ag_2CrO_4 沉淀,指示终点的到达。

显然,指示剂 K_2CrO_4 的用量对于指示终点有较大影响。CrO_4^{2-} 浓度过高或过低,沉淀的析出就会提前或推迟,因而将产生一定的终点误差。因此要求 Ag_2CrO_4 沉淀应该恰好在滴定反应化学计量点时产生,根据溶度积原理可以求出化学计量点时 $[Ag^+]=1.33\times10^{-5}\ mol\cdot L^{-1}$,而此时产生 Ag_2CrO_4 沉淀所需的 CrO_4^{2-} 浓度为 $6.33\times10^{-3}\ mol\cdot L^{-1}$。在滴定时,由于 K_2CrO_4 呈黄色,当其浓度较高时颜色较深,不易判断砖红色的 Ag_2CrO_4 沉淀的出现,因此指示剂的浓度以略低一些为好。一般滴定溶液中 CrO_4^{2-} 浓度宜控制在 $5\times10^{-3}\ mol\cdot L^{-1}$。

K_2CrO_4 浓度降低后,要使 Ag_2CrO_4 析出沉淀,必须多加一些 $AgNO_3$ 溶液。这样,滴定剂就过量了。滴定终点将在化学计量点后出现,但由此产生的终点误差一般都小于 0.1%,可以认为不影响分析结果的准确度。如果溶液较稀,如用 $0.010\ 00\ mol\cdot L^{-1}\ AgNO_3$ 溶液滴定 $0.010\ 00\ mol\cdot L^{-1}\ KCl$ 溶液,则终点误差可达 0.6% 左右,就会影响分析结果的准确度。在这种情况下,通常需要以指示剂的空白值对测定结果进行校正。

CrO_4^{2-} 与 H^+ 有如下的平衡关系:

$$2H^+ + 2CrO_4^{2-} \rightleftharpoons 2HCrO_4^- \rightleftharpoons Cr_2O_7^{2-} + H_2O$$

所以在酸性溶液中,平衡将向右移动,使 CrO_4^{2-} 浓度降低,影响 Ag_2CrO_4 沉淀的生成,当然也就影响终点的判断。

$AgNO_3$ 在强碱性溶液中则沉淀为 Ag_2O,因此莫尔法只能在中性或弱碱性 $(pH=6.5\sim10.5)$ 溶液中进行。如果试液为酸性或强碱性,可用酚酞作指示剂,以稀 $NaOH$ 溶液或稀 H_2SO_4 溶液调节至酚酞的红色刚好褪去,也可用 $NaHCO_3$、$CaCO_3$ 或 $Na_2B_4O_7$ 等预先中和,然后再滴定。

---

① 当水中含有 PO_4^{3-}、SO_3^{2-} 和 S^{2-} 时,则需采用下述的佛尔哈德法测定 Cl^-。

由于生成的 AgCl 沉淀容易吸附溶液中过量的 Cl^-，使溶液中 Cl^- 浓度降低，与之平衡的 Ag^+ 浓度增加，以致 Ag_2CrO_4 沉淀过早产生，引入误差，故滴定时必须剧烈摇动，使被吸附的 Cl^- 释出。AgBr 吸附 Br^- 比 AgCl 吸附 Cl^- 严重，滴定时更要注意剧烈摇动，否则会引入较大误差。

AgI 和 AgSCN 沉淀相应吸附 I^- 和 SCN^- 的情况更为严重，所以莫尔法不适用于测定 I^- 和 SCN^-。

能与 Ag^+ 生成沉淀的 PO_4^{3-}、AsO_3^{3-}、CO_3^{2-}、S^{2-}、$C_2O_4^{2-}$ 等阴离子，能与 CrO_4^{2-} 生成沉淀的 Ba^{2+}、Pb^{2+} 等阳离子，以及在中性或弱碱性溶液中发生水解的 Fe^{3+}、Al^{3+}、Bi^{3+}、Sn^{4+} 等离子，对测定都有干扰，应预先将其分离。

由于以上原因，莫尔法的应用受到一定限制。此外，它只能用来测定卤素，却不能用 NaCl 标准溶液直接滴定 Ag^+。这是因为在 Ag^+ 试液中加入 K_2CrO_4 指示剂，将立即生成大量的 Ag_2CrO_4 沉淀，而且 Ag_2CrO_4 沉淀转变为 AgCl 沉淀的速度甚慢，使测定无法进行。如采用莫尔法测定 Ag^+，需用返滴定的方式，即在含 Ag^+ 试液中先加入一定量且过量的 NaCl 标准溶液，再加入 K_2CrO_4 指示剂，然后用 $AgNO_3$ 标准溶液回滴过量的 Cl^-。

利用 Cl^- 与 Ag^+ 生成 AgCl 沉淀反应来测定 Cl^-，以 K_2CrO_4 作指示剂指示终点，看似很简单，但该反应过程在酸性、中性、弱碱性和强碱性的溶液中，却会有不同的结果，可见要达到预期的效果，必须选择适合的反应条件。在莫尔法中就要抓住指示剂 K_2CrO_4 的用量和溶液的 pH 两个重点，请读者在接下来的佛尔哈德法和法扬司法的学习中自己找一下应该注意什么问题。

佛尔哈德法——用铁铵矾作指示剂

佛尔哈德法（Volhard method）是在含 Ag^+ 的酸性溶液中，加入铁铵矾 $[NH_4Fe(SO_4)_2 \cdot 12H_2O]$ 指示剂，用 NH_4SCN 标准溶液直接进行滴定。滴定过程中首先生成白色的 AgSCN 沉淀。滴定到达化学计量点附近，Ag^+ 浓度迅速降低，SCN^- 浓度迅速增加，待过量的 SCN^- 与铁铵矾中的 Fe^{3+} 反应生成红色 $Fe(SCN)^{2+}$ 配离子，即指示终点的到达。

在上述滴定过程中生成的 AgSCN 沉淀要吸附溶液中的 Ag^+，使 Ag^+ 浓度降低，SCN^- 浓度增加，以致红色的最初出现会略早于化学计量点，因此滴定过程中也需剧烈摇动，以释出被吸附的 Ag^+。

此法的优点在于可以在酸性溶液中直接测定 Ag^+。

用佛尔哈德法测定卤素时采用间接法，即先加入一定量且过量的 $AgNO_3$ 标准溶液，再以铁铵矾作指示剂，用 NH_4SCN 标准溶液回滴剩余的 Ag^+。

由于 AgSCN 的溶解度小于 AgCl 的溶解度,所以用 NH₄SCN 溶液回滴剩余的 Ag⁺达化学计量点后,稍微过量的 SCN⁻可能与 AgCl 作用,使 AgCl 转化为 AgSCN:

$$AgCl + SCN^- \rightleftharpoons AgSCN\downarrow + Cl^-$$

如果剧烈摇动溶液,反应将不断向右进行,直至达到平衡。可见,到达终点时,已经多消耗了一部分 NH₄SCN 标准溶液。为了避免上述误差,通常可采用以下两种措施:

(1)试液中加入已知过量的 AgNO₃ 标准溶液之后,将溶液煮沸,使 AgCl 凝聚,以减少 AgCl 沉淀对 Ag⁺的吸附。滤去沉淀,并用稀 HNO₃ 充分洗涤沉淀,然后用 NH₄SCN 标准溶液返滴滤液中过量的 Ag⁺。显然,这一措施要用到沉淀、过滤等操作,手续烦琐、耗时。

(2)在滴加 NH₄SCN 标准溶液前加入硝基苯 1~2 mL[①],在摇动后,AgCl 沉淀进入硝基苯层中,使它不再与滴定溶液接触,即可避免发生上述 AgCl 沉淀与 SCN⁻的沉淀转化反应。

比较溶度积的数值可知,用本法测定 Br⁻和 I⁻时,不会发生上述沉淀转化反应。但在测定 I⁻时,应先加 AgNO₃,再加指示剂,以避免 I⁻对 Fe³⁺的还原作用。

由于指示剂中的 Fe³⁺在中性或碱性溶液中将水解,因此佛尔哈德法应该在 [H⁺]>0.3 mol·L⁻¹的溶液中进行。

法扬司法——用吸附指示剂

法扬司法(Fajans method)使用的吸附指示剂是一类有色的有机化合物,它被吸附在胶体微粒表面后,发生分子结构的变化,从而引起颜色的变化。

例如,用 AgNO₃ 作标准溶液测定 Cl⁻时,可用荧光黄作指示剂。荧光黄是一种有机弱酸,可用 HFI 表示。在溶液中它可解离为荧光黄阴离子 FI⁻,呈黄绿色。在化学计量点之前,溶液中存在过量 Cl⁻,AgCl 沉淀胶体微粒吸附 Cl⁻而带有负电荷,不会吸附指示剂阴离子 FI⁻,溶液仍呈 FI⁻的黄绿色;而在化学计量点后,稍过量的 AgNO₃ 标准溶液即可使 AgCl 沉淀胶体微粒吸附 Ag⁺而带正电荷,形成 AgCl·Ag⁺。这时,带正电荷的胶体微粒将吸附 FI⁻,并发生分子结构的变化,出现由黄绿变成淡红的颜色变化,指示终点的到达。

---

① 由于 AgCl 沉淀转化成 AgSCN 沉淀的反应速率较慢,又因为硝基苯毒性大,所以在某些工厂分析中,如果要求不高,可不加硝基苯而直接滴定。不过滴定速度要快,近终点时摇动不要太剧烈,使 AgCl 沉淀来不及转化。

$$\text{AgCl} \cdot \text{Ag}^+ + \text{FI}^- \xrightarrow{\text{吸附}} \text{AgCl} \cdot \text{Ag}^+ | \text{FI}^-$$

黄绿色　　　　　　　　　淡红色

为了使终点变色敏锐,使用吸附指示剂时需要注意以下几个问题:

(1)由于吸附指示剂的颜色变化发生在沉淀微粒表面,因此,应尽可能使卤化银沉淀呈胶体状态,而具有较大的表面积。为此,在滴定前应将溶液稀释,并加入糊精、淀粉等高分子化合物作为保护胶体,以防止 AgCl 沉淀凝聚。

(2)常用的吸附指示剂大多是有机弱酸,而起指示作用的是它们的阴离子。如荧光黄,其 $pK_a \approx 7$。当溶液 pH 低时,荧光黄大部分以 HFI 形式存在,不会被卤化银沉淀吸附,不能指示终点。所以用荧光黄作指示剂时,溶液的 pH 应为 $7 \sim 10$。若选用 pK_a 较小的指示剂,则可以在 pH 较低的溶液中指示终点。

(3)卤化银沉淀对光敏感,遇光易分解析出金属银,使沉淀很快转变为灰黑色,影响终点观察,因此在滴定过程中应避免强光照射。

(4)胶体微粒对指示剂离子的吸附能力,应略小于对待测离子的吸附能力,否则指示剂将在化学计量点前变色,但如果吸附能力太差,终点时变色也不敏锐。卤化银对卤素离子、SCN^- 和几种吸附指示剂的吸附能力大小顺序为

$$I^- > SCN^- > Br^- > 曙红 > Cl^- > 荧光黄$$

(5)溶液中被滴定离子的浓度不能太低,因为浓度太低时,沉淀很少,观察终点比较困难。如用荧光黄作指示剂,用 $AgNO_3$ 溶液滴定 Cl^- 时,Cl^- 浓度要求在 $0.005 \ \text{mol} \cdot \text{L}^{-1}$ 以上。但 Br^-、I^-、SCN^- 等的测定灵敏度稍高,浓度低至 $0.001 \ \text{mol} \cdot \text{L}^{-1}$ 仍可准确滴定。

吸附指示剂除用于银量法外,还可用于测定 Ba^{2+} 及 SO_4^{2-} 等。

吸附指示剂种类很多,现将常用的列于表 7-1 中。

表 7-1　常用的吸附指示剂

指示剂名称	待测离子	滴定剂	适用的 pH 范围
荧光黄	Cl^-、Br^-、I^-、SCN^-	Ag^+	$7 \sim 10$
二氯荧光黄	Cl^-、Br^-、I^-、SCN^-	Ag^+	$4 \sim 6$
溴甲酚绿	SCN^-	Ag^+	$4 \sim 5$
曙红	Br^-、I^-、SCN^-	Ag^+	$2 \sim 10$
溴酚蓝	Cl^-、SCN^-	Ag^+	$2 \sim 3$
甲基紫	SO_4^{2-}、Ag^+	Ba^{2+}、Cl^-	酸性溶液
罗丹明 6G	Ag^+	Br^-	稀 HNO_3

思考题

1. 沉淀形式和称量形式有何区别? 试举例说明。

2. 为了使沉淀定量完全,必须加入过量沉淀剂,但为什么又不能过量太多?

3. 影响沉淀溶解度的因素有哪些? 它们是怎样影响的? 在分析工作中,对于复杂的情况,应如何考虑主要影响因素?

4. 共沉淀和后沉淀对重量分析有什么不良影响? 在分析化学中什么情况下需要利用共沉淀?

5. 在测定 Ba^{2+} 时,如果 $BaSO_4$ 中有少量 $BaCl_2$ 共沉淀,测定结果将偏高还是偏低? 如有 Na_2SO_4、$Fe_2(SO_4)_3$、$BaCrO_4$ 共沉淀,它们对测定结果有何影响? 如果测定 SO_4^{2-} 时,$BaSO_4$ 中带有少量 $BaCl_2$、Na_2SO_4、$BaCrO_4$、$Fe_2(SO_4)_3$,对测定结果又分别有何影响?

6. 要获得纯净而易于分离和洗涤的晶形沉淀,需采取什么措施? 为什么?

7. 什么是均相沉淀法? 与一般沉淀法相比,它有何优点?

8. 某溶液中含 SO_4^{2-}、Mg^{2+} 两种离子,欲用重量法测定,试拟定简要方案。

9. 重量分析的一般误差来源是什么? 怎样减少这些误差?

10. 用银量法测定下列试样中 Cl^- 含量时,选用哪种指示剂指示终点较为合适?

(1) $BaCl_2$ (2) $NaCl+Na_3PO_4$

(3) $FeCl_2$ (4) $NaCl+Na_2SO_4$

11. 说明用下述方法进行测定是否会引入误差,如有误差,则指出偏高还是偏低:

(1) 移取 $NaCl+H_2SO_4$ 试液后,立刻用莫尔法测定 Cl^-;

(2) 中性溶液中用莫尔法测定 Br^-;

(3) 用莫尔法测定 $pH \approx 8$ 的 KI 溶液中的 I^-;

(4) 用莫尔法测定 Cl^-,但配制的 K_2CrO_4 指示剂溶液浓度过低;

(5) 用佛尔哈德法测定 Cl^-,但未加硝基苯。

12. 试讨论莫尔法的局限性。

13. 为了使终点颜色变化明显,使用吸附指示剂应注意哪些问题?

14. 试简要讨论重量分析和滴定分析两类化学分析方法的优缺点。

习题

1. 下列情况中有无沉淀生成?

(1) 0.001 $mol \cdot L^{-1}$ $Ca(NO_3)_2$ 溶液与 0.01 $mol \cdot L^{-1}$ NH_4HF_2 溶液以等体积混合;

(2) 0.01 $mol \cdot L^{-1}$ $MgCl_2$ 溶液与 0.1 $mol \cdot L^{-1}$ NH_3-1 $mol \cdot L^{-1}$ NH_4Cl 溶液以等体积混合。

2. 为了使 0.2032 g $(NH_4)_2SO_4$ 中的 SO_4^{2-} 沉淀完全,需要每升含 63 g $BaCl_2 \cdot 2H_2O$ 的溶液多少毫升?

3. 计算下列换算因数:

(1) 从 $Mg_2P_2O_7$ 的质量计算 $MgSO_4 \cdot 7H_2O$ 的质量;

(2) 从 $(NH_4)_3PO_4 \cdot 12MoO_3$ 的质量计算 P 和 P_2O_5 的质量;

（3）从 $Cu(C_2H_3O_2)_2 \cdot 3 Cu(AsO_2)_2$ 的质量计算 As_2O_3 和 CuO 的质量；

（4）从丁二酮肟镍 $Ni(C_4H_7N_2O_2)_2$ 的质量计算 Ni 的质量；

（5）从 8-羟基喹啉铝 $(C_9H_6NO)_3Al$ 的质量计算 Al_2O_3 的质量。

4. 以过量的 $AgNO_3$ 处理 0.345 0 g 的不纯 KCl 试样，得到 0.623 7 g $AgCl$。求该试样中 KCl 的质量分数。

5. 欲获得 0.30 g $Mg_2P_2O_7$ 沉淀，应称取含镁 4.0% 的合金试样多少克？

6. 今有纯的 CaO 和 BaO 的混合物 1.500 g，转化为混合硫酸盐后重 3.000 g。计算原混合物中 Ca 和 Ba 的质量分数。

7. 有纯的 $AgCl$ 和 $AgBr$ 混合试样 0.813 2 g，在 Cl_2 气流中加热，使 $AgBr$ 转化为 $AgCl$，则原试样的质量减轻了 0.145 0 g。计算原试样中氯的质量分数。

8. 铸铁试样 1.000 g，放置电炉中，通氧燃烧，使其中的碳生成 CO_2，用碱石棉吸收，后者质量增加了 0.082 5 g。求铸铁中含碳的质量分数。

9. 取磷肥 2.500 g，萃取其中有效 P_2O_5，制成 250 mL 试液。移取 10.00 mL 试液，加入稀 HNO_3，加 H_2O 稀释至 100 mL，加喹钼柠酮试剂，将其中的 H_3PO_4 沉淀为磷钼酸喹啉。沉淀分离后，洗涤至中性，然后加 25.00 mL 0.250 0 mol·L^{-1} $NaOH$ 溶液，使沉淀完全溶解。过量的 $NaOH$ 以酚酞作指示剂用 0.250 0 mol·L^{-1} HCl 溶液回滴，用去 3.25 mL。计算磷肥中有效 P_2O_5 的质量分数。

提示：涉及的磷钼酸喹啉的反应为

$$(C_9H_7N)_3H_3[PO_4 \cdot 12MoO_3] \cdot H_2O + 26NaOH == Na_2HPO_4 + 12Na_2MoO_4 + 3C_9H_7N + 15H_2O$$

10. 用重量法测定磷矿石中的磷含量。试样经一系列处理后，得到称量形式 $Mg_2P_2O_7$。已知试样含湿量为 0.45%，称取试样量为 0.400 0 g，得到 $Mg_2P_2O_7$ 的质量为 0.248 0 g。计算干燥试样中 P_2O_5 的质量分数。

11. 称取 0.481 7 g 硅酸盐试样，将它作适当处理后，获得 0.263 0 g 不纯的 SiO_2（主要含 Fe_2O_3、Al_2O_3 等杂质）。将不纯的 SiO_2 用 H_2SO_4-HF 处理，使 SiO_2 转化为 SiF_4 而除去。残渣经灼烧后，其质量为 0.001 3 g。计算试样中纯 SiO_2 的含量。若不经 H_2SO_4-HF 处理，杂质造成的相对误差有多大？

12. 称取 0.467 0 g 正长石试样，经熔样处理后，将其中 K^+ 沉淀为四苯硼酸钾 $K[B(C_6H_5)_4]$，烘干后，沉淀质量为 0.172 6 g。计算试样中 K_2O 的质量分数。

13. 将 30.00 mL $AgNO_3$ 溶液作用于 0.135 7 g $NaCl$，过量的银离子需用 2.50 mL NH_4SCN 滴定至终点。预先知道滴定 20.00 mL $AgNO_3$ 溶液需要 19.85 mL NH_4SCN 溶液。试计算：

（1）$AgNO_3$ 溶液的浓度；

（2）NH_4SCN 溶液的浓度。

14. 将 0.115 9 mol·L^{-1} $AgNO_3$ 溶液 30.00 mL 加入含有氯化物试样 0.225 5 g 的溶液中，然后用 3.16 mL 0.103 3 mol·L^{-1} NH_4SCN 标准溶液滴定过量的 $AgNO_3$。计算试样中氯的质量分数。

15. 仅含有纯 $NaCl$ 及纯 KCl 的试样 0.132 5 g，用 0.103 2 mol·L^{-1} $AgNO_3$ 标准溶液滴定，用去 $AgNO_3$ 溶液 21.84 mL。求试样中 $NaCl$ 及 KCl 的质量分数。

16. 已知试样中含 Cl^- 25% ~ 40%。欲使滴定时耗去 0.100 8 mol·L^{-1} $AgNO_3$ 溶液的体积为 30 mL，试求应称取的试样量范围。

17. 称取一定量的约含 52% NaCl 和 44% KCl 的试样。将试样溶于水后，加入 0.112 8 mol·L^{-1} $AgNO_3$ 溶液 30.00 mL。过量的 $AgNO_3$ 需用 10.00 mL NH_4SCN 标准溶液滴定。已知 1.00 mL NH_4SCN 标准溶液相当于 1.15 mL $AgNO_3$ 溶液。应称取试样多少克？

18. 称取含有 NaCl 和 NaBr 的试样 0.577 6 g，用重量法测定，得到二者的银盐沉淀为 0.440 3 g。另取同样质量的试样，用沉淀滴定法测定，消耗 0.107 4 mol·L^{-1} $AgNO_3$ 溶液 25.25 mL。计算试样中 NaCl 和 NaBr 的质量分数.

19. 某混合物仅含 NaCl 和 NaBr。称取该混合物 0.317 7 g，用 0.108 5 mol·L^{-1} $AgNO_3$ 溶液滴定，用去 38.76 mL。求混合物的组成。

20. 将 12.34 L 空气试样通过 H_2O_2 溶液，使其中的 SO_2 转化成 H_2SO_4，用 0.012 08 mol·L^{-1} $Ba(ClO_4)_2$ 溶液 7.68 mL 滴定至终点。计算空气试样中 SO_2 的质量和 1 L 空气试样中 SO_2 的质量。

21. 某化学家欲测量一个大水桶的容积，但手边没有可用于测量大体积液体的适当量具，他把 420 g NaCl 放入桶中，用水充满水桶，混匀溶液后，取 100.0 mL 所得溶液，以 0.093 2 mol·L^{-1} $AgNO_3$ 溶液滴定，达终点时用去 28.56 mL。该水桶的容积是多少？

22. 有一纯 KIO_x，称取 0.498 8 g，将它进行适当处理，使之还原成碘化物溶液，然后用 0.112 5 mol·L^{-1} $AgNO_3$ 溶液滴定，到终点时用去 20.72 mL。求 x 值。

23. 有一纯有机化合物 $C_4H_8SO_x$，将该化合物试样 174.4 mg 进行处理分解后，使 S 转化为 SO_4^{2-}，取其 1/10，再用 0.012 68 mol·L^{-1} $Ba(ClO_4)_2$ 溶液滴定，以吸附指示剂指示终点，达到终点时，耗去 11.45 mL。求 x 值。

24. 0.201 8 g MCl_2 试样溶于水，用 28.78 mL 0.147 3 mol·L^{-1} $AgNO_3$ 溶液滴定。试推断 M 为何种元素？

习题参考答案

第 **8** 章 电位分析法
Potentiometry

§8-1 概述

电分析化学法(electroanalytical methods)是分析化学的一个重要组成部分。它是应用电化学的基本原理和技术,研究在化学电池内发生的特定现象,利用物质的组成及含量与电池的电学量,如电导、电位、电流、电荷量等有一定的关系而建立起来的一类分析方法。

电分析化学法的特点是灵敏度、选择性和准确度都较高,被分析物质的最低量接近 10^{-12} mol 数量级。随着电子技术的发展,自动化技术、遥控技术等在电分析化学中的应用逐渐发展起来,微电极的成功研究,为在生物体内实时(real time)监控提供了可能。电分析化学在科学研究和生产控制中起着重要的作用。

根据测量的电学参数不同,电分析化学法主要分为电位分析法、电解和库仑分析法、伏安分析法、电导分析法等。本章讨论电位分析法。

电位分析法包括电位测定法和电位滴定法。电位测定法是通过测定含有待测溶液的化学电池的电动势,进而求得溶液中待测组分含量的方法。通常在待测电解质溶液中,插入两支性能不同的电极,用导线相连组成化学电池,利用电池电动势与试液中离子活度之间一定的数量关系,从而测得离子的活度,如用玻璃电极测定溶液中 H^+ 的活度 a_{H^+},用离子选择性电极测定各种阴离子或阳离子的活度等。电位滴定法是通过测量滴定过程中电池电动势的变化来确定滴定终点的滴定分析法,可用于酸碱、氧化还原等各类滴定反应终点的确定。此外,电位滴定法还可用来测定电对的条件电极电位、酸碱的解离常数、配合物的稳定常数等。

电位分析法的关键是如何准确测定电极电位值。利用电极电位值与其相应的离子活度遵守能斯特(Nernst)方程式就可达到测定离子活度的目的。

如将一金属片浸入该金属离子的水溶液中,在金属和溶液两相界面间产生了扩散双电层,产生一个电位差,称之为电极电位,其大小可用能斯特方程式描述:

$$\varphi_{M^{z+}/M} = \varphi_{M^{z+}/M}^{\ominus} + \frac{RT}{zF} \ln a_{M^{z+}} \tag{8-1}$$

式中,$a_{M^{z+}}$ 为 M^{z+} 的活度,溶液浓度很小时可用 M^{z+} 的浓度代替活度。由式(8-1)看来似乎只要测量出单支电极的电位 $\varphi_{M^{z+}/M}$,就可确定 M^{z+} 的活度了,实际上这是不可能的。在电位分析中需要用一支电极电位随待测离子活度不同而变化的电极(称为指示电极,indicator electrode)与一支电极电位与被测物无关、其数值恒定的电极(称为参比电极,reference electrode)和待测溶液组成工作电池。设电池为

$$M \mid M^{z+} \parallel 参比电极$$

习惯上把正极写在右边,负极写在左边[①],用 E 表示电池电动势(electromotive force),则

$$E = \varphi_{(+)} - \varphi_{(-)} + \varphi_L$$

式中,$\varphi_{(+)}$ 为电位较高的正极的电极电位;$\varphi_{(-)}$ 为电位较低的负极的电极电位;φ_L 为液体接界电位,其值很小,可以忽略[②],故

$$E = \varphi_{参比} - \varphi_{M^{z+}/M} = \varphi_{参比} - \varphi_{M^{z+}/M}^{\ominus} - \frac{RT}{zF} \ln a_{M^{z+}} \tag{8-2}$$

式中,$\varphi_{参比}$ 表示参比电极的电极电位。

式(8-2)中 $\varphi_{参比}$ 和 $\varphi_{M^{z+}/M}^{\ominus}$ 在温度一定时,都是常数。只要测出电池电动势 E,就可求得 $a_{M^{z+}}$,这种方法即为电位测定法。

若 M^{z+} 是被滴定的离子,在滴定过程中,电极电位 $\varphi_{M^{z+}/M}$ 将随 $a_{M^{z+}}$ 变化而变化,E 也随之不断变化。在化学计量点附近,$a_{M^{z+}}$ 将发生突变,相应的 E 也有较大的变化。通过测量 E 的变化就可以确定滴定终点,这种方法称为电位滴定法。

电位分析法中,常使用两电极(指示电极和参比电极)系统进行测量。参比电极和指示电极有很多种,下面将分别介绍。应当指出,某一电极是作为指示电极还是参比电极不是绝对的,在一定条件下可用作参比电极,在另一种情况下,又可用作指示电极。

§8-2　参比电极

参比电极是测量电池电动势、计算电极电位的基准。因此要求它的电极电位已知且恒定,在测量过程中,即使有微小电流(约 10^{-8} A 或更小)通过,仍能保持不

---

① 参比电极可作正极,也可作负极,视两个电极电位的高低而定。

② 参考 §8-3。

变,它与不同的测试溶液间的液体接界电位差异很小,数值很低(1~2 mV),可以忽略不计,并且容易制作,使用寿命长。标准氢电极(standard hydrogen electrode,简写为 SHE)是最精确的参比电极,是参比电极的一级标准,它的电位值规定在任何温度下都是 0 V。用标准氢电极与另一电极组成电池,测得的电池两极的电位差值即是另一电极的电极电位。但是标准氢电极制作麻烦,氢气的净化、压力的控制等难以满足要求,而且铂黑容易中毒,因此直接用 SHE 作参比电极很不方便,实际工作中常用的参比电极有甘汞电极、银-氯化银电极、硫酸亚汞电极等。

甘 汞 电 极

甘汞电极(calomel electrode)是金属汞和 Hg_2Cl_2 及 KCl 溶液组成的电极,如图 8-1 所示。

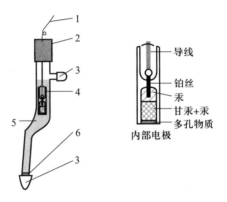

图 8-1 甘汞电极

1—导线;2—绝缘套;3—橡胶帽;4—内部电极;5—饱和 KCl 溶液;6—多孔物质

其半电池组成为

$$Hg, Hg_2Cl_2(固) \mid KCl$$

电极反应为

$$Hg_2Cl_2 + 2e^- \rightleftharpoons 2Hg + 2Cl^-$$

或电子转移反应为

$$Hg_2^{2+} + 2e^- \rightleftharpoons 2Hg$$

甘汞电极的电极电位取决于电极表面 Hg_2^{2+} 的活度 $a_{Hg_2^{2+}}$,有微溶盐 Hg_2Cl_2 存在时,$a_{Hg_2^{2+}}$ 取决于 Cl^- 的活度 a_{Cl^-}。25 ℃时,甘汞电极的电极电位为

$$\varphi = \varphi^{\ominus}_{\mathrm{Hg}_2^{2+}/\mathrm{Hg}} + \frac{0.059\ \mathrm{V}}{2}\lg a_{\mathrm{Hg}_2^{2+}}$$

而 $a_{\mathrm{Hg}_2^{2+}} = \dfrac{K_{\mathrm{ap(Hg_2Cl_2)}}}{a^2_{\mathrm{Cl^-}}}$，故

$$\varphi = \varphi^{\ominus}_{\mathrm{Hg}_2^{2+}/\mathrm{Hg}} + \frac{0.059\ \mathrm{V}}{2}\lg K_{\mathrm{ap(Hg_2Cl_2)}} - 0.059\ \mathrm{V}\ \lg a_{\mathrm{Cl^-}}$$

$$= \varphi^{\ominus}_{\mathrm{Hg_2Cl_2/Hg}} - 0.059\ \mathrm{V}\ \lg a_{\mathrm{Cl^-}} \qquad (8\text{-}3)$$

其中

$$\varphi^{\ominus}_{\mathrm{Hg_2Cl_2/Hg}} = \varphi^{\ominus}_{\mathrm{Hg}_2^{2+}/\mathrm{Hg}} + \frac{0.059\ \mathrm{V}}{2}\lg K_{\mathrm{ap(Hg_2Cl_2)}}$$

由式(8-3)可以看出,当温度一定时,甘汞电极的电极电位主要取决于 $a_{\mathrm{Cl^-}}$,当 $a_{\mathrm{Cl^-}}$ 一定时,其电极电位是个定值。25 ℃时,不同浓度 KCl 溶液的甘汞电极的电极电位如表 8-1 所示。

表 8-1　25 ℃时甘汞电极的电极电位(对 SHE)

名　　称	KCl 溶液的浓度	电极电位 φ/V
0.1 mol·L^{-1}甘汞电极	0.1 mol·L^{-1}	+0.336 5
标准甘汞电极(NCE)	1.0 mol·L^{-1}	+0.282 8
饱和甘汞电极(SCE)	饱和溶液	+0.243 8

NCE 为 normal calomel electrode 的简写;SCE 为 saturated calomel electrode 的简写。

如果温度不是 25 ℃,其电极电位值应进行校正,饱和甘汞电极在温度 t 时的电极电位为

$$\varphi = 0.243\ 8 - 7.6 \times 10^{-4}(t - 25\ ℃) \quad (\mathrm{V})$$

Ag-AgCl 电极

银丝镀上一层 AgCl,浸在一定浓度的 KCl 溶液中,即构成 Ag-AgCl 电极(silver-silver chloride electrode)。其半电池组成为

$$\mathrm{Ag},\mathrm{AgCl}_{(固)} \mid \mathrm{KCl}$$

电极反应为

$$\mathrm{AgCl} + \mathrm{e}^- \Longrightarrow \mathrm{Ag} + \mathrm{Cl}^-$$

或电子转移反应为

$$\mathrm{Ag}^+ + \mathrm{e}^- \Longrightarrow \mathrm{Ag}$$

Ag-AgCl 电极的电极电位取决于电极表面 Ag^+ 的活度 a_{Ag^+},有微溶盐 AgCl 存在时,a_{Ag^+} 取决于 Cl^- 的活度 a_{Cl^-}。25 ℃时,Ag-AgCl 电极的电极电位为

$$\varphi = \varphi_{Ag^+/Ag}^{\ominus} + 0.059 \text{ V } \lg a_{Ag^+}$$

$$= \varphi_{Ag^+/Ag}^{\ominus} + 0.059 \text{ V } \lg \frac{K_{ap(AgCl)}}{a_{Cl^-}}$$

$$= \varphi_{AgCl/Ag}^{\ominus} - 0.059 \text{ V } \lg a_{Cl^-} \tag{8-4}$$

上式中

$$\varphi_{AgCl/Ag}^{\ominus} = \varphi_{Ag^+/Ag}^{\ominus} + 0.059 \text{ V } \lg K_{ap(AgCl)}$$

25 ℃时,不同浓度 KCl 溶液的 Ag-AgCl 电极的电极电位如表 8-2 所示。

表 8-2　25 ℃时 Ag-AgCl 电极的电极电位(对 SHE)

名　　称	KCl 溶液的浓度	电极电位 φ/V
0.1 mol·L^{-1} Ag-AgCl 电极	0.1 mol·L^{-1}	+0.288 0
标准 Ag-AgCl 电极	1.0 mol·L^{-1}	+0.222 3
饱和 Ag-AgCl 电极	饱和溶液	+0.200 0

标准 Ag-AgCl 电极在温度 t 时的电极电位为

$$\varphi = 0.222\ 3 - 6 \times 10^{-4}(t - 25\ ℃) \quad (V)$$

硫酸亚汞电极

其半电池组成为

$$Hg, Hg_2SO_{4(固)} \mid SO_4^{2-}$$

电极反应为

$$Hg_2SO_4 + 2e^- \rightleftharpoons 2Hg + SO_4^{2-}$$

在 K_2SO_4 溶液中,Hg_2^{2+} 的活度大小取决于 SO_4^{2-} 的活度 $a_{SO_4^{2-}}$。当 K_2SO_4 为饱和溶液时,硫酸亚汞电极的电极电位为 0.658 V(22 ℃)。

§8-3　指示电极

电位分析中,还需要另一类性能的电极,它能快速而灵敏地对溶液中参与半反应的离子的活度或不同氧化态的离子的活度比产生能斯特响应,这类电极称

为指示电极。

常用的指示电极主要是金属电极和膜电极两大类,就其结构上的差异可以分为金属-金属离子电极、金属-金属难溶盐电极、汞电极、惰性金属电极、玻璃膜及其它膜电极等。现分别介绍如下。

金属-金属离子电极

金属-金属离子电极是由某些金属插入含有该金属离子的溶液中而组成的,称为第一类电极。这类电极只包括一个界面,金属与该金属离子在此界面上发生可逆的电子转移。其电极电位的变化能准确地反映溶液中金属离子活度的变化。例如,将金属银浸在 $AgNO_3$ 溶液中构成的电极,其电极反应为

$$Ag^+ + e^- \rightleftharpoons Ag$$

25 ℃时的电极电位为

$$\varphi_{Ag^+/Ag} = \varphi^{\ominus}_{Ag^+/Ag} + 0.059 \text{ V } lga_{Ag^+} \tag{8-5}$$

电极电位仅与 Ag^+ 活度有关,故该电极不但可用来测定银离子活度,还可用于滴定过程中因沉淀或配位等反应而引起银离子活度变化的电位滴定。

组成这类电极的金属有银、铜、汞等。某些较活泼的金属,如铁、镍、钴、钨和铬等,它们的 $\varphi^{\ominus}_{M^{z+}/M}$ 都是负值,由于易受表面结构因素和表面氧化膜等影响,其电位重现性差,不能用作指示电极。

金属-金属难溶盐电极

金属-金属难溶盐电极由金属表面带有该金属难溶盐的涂层,浸在与其难溶盐有相同阴离子的溶液中组成,也称为第二类电极。它有两个界面,如前所述甘汞电极、Ag-AgCl 电极等,其电极电位随溶液中难溶盐的阴离子活度变化而变化。

此类电极能用于测量并不直接参与电子转移的难溶盐的阴离子活度,如 Ag-AgCl 电极可用于测定 a_{Cl^-}。这类电极电位值稳定,重现性好,常用作参比电极。在电位分析中,作为指示电极使用已不多见,已逐渐为离子选择性电极所代替。

应当注意,能与金属的阳离子形成难溶盐的其它阴离子的存在,将产生干扰。

汞 电 极

汞电极是由金属汞(或汞齐丝)浸入含少量 Hg^{2+}-EDTA 配合物(约 1×10^{-6} mol·L^{-1})及被测金属离子 M^{z+} 的溶液中所组成。它属于第三类电极。其半电池组成为

$$Hg \mid HgY^{2-}, MY^{(z-4)}, M^{z+}$$

电极反应为

$$HgY^{2-} + 2e^- \Longrightarrow Hg + Y^{4-}$$

或电子转移反应为

$$Hg^{2+} + 2e^- \Longrightarrow Hg$$

25 ℃时的电极电位为

$$\varphi_{Hg^{2+}/Hg} = \varphi_{Hg^{2+}/Hg}^{\ominus} + \frac{0.059\ V}{2} \lg a_{Hg^{2+}}$$

溶液中存在的下述平衡且 $K_{HgY^{2-}} \gg K_{MY}$ 时

$$Hg^{2+} + H_2Y^{2-} \xrightarrow{K_{HgY^{2-}}} HgY^{2-} + 2H^+ \qquad [Hg^{2+}] = \frac{[HgY^{2-}][H^+]^2}{K_{HgY^{2-}}[H_2Y^{2-}]}$$

$$M^{z+} + H_2Y^{2-} \xrightarrow{K_{MY^{z-4}}} MY^{(z-4)} + 2H^+ \qquad [H_2Y^{2-}] = \frac{[MY^{(z-4)}][H^+]^2}{K_{MY^{(z-4)}}[M^{z+}]}$$

则

$$\varphi_{Hg^{2+}/Hg} = \varphi_{Hg^{2+}/Hg}^{\ominus} + \frac{0.059\ V}{2} \lg \frac{K_{MY^{(z-4)}}[HgY^{2-}][M^{z+}]}{K_{HgY^{2-}}[MY^{(z-4)}]} \qquad (8-6)$$

式中，$K_{MY^{(z-4)}}/K_{HgY^{2-}}$ 是常数；$[HgY^{2-}]$ 在用 EDTA 滴定 M^{z+} 的过程中几乎不变，因此 $\varphi_{Hg^{2+}/Hg}$ 与比值 $\dfrac{[M^{z+}]}{[MY^{(z-4)}]}$ 有关，滴定至化学计量点时，$[MY^{(z-4)}]$ 是个常数，这样式(8-6)可简化为

$$\varphi_{Hg^{2+}/Hg} = \varphi_{Hg^{2+}/Hg}^{\ominus'} + \frac{0.059\ V}{2} \lg [M^{z+}] \qquad (8-7)$$

由式(8-7)可以看出，在一定条件下，汞电极电位仅与 $[M^{z+}]$ 有关，因此可用于以 EDTA 滴定 M^{z+} 的指示电极。目前已发现汞电极能用于约 30 种金属离子的电位滴定。

汞电极适用的 pH 范围是 2~11，若溶液 pH>11，将产生 HgO 沉淀，若 pH<2，HgY^{2-} 不稳定。

属于第三类电极的还有金属与两种具有相同阴离子的难溶盐，再与第二种难溶盐的阳离子组成的电极，如

$$\mathrm{Ag, Ag_2C_2O_{4(固)}, CaC_2O_{4(固)} \mid Ca^{2+}}$$

根据活度积原理

$$a_{\mathrm{Ag^+}} = \left[\frac{K_{\mathrm{ap(Ag_2C_2O_4)}}}{a_{\mathrm{C_2O_4^{2-}}}} \right]^{\frac{1}{2}}$$

而 $a_{\mathrm{C_2O_4^{2-}}} = \dfrac{K_{\mathrm{ap(CaC_2O_4)}}}{a_{\mathrm{Ca^{2+}}}}$，故

$$a_{\mathrm{Ag^+}} = \left[\frac{K_{\mathrm{ap(Ag_2C_2O_4)}} \cdot a_{\mathrm{Ca^{2+}}}}{K_{\mathrm{ap(CaC_2O_4)}}} \right]^{\frac{1}{2}}$$

25 ℃时的电极电位为

$$\varphi = \varphi_{\mathrm{Ag^+/Ag}}^{\ominus} + 0.059 \ \mathrm{V} \ \lg a_{\mathrm{Ag^+}}$$

$$= \varphi_{\mathrm{Ag^+/Ag}}^{\ominus} + \frac{0.059 \ \mathrm{V}}{2} \lg \frac{K_{\mathrm{ap(Ag_2C_2O_4)}}}{K_{\mathrm{ap(CaC_2O_4)}}} + \frac{0.059 \ \mathrm{V}}{2} \lg a_{\mathrm{Ca^{2+}}}$$

一定条件下，式中 $\varphi_{\mathrm{Ag^+/Ag}}^{\ominus} + \dfrac{0.059 \ \mathrm{V}}{2} \lg \dfrac{K_{\mathrm{ap(Ag_2C_2O_4)}}}{K_{\mathrm{ap(CaC_2O_4)}}}$ 为常数，记作 $\varphi_{\mathrm{Ag^+/Ag}}^{\ominus'}$，故

$$\varphi = \varphi_{\mathrm{Ag^+/Ag}}^{\ominus'} + \frac{0.059 \ \mathrm{V}}{2} \lg \ a_{\mathrm{Ca^{2+}}} \tag{8-8}$$

因此，可用此电极测定 $\mathrm{Ca^{2+}}$ 的浓度。

惰性金属电极

惰性金属电极一般由惰性材料如铂、金或石墨做成片状或棒状，浸入含有均相、可逆的同一元素两种不同氧化态的离子溶液中组成，亦称为零类电极或氧化还原电极。

这类电极的电极电位与两种氧化态离子活度之比有关，电极起传递电子的作用，本身不参与氧化还原反应。如将铂片插入 $\mathrm{Fe^{3+}}$ 和 $\mathrm{Fe^{2+}}$ 的溶液中，其电极反应为

$$\mathrm{Fe^{3+} + e^- \Longleftrightarrow Fe^{2+}}$$

25 ℃时的电极电位为

$$\varphi_{\mathrm{Fe^{3+}/Fe^{2+}}} = \varphi_{\mathrm{Fe^{3+}/Fe^{2+}}}^{\ominus} + 0.059 \ \mathrm{V} \ \lg \frac{a_{\mathrm{Fe^{3+}}}}{a_{\mathrm{Fe^{2+}}}}$$

对于含强还原剂如 Cr(Ⅱ)、Ti(Ⅲ)和 V(Ⅲ)的溶液,不能使用铂电极,因为铂表面能催化这些还原剂对 H^+ 的还原作用,致使界面电极电位不反映溶液的组成变化,这种情况下可用其它电极代替铂电极。

上述零类、第一类、第二类及第三类指示电极属于金属基电极,它们的电极电位主要来源于电极表面的氧化还原反应。由于这些电极受溶液中氧化剂、还原剂等许多因素的影响,选择性不如离子选择性电极高,使用时应当注意。

目前指示电极中用得更多的是离子选择性电极,这类电极基本上属于膜电极。

离子选择性电极

离子选择性电极(ion selective electrode, ISE)是通过电极上的敏感膜对某些离子有选择性的电位响应而作为指示电极的,是一种化学传感器。它与上述金属基电极的区别在于电极薄膜并不给出或得到电子,而是选择性地让一些离子渗透,同时也包含离子交换过程。敏感膜的电位(膜电位)包括液接电位(junction potential,又称扩散电位)和膜与电解质溶液形成的内外界面的道南电位(Donnan potential)。

1. 液接电位

在两种组成不同或浓度不同的溶液接触界面上,由于溶液中正负离子扩散通过界面的迁移率不相等,将产生接界电位差。假设是浓度相同的 HCl 与 KCl 溶液相接触,如图 8-2 所示,由于 H^+ 的迁移速率比 K^+ 快,界面的右侧将积聚过量的正离子,形成双电层,在界面上产生电位差,达到平衡时,与此相应的电位差称为液体接界电位,简称液接电位。

2. 道南电位

一种选择性渗透膜,当它与溶液接触时,能选择性地让某一种或某几种离子渗透、扩散,造成膜内外界面电荷分布不均匀,产生双电层结构,形成了电位差,这种电位称为道南电位。

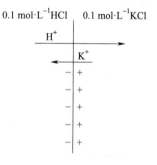

图 8-2 液接电位
产生示意图

离子选择性电极种类繁多,根据国际纯粹与应用化学联合会(IUPAC)建议,可作如下分类:

Ⅰ. 原电极
(主体电极)
晶体(膜)电极
均相膜电极:如氟电极
非均相膜电极:如氯电极
非晶体(膜)电极:如各种玻璃电极、活动载体电极

$$\text{Ⅱ. 敏化电极} \begin{cases} \text{气敏电极：如 } NH_3 \text{ 电极、} SO_2 \text{ 电极} \\ \text{酶（底物）电极：如尿素酶电极} \\ \text{其它电极：如细菌电极、生物电极、免疫电极} \end{cases}$$

　　本章着重介绍具有代表性的 pH 玻璃电极和氟离子电极。对液膜电极及敏化电极作简要介绍。

　　玻璃电极（glass electrode）　最早使用的离子选择性电极——pH 玻璃电极属于非晶体膜电极，其结构如图 8-3 所示。它的主要部分是一个玻璃泡，泡是由 SiO_2（72.2%，摩尔分数）基体中加入 Na_2O（21.4%）和少量 CaO（6.4%）经烧结而成的玻璃薄膜，膜厚 30～100 μm，泡内装有 pH 一定的 $0.1\ mol \cdot L^{-1}$ 的 HCl 作缓冲溶液（内参比溶液），其中插入一支 Ag-AgCl 电极（或甘汞电极）作为内参比电极，这样就构成了玻璃电极。

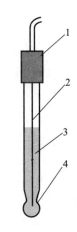

图 8-3　玻璃电极

1—绝缘套；2—Ag-AgCl 电极；

3—内部缓冲溶液；4—玻璃膜

　　玻璃电极中内参比电极的电位是恒定的，与待测溶液的 pH 无关。玻璃电极之所以能测定溶液 pH，是由于玻璃膜产生的膜电位与待测溶液 pH 有关。

　　玻璃电极在使用前必须在水中浸泡一定时间。浸泡时，由于硅酸盐结构中的 SiO_3^{2-} 离子与 H^+ 的键合力远大于与 Na^+ 的键合力（约为 10^{14} 倍），玻璃表面形成一层水合硅胶层。玻璃膜外表面的 Na^+ 与水中质子发生如下的交换反应：

$$H_{液}^+ + Na^+Gl_{固}^- \Longleftrightarrow Na_{液}^+ + H^+Gl_{固}^-$$

式中，Gl 表示玻璃膜的硅氧结构。其它二价、高价离子不能进入晶格与 Na^+ 发生交换。

　　交换达平衡后，玻璃表面几乎全由硅酸（H^+Gl^-）组成。从表面到硅胶层内部，H^+ 的数目逐渐减少，Na^+ 的数目逐渐增多。玻璃膜内表面也已发生上述过程而形成同样的水合硅胶层。图 8-4 所示为浸泡后的玻璃膜示意图。

　　当浸泡好的玻璃电极浸入待测溶液时，水合层与溶液接触，由于硅胶层表面和溶液的 H^+ 活度不同，形成活度差，H^+ 便从活度大的一方向活度小的一方迁移，并建立如下平衡：

$$H_{硅胶层}^+ \Longleftrightarrow H_{溶液}^+$$

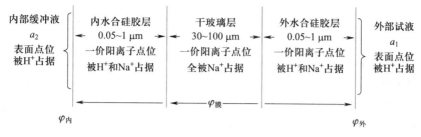

图 8-4 浸泡后的玻璃膜示意图

从而改变了胶-液两相界面的电荷分布,产生一定的相界电位(boundary potential)。同理,在玻璃膜内侧水合硅胶层-内部溶液界面间也存在相界电位。

由此可见,玻璃膜两侧相界电位的产生不是由于电子得失,而是由于离子(H^+)在溶液和硅胶层界面间进行迁移的结果。

由热力学可以证明,膜外侧水合硅胶层-试液的相界电位 $\varphi_{外}$ 和膜内侧水合硅胶层-内部溶液的相界电位 $\varphi_{内}$ 可用下式表示(25 ℃时):

$$\varphi_{外} = k_1 + 0.059 \text{ V lg} \frac{a_1}{a_1'}$$

$$\varphi_{内} = k_2 + 0.059 \text{ V lg} \frac{a_2}{a_2'}$$

式中,a_1、a_2 分别表示外部溶液和内参比溶液的 H^+ 活度;a_1'、a_2' 分别表示玻璃膜外、内侧水合硅胶层表面的 H^+ 活度;k_1、k_2 分别为由玻璃外、内膜表面性质决定的常数。

因为玻璃内外膜表面性质基本相同,所以 $k_1 = k_2$,又因内外水合硅胶层表面的 Na^+ 都被 H^+ 所代替,故 $a_1' = a_2'$,因此玻璃膜内外侧之间的电位差为

$$\varphi_{膜} = \varphi_{外} - \varphi_{内} = 0.059 \text{ V lg} \frac{a_1}{a_2} \tag{8-9}$$

由于内参比溶液 H^+ 活度 a_2 是一定值,故

$$\varphi_{膜} = K + 0.059 \text{ V lg } a_1 = K - 0.059 \text{ V pH}_{试} \tag{8-10}$$

式(8-10)说明在一定温度下玻璃电极的膜电位 $\varphi_{膜}$ 与试液的 pH 呈直线关系,式中的 K 值由每支玻璃电极本身的性质所决定。从式(8-9)可见,当 $a_1 = a_2$ 时,$\varphi_{膜}$ 应为零,但是实际并不如此,玻璃膜两侧仍存在一定的电位差,这种电位差称为不对称电位 $\varphi_{不对称}$(asymmetry potential)。它是由于薄膜内外两个表面的状况不同,如含钠量、张力以及外表面的机械和化学损伤等不同而产生的。玻璃电极

经长时间浸泡,表面形成水合硅胶层,不对称电位可以达到最小而有一稳定值(约为 1~30 mV),因此可以合并到式(8-10)K 值之中。

玻璃电极具有内参比电极,如 Ag-AgCl 电极,因此整个玻璃电极的电位,应是内参比电极电位与膜电位之和,即

$$\varphi_{玻璃} = \varphi_{AgCl/Ag} + \varphi_{膜}$$

用玻璃电极测定 pH 的优点是不受溶液中氧化剂或还原剂的影响,玻璃电极不易因杂质的作用而中毒,能在胶体溶液和有色溶液中应用。其缺点是本身具有很高的电阻,可达数百兆欧,必须辅以电子放大装置才能测定,其电阻又随温度变化,一般只能在 5~60 ℃使用。在测定酸度过高(pH<1)和碱度过高(pH>9)的溶液时,其电位响应偏离理想线性,产生 pH 测定误差。在酸度过高的溶液中,测得 pH 偏高,这种误差称为"酸差"(acid error),产生的原因尚不十分清楚,可能是由于在酸度很大的溶液中水的活度降低所引起的。在碱度过高的溶液中,由于[H⁺]太小,其它阳离子在溶液和界面间可能进行交换而使测得 pH 偏低,尤其是 Na⁺的干扰较显著,这种误差称为"碱差"(alkaline error)或"钠差"。对于造成"酸差""碱差"的原因,还有另外的解释①。现在已有一种锂玻璃电极,仅在 pH>13 时才发生碱差。此外,使用玻璃电极测定 pH 时,要求溶液的离子强度不能太大,一般不超过 3 mol·L⁻¹,否则测定误差较大。

玻璃电极不仅可用于溶液 pH 的测定,在适当改变玻璃膜的组成后,也可用于 Na⁺、Ag⁺、Li⁺、K⁺、Rb⁺、Cs⁺、Tl⁺等离子的活度的测定,见表 8-3。

表 8-3　阳离子玻璃电极的玻璃膜组成及特性

主要响应离子	玻璃膜组成(摩尔分数)/%			电位选择性系数
	Na₂O	Al₂O₃	SiO₂	
Na⁺	11	18	71	K⁺ 0.003 3(pH=7) 0.000 36(pH=11) Ag⁺ 500
K⁺	27	5	68	Na⁺ 0.05
Ag⁺	11 28.8	18 19.1	71 52.1	Na⁺ 0.001 H⁺ 1×10⁻⁵
Li⁺	Li₂O 15	25	60	Na⁺ 0.3,K⁺ 0.001

① 可参阅:程广禄.玻璃电极响应机理的研究——双电层双电容理论.化学传感器,1990(02):1-10.

晶体膜电极 晶体膜电极与玻璃电极类似,不同之处在于它是离子导电,用固态膜(如难溶盐的单晶膜、多晶膜或多种难溶盐制成的薄膜)代替玻璃膜。只有在室温下有良好导电性能的盐的晶体(固体电解质),才能用来制作电极。

按膜的制法不同,晶体膜电极可分为单晶膜电极和多晶膜电极。

1. 单晶膜电极

电极薄膜是由难溶盐的单晶薄片制成。如测氟用的氟离子选择性电极,电极膜由掺有 EuF_2(有利于导电)的 LaF_3 单晶切片而成。将膜封在硬塑料管的一端,管内一般装 $0.1\ mol \cdot L^{-1}$ NaCl 和 $0.01 \sim 0.10\ mol \cdot L^{-1}$ NaF 混合溶液作内参比溶液,以 Ag-AgCl 作内参比电极(F^-用以控制膜内表面的电位,Cl^-用以固定内参比电极的电位)。氟离子选择性电极的结构如图 8-5 所示。

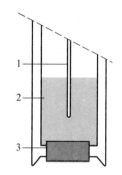

图 8-5 氟离子选择性电极
1—Ag-AgCl 内参比电极;
2—内参比溶液($0.01 \sim$
$0.10\ mol \cdot L^{-1}$ NaF+
$0.1\ mol \cdot L^{-1}$ NaCl);
3—氟化镧单晶膜

由于 LaF_3 的晶格有空穴,在晶格上的 F^- 可以移入晶格邻近的空穴而导电。当氟离子选择性电极插入含氟溶液中时,如溶液中 F^- 活度较高,则溶液中 F^- 可以扩散进入单晶的空穴。反之,单晶表面的 F^- 也可进入溶液。由此产生的膜电位与溶液中 F^- 活度的关系,当 a_{F^-} 大于 $10^{-5}\ mol \cdot L^{-1}$ 时,遵守能斯特方程式。25 ℃时

$$\varphi_{膜} = K - 0.059\ V\ \lg a_{F^-} = K + 0.059\ VpF \qquad (8-11)$$

氟离子选择性电极的选择性较高,为 F^- 量 1 000 倍的 Cl^-、Br^-、I^-、SO_4^{2-}、NO_3^- 等的存在无明显干扰,但测试溶液的 pH 需控制在 $5 \sim 7$。因为 pH 过低,F^- 部分形成 HF 或 HF_2^-,降低了 F^- 的活度;pH 过高,LaF_3 薄膜中的 F^- 与溶液中的 OH^- 发生交换,晶体表面形成 $La(OH)_3$ 而释放出 F^-,干扰测定。

此外,溶液中能与 F^- 生成稳定配合物或难溶化合物的离子(如 Al^{3+}、Fe^{3+}、Ca^{2+}、Mg^{2+} 等)也有干扰,通常可以通过加掩蔽剂来消除干扰。

2. 多晶膜电极

这类电极的薄膜是由难溶盐的沉淀粉末如 AgCl、AgBr、AgI、Ag_2S 等在高压下压制而成,其中 Ag^+ 起传递电荷的作用。膜电位由与 Ag^+ 有关的难溶盐的溶度积所控制,如卤化银电极电位遵守能斯特方程式(25 ℃时):

$$\varphi_{膜} = K + 0.059\ V\ \lg \frac{K_{sp(AgX)}}{a_{X^-}} = K' - 0.059\ V\ \lg a_{X^-} \qquad (8-12)$$

为了增加卤化银电极的导电性和机械强度,减少对光的敏感性,常在卤化银中掺入硫化银,用此法可制得对 Cl^-、Br^-、I^- 及 S^{2-} 有响应的膜电极。也可用硫化银作为基体,掺入适当的金属硫化物(如 CuS、PbS 等),制得阳离子选择性电极。

多晶膜电极测定浓度范围一般为 $10^{-1} \sim 10^{-6}$ mol·L^{-1}。

与 Ag^+ 能生成稳定配合物的阴离子(如 CN^-、$S_2O_3^{2-}$),与卤素离子及 S^{2-} 能形成沉淀或配合物的阳离子(如 Ag^+、Hg^{2+})都将干扰测定。

此外,还可用细粒的难溶盐沉淀物均匀分布在硅橡胶或其它聚合物材料上而制成电极,如 I^- 选择性电极是由 AgI 分布在硅橡胶中而制成。表 8-4 列出了部分晶体膜电极的测定活度范围及使用限制。

表 8-4 部分晶体膜电极的测定活度范围及使用限制

电极组成	测定活度范围 pM 或 pA*		使用限制
$AgBr-Ag_2S$	Br^-	$0 \sim 5.3$	不能用于强还原性溶液 S^{2-} 不能存在,CN^-、I^- 可痕量存在
$AgCl-Ag_2S$	Cl^-	$0 \sim 4.3$	S^{2-} 不能存在,CN^- 可痕量存在
$AgI-Ag_2S$	I^-	$0 \sim 7.3$	不能用于强还原性溶液 S^{2-} 不能存在
$AgI-Ag_2S$	CN^-	$2 \sim 6$	S^{2-} 不能存在,$c_{I^-} < 10c_{CN^-}$
Ag_2S	S^{2-}	$0 \sim 7$	Hg^{2+} 干扰
$AgSCN-Ag_2S$	SCN^-	$0 \sim 5$	不能用于强还原性溶液,I^- 只能痕量存在 $c_{Cl^-} < c_{SCN^-}$
LaF_3	F^-	$0 \sim 6$	OH^- 干扰($c_{OH^-} < 0.1c_{F^-}$)
卤化银或 Ag_2S	Ag^+	$0 \sim 7$	Hg^{2+} 干扰,S^{2-} 不能存在
$CdS-Ag_2S$	Cd^{2+}	$1 \sim 7$	Pb^{2+}、Fe^{3+} 量不大于 Cd^{2+} 量,Ag^+、Hg^{2+}、Cu^{2+} 干扰
$CuS-Ag_2S$	Cu^{2+}	$0 \sim 8$	Ag^+、Hg^{2+} 干扰,$c_{Fe^{3+}} < 0.1c_{Cu^{2+}}$,$Cl^-$、$Br^-$ 含量高时有干扰
$PbS-Ag_2S$	Pb^{2+}	$1 \sim 7$	Ag^+、Hg^{2+}、Cu^{2+} 不能存在 $c_{Cd^{2+}} < c_{Pb^{2+}}$,$c_{Fe^{3+}} < c_{Pb^{2+}}$

* pM、pA 表示金属离子、阴离子浓度的负对数。

流动载体电极(液膜电极)(electrode with a mobile carrier) 此类电极是用浸有某种液体离子交换剂的惰性多孔膜作电极膜制成。Ca^{2+}电极是这类电极的一个重要例子，它的构造如图 8-6 所示。电极内装有两种溶液，一种是内参比溶液($0.1 \ mol \cdot L^{-1} \ CaCl_2$ 水溶液)，其中插入内参比电极 Ag-AgCl 电极；另一种是液体离子交换剂，它是一种水不溶的非水溶液，即 $0.1 \ mol \cdot L^{-1}$ 二癸基磷酸钙的苯基磷酸二辛酯溶液，底部用多孔性膜材料如纤维素渗析管与试液隔开，这种多孔性膜是疏水性的，仅支持离子交换剂液体形成一层薄膜。它是电极的敏感膜。在薄膜两面的界面发生如下离子交换反应：

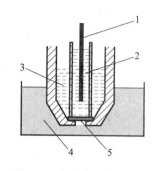

图 8-6 液膜离子敏感电极
1—内参比电极；2—内参比溶液；
3—液体离子交换剂；4—试液；
5—多孔固态膜(载有离子交换剂)

$$RCa \Longrightarrow Ca^{2+} + R^{2-}$$
有机相　　　水相　　有机相

由于水相中 Ca^{2+} 能出入于有机离子交换剂，而 Ca^{2+} 在水相(内参比溶液及试液)中的活度与有机相中的活度存在差异，因此在两相间产生相界电位，这与玻璃膜产生的电位相似。25 ℃时，Ca^{2+}电极的电极电位为

$$\varphi_{膜} = K + \frac{0.059 \ V}{2} lg a_{Ca^{2+}} \tag{8-13}$$

Ca^{2+}电极适用的 pH 范围是 5~11，测定 Ca^{2+} 的最低浓度是 $5 \times 10^{-7} \ mol \cdot L^{-1}$。

Ca^{2+} 电极属于带负电荷的流动载体电极，流动载体为磷酸二酯衍生物 $[(RO)_2 PO_2^-]$。也有带正电荷的流动载体电极，如 NO_3^- 电极，流动载体是溶于邻硝基苯十二烷醚的季铵盐。

液膜电极中还有一种中性载体膜电极，如 K^+ 电极，活动载体是大环聚醚化合物。由于 K^+ 能与 4,4'-二叔丁基二苯肼-30-冠-10 等醚类大环化合物形成配合物，用冠醚作中性载体，与 K^+ 形成沉淀，再溶于邻苯二甲酸二辛酯中，并使之分散于 PVC(聚氯乙烯)微孔薄膜中。内部溶液为 $10^{-7} \ mol \cdot L^{-1} \ KCl$，用 Ag-AgCl 电极作内参比电极，此 K^+ 电极在 pH = 4.0~11.5 范围内，测量 K^+ 的线性范围为 1~$1 \times 10^{-5} \ mol \cdot L^{-1}$，检测下限为 $10^{-6} \ mol \cdot L^{-1}$。

液膜电极的选择性在很大程度上取决于液体离子交换剂对阳离子或阴离子的离子交换选择性，一般不如固态膜电极的选择性高。部分液膜电极的特性见表 8-5。

表 8-5　部分液膜电极的特性

分析离子	浓度范围/$(mol \cdot L^{-1})$	主要干扰物
Ca^{2+}	$1 \sim 5 \times 10^{-7}$	Pb^{2+}、Fe^{2+}、Ni^{2+}、Hg^{2+}、Sr^{2+}
Cl^-	$1 \sim 5 \times 10^{-6}$	I^-、OH^-、SO_4^{2-}
NO_3^-	$1 \sim 7 \times 10^{-6}$	ClO_4^-、I^-、ClO_3^-、CN^-、Br^-
ClO_4^-	$1 \sim 7 \times 10^{-6}$	I^-、ClO_3^-、CN^-、Br^-
K^+	$1 \sim 1 \times 10^{-6}$	CS^+、NH_4^+、Tl^+
硬水($Ca^{2+} + Mg^{2+}$)	$1 \sim 6 \times 10^{-6}$	Cu^{2+}、Zn^{2+}、Ni^{2+}、Sr^{2+}、Fe^{2+}、Ba^{2+}

敏化电极　敏化电极根据 IUPAC 推荐的定义为：在主体电极上覆盖一层膜或一层物质，使电极性能提高或改变其选择性，包括气敏电极、酶电极、细菌电极和生物电极等。

气敏电极是对某些气体敏感的电极，在主体电极敏感膜上覆盖一层透气膜，属于覆膜电极，例如，氨电极是由 pH 平头玻璃膜电极的敏感膜外加一透气膜组成的，如图 8-7 所示。透气膜具有疏水性。在玻璃膜与透气膜之间充有一层中介液($0.1 \ mol \cdot L^{-1} \ NH_4Cl$ 溶液)膜。当氨电极浸入强碱性试液中时，试液中的 NH_4^+ 生成气体氨分子($NH_4^+ + OH^- \rightleftharpoons NH_3 + H_2O$)穿过透气膜，进入中介液，发生反应($NH_3 + H_2O \rightleftharpoons NH_4^+ + OH^-$)而使中介液的 pH 发生变化，此变化值由 pH 玻璃电极测出。由式(8-11)可知 25 ℃时

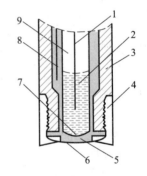

图 8-7　隔膜式气敏氨电极

1—内参比电极；2—内参比溶液；
3—电极管；4—电极头；5—中介液；
6—透气膜；7—离子电极的敏感膜；
8—参比电极；9—pH 玻璃电极

$$\varphi_{膜} = K + 0.059 \ V \ lg a_{H^+}$$

$$a_{H^+} = K_a \frac{a_{NH_4^+}}{a_{NH_3}}$$

由于中介液中有大量 NH_4^+ 存在，$a_{NH_4^+}$ 可视为不变，故

$$\varphi_{膜} = K' - 0.059 \ V \ lg a_{NH_3}$$

用此关系式可测定试液中微量铵，测定范围为 $1 \sim 10^{-6} \ mol \cdot L^{-1}$。

此外还有 CO_2、SO_2、NO_2、H_2S、HCN 等气敏电极，其性能见表 8-6。

酶电极是在主体电极上覆盖一层酶，利用酶的界面催化作用，将被测物转变为适宜于电极测定的物质。如把脲酶固定在氨电极上制成的脲酶电极可以检测血浆和血清中 $0.05 \sim 5 \ mmol \cdot L^{-1}$ 的尿素，反应为

$$CO(NH_2)_2 + H_2O \xrightarrow{\text{脲酶}} 2NH_3 + CO_2$$

产生的 NH_3 由氨电极测定其浓度。

表 8-6　气敏电极及其性能

电极	指示电极	透气膜	内充液	平衡式	检测下限 mol·L⁻¹
NH_3	pH 玻璃电极	0.1 mm 微孔聚四氟乙烯	0.01 mol·L⁻¹ NH_4Cl	$NH_3 + H_2O \rightleftharpoons NH_4^+ + OH^-$	~10^{-6}
CO_2	同上	微孔聚四氟乙烯	0.01 mol·L⁻¹ $NaHCO_3$	$CO_2 + H_2O \rightleftharpoons H^+ + HCO_3^-$	~10^{-5}
	同上	硅橡胶	0.01 mol·L⁻¹ $NaCl$	$CO_2 + H_2O \rightleftharpoons H^+ + HCO_3^-$	~10^{-5}
SO_2	同上	0.025 mm 硅橡胶	0.01 mol·L⁻¹ $NaHSO_3$	$SO_2 + H_2O \rightleftharpoons HSO_3^- + H^+$	~10^{-6}
NO_2	同上	0.025 mm 微孔聚丙烯	0.02 mol·L⁻¹ $NaNO_2$	$2NO_2 + H_2O \rightleftharpoons 2H^+ + NO_2^- + NO_3^-$	~10^{-7}
H_2S	硫离子电极 Ag_2S	微孔聚四氟乙烯	柠檬酸缓冲液(pH=5)	$S^{2-} + H_2O \rightleftharpoons HS^- + OH^-$	~10^{-3}
HCN	同上	同上	0.01 mol·L⁻¹ $KAg(CN)_2$	$HCN \rightleftharpoons H^+ + CN^-$ $Ag^+ + 2CN^- \rightleftharpoons Ag(CN)_2^-$	~10^{-7}

　　有文献[①]报道,利用乙酰胆碱酯酶对有机磷农药的高度敏感性和特异性响应,设计出一种可监测马拉硫磷的酶传感器。该法利用乙酰胆碱酯酶促进乙酰胆碱及其衍生物的水解产生乙酸,引起体系 pH(电位值)变化,而有机磷农药可抑制乙酰胆碱酯酶的活性而影响体系电位,在一定范围内,有机磷农药的浓度与电位变化值有关。用 pH 电极或离子敏感场效应晶体管可测定体系中微小的电位变化,从而计算出试样中有机磷农药的浓度,检出限达 0.05 μg·L⁻¹。

---

　　① 孟范平,何东海,朱小山,等.利用流动注射型乙酰胆碱酯酶传感器监测海水中马拉硫磷.分析化学,2005,33(7):922-926.

利用葡萄糖氧化酶,能从多种糖混合液中选择性地氧化葡萄糖并消耗一定的氧,而酶膜附近氧的减少量与葡萄糖浓度有关,据此原理,制成了葡萄糖酶电极。

主体电极除选用 pH 电极外,还有基底材料选用石墨、玻碳、贵金属等利用化学或物理方法(如键合、聚合、吸附等)将某些性能优良的分子、离子、聚合物固定在电极表面,从而改善电极性质,在电极上进行某些选择性反应。人们把这类电极称之为化学修饰电极(chemical modified electrode)。如玻碳电极修饰8-羟基喹啉后,可用于 Tl^+ 的测定,将 L-氨基酸氧化酶共价键合在玻碳电极表面形成化学修饰酶电极,对 L-苯基丙氨酸、L-蛋氨酸在 $10^{-2} \sim 10^{-5}$ mol·L^{-1} 范围内,电位响应呈线性关系。

酶的反应具有专一性,但酶易失活,且酶的纯化及酶电极的制作目前有一定困难,因此酶电极的应用受到一定的限制,有待进一步研究开发和提高。

细菌电极也称微生物电极,是把某种细菌的悬浮体放在主体电极和透气膜之间制成。例如,粪链球菌具有高的 L-精氨酸脱氨酶活性,将此菌层固定于带有渗析膜的氨电极顶端,制成精氨酸细菌电极。测定时精氨酸在粪链球菌作用下释放出 NH_3,通过测定 NH_3 的浓度,可对 $5 \times 10^{-5} \sim 5 \times 10^{-3}$ mol·L^{-1} 范围内的 L-精氨酸定量,电极寿命 40 天。另外细菌电极在工业上已用于生物需氧量(BOD)、乙酸、甲醇、谷氨酸等的测定。

生物电极是把动物或植物组织覆盖于主体电极上构成的。如用猪肾切片贴在氨电极表面制成的生物电极可测谷氨酰胺含量。用刀豆浆涂在氨电极表面制成的生物电极可测尿素含量。这种利用动植物组织细胞中含有的大量酶作为生物膜催化材料所构成的组织电极,制作简便经济。其中生物膜的固定技术是电极制作的关键,它决定了电极的使用寿命,对电极性能也有很大影响。

离子敏感场效应晶体管(ISFET)是一种微电子化学敏感元件,它是离子选择性电极制造工艺与半导体微电子制造技术相结合的产物。许多离子选择性电极敏感膜如晶体膜、PVC 膜和酶膜等都可用来制作 ISFET 膜。ISFET 是全固态器件,体积小,易于微型化,已在生物医学、环境、食品工业方面得到应用[①]。

离子选择性电极的膜电位及其选择性的估量　虽然离子选择性电极种类繁多,但它们用于电位分析主要都是利用其膜电位与待测离子活度之间有定量的关系。一般来说,对阳离子有响应的电极,其膜电位应为

$$\varphi_{膜} = K + \frac{2.303RT}{zF} \lg a_{阳离子} \qquad (8-14)$$

---

① 邓建斌,李永利,高鸿.离子敏感场效应晶体管及其应用.分析化学,1995,23(7):842-849.

对阴离子有响应的电极,其膜电位应为

$$\varphi_{膜} = K - \frac{2.303RT}{zF} \lg a_{阴离子} \qquad (8-15)$$

不同电极的 K 值不相同,它与薄膜及内部溶液有关。式(8-14)和式(8-15)说明离子选择性电极在其工作范围内,膜电位应符合能斯特方程式,与待测离子活度的对数值呈线性关系,这是应用离子选择性电极测定离子活度的基础。

应当指出,离子选择性电极不仅对待测离子有响应,有时对共存的其它离子也能产生膜电位。如测 pH 用的玻璃电极,除对 H^+ 响应外,对 Na^+ 也能产生响应,只是程度不同而已。考虑了 Na^+ 影响的 pH 玻璃电极的膜电位方程式为

$$\varphi_{膜} = K + 0.059 \text{ V} \lg(a_{H^+} + a_{Na^+} K_{H^+, Na^+}) \qquad (8-16)$$

对一般离子选择性电极,若第 i 种待测离子电荷为 z_i,第 j 种离子干扰,电荷为 z_j,则考虑了干扰离子的影响后,膜电位的一般式为

$$\varphi_{膜} = K \pm \frac{0.059 \text{ V}}{z} \lg[a_i + K_{ij}(a_j)^{z_i/z_j}] \qquad (8-17)$$

对阳离子响应的电极,K 后一项取正值,对阴离子响应的电极,K 后一项取负值。式中,K_{ij} 称为电位选择性系数(selectivity coefficient)。通常 $K_{ij} < 1$,其意义为在实验条件相同时,产生相同电位的待测离子活度 a_i 与干扰离子活度 a_j 的比值 a_i/a_j,例如 $K_{ij} = 0.01$,就意味着 a_j 等于 a_i 的 100 倍时,j 离子所提供的膜电位才与 i 离子所提供的膜电位相等,即电极对 i 离子的响应值等于对相同浓度的 j 离子的响应值的 100 倍。显然,对任何离子选择性电极要求 K_{ij} 愈小愈好。K_{ij} 愈小,表示电极选择性愈高。例如,能测高 pH 的玻璃电极,K_{H^+, Na^+} 可达 10^{-15}。

对选择性的估量也有用选择比表示的,即在同样实验条件下,能产生相同电位的干扰离子活度 a_j 与被测离子活度 a_i 的比值 a_j/a_i,其值为 K_{ij} 的倒数。

应当指出的是,K_{ij} 值除了取决于 i 离子和 j 离子的性质外,还和实验条件及测定方法有关,因此不能直接利用 K_{ij} 文献值作干扰校正,但用它可以判断杂质离子对欲测离子的干扰程度,对拟定分析方法时有重要参考价值。

利用 K_{ij} 可以估算某种干扰离子在测定中所造成的误差,判断某种干扰离子存在下测定方法是否可行。

例 有一 NO_3^- 离子选择性电极,对 SO_4^{2-} 的电位选择性系数 $K_{NO_3^-, SO_4^{2-}} = 4.1 \times 10^{-5}$。用此电极在 1.0 mol·L^{-1} H_2SO_4 介质中测定 NO_3^-,测得 $a_{NO_3^-}$ 为 $8.2 \times 10^{-4} \text{ mol·L}^{-1}$。$SO_4^{2-}$ 引起的测量误差约是多少?

解：
$$测量误差 = \frac{K_{ij} \times (a_j)^{z_i/z_j}}{a_i} \times 100\%$$

$$= \frac{4.1 \times 10^{-5} \times (1.0)^{\frac{1}{2}}}{8.2 \times 10^{-4}} \times 100\% = 5.0\%$$

即 SO_4^{2-} 引起的测量误差约为 5.0%。

离子选择性电极的测定线性范围及检出限 使用离子选择性电极检测离子活度（或浓度）时，常作标准曲线，如图 8-9，直线部分 AB 段对应的活度（或浓度）范围称为离子选择性电极的线性范围。

根据 IUPAC 的建议，检出限指对某一特定的分析方法，在一定的置信水平下，其测量信号等于空白信号（或噪声）的标准偏差的 2~3 倍时其对应的浓度，表示为

$$q_1 = \frac{(2 \sim 3)s}{b}$$

式中，q_1 为检出限，单位可为 $\mu g \cdot mL^{-1}$、$\mu g \cdot g^{-1}$ 等；s 为标准偏差；b 为方法的灵敏度。一般取 10 次以上的空白信号或噪声计算 s 值。

电极的检测下限受一些因素如实验条件、溶液的组成、电极的预处理情况等的影响会发生变化，实验时应特别注意。

此外，对离子选择性电极的响应时间（即参比电极与离子电极接触试液起直到电极电位值达到稳定值的 95% 或电位值波动在 1 mV 以内所需的时间）、电极的内阻、不对称电位以及温度系数和等电位点等特性，在选择或使用离子电极时都应注意。

§8-4 电位测定法

电位测定法也称直接电位测定法（direct potentiometric measurements），应用最多的是 pH 的电位测定及用离子选择性电极测定离子活度。

pH 的电位测定

1. pH 的定义及测定基本原理

最初，pH 的定义为 $pH = -lg[H^+]$。随着电化学理论的发展，发现影响化学反应的是离子的活度，用电位法测得的实际上是 H^+ 的活度而不是浓度，因此 pH 被重新定义为 $pH = -lg a_{H^+}$。

测定溶液的 pH 常用玻璃电极作指示电极,甘汞电极作参比电极,与待测溶液组成工作电池,如图 8-8(a)所示。现在的商品 pH 计更多的是使用复合 pH 玻璃电极[图 8-8(b)]来测定溶液的 pH。它是将 pH 玻璃电极和外参比电极集为一体,外参比电极通过多孔陶瓷塞与未知 pH 的待测液相接触,构成一个化学电池而实现 pH 的测定,使用起来方便、快捷。

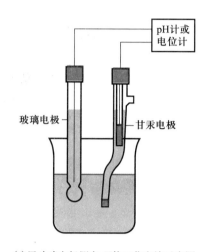

(a)用玻璃电极测定pH的工作电池示意图

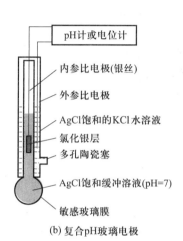

(b) 复合pH玻璃电极

图 8-8

使用 pH 玻璃电极-甘汞电极构成电池时,电池可用下式表示:

$$Ag, AgCl \mid HCl \mid 玻璃 \mid 试液 \parallel KCl(饱和) \mid Hg_2Cl_2, Hg$$

$$\underbrace{\qquad \varphi_{膜} \qquad \varphi_{L} \qquad}$$

$$\underbrace{\qquad 玻璃电极 \qquad}\quad \underbrace{\qquad 甘汞电极 \qquad}$$

$$\varphi_{玻璃} = \varphi_{AgCl/Ag} + \varphi_{膜} \qquad \varphi_{L} + \varphi_{Hg_2Cl_2/Hg}$$

φ_L 是液体接界电位[①],上述电池的电动势为

$$E = \varphi_{Hg_2Cl_2/Hg} - \varphi_{玻璃} + \varphi_{L}$$
$$= \varphi_{Hg_2Cl_2/Hg} - \varphi_{AgCl/Ag} - \varphi_{膜} + \varphi_{L} \tag{8-18}$$

由式(8-10)知

$$\varphi_{膜} = K - 0.059 \text{ V pH}_{试}$$

---

① 在实际测试中,由于使用了盐桥,使液体接界电位减到很小,一般为 1~2 mV,在电动势计算中可以忽略。

代入式(8-18)得

$$E = \varphi_{Hg_2Cl_2/Hg} - \varphi_{AgCl/Ag} - K + 0.059 \text{ V pH}_{试} + \varphi_L \qquad (8-19)$$

式(8-19)中，$\varphi_{Hg_2Cl_2/Hg}$、$\varphi_{AgCl/Ag}$、φ_L 和 K 在一定条件下都是常数，将其合并为常数 K'，于是上式可表示为

$$E = K' + 0.059 \text{ V pH}_{试} \qquad (8-20)$$

由式(8-20)可知，待测电池的电动势与试液的 pH 呈直线关系。若能求出 E 和 K' 的值，就可求出试液的 pH。E 值可以通过测量得到，K' 值除包括内、外参比电极的电极电位等常数外，还包括难以测量和计算的 $\varphi_{不对称}$ 和 φ_L。因此在实际工作中，不可能用式(8-20)直接计算 pH，而是用一 pH 已经确定的标准缓冲溶液作为基准，比较包含待测溶液和包含标准缓冲溶液的两个工作电池的电动势来确定待测溶液的 pH。

(1) pH 的实用定义　设有两种溶液 x 和 s，其中 x 代表试液，s 代表 pH 已经确定的标准缓冲溶液。测量两种溶液 pH 的工作电池的电动势 E 分别为

对 H^+ 可逆的电极 | 标准缓冲溶液 s 或试液 x ‖ 参比电极

$$E_x = K'_x + \frac{2.303RT}{F} \text{pH}_x \qquad (8-21)$$

$$E_s = K'_s + \frac{2.303RT}{F} \text{pH}_s \qquad (8-22)$$

式中，pH_x 为试液的 pH；pH_s 为标准缓冲溶液的 pH。若测量 E_x 和 E_s 时的条件不变，假定 $K'_x = K'_s$，于是上列两式相减可得

$$\text{pH}_x = \text{pH}_s + \frac{E_x - E_s}{2.303RT/F}① \qquad (8-23)$$

上式中 pH_s 为已确定的数值，通过测量 E_x 和 E_s 的值就可得出 pH_x。也就是说，以标准缓冲溶液的 pH_s 为基准，通过比较 E_x 和 E_s 的值而求出 pH_x，这就是按实际操作方式对水溶液的 pH 所给的实用定义(或工作定义)(operational definition of pH)。

由式(8-23)还可以看出，E_x 和 E_s 的差值和 pH_x 与 pH_s 的差值呈直线关系，直线的斜率 $2.303RT/F$ 是温度的函数。要了解 pH 计的工作原理必须注意这一关系。

---

① IUPAC 已建议将此式作为 pH 的实用定义，通常也称为 pH 标度。

式(8-23)是在假定 $K'_x = K'_s$ 的条件下得出的。在实验过程中某些因素的改变会使 K' 值发生变化而带来误差。例如,液体接界电位 φ_L 可能随试液 pH 或成分的改变而改变,不对称电位可能随时间而变化,温度的变化也可能使各个电位值发生变化等。为了尽量减小误差,应该选用 pH 与待测溶液 pH 相近的标准缓冲溶液,在实验过程中应尽可能使溶液的温度保持恒定。

（2）pH 测定用的标准缓冲溶液　因为标准缓冲溶液是 pH 测定的基准,所以标准缓冲溶液的配制及其 pH 的确定是非常重要的。一些国家的标准计量部门通过长期的工作,采用尽可能完善的方法确定了若干种标准缓冲溶液的 pH。美国国家标准局采用下列电池对标准缓冲溶液精细测定,得到相应的 pH:

$$Pt \mid H_2(100\ kPa) \mid H^+ 待测液, Cl^- \mid AgCl, Ag$$

$$E_{电池} = \varphi^{\ominus}_{AgCl/Ag} - \frac{R'T}{F}\lg a_{H^+} - \frac{R'T}{F}\lg [Cl^-]\gamma_{Cl^-}$$

式中 $R' = 2.303R$。在待测液中,加入不同浓度的 Cl^-,分别进行测试,然后把数据外推至 Cl^- 浓度为 0,并对 Cl^- 的活度系数 γ_{Cl^-} 用 Debye-Hückel 公式计算,对结果进行校正。

我国有关部门发布了六种 pH 标准缓冲溶液及其在 0~95 ℃ 的 pH_s,表 8-7 列出该六种缓冲溶液于 0~60 ℃ 的 pH_s。

表 8-7　pH 标准缓冲溶液的 pH_s

温度 $t/℃$	0.05 mol·kg⁻¹ 四草酸氢钾	25℃ 饱和 酒石酸 氢钾	0.05 mol·kg⁻¹ 邻苯 二甲酸氢钾	0.025 mol·kg⁻¹ 磷酸二氢钾 0.025 mol·kg⁻¹ 磷酸氢二钠	0.01 mol·kg⁻¹ 硼砂	25℃ 饱和 Ca(OH)₂
0	1.668		4.006	6.981	9.458	13.416
5	1.669		3.999	6.949	9.391	13.210
10	1.671		3.996	6.921	9.330	13.011
15	1.673		3.996	6.898	9.276	12.820
20	1.676		3.998	6.879	9.226	12.637
25	1.680	3.559	4.003	6.864	9.182	12.460
30	1.684	3.551	4.010	6.852	9.142	12.292
35	1.688	3.547	4.019	6.844	9.105	12.130
40	1.694	3.547	4.029	6.838	9.072	11.975
50	1.706	3.555	4.055	6.833	9.015	11.697
60	1.721	3.573	4.087	6.837	8.968	11.426

2. 测定 pH 的仪器——酸度计

酸度计(或称 pH 计)是根据 pH 的实用定义而设计的测定 pH 的仪器,它由电极和电位计两部分组成。电极与试液组成工作电池,电池的电动势用电位计测量。按照测量电池电动势的方式不同,酸度计可分为直读式和补偿式两种类型。近年来投产的一些仪器,如智能型酸度计,pH 测量范围为 $-2.000 \sim 19.999$,mV 测量范围为 $-1999 \sim +1999$,解析度为 0.001 pH,pH 准确度为 ± 0.005。测量配记录仪或与计算机联用,还可配各种离子选择性电极进行离子浓度的测定。仪器使用方法可参阅相关说明书。

离子活(浓)度的测定

1. 测定离子活(浓)度的基本原理

与用 pH 指示电极测定溶液 pH 类似,用离子选择性电极测定离子活度时是把离子选择性电极与参比电极浸入待测溶液组成电池,并测量其电动势。例如,使用氟离子选择性电极测定 F^- 活(浓)度时组成如下的电池:

$$\text{Hg}, \text{Hg}_2\text{Cl}_2 \,|\, \text{KCl(饱和)} \,\|\, 试液 \,|\, \text{LaF}_3 \,|\, \text{NaF}, \text{NaCl} \,|\, \text{AgCl}, \text{Ag}$$

$$\overset{\longleftarrow\text{甘汞电极}\longrightarrow}{} \quad \overset{|\varphi\ 膜|\longleftarrow\text{氟离子电极}\longrightarrow}{}$$

若忽略液接电位,则电池电动势

$$E = (\varphi_{\text{AgCl/Ag}} + \underset{氟离子电极}{\varphi_{膜}}) - \varphi_{\text{Hg}_2\text{Cl}_2/\text{Hg}} \qquad (8\text{-}24)$$

由式(8-11)可知

$$\varphi_{膜} = K - 0.059 \text{ V} \lg a_{\text{F}^-}$$

代入式(8-24)得

$$E = \underbrace{\varphi_{\text{AgCl/Ag}} + K - \varphi_{\text{Hg}_2\text{Cl}_2/\text{Hg}}}_{K'} - 0.059 \text{ V} \lg a_{\text{F}^-}$$

$$= K' - 0.059 \text{ V} \lg a_{\text{F}^-} \qquad (8\text{-}25)$$

式中,K' 为一常数。

对于各种离子选择性电极,可以得出如下一般公式:

$$E = K' \pm \frac{2.303 RT}{zF} \lg a \qquad (8\text{-}26)$$

当离子选择性电极作正极时,对阳离子响应的电极,K' 后面一项取正值,对阴离子响应的电极,K' 后面一项取负值;当离子选择性电极作负极时,K' 后面一项数值正好相反。K' 的数值取决于薄膜、内参比溶液及内外参比电极的电极电位等。

式(8-26)说明工作电池的电动势在一定条件下与待测离子的活度的对数值呈直线关系,通过测量电动势可以测定待测离子的活(浓)度。

利用式(8-26),与测定溶液 pH 的办法一样,可利用已知离子活度的标准溶液为基准,比较包含待测试液和包含标准溶液的两个工作电池的电动势来确定待测试液的离子活度。但是目前除了 IUPAC 建议用于校正 Cl^-、Na^+、Ca^{2+}、F^- 离子电极用的标准参比溶液 NaCl、KF、$CaCl_2$ 外,其它的离子选择性电极校正用标准溶液尚未见报道。因此,逐步建立与使用离子活度标准无疑是今后工作的一个方向。目前常用已知离子浓度的标准溶液进行待测试液离子浓度的测定。

2. 测定离子活度的方法

（1）标准曲线法　将指示电极和参比电极插入一系列含有不同浓度的待测离子的标准溶液中,并在其中加入一定的惰性电解质（称为总离子强度调节缓冲液,TISAB[1]）,测定所组成的各个电池的电动势,并绘制 $E_{电池}$-lg c_i 或 $E_{电池}$-pM 关系曲线,如图 8-9 所示。在一定浓度范围内,关系曲线是一条直线。然后在待测试液中也加入同样的 TISAB 溶液,并用同一对电极测定其电动势 E_x,再从标准曲线上查出相应的 c_x。

应当注意,离子选择性电极的膜电位依赖于离子活度（而不是浓度）:

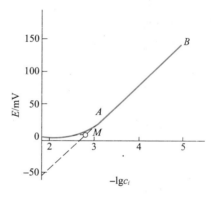

图 8-9　标准曲线

$$\varphi_{膜} = K + \frac{2.303RT}{zF} \lg a_i \text{（阳离子）}$$

只有当离子活度系数固定不变时,膜电位才与浓度的对数值呈直线关系:

$$\varphi_{膜} = K + \frac{2.303RT}{zF} \lg(\gamma_i c_i)$$

$$= K' + \frac{2.303RT}{zF} \lg c_i \tag{8-27}$$

式中,K' 为在一定的离子强度下新的常数;γ 为离子的活度系数。

---

① TISAB 是 total ionic strength adjustment buffer 的英文缩写。通常由惰性电解质,金属配位剂（作掩蔽剂）及 pH 缓冲剂组成。

所以,必须把离子强度较大的溶液加到标准溶液和试液中,使溶液的离子强度固定,从而使离子活度系数不变。而且对试液和标准溶液的测定应尽可能在相同的条件下进行,K' 值保持基本一致,才可以用标准曲线法来测定离子的浓度。测定 F^- 时,常用的 TISAB 组成为 $NaCl(1 \ mol \cdot L^{-1})$、$HOAc(0.25 \ mol \cdot L^{-1})$、$NaOAc(0.75 \ mol \cdot L^{-1})$ 及柠檬酸钠$(0.001 \ mol \cdot L^{-1})$,它可以维持溶液有较大而稳定的离子强度$(1.75 \ mol \cdot L^{-1})$和适宜的 pH(约为 5.0),其中的柠檬酸钠用以掩蔽 Fe^{3+}、Al^{3+},避免它们对测定 F^- 的干扰。

本法所得标准曲线不如分光光度法的标准曲线稳定,这与 K 值易受温度、搅拌速度及液接电位等影响有关,这些影响常表现为标准曲线发生平移,实际工作时,每次可检查标准曲线上的 1~2 点,再通过 1~2 点作标准曲线的平行线,供分析试液使用。

(2)标准加入法 不难理解,上述方法只能用来测定游离离子的活(浓)度。若试样为金属离子溶液,离子强度比较大,且溶液中存在配位剂,要测定金属离子总浓度(包括游离的和配位的),则可采用标准加入法。

设某一试液待测离子浓度为 c_x,体积为 V_0,测得工作电池电动势为 E_1,E_1 与 c_x 符合如下关系:

$$E_1 = K' + \frac{2.303RT}{zF} \lg \ (x_1 \gamma_1 c_x) \tag{8-28}$$

式中,γ_1 为活度系数;x_1 为游离(即未配位的)离子的分数。

然后,在试液中准确加入一小体积 V_s(约为试液体积的 1/100)的待测离子的标准溶液(浓度为 c_s,此处 c_s 约为 c_x 的 100 倍)[①],测得工作电池电动势为 E_2,于是

$$E_2 = K' + \frac{2.303RT}{zF} \lg(x_2 \gamma_2 c_x + x_2 \gamma_2 \Delta c) \tag{8-29}$$

这里 Δc 是加入标准溶液后试样浓度的增加量:

$$\Delta c = \frac{V_s c_s}{V_0}$$

式(8-29)中,γ_2 和 x_2 分别为加入标准溶液后的活度系数和游离离子的分数。由于 $V_s \ll V_0$,试液的活度系数可认为实际上保持恒定,即 $\gamma_1 \approx \gamma_2$,假定 $x_1 \approx x_2$,则

$$E_2 - E_1 = \Delta E = \frac{2.303RT}{zF} \lg \left(1 + \frac{\Delta c}{c_x} \right)$$

---

① 加入小体积 V_s 的标准溶液后,应使溶液中增加的浓度尽量与待测试液原来的浓度接近,以提高方法的准确度。

令 $S = \dfrac{2.303RT}{zF}$,则

$$\Delta E = S \lg\left(1 + \frac{\Delta c}{c_x}\right)$$

即

$$c_x = \Delta c\left(10^{\Delta E/S} - 1\right)^{-1} \tag{8-30}$$

此法的优点是仅需一种标准溶液,操作简单快速,适用于组成比较复杂,份数较少的试样。为获得正确结果,必须保证加入标准溶液后,试液离子强度无显著变化。

在使用标准加入法时,如果用作图求算待测离子浓度,则此法称为格氏作图法,具体内容可参考有关资料[①]。

3. 影响测定准确度的因素

从电极性能、待测离子的性质等方面考虑,影响测定准确度的主要因素有如下几种。

(1) 温度　由式(8-26)可知,温度 T 不但影响直线的斜率,也影响直线的截距,K' 包括参比电极电位、膜的内表面膜电位、液接电位等。这些电位数值都与温度有关,所以在整个测定过程中保持温度恒定,可以提高测定的准确度。

(2) 电动势的测量　电动势测量的准确度直接影响测定的准确度。由式(8-26)知可 E 随 $\lg a$ 改变而变化,则

$$dE = \frac{RT}{zF}\frac{da}{a}$$

25 ℃时

$$\frac{RT}{zF} = \frac{0.025\,68}{z}$$

故

$$\frac{da}{a} = \frac{z\,dE}{0.025\,68}$$

如果仪器读数 E 发生 1 mV 测量误差,即 $dE \approx \Delta E = \pm 1$ mV,则活度(或浓度)相对偏差 $\dfrac{|\Delta a|}{a} \approx 3.9z\%$,对一价离子($z = 1$)相对偏差为 3.9%,对二价离子($z = 2$)相对偏差为 7.8%。因此,测量电位所用的仪器必须具有很高的灵敏度和相当的准确性。事实上,测量误差是很难消除的。

另外,在测定过程中,为了使 K' 值基本上保持不变,必须严格控制实验条

---

① 徐培方,王正猛.仪器分析(一):电化学分析.北京:地质出版社,1985.

件。但 K' 值的漂移总是难免的,所以应在使用前进行校正。

(3) 干扰离子　干扰的发生,有的是由于它能直接与电极发生作用,有的是由于它能与待测离子反应生成一种在电极上不发生响应的物质。干扰离子的存在,不仅给测定带来误差,而且使电极响应时间增长。

为了消除干扰离子的影响,可以加入掩蔽剂,只有在必要时才预先分离干扰离子。

(4) 溶液的 pH　H^+ 或 OH^- 能影响某些测定,所以必须控制溶液的 pH,必要时,应使用缓冲剂。如用氟离子选择性电极测定 F^- 时 pH 控制在 5~7。又如用以测定一价阳离子的玻璃电极(如钠电极),一般对 H^+ 敏感,所以试液的 pH 不能太小。

(5) 待测离子浓度　电极可以测定的浓度范围大体是 10^{-1} ~ 10^{-6} mol·L^{-1},检测下限主要由构成膜的活性体系本身的性质所决定。例如,沉淀膜电极所能测定的离子活度不能低于沉淀本身溶解而产生的离子活度。测定的浓度范围还与电极的种类、电极的质量、共存离子的干扰和溶液的 pH 等有关,干扰离子浓度越高,可能测定的离子浓度下限就越高。

(6) 电位平衡时间　所谓电位平衡时间是指电极浸入试液后获得稳定的电位所需的时间。平衡时间越短越好,它与以下几个因素有关:

① 待测离子到达电极表面的速率　搅拌溶液可提高待测离子到达电极表面的速率。

② 待测溶液浓度　通常情况下,电极在浓溶液中比在稀溶液中响应快,溶液越稀,电极响应时间越长。

③ 膜厚度　在保证有良好的机械性能条件下,薄膜越薄,响应越快。

④ 介质离子强度　通常情况下,在含有大量非干扰离子的场合,响应比较快。

⑤ 薄膜表面光洁度　薄膜表面光洁的比不光洁的响应快。

离子选择性电极的应用

用离子选择性电极进行测定的优点主要是快速、简便。由于电极对待测离子有选择性响应,因此常常可以避免分离干扰离子的麻烦手续。对于不透明溶液和某些黏稠液,也可直接测量。电极响应很快,在多数情况下响应是瞬时的,测定所需的试样很少,若使用特制的电极,所需试液可以少至几微升。与其它仪器分析方法比较,本法所需的仪器设备较为简单。由于具有上述优点,离子选择性电极技术发展很快,现有的商品离子选择性电极,国内外已达 30 余种,可用以直接或间接测定 50 多种离子,应用于各个领域。我国对离子选择性电极技术进行了广泛的研究,已制成 Na^+、K^+、Ag^+、F^-、Cl^-、Br^-、I^-、S^{2-}、CN^-、NO_3^-、NH_3 和 SO_2 等离子选择性电极。生物电极也逐步得到应用,如血液中葡萄糖的检测。离子选择性电极在生产过程控制和环境监测方面也得到应用。

离子选择性电极不仅用于直接法测定,它作为指示电极也广泛应用于电位滴定法中,从而扩展了电位滴定应用的范围。

总之,离子选择性电极的应用是很有发展前途的,但用于痕量物质的测定还有待进一步研究。

目前,关于膜电极的有关理论、电极制造、消除干扰以提高电极的选择性能方面,都需要进一步研究和完善。

§8-5　电位滴定法

当滴定反应平衡常数较小,滴定突跃不明显,或试液有色、浑浊,用指示剂指示终点有困难时,可以采用电位滴定法,即根据滴定过程中化学计量点附近的电位突跃来确定终点。

电位滴定法以测量电位变化为基础,它比直接电位法具有较高的准确度和精密度。

电位滴定法的基本仪器装置

电位滴定法所用的基本仪器装置如图 8-10 所示,包括滴定管、滴定池、指示电极、参比电极、搅拌器和测量电动势的仪器。测量电动势可以用电位计,也可以用直流毫伏计。因为在电位滴定的过程中需多次测量电动势,所以使用能直接读数的毫伏计较为方便。

在滴定过程中,每加一次滴定剂,测量一次电动势,直到超过化学计量点为止。这样就得到一系列的滴定剂用量(V)和相应的电动势(E)数值。表 8-8 是用 0.1 mol·L^{-1} AgNO$_3$ 溶液滴定 NaCl 溶液时所得到的数据。指示电极是银电极,参比电极是饱和甘汞电极[①]。

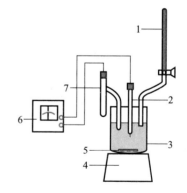

图 8-10　电位滴定用的基本仪器装置

1—滴定管;2—指示电极;3—滴定池;

4—电磁搅拌器;5—搅拌棒;

6—电位计;7—参比电极

---

① 如果单盐桥电极的填充溶液中,含有待测离子或会干扰电极对待测离子响应的某种离子(如 Cl$^-$ 对 AgNO$_3$ 滴定卤素离子发生干扰),则应使用双盐桥参比电极,它包括内填充溶液室和外填充溶液室,由一个陶瓷塞相连,外填充液常用 KNO$_3$、K$_2$SO$_4$ 溶液等。

表 8-8　用 $0.1\ mol \cdot L^{-1} AgNO_3$ 溶液滴定 NaCl 溶液

V_{AgNO_3}/mL	E/V	$\Delta E/\Delta V$	$\dfrac{\Delta^2 E}{\Delta V^2}$	V_{AgNO_3}/mL	E/V	$\Delta E/\Delta V$	$\dfrac{\Delta^2 E}{\Delta V^2}$
5.0	0.062			24.20	0.194		2.8
		0.002				0.39	
15.0	0.085			24.30	0.233		4.4
		0.004				0.83	
20.0	0.107			24.40	0.316		-5.9
		0.008				0.24	
22.0	0.123			24.50	0.340		-1.3
		0.015				0.11	
23.0	0.138			24.60	0.351		-0.4
		0.016				0.07	
23.50	0.146			24.70	0.358		
		0.050				0.050	
23.80	0.161			25.00	0.373		
		0.065				0.024	
24.00	0.174			25.50	0.385		
		0.09					
24.10	0.183						
		0.11					

电位滴定终点的确定

利用表 8-8 数据,可用下列方法确定终点。

1. E-V 曲线法

用表 8-8 数据绘制 E-V 曲线,如图 8-11 所示,E(纵轴)代表电池电动势(V 或 mV),V(横轴)代表所加滴定剂的体积,在 S 形滴定曲线上,作两条与滴定曲线相切的平行直线,两平行线的等分线与曲线的交点为曲线的拐点,对应的体积即滴定至终点时所需的体积。

2. $\Delta E/\Delta V$-V 曲线法

$\Delta E/\Delta V$ 代表 E 的变化值与相对应的加入滴定剂体积的增量(ΔV)的比,它是 $\dfrac{dE}{dV}$ 的估计值。例如,在 24.10 mL 和 24.20 mL 之间,相应的

$$\frac{\Delta E}{\Delta V} = \frac{0.194 - 0.183}{24.20 - 24.10} = 0.11$$

用表 8-8 中 $\Delta E/\Delta V$ 值绘成 $\Delta E/\Delta V$-V 曲线,如图 8-12 所示。曲线的最高点对应于滴定终点。曲线的一部分是用外延法绘出的。

3. $\Delta^2 E/\Delta V^2$-V(二级微商)法

这种方法基于 $\Delta E/\Delta V$-V 曲线的最高点

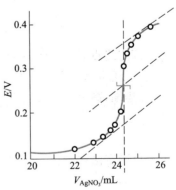

图 8-11　E-V 曲线

正是二级微商 $\Delta^2 E/\Delta V^2$ 等于零处。可以通过绘制二级微商曲线（$\Delta^2 E/\Delta V^2 - V$）图（如图 8-13 所示）或通过计算求得终点。例如，对应于 24.30 mL，有

$$\frac{\Delta^2 E}{\Delta V^2} = \frac{\left(\dfrac{\Delta E}{\Delta V}\right)_2 - \left(\dfrac{\Delta E}{\Delta V}\right)_1^{①}}{\Delta V} = \frac{0.83 - 0.39}{24.35 - 24.25} = 4.4$$

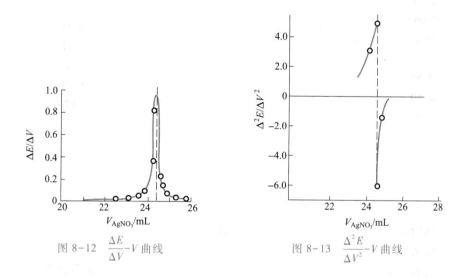

图 8-12　$\dfrac{\Delta E}{\Delta V} - V$ 曲线　　　　图 8-13　$\dfrac{\Delta^2 E}{\Delta V^2} - V$ 曲线

对应于 24.40 mL，有

$$\frac{\Delta^2 E}{\Delta V^2} = \frac{0.24 - 0.83}{24.45 - 24.35} = -5.9$$

用内插法算出对应于 $\Delta^2 E/\Delta V^2$ 等于零时的体积：

$$V = 24.30 \text{ mL} + 0.10 \times \frac{4.4}{4.4 + 5.9} \text{ mL} = 24.34 \text{ mL}$$

这就是滴定终点时 $AgNO_3$ 溶液的消耗量。

此外，还可以用直线法确定终点，具体请参阅《线性滴定法》（汪葆浚，樊行雪，吴婉华编，高等教育出版社 1985 年出版）。

电位滴定法的应用

电位滴定法在滴定分析中应用非常广泛，除能应用于各类滴定分析外，还能

---

① 为简便计，$\Delta^2 E/\Delta V^2$ 之值可用表 8-8 中第三栏内 $\Delta E/\Delta V$ 的后一数值减去前一数值而得到。

用以测定一些化学常数,如酸(碱)的解离常数、电对的条件电极电位等。下面简单介绍其在各类滴定分析中的应用。

1. 酸碱滴定

一般酸碱滴定都可使用电位滴定法,尤其是对弱酸弱碱的滴定,使用电位滴定法更有实际意义。滴定中常用玻璃电极、锑电极等作指示电极,用甘汞电极作参比电极。

太弱的酸和碱或不易溶于水而溶于有机溶剂的酸(碱),不能在水溶液中滴定,可以改在非水溶液中进行。很多非水滴定都可以用电位法指示终点。例如在乙酸介质中可以用 $HClO_4$ 溶液滴定吡啶,在乙醇介质中可以用 HCl 溶液滴定三乙醇胺,在异丙醇和乙二醇的混合介质中可滴定苯胺和生物碱,在二甲基甲酰胺或乙二胺介质中可以滴定苯酚及其它弱酸,在丙酮介质中可以滴定高氯酸、盐酸、水杨酸的混合物等。

又如测定润滑剂、防腐剂、有机工业原料等有机物质中游离酸或化合酸时,因这些有机物质不溶于水,所以必须将它们溶于有机溶剂后再用氢氧化钾的乙醇溶液来进行电位滴定。

2. 沉淀滴定

在沉淀滴定中使用最广泛的指示电极是银电极,参比电极用甘汞电极或玻璃电极,如 NaCl 滴定 $AgNO_3$(SCE-Ag)。滴定 Ag^+ 或卤素离子时应用双盐桥甘汞电极,选用 NH_4NO_3 或 KNO_3 作外盐桥溶液。以银电极为指示电极,可用 $AgNO_3$ 溶液滴定 Cl^-、Br^-、I^-、CNS^-、S^{2-}、CN^- 等离子及一些有机酸的阴离子。

此外以汞电极作指示电极,可用 $HgNO_3$ 溶液滴定 Cl^-、I^-、Br^-、S^{2-}、SCN^-、$C_2O_4^{2-}$ 等离子;用铂电极作指示电极,可用 $K_4[Fe(CN)_6]$ 溶液滴定 Pb^{2+}、Cd^{2+}、Zn^{2+}、Ba^{2+} 等离子,还可间接测定 SO_4^{2-}。也可以用卤化银薄膜电极或硫化银薄膜电极等离子选择性电极作指示电极,用 $AgNO_3$ 溶液滴定 Cl^-、Br^-、I^-、S^{2-} 等离子,如 $AgNO_3$ 滴定 KCl[SCE-Ag(或 ISE)]。这些离子选择性电极与传统的银电极相比,具有较能抗表面中毒等优点。

当滴定剂与数种待测离子生成的不同沉淀的溶度积差别相当大时,可以进行连续滴定而不需预先进行分离。例如,对 Cl^-、Br^- 和 I^- 的混合物,可以进行连续滴定。图 8-14 为采用银电极作指示电极,用 $AgNO_3$ 溶液连续滴定氯化物、溴化物和碘化物混合溶液的滴定曲线。由于 AgI 的溶度积最小,碘离子的滴定突跃最先出现,然后是溴离子,最后是氯离子。

3. 氧化还原滴定

在氧化还原滴定中,一般以铂(或金)电极为指示电极,以甘汞电极或钨电

极为参比电极。若将铂电极浸入含有氧化还原体系的溶液中时,电极电位

$$\varphi = \varphi^{\ominus} + \frac{0.059 \text{ V}}{z} \lg \frac{a_{Ox}}{a_{Red}}$$

在氧化还原滴定中,化学计量点附近 a_{Ox}/a_{Red} 发生急剧变化,使铂电极电位发生突跃。

以铂电极为指示电极,可以用 $KMnO_4$ 溶液滴定 I^-、NO_2^-、Fe^{2+}、V^{4+}、Sn^{2+}、$C_2O_4^{2-}$ 等离子,用 $K_2Cr_2O_7$ 溶液滴定 Fe^{2+}、Sn^{2+}、I^-、Sb^{3+} 等离子,用 $K_3[Fe(CN)_6]$ 溶液滴定 Co^{2+} 等离子。

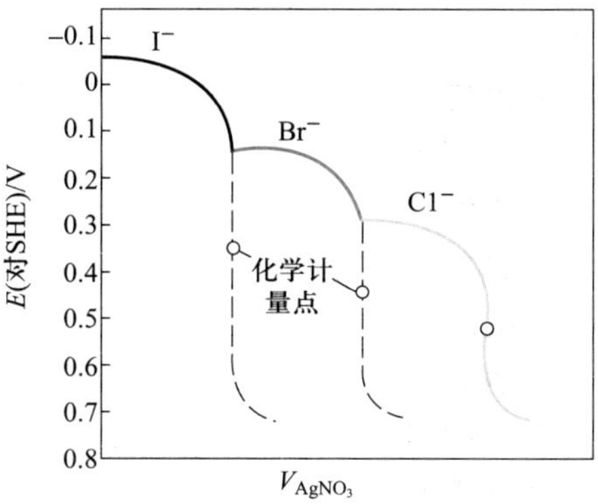

图 8-14 用 0.1 mol·L^{-1} 的 $AgNO_3$ 溶液连续滴定 Cl^-、Br^-、I^-（各 0.1 mol·L^{-1}）混合液的理论滴定曲线,虚线表示单独滴定 I^- 和 Br^- 的曲线

4. 配位滴定

在配位滴定中以使用 EDTA 的配位滴定法应用最为广泛。使用 EDTA 的电位滴定法有两种。最早的方法是利用待测离子的变价的氧化还原体系进行电位滴定,即利用某些氧化还原体系(如 Fe^{3+}/Fe^{2+}、Cu^{2+}/Cu^+ 等)在滴定过程中的电位变化来确定终点。指示电极用铂电极,参比电极用甘汞电极。后来,使用汞电极的电位滴定受到人们的重视。使用汞电极为指示电极,可用 EDTA 滴定 Cu^{2+}、Zn^{2+}、Ca^{2+}、Mg^{2+} 和 Al^{3+} 等多种金属离子。

配位滴定的终点也可以用离子选择性电极指示。例如,以氟离子选择性电极为指示电极,可以用镧滴定氟化物,可以用氟化物滴定铝。以 Ca^{2+} 电极作指示电极,可以用 EDTA 滴定钙等。电位滴定法把离子选择性电极的使用范围更加扩大了,可以测定某些对电极没有选择性的离子(如 Al^{3+})。

各类滴定法中经常使用的电极归纳于表 8-9 中。

表 8-9 用于各类滴定法的电极

滴定方法	参比电极	指示电极
酸碱滴定	甘汞电极	玻璃电极,锑电极
沉淀滴定	甘汞电极,玻璃电极	银电极,硫化银薄膜电极,等离子选择性电极
氧化还原滴定	甘汞电极,钨电极,玻璃电极	铂电极
配位滴定	甘汞电极	铂电极,汞电极,银电极,氟电极,钙电极等离子选择性电极

　　随着电极技术的发展,各种电极的开发和生产,电位滴定技术与电子和计算机科技等紧密结合,用计算机自动控制滴定过程,判断滴定终点采集滴定数据,计算滴定结果,再连接自动试样处理器等辅助设备,组成了全自动连续滴定分析系统。目前,国内外厂家生产了各种新型自动电位滴定仪,正广泛用于石油、化工、生化、制药、环保、食品以及常规应用等各方面。

§8-6　电位分析法计算示例

　　例1　计算下列电池的电动势(25 ℃):

$$Hg,Hg_2Cl_2 \mid KCl(0.10 \ mol \cdot L^{-1}) \parallel 邻苯二甲酸氢钾(0.050 \ mol \cdot L^{-1}) \mid H_2(100 \ kPa) \mid Pt$$

　　解:以 KHP 表示邻苯二甲酸氢钾,由表 8-1 知 0.1 mol·L^{-1} 甘汞电极 25 ℃时,$\varphi = 0.336$ V,由附录二,H_2P 的 $pK_{a_1} = 2.89$,$pK_{a_2} = 5.54$,根据 $E = \varphi_{(+)} - \varphi_{(-)} = \varphi_{2H^+/H_2} - 0.336$ V,

而

$$\varphi_{2H^+/H_2} = \varphi_{2H^+/H_2}^{\ominus} + \frac{0.059 \ V}{2} \lg [H^+]^2 = 0.059 \ V \ \lg [H^+]$$

$$\approx 0.059 \ V \ \lg \sqrt{K_{a_1} K_{a_2}} \approx 0.059 \ V \times (-4.22) = -0.249 \ V$$

故

$$E = -0.249 \ V - 0.336 \ V = -0.585 \ V$$

　　例2　下列电池:

$$S^{2-}选择电极 \mid c_{S^{2-}}(1.00 \times 10^{-3} mol \cdot L^{-1}) \mid SCE$$

测定其电动势,25 ℃时为 -0.315 V,用含 S^{2-} 试液代替已知 S^{2-} 浓度的溶液,测得其电动势为 -0.248 V。计算试液中 S^{2-} 的浓度。

　　解:本题中离子选择性电极作负极,则式(8-26)改为

$$E = K' + \frac{0.059 \ V}{2} \lg a_{S^{2-}}$$

即

$$-0.315 \ V = K' + \frac{0.059 \ V}{2} \lg 1.00 \times 10^{-3} \tag{1}$$

$$-0.248 \ V = K' + \frac{0.059 \ V}{2} \lg c_{S^{2-}} \tag{2}$$

(1)-(2)整理得 $\dfrac{(-0.315+0.248) \ V \times 2}{0.059 \ V} = -3 - \lg c_{S^{2-}}$

即　　　　　　　　$\lg c_{S^{2-}} = -0.73$　　　$c_{S^{2-}} = 10^{-0.73} \ mol \cdot L^{-1} = 0.186 \ mol \cdot L^{-1}$

试液中 S^{2-} 的浓度 0.186 mol·L^{-1}。

　　例3　下述电池的电动势为 0.981 V(25 ℃):

$$Zn \mid Zn^{2+}(5.0 \times 10^{-3}\ mol \cdot L^{-1}),NH_3(0.120\ mol \cdot L^{-1}) \parallel SHE$$

试计算下述反应的平衡常数：

$$Zn^{2+} + 4NH_3 \rightleftharpoons Zn(NH_3)_4^{2+}$$

解：$E = \varphi_{SHE} - \varphi_{Zn^{2+}/Zn} = -\varphi_{Zn^{2+}/Zn}^{\ominus} - \dfrac{0.059\ V}{2}\lg[Zn^{2+}]$

而

$$[Zn^{2+}] = \frac{[Zn(NH_3)_4^{2+}]}{K_{Zn(NH_3)_4^{2+}} \cdot [NH_3]^4}$$

令

$$[Zn(NH_3)_4^{2+}] \approx 5.0 \times 10^{-3}\ mol \cdot L^{-1} \quad [NH_3] \approx 0.120 - 4 \times 5.0 \times 10^{-3} = 0.10\ mol \cdot L^{-1}$$

故

$$0.981\ V = 0.763\ V - \frac{0.059\ V}{2}\lg\frac{5.0 \times 10^{-3}}{K \times [0.10]^4}$$

即

$$\frac{(0.981 - 0.763)\ V \times 2}{0.059\ V} = \lg\frac{K \times 10^{-4}}{5.0 \times 10^{-3}} = \lg K_{Zn(NH_3)_4^{2+}} \times 10^{-1.70}$$

解得 $\lg K_{Zn(NH_3)_4^{2+}} = 10^{9.09}$，$K_{Zn(NH_3)_4^{2+}} = 1.2 \times 10^9$。

例 4 下述电池的电动势为 0.584 V：

$$SHE \parallel C_2O_4^{2-}(1.00 \times 10^{-3}\ mol \cdot L^{-1}),Ag_2C_2O_4(饱和) \mid Ag$$

试计算 $Ag_2C_2O_4$ 的 $K_{sp}(25\ ℃)$。

解：$E = \varphi_{(+)} - \varphi_{(-)} = \varphi_{Ag^+/Ag} - \varphi_{SHE} = \varphi_{Ag^+/Ag}^{\ominus} + 0.059\ V \lg[Ag^+]$

而

$$[Ag^+] = \left(\frac{K_{sp}}{[C_2O_4^{2-}]}\right)^{\frac{1}{2}}$$

故

$$E = \varphi_{Ag^+/Ag}^{\ominus} + \frac{0.059\ V}{2}\lg K_{sp} - \frac{0.059\ V}{2}\lg[C_2O_4^{2-}]$$

即

$$0.584\ V = 0.799\ V - \frac{0.059\ V}{2} \times (-3) + \frac{0.059\ V}{2}\lg K_{sp}$$

解得 $\lg K_{sp} = -10.29$，$K_{sp} = 5.1 \times 10^{-11}$。

例 5 称取 2.00 g 一元弱酸 HA（摩尔质量为 120 g · mol⁻¹）溶于 50 mL 水中，用 0.200 mol·L⁻¹ NaOH 溶液滴定，用标准甘汞电极（NCE）作正极，氢电极作负极，当酸中和一半时，在 30 ℃下测得 $E = 0.58$ V，完全中和时，$E = 0.82$ V。计算试样中 HA 的质量分数。

（30 ℃时$\dfrac{RT}{F} = 0.060$ V）

解：由题意知电池组成为

$$Pt \mid H_2(100\ kPa) \mid HA \parallel NCE$$

$$E = \varphi_{NCE} - \varphi_{2H^+/H_2}$$

而 $\varphi_{2H^+/H_2} = 0.060$ V $\lg[H^+] = -0.060$ V pH，故

$$E - \varphi_{NCE} = 0.060\ V\ pH$$

$$pH = \frac{E - \varphi_{NCE}}{0.060\ V}$$

当酸中和一半时

$$pH = \frac{0.58\ V - 0.28\ V}{0.060\ V} = 5.00 = pK_a$$

当酸完全中和时

$$pH_{ap} = \frac{0.82\ V - 0.28\ V}{0.060\ V} = 9.00$$

而化学计量点时，生成产物为 A^-，其 $[OH^-] = \sqrt{K_b c_{A^-}}$，即

$$c_{A^-} = \frac{[OH^-]^2}{K_b} = \frac{[1.0 \times 10^{-5}]^2}{K_w / K_a} = \frac{1.0 \times 10^{-10}}{1.0 \times 10^{-9}}\ mol \cdot L^{-1} = 0.10\ mol \cdot L^{-1}$$

根据反应

$$HA + OH^- \rightleftharpoons H_2O + A^-$$

$$n_{NaOH} = n_{HA} = n_{A^-}$$

$$c_{NaOH} \cdot V_{NaOH} = c_{A^-} \cdot V_{A^-}$$

$$0.200 \times V_{NaOH} = 0.10 \times (50 + V_{NaOH})$$

解得 $V_{NaOH} = 50$ mL，即化学计量点时滴入 NaOH 溶液 50 mL，故

$$c_{HA} = \frac{c_{NaOH} \cdot V_{NaOH}}{V_{HA}} = \frac{0.200\ mol \cdot L^{-1} \times 50\ mL}{50\ mL} = 0.20\ mol \cdot L^{-1}$$

$$w_{HA} = \frac{0.20\ mol \cdot L^{-1} \times 50 \times 10^{-3}\ L \times 120\ g \cdot mol^{-1}}{2.00\ g} \times 100\% = 60\%$$

思考题

1. 参比电极和指示电极有哪些类型？它们的主要作用是什么？

2. 直接电位法的依据是什么？为什么用此法测定溶液 pH 时，必须使用 pH 标准缓冲溶液？

3. 简述 pH 玻璃电极的作用原理。

4. pH 实用定义(或 pH 标度)的含义是什么?

5. 试讨论膜电位、电极电位和电池电动势三者之间的关系。

6. 用电位法如何测定酸(碱)溶液的解离常数、配合物的稳定常数及难溶电解质的 K_{sp}?

7. 如何从氧化还原电位滴定实验数据计算氧化还原电对的条件电极电位?

8. 如何估量离子选择性电极的选择性?

9. 直接电位法测定离子活度的方法有哪些? 哪些因素影响测定的准确度?

10. 测定 F⁻ 浓度时,在溶液中加入 TISAB 的作用是什么?

11. 电位滴定法的基本原理是什么? 有哪些确定终点的方法?

12. 试比较电位测定法和电位滴定法的特点。为什么一般说后者较准确?

13. 用 $AgNO_3$ 电位滴定含相同浓度的 I⁻ 和 Cl⁻ 的溶液,当 AgCl 开始沉淀时,AgI 是否已沉淀完全?

14. 在下列各电位滴定中,应选择何种指示电极和参比电极? NaOH 滴定 HA($K_ac = 10^{-8}$);$K_2Cr_2O_7$ 滴定 Fe^{2+};EDTA 滴定 Ca^{2+};$AgNO_3$ 滴定 NaCl。

习题

1. 测得下列电池的电动势为 0.972 V(25 ℃):

$$Cd,CdX_2 \mid X^-(0.0200\ mol \cdot L^{-1}) \parallel SCE$$

已知 $\varphi^{\ominus}_{Cd^{2+}/Cd} = -0.403\ V$,忽略液接电位,计算 CdX_2 的 K_{sp}。

提示:CdX_2 为镉的难溶盐。

2. 当下列电池中的溶液是 pH = 4.00 的缓冲溶液时,在 25 ℃ 测得电池的电动势为 0.209 V:

$$玻璃电极 \mid H^+(a = x) \parallel SCE$$

当缓冲溶液由未知溶液代替时,测得电池电动势如下:(1) 0.312 V;(2) 0.088 V;(3) -0.017 V。试计算每种未知溶液的 pH。

3. 用标准甘汞电极作正极,氢电极作负极与待测的 HCl 溶液组成电池。在 25 ℃ 时,测得 $E = 0.342\ V$。当待测液为 NaOH 溶液时,测得 $E = 1.050\ V$。取此 NaOH 溶液 20.0 mL,用上述 HCl 溶液中和完全,需用 HCl 溶液多少毫升?

4. 25 ℃ 时,下列电池的电动势为 0.518 V(忽略液接电位):

$$Pt \mid H_2(100\ kPa),HA(0.0100\ mol \cdot L^{-1}),A^-(0.0100\ mol \cdot L^{-1}) \parallel SCE$$

计算弱酸 HA 的 K_a。

5. 测得下列电池的电动势为 0.672 V(25 ℃):

$$Pt \mid H_2(100\ kPa),HA(0.200\ mol \cdot L^{-1}),NaA(0.300\ mol \cdot L^{-1}) \parallel SCE$$

计算 HA 的解离常数(忽略液接电位)。

6. 测得下列电池的电动势为 0.873 V(25 ℃):

$$Cd \mid Cd(CN)_4^{2-}(8.0 \times 10^{-2} \text{ mol} \cdot L^{-1}), CN^-(0.100 \text{ mol} \cdot L^{-1}) \parallel SHE$$

试计算 $Cd(CN)_4^{2-}$ 的稳定常数。

7. 为了测定 CuY^{2-} 的稳定常数, 组成下列电池:

$$Cu \mid CuY^{2-}(1.00 \times 10^{-4} \text{ mol} \cdot L^{-1}), Y^{4-}(1.00 \times 10^{-2} \text{ mol} \cdot L^{-1}) \parallel SHE$$

25℃时, 测得电池电动势为 0.277 V, 计算 $K_{CuY^{2-}}$。

8. 测得下列电池的电动势为 0.07 V(30 ℃):

$$Pt \mid Sn^{4+}, Sn^{2+} 溶液 \parallel 标准甘汞电极$$

计算溶液中 $[Sn^{4+}]/[Sn^{2+}]$ 比值(忽略液接电位)。

9. 在 60 mL 溶解有 2.0 mmol Sn^{2+} 的溶液中插入铂电极(+)和 SCE(-), 用 0.10 mol·L^{-1} 的 Ce^{4+} 溶液进行滴定, 当加入 20.0 mL 滴定剂时, 电池电动势的理论值应是多少?

10. 在 0.10 mol·L^{-1} $FeSO_4$ 溶液中, 插入铂电极(+)和 SCE(-), 25 ℃时测得 $E = 0.395$ V, 有多少 Fe^{2+} 被氧化为 Fe^{3+}?

11. 20.00 mL 0.100 0 mol·L^{-1} Fe^{2+} 溶液在 1 mol·L^{-1} H_2SO_4 溶液中, 用 0.100 0 mol·L^{-1} Ce^{4+} 溶液滴定, 用铂电极(+)和 SCE(-)组成电池, 测得电池电动势为 0.50 V。此时已加入多少毫升滴定剂?

12. 测得下列电池的电动势为 -0.285 V(25 ℃):

$$Ag, Ag_2CrO_4 \mid CrO_4^{2-}(x \text{ mol} \cdot L^{-1}) \parallel SCE$$

计算 CrO_4^{2-} 的浓度(忽略液接电位)。已知 $K_{sp(Ag_2CrO_4)} = 1.12 \times 10^{-12}$。

13. 设溶液中 pBr = 3, pCl = 1, 如用溴电极测定 Br^- 活度, 将产生多大误差? 已知电极的 $K_{Br^-, Cl^-} = 6 \times 10^{-3}$。

14. 某种钠敏感电极的选择性系数 K_{Na^+, H^+} 约为 30(说明 H^+ 存在将严重干扰 Na^+ 的测定)。如用这种电极测定 pNa = 3 的 Na^+ 溶液, 并要求测定误差小于 3%, 则试液的 pH 必须大于多少?

15. 以 SCE 作正极, 氟离子选择性电极作负极, 放入 1.00×10^{-3} mol·L^{-1} 的氟离子溶液中, 测得 $E = -0.159$ V。换用含氟离子试液, 测得 $E = -0.212$ V。计算试液中氟离子浓度。

16. 有一氟离子选择性电极, $K_{F^-, OH^-} = 0.10$, 当 $[F^-] = 1.0 \times 10^{-2}$ mol·L^{-1} 时, 能允许的 $[OH^-]$ 为多大(设允许测定误差为 5%)?

17. 在 25 ℃时用标准加入法测定 Cu^{2+} 浓度, 于 100 mL 铜盐溶液中添加 0.1 mol·L^{-1} $Cu(NO_3)_2$ 溶液 1 mL, 电动势增加 4 mV。求原溶液的总铜离子浓度。

18. 用钙离子选择性电极和 SCE 置于 100 mL Ca^{2+} 试液中, 测得电位为 0.415 V。加入 2 mL 浓度为 0.218 mol·L^{-1} 的 Ca^{2+} 标准溶液后, 测得电位为 0.430 V。计算原试液中 Ca^{2+} 的浓度。

19. 计算下列体系电位滴定至化学计量点时的电池电动势(用 SCE 作负极):

(1) 在 1 mol·L^{-1} HCl 介质中, 用 Ce^{4+} 滴定 Sn^{2+};

（2）在 1 mol·L^{-1} H$_2$SO$_4$ 介质中，用 Fe^{3+} 滴定 U（Ⅳ）；

（3）在 1 mol·L^{-1} H$_2$SO$_4$ 介质中，用 Ce^{4+} 滴定 VO^{2+}。

20. 下列是用 0.100 0 mol·L^{-1} NaOH 溶液电位滴定某弱酸试液［10 mL 弱酸 + 10 mL（1 mol·L^{-1}）NaNO$_3$ + 80 mL 水］的数据：

NaOH 滴入量 V/mL	pH	NaOH 滴入量 V/mL	pH	NaOH 滴入量 V/mL	pH
0.00	2.90	6.00	4.03	9.00	6.80
1.00	3.01	7.00	4.34	9.20	9.10
2.00	3.15	8.00	4.81	9.40	9.80
3.00	3.34	8.40	5.25	9.60	10.15
4.00	3.57	8.60	5.61	9.80	10.41
5.00	3.80	8.80	6.20	10.00	10.71

（1）绘制 pH-V 滴定曲线及 ΔpH/ΔV-V 曲线，并求 V_{ep}；

（2）用二阶微商法计算 V_{ep}，并与（1）的结果比较；

（3）计算弱酸的浓度；

（4）化学计量点的 pH 应是多少？

21. 用氟离子选择性电极作负极，SCE 作正极，取不同体积的含 F$^-$ 标准溶液（c_{F^-} = 2.0×10^{-4} mol·L^{-1}），加入一定量的 TISAB，稀释至 100 mL，进行电位法测定，测得数据如下：

F$^-$ 标准溶液的体积 V/mL	0.00	0.50	1.00	2.00	3.00	4.00	5.00
测得电池电动势 E/mV	−400	−391	−382	−365	−347	−330	−314

取试液 20 mL，在相同条件下测定，E = −359 mV。

（1）绘制 E-lg c_{F^-} 工作曲线；

（2）计算试液中 F$^-$ 的浓度。

习题参考答案

第 9 章 吸光光度法
Spectrophotometry

　　基于物质分子对光的选择性吸收而建立起来的分析方法称为吸光(或分光)光度法,包括比色法、可见分光光度法(visible spectrophotometry)及紫外分光光度法(ultraviolet spectrophotometry)等。本章重点讨论可见分光光度法。

　　许多物质是有颜色的,如高锰酸钾水溶液呈深紫色,Cu^{2+}水溶液呈蓝色。溶液愈浓,颜色愈深。可以比较颜色的深浅来测定物质的浓度,这称为比色分析法。它既可以靠目视来进行,也可以采用分光光度计来进行。后者称为分光光度法。

　　例如,含铁 0.001% 的试样,若用滴定法测定,称量 1 g 试样,计算可知含铁 0.01 mg,用 1.6×10^{-3} mol·L^{-1} $K_2Cr_2O_7$ 标准溶液滴定,仅消耗 0.02 mL 滴定剂。与一般滴定管的读数误差(0.02 mL)相当。显然,不能用滴定法测定。但若在容量瓶中配成 50 mL 溶液,在一定条件下,用 1,10-邻二氮菲显色,生成橙红色的邻二氮菲-亚铁配合物,就可以用吸光光度法来测定。

$$Fe^{2+} + 3 \quad [\text{1,10-邻二氮菲}] \quad \rightleftharpoons \quad [Fe(\text{...})_3]^{2+} \quad \text{橙红色}$$

1,10-邻二氮菲　　　　　　　　　橙红色

　　吸光光度法灵敏度较高,检测下限达 10^{-6} mol·L^{-1},适用于微量组分的测定。某些新技术如催化分光光度法,检测下限可达 10^{-8} mol·L^{-1}。

　　吸光光度法测定的相对标准偏差为 2%~5%,可满足微量组分测定对精确度的要求。另外,吸光光度法测定迅速,仪器价格便宜,操作简单,应用广泛,几乎所有的无机物质和许多有机物质都能用此法进行测定。它还常用于化学平衡等的研究。因此吸光光度法对生产和科学研究都有极其重要的意义。

　　此外,本章还对近年来在环境科学、生命科学及临床医学上得到愈来愈广泛

应用的分子荧光分析法和化学发光分析法进行简介。

§9-1 吸光光度法基本原理

物质对光的选择性吸收

当光束照射到物体上时,光与物体发生相互作用,产生反射、散射、吸收或透射,如图 9-1 所示。若被照射物系均匀溶液,则溶液对光的散射可以忽略。

不同波长的可见光呈现不同的颜色。当一束白光(由各种波长的光按一定比例组成),如日光或白炽灯光等,通过某一有色溶液时,一些波长的光被吸收,另一些波长的光透过。透射光(或反射光)刺激人眼而使人感觉到溶液的颜色。因此溶液的颜色由透射光(或反射光)所决定。由吸收光和透射光组成白光的两种光称为补色光,

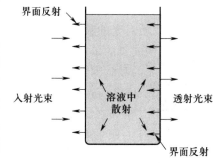

图 9-1 溶液对光的作用示意图

两种颜色互为补色。如硫酸铜溶液因吸收白光中的黄色光而呈现蓝色,黄色与蓝色即为补色。表 9-1 列出了物质颜色与吸收光颜色的互补关系。

表 9-1 物质颜色与吸收光颜色的互补关系

物 质 颜 色	吸 收 光	
	颜 色	波长/nm
黄绿	紫	400~450
黄	蓝	450~480
橙	绿蓝	480~490
红	蓝绿	490~500
紫红	绿	500~560
紫	黄绿	560~580
蓝	黄	580~600
绿蓝	橙	600~650
蓝绿	红	650~780

　　当一束光照射到某物质或其溶液时,组成该物质的分子、原子或离子与光子发生"碰撞",光子的能量被分子、原子或离子吸收,使这些粒子由最低能态(基态)跃迁到较高能态(激发态):

$$M + h\nu \longrightarrow M^*$$

　　基态　　　　　　　激发态

被激发的粒子约在 10^{-8} s 后又回到基态,并以热或荧光等形式放出能量。

　　分子、原子或离子具有不连续的量子化能级,如图 9-2 所示。仅当照射光的光子能量($h\nu$)与被照射物质粒子的基态和激发态能量之差相当时才能发生吸收。

　　不同的物质粒子由于结构不同而具有不同的量子化能级,其能量差也不相同,所以物质对光的吸收具有选择性。

　　让不同波长的单色光透过某一固定浓度和厚度的有色溶液,测量每一波长下溶液对光的吸收程度(即吸光度 A),然后将 A 对波长 λ 作图,即可得吸收曲线(吸收光谱,absorption spectrum)。它描述了物质对不同波长光的吸收能力。如图 9-3 所示,从邻二氮菲-亚铁的吸收曲线可见,该配合物对 510 nm 的绿色光吸收最多,有一吸收峰,相应的波长称最大吸收波长,用 λ_{max} 表示。对波长 600 nm 以上的橙红色光几乎不吸收,完全透过,所以溶液呈橙红色。这说明了物质呈色的原因及对光的选择性吸收。不同物质其吸收曲线的形状和最大吸收

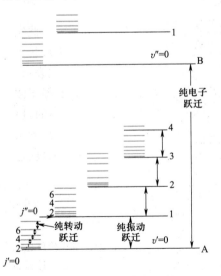

图 9-2　双原子分子能级跃迁

A,B 为电子能级,$v'=0,1,2,\cdots$ 为 A 中
各振动能级,$j'=0,1,2,\cdots$ 为 $v'=0$
振动能级中各转动能级

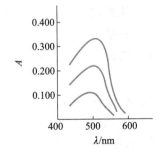

图 9-3　邻二氮菲-亚铁
溶液的吸收曲线

配合物浓度由下向上依次为 0.002 mg·mL^{-1},
0.004 mg·mL^{-1},0.006 mg·mL^{-1}

波长各不相同,据此可用作物质的定性分析。在一定的范围内,不同浓度的同一物质,最大吸收波长不变,在吸收峰及附近处的吸光度随浓度增大而增大,据此可对物质进行定量分析。在 $\lambda_{\max}$ 处测定吸光度灵敏度最高,因此吸收曲线又是吸光光度法定量分析时选择测定波长的重要依据。

光吸收的基本定律——朗伯-比尔定律

当一束平行单色光通过单一均匀、非散射的吸光物质溶液时,光强度减弱。溶液的浓度 c 越大,液层厚度 b 越厚,则光被吸收得越多,光强度的减弱也越显著。它是由实验观察得到的:

$$A = -\lg T = \lg \frac{I_0}{I} = abc \tag{9-1}$$

式中,A 为吸光度(absorbance);T 为透射率(transmittance)或称透光度,$T = I/I_0$;I_0 为入射光强度;I 为透射光强度;比例常数 a 称为吸收系数。T 越大,A 越小,表示物质对光的吸收越小;相反,T 越小,A 越大,表示物质对光的吸收越大。A 是量纲为一的量,通常 b 以 cm 为单位,如果 c 以 $g \cdot L^{-1}$ 为单位,则 a 的单位为 $L \cdot g^{-1} \cdot cm^{-1}$。如果 c 以 $mol \cdot L^{-1}$ 为单位,则此时的吸收系数称为摩尔吸收系数(molar absorptivity),用符号 κ 表示,单位为 $L \cdot mol^{-1} \cdot cm^{-1}$。于是式(9-1)可表示为

$$A = \kappa bc \tag{9-2}$$

式(9-1)和式(9-2)都是朗伯-比尔(Lambert-Beer)定律的数学表达式。此定律不仅适用于溶液,也适用于其它均匀、非散射的吸光物质(气体或固体),是各类吸光光度法定量分析的依据。实验上,这种关系也常用线性回归方程式表示。

κ 是吸光物质在特定波长和溶剂情况下的一个特征常数,数值上等于浓度为 $1 \ mol \cdot L^{-1}$ 吸光物质在 1 cm 光程中的吸光度,是物质吸光能力大小的量度。它可作为定性鉴定的参数,也可用以估量定量方法的灵敏度:κ 值愈大,方法愈灵敏。由实验结果计算 κ 时,常以被测物质的总浓度代替吸光物质的浓度,这样计算的 κ 值实际上是表观摩尔吸收系数。κ 与 a 的关系为

$$\kappa = Ma \tag{9-3}$$

式中,M 为物质的摩尔质量。

例　铁(Ⅱ)质量浓度为 $5.0 \times 10^{-4} \ g \cdot L^{-1}$ 的溶液,与 1,10-邻二氮菲反应,生成橙红色配合物,最大吸收波长为 508 nm。比色皿厚度为 2 cm 时,测得该显色溶液的 $A = 0.19$。计算邻二氮菲-亚铁比色法对铁的 a 及 κ。

解:已知铁的摩尔质量为 $55.85 \ g \cdot mol^{-1}$。根据朗伯-比尔定律得

$$a = \frac{A}{bc} = \frac{0.19}{2 \ cm \times 5.0 \times 10^{-4} \ g \cdot L^{-1}} = 190 \ L \cdot g^{-1} \cdot cm^{-1}$$

$$\kappa = Ma = 55.85 \ \mathrm{g \cdot mol^{-1}} \times 190 \ \mathrm{L \cdot g^{-1} \cdot cm^{-1}} = 1.1 \times 10^4 \ \mathrm{L \cdot mol^{-1} \cdot cm^{-1}}$$

在多组分体系中,如果各种吸光物质之间没有相互作用,这时体系的总吸光度等于各组分吸光度之和,即吸光度具有加和性。由此可得

$$A_{\text{总}} = A_1 + A_2 + \cdots + A_n = \kappa_1 bc_1 + \kappa_2 bc_2 + \cdots + \kappa_n bc_n \qquad (9-4)$$

式中,下角标指吸收组分 $1, 2, \cdots, n$。

偏离朗伯-比尔定律的原因

分光光度定量分析常需要绘制标准曲线,即固定液层厚度及入射光的波长和强度,测定一系列不同浓度标准溶液的吸光度,以吸光度对标准溶液浓度作图,得到标准曲线(或称工作曲线)。根据朗伯-比尔定律,标准曲线应是通过原点的直线。在相同条件下测得试液的吸光度,从工作曲线查得试液的浓度,这就是工作曲线法。但在实际工作中,特别是当溶液浓度较高时,常会出现标准曲线不为直线(如图 9-4 虚线所示)的现象,这称为偏离朗伯-比尔定律。若待测试液浓度在标准曲线弯曲部分,则根据吸光度计算试样浓度时将造成较大的误差。因此,有必要了解偏离朗伯-比尔定律的原因,以便对测定条件作适当的选择和控制。

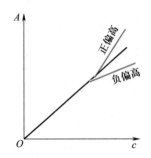

图 9-4 光度分析工作曲线

偏离朗伯-比尔定律的主要原因是目前仪器不能提供真正的单色光,以及吸光物质性质的改变,并不是由定律本身不严格所引起的。因此,这种偏离只能称为表观偏离,现就引起偏离的主要原因讨论如下。

1. 非单色光引起的偏离

朗伯-比尔定律的基本假设是入射光为单色光,但目前仪器所提供的入射光实际上是由波长范围较窄的光带组成的复合光。由于物质对不同波长光的吸收程度不同,因而引起对朗伯-比尔定律的偏离。为讨论方便,假设入射光仅由两种波长 λ_1 和 λ_2 的光组成,两波长下朗伯-比尔定律是适用的。

对于 λ_1,吸光度为 A',则 $A' = \lg(I_0'/I_1)$,$I_1 = I_0' \times 10^{-\kappa_1 bc}$

对于 λ_2,吸光度为 A'',则 $A'' = \lg(I_0''/I_2)$,$I_2 = I_0'' \times 10^{-\kappa_2 bc}$

复合光时,入射光强度为 $(I_0' + I_0'')$,透射光强度为 $(I_1 + I_2)$,因此,吸光度为

$$A = \lg \frac{I_0' + I_0''}{I_1 + I_2} = \lg \frac{I_0' + I_0''}{I_0' \times 10^{-\kappa_1 bc} + I_0'' \times 10^{-\kappa_2 bc}}$$

当 $\kappa_1 = \kappa_2$ 时,$A = \kappa bc$,呈直线关系。如果 $\kappa_1 \neq \kappa_2$,A 与 c 则不呈直线关系。κ_1 与 κ_2 差别愈大,A 与 c 间线性关系的偏离也愈大。其它条件一定时,κ 随入射光波长而变化,但在 λ_{max} 附近变化不大。故选用 λ_{max} 处的光作入射光,所引起的偏离就小,标准曲线基本上是直线。如用图 9-5 中左图的谱带 a 进行测量,κ 的变化不大,得到右图的工作曲线 a',A 与 c 基本呈直线关系。反之若选用谱带 b 进行测量,κ 的变化较大,则 A 随波长的变化较明显,得到的工作曲线 b',A 与 c 的关系明显偏离直线。

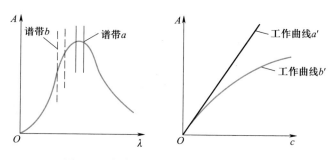

图 9-5 复合光对朗伯-比尔定律的影响

2. 化学因素引起的偏离

朗伯-比尔定律除要求单色入射光外,还假设吸光粒子彼此间无相互作用,因此稀溶液能很好地服从该定律。在高浓度时(通常 $c > 0.01\ mol \cdot L^{-1}$)由于吸光粒子间的平均距离减小,以致每个粒子都可影响其邻近粒子的电荷分布,这种相互作用可使它们吸光能力发生改变。由于相互作用的程度与浓度有关,随浓度增大,吸光度与浓度间的关系就偏离线性。所以一般认为朗伯-比尔定律仅适用于稀溶液。

此外,由吸光物质等构成的溶液化学体系,常因条件的变化而发生吸光组分的缔合、解离、互变异构、配合物的逐级形成以及与溶剂的相互作用等,从而形成新的化合物或改变吸光物质的浓度,都将导致偏离朗伯-比尔定律。因此需根据吸光物质的性质、溶液中化学平衡的原理,严格控制显色反应条件,对偏离加以预测和防止,以获得较好的测定效果。

例如,重铬酸钾在水溶液中存在如下平衡,如果稀释溶液或增大溶液 pH,部分 $Cr_2O_7^{2-}$ 就转变成 CrO_4^{2-},吸光质点发生变化,从而引起偏离朗伯-比尔定律。如果控制溶液在高酸度时测定,由于均以重铬酸根形式存在,就不会引起偏离。

$$Cr_2O_7^{2-} + H_2O \Longrightarrow 2H^+ + 2CrO_4^{2-}$$
橙色 黄色

§9-2　分光光度计及其基本部件

吸光度测定使用的分光光度计(spectrophotometer)有紫外-可见分光光度计和可见分光光度计之分,种类和型号也繁多。按光路结构来说,可分为单波长单光束分光光度计、单波长双光束分光光度计、双波长分光光度计。

1. 单波长单光束分光光度计

单波长单光束分光光度计最常见,其结构如图 9-6 所示,特点是结构简单。参比池与试样吸收池先后经手动被置于光路中,测定的时间间隔较长。若此时间内光源强度有波动,易带来测量误差,故要求稳定的光源电源。

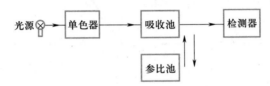

图 9-6　单波长单光束分光光度计结构示意图

最常见的国产 722 型可见分光光度计就是一种单波长单光束分光光度计,其光路结构如图 9-7 所示,采用光电管检测器,工作波长范围为 330~800 nm。

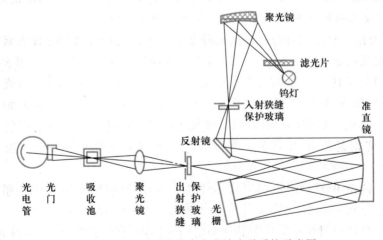

图 9-7　722 型可见分光光度计光学系统示意图

为了正确使用分光光度计,现将其组成的各部件的作用及性能介绍如下。

(1) 光源　要求能够在所需波长范围内发出强而稳定的连续光谱。

可见光区常用钨丝灯作光源。钨丝加热到白炽时,发射出 320~2 500 nm 波长的连续光谱,光强度分布随灯丝温度而变化。温度增高时,总强度增大,且在可见光区的强度分布增大,但温度增高会影响灯的寿命。钨丝灯工作温度一般为 2 600~2 870 K(钨的熔点为 3 680 K)。灯的温度取决于电源电压,电压的微小波动会引起光强度的很大变化,因此应使用稳压电源,使光强度稳定。

近紫外区常采用氢灯或氘灯作光源,它们发射 180~375 nm 的连续光谱。

(2)单色器 单色器由棱镜或光栅等色散元件及狭缝和透镜等组成。此外,常用的滤光片也起一定的滤光作用。

① 棱镜 图 9-8 是棱镜单色器的原理图。光通过入射狭缝,经准直透镜以一定角度射到棱镜上,在棱镜的两界面上发生折射而色散。色散了的光被聚焦在一个微微弯曲并带有出射狭缝的表面上,移动棱镜或出射狭缝的位置,就可使所需波长的光通过狭缝照射到样品池上。

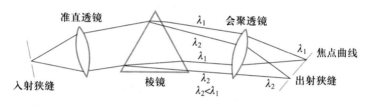

图 9-8 棱镜单色器

单色光的纯度取决于棱镜的色散率和出射狭缝的宽度,玻璃棱镜对 400~1 000 nm 波长的光色散较大,适用于可见分光光度计。

② 光栅 有透射光栅和反射光栅之分。反射光栅较透射光栅更常用。它是在一抛光的金属表面上刻划一系列等距离的平行刻槽或在复制光栅表面喷镀一层铝薄膜而制成。其色散原理(衍射原理)如图 9-9 所示。当复合光照射到光栅上时,每条刻槽都产生衍射作用。由每条刻槽所衍射的光又会互相干涉而产生干涉条纹。光栅正是利用不同波长的入射光产生干涉条纹的衍射角不同(长波长光衍射角大,短波长光衍射角小),从而将复合光分成不同波长的单色光。

使用棱镜单色器可以获得半宽度为 5~10 nm 的单色光,光栅单色器可获得半宽度小至 0.1 nm 的单色光,且可方便地改变测定波长。

从单色器出射的光束通常混有少量与仪器指示波长不一致的杂散光,其来源之一是光学部件表面尘埃的散射,因此应该保持光学部件的洁净。

(3)吸收池 亦称比色皿,用于盛放测光试液。吸收池本身应能透过所需波长的光线。可见光区可用无色透明、能耐腐蚀的玻璃吸收池,大多数仪器都配

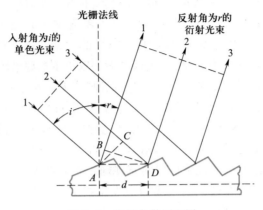

图 9-9 光栅色散原理图

有液层厚度为 0.5 cm、1 cm、2 cm、3 cm 等的一套长方形吸收池。紫外光区使用石英吸收池。同厚度吸收池间的透光度相差应小于 0.5%。为了减少入射光的反射损失,测量时让光束垂直入射吸收池的透光面。指纹、油腻或其它沉积物都会影响吸收池透射特性,因此应注意保持吸收池的光洁。

(4) 检测系统 光电检测器将光强度转换成电流来测量吸光度。检测器对测定波长范围内的光应有快速、灵敏的响应,产生的光电流应与照射于检测器上的光强度成正比。可见分光光度计常使用硒光电池或光电管作检测器,采用毫伏表作读数装置。现代仪器常与计算机联机,在显示器上显示结果。

① 光电管 由一个阳极和一个光敏阴极组成的真空(或充少量惰性气体)二极管(图 9-10)。阴极表面镀有碱金属或碱金属氧化物等光敏材料,当它被具有足够能量的光子照射时,能够发射电子,并在两极间电位差的驱动下电子流向阳极而产生电流。电流的大小取决于照射光的强度,一般为 2~25 μA。由于光电管有很高的内阻,故产生的电流很容易放大。

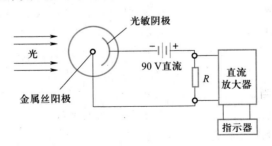

图 9-10 光电管及其线路示意图

　② 光电倍增管　在普通光电管的半圆柱形阴极和金属丝阳极间引入具有二次电子发射特性的多个倍增电极而成。阴极、阳极和倍增电极封在真空玻璃封套(紫外区工作的封套带石英窗)内。当阴极的镍基上沉积银和氧化铯时,对 625~1 000 nm 波长的光敏感;当沉积锑和铯时,对 625 nm 波长以下的光敏感。倍增电极间的电位逐级增高约 90 V。当光照射光敏阴极时,产生的电子受第一级倍增电极正电位作用,加速并撞击到该电极上,产生二次电子发射。这些二次电子在第二级倍增电极作用下又被加速撞击到该电极上,产生二次电子发射。这样经多级放大的电子最后收集到阳极上,如图 9-11 所示。光电倍增管具有很高的灵敏度,响应快,是检测弱光最常用的光电元件,多用在精密的分光光度计上。

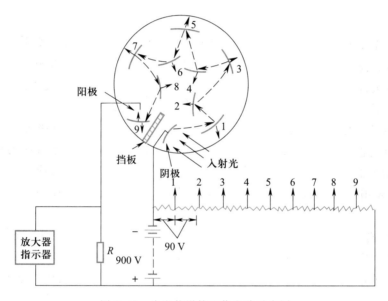

图 9-11　光电倍增管工作电路示意图

　③ 光电二极管阵列　光电二极管阵列现在越来越多地替代单个检测器,用于分光光度计和高效液相色谱仪。二极管阵列由一系列的光电二极管(图 9-12)一个接一个地排列在一块硅晶片上组成。每个二极管有一个专用电容,并通过一个固态开关接到总输出线上(图 9-13)。开始时,电容器充电至特定的电平,当光照射到光电二极管的半导体材料上时,产生的自由电子载体使得电容放电。然后电容经规定的时间间隔再次充电。再次充电的电荷量与每个二极管检测到的光子数目成正比,而电子数又与光强成正比。使用二极管阵列检测器时,单色器不再使用出射狭缝,这样整个波长范围内的光同时

照射到阵列上,迅速得到吸收光谱。光电二极管检测器动态范围宽,作为固体元件比光电倍增管更耐用。硅材料的光电二极管检测范围为 170~1 100 nm。

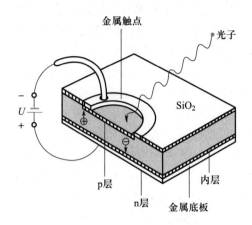

图 9-12 光电二极管示意图

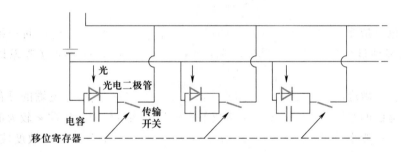

图 9-13 光电二极管阵列示意图

2. 双波长分光光度计

图 9-14 为双波长分光光度计示意图。从光源发出的光经两个单色器,得到两束波长不同的单色光。借切光器调节,使两束光以一定的时间间隔交替照射到盛有试液的吸收池,检测器显示出试液在波长 λ_1 和 λ_2 处的透光度差值 ΔT 或吸光度差值 ΔA。

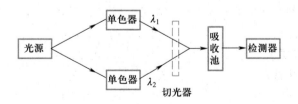

图 9-14 双波长分光光度计示意图

由于 $\Delta A = A_{\lambda_1} - A_{\lambda_2} = (\kappa_{\lambda_1} - \kappa_{\lambda_2})bc$，因而 ΔA 与吸光物质浓度 c 成正比，这是用双波长双光束分光光度计进行定量分析的理论根据。由于仅用一个吸收池，且用试液本身作参比液，因此消除了单波长光度法中吸收池与参比池不一致所引起的误差，提高了测定的准确度。又因为测定的是试液在两波长处的吸光度差值，故可提高测定的选择性和灵敏度。

§9-3　显色反应及显色条件的选择

光度分析中，对于本身无吸收的待测组分，先要通过显色反应将待测组分转变成有色化合物，然后测定吸光度或吸收曲线。与待测组分形成有色化合物的试剂称为显色剂。在光度分析中选择合适的显色反应，并严格控制反应条件，是十分重要的。

显色反应的选择

显色反应多为配位反应或氧化还原反应，而配位反应最常用。同一组分常可与多种显色剂反应，生成不同的有色物质。选用显色反应应考虑以下因素。

（1）灵敏度高　光度法一般用于微量组分的测定，因此选择灵敏的显色反应是应考虑的主要方面。应当选择生成的有色物质的摩尔吸收系数 κ 较大的显色反应。一般来说，当 κ 值为 $10^4 \sim 10^5$ L·mol^{-1}·cm^{-1} 时，显色反应灵敏度较高。如用氨水与 Cu^{2+} 生成铜氨配合物来测定 Cu^{2+}，κ 只有 1.2×10^2 L·mol^{-1}·cm^{-1}。灵敏度很低。而用苦胺 R 在 0.7 mol·L^{-1} 盐酸介质中测定 Cu^{2+}，κ 为 2.8×10^4 L·mol^{-1}·cm^{-1}。用双硫腙在 0.1 mol·L^{-1} 浓度下，以 CCl_4 萃取测定 Cu^{2+}，κ 为 5.0×10^4 L·mol^{-1}·cm^{-1}，灵敏度都是较高的。

（2）选择性好　指显色剂仅与一个组分或少数几个组分发生显色反应。仅与一种离子发生反应者称为特效（或专属）显色剂。特效显色剂实际上是不存在的，但是干扰较少或干扰易于除去的显色反应是可以找到的。

（3）显色剂在测定波长处无明显吸收　这样，试剂空白值就小，可以提高测定的准确度及降低方法的检测下限。通常把两种有色物质最大吸收波长之差称为对比度，一般要求显色剂与有色化合物的对比度 $\Delta\lambda > 60$ nm。

（4）反应生成的有色化合物组成恒定　化学性质稳定。这样，可以保证至少在测定过程中吸光度基本上不变，否则将影响吸光度测定的准确度及再现性。

显色条件的选择

吸光光度法是测定待测物质的吸光度或显色反应达到平衡后溶液的吸光度,因此为了得到准确的结果,必须控制适当的条件,使显色反应完全、稳定。

1. 显色剂用量

显色反应(配位反应)一般可用下式表示

$$M \quad + \quad R \quad \Longleftrightarrow \quad MR$$
待测组分　显色剂　　　有色配合物

根据溶液平衡原理,有色配合物稳定常数愈大,显色剂过量愈多,愈有利于待测组分形成有色配合物。但是过量的显色剂有时会引起副反应,背景值提高,对测定反而不利。显色剂的适宜用量常通过实验来确定:将待测组分的浓度及其它条件固定,然后加入不同量的显色剂,测定其吸光度,绘制吸光度(A)-浓度(c_R)关系曲线,一般可得到如图 9-15 所示三种不同的情况。

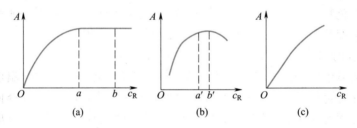

图 9-15　吸光度与显色剂浓度的关系曲线

(a)曲线表明,当显色剂浓度 c_R 在 $0 \sim a$ 范围内时,显色剂用量不足,待测离子没有完全转变成有色配合物。随着 c_R 增大,吸光度 A 增大。$a \sim b$ 范围内吸光度最大且稳定,因此可在 $a \sim b$ 间选择合适的显色剂用量。这类反应生成的有色配合物稳定,对显色剂浓度控制要求不太严格。

(b)曲线表明,当 c_R 在 $a' \sim b'$ 这一较窄的范围内,吸光度值才较稳定,其余吸光度都下降,因此必须严格控制 c_R 的大小。如硫氰酸盐与钼的反应:

$$Mo(SCN)_3^{2+} \underset{-SCN^-}{\overset{+SCN^-}{\rightleftharpoons}} Mo(SCN)_5 \underset{-SCN^-}{\overset{+SCN^-}{\rightleftharpoons}} Mo(SCN)_6^-$$
　　　浅红　　　　　　　橙红　　　　　　　浅红

显色剂 SCN^- 浓度太低或太高,生成配位数低或高的配合物,吸光度都降低。

(c)曲线表明,随着显色剂浓度增大,吸光度不断增大。如 SCN^- 与 Fe^{3+} 的反应,生成逐级配合物 $Fe(SCN)_n^{3-n}$,$n = 1, 2, \cdots, 6$,随着 SCN^- 增大,生成颜色愈来愈深的高配位数配合物,此种情况亦必须严格控制显色剂用量。

2. 酸度

酸度对显色反应的影响是多方面的。大多数有机显色剂是有机弱酸,且带有酸碱指示剂性质,溶液中存在着下列平衡:

$$HR \rightleftharpoons H^+ + R^-$$
$$+$$
$$Me^{n+}$$

$$MeR_n(有色化合物)$$

酸度改变,将引起平衡移动,从而影响显色剂及有色化合物的浓度,还可能引起配位基团(R)数目的改变以致改变溶液的颜色。

此外,酸度对待测离子存在状态及是否发生水解也是有影响的。

显色反应的适宜酸度范围也是通过实验做出吸光度-pH曲线来确定的。

3. 显色温度

显色反应一般在室温下进行,有的反应则需要加热,以加速显色反应进行完全。有的有色物质当温度高时又容易分解。为此,对不同的反应,应通过实验找出适宜的温度范围。

4. 显色时间

大多数显色反应需要经一定的时间才能完成。时间的长短又与温度的高低有关。有的有色物质在放置时,受到空气的氧化或发生光化学反应,会使颜色减弱。因此必须通过实验,做出一定温度下的吸光度-时间关系曲线,求出适宜的显色时间。

5. 干扰的消除

光度分析中,共存离子本身有颜色,或与显色剂作用生成有色化合物,都将干扰测定。要消除共存离子的干扰,可采用下列方法:

(1) 加入配位掩蔽剂或氧化还原掩蔽剂,使干扰离子生成无色配合物或无色离子。如用 NH_4SCN 作显色剂测定 Co^{2+} 时,Fe^{3+} 的干扰可借加入 NaF 使之生成无色 FeF_6^{3-} 而消除。测定 $Mo(VI)$ 时可借加入 $SnCl_2$ 或抗坏血酸等将 Fe^{3+} 还原为 Fe^{2+} 而避免与 SCN^- 作用。

(2) 选择适当的显色条件以避免干扰。如利用酸效应,控制显色剂解离平衡,降低[R],使干扰离子不与显色剂作用。如用磺基水杨酸测定 Fe^{3+} 时,Cu^{2+} 与试剂形成黄色配合物,干扰测定,但若控制 pH 在 2.5 左右,则 Cu^{2+} 不干扰。

(3) 分离干扰离子。在不能掩蔽的情况下,可采用沉淀、离子交换或溶剂萃取等分离方法除去干扰离子。应用萃取法时,可直接在有机相中显色测定,称为萃取光度法,不但可消除干扰,还可以提高分析灵敏度。

(4) 选择适当的光度测量条件(适当的波长或参比溶液),消除干扰。

综上所述,建立一个新的光度分析方法,必须研究优化上述各种条件。应用某一显色反应进行测定时,必须对这些条件进行控制,并使试样的显色条件与绘制标准曲线时的条件一致,这样才能得到重现性好而准确度高的分析结果。

显 色 剂

1. 无机显色剂

无机显色剂与金属离子生成的化合物不够稳定,灵敏度和选择性也不高,应用已不多。尚有实用价值的仅有硫氰酸盐[测定 Fe^{3+}、$Mo(Ⅵ)$、$W(Ⅴ)$、$Nb(Ⅴ)$ 等],钼酸铵(测定 P、Si、W 等)及 H_2O_2[测定 $V(Ⅴ)$、$Ti(Ⅳ)$ 等]等数种。

2. 有机显色剂

大多数有机显色剂与金属离子生成稳定的配合物,显色反应的选择性和灵敏度都较无机显色反应高,因而广泛应用于吸光光度分析中。

有机显色剂及其产物的颜色与它们的分子结构有密切关系。分子中含有一个或一个以上的某些不饱和基团(共轭体系)的有机化合物,往往是有颜色的,这些基团称为发色团(或生色团),如偶氮基(—N＝N—)、亚硝基(—N＝O)、醌基(⬡)、硫羰基(C＝S)等都是发色团。

另外一些基团,如—NH_2、—NR_2、—OH、—OR、—SH、—Cl 及—Br 等,虽然本身没有颜色,但它们却会影响有机试剂及其与金属离子的反应产物的颜色,这些基团称为助色团。如水杨酸中引入甲氧基后,与 $Fe(Ⅲ)$反应产物的最大吸收波长向长波方向移功,颜色也因而加深,这种现象称为"红移"。

当金属离子与有机显色剂形成螯合物时,金属离子与显色剂中的不同基团通常形成一个共价键和一个配位键,改变了整个试剂分子内共轭体系的电子云分布情况,从而引起颜色的改变。如茜素与 Al^{3+}反应:

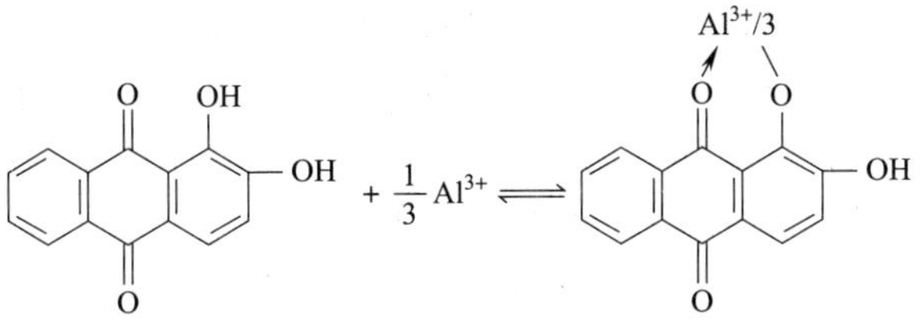

黄色　　　　　　　　　　　　　　　红色

由于茜素分子中氧原子提供电子对与 Al^{3+} 配位,氧原子的电子云发生较大变形,而这个氧原子又是处在共轭体系中,因此生成配合物的颜色显著加深。

有机显色剂的类型、品种非常多,下面仅介绍两类常用的显色剂。

（1）偶氮类显色剂　分子中含有偶氮基的化合物都是带有颜色的物质。当偶氮基两端与芳烃碳原子相连,而且在其邻位上有一定的配位基团（—OH、—COOH、—AsO$_3$H$_2$、—N =）时,此类化合物在一定的条件下就能与某些金属离子作用,改变生色团的电子云结构,使颜色发生明显的变化。

偶氮类显色剂性质稳定、显色反应灵敏度高、选择性好、对比度大,是应用最广泛的一类显色剂。其中以偶氮胂Ⅲ等最为突出,特别适用于铀、钍、锆等元素及稀土元素总量的测定,其衍生物偶氮氯膦Ⅲ是我国广为采用的测定微量稀土元素的较好试剂。

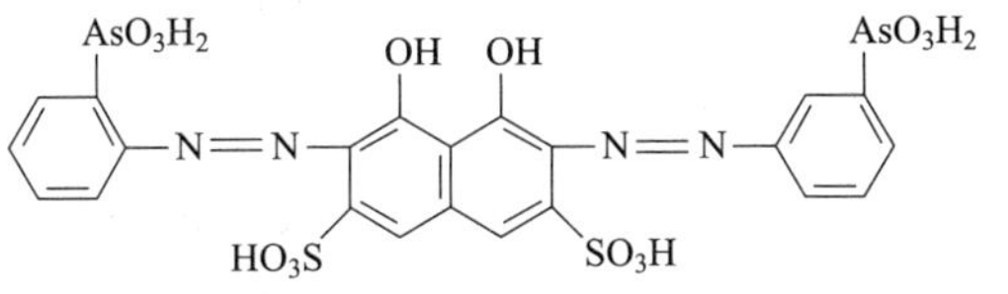

偶氮胂Ⅲ 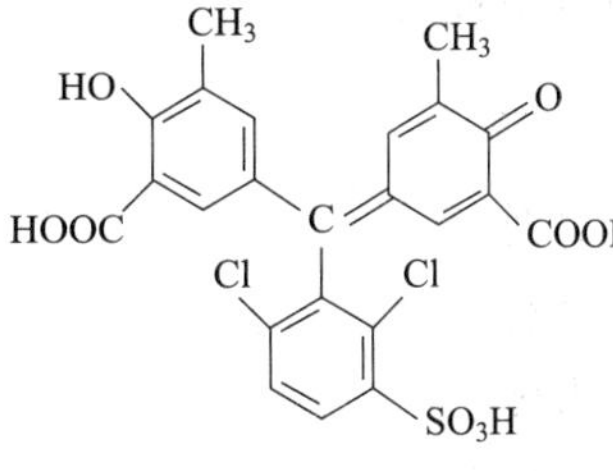　　　　　　　　　　　　　　铬天青S

（2）三苯甲烷类显色剂　种类也很多,应用很广,如铬天青 S、二甲酚橙、结晶紫和罗丹明 B 等。

铬天青 S 可与许多金属离子（如 Al^{3+}、Be^{2+}、Co^{2+}、Cu^{2+}、Fe^{3+} 及 Ca^{2+} 等）及阳离子表面活性剂如氯化十八烷基三甲基胺（CTMAC）、溴化十六烷基三甲基胺（CTMAB）、溴化十四烷基吡啶（CTAB）及溴化十六烷基吡啶（CPB）等形成三元配合物,κ 值可达 $10^4 \sim 10^5$ 数量级,故广泛用于吸光光度法测定。目前铬天青 S 常用来测定铍和铝。

三元配合物在光度分析中的应用特性简介

一种金属离子同时与两种不同的配体形成的三元配合物具有下列分析特

性,因而在分析化学中,特别是在吸光光度分析中得到广泛的研究和应用。

（1）三元配合物比较稳定,可提高分析测定的准确度和重现性。例如,Ti-EDTA-H_2O_2 三元配合物的稳定性比 Ti-EDTA 和 Ti-H_2O_2 二元配合物的稳定性分别增强约 1 000 倍和 100 倍。

（2）三元配合物进行光度测定时,比二元配合物具有更高的灵敏度和更大的对比度。如用过氧化氢测定钒,灵敏度太低（κ_{450} = 2.7×10^2 L·mol^{-1}·cm^{-1}）,而用 PAR 显色,灵敏度虽有提高,但选择性差。如果将 V^{3+}、H_2O_2 和 PAR 三者混合,在一定条件下则形成紫红色的三元配合物,灵敏度可大大提高（κ_{450} = 1.4×10^4 L·mol^{-1}·cm^{-1}）,最大吸收波长也红移至 540 nm。利用表面活性剂所形成的三元配合物,灵敏度通常可提高 1~2 倍,有时甚至提高 5 倍以上。

（3）三元配合物比二元体系具有更高的选择性。因为在二元配合物中,一种配合物常可与多种金属离子产生类似的配位反应,而当体系中两种配体形成三元配合物时,就减少了金属离子形成类似配合物的可能性。例如,铌和钽都可与邻苯三酚生成二元配合物,但是在草酸介质中,只有钽能与邻苯三酚形成黄色的钽-邻苯三酚-草酸三元配合物,铌则不形成类似的三元配合物。

三元配合物还可以改善显色条件。例如,有 CTMAC 存在时,Al^{3+} 与铬天青 S 形成三元配合物比没有 CTMAC 时形成二元配合物的 pH 范围宽。三元配合物具有较好的萃取性能。例如,Mn^{2+} 在 pH>11 时能与双硫腙形成有色配合物,但在萃取时易被空气氧化而破坏。若在萃取时加入吡啶,能生成在 CCl_4 中很快达到萃取平衡,且萃取率可大大提高的稳定的三元配合物。三元配合物还能为生成三元配合物的某些阴离子提供了新的测定方法和途径。

§9-4　吸光度测量条件的选择

为使光度分析法有较高的灵敏度和准确度,除了要注意选择合适的显色反应和控制适当的显色条件外,还必须选择和控制适当的吸光度测量条件,主要应考虑如下几点。

入射光波长的选择

入射光的波长一般选择 λ_{max}。因为在 λ_{max} 处摩尔吸收系数值最大,有较高的灵敏度。同时,在 λ_{max} 附近,吸光度变化不大（参考图 9-5）,不会造成对朗伯-比尔定律的偏离,使测定有较高的准确度。

若 λ_{max} 不在仪器的波长范围内,或干扰物质在此波长处也有强烈的吸收,可选用非最大吸收处的波长。但应注意尽可能选择 κ 值随波长变化不太大的区域内的波长。现以钴与显色剂 1-亚硝基-2-萘酚-3,6-二磺酸形成的配合物为例加以说明。图 9-16 的曲线分别是配合物(蓝线)、显色剂(黑线)的吸收曲线,它们的 λ_{max} 均在 420 nm 波长处。如用此波长测定钴,则未反应的显色剂会发生干扰而降低测定的准确度。因此,选择 500 nm 波长测定,显色剂无吸收,而钴配合物有一吸收平台。灵敏度虽有所下降,却消除了干扰,提高了测定的选择性和准确度。

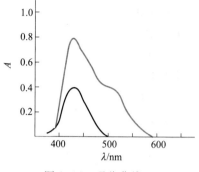

图 9-16　吸收曲线

参比溶液的选择

用比色皿测量试液的吸光度,会发生如图 9-1 所示的反射、散射、吸收和透射等作用。由于反射、散射以及溶剂和试剂等对光的吸收,造成透射光强度减弱。为了使光强度的减弱仅与溶液中待测物质的浓度有关,必须进行校正。为此,采用光学性质相同、厚度相同的吸收池盛参比溶液,调节仪器使透过参比池的吸光度为零,然后让光束通过试样池,测得试样显色液的吸光度:

$$A = \lg \frac{I_0}{I} \approx \lg \frac{I_{参比}}{I_{试液}}$$

即实际上是以通过参比池的光强度作为试样池的入射光强度,这样测得的吸光度比较真实地反映了待测物质对光的吸收,也就能比较真实地反映待测物质的浓度,因此参比溶液的作用是非常重要的。选择参比溶液的原则如下:

(1) 如果仅待测物与显色剂的反应产物有吸收,可用纯溶剂作参比溶液。

(2) 如果显色剂或其它试剂略有吸收,可用试剂空白溶液(即不加试样,其它试剂、溶剂及操作同样品的测定)作参比溶液。

(3) 如试样中其它组分有吸收,但不与显色剂反应,则当显色剂无吸收时,可用试样溶液作参比溶液;当显色剂略有吸收时,可在试液中加入适当掩蔽剂将待测组分掩蔽后再加显色剂,以此作为参比溶液。

吸光度读数范围的选择

吸光度的实验测定值总存在着误差。不同吸光度下相同的吸光度读数误差对测定带来的浓度误差是不同的。这可推证如下:设试液服从朗伯-比尔定律,则

$$-\lg T = \kappa b c$$

微分, 得

$$-\mathrm{d}\lg T = -0.4343\mathrm{d}\ln T = -0.4343\,\frac{\mathrm{d}T}{T} = \kappa b\mathrm{d}c$$

将两式相除, 整理后得

$$\frac{\mathrm{d}c}{c} = \frac{0.4343}{T\lg T}\mathrm{d}T$$

以有限值表示, 可写作

$$\frac{\Delta c}{c} = \frac{0.4343}{T\lg T}\Delta T \tag{9-5}$$

浓度相对误差($\Delta c/c$)与透光度 T 有关, 亦与透光度的绝对误差 ΔT 有关。

　　ΔT 被认为是由仪器刻度读数不可靠所引起的误差。一般分光光度计的 ΔT 为±0.2% ~ ±2%, 是与透光度值无关的一个常数。实际上由于仪器设计和制造水平的不同, ΔT 可能改变。今假定为±0.5%, 代入式(9-5), 算出不同透光度值时的浓度相对误差, 并作图, 得图 9-17。

　　若令式(9-5)的导数为零, 可以求出当 $T = 0.368$($A = 0.434$)时, 浓度相对误差最小, 约为±1.4%。

　　从图 9-17 可知, 当吸光度 A 在 0.15 ~ 1.0 或 $T = 70\% ~ 10\%$ 的范围内时, 浓度测量相对误差约为±1.4% ~ ±2.2%, 最小误差为 ±1.4%($\Delta T = ±0.5\%$ 时)。吸光度过低或过高, 相对误差都很大。

　　实际工作中, 应参照仪器说明书, 设法使测定在适宜的吸光度范围内进行。可以通过改变吸收池厚度或显色液的浓度, 使吸光度读数处在适宜范围内。

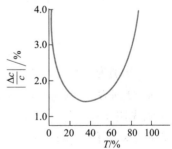

图 9-17　不同透光度下的浓度相对误差

§9-5　吸光光度法的应用

　　吸光光度法主要应用于微量组分的测定, 也能用于多组分分析以及研究化学平衡、配合物的组成等, 现简要介绍如下。

多组分分析

应用分光光度法,常常可能在同一试样溶液中不经分离而测定一个以上的组分。假定溶液中同时存在 x 和 y 两组分,其吸收光谱一般有如下两种情况:

(1)吸收光谱不重叠,或至少可能找到某一波长处 x 有吸收而 y 不吸收,在另一波长处,y 有吸收而 x 不吸收,如图 9-18,则可分别在波长 λ_1 和 λ_2 处,测定组分 x 和 y 而相互不产生干扰。这与单组分测定无区别。

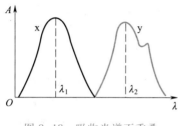

图 9-18 吸收光谱不重叠

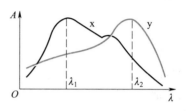

图 9-19 吸收光谱重叠

(2)吸收光谱重叠。这种情况下,要找出两个波长,使二组分的吸光度差值 ΔA 较大,如图 9-19 所示。在波长为 λ_1 和 λ_2 处测定吸光度 A_1 和 A_2,由吸光度的加和性得联立方程:

$$\left.\begin{array}{l} A_1 = \kappa_{x_1} b c_x + \kappa_{y_1} b c_y \\ A_2 = \kappa_{x_2} b c_x + \kappa_{y_2} b c_y \end{array}\right\}$$

式中,c_x、c_y 分别为 x 和 y 的浓度;κ_{x_1}、κ_{y_1} 分别为 x 和 y 在波长 λ_1 时的摩尔吸收系数;κ_{x_2}、κ_{y_2} 分别为 x 和 y 在波长 λ_2 处的摩尔吸收系数。解方程组可求出 c_x 和 c_y。各 κ 可预先用 x 和 y 的纯溶液在两波长处测得。

原则上对任何数目的混合组分都可以用此方法建立方程组求解,但实际应用中通常仅限于两个或三个组分的体系。因为三组分以上的体系,如果各组分的吸收光谱差别不大,会带来很大的计算误差。解决这个问题需建立测定波长数比组分数多的矛盾方程组,并运用最小二乘法等计算求解。

酸碱解离常数的测定

分光光度法可用于测定对光有吸收的酸(碱)的解离常数,是研究酸碱指示剂及金属指示剂的重要方法之一。例如,有一元弱酸 HL 按下式解离:

$$HL \rightleftharpoons H^+ + L^- \qquad K_a = \frac{[H^+][L^-]}{[HL]}$$

　　首先配制一系列总浓度(c)相等,而 pH 不同的 HL 溶液,用酸度计测定各溶液的 pH。在酸式(HL)或碱式(L^-)有最大吸收的波长处,用 1 cm 比色皿测定各溶液的吸光度 A,则

$$A = \kappa_{HL}[\,HL\,] + \kappa_L[\,L^-\,] = \kappa_{HL}\frac{[\,H^+\,]c}{K_a + [\,H^+\,]} + \kappa_L\frac{K_a c}{K_a + [\,H^+\,]} \qquad (9-6)$$

假设高酸度时,弱酸全部以酸式形式存在(即 $c = [\,HL\,]$),测得的吸光度为 A_{HL},则

$$A_{HL} = \kappa_{HL}c \qquad (9-7)$$

低酸度时,弱酸全部以碱式形式存在(即 $c = [\,L^-\,]$),测得的吸光度为 A_{L^-},则

$$A_{L^-} = \kappa_L c \qquad (9-8)$$

　　将式(9-7)、式(9-8)代入式(9-6),得

$$A = \frac{A_{HL}[\,H^+\,]}{K_a + [\,H^+\,]} + \frac{K_a A_{L^-}}{K_a + [\,H^+\,]}$$

整理得

$$K_a = \frac{A_{HL} - A}{A - A_{L^-}}[\,H^+\,]$$

$$pK_a = pH + \lg\frac{A - A_{L^-}}{A_{HL} - A} \qquad (9-9)$$

　　式(9-9)是用光度法测定一元弱酸解离常数的基本公式。利用实验数据,可由此公式用代数法计算 pK_a 值,或由图解法(图 9-20)求 pK_a 值。

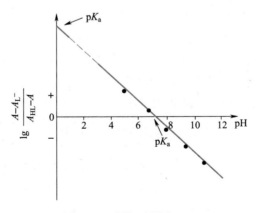

图 9-20　图解法测定 pK_a

配合物组成及稳定常数的测定

分光光度法是研究配合物组成(配位比)和测定稳定常数的最有用的方法之一。下面简单介绍常用的摩尔比法。

设金属离子 M 与配体 L 的反应生成对光有吸收的配合物 ML_n:

$$M + nL \rightleftharpoons ML_n$$

配制金属离子浓度 c_M 固定,而配体浓度 c_L 逐渐改变的系列溶液,并测定它们的吸光度。以吸光度为纵坐标,c_L/c_M 为横坐标作图(图 9-21)。

当 $c_L/c_M < n$ 时,金属离子未完全配合,随着配体浓度的增加,生成的配合物增多,吸光度增大。当 $c_L/c_M > n$ 时,金属离子几乎全部生成配合物,吸光度不再改变。两条直线的交点(若配合物易解离,则曲线转折点不敏锐,应用外延法求交点)所对应的横坐标 c_L/c_M 值若为 n,则配合物的配位比为 $1:n$。

此法亦可用以测定配合物的稳定常数。如图 9-21 中形成 $1:1$ 配合物时,根据物料平衡

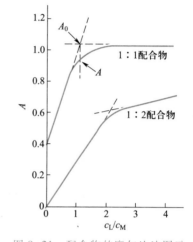

图 9-21　配合物的摩尔比法图示

$$c_M = [M] + [ML]$$
$$c_L = [L] + [ML]$$

若金属离子和配体在测定波长处无吸收,则

$$A = \kappa_{ML}[ML] \quad (b = 1 \text{ cm})$$

配合物的摩尔吸收系数 κ_{ML} 可由 c_L/c_M 比值较高时恒定的吸光度 A_0 得到,因为这时全部离子都已配位,$c_M = [ML]$,故 $\kappa_{ML} = A_0/c_M$。

由于 κ_{ML} 已知,以上三个方程式中包含三个未知数,因此用反应不很完全区域的吸光度和 c_M、c_L 数据可计算各平衡浓度,并由此得到稳定常数:

$$K = \frac{[ML]}{[M][L]} = \frac{\dfrac{A}{\kappa_{ML}}}{(c_M - [ML])(c_L - [ML])} = \frac{A\kappa_{ML}}{(c_M\kappa_{ML} - A)(c_L\kappa_{ML} - A)} \quad (9-10)$$

此法适用于解离度小的配合物,尤其是配位比高的配合物的组成的测定。

双波长分光光度法的应用

（1）多组分混合物的测定。图 9-22 所示为 x、y 两组分的吸收光谱曲线。测定试液中 c_x 时，选 λ_1 和 λ_2 作测定波长和参比波长。y 在两个波长处摩尔吸收系数相等，即 $\kappa_{\lambda_1}^y = \kappa_{\lambda_2}^y$，而组分 x 在 λ_1 处有最大吸收。根据吸光度的加和性，则

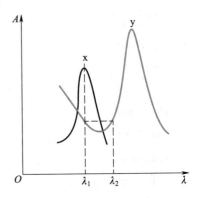

对于 λ_1　$A_{\lambda_1} = \kappa_{\lambda_1}^x bc_x + \kappa_{\lambda_1}^y bc_y$

对于 λ_2　$A_{\lambda_2} = \kappa_{\lambda_2}^x bc_x + \kappa_{\lambda_2}^y bc_y$

故由双波长光度计测得

$$\Delta A = A_{\lambda_1} - A_{\lambda_2} = (\kappa_{\lambda_1}^x - \kappa_{\lambda_2}^x) bc_x$$

可见 ΔA 与 c_x 成正比而与 c_y 无关，从而消除了 y 的干扰。

图 9-22　x、y 组分的吸收光谱

（2）混浊试样的测定。混浊试样由于散射，造成背景吸收较大，但背景吸收随波长变化较小，因而相近两波长的背景吸光度差值近似为零：

$$A_{\lambda_1}^b - A_{\lambda_2}^b \approx 0$$

故选择合适的双波长就能消除背景吸收。这尤其适于生物医学样品的分析。

（3）固定两个不同波长，测定两种组分的吸光度随时间的变化。这一方法特别适用于研究反应动力学过程。

§9-6　紫外吸收光谱法简介

紫外吸收光谱法的基础是物质对紫外线的选择性吸收，与可见分光光度法的原理一样，也是基于分子中价电子在能级之间的跃迁所产生的吸收。两者定量分析原理都是依据朗伯-比尔定律，其仪器组成及原理也类似，只是采用氢灯或氘灯作紫外光源，光学材料必须是石英的，检测器应对紫外光有灵敏的响应。

有机化合物电子跃迁的类型

有机化合物的紫外吸收光谱是由于分子中的价电子（σ 电子、π 电子，未成键孤对电子（称为 n 电子）跃迁而产生的。常见的电子跃迁类型为 $\sigma \rightarrow \sigma^*$、$\pi \rightarrow \pi^*$、

$n \rightarrow \sigma^*$、$n \rightarrow \pi^*$ 跃迁,能量高低的顺序为 $\sigma \rightarrow \sigma^* > n \rightarrow \sigma^* \approx \pi \rightarrow \pi^* > n \rightarrow \pi^*$。

$\sigma \rightarrow \sigma^*$ 跃迁　需能量较高,相当于真空紫外线。饱和烃的 C—C 键和 C—H 键属于这种跃迁,如甲烷的 $\lambda_{max} = 135$ nm。

$n \rightarrow \sigma^*$ 跃迁　含 O、N、S、Cl 等杂原子的饱和烃,如 $\overset{|}{\underset{|}{C}}$—OH 中,除 $\sigma \rightarrow \sigma^*$ 跃迁外还有 $n \rightarrow \sigma^*$ 跃迁,能量比 $\sigma \rightarrow \sigma^*$ 的稍低,在近紫外端 200 nm 附近。

$\pi \rightarrow \pi^*$ 跃迁　双键、三键上的价电子跃迁到 π^* 上形成的跃迁,吸收峰大都小于 200 nm,$\kappa_{max} \approx 10^4$ L·mol^{-1}·cm^{-1},属于强吸收。如乙烯的 $\lambda_{max} = 165$ nm,$\kappa_{max} = 10^4$ L·mol^{-1}·cm^{-1}。

共轭烯、炔中的 $\pi \rightarrow \pi^*$ 跃迁的吸收峰称 K 吸收带,比非共轭烯、炔的 $\pi \rightarrow \pi^*$ 的波长长,如丁二烯的 $\lambda_{max} = 217$ nm。共轭体系愈大,吸收带波长愈长。

苯环上 $\pi \rightarrow \pi^*$ 跃迁产生三个谱带:E$_1$ 吸收带(λ_{max} 为 180 nm 左右,$\kappa > 10^4$ L·mol^{-1}·cm^{-1}),E$_2$ 吸收带(λ_{max} 为 200 nm,$\kappa \approx 10^4$ L·mol^{-1}·cm^{-1})和 B 吸收带(λ_{max} 为 278 nm,$\kappa = 10 \sim 10^3$ L·mol^{-1}·cm^{-1})。B 吸收带在非极性溶剂中有精细结构,用于芳香化合物的鉴别,但极性溶剂中精细结构消失,如图 9-23 所示。

$n \rightarrow \pi^*$ 跃迁　含杂原子的双键化合物 $\overset{|}{C}{=}O$、$\overset{|}{C}{=}N$ 等,杂原子上有 n 电子,同时又有 π^* 轨道,形成 $n \rightarrow \pi^*$ 跃迁,吸收光波长在近紫外区内,亦称 R 吸收带。这种跃迁属于禁阻跃迁,吸收较弱($\kappa \leqslant 10^2$ L·mol^{-1}·cm^{-1})。如丙酮的吸收峰在 280 nm,$\kappa = 10 \sim 30$ L·mol^{-1}·cm^{-1}。

常见电子能级跃迁的能量(波长)范围及吸收强度如图 9-24 所示。

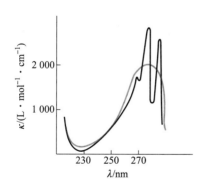

图 9-23　苯酚在庚烷溶液(黑线)和乙醇溶液(蓝线)中的 B 吸收带

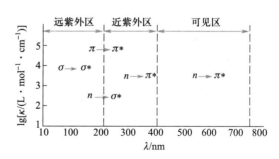

图 9-24　常见电子能级跃迁及对应波长范围和吸收强度

影响紫外吸收光谱的因素

物质的紫外吸收光谱受溶剂性质、溶液 pH、空间效应等诸多因素的影响。

（1）溶剂　溶剂极性的变化会使化合物的紫外吸收光谱形状改变。例如，在非极性的庚烷中，苯酚在 270 nm 处出现中等强度的吸收峰并有精细结构，但在乙醇中，精细结构变得不明显或消失，B 带呈宽的包状，如图 9-23 所示。

溶剂的极性不同还会使吸收波长也发生改变。极性大的溶剂会使 $\pi \to \pi^*$ 跃迁谱带红移，而使 $n \to \pi^*$ 跃迁谱带蓝移。

由于溶剂对紫外吸收光谱有影响，因此，记录吸收光谱时应注明所用溶剂。在将未知物的吸收光谱与已知化合物吸收光谱作比较时，要使用相同溶剂。

（2）溶剂 pH　当被测物质带有酸性或碱性基团时，溶剂 pH 的变化对光谱的影响较大。例如，苯胺在乙醇中 λ_{max} 为 230 nm，而在稀酸中 λ_{max} 为 203 nm，与苯的 E_2 带相似。利用溶剂 pH 不同对光谱的影响，可测定化合物结构中的酸性或碱性基团。

（3）空间效应　若分子中存在空间阻碍，影响较大共轭体系的生成，则吸收波长 λ_{max} 较短，κ 小；反之，则 λ_{max} 较大，κ 也增大。

紫外吸收光谱法的应用

紫外吸收光谱法与可见吸收光谱法一样，广泛应用于定量分析，以及用于测定物质的物理化学常数。

例　复方磺胺甲噁唑片含量测定。本品含磺胺甲噁唑（SMZ）、磺胺增效剂甲氧苄啶（TMP）。《中国药典》曾采用亚硝酸钠滴定法直接测定本品中磺胺甲噁唑的含量，甲氧苄啶不干扰测定。甲氧苄啶则是先用氯仿和乙酸溶液萃取出，再用紫外分光光度法测定含量，较为烦琐，误差较大。因两者均有紫外吸收，2000 年版《中国药典》又采用双波长分光光度法直接测定它们的含量[①]。

（1）SMZ 含量的测定：257 nm 处 SMZ 有最大吸收[图 9-25（a）]，而 TMP 吸收较小，并在 304 nm 波长附近有等吸收点。取适量供试品的粉末 $m(g)$、SMZ 对照品 $m_R(mg)$ 分别配制成 0.4% 氢氧化钠-2% 乙醇的溶液后，在 257 nm 和 304 nm 波长处测定吸光度，则

SMZ 含量（mg/片）$= \left[(A_{257\,nm} - A_{304\,nm})_{供试品} \cdot m_R \cdot \bar{m} \right] / \left[(A_{257\,nm} - A_{304\,nm})_{对照品} \cdot m \right]$

$\bar{m}$ 为平均片重（g/片）。

（2）TMP 含量的测定：239 nm 处 TMP 有较大吸收[图 9-25（b）]，而 SMZ 的吸收最小，且在 295 nm 波长附近有等吸收点。取适量供试品的粉末 $m(g)$、TMP 对照品 $m_R(mg)$ 分别制

---

① 刘文英．药物分析．6 版．北京：人民卫生出版社，2007：365.

成盐酸-氯化钾溶液,在 239 nm 和 295 nm 波长处测定吸光度,则

$$\text{TMP 含量}(\text{mg}/\text{片}) = \left[(A_{239\,\text{nm}} - A_{295\,\text{nm}})_{\text{供试品}} \cdot m_R \cdot \overline{m} \right] / \left[(A_{239\,\text{nm}} - A_{295\,\text{nm}})_{\text{对照品}} \cdot m \right]$$

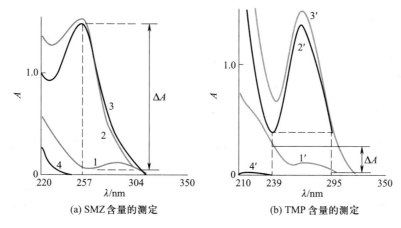

(a) SMZ 含量的测定   (b) TMP 含量的测定

图 9-25 SMZ 和 TMP 的紫外吸收光谱

1—TMP(2.0 μg·mL^{-1});   1′—TMP(5.0 μg·mL^{-1});

2—SMZ(10.0 μg·mL^{-1});   2′—SMZ(25.0 μg·mL^{-1});

3—SMZ+TMP;4—辅料   3′—SMZ+TMP;4′—辅料

紫外吸收光谱法还可应用于物质的定性分析和结构分析等。

1. 定性分析

进行定性分析时,一是用经验规则计算最大吸收波长 λ_{max},然后与实测值比较;二是比较吸收光谱。

(1)计算 λ_{max} 吸收峰的波长与分子中基团的种类及其在分子中的位置、共轭等情况有关。因此可利用一些经验规则(如 Woodward 规则等)计算共轭分子的 λ_{max},并与实测值比较。如果相符,则可确定该化合物的种类。

(2)比较吸收光谱 在相同的测定条件下,比较未知物与已知标准物的光谱图。若两者的谱图相同,则可认为待测样品与已知标准物含相同的生色团。但有时不一定是同一化合物,因为紫外吸收光谱常只有 2~3 个较宽的吸收峰。具有相同生色团的不同分子结构,有时会产生相同的吸收光谱,但吸收系数是有差别的。所以在比较 λ_{max} 的同时,还要比较 κ_{max}。如果待测物和标准物的 λ_{max} 相同,吸收系数也相同,则可考虑两者是同一物质。无标准物时可借助标准谱图或有关电子光谱数据进行比较。例如,用 2,5-二甲基-4-氨基嘧啶的溴酸盐与 4-甲基-5-噻唑合成出硫胺素盐酸盐,其紫外吸收光谱与天然维生素 B$_1$ 盐酸盐的吸收曲线进行对照,结果完全重合(图 9-26),说明成功地合成了维生素 B$_1$。

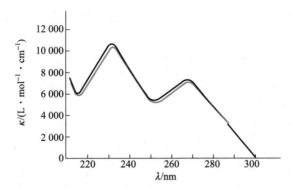

图 9-26   天然维生素 B_1 盐酸盐（黑线）、合成硫胺素盐酸盐（蓝线）吸收曲线

2. 同分异构体和顺反异构的确定

反式异构体空间位阻小，共轭程度较高，其 λ_{max} 和 κ_{max} 大于顺式异构体，如顺式 1,2-二苯乙烯的 λ_{max} 为 280 nm，κ_{max} 为 13 500 $L \cdot mol^{-1} \cdot cm^{-1}$；而反式结构的 λ_{max} 为 295 nm，κ_{max} 为 27 000 $L \cdot mol^{-1} \cdot cm^{-1}$。

酮式和烯醇式互变异构体因前者无共轭体系而后者有共轭体系得以区别。

3. 纯度检查

如果某化合物在紫外光某区域没有吸收峰，而杂质有较强吸收，就可方便地检出该化合物中的痕量杂质。例如，乙醇中有无杂质苯，只要观察在 256 nm 处有无苯的吸收即可，因为苯在此有吸收而乙醇无吸收。

若主成分有吸收，而杂质无吸收，则可在主成分的 λ_{max} 处测量吸收系数，并与理论值比较来检查纯度。

§9-7   分子发光分析法简介

分子发光（molecular luminescence）包括荧光（fluorescence）、磷光（phosphorescence）、化学发光（chemiluminescence）、生物发光（bioluminescence）和分子散射发光。分子发光分析法的显著特点是灵敏度高、选择性好，在化学、医药、生命科学等领域有特殊重要性。本节简介分子荧光分析法和化学发光分析法。

分子荧光分析法

许多化合物会光致发光（photoluminescence），即被光照射后发射出光。荧光一般在光照后 10^{-8} s 的时间内发射，而磷光则可延续到 $10^{-4} \sim 1$ s 以上的时间。

基于测量化合物荧光的分子荧光分析法（molecular fluorescence spectrometry）

灵敏度高,检出限常比分光光度法低一个数量级以上,在 $1 \sim 100$ ng·mL^{-1}之间,选择性与其它方法相当或更好,可用于无机物、有机物的测定。因为有些吸光物质无荧光,故荧光分析法不如吸光光度法应用广泛。磷光分析法的应用有限。

基 本 原 理

1. 分子的激发与失活

多数有机分子含偶数电子,基态时这些电子自旋相反地配对于各原子或分子轨道,所以多数基态分子是单重态(singlet state),磁场中能级不分裂(忽略核自旋效应),有抗磁性。有两个电子自旋不配对而平行的状态称为三重态(triplet state),分子具有顺磁性。分子吸收光子从基态跃迁到激发态时,其自旋方向不变,持续一段时间后可能倒转为三重态。

激发态分子不稳定,要以辐射或非辐射跃迁方式失活(deactivation)回到基态。非辐射跃迁的失活过程,包括振动弛豫、内转换、系间窜跃等。振动弛豫是指分子将多余的振动能量传递给介质而到达同一电子能级的最低振动能级的过程。内转换是指相同多重态的两个电子态间的非辐射跃迁过程。系间窜跃指激发态电子的自旋发生倒转而使分子的多重态发生变化的无辐射跃迁过程。如果一个单重态与一个三重态的振动能级重叠的话,系间窜跃的概率也将增加。分子先经振动弛豫、内转换等非辐射方式到达第一电子激发单重态的最低振动态,若此时以辐射失活回到基态就发射荧光,其波长常大于入射光。光致发光体系的能级变化见图 9-27。

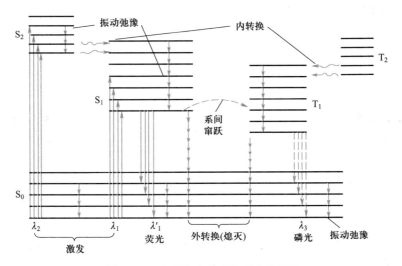

图 9-27 光致发光体系的部分能级图

S—单重态;T—三重态

分子在激发态上停留的平均时间称为荧光分子的平均寿命 τ。荧光过程愈快，τ 值愈小，与其它失活过程竞争的能力愈强，愈易发荧光，反之亦然。摩尔吸收系数 κ_{max} 代表吸光过程的难易，与荧光的强弱有数值关系：

$$\tau \approx \frac{10^{-5}}{\kappa_{max}}$$

κ_{max} 的数值一般在 $10^3 \sim 10^5$ 范围，所以荧光寿命常为 $10^{-8} \sim 10^{-10}$ s。弱吸收体系的跃迁概率较低，τ 可达 10^{-3} s 左右，此间发生的其它失活过程都可减弱荧光强度。

2. 激发光谱与发射光谱

任何发射荧光的物质分子都具有两种特征光谱——激发光谱与发射光谱。

荧光物质跃迁到激发态时所吸收的光称为激发光，处在激发态的分子回到基态时所发出的荧光称为发射光。由于分子对光的选择性吸收，不同波长的入射光有不同的激发效率。如果固定荧光的发射波长而不断改变激发光的波长，并记录相应的荧光强度，所得到的荧光强度对激发波长的谱图称为荧光的激发光谱。如果固定激发光的波长和强度，而不断改变荧光的发射波长，并记录相应的荧光强度，所得到的荧光强度对发射波长的谱图则称为荧光的发射光谱，也称荧光光谱。激发光谱和发射光谱可作为定量测定时选择合适的激发波长和发射波长（即测定波长）的依据。图 9-28 为乙醇中蒽的激发光谱和荧光光谱。

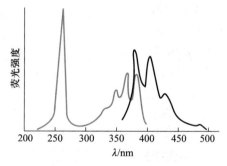

图 9-28　乙醇中蒽的激发光谱
（蓝线）和荧光光谱（黑线）

3. 荧光强度 F 与浓度的关系

荧光强度与荧光物质的荧光效率 φ（也称荧光量子产率）及所吸收的激发光强度 I_a 成正比，即

$$F = \varphi I_a$$

荧光效率是指激发态分子发射荧光的光子数与基态分子吸收光子数之比。对于一定的荧光反应，φ 一定，当入射激发光强度 I_0 和溶液的厚度 b 一定时，经推导可得

$$F = Kc \tag{9-11}$$

可见，荧光强度与荧光物质浓度 c 呈线性关系。

对于较浓的溶液,荧光强度与荧光物质浓度的关系偏离线性。一是因为入射光被强烈吸收,造成溶液内部的入射光强锐减,故荧光减弱;二是因为自猝灭和自吸收。自猝灭是发光物质分子间碰撞的结果,它随溶液浓度增大而增强。自吸收是液体内部的分子发射的荧光在通过外部液层时被同类分子吸收造成的荧光减弱。

荧光法的灵敏度可通过提高 I_0 或进一步放大检测信号来改进。

影响荧光强度的因素

1. 荧光与结构的关系

荧光现象只有某些结构特性的体系才会产生。

共轭效应使 $\pi \to \pi^*$ 跃迁能级降低,故芳香化合物常有较强荧光,且随环数和稠合程度的增加,荧光峰红移,荧光增强。含大共轭体系或脂环羰基结构的脂肪族化合物也能发射荧光,但数目少得多。简单杂环化合物如吡啶、呋喃、噻吩和吡咯都无荧光,因其低能级电子跃迁包含有 $n \to \pi^*$ 体系,但稠杂环化合物如喹啉、异喹啉和吲哚等可发射荧光。

苯环上的羧基、羰基或亚硝基等吸电子取代基常妨碍荧光的产生。在这些化合物中,$n \to \pi^*$ 跃迁的能量要比 $\pi \to \pi^*$ 跃迁的能量小,但 $n \to \pi^*$ 跃迁的荧光量子产率通常都较低。如乙醇溶液中,苯、苯甲酸、硝基苯的相对荧光强度分别为 10、3、0,而给电子取代基—OH、—NH$_2$、—OCH$_3$ 会使荧光增强,如苯、甲苯、苯酚、苯甲醚、苯胺、苯氰的相对荧光强度分别为 10、17、18、20、20、20。卤素取代时,荧光强度随卤素原子序数的增加而减小,如苯、氟苯、氯苯、溴苯、碘苯的相对荧光强度分别为 10、7、7、5、0。

平面刚性结构分子容易发射荧光,如芴和联苯的 φ 分别约为 1.0 和 0.2,主要是由于亚甲基的加入增加了芴的刚性的缘故。此外,当荧光物质被吸附在固体表面上时,也常使荧光增强,可用由固体表面诱导刚性增加来说明。刚性和共平面性增加,可使分子与溶剂或其它溶质分子的相互作用减小,使外转移减弱,利于荧光的发射。非刚性分子的一部分可以相对于分子的其它部分作低频振动,无疑可说明某些能量损失。刚性结构也可用来解释有机螯合剂与金属离子配位时其荧光增强的现象。例如,8-羟基喹啉的荧光就比其锌配合物的荧光弱得多。

芴　　　　　　　　联苯　　　　　　　　锌-8-羟基喹啉

2. 荧光与环境因素的关系

（1）温度降低会降低碰撞与非辐射失活的概率，故荧光增强。

（2）含酸性、碱性取代基化合物的荧光常与 pH 有关。一个化合物的酸式和碱式结构的荧光波长和强度都有差别。pH 的变化影响荧光基团的电荷状态，也可能改变了配位比，从而影响金属离子有机配体荧光配合物的荧光。如苯、苯酚、酚氧离子、苯胺、苯胺正离子的相对荧光强度分别为 10、18、10、20、0。

（3）溶剂极性的增加会使 $n \to \pi^*$ 跃迁能量增大，$\pi \to \pi^*$ 跃迁能量降低。在某种情况下，此种相反的位移可能大得足以使 $\pi \to \pi^*$ 过程的能量低于 $n \to \pi^*$ 跃迁的能量，导致荧光强度增加，荧光波长红移，但也有相反的情形。若溶剂和荧光物质形成氢键或溶剂使荧光物质解离状态改变，则荧光波长和强度也会发生改变。例如，维生素 B_6 荧光波长在二噁烷中为 335 nm，而在水中因解离作用变为 400 nm。

激发态分子与溶剂或溶质间的相互作用和能量转换会使荧光强度减弱甚至消失。荧光强度的减弱或消失称为荧光熄灭或猝灭（fluorescence quenching）。

（4）高黏度可减少粒子间碰撞，导致荧光增强。

（5）溶解氧会降低溶液的荧光强度，可能是由于荧光物质的光化学诱导氧化所致，更可能是氧分子的顺磁性促进了激发态分子发生系间窜跃，使荧光猝灭。

荧光分析仪器

荧光分析仪器有荧光计与荧光分光光度计（spectrofluorometer）两类。荧光计常仅用于定量分析，使用高压汞蒸气灯光源（发射线光谱，其中 365、398、436、546、579、690、734nm 谱线较强），使用滤光片获得谱带，如国产 930 型荧光计。光电荧光计使用光电池或光电管作为检测器。

荧光分光光度计结构如图 9-29 所示，由光源（常用氙弧灯，激光光源逐渐普及）发出的光，经第一单色器（激发单色器，常用石英棱镜或光栅单色器）后，进入四面抛光的石英试样池，荧光物质被激发后，向各方向发射荧光。第二单色器（荧光单色器）设置在与激发光入射方向垂直的方向上，只让待测物质的荧光（或其中某一波长带）通过，到达检测器（一般用光电倍增管），得到相应的电信号，放大记录。荧光分光光度计既可用于定量分析，也可用于测绘激发光谱和荧光光谱。

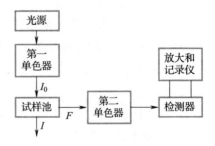

图 9-29　荧光分光光度计结构示意图

分子荧光分析法的应用

无机化合物直接用荧光法测定的不多,但通过与有机试剂反应形成荧光配合物,或通过催化或猝灭荧光反应而进行荧光分析的元素已近 70 种(表 9-2)。过渡金属的荧光螯合物不多,一是因为许多过渡金属离子是顺磁性的,二是因为这些原子中有许多靠得很近的能级,这些均使系间窜跃概率增加。因此,虽然可观测到磷光现象,但荧光却不一定发生。非过渡金属对上述失活作用则不太敏感,其荧光螯合物较多。阴离子的分析则多用荧光猝灭法。

食品、药物、临床样品、天然产物、生命科学领域中许多的有机物都能发射强荧光。荧光法的灵敏度和选择性使其在这些领域中有特殊的价值。

同步荧光、导数荧光、时间分辨荧光、相分辨荧光、荧光偏振、荧光免疫、低温荧光、固体表面荧光、荧光反应速率法、三维荧光光谱技术和荧光光纤化学传感器等新技术不断出现,使荧光分析法的应用不断扩大。

表 9-2　某些物质的荧光分析

待测物	反应试剂	酸度条件	λ 激发/λ 荧光	检测限/(μg·mL^{-1})
Al	8-羟基喹啉	pH = 5.7 CH$_3$Cl 萃取	365 nm / 530 nm	0.002 ~ 0.24
B	桑色素	稀 HCl	365 nm / 479 nm	0.02 ~ 0.5
Be	3-羟基-2-萘甲酸	pH = 5.6 ~ 9.0	380 nm / 460 nm	0.000 2 ~ 0.02
F	桑色素 Th	pH = 5.6	420 nm / 510 nm	0.004 ~ 0.15
甲醛	乙酰丙酮+NH$_3$	pH = 6	410 nm / 510 nm	0.005 ~ 1.0
苯酚		0.01 mol·L^{-1}H$_2$SO$_4$	276 nm / 365 nm	94 ~ 7 520
维生素 B$_2$		0.05 mol·L^{-1}H$_2$SO$_4$	285 nm / 350 nm	0 ~ 20
胆酸		96.5%H$_2$SO$_4$加热	436 nm / 495 nm	1 ~ 10

化学发光分析法

化学发光又称冷光(cold light),是由化学反应而产生的光辐射。化学发光分析法是一种新型的分析方法,具有极高的灵敏度[如用荧光素、荧光素酶和三磷酸腺苷(ATP)的化学反应可测定 2×10^{-17}mol·L^{-1} 的 ATP],选择性较好,仪器简单,分析速度快(多在 1 min 之内),线性范围可宽达几个数量级,在环境、生命、医学等领域得到愈来愈广泛的应用。

1. 基本原理

（1）化学发光的能级跃迁及光谱　　在某些化学反应中,某种反应产物或共存物分子吸收了反应的化学能,由基态跃迁至较高电子激发态,然后经振动弛豫或内转换到达第一电子激发态的最低振动能级,由此发射光而跃回基态,或先经系间窜跃到达亚稳的三重态,然后再发射光跃回基态,这两种光都是化学发光。物质的化学发光光谱与它的荧光光谱十分相似。化学发光由激发态分子或原子所决定,很少有不同的化学反应产生出相同发光物质的情况,故每个化学发光反应都有其特征的化学发光光谱。

（2）化学发光反应的条件　　仅有少数化学反应能满足以下两个条件而发光:

① 反应快速并放出足够的能量,并被反应分子吸收形成一种激发态产物。

$$-\Delta G \geqslant \frac{hc}{\lambda_{em}} = \frac{120}{\lambda_{em}}(kJ \cdot mol^{-1})$$

式中,h 为 Plank 常量;c 为光速;λ_{em} 为最大发射波长(nm);ΔG 为化学反应吉布斯自由能的变化。化学发光反应的 ΔG 通常在 $170 \sim 290$ kJ·mol^{-1} 之间。

② 激发态分子或原子能释放出光子,或者能量转移到另一分子再发光。

能满足上述两个条件的通常是氧化还原反应,如一氧化氮和臭氧反应的机理为

$$NO + O_3 \longrightarrow NO_2^* + O_2$$
$$NO_2^* \longrightarrow NO_2 + h\nu(600 \sim 875 \text{ nm})$$

又如,臭氧氧化乙醇溶液中的没食子酸,形成受激中间体 A^*,A^* 迅速地将能量转给罗丹明 B 而将其激发,后者回到基态时发射出 584 nm 波长的光。

$$没食子酸 + O_3 \longrightarrow A^* + O_2$$
$$罗丹明 B + A^* \longrightarrow 罗丹明 B^* + A$$
$$罗丹明 B^* \longrightarrow 罗丹明 B + h\nu$$

（3）化学发光效率 φ_{CL} 及化学发光强度 I_{CL}　　φ_{CL} 表示化学反应的发光能力:

$$\varphi_{CL} = \frac{发射光子的数目(或反应速率)}{参加反应的分子数(或反应速率)}$$

一般的化学发光反应的 φ_{CL} 很少有超过 0.01 的,荧光素的 φ 接近 1。

化学发光强度 I_{CL} 定义为单位时间内发射的光子数。对于反应

$$A + B \longrightarrow C^* + D$$

发光强度 I_{CL} 与化学发光效率 φ_{CL} 和反应速率之间有下面的关系：

$$I_{CL} = \varphi_{CL}\left(-\frac{\mathrm{d}c_A(t)}{\mathrm{d}t}\right) = \varphi_{CL}Kc_Ac_B \tag{9-12}$$

当 c_B 大大过量时

$$I_{CL} = K'c_A$$

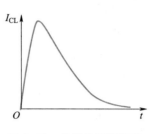

对于一级或准一级反应，t 时刻的发光强度与此时的分析物浓度成正比。I_{CL} 经时变化如图 9-30 所示。分析上，对于快反应可得到尖而窄的峰，可以峰高来定量；对于慢反应，得到较平宽的峰，可以峰面积 S 来定量。

图 9-30　化学发光强度随时间的变化

$$S = \int_{t_1}^{t_2} I_{CL}\mathrm{d}t = \varphi_{CL}\int_{t_1}^{t_2}\left(-\frac{\mathrm{d}c_A(t)}{\mathrm{d}t}\right)\mathrm{d}t = -\varphi_{CL}\int_{t_1}^{t_2}\mathrm{d}c_A(t) \tag{9-13}$$

2. 化学发光分析仪器

化学发光分析仪器由反应室、光检测器、放大器及信号输出装置四部分组成。用于不同类型化学发光反应（液相、气相、火焰）的仪器主要不同之处在于反应室的设计，必须考虑能有效地将化学发光反应的微弱光收集到检测器上。化学发光反应一般反应速率较快，故要求试样与试剂快速混合。流动注射式化学发光仪（图 9-31）能较好地满足这个要求。检测器多采用灵敏、响应快的光电倍增管。用记录仪记录光强-时间曲线。上述仪器没有单色器，不能获得发光光谱。测量发光光谱需采用硅光导摄像快速扫描分光光度计或摆动镜快速扫描分光光度计。

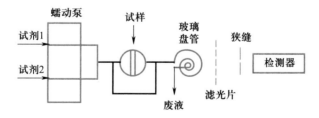

图 9-31　流动注射式液相化学发光仪示意图

3. 化学发光反应的类型及应用

用于分析的化学发光反应有液相、气相和火焰化学发光三种类型。

（1）液相化学发光反应体系最多，应用也最广泛。

① 鲁米诺(Luminol)体系 鲁米诺是最常用的发光试剂,在碱水溶液、二甲基亚砜或二甲基甲酰胺溶液中能被 H_2O_2、ClO^-、I_2、Br_2、$K_3Fe(CN)_6$、MnO_4^- 等氧化而发光,其 φ_{CL} 在 0.01~0.05 之间。据此建立的化学发光分析法可检测 2 ng·mL^{-1} 的 H_2O_2、1 ng·mL^{-1} 的 ClO^-、1 ng·mL^{-1} 的 I_2、1 ng·mL^{-1} 的 Br_2、$K_3Fe(CN)_6$ 和 MnO_4^-。

鲁米诺被 H_2O_2 氧化发光的反应速率慢,许多离子能促进该反应,且灵敏度都很高,如可测定低至 0.061 ng·mL^{-1} 的 Co(Ⅱ)、0.002 ng·mL^{-1} 的 Cu(Ⅱ)、0.01 ng·mL^{-1} 的 Fe(Ⅱ)、0.2 ng·mL^{-1} 的 Cr(Ⅲ)、0.2 ng·mL^{-1} 的 Os(Ⅵ、Ⅴ、Ⅲ)、0.4 ng·mL^{-1} 的 Ru(Ⅲ、Ⅳ)。但至少有 30 多种离子会催化或抑制该反应,选择性不好。而 Cr(Ⅲ)的测定,利用 Cr(Ⅲ)及共存金属离子与 EDTA 配位反应的速率差,提高了选择性。

鲁米诺及其衍生物的发光反应还可以应用于有机物、药物、生物体液中微量激素、新陈代谢物的测定。如机体中的超氧阴离子·O_2^- 能直接与鲁米诺发生化学发光而被检测。超氧化物歧化酶(SOD)能促使·O_2^- 歧化为 O_2 和 H_2O_2 而清除·O_2^-。可利用 SOD 对鲁米诺·O_2^- 体系化学发光的抑制,间接测定 SOD。

② 光泽精(Lucigenin)体系 光泽精也是常见的发光试剂,碱性条件下被氧化发出 470 nm 波长的光,其 φ_{CL} 为 0.01~0.02。其与 H_2O_2 的反应受多种金属离子的催化或抑制,可借此测定 6 ng·mL^{-1} 的 Fe(Ⅱ)、50 ng·mL^{-1} 的 Fe(Ⅲ)、0.5 ng·mL^{-1} 的 Mn(Ⅱ)、0.2 ng·mL^{-1} 的 Cu(Ⅱ)、3 ng·mL^{-1} 的 Cr(Ⅲ)、100 ng·mL^{-1} 的 Ag(Ⅰ)、0.02 ng·mL^{-1} 的 Os(Ⅳ、Ⅴ、Ⅵ)、10 ng·mL^{-1} 的 Co(Ⅱ)、3×10^{-15} mol·L^{-1} 的甾族硫酸盐。利用 SDS–O_2^-–光泽精反应可检测 10^{-6} mol·L^{-1} 的葡萄糖醛酸衍生物。

③ 其它发光剂如过氧草酸酯、洛粉碱、没食子酸、荧光素也有分析应用。

(2) 气相及火焰化学发光反应体系较少,主要有 O_3、NO、SO_2、S、CO 的化学发光,用于监测空气中的 O_3、NO、NO_2、H_2S、SO_2 和 CO_2,如:

$$NO + O \longrightarrow NO_2^* \longrightarrow NO_2 + h\nu(400\sim1400\ nm)$$

可测定 1 ng·mL^{-1} 的 NO。

$$CO + O \longrightarrow CO_2^* \longrightarrow CO_2 + h\nu(300\sim500\ nm)$$

可测定 1 ng·mL^{-1} 的 CO。

$$C_2H_4 + O_3 \longrightarrow C_2H_4O_3^* \longrightarrow CH_2O + HCOOH + h\nu(300\sim500\ nm)$$

可测定 3 ng·mL^{-1} 的 O_3。

$$SO_2 + O + O \longrightarrow SO_2^* + O_2 \longrightarrow SO_2 + O_2 + h\nu(200\ nm)$$

可测定 1 ng·mL^{-1} 的 SO$_2$。

火焰化学发光也属于气相化学发光范畴。在 300~400 ℃ 的火焰中,热辐射是很小的,某些物质可以从火焰的化学反应中吸收化学能而被激发,从而产生火焰化学发光。火焰化学发光现象多用于硫、磷、氮和卤素的测定,如:

$$NO + H \longrightarrow HNO^* \longrightarrow HNO + h\nu(660~770~nm)$$

可测定 0.15 μg·mL^{-1} 的 NO。

$$含硫化合物 \xrightarrow{\text{富氢火焰中燃烧}} S \longrightarrow S_2^* \longrightarrow S_2 + h\nu(350~460~nm)$$

用于气相色谱的检测器,可测定 0.2 μg·mL^{-1} 的硫。

(3)近年来出现了耦合反应化学发光法、化学发光免疫分析、电致化学发光分析等新技术,在激素、抗生素的检测,肝炎、肿瘤等的检查方面有极好的应用前景。

　　例　氯霉素曾为我国畜牧业中广泛应用的兽药,动物中的氯霉素可通过食物链传给人,对人的造血及消化系统有毒害。所以,欧盟禁止氯霉素用于奶牛和产蛋鸡,美国、中国规定在动物性食品中不允许残留氯霉素。目前氯霉素的检测有放射免疫分析法、酶联免疫分析法、HPLC、化学发光免疫分析法等。酶促化学发光免疫分析法具有非放射性、灵敏、高特异性、高精密度、准确的特点。

　　将兔抗氯霉素多抗吸附在聚苯乙烯微孔板上制成固相抗体,在氯霉素上连接辣根过氧化物酶制成标记物,鲁米诺体系作为发光底物,建立了氯霉素酶促化学发光免疫分析方法。该分析方法的方法学分析灵敏度为 0.05 ng·mL^{-1},批内变异系数小于 8%,批间变异系数小于 20%。以牛奶为试样的分析回收率为 87%~100%,检测线性范围为 0.1~10 ng·mL^{-1}[①]。

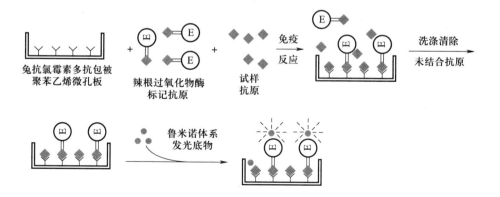

　　① 林斯,许文革,刘一兵.氯霉素酶促化学发光免疫分析方法的建立.中国核科技报告,2007(1):185-195.

思考题

1. 为什么物质对光会发生选择性吸收？常见的电子跃迁有哪几种类型？

2. 朗伯-比尔定律的物理意义是什么？什么是透射率(透光度)、吸光度？二者有什么关系？

3. 摩尔吸收系数的物理意义是什么？它与哪些因素有关？分析化学中 κ 有何意义？

4. 什么是吸收光谱曲线？什么是标准曲线？它们有何实际意义？利用标准曲线进行定量分析时,可否使用透光度 T-浓度 c 关系曲线？

5. 当研究一种新的显色反应时,必须做哪些实验条件的研究？

6. 分光光度计有哪些主要部件？它们各起什么作用？

7. 测定金属钴中微量锰时,在酸性溶液中用 KIO_4 将锰氧化为高锰酸钾后进行吸光度的测定。在测定高锰酸钾标准溶液及试液的吸光度时应选什么作参比溶液？

8. 吸光度的测量条件如何选择？

9. 光度分析法误差的主要来源有哪些？如何减免这些误差？

10. 在有机化合物的鉴定和结构判断上,紫外-可见吸收光谱提供的信息有什么特点？

11. 试述荧光产生的基本原理。具有什么结构的物质最容易发荧光？

12. 解释名词：单重态、三重态、荧光、荧光量子产率、激发光谱、荧光光谱。

13. 溶液中,溶剂的极性、pH 及温度是如何影响荧光强度的？

14. 荧光物质浓度高时,为什么荧光强度会偏离 $F=Kc$ 关系式？

15. 试述为什么 $\pi^* \to \pi$ 型跃迁的荧光要比 $\pi^* \to n$ 型荧光易发生且强度大？

16. 荧光激发光谱与发射光谱之间有什么关系？

17. 试述化学发光分析法的基本原理。它与荧光分析法有什么异同点？

18. 化学发光分析有哪些特点和缺点？化学发光反应应满足什么条件？

习题

1. 将 0.088 mg 的 Fe^{3+} 用硫氰酸盐显色后,在容量瓶中用水稀释到 50 mL,用 1 cm 比色皿在 480 nm 波长处测得 $A=0.740$。求吸收系数 a 及 κ。

2. 用双硫腙光度法测定 Pb^{2+}。Pb^{2+} 的浓度为 0.08 mg/50 mL,用 2 cm 比色皿在 500 nm 波长处测得 $T=53\%$,求 κ。

3. 用磺基水杨酸法测定微量铁。铁标准溶液是由 0.216 0 g $NH_4Fe(SO_4)_2 \cdot 12H_2O$(铁铵矾,$M=482.18$ g·mol^{-1})溶于水中稀释至 500 mL 配制成的。根据下列数据,绘制标准曲线。

加入铁标准溶液的体积/mL	0.0	2.0	4.0	6.0	8.0	10.0
吸光度	0.0	0.165	0.320	0.480	0.630	0.790

某试液 5.00 mL,稀释至 250 mL。取此稀释液 2.00 mL,与绘制标准曲线相同条件下显色并测定吸光度,测得 $A=0.500$。求试液铁含量(单位：mg·mL^{-1})。

4. 取钢试样 1.00 g,溶解于酸中,将其中锰氧化成高锰酸钾盐,准确配制成 250 mL 溶液,

测得其吸光度为 1.00×10^{-3} mol·L^{-1} $KMnO_4$ 溶液吸光度的 1.5 倍。计算钢中锰的质量分数。

5. 在相同条件下测得 1.00×10^{-2} mol·L^{-1} 标准铜溶液和含铜试液的吸光度分别为 0.699 和 1.00。如光度计透光度读数误差为 $\pm 0.5\%$，则试液浓度测定的相对误差为多少？

6. 某含铁约 0.2% 的试样，用邻二氮菲-亚铁光度法（$\kappa = 1.00 \times 10^4$ L·mol^{-1}·cm^{-1}）测定。试样溶解后稀释至 100 mL，用 1 cm 比色皿在 508 nm 波长处测定吸光度。

（1）为使吸光度测量引起的浓度相对误差最小，应当称取试样多少克？

（2）如果所使用的光度计透光度最适宜读数范围为 0.200～0.650，测定溶液应控制的含铁的浓度范围为多少？

7. 某溶液中有三种物质，它们在特定波长处的吸收系数 a（L·g^{-1}·cm^{-1}）如下表所示。设所用比色皿厚度 $b = 1$ cm，请给出以吸光度法测定它们浓度的方程式，用 mg·mL^{-1} 为单位。

物质 ＼ 波长	400 nm	500 nm	600 nm
A	0	0	1.00
B	2.00	0.05	0
C	0.60	1.80	0

8. 在下列不同 pH 的缓冲溶液中，甲基橙的浓度均为 2.0×10^{-4} mol·L^{-1}。用 1 cm 比色皿在 520 nm 波长处测得下列数据，试用代数法和图解法求甲基橙的 pK_a 值。

pH	0.88	1.17	2.99	3.41	3.95	4.89	5.50
A	0.890	0.890	0.692	0.552	0.385	0.260	0.260

9. 在 0.1 mol·L^{-1} HCl 溶液中的某生物碱于 356 nm 波长处的 κ 为 400 L·mol^{-1}·cm^{-1}，在 0.2 mol·L^{-1} NaOH 溶液中为 17 100 L·mol^{-1}·cm^{-1}，在 pH = 9.50 的缓冲溶液中表观摩尔吸收系数 κ 为 9 800 L·mol^{-1}·cm^{-1}。求 pK_a 值。

10. 用摩尔比法测定 Mn^{2+} 与配位剂 R 形成的有色配合物的组成及稳定常数。固定 Mn^{2+} 浓度为 2.00×10^{-4} mol·L^{-1}，改变 R 的浓度时，用 1 cm 比色皿在 525 nm 波长处测得如下数据：

$c_R/(mol \cdot L^{-1})$	A_{525}	$c_R/(mol \cdot L^{-1})$	A_{525}
0.500×10^{-4}	0.112	2.50×10^{-4}	0.449
0.750×10^{-4}	0.162	3.00×10^{-4}	0.463
1.00×10^{-4}	0.216	3.50×10^{-4}	0.470
2.00×10^{-4}	0.372	4.00×10^{-4}	0.470

求：（1）配合物的化学式；（2）配合物在 525 nm 处的 κ；（3）配合物的 $K_稳$。

11. 配制一系列溶液，其中 Fe^{2+} 含量相同（各加入 7.12×10^{-4} mol·L^{-1} Fe^{2+} 溶液 2.00 mL），分别加入不同体积的 7.12×10^{-4} mol·L^{-1} 邻二氮菲溶液，稀释至 25 mL 后用 1 cm 比色皿在 510 nm 波长处测得吸光度如下：

加入邻二氮菲溶液的体积/mL	2.00	3.00	4.00	5.00	6.00	8.00	10.00	12.00
A	0.240	0.360	0.480	0.593	0.700	0.720	0.720	0.720

试求配合物的组成。

12. 常温下指示剂 HLn 的 K_a 是 5.4×10^{-7}，测定指示剂总浓度为 5.00×10^{-4} mol·L^{-1}，在强碱或强酸性介质中的吸光度(1 cm 比色皿)数据如下：

λ/nm	A		λ/nm	A	
	pH = 1.00	pH = 13.00		pH = 1.00	pH = 13.00
440	0.401	0.067	570	0.303	0.515
470	0.447	0.050	585	0.263	0.648
480	0.453	0.050	600	0.226	0.764
485	0.454	0.052	615	0.195	0.816
490	0.452	0.054	625	0.176	0.823
505	0.443	0.073	635	0.160	0.816
535	0.390	0.170	650	0.137	0.763
555	0.342	0.342	680	0.097	0.588

(1) 指示剂酸型是什么颜色？在酸性介质中测定时应选能透过什么颜色光的滤光片？在强碱性介质中测定时应选什么波长？

(2) 绘制指示剂酸式和碱式离子的吸收曲线。

(3) 当用 2 cm 比色皿在 590 nm 波长处测定强碱性介质中指示剂浓度为 1.00×10^{-4} mol·L^{-1} 溶液时，吸光度为多少？

(4) 若题设溶液在 485 nm 波长处用 1 cm 比色皿测得吸光度为 0.309，此溶液的 pH 为多少？如在 555 nm 波长处测定，此溶液的吸光度是多少？

(5) 在什么波长处测定指示剂的吸光度与 pH 无关？为什么？

(6) 用标准曲线法测定指示剂总浓度，在什么实验条件下标准曲线不偏离朗伯-比尔定律？

13. 未知相对分子质量的胺试样，通过用苦味酸(相对分子质量 229)处理后转化成胺苦味酸盐(1:1 加成化合物)。当波长为 380 nm 时，大多数苦味酸盐在 95%乙醇中的摩尔吸收系数大致相同，即 $\kappa = 10^{4.13}$ L·mol^{-1}·cm^{-1}。现将 0.0 300 g 苦味酸盐溶于 95%乙醇中，准确配制成 1 L 溶液。测得该溶液在 380 nm、$b = 1$ cm 时 $A = 0.800$。试估算未知胺的相对分子质量。

习题参考答案

第10章 原子吸收光谱法

Atomic Absorption Spectrometry

§10-1 概述

根据原子外层电子跃迁所产生的光谱进行分析的方法,称为原子光谱法,包括原子吸收光谱法、原子发射光谱法和原子荧光光谱法。本章重点介绍原子吸收光谱法,并对原子发射光谱法和原子荧光光谱法作一简介。

原子吸收光谱法又称原子吸收分光光度法或简称原子吸收法,它是基于测量试样所产生的原子蒸气中基态原子对其特征谱线的吸收,以定量测定化学元素的方法。

原子吸收光谱法具有如下特点:

(1)灵敏度高　用火焰原子吸收光谱法可测到 $10^{-9}\text{g}\cdot\text{mL}^{-1}$ 数量级,用无焰原子吸收光谱法可测到 $10^{-12}\text{g}\cdot\text{mL}^{-1}$,因而原子吸收光谱法特别适于微量及痕量元素分析。

(2)选择性好,准确度高　由于原子吸收谱线比较简单,谱线重叠干扰很少,因而分析的选择性好,基体和待测元素之间影响较少,大多数情况下共存元素不对原子吸收分析产生干扰,试样经处理后可直接进行分析,避免了繁杂的分离或富集手续,易于得到准确的分析结果。

(3)测定范围广　原子吸收光谱法可以直接测定 70 多种元素,若采用间接方法,还能测定某些非金属、阴离子和有机化合物。

(4)操作简便,分析速度快　原子吸收光谱仪操作比较简单,容易掌握,因而分析速度也快,这也是它易于推广、普及的重要原因。

原子吸收光谱法尚有一些不足之处,例如:测定不同元素时需要更换元素灯,使用不太方便;同时进行多元素测定尚有困难;对大多数非金属元素还不能直接测定。

原子吸收光谱法由于具有灵敏、准确、快速、简便等特点,因而在冶金、地质、石油、轻工、农业、医药、卫生、食品和环境保护等方面得到了广泛的应用。

§10-2　原子吸收光谱法基本原理

基态和基态原子

原子由原子核和核外电子组成,核外电子分布在不同的电子能级轨道上并绕核旋转。不同能级轨道,能量不同,离核越远的能级能量越高。在通常情况下,电子都处于各自最低的能级轨道上,这时整个原子能量最低也最稳定,称为基态,处于基态的原子称为基态原子,所以,基态原子就是不电离、不激发的自由原子。

共振线和特征谱线

原子受外界能量激发,最外层电子可能吸收能量向高能级轨道跃迁,这就是原子吸收过程。外层电子可以跃迁到不同能级轨道,因此可能有不同的激发态。电子从基态跃迁到能量最低的激发态(称为第一激发态),为共振跃迁,所产生的谱线称为共振吸收线(简称共振线)。当电子从第一激发态跃回基态时,则发射出同样频率的谱线,称为共振发射线(也简称共振线)。各种元素的原子结构和外层电子排布不同,不同元素的原子从基态激发至第一激发态(或由第一激发态跃回基态)时,吸收(或发射)的能量不同,因此各种元素的共振线不同而各有其特征性,这种共振线称为元素的特征谱线。从基态到第一激发态的跃迁由于所需能量最低,因此最容易发生。对大多数元素来说,特征谱线是元素所有谱线中最灵敏的线。在原子吸收光谱法中,就是利用待测元素原子蒸气中基态原子对光源发出的特征谱线的吸收来进行分析的。

如图 10-1,若将入射强度为 I_0 的不同频率的光通过原子蒸气,吸收后其透射光强度 I_ν 与原子蒸气厚度 b 的关系,同可见光吸收情况类似,服从朗伯-比尔定律,即

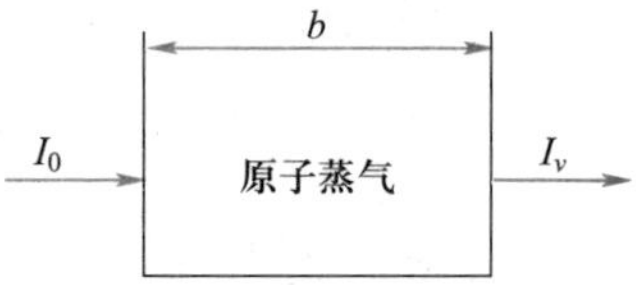

图 10-1　原子吸收示意图

$$I_\nu = I_0 \mathrm{e}^{-K_\nu b} \tag{10-1}$$

由于物质的原子对不同频率入射光的吸收具有选择性,因而透射光强度 I_ν 和吸收系数 K_ν 将随着入射光的频率而变化。前者的变化规律如图 10-2 所示,后者的变化规律如图 10-3 所示。从图 10-2 中可看出,在入射频率为 ν_0 处,透

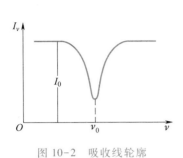

图 10-2　吸收线轮廓

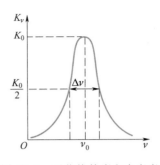

图 10-3　吸收线轮廓和半宽度

射光强度最小,即吸收最大,称为原子蒸气在频率 ν_0 处有吸收线。原子吸收线具有一定宽度,通常称为吸收线轮廓,常用吸收系数 K_ν 随频率(或波长)的变化曲线来描述(图 10-3)。表征吸收线轮廓的值是吸收线的半宽度,它是指最大吸收系数一半($K_\nu/2$)处所对应的频率差或波长差,用 $\Delta \nu$ 或 $\Delta \lambda$ 表示。最大吸收系数所对应的频率或波长称为中心频率或中心波长,中心频率或中心波长处的最大吸收系数又称为峰值吸收系数(K_0)。

　　谱线变宽对原子吸收分析是不利的,在通常原子吸收光谱法条件下,吸收线轮廓主要受多普勒变宽和洛伦兹变宽[①]的影响。多普勒变宽是由于原子在空间做无规则的热运动产生多普勒效应而引起的,又称热变宽。多普勒变宽 $\Delta \nu_0$ 由下式决定:

$$\Delta \nu_0 = 7.162 \times 10^{-7} \nu_0 \sqrt{\frac{T}{A_r}} \qquad (10-2)$$

式中,ν_0 为谱线的中心频率;T 为热力学温度;A_r 是原子的相对原子质量。由式(10-2)可以看出,待测原子的相对原子质量越小,温度越高,则吸收线轮廓变宽越显著。当共存元素原子浓度很小时,吸收线变宽主要受多普勒变宽的影响。

热激发时基态原子和激发态原子的关系

　　原子吸收光谱法是利用待测元素的原子蒸气中基态原子对该元素的共振线的吸收来进行测定的,但是,在原子化过程中,待测元素由分子解离成的原子,不可能全部都是基态原子,其中必有一部分为激发态原子,所以,原子蒸气中基态原子与待测元素原子总数之间有什么关系,其分布状况如何,是原子吸收光谱法中必须考虑的问题。

---

① 洛伦兹变宽是由于吸收原子和其它粒子碰撞而产生的变宽。

在一定温度下,当处于热力学平衡时,激发态原子数与基态原子数之比服从玻耳兹曼分布定律:

$$\frac{N_j}{N_0} = \frac{g_j}{g_0} e^{-\frac{E_j - E_0}{kT}} \qquad (10-3)$$

式中,N_j 为激发态原子数;N_0 为基态原子数;g_j 为激发态统计权重;g_0 为基态统计权重;k 为玻耳兹曼常数;T 为热力学温度;E_j、E_0 分别为激发态和基态能级的能量。

对共振线来说,电子从基态($E_0 = 0$)跃迁到第一激发态,因此可得到激发态原子数和基态原子数之比:

$$\frac{N_j}{N_0} = \frac{g_j}{g_0} e^{-\frac{E_j}{kT}} = \frac{g_j}{g_0} e^{-\frac{h\nu}{kT}} \qquad (10-4)$$

在原子光谱中,对于一定波长的谱线,g_j/g_0 和 E_j 都是已知的,因此只要火焰温度确定后,就可求得 N_j/N_0 值。表 10-1 列出了几种元素共振线的 N_j/N_0 值。

表 10-1　几种元素共振线的 N_j/N_0 值

元素	共振线的波长 λ/nm	$\dfrac{g_j}{g_0}$	$\dfrac{N_j}{N_0}$			
			$T = 2\ 000\ \text{K}$	$T = 3\ 000\ \text{K}$	$T = 4\ 000\ \text{K}$	$T = 5\ 000\ \text{K}$
Cs	852.1	2	4.44×10^{-4}	7.24×10^{-3}	2.98×10^{-2}	6.82×10^{-2}
Na	589.0	2	9.86×10^{-6}	5.88×10^{-4}	4.44×10^{-3}	1.51×10^{-2}
Ca	422.7	3	1.21×10^{-7}	3.69×10^{-5}	6.03×10^{-4}	3.33×10^{-3}
Zn	213.9	3	7.29×10^{-15}	5.58×10^{-10}	1.48×10^{-7}	4.32×10^{-6}

从表 10-1 可看出,N_j/N_0 值是比较小的。由于大多数元素的特征谱线都小于 600 nm,常用的激发温度又低于 3 000 K,因此对大多数元素来说 N_j/N_0 值都小于 1%,即热激发中的激发态原子数远小于基态原子数,原子蒸气中绝大多数是基态原子,因此基态原子数 N_0 可视为等同于待测元素的原子总数。

原子吸收光谱法的定量基础

原子蒸气所吸收的全部能量,在原子吸收光谱法中称为积分吸收,亦即图 10-3 中吸收线下面所包括的整个面积。经过严格推导,积分吸收 $\int K_\nu \mathrm{d}\nu$ 与单位体积原子蒸气中吸收辐射的原子数有如下关系:

$$\int K_\nu \mathrm{d}\nu = \frac{\pi e^2}{mc} N f \tag{10-5}$$

式中, c 为光速; e 为电子电荷量; m 为电子质量; N 为单位体积原子蒸气中吸收辐射的原子数, 即基态原子数; f 为振子强度, 表示能被光源辐射激发的每个原子的平均电子数, 在一定条件下, 对一定元素, f 可视为一定值。

从式(10-5)可知, 积分吸收与单位体积原子蒸气中基态原子数成正比, 因此从理论上讲, 如果能测得积分吸收值, 便可计算出待测元素的原子数。但由于原子吸收线很窄, 约 0.002 nm, 因此需要分辨率很高的单色器, 而目前的光谱仪还难以达到。1955 年瓦尔什(Walsh)提出用测定峰值吸收系数 K_0 来代替积分吸收系数的测定, 并采用锐线光源测量谱线的峰值吸收。

在通常原子吸收光谱测定条件下, 吸收线形状只取决于多普勒变宽, 此时 K_0 与多普勒变宽的半宽度 $\Delta\nu_\mathrm{D}$ 的关系为

$$K_0 = \frac{2\sqrt{\pi\ln 2}}{\Delta\nu_\mathrm{D}} \cdot \frac{e^2}{mc} N f \tag{10-6}$$

在测定条件不变时, 多普勒半宽度是常数, 对一定的待测元素, 振子强度 f 也是常数, 因此峰值吸收系数 K_0 与单位体积原子蒸气中基态原子数成正比。

为了测量 K_0 值, 必须使光源发射线的中心频率与吸收线的中心频率一致, 而且发射线的半宽度必须比吸收线的半宽度小得多, 如图 10-4 所示。由于锐线光源发射线的半宽度只有吸收线半宽度的 $1/10 \sim 1/5$, 这样积分吸收与峰值吸收非常接近, 因此可以用 K_0 代替式(10-1)中的 K_ν, 即得

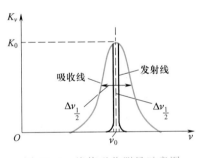

图 10-4 峰值吸收测量示意图

$$I_\nu = I_0 \mathrm{e}^{-K_0 b} \tag{10-7}$$

即

$$A = \lg \frac{I_0}{I_\nu} = 0.434\,3 K_0 b \tag{10-8}$$

式中, A 为吸光度。

从式(10-8)中可以看出, 吸光度与吸收程长度成正比, 因此适当增加吸收程长度可以提高测定的灵敏度。

在实际测量中,若从吸光度来测量吸收特征谱线的原子总数,则不必求峰值吸收系数 K_0,将式(10-6)代入式(10-8)中,即得

$$A = 0.434\ 3 \times \frac{2\sqrt{\pi \ln 2}}{\Delta \nu_D} \cdot \frac{e^2}{mc} Nfb \tag{10-9}$$

在一定实验条件下,$\Delta \nu_D$ 和 f 都是常数,因此可令

$$0.434\ 3 \times \frac{2\sqrt{\pi \ln 2}}{\Delta \nu_D} \cdot \frac{e^2}{mc} \cdot f = k$$

则式(10-9)可表示为

$$A = kNb \tag{10-10}$$

式(10-10)表示吸光度与待测元素原子总数成正比。实际分析中要求测定的是试样中待测元素的浓度,而此浓度是与原子蒸气中待测元素原子总数成正比的,因此,吸光度与试样中待测元素的浓度关系可表示为

$$A = Kc \tag{10-11}$$

式中 K 在一定实验条件下是一个常数,式(10-11)即是原子吸收光谱法的定量基础。

§10-3   原子吸收光谱仪

原子吸收光谱仪主要由光源、原子化系统、分光系统和检测系统四部分组成。图 10-5 是火焰原子吸收光谱仪的结构示意图。

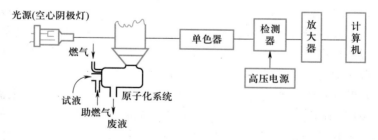

图 10-5   火焰原子吸收光谱仪结构示意图

由锐线光源发射出的待测元素的特征谱线,通过原子化器,被火焰中待测元素基态原子吸收后,进入单色器,经分光后,由检测器转化为电信号,最后经放大

在读数系统读出。下面分别进行介绍。

光源——空心阴极灯

光源的作用是发射待测元素的特征谱线,以供试样吸收之用。为了获得较高的灵敏度和准确度,所使用的光源必须满足如下要求:

(1)发射待测元素的共振线;

(2)发射共振线必须是锐线,它的半宽度要比吸收线的半宽度窄得多,这样测出的是峰值吸收系数;

(3)发射光强度要足够大,稳定性要好,寿命长。

空心阴极灯是能满足这些要求的理想的锐线光源,应用最广泛。

普通空心阴极灯是一种气体放电管,它包括一个阳极和一个圆筒形阴极。两电极密封于带有石英窗(或玻璃窗)的玻璃管中,管中充有低压惰性气体(氖或氩),结构如图 10-6 所示。当正、负两极间施加适当电压时,电子将从空心阴极内壁流向阳极,在电子通路上与惰性气体原子碰撞而使之电离,带正电荷的惰性气体离子在电场作用下,向阴极内壁猛烈轰击,使阴极表面金属原子溅射出来,溅射出来的金属原子再与电子、惰性气体原子及离子发生碰撞而被激发,从而发射出阴极物质的共振线。

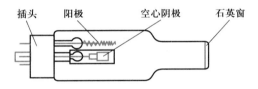

图 10-6 空心阴极灯结构示意图

空心阴极灯发射的光谱,主要是阴极物质的光谱,因此用不同的待测元素作阴极材料,可制成各相应待测元素的空心阴极灯;若阴极物质只含一种元素,则可制成单元素灯;阴极物质含多种元素,则可制成多元素灯。为了避免发生光谱干扰,在制灯时,必须用纯度较高的阴极材料并选择适当的内充气体,以使阴极元素的共振线附近没有杂质元素或内充气体的强谱线。

空心阴极灯发射的光谱强度与灯的工作电流有关,增大灯的工作电流,可以增大谱线强度,但工作电流过大,会导致灯本身发生自蚀现象而缩短灯的寿命,还会造成灯放电不正常,使发射光强度不稳定。工作电流过低,又会使灯发射光强度减弱,导致稳定性和信噪比下降,因此使用空心阴极灯时必须选择适当的灯电流。

空心阴极灯有单元素空心阴极灯和多元素空心阴极灯两种。

（1）单元素空心阴极灯　这种灯阴极材料由一种纯金属制成，具有发光强度大、谱线简单和稳定性好等优点，是原子吸收光谱分析中应用最广的锐线光源。

（2）多元素空心阴极灯　这种灯阴极材料由几种元素的材料组成，可以同时发出几种元素的特征谱线，如 Ag-Cu、Si-Cr-Cu-Fe-Ni 等空心阴极灯。这种灯优点是使用方便，减少换灯次数，但与单元素灯相比，谱线较复杂，发光稳定性和寿命不及单元素灯，同时金属间的组合不是任意的。

空心阴极灯具有下列优点：只有一个操作参数（即电流），发射光强度大且稳定，谱线宽度窄，而且灯也容易更换，缺点是每测一个元素均需要更换相应的待测元素的空心阴极灯，使用不太方便。

原子化系统

原子化系统的作用是将试样中的待测元素转变成基态原子蒸气。待测元素由化合物解离成基态原子的过程，称为原子化过程，如图 10-7 所示：

图 10-7　原子化过程示意图

需要指出的是，待测元素气态分子解离成基态原子过程中，如果温度过高，则基态原子可能进一步激发或产生电离，使基态原子数量减少，测定灵敏度降低。原子化系统是原子吸收光谱仪的核心，目前有火焰原子化法和非火焰原子化法两种。

火焰原子化装置　火焰原子化装置包括雾化器和燃烧器两部分。

1. 雾化器

雾化器的作用是将试液雾化，是原子化系统的重要部件，其性能对测定的精密度和化学干扰等产生显著影响，因此要求雾化器喷雾稳定、雾滴细小、均匀及雾化效率高。目前普遍采用的是同心雾化器，如图 10-8 所示。

在雾化器喷嘴口处，由于助燃气（空气、氧气或氧化亚氮）和燃气（乙炔、丙烷、氢气等）高速通过，形成负压区，从而将试液沿毛细管吸入，并被高速气流分散成气溶胶（即雾滴），喷出的雾滴再碰撞在撞击球上，进一步雾化成细雾。

2. 燃烧器

燃烧器的作用是形成火焰,使进入火焰的试样微粒原子化。图 10-9 为预混合型燃烧器结构示意图。试液雾化后进入预混合室,与燃气在室内充分混合,其中较大的雾滴凝结在壁上形成液珠,从废液管排出,而细的雾滴则进入火焰中。

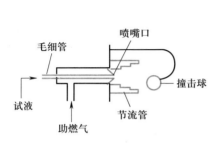

图 10-8　同心雾化器结构示意图　　　图 10-9　预混合型燃烧器结构示意图

3. 火焰

在原子吸收光谱法中,火焰的作用是提供一定的能量,促使试样雾滴蒸发、干燥并经过热解离或还原作用,产生大量基态原子。因此原子吸收光谱法所使用的火焰,只要其温度能使待测元素解离成游离基态原子就可以了。如超过所需的温度,从玻耳兹曼方程中可知,激发态原子将增加,电离度增大,基态原子减少,这对原子吸收是很不利的,因此在确保待测元素充分解离为基态原子的前提下,低温火焰比高温火焰具有较高的灵敏度。但对某些元素来说,如果温度过低,则其盐类不能解离,反而使灵敏度降低;并且还会发生分子吸收,干扰可能会增大。一般易挥发或电离电位较低的元素(如 Pb、Cd、Zn、Sn、碱金属及碱土金属等),应使用低温且燃烧较慢的火焰;与氧易生成耐高温氧化物而难解离的元素(如 Al、V、Mo、Ti 及 W 等),应使用高温火焰。表 10-2 列出了几种常见火焰的火焰温度及燃烧速度。

表 10-2　几种常见火焰的火焰温度及燃烧速度

燃料气体	助燃气体	最高温度/K	燃烧速度/$(cm \cdot s^{-1})$
煤气	空气	2 110	55
丙烷	空气	2 195	82
氢气	空气	2 320	320
乙炔	空气	2 570	160

续表

燃料气体	助燃气体	最高温度/K	燃烧速度/($cm \cdot s^{-1}$)
氢气	氧气	2 970	900
乙炔	氧气	3 330	1 130
乙炔	氧化亚氮	3 365	180

原子吸收光谱法中应用最多的火焰有空气-乙炔、氧化亚氮-乙炔。燃气和助燃气的流量决定火焰的状态,形成的火焰有三种状态:

化学计量火焰(中性火焰):燃气与助燃气比例与它们之间化学计量关系相近。它具有温度高、干扰少、稳定、背景低等特点,除碱金属和难解离氧化物的元素,大多数常见元素均使用这种火焰。

富燃火焰(还原性火焰):燃气与助燃气比例大于化学计量关系。由于燃气过量,燃烧不完全,火焰中存在大量半分解产物,故火焰具有较强的还原性气氛,它适用于测定较易形成难熔氧化物的元素如 Mo、Cr、稀土元素等。

贫燃火焰(氧化性火焰):燃气与助燃气比例小于化学计量关系。由于助燃气过量,大量冷的助燃气带走火焰中的热量,故火焰温度较低。又由于燃气燃烧充分,火焰具有氧化性气氛,因此它适用于碱金属元素的测定。

(1) 空气-乙炔火焰   这是用途最广的一类火焰,最高温度约 2 600 K,能测定 35 种以上的元素。它燃烧速度稳定,重复性好,噪声低,对多数元素有足够的灵敏度。调节乙炔和空气的流量,可方便地获得不同氧化还原特征的火焰,以适应不同元素的测定,但测定易形成难解离氧化物的元素时灵敏度较低,不宜使用。这种火焰在短波范围内对紫外线吸收较强,易使信噪比变低。

乙炔可用高压乙炔钢瓶[①]供应。

(2) 氧化亚氮-乙炔火焰[②]   这种火焰的最高温度达 3 300K,不但温度较高,而且还可形成强还原气氛。使用这种火焰可以测定约 70 多种元素,特别能用于测定空气-乙炔火焰所不能分析的难解离元素,如 Al、B、Be、Ti、V、W、Si 等,并且可消除在其它火焰中可能存在的化学干扰现象。

火焰原子化系统结构简单,操作方便,准确度和重现性较好,能满足大多数

---

① 乙炔钢瓶内装有丙酮和活性炭等,当钢瓶内乙炔压力降至 0.5 MPa 时需更换。如果在乙炔压力低于 0.5 MPa 下使用,钢瓶内丙酮将沿管道流进火焰,造成火焰燃烧不稳定,噪声增大,影响测定结果。此外,乙炔管道禁止使用黄铜材料,因为乙炔会与铜生成乙炔铜,这是一种引爆剂。乙炔钢瓶应与实验室分开放置。

② 氧化亚氮-乙炔火焰容易发生爆炸,在操作时应严格遵守操作规程。

元素的测定,因此在实际中应用广泛,不足之处是原子化效率低,试样用量大。

非火焰原子化装置

1. 石墨炉原子化器

这是应用最广泛的非火焰原子化装置,结构如图10-10所示,主要由电源、炉体和石墨管组成。

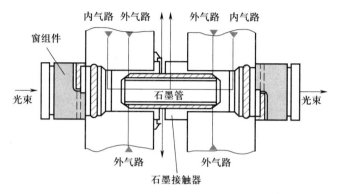

图 10-10　石墨炉原子化器结构示意图

试样盛放在石墨管中,石墨管作为电阻发热体。电源提供原子化能量,通电后可使管内温度达到 2 000~3 000 ℃高温,使试样蒸发、原子化;炉内有保护气体控制系统,外气路中通氩气沿石墨管外壁流动,保护石墨管不被烧坏。内气路中通氩气从管两端流向管中心,由中心孔流出,排除干燥和灰化阶段产生的试样基体蒸气,同时保护待测元素的自由原子不被氧化。石墨炉测定一般分四个阶段:

(1)干燥阶段　蒸发除去试样的溶剂,如水分、各种酸溶剂等。

(2)灰化阶段　破坏和蒸发除去试样中的基体,在原子化阶段前尽可能多地将共存组分与待测元素分离,以减少共存物和背景吸收的干扰。

(3)原子化阶段　使待测元素转变为基态原子,供吸收测定。

(4)烧净阶段　净化除去残渣,消除石墨管记忆效应。

石墨炉原子化器的原子化效率和测定灵敏度都比火焰原子化器高得多,其检出极限可达 10^{-12} g 数量级,试样用量仅 1~100 μL,特别适合试样量少,又需测定其中痕量元素的情况,可测定黏稠和固体试样,但石墨炉原子化法测定精密度不如火焰原子化法,测定速度也较火焰原子化法慢,此外装置较复杂,费用较高。

2. 氢化物原子化装置

As、Sb、Bi、Ge、Sn、Pb、Se、Te、Hg 等元素,在火焰原子吸收法测定中,由于火焰分子对其共振线的吸收,使其灵敏度很低,不能满足测定要求,目前多采用氢化物法来测定这些元素。该法主要是利用这些元素或其氢化物在低温下易于挥发的特性,用强还原剂(KBH$_4$ 或 NaBH$_4$)在酸性介质中与这些元素作用,生成气态氢化物,例如:

$$AsCl_3 + 4KBH_4 + HCl + 8H_2O \Longrightarrow AsH_3 \uparrow + 4KCl + 4HBO_2 + 13H_2 \uparrow$$

生成的氢化物不稳定,在较低温度(几百摄氏度)下发生分解,产生自由原子,完成原子化过程,因此其装置分为氢化物发生器和原子化装置两部分,产生的氢化物用 Ar 气送入石英管中进行原子化。目前已有商品化氢化物原子化装置。

　　氢化物原子化法的特点是形成元素或其氢化物蒸气的过程本身就是一个分离过程,因此它的灵敏度高,可达 10^{-9}g 数量级;选择性好,基体干扰和化学干扰都少,操作简便、快速,但精密度比火焰原子化法差。此外生成的氢化物均有毒,需在良好的通风条件下操作。

分 光 系 统

　　原子吸收光谱仪的分光系统主要由色散元件、凹面镜和狭缝组成,这样的系统也可简称为单色器,它的作用是将待测元素的共振线与邻近谱线分开。为了阻止非检测谱线进入检测系统,单色器通常放在原子化器后的光路中。单色器的色散元件可用棱镜或衍射光栅,其性能由线色散率、分辨率和集光本领决定。线色散率是指在光谱仪焦面上两条谱线间距离 Δx 与其波长差 $\Delta \lambda$ 的比值($\Delta x / \Delta \lambda$),实际工作中常用倒线色散率,即线色散率的倒数($\Delta \lambda / \Delta x$)。分辨率是指仪器分开邻近的两条谱线的能力,可用该两条谱线的平均波长 λ 与刚好能分辨的两条谱线的波长差 $\Delta \lambda$ 的比 $\lambda / \Delta \lambda$ 表示。现代原子吸收光谱仪中多用衍射光栅作色散元件。衍射光栅是在金属(或镀有铝层)平面或凹面镜上刻划许多平行线条(一般每米刻有 $600 \sim 2\,880$ 条)。光栅分辨率与其面上每毫米中刻线的数量有关,刻线数量越多,分辨率越高。

　　原子吸收光谱测定时,要求单色器既要将共振线与邻近谱线分开,又要保证有一定的出射光强度,即集光本领,而原子吸收光谱测定时吸收线是由锐线光源发出的,共振线谱线较简单,因此它只要求光栅能将共振线与邻近谱线分开到一定程度即可,并不要求过高的分辨率。当光源出射光强度一定时,就需要选用适当的光谱通带来满足上述要求。所谓通带,是指通过单色器出射狭缝的光束波长间的范围,当光栅倒线色散率一定时,通带可通过选择狭缝宽度来确定,关系式如下:

$$W = DS \tag{10-12}$$

式中,W 为光栅单色器的通带,单位为 nm;D 为光栅倒线色散率,单位为 nm·mm^{-1};S 为狭缝宽度,单位为 mm。

在原子吸收光谱测定中,通带的大小是仪器的工作条件之一。通带增大,也即狭缝加宽,进入单色器的光强度增加,与此同时,通过单色器出射狭缝的辐射光波长范围也变宽,使单色器的分辨率降低,靠近分析线的其它非吸收线的干扰和光源背景干扰也增大,使工作曲线弯曲,产生误差。反之,通带窄,虽能使分辨率得到改善,但进入单色器的光强度减小,使测定灵敏度降低。因此,应根据测定需要来选择通带,如果待测元素的分析线没有邻近谱线干扰(如碱金属、碱土金属),背景小,通带宜调宽,进入单色器光通量增加,有效地提高了信噪比;如果待测元素具有复杂背景(如铁族元素、稀土元素),邻近线干扰和背景干扰大,则宜调窄通带,这样可以减少非吸收线的干扰,单色器的分辨率相应得到提高,其工作曲线的线性关系也得到改善。

光栅是可以转动的,通过转动光栅,可以使光谱中各种波长的辐射按顺序从出射狭缝射出。

检 测 系 统

检测系统主要由检测器(光电倍增管)、放大器和计算机等组成。原子吸收光谱仪中,常用光电倍增管作检测器,其作用是将经过原子蒸气吸收和单色器分光后的微弱光信号转换为电信号,再经过放大器放大后,便可在计算机上显示出来。

现代原子吸收光谱仪通常设有自动调零、自动校准、标尺扩展、浓度直读、自动取样及自动数据处理等功能。

仪 器 类 型

原子吸收光谱仪按分光系统可分为单光束型和双光束型两种,如图 10-11所示。

(1)单光束型　它只有一个光束。由空心阴极灯发出待测元素的特征谱线,经过待测元素的原子蒸气吸收后,未被吸收部分辐射进入单色器,经过分光后,再照射到检测器,光信号经转换、放大,最后在读数装置上显示出来。单光束仪器结构简单,灵敏度较高,能满足日常分析需要,缺点是不能消除光源波动造成的影响,致使基线漂移。使用时需预热光源,并在测量时经常校正零点。

(2)双光束型　从空心阴极灯发出的光辐射分为两束,一束通过原子化器后与另一束不通过原子化器的参比光束会合到单色器(仪器的其它部分与单光

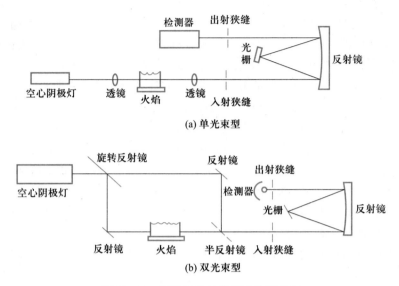

图 10-11　原子吸收光谱仪结构原理图

束型相同),利用参比辐射来补偿光源辐射光强度变化的影响,因此双光束仪器可以消除光源波动造成的影响,空心阴极灯不需预热便可进行测定,仪器灵敏度和准确度皆优于单光束型,但参比光束不通过火焰,因此不能消除火焰背景的影响。

§10-4　定量分析方法

　　根据式(10-11),当待测元素浓度不高时,在吸收程长度固定情况下,试样的吸光度与待测元素浓度成正比。在实际测量中,通常是将试样吸光度与标准溶液或标准物质比较而得到定量分析结果。常用方法有标准曲线法和标准加入法。

标准曲线法

　　标准曲线法是最常用的方法,适用于共存组分间互不干扰的试样。
　　配制一组浓度合适的标准溶液系列(试样浓度应尽量包含在内),由低浓度到高浓度分别测定吸光度,以浓度为横坐标,吸光度为纵坐标作图,绘制 $A-c$ 标准曲线图,如图 10-12 所示。在相同条件下,测定试样溶液吸光度,由 $A-c$ 标准曲线内插求得试样溶液中待测元素浓度。

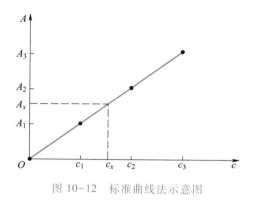

图 10-12 标准曲线法示意图

标准加入法

若试样基体组成复杂,且基体成分对测定又有明显干扰,此时可采用标准加入法。

取若干份(如四份)等量的试样溶液,分别加入浓度为 0、c_1、c_2、c_3 的标准溶液,稀释到同一体积后,在相同条件下分别测定吸光度。以加入的被测元素浓度为横坐标,对应吸光度为纵坐标,绘制 A-c 曲线图,延长该曲线至与横坐标相交处,即为试样溶液中待测元素浓度 c_x,如图10-13 所示。

使用标准加入法时应注意:

(1)此法可消除基体效应带来的影响,但不能消除分子吸收、背景吸收的影响。

(2)应保证标准曲线的线性,否则曲线外推易造成较大的误差。

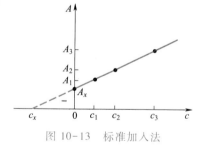

图 10-13 标准加入法

§10-5 原子吸收光谱法中的干扰及其抑制

原子吸收光谱法中的干扰主要有电离干扰、化学干扰、物理干扰和光谱干扰。

电 离 干 扰

由于基态原子电离而造成的干扰称为电离干扰。这种干扰造成火焰中待测元素的基态原子数量减少,使测定结果偏低。火焰温度越高,元素电离电位越低,元素越易电离;碱金属和碱土金属由于电离电位较低,容易发生电离干扰。消除方法一是降低火焰温度,二是加入比待测元素更易电离的物质,使其产生大量自由电子,抑制待测元素电离,如测定 K、Na 时,加入足量的铯盐,便可消除电离干扰。

化 学 干 扰

待测元素与试样中共存组分或火焰成分发生化学反应,引起原子化程度改变所造成的干扰称为化学干扰。化学干扰是原子吸收光谱分析中主要的干扰来源,产生的原因是多方面的,典型的化学干扰是待测元素与共存元素之间形成更加稳定的化合物,使基态原子数目减少,常用的消除方法如下。

(1) 加入释放剂　加入某种物质,它与干扰元素形成更加稳定的化合物使待测元素释放出来。例如,加入锶或镧可有效消除磷酸根对测定钙的影响,此时,锶或镧与磷酸根形成更加稳定的化合物而将钙释放出来。

(2) 加入保护剂　加入某种物质,它与待测元素形成更加稳定的化合物,将待测元素保护起来,防止干扰元素与它作用。例如,加入 EDTA 使之与钙形成 EDTA-Ca 配合物,从而将钙"保护"起来,避免钙与磷酸根作用,消除磷酸根对测定钙的干扰。

(3) 加入基体改进剂　加入某种物质,它与基体形成易挥发的化合物,在原子化前除去,避免与待测元素共挥发。例如,在石墨炉测定中,氯化钠基体对测定镉有干扰,此时可加入硝酸铵,使氯化钠转变成易挥发的氯化铵和硝酸钠,可在灰化阶段除去。

此外还可采用提高火焰温度、化学预分离等方法来消除化学干扰。

物 理 干 扰

物理干扰是指试样一种或多种物理性质(如黏度、密度、表面张力)改变所引起的干扰,主要来源于雾化、去溶剂及伴随固体转化为蒸气过程中物理化学现象的干扰。物理干扰可用配制与待测试样组成尽量一致的标准溶液的办法来消除,也可采用蠕动泵、标准加入法或稀释法来减小和消除物理干扰。

光 谱 干 扰

光谱干扰是指与光谱发射和吸收有关的干扰,主要来自光源和原子化装置,包括谱线干扰和背景干扰。

(1) 谱线干扰　当光源产生的共振线附近存在有非待测元素的谱线,或试样中待测元素共振线与另一元素吸收线十分接近时,均会产生谱线干扰。可用减小狭缝,另选分析线的方法来抑制这种干扰。

(2)背景干扰　包括分子吸收和光散射引起的干扰。分子吸收是指在原子化过程中生成的气态分子、氧化物和盐类分子等对光源共振辐射产生吸收。光散射则是在原子化过程中,产生的固体粒子对光产生散射。在现代原子吸收光谱仪中多采用氘灯扣除背景和塞曼效应扣除背景的方法来消除这种干扰。

§10-6　灵敏度、检出极限、测定条件的选择

在考虑试样中某元素能否应用原子光谱法分析时,首先要查看该元素的灵敏度和检出极限。如果灵敏度能达到要求,则需进行测定条件的选择,最后确定测定方法的精密度和准确度。

灵　敏　度

根据 1975 年 IUPAC(国际纯粹与应用化学联合会)规定,灵敏度定义为校正曲线的斜率,用 S 表示。

$$S = \frac{\mathrm{d}A}{\mathrm{d}c} \tag{10-13}$$

它表示待测元素的浓度改变一个微小量($\mathrm{d}c$)时吸光度的变化量($\mathrm{d}A$),也就是校正曲线的斜率。S 大,则灵敏度高。

在火焰原子吸收法中也常用特征浓度来表示元素的灵敏度,所谓特征浓度是指能产生 1% 的吸收或能产生 0.004 4 吸光度时待测元素的浓度,通过测定某一浓度为 c 的标准溶液的吸光度 A,用下列公式可计算出相应的特征浓度 c_0:

$$c_0 = \frac{0.004\ 4c}{A} \tag{10-14}$$

特征浓度的单位为 $\mu g \cdot (mL \cdot 1\%)^{-1}$。显然,特征浓度数值越小,灵敏度越高。

在石墨炉原子吸收法中常用特征质量来表征灵敏度,所谓特征质量是指能产生 1% 的吸收或能产生 0.004 4 吸光度时待测元素的质量 m_c:

$$m_c = \frac{0.004\ 4m}{A} \tag{10-15}$$

特征质量的单位为 $\mu g \cdot (1\%)^{-1}$。

例 已知镁溶液的浓度为 $0.4 \ \mu g \cdot mL^{-1}$,用空气-乙炔火焰原子吸收法测得的吸光度为 0.225,求镁元素的特征浓度。

解:$c_0 = \dfrac{0.004\ 4 \times 0.4}{0.225} \ \mu g \cdot (mL \cdot 1\%)^{-1} = 0.008 \ \mu g \cdot (mL \cdot 1\%)^{-1}$

检 出 极 限

检出极限是指仪器能于适当的置信度检出的待测元素的最小浓度或最小量,通常是指空白溶液吸光度信号标准偏差的 3 倍所对应的待测元素浓度或质量。

在火焰原子吸收法中,检出极限用下式表征:

$$c_{DL} = \frac{3S_b}{S_c} \tag{10-16}$$

式中,c_{DL} 为待测元素的检出极限,单位为 $\mu g \cdot mL^{-1}$;S_c 为待测元素的灵敏度,即校正曲线的斜率;3 为置信因子;S_b 为标准偏差,由下式求出:

$$S_b = \sqrt{\frac{\sum\limits_{i=1}^{n}(x_i - \bar{x})^2}{n-1}} \tag{10-17}$$

式中,x_i 是单次测定值;$\bar{x}$ 是 n 次测定的平均值。

在石墨炉原子吸收法中,用绝对检出极限 m_{DL} 表示,单位为 pg:

$$m_{DL} = \frac{3S_b}{S_m} \tag{10-18}$$

式中,S_m 为待测元素的灵敏度,即校正曲线的斜率。

求检出极限的方法是配制一系列标准溶液和接近于空白的溶液(该溶液约能产生 0.004 吸光度),建立工作曲线;空白溶液重复测定 10 次以上,由工作曲线算出斜率 S_c 或 S_m,再和算出的标准偏差 S_b 一起代入式(10-16)或式(10-18),即可求出检出极限 c_{DL} 或 m_{DL}。

检出极限与灵敏度的区别在于:灵敏度只考虑检测信号的大小,而检出极限考虑了仪器噪声。检出极限越低,说明仪器越稳定,因此检出极限是衡量仪器性能的一项重要的综合指标。原子吸收光谱法测定部分元素的灵敏度和检出极限见表 10-3。

表 10-3　原子吸收光谱法测定部分元素的灵敏度和检出极限

元素	波长/nm	火焰法		石墨炉		氢化物	
		特征浓度	检出极限	特征质量	绝对检出极限	特征浓度	检出极限
		$\mu g \cdot (mL \cdot 1\%)^{-1}$	$\mu g \cdot mL^{-1}$	$pg \cdot (1\%)^{-1}$	pg	$ng \cdot mL^{-1}$	$ng \cdot L^{-1}$
Ag	328.1	0.025	0.003	1	0.8		
Al	309.3	0.29	0.028	3.6	2.6		
As	193.7	0.39	0.12	5.2	6.5	0.37	0.05
Au	242.8	0.11	0.01	4.2			
Ba	553.6	0.13	0.031	6.7	4.5		
Be	234.8	0.008 2	0.003 6	0.15	0.02		
Bi	306.8	0.23	0.005	6.1	5.2	0.32	0.19
B	249.8	7.9		830			
Ca	422.7	0.009 2	0.003 7	0.8			
Cd	228.8	0.013	0.003	0.6	0.2		
Co	240.7	0.06	0.01	3			
Cr	357.9		0.005	0.7	0.5		
Cu	324.7	0.033	0.004	1.8	1.3		
Fe	248.3	0.052	0.004	1.5	1.1		
Hg	253.7	2.7		58		0.31	0.15
K	766.5	0.008 3	0.000 9	0.53			
Li	670.8	0.007 6	0.002	1.1			
Mg	285.2	0.029	0.002	0.13			
Mn	279.5	0.02	0.002	0.6	0.6		
Mo	313.3	0.097	0.021	16	13		
Na	589.0	0.003 9	0.004	0.22			
N	232.0	0.05	0.008	3.6	1.3		
Pb	217.0	0.073	0.013	1.5	0.6		
Pb	283.3	0.19	0.016	3.4	1.5		
Sb	217.5	0.23	0.092	9.9	5.7	0.43	0.26
Se	196.0	0.33	0.23	10.2	6.4	0.5	0.27

续表

元素	波长/nm	火焰法		石墨炉		氢化物	
		特征浓度	检出极限	特征质量	绝对检出极限	特征浓度	检出极限
		$\mu g \cdot (mL \cdot 1\%)^{-1}$	$\mu g \cdot mL^{-1}$	$pg \cdot (1\%)^{-1}$	pg	$ng \cdot mL^{-1}$	$ng \cdot L^{-1}$
Si	251.7	1		21			
Sn	224.6	0.5	0.21	0.21	18	0.46	1.39
Sr	460.7	0.016	0.004 7				
Ti	364.3	0.48	0.05	30	79		
V	318.4	0.34	0.11	16	13		
Zn	213.8	0.01	0.003 3	0.22			

测定条件的选择

测定条件的选择对测定的灵敏度、稳定性、线性范围和重现性等有很大的影响,最佳测定条件应根据实际情况进行选择,主要应考虑以下几个方面。

(1) 分析线　通常选择待测元素的共振线作为分析线,但测量较高浓度时,可选用次灵敏线。例如,测钠用 $\lambda = 589.0$ nm 作分析线,较高浓度时则用 $\lambda = 330.3$ nm 作分析线。As、Se 等共振线处于远紫外区(200 nm 以下),火焰对其有明显吸收,故不宜选共振线作分析线。此外,稳定性差时,也不宜选共振线做分析线,如铅的共振线是 217.0 nm,稳定性较差,若用 283.3 nm 次灵敏线作分析线,则可获得稳定结果。

(2) 空心阴极灯电流　在保证有稳定和足够的辐射光强度的情况下,尽量选用较低的灯电流,以延长空心阴极灯的寿命。

(3) 狭缝宽度　无邻近干扰线时,可选择较宽的狭缝,如测定 K、Na;有邻近线干扰时,则选择较小的狭缝,如测定 Ca、Mg、Fe。

(4) 火焰　火焰类型和状态对原子化效率起着重要的作用。在火焰中容易原子化的元素如 As、Se 等,可选用低温火焰,如空气-氢火焰;在火焰中较难解离的元素如 Ca、Mg、Fe、Cu、Zn、Pb、Co、Mn 等,可选用中温火焰,如空气-乙炔火焰;在火焰中难以解离的元素如 V、Ti、Al、Si 等,可选用氧化亚氮-乙炔高温火焰;一些元素如 Cr、Mo、W、V、Al 等在火焰中易生成难解离的氧化物,宜用富燃火焰,另一些元素如 K、Na 等在火焰中易于电离,则宜选用贫燃火焰。火焰状态可通过调节燃气与助燃气的比例来确定。

（5）观测高度　观测高度又称为燃烧器高度。调节燃烧器高度,使来自空心阴极灯的光束通过自由原子浓度最大的火焰区,此时灵敏度高,测量稳定性好。若不需要高灵敏度时,如测定高浓度试样溶液,可通过旋转燃烧器的角度来降低灵敏度,以便有利于测定。

§10-7　原子发射光谱法简介

基本原理和特点

原子发射光谱法(atomic emission spectrometry,AES)是根据待测元素发射出的特征光谱而对元素组成进行分析的方法。前已述及(§10-1),当基态原子获得一定能量后,外层电子可由基态跃迁至较高能级,此时原子处于激发状态,激发态的原子是不稳定的,在返回基态过程中,多余能量便以光的形式发射出来。由于各原子内部结构不同,发射出的谱线带有特征性,故称为特征光谱。测量各元素特征光谱的波长和强度便可对元素进行定性和定量分析。

原子发射光谱法灵敏度高($10^{-3} \sim 10^{-9}$g),选择性好;可同时分析几十种元素;线性范围约 2 个数量级,但若采用电感耦合等离子体光源,则线性范围可扩大至 6~7 个数量级,可直接分析试样中高、中、低含量的组分。不足之处是谱线干扰较严重,对一些非金属元素还不能测定。

原子发射光谱仪

原子发射光谱分析一般都要经历试样蒸发、激发和发射,复合光分光以及谱线记录检测三个过程,因此原子发射光谱仪通常是由激发光源、分光系统和检测系统三部分组成,见图 10-14。

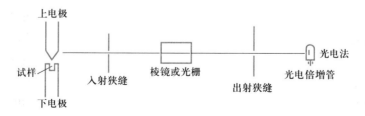

图 10-14　原子发射光谱仪结构示意图

1. 激发光源

激发光源的主要作用是提供试样蒸发、解离、原子化和激发所需的能量。为了获得较高灵敏度和准确度,激发光源应满足如下条件:

(1) 能够提供足够的能量;

(2) 光谱背景小,稳定性好;

(3) 结构简单,易于维护。

常用的激发光源有直流电弧、交流电弧、火花放电及电感耦合等离子炬等,其中电感耦合等离子炬是目前性能最好、应用广泛的光源,在此作一介绍。

2. 电感耦合等离子炬(ICP)

它主要由三部分组成:高频发生器、等离子体矩管和雾化系统。

(1) 高频发生器   作用是产生高频磁场,供给等离子体能量。高频发生器振荡频率一般为 27.12 MHz 或 40.68 MHz,输出功率为 1~4 kW 。感应线圈通常用铜管绕成 2~5 匝的水冷线圈。

(2) ICP 矩管   矩管是 ICP 的核心部件,其性能对 ICP 的形成、稳定及结果的准确度都有明显的影响。ICP 矩管是一个由三层同心石英管制成的玻璃管。工作气体通常是氩气,提供三部分需要,外层石英管中切向方向引入气体作为冷却气(也称等离子体气),作用是冷却外管壁和维持等离子体,此部分气体用量最大;中间管引入气体作为辅助气,作用是点燃等离子体,在进样稳定后,也可关闭该气体;内管气体称为载气,作用是输送试样气溶胶进入等离子体。

当高频发生器产生的振荡电流通过感应线圈时,会在感应线圈周围产生轴向交变磁场,其磁场方向为椭圆形。此时通入的氩气还未电离,不导电,还不能将高频发生器提供的能量传给等离子体气,这时若用火花"引燃"气体,则气体电离产生电子,这些电子在磁场作用下高速运动,与氩原子碰撞,引起氩原子的电离,产生 Ar$^+$ 和电子。Ar$^+$ 和电子进一步与气体分子碰撞,其结果是产生更多的离子和电子,形成等离子体,它的外观类似炬焰形状,故称为等离子炬。导电的等离子体在磁场中形成一个与负载线圈同心的环形感应区,感应区与负载线圈组成一个类似变压器的耦合器,于是高频发生器的能量便不断地被耦合给等离子体。该等离子体的温度可达到 6 000~10 000 K,试样气溶胶在等离子体中蒸发、原子化和激发,产生发生光谱。ICP 形成过程见图 10-15。

(3) 雾化系统   作用是将试样溶液雾化成极细的雾珠,形成气溶胶,由载气送入等离子体。常用的雾化装置有气动雾化器、超声雾化器、电热气化装置等。

ICP 光源具有温度高、稳定、环状轴向通道等特点,原子在通道内停留时间长,故原子化完全,有利于难激发元素解离;化学干扰小,基体效应低,谱线强度大,工作曲线线性范围可达 6~8 个数量级,因此可同时分析试样中高、中、低含量组分。它的不足之处是氩气消耗量较大,运行费用较高。

3. 分光系统

根据分光元件不同,可分为棱镜分光和光栅分光,光栅单色器的分辨率要比棱镜单色器大得多,目前多采用后者,分光原理和原子吸收光谱仪中分光系统类似。

4. 检测器

原子发射光谱仪的检测目前多采用光电检测法。

用光栅做分光元件,光电倍增管或电感耦合器件(CCD)作检测器,直接测出谱线强度并显示读数和含量,这种光谱仪称为光电直读光谱仪。光电直读光谱仪具有准确度高、工作波长范围宽和分析速度快等优点,不足之处是设备费用较贵。

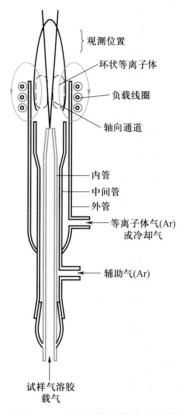

图 10-15　ICP 结构及形成示意图

电荷耦合器件是一种新型固体多道光学检测器件,它的输入面空域上逐点紧密排布着对光信号敏感的像元,因此它对光信号的积分与感光板的情形很相似。但是,它可以借助必要的光学和电路系统,将光谱信息进行光电转换、储存和传输,在输出端产生波长-强度二维信号,信号经放大和计算机处理后在末端显示器上同步显出人眼可见的图谱,可以读出一段光谱区域内的连续光谱,如果结合中阶梯光栅和二维 CCD 面阵,还可读出整个原子发射光谱区域,实现全谱测定。它的动态响应范围和灵敏度均有可能达到甚至超过光电倍增管,加之性能稳定,体积小,比光电倍增管更结实耐用。目前这类检测器已经在光谱分析的许多领域获得了应用。

光电直读光谱仪分单道扫描式和多道固定狭缝式两种。前者通过单出射狭缝在光谱仪焦面上扫描,顺序接受不同波长元素的谱线而进行分析;后者则在不同波长位置后安装若干个(多达 60 个)固定出射狭缝和相应光电倍增管,可同时检测多种元素,它不需要更换光源,此点优于原子吸收光谱法。

定性和定量分析

1. 定性分析

原子发射光谱定性分析可分为两类,一类是指定元素分析,另一类是未知元素全分析。

(1)指定元素分析   如果需检测指定的几种元素,可采用与标准试样光谱图比较的方法,即将待测元素的标准试样与未知试样同时检测,然后观察二者特征谱线重叠情况。一般地,如果待测元素有 2~3 条特征谱线与标准试样特征谱线重合,可认为未知试样中存在该元素。

(2)未知元素全分析   定性分析时将被测试样在全波长范围内扫描,得到被测试样的发射光谱图,然后进行观察比较。若待测元素有 2~3 条特征谱线与标准谱图中某元素的特征谱线重合,便可确定该元素存在。不过需注意的是,试样光谱图中没有找到某元素的特征谱线,并不能说明该元素完全不存在,也可能是该元素含量低于方法的检出限,因此只能说未检出该元素而不能说该元素不存在。

2. 定量分析

原子发射光谱定量分析是根据被测元素谱线强度来确定元素含量的,二者的关系可用罗马金-赛伯经验公式表示:

$$I = ac^b \tag{10-19}$$

或
$$\lg I = b\lg c + \lg a \tag{10-20}$$

式中,I 是谱线强度;c 是被测元素浓度;a、b 是常数,其中 a 与试样蒸发、激发和组成有关,称为发射系数;b 与谱线自吸[①]有关,称为自吸系数。常数 a、b 受工作条件(如激发温度、试样组成等)影响较大,且这种影响往往难以控制,因此采用测量谱线绝对强度的方法来进行定量分析有困难。1925 年盖拉赫(Gelach)提出"内标法"解决了此项困难,该方法通过测定谱线相对强度来进行定量分析。

当使用 ICP 光源时,$b=1$,$I=ac$,此时可采用标准曲线法或标准加入法进行定量分析。

---

① 谱线自吸是指光源中心受激原子发射出来的谱线被蒸气外缘温度较低的同类原子吸收,使谱线强度降低的现象。

§10-8　原子荧光光谱法简介

基本原理和特点

原子荧光光谱法(atomic fluorescence spectrometry, AFS)是指待测物质的气态原子蒸气受到激发光源特征辐照后,由基态跃迁到激发态,然后由激发态跃回基态,同时发射出与激发光源特征波长相同的原子荧光,根据发射出荧光的强度对待测物质进行定量分析的方法。原子荧光光谱和原子发射光谱都是由激发态原子发射的线光谱,但激发的机理不同。原子发射光谱是原子受到热运动粒子碰撞而被激发,辐射出原子发射光谱,而原子荧光光谱是原子吸收光子而被光致激发,辐射出原子荧光光谱。由于原子吸收具有选择性,因此原子荧光光谱比较简单。

原子荧光光谱法具有检出极限低(如 Cd 可达 10^{-6} ng·L^{-1},Zn 可达 10^{-5} ng·L^{-1}),灵敏度高,谱线简单,干扰小,线性范围宽(可达 3~5 数量级)等特点,目前已有20 多种元素的检出限优于原子吸收光谱法和原子发射光谱法,主要用于金属元素的测定,如汞、铋、锡、锑、碲、铅、镉、锌、铊、锗、镍等,在环境科学、高纯物质、矿物、水质监控、生物制品和医学分析等方面有广泛的应用,不足之处是存在荧光猝灭,应用元素有限。

原子荧光光谱仪

原子荧光光谱仪结构与原子吸收光谱仪非常类似,由激发光源、原子化器、单色器和检测系统组成。二者主要区别在于原子吸收仪器中各组成部分排在一条直线上,而原子荧光仪器中单色器和检测器与光源和原子化器按 90° 排列,见图 10-16,这是为了避免激发光源辐射对原子荧光信号的影响。

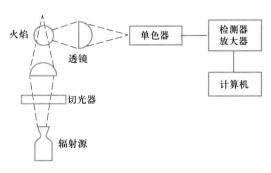

图 10-16　原子荧光光谱仪结构示意图

1. 激发光源

激发光源作用是提供试样蒸发、解离、原子化和激发所需的特征谱线,可用连续光源或锐线光源。原子荧光分析对激发光源的要求如下:

(1) 提供足够的光强;

(2) 光强稳定,光谱纯度好;

(3) 结构简单,使用方便,寿命长。

连续光源常用氙弧灯,功率为 150~450 W。连续光源波长范围宽,光源稳定,操作简便,寿命长,可以进行多种元素测定,不足之处是谱线干扰较锐线光源大,检测限比锐线光源低两个数量级左右。

锐线光源多用高强度空心阴极灯、无极放电灯、激光等。原子荧光光谱仪中广泛使用的高强度空心阴极灯由于在普通空心阴极灯中增加了一对辅助电极,因此发光强度比普通空心阴极灯大几倍或几十倍,使检测灵敏度大大提高。无极放电灯产生的辐射强度比空心阴极灯大 1~2 个数量级。激光光源具有发光强度高、通带宽等特点,是原子荧光分析中优良的光源,但因其价格贵而限制了它广泛应用。

2. 原子化器

原子化器主要作用是将待测元素解离成自由基态原子。与原子吸收类似,原子荧光分析中原子化过程主要有火焰原子化器和电热原子化器两类。

(1) 火焰原子化器　原子荧光分析中多采用氩-氢火焰。乙炔-空气火焰背景值较大,且产生的 CO、CO_2、N_2 等分子易造成荧光猝灭。氩-氢火焰背景低,稳定,荧光效率高,不足之处是火焰温度较低,因此适用于易解离元素测定,如 As、Sb、Bi、Cd、Hg、Zn 等。此外,火焰原子化器产生的火焰截面设计成方形或圆形,以提高待测物质原子的荧光辐射强度。

电感耦合等离子体矩焰火焰温度高,干扰小,对难熔元素分析特别有利,作为一种新型火焰原子化器,已被用在原子荧光分析中。

(2) 电热原子化器　常用的是石墨炉,它的背景和热辐射较小,荧光效率较高。

氢化物-电热原子化器也常用于原子荧光分析中。

3. 分光系统

分光系统主要作用是充分接受荧光信号,减少和去除杂散光。分光系统有非色散和色散两种基本类型,差别在于单色器部分。由于原子荧光谱线简单,因此对色散要求不高,不需要高分辨能力的单色器,可以使用滤光器来分离分析线和邻近谱线,降低背景影响,这种仪器称为非色散型原子荧光光谱仪,仪器仅由光源、原子化器和检测器组成,优点是光谱通带宽,集光本领强,原子荧光信号强,结构简单,缺点是散射光影响大。色散型分光系统中单色器通常采用光栅。

4. 检测系统

色散型原子荧光光谱仪用光电倍增管,非色散型的多采用日盲型光电倍增管,适合波长在 $160\sim280$ nm 范围的元素测定。原子荧光常用锁相放大电子学系统以降低噪声,提高信噪比。

利用色谱分离技术和原子荧光检测能力建立的色谱-原子荧光光谱联用技术可进行元素(如砷、汞、硒等)形态分析。

定 量 分 析

原子荧光定量分析依据是朗伯-比尔定律。原子发射荧光强度 I_F 与基态原子对激发光的吸收强度 I_a 成正比:

$$I_F = \Phi I_a \qquad (10\text{-}21)$$

由于存在荧光猝灭等现象,原子吸收激发光强度并不全部转化为发射荧光强度,因此存在荧光效率 Φ。

在无自吸时,基态原子吸收的辐射强度 I_a 与待测元素原子总数 N 成正比:

$$I_a = K_1 N \qquad (10\text{-}22)$$

代入上式,得

$$I_F = \Phi K_1 N \qquad (10\text{-}23)$$

K_1 是常数。试样中待测元素浓度 c 与原子蒸气中待测元素原子总数成正比,因此

$$I_F = \Phi \frac{K_1}{K_2} c \qquad (10\text{-}24)$$

K_2 是常数,整理得

$$I_F = Kc \qquad (10\text{-}25)$$

这就是原子荧光定量分析原理,应用中可采用标准曲线法和标准加入法进行定量分析。

思考题

1. 何谓原子吸收光谱法? 它具有什么特点?

2. 何谓共振发射线,何谓共振吸收线? 在原子吸收光谱仪中哪一部分产生共振发射线? 哪一部分产生共振吸收线?

3. 在原子吸收光谱法中为什么常常选共振线作分析线？

4. 何谓积分吸收,何谓峰值吸收系数？ 为什么原子吸收光谱法常采用峰值吸收而不采用积分吸收？

5. 原子吸收光谱仪主要由哪几部分组成？ 每部分的作用是什么？

6. 原子吸收光谱仪为什么要采用锐线光源,为何常用空心阴极灯做光源？

7. 可见分光光度计的分光系统放在吸收池前面,而原子吸收光谱仪的分光系统放在原子化系统(也是吸收系统)的后面,为什么？

8. 火焰原子吸收光谱法中的干扰有哪些？ 简述抑制各种干扰的方法。

9. 在火焰原子吸收光谱法中为什么要调节灯电流、燃气与助燃气比例、燃烧器高度、测定波长、通带等仪器工作条件？

10. 何谓 ICP 光源？ 它有哪些特点和良好的分析性能？

11. 原子荧光的谱线为何比原子吸收谱线少？

12. 原子荧光光谱仪中为何光源和检测器不能放在同一光路上？

习题

1. 用标准加入法测定一无机试样溶液中镉的浓度:各试液在加入镉标准溶液后,用水稀释至 50 mL,测得吸光度如下表所示。求镉的质量浓度。

序号	试液的体积/mL	加入镉标准溶液 （10 μg·mL^{-1}）的体积/mL	吸光度
1	20	0	0.042
2	20	1	0.080
3	20	2	0.116
4	20	4	0.190

2. 用原子吸收光谱法测定自来水中镁的含量（用 mg·L^{-1} 表示）,取一系列镁标准溶液（1 μg·L^{-1}）及自来水水样于 50 mL 容量瓶中,分别加入 5% 锶盐溶液 2mL 后,用蒸馏水稀释至刻度,然后与蒸馏水交替喷雾测定其吸光度,数据如下表所示。计算自来水中镁的含量。

编号	1	2	3	4	5	6	7
镁标准溶液 的体积/mL	0.00	1.00	2.00	3.00	4.00	5.00	自来水水样 20 mL
吸光度	0.043	0.092	0.140	0.187	0.234	0.286	0.135

3. 某原子吸收光谱仪倒线色散率为 1 nm·mm^{-1},狭缝宽度分别为 0.1 mm、0.2 mm 和 1.0 mm,问对应的通带分别是多少?

4. 关于等离子发射光谱仪(ICP-OES)中光源的作用,下列叙述哪个正确?

(1) 提供足够能量使试样蒸发、原子化/离子化、激发;

(2) 提供能量使试样灰化;

(3) 消除试样中杂质的干扰;

(4) 得到特定波长和强度的锐线光谱。

5. 试比较原子吸收、原子发射和原子荧光仪器的异同。

习题参考答案

第11章 气相色谱法和高效液相色谱法

Gas Chromatography and High Performance Liquid Chromatography

本章讨论的气相色谱法和高效液相色谱法,都是近几十年来快速发展起来的分离分析方法。这两大类分析方法同属色谱分析,它们在理论基础、定性鉴定和定量计算方面都是相同的,因此本章首先叙述两类分析方法的共同点,然后再分别讨论它们各自的特殊性问题。

如果在教学中只准备重点讲授气相色谱法,编者建议可将本章各节的讲授顺序加以调整。例如,在介绍气相色谱的流程和特点之后,先讲述分离的基本原理,再讨论分离操作条件的选择、检测器、定性鉴定和定量计算的方法,以及发展方向等。

§11-1 色谱分析理论基础

概　　述

色谱法又名层析法、色层法,是一种极有效的分离、分析多组分混合物的物理化学分析方法。

色谱法是俄国植物学家茨维特(Tswett)于1906年首先提出的。他在研究植物叶色素成分时,使用了一根竖直的玻璃管,管内充填碳酸钙,然后将植物叶的石油醚浸取液由柱的顶端加入,并继续用纯石油醚淋洗。植物叶中的不同色素在柱内得到分离,形成不同颜色的谱带,茨维特称这种分离方法为"色谱法"。随着色谱技术的发展,色谱对象已不再限于有色物质,但色谱一词却沿用下来。色谱法中,将上述起分离作用的柱称为色谱柱,固定在柱内的填充物(如$CaCO_3$)称为固定相(stationary phase),沿着柱流动的流体(如石油醚)称为流动相(mobile phase)。

将色谱法应用于分析化学中,并与适当的检测手段相结合,就构成了色谱分析法。通常所说的色谱法即指色谱分析法,用以完成色谱分离、分析过程的仪器称为色谱仪,色谱仪的一般流程如下所示:

流动相携带从进样装置引入的混合试样进入色谱柱,试样中各组分在色谱柱中进行分离后,依次流出色谱柱并由检测器检测,检测器的响应信号由数据处理装置记录下来,获得一组峰形曲线,如图11-1、图11-2所示。

现已发展了多种色谱分析方法,常用的色谱分析方法可按流动相状态的不同分成两类,即用液体作为流动相的液相色谱法,以及用气体作为流动相的气相色谱法。又因为固定相可以是固体吸附剂或载附在惰性固体物质(担体或载体)上的液体(固定液),所以按所使用固定相状态的不同,气相色谱法又可分为气-固色谱法和气-液色谱法,前者以固体为固定相,后者以涂在担体或毛细管内壁上的液体为固定相。液相色谱法也同样可以分为液-固色谱法和液-液色谱法,前者以固体为固定相,后者以涂渍或键合在载体上的液体或有机分子为固定相。

近年来出现了以超临界流体为流动相的色谱法,称为超临界流体色谱法。超临界流体是指温度和压力在临界温度和临界压力之上,物性介于液体和气体之间的流体,这种色谱法在手性物质的分析和制备方面具有一定的优势和发展前景。

本章将着重讨论气相色谱法和高效液相色谱法。

色谱分析基本原理

现以气相色谱为例说明色谱法的分离原理。气相色谱分离是在色谱柱内完成的,混合试样由流动相(在气相色谱中,流动相又称为载气)携带进入色谱柱,与固定相接触时,很快被固定相溶解或吸附。随着载气的不断通入,被溶解或吸附的组分又从固定相中挥发或脱附下来,挥发或脱附下来的组分随着载气向前移动时,又再次被固定相溶解或吸附。随着载气的流动,溶解、挥发或吸附、脱附过程反复地进行。显然,由于组分性质的差异,固定相对它们的溶解或吸附的能力也不相同,易被溶解或吸附的组分,挥发或脱附较难,随载气移动的速度慢,在柱内停留的时间长;反之,不易被溶解或吸附的组分随载气移动的速度快,在柱内停留的时间短,所以,经过一定的时间间隔(一定柱长)后,性质不同的组分便彼此分离。

组分在固定相和流动相间发生的吸附、脱附或溶解、挥发的过程叫作分配过程。在一定温度下,组分在两相间分配达到平衡时的浓度比,称为分配系数(partition coefficient),用 K 表示,即

$$K = \frac{c_S}{c_M} \tag{11-1}$$

式中,c_S 是组分在固定相中的浓度;c_M 是组分在流动相中的浓度。

在一定温度下,各物质在两相间的分配系数不相同。显然,分配系数小的组分,每次分配在流动相中的浓度较大,随载气前移速度快,在柱内停留时间短;分配系数大的组分,每次分配在流动相中的浓度较小,随载气前移的速度慢,在柱内停留时间长,因此经过足够多次的分配后,各组分便彼此分离。

综上所述,**色谱法是利用不同物质在流动相和固定相两相间的分配系数不同,当两相做相对运动时,试样中各组分就在两相中经过反复多次的分配,从而使原来分配系数仅有微小差异的各组分能够彼此分离。**

为使试样各组分分离,要求使各组分在流动相和固定相两相间具有不同的分配系数。在一定温度下,分配系数只与固定相、流动相和组分的性质有关。当试样一定时,组分的分配系数主要取决于固定相和流动相的性质;在气相色谱中,由于流动相为溶解性相近的惰性气体,因此组分的分配系数主要取决于固定相的性质。若各组分在固定相和流动相间的分配系数相同,则它们在柱内的保留时间也相同,色谱峰将重叠;反之,各组分的分配系数差别愈大,它们在柱内的保留时间相差愈大,色谱峰间距就愈大,各组分分离的可能性也愈大。

上述的分配系数表征了色谱平衡过程。在实际工作中又常用另一个参数——分配比(partition ratio)来表征平衡过程。分配比亦称容量因子(capacity factor)或容量比(capacity ratio),以 k 表示。k 是指在一定温度下组分在两相间达到分配平衡时,它在两相间的质量比。如以 m_S 表示组分分配在固定相中的质量,以 m_M 表示组分分配在流动相中的质量,则组分分配在两相间的分配比 k 为

$$k = \frac{m_S}{m_M} \tag{11-2}$$

分配系数与分配比的关系为

$$K = \frac{c_S}{c_M} = \frac{m_S/V_S}{m_M/V_M} = k\frac{V_M}{V_S} = k\beta \tag{11-3}$$

式中，V_M 为色谱柱中流动相的体积，即柱内固定相间的空隙体积；V_S 为色谱柱中固定相的体积。对于不同类型的色谱方法，V_S 有不同的含义，在气-液色谱中为固定液体积；在气-固色谱中则为吸附剂表面容量。β 称为相比(phase ratio)，是 V_M 与 V_S 之比。

色谱流出曲线及有关术语

混合试样经色谱柱分离后，各组分依次从色谱柱尾流出。以出现在柱尾部的组分浓度(或质量、相应的电信号)为纵坐标，流出时间为横坐标，绘得的组分浓度(或质量)随时间变化的曲线称为色谱图，也称色谱流出曲线。在一定的进样量范围内，色谱流出曲线遵循正态分布，它是色谱定性、定量和评价色谱分离情况的基本依据。

下面以一个组分的流出曲线(图 11-1)为例说明有关术语。

1. 基线

仅有流动相通过检测器时响应信号的记录即为基线(base line)。在实验条件稳定时，基线是一条直线。如图 11-1 中平行于横轴的直线段所示。

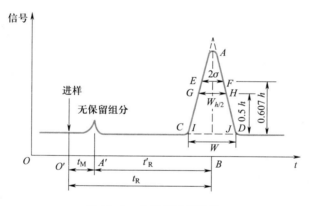

图 11-1　色谱流出曲线图

2. 保留值

保留值(retention value)表示试样中各组分在色谱柱内滞留的程度。通常用时间或相应的载气体积来表示。

(1) 用时间表示的保留值　保留时间(retention time，t_R)：指待测组分从进样到色谱峰出现最大值时所需的时间，如图 11-1 中 $O'B$ 所示。

死时间(dead time，t_M)：指不与固定相作用的物质(如空气、甲烷)的保留时间，如图 11-1 中 $O'A$ 所示。

调整保留时间(adjusted retention time，t'_R)：指扣除了死时间的保留时间，如

图 11-1 中 $A'B$ 所示,即

$$t_{R}' = t_{R} - t_{M} \qquad (11-4)$$

在确定的实验条件下,任何物质都有一定的保留时间,它是色谱定性的基本参数。

(2) 用体积表示的保留值　保留体积(retention volume, V_{R}):指从进样到色谱峰出现最大值时通过的载气体积。它与保留时间的关系为

$$V_{R} = t_{R} q_{V,0} \qquad (11-5)$$

式中, $q_{V,0}$ 为色谱柱出口处载气流量,以 $mL \cdot min^{-1}$ 计。

死体积(dead volume, V_{M}):指色谱柱内除填充物固定相以外的空隙体积、色谱仪中管路和连接头间的空间、进样系统及检测器的空间的总和。当后两项小至可忽略不计时,它和死时间的关系为

$$V_{M} = t_{M} q_{V,0} \qquad (11-6)$$

调整保留体积(adjusted retention volume, V_{R}'):指扣除死体积后的保留体积,即

$$V_{R}' = V_{R} - V_{M} \qquad (11-7)$$

或

$$V_{R}' = t_{R}' q_{V,0} \qquad (11-8)$$

(3) 相对保留值(relative retention value, r_{21})　指组分 2 与另一组分 1 调整保留值之比,是一个量纲一的量。

$$r_{21} = \frac{t_{R2}'}{t_{R1}'} = \frac{V_{R2}'}{V_{R1}'} \qquad (11-9)$$

在气相色谱中,相对保留值只与柱温及固定相性质有关,与其它色谱操作条件无关,它表示固定相对这两种组分的选择性,因此,相对保留值有时也称为选择性因子,用 α 表示。但在液相色谱中,相对保留值还受流动相种类及配比的影响。

(4) 保留指数(retention index, I)　又称为 Kovats 指数。保留指数的测定一般采用正构烷烃作为标准,正构烷烃的保留指数规定为其碳原子数乘以 100,被测组分 X 的保留指数 I_{X} 通过色谱图(图 11-2)中与之相邻、碳原子数为 Z 和 $Z+1$ 的两个正构烷烃的调整保留时间进行计算:

$$I_{X} = 100 \left(\frac{\lg t_{R(X)}' - \lg t_{R(Z)}'}{\lg t_{R(Z+1)}' - \lg t_{R(Z)}'} + Z \right) \qquad (11-10)$$

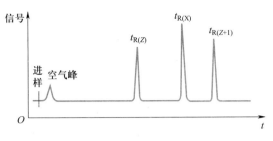

图 11-2　保留指数测定示意图

式(11-10)中，$t'_{R(Z+1)} > t'_{R(X)} > t'_{R(Z)}$。某组分的保留指数只与柱温及固定相性质有关，与其它色谱操作条件无关，因此准确度和重现性都很好，相对误差小于 1%。

3. 区域宽度

区域宽度（peak width）即色谱峰宽度。习惯上常用以下三个量之一表示。

（1）标准偏差（standard deviation，σ）　流出曲线上两拐点间距离之半，即 0.607 倍峰高处色谱峰宽度的一半，如图 11-1 中 EF 的一半。

峰高 h 是峰顶到基线的距离。h、σ 是描述色谱流出曲线形状的两个重要参数。

（2）半峰宽（peak width at half height，$W_{h/2}$）　峰高一半处色谱峰的宽度，如图 11-1 中 GH 所示。半峰宽和标准偏差的关系是

$$W_{h/2} = 2\sigma\sqrt{2\ln 2} = 2.35\sigma \tag{11-11}$$

由于半峰宽容易测量，使用方便，所以一般多用它表示区域宽度。

（3）峰宽（peak width，W）　也称为峰底宽，即通过流出曲线的拐点所做的切线在基线上的截距，如图 11-1 中 IJ 所示。峰宽与标准偏差的关系是

$$W = 4\sigma \tag{11-12}$$

色谱柱效能

色谱柱的总分离效能常根据一对难分离组分的分离情况来判断。如 A、B 系难分离的物质对，它们的色谱图可能出现图 11-3 所示的三种情况：图（a）中 A、B 两组分未分离，色谱峰完全重叠；（b）中 A、B 两组分的色谱峰间有一定距离，但峰形很宽，两峰严重重叠，分离不完全；（c）中两峰间有一定距离，而且峰形较窄，分离完全。可见要使两组分分离，两组分的保留值要有足够的差别，而且要求色谱峰较窄。组分保留值的大小由组分在两相中的分配系数所决定，受色谱过程的热力学因素控制，而色谱峰的宽窄则由色谱过程的动力学因素控制。

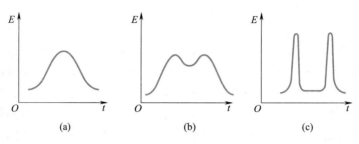

图 11-3　色谱分离的三种情况

1. 塔板理论——柱效能指标

在色谱分离技术发展的初期，马丁（Martin）等人把色谱分离过程比作分馏过程，直接引用处理分馏过程的概念、理论和方法来处理色谱分离过程，从而提出了塔板理论（plate theory）。这个半经验的理论把色谱柱比作一个分馏塔，柱内有若干想象的塔板，在每个塔板高度间隔内，被分离组分在气、液两相间达成分配平衡。经过若干次的分配平衡后，分配系数小即挥发度大的组分首先由柱内逸出。由于色谱柱的塔板数很多，致使分配系数仅有微小差异的组分也能得到很好的分离。

若色谱柱长为 L，塔板间距离（亦称理论塔板高度）为 H，色谱柱的理论塔板数为 n，则

$$n = \frac{L}{H} \qquad (11-13)$$

由塔板理论推导出的理论塔板数 n 的计算公式如下：

$$n = 5.54\left(\frac{t_R}{W_{h/2}}\right)^2 = 16\left(\frac{t_R}{W}\right)^2 \qquad (11-14)$$

式中，t_R、$W_{h/2}$、W 均以同一单位（时间或长度的单位）表示。

显然，在一定长度的色谱柱内，塔板高度 H 愈小，塔板数 n 愈大，组分被分配的次数愈多，则柱效能愈高。

但由于死时间 t_M（或 V_M）包含在 $t_R(V_R)$ 中，而 t_M 并不参加柱内的分配，所以理论塔板数、理论塔板高度并不能真实反映色谱柱分离性能的好坏。因此，常采用有效塔板数或有效塔板高度作为衡量柱效能的指标，计算式如下：

$$n_{有效} = 5.54\left(\frac{t_R - t_M}{W_{h/2}}\right)^2 = 16\left(\frac{t_R'}{W}\right)^2 \qquad (11-15)$$

$$H_{有效} = \frac{L}{n_{有效}} \tag{11-16}$$

必须指出:① 色谱柱的有效塔板数愈多,表示组分在色谱柱内达到分配平衡的次数愈多,柱效愈高,所得色谱峰愈窄,对分离有利。但它不能表示被分离组分实际分离的效果,因为如果两组分在同一色谱柱上分配系数相同,那么无论该色谱柱为它们提供多大的 $n_{有效}$,此两组分仍无法分离。② 由于不同物质在同一色谱柱上分配系数不同,所以同一色谱柱对不同物质的柱效能不同。因此在用塔板数或塔板高度表示柱效能时,必须说明是对什么物质而言。

2. 速率理论——色谱动力学理论

1956 年,荷兰学者范·第姆特(van Deemter)等人在总结前人研究成果的基础上提出了速率理论(rate theory),其核心是速率方程(亦称范·第姆特方程),该方程对色谱分离过程中引起色谱峰展宽的动力学因素进行了归纳,方程的表达式如下:

$$H = A + \frac{B}{u} + Cu \tag{11-17}$$

式中,u 为载气的线速度,单位为 $cm \cdot s^{-1}$。值得注意的是,速率方程中的 H 虽然也称为理论塔板高度,其计算公式与式(11-13)一致,但其物理含义与塔板理论中的 H 完全不同。在速率方程中,H 是被分析组分的分子在色谱柱中进行无规行走时单位步长的离散程度,是色谱峰展宽程度的度量,它是一个统计学的概念。

现以气液色谱法为例说明速率方程中各项的物理意义。

(1) A 称为涡流扩散项(eddy diffusion term)   由于试样组分分子进入气相色谱填充柱碰到填充物颗粒时,不得不改变流动方向,因而它们在气相中形成紊乱的、类似涡流的流动,如图 11-4 所示。组分分子所经过的路径,有的长,有的短,使得该组分分子在色谱柱中进行运动时离散程度增大,引起色谱峰展宽,分离变差。

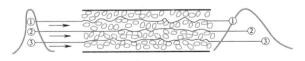

图 11-4   涡流扩散示意图

$A = 2\lambda d_p$,d_p 为固定相的平均颗粒直径,λ 为表征固定相填充的不均匀性参数。因此,使用适当细粒度和颗粒均匀的担体,并尽量填充均匀,是减少涡流扩散,提高柱效的有效途径。对于空心毛细管柱,A 项为零(参见§11-7)。

（2）B/u 称为分子扩散项（或称纵向扩散项 longitudinal diffusion term）　由于进样后试样仅存在于色谱柱中很短小的一段空间，因此可以认为试样是以"塞子"形式进入色谱柱的。在塞子前后存在着浓度差，于是当试样中各组分随载气在柱中前进时，各组分的分子将产生沿着色谱柱方向的纵向扩散运动，结果使色谱峰展宽，塔板高度增加，分离变差。

$B = 2\gamma D_g$，γ 是与组分分子在柱内扩散路径的弯曲程度有关的弯曲因子，$\gamma \leqslant 1$。γ 和涡流扩散项的 λ 是不同的，可以想象，填充很均匀的柱子，λ 可以显著降低，但对分子扩散的阻碍不会显著降低，即 γ 不会显著减小。D_g 是组分在气相中的扩散系数（单位：$cm^2 \cdot s^{-1}$），它的大小与载气的摩尔质量、柱温等有关，由于 $D_g \propto \dfrac{1}{\sqrt{M_{载气}}}$，因此采用摩尔质量大的载气如 N_2，可使 D_g 值较小，从而使 B 值减小。载气流速愈小，保留时间愈长，分子扩散项的影响也愈大，从而使色谱峰展宽，塔板高度增加。

（3）Cu 称为传质阻力项（resistence to mass transfer term）　包括气相传质阻力 C_g 和液相传质阻力 C_l，即 $Cu = (C_g + C_l)u$。

C_g 是指试样组分从气相移动到固定相表面进行浓度分配时所受到的阻力：

$$C_g \propto \frac{d_p^2}{D_g} \propto d_p^2 \sqrt{M_{载气}}$$

这一阻力与填充物直径的平方成正比，与组分在载气中的扩散系数成反比，即与载气的摩尔质量的平方根成正比。因而采用粒度小的填充物和摩尔质量小的载气，可减小气相传质阻力，提高柱效。

C_l 是指组分从固定液的气、液界面移动到液相内部进行质量交换达到分配平衡，又返回到气、液界面的过程中所受到的阻力：

$$C_l \propto \frac{d_f^2}{D_l}$$

固定液的液膜厚度（d_f）愈薄，组分在液相中的扩散系数（D_l）愈大，液相传质阻力就愈小。Cu 项表明，传质阻力项随载气流速的增大而增大。

由上述讨论可知，组分在柱内运行的多途径，浓度梯度造成的分子扩散和组分在气、液两相质量的传递不能瞬间达到平衡，是造成色谱峰展宽，柱效能下降的原因。

速率理论指出了影响柱效能的因素，为色谱分离操作条件的选择和高效色谱柱的制备提供了理论指导。但也可以看出，许多影响柱效能的因素是相互制约的。例如，流速增大，分子扩散项的影响减小，而传质阻力项的影响增大；温度升高，D_g

增大,有利于传质,但又加剧了分子扩散的影响等。因此必须全面考虑这些相互矛盾的影响因素,选择适当的色谱分离操作条件,才能提高柱效能。

分 离 度

分离度(resolution)又称分辨率,常用分离度 R 判断难分离物质对在色谱柱中的分离情况:

$$R = \frac{2(t_{R2} - t_{R1})}{W_2 + W_1} \tag{11-18}$$

即 R 等于相邻两色谱峰保留时间之差的两倍与两色谱峰峰宽之和的比值。相邻两组分保留时间的差值反映了色谱分离的热力学性质;色谱峰的宽度则反映了色谱过程的动力学因素。因此分离度概括了这两方面的因素,并定量地描述了混合物中相邻两组分的实际分离程度,因此用它作为色谱柱的总分离效能的评价指标。

当两峰等高,峰形对称且符合正态分布时,可以从理论上证明,若 $R=1$,两峰分离达 98%;$R=1.5$,分离可达 99.7%。因此一般采用 $R=1.5$ 作为相邻两峰完全分离的标志。

由于有时峰宽 W 的测量较为困难,所以可用半峰宽来代替峰宽计算分离度,但其计算公式和数值都与 R 不相同。

设相邻两峰的峰宽度近似,即令 $W_1 = W_2 = W$,并用 $r_{21} = \dfrac{t'_{R2}}{t'_{R1}}$ 代入式(11-18),结合式(11-15),则可推导得到 R 与 $n_{有效}$ 之间的关系式:

$$R = \frac{\sqrt{n_{有效}}}{4}\left(\frac{r_{21}-1}{r_{21}}\right) \tag{11-19}$$

这样就把分离度 R、柱效能 $n_{有效}$ 和相对保留值 r_{21} 联系了起来。由式(11-19)可以看出,提高柱效能或增大 r_{21} 都有利于分离度的提高。因此,增加色谱柱的长度、减小塔板高度以增大柱效能 n,或改变固定液的种类和柱温以增大 r_{21},都可以提高分离度 R,达到改善分离的目的。

也可根据其中的两个量,计算出第三个量的值。或者

$$n_{有效} = 16R^2\left(\frac{r_{21}}{r_{21}-1}\right)^2 \tag{11-20}$$

于是

$$L = 16R^2 \left(\frac{r_{21}}{r_{21}-1} \right)^2 H_{有效} \qquad (11-21)$$

对于一定的色谱柱和一定的难分离物质对,在一定的操作条件下,r_{21} 与 $H_{有效}$ 为常数,则 $L \propto R^2$ 或 $R \propto \sqrt{L}$。

例   假设两组分的相对保留值 r_{21} 为 1.15,要在一根填充柱上获得完全分离(即 $R = 1.5$),需有效塔板数和柱长各为多少?

解: $$n_{有效} = 16R^2 \left(\frac{r_{21}}{r_{21}-1} \right)^2 = 16 \times 1.5^2 \times \left(\frac{1.15}{0.15} \right)^2 = 2\,116$$

一般填充柱的 $H_{有效} = 0.1$ cm,则

$$L = n_{有效} \cdot H_{有效} = 212 \text{ cm}$$

§11-2   色谱定性与定量分析方法

色谱定性分析方法

色谱定性分析的目的是确定试样的组成,即确定每个色谱峰各代表什么组分。色谱的定性能力总的说来是比较弱的。但由于近年来出现的色谱与质谱、红外光谱、核磁共振波谱等联用技术,将色谱分析的强分离能力和光谱分析的强鉴定能力相结合,为复杂未知试样的分析提供了有效的手段,发展和应用前景十分广阔。现把几种常用的色谱定性分析方法介绍如下。

1. 利用保留值的定性分析方法

经理论分析和实验证明,当固定相和操作条件严格固定不变时,每种物质都有确定的保留值(t_R、V_R、r_{21} 等),因此保留值可用作定性鉴定的指标。如待测组分的保留值与在相同条件下测得的纯物质的保留值相同,则可初步认为它们是同一物质。

由于保留时间(或保留体积)受柱长、固定液含量、载气流速等操作条件的影响较大,重现性较差,因此采用仅与柱温有关,而不受其它操作条件影响的相对保留值 r_{21} 作为定性指标更为可靠。

当相邻两组分的保留值接近,且操作条件不易控制稳定时,可以将纯物质加到试样中,如果某一组分的峰高增加,则表示该组分可能与加入的纯物质相同。

由于不同组分在同一根色谱柱上可能具有相同的保留值,因此上述定性结果有时并不可靠。为防止这种情况发生,可用"双柱定性法",即再用另一根装填不同极性固定液的色谱柱进样分析,如果试样和纯物质仍获得相同的保留值,

则上述定性结果的可靠程度就大为提高了。这是因为两种不同的组分,在两根极性不同的色谱柱上,保留值相同的概率是极小的。

利用纯物质对照进行定性的方法虽然简单,但必须对试样的大概组成有所了解,且备有对照用的纯物质时才能使用。

没有纯物质的情况下,在气相色谱中还可以利用文献中发表的保留指数或相对保留值数据进行定性鉴定,但必须注意测定保留指数或相对保留值所用的固定液和温度必须与文献中的一致。

2. 与其它方法结合的定性方法

质谱、核磁共振波谱及红外光谱等仪器的鉴定能力很强,但不适合复杂混合物的定性鉴定。如果把它们与色谱仪联用,经色谱仪分离成各个组分后,再进行定性鉴定,就可以收到很好的效果。目前,商品化的在线联用仪器已有气相色谱-质谱联用(简称 GC-MS)、液相色谱-质谱联用(简称 LC-MS)、气相色谱-傅里叶变换红外光谱联用(简称 GC-FTIR),以及液相色谱-核磁共振波谱联用(简称 LC-NMR)等。其中 GC-MS 是目前解决复杂未知物定性问题的有效工具之一,已建成大量化合物的标准谱库,可用于数据的快速处理和检索,给出未知试样各色谱峰的分子结构信息。而 LC-MS 是近年来发展得最为迅速的联用仪器,广泛应用于复杂体系中难挥发组分的定性和定量分析,已成为蛋白质组学、代谢组学等研究领域最有效的分析手段之一。

此外,与化学方法结合起来进行定性鉴定,或利用检测器的选择性进行定性鉴定,也可提供有用的试样结构信息。

色谱定量分析方法

在一定操作条件下,分析组分 i 的质量(m_i)或其在流动相中的浓度与检测器响应信号(色谱峰的峰面积 A_i 或峰高 h_i)成正比,可写作:

$$m_i = f_i' A_i \qquad (11-22)$$

这就是色谱定量测定的依据。式中,f_i' 为定量校正因子。

由式(11-22)可见,色谱定量测定需要:

(1)准确测量峰面积;

(2)求出定量校正因子 f_i';

(3)选择定量方法。

1. 峰面积的测量

峰面积的测量直接关系到定量分析的准确度。色谱峰由色谱仪的数据处理系统记录,早期使用记录仪,现多用色谱工作站和积分仪。当采用记录仪时,峰面积(A)等于峰高(h)与半峰宽($W_{h/2}$)之乘积：

$$A = 1.065hW_{h/2} \tag{11-23}$$

但计算几种组分的相对含量时，式中常数"1.065"可略去。

在色谱条件严格控制不变，进样量控制在一定范围时，半峰宽不变，因此对于狭窄的峰，也可以直接应用峰高进行定量测定。

现在大部分色谱仪都带有色谱工作站，能自动对色谱数据进行记录及数学处理，计算色谱峰的峰面积和分析结果。有的工作站还能控制仪器的操作过程，使分析过程的自动化程度大为提高。

2. 定量校正因子

色谱定量的依据是在一定条件下组分的峰面积与其进样量成正比。但因检测器对不同物质的响应值不同，故相同质量的不同物质通过检测器时，出现的峰面积不相等，因而不能直接用峰面积计算组分含量。为此，引入"定量校正因子"以校正峰面积，使之能真实地反映组分含量。根据式（11-22）有

$$f'_i = \frac{m_i}{A_i} \tag{11-24}$$

f'_i 又称为绝对校正因子，其大小主要由仪器的灵敏度所决定，由于灵敏度与检测器及其操作条件有关，因此，该校正因子不具备通用性。为了解决这一问题，在定量分析中常用相对校正因子，即组分与标准物质的绝对校正因子之比：

$$f_i = \frac{f'_i}{f'_s} = \frac{m_i/A_i}{m_s/A_s} = \frac{A_s}{A_i} \cdot \frac{m_i}{m_s} = \frac{1}{S_i} \tag{11-25}$$

式中，A_i、A_s 分别为组分和标准物质的峰面积；m_i、m_s 分别为组分和标准物质的量；S_i 称为相对响应值。当 m_i、m_s 用质量单位时，所得相对校正因子称为相对质量校正因子，用 f_m 表示。当 m_i、m_s 用摩尔为单位时，所得相对校正因子称为相对摩尔校正因子，用 f_n 表示。应用时常将"相对"二字省去。校正因子或相对响应值可从文献查到，也可自行测定。

质量校正因子的测定方法是：准确称取一定量的待测组分的纯物质(m_i)和作为标准物质的纯物质(m_s)，混合后，取一定量（在检测器的线性范围内）在实验条件下注入色谱仪。出峰后分别测量峰面积 A_i、A_s，由式（11-25）计算出质量校正因子。

3. 几种常用定量方法

（1）归一化法 当试样中所有组分都能流出色谱柱，且在色谱图上都显示色谱峰时，可用此法计算其组分含量。

设试样中有 n 个组分，各组分的质量分别为 m_1、m_2、m_3、$\cdots$、m_n，则待测组分

的质量分数 w_i 为

$$w_i = \frac{m_i}{m_1 + m_2 + m_3 + \cdots + m_n} \times 100\%$$

$$= \frac{f_i A_i}{\sum\limits_{i=1}^{n} f_i A_i} \times 100\% \qquad (11-26)$$

式中 f_i 如用 f_m，则得到组分的质量分数。

若试样中各组分的 f 值很接近（如同系物中沸点接近的组分），则上式可简化为

$$w_i = \frac{A_i}{\sum\limits_{i=1}^{n} A_i} \times 100\% \qquad (11-27)$$

此时，该方法也称为面积归一化法。

归一化法简便、准确。即使进样量不准确，对结果亦无影响，操作条件的变动对结果影响也较小。但若试样中的组分不能全部出峰，则不能应用此法。

（2）内标法　当试样中所有组分不能全部出峰，或者试样中各组分含量差异很大，或仅需测定其中某个或某几个组分时，可用此法。

准确称取一定量试样，加入一定量的选定的标准物质（称内标物），根据内标物和试样的质量，以及色谱图上相应的峰面积，计算待测组分的含量。内标物应是试样中不存在的纯物质，加入的量应接近待测组分的量，其色谱峰也应位于待测组分色谱峰附近或几个待测组分色谱峰的中间。采用内标法定量的结果可计算如下。

设称取的试样质量为 $m_{\text{试}}$，加入的内标物质量为 m_s，待测物和内标物的峰面积分别为 A_i、A_s，质量校正因子分别为 f_i、f_s。由于

$$\frac{m_i}{m_s} = \frac{f_i A_i}{f_s A_s}$$

即

$$m_i = \frac{f_i A_i}{f_s A_s} m_s \qquad (11-28)$$

所以

$$w_i = \frac{\frac{f_i A_i}{f_s A_s} m_s}{m_{\text{试}}} \times 100\%$$

内标法中常以内标物为基准，即 $f_s = 1.0$，则

$$w_i = \frac{m_s f_i A_i}{m_{\text{试}} A_s} \times 100\% \tag{11-29}$$

内标法的优点是定量准确,进样量和操作条件不要求严格控制,试样中含有不出峰的组分时亦能应用。但每次分析都要称取试样和内标物质量,比较费事,不适用于快速控制分析。

若配制一系列相同体积、不同浓度的待测组分的标准溶液,且加入恒定量的内标物,根据式(11-28)有

$$m_i = \frac{A_i}{A_s} \times 常数 \tag{11-30}$$

以 m_i(或 c_i)对 $\dfrac{A_i}{A_s}$ 作图,可得一条通过原点的直线,即内标标准曲线。利用此曲线确定组分含量,可免去计算的麻烦,如图11-5所示。分析时,称取待测试样配制成与标准溶液相同体积的试样溶液,加入内标物,内标物的加入量与标准溶液中内标物的加入量相同,测出其峰面积比,由标准曲线即可查出待测组分的浓度,并根据试样量及体积计算待测组分的质量分数。

利用内标标准曲线法进行定量测定,消除了某些操作条件的影响,而且也不需要定量进样,它适用于液体试样的常规分析。

(3)外标法   取纯物质配制成一系列不同浓度的标准溶液,分别取一定体积并注入色谱仪,测出峰面积(或峰高),做出峰面积(或峰高)和浓度 c_i 的关系曲线,即外标标准曲线,如图11-6所示。然后在同样操作条件下注入相同量(一般为体积)的未知试样,从色谱图上测出峰面积(或峰高),由上述标准曲线查出待测组分的浓度。

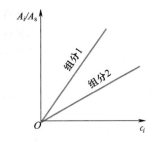

图11-5   内标法标准曲线图

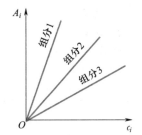

图11-6   外标法标准曲线图

当试样中待测组分浓度变化不大时(如工厂控制分析),可不必作标准曲线,而用单点校正法。即配制一个与待测组分含量十分接近的标准样,标准样的

含量为 w_s,取相同体积的标准样和试样分别注入色谱仪,得相应的峰面积 A_i 和 A_s,由待测组分和标准样的峰面积比(或峰高比)可求出待测物含量。即

$$\frac{w_i}{w_s} = \frac{A_i}{A_s}, \qquad w_i = \frac{A_i}{A_s} w_s \qquad (11-31)$$

外标法的操作和计算都简便,标准曲线的斜率或其倒数即为待测组分的校正因子,因此计算时不必再用校正因子。但要求操作条件稳定,进样量重复性好,否则对分析结果影响较大。

例 1 以邻苯二甲酸二壬酯为固定液分析苯、甲苯、乙苯、二甲苯混合物中各组分的含量。在一定色谱条件下得色谱图,如图 11-7 所示。测得各组分的峰面积及峰面积校正因子如下表。试计算试样中各组分的含量。

组分	苯	甲苯	乙苯	二甲苯
峰面积/(mV·min)	10.1	20.4	19.1	17.2
峰面积校正因子 f'	1.00	1.02	1.05	1.08

解:用归一化法定量。

$$w_{苯} = \frac{10.1 \times 1.00}{10.1 \times 1.00 + 20.4 \times 1.02 + 19.1 \times 1.05 + 17.2 \times 1.08} \times 100\% = \frac{10.1 \times 1.00}{69.54} \times 100\% = 14.5\%$$

$$w_{甲苯} = \frac{20.4 \times 1.02}{69.54} \times 100\% = 29.9\%$$

$$w_{乙苯} = \frac{19.1 \times 1.05}{69.54} \times 100\% = 28.8\%$$

$$w_{二甲苯} = \frac{17.2 \times 1.08}{69.54} \times 100\% = 26.7\%$$

例 2 以液晶①为固定液,可在一定色谱条件下对某厂生产的粗蒽质量进行监测。今欲测定其中的蒽含量。用吩嗪为内标物。称取试样 0.130 g,加入吩嗪 0.040 1 g,溶解后取一份进样,得色谱图(图 11-8)。测得蒽的峰面积为 51.6 mV·min,吩嗪的峰面积为 57.9 mV·min。已知 $f_i = 1.27$,$f_s = 1.00$。求试样中蒽的质量分数。

$$\text{解:} \qquad w_{蒽} = \frac{m_s f_i A_i}{m_{试} \cdot A_s} \times 100\% = \frac{0.040\ 1 \times 1.27 \times 51.6}{0.130 \times 57.9} \times 100\% = 34.9\%$$

---

① 液晶固定液是一种特殊固定液,特别适用于位置异构体(如蒽、菲)的分离。

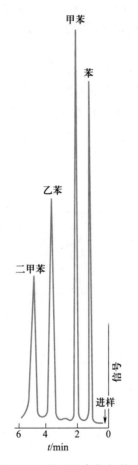

图 11-7 苯系混合物色谱图

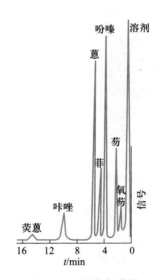

图 11-8 粗蒽色谱图

§11-3 气相色谱法概述

气相色谱法的特点和应用

气相色谱法是以气体为流动相的色谱分析法,它具有高效、快速、灵敏、应用范围广等特点。

(1) 分离效能高 能分离、分析很复杂的混合物(如石油馏分中的几十个、上百个组分),或性质极近似的物质(如同系物、异构体等),这是这种分离分析方法突出的优点。

（2）灵敏度高 利用高灵敏度的检测器，可以检测出 $10^{-11} \sim 10^{-13}$ g 的物质。在环境监测中可直接用来分析痕量组分。

（3）快速 一般在几分钟或几十分钟内，可完成一个组成较复杂或很复杂试样的分析。

（4）应用范围广 分析对象可以是在柱温条件下能汽化的有机试样或无机试样。

气相色谱法适合分离、分析的试样应该是可挥发、热稳定的，沸点一般不超过 500 ℃。在目前已知的化合物中，15% ~ 20% 可用气相色谱法直接分析，该方法不适合分析难挥发物质和热不稳定物质。

另外，通过一些特殊的试样预处理技术和进样技术，如将高聚物热降解为易挥发的小分子后再进行色谱分析的裂解气相色谱，以及利用适当的化学反应，将难挥发试样转化为易挥发物后，再进行气相色谱分析的衍生化气相色谱等，进一步扩大了气相色谱分析的应用范围。

因此，气相色谱法已成为石油、化学、化工、生化、医药、农业、环境保护等生产及科研部门中不可缺少的有力的分析手段。

气相色谱分析流程

一般气相色谱仪的主要部件和分析流程如图 11-9 所示。

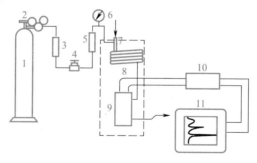

图 11-9 气相色谱仪的主要部件和分析流程示意图

1—载气高压钢瓶；2—减压阀；3—净化干燥管；4—针形阀；5—流量计；6—压力表；
7—进样器和汽化室；8—色谱柱；9—检测器；10—放大器；11—记录系统

气相色谱的流动相称为载气，它是一类不与试样和固定相作用，专用来载送试样的惰性气体。常用的载气有 H_2、N_2，也有用 He、Ar 等。

载气由高压钢瓶 1 供给，经减压阀 2 减压后，通过净化干燥管 3 干燥、净化。用气流调节阀（针形阀）4 调节并控制载气流速至所需值（由流量计 5 及压力表

6 显示柱前流量及压力），而到达汽化室 7。试样用注射器（气体试样也可用六通阀）由进样口注入，在汽化室经瞬间汽化，被载气带入色谱柱 8 中进行分离。分离后的各个组分随载气先后进入检测器 9。检测器将组分及其浓度随时间的变化量转变为易测量的电信号（电压或电流）。必要时将信号放大，由记录系统 11 记录下信号随时间的变化量，从而获得一组峰形曲线。一般情况下每个色谱峰代表试样中的一个组分。

由图 11-9 可见，一般的气相色谱仪由五个部分组成。

（1）载气系统（包括气源、气体净化、气体流速的控制和测量）；

（2）进样系统（包括手动或自动进样器、汽化室）；

（3）色谱柱；

（4）检测器；

（5）记录系统（包括放大器、记录仪或积分仪、色谱工作站）。

其中色谱柱和检测器是色谱分析仪的关键部件。混合物能否被分离取决于色谱柱，分离后的组分能否灵敏地被准确检测出来取决于检测器。下节将分别予以讨论。

§11-4　气相色谱固定相

气相色谱柱

气相色谱分离是在色谱柱中完成的，因此色谱柱是色谱仪的核心部件。气相色谱柱分为两类，一类柱内径较大，为 2~6 mm，柱内部填充固定相颗粒，称为填充柱；另一类柱内径为 0.1~0.53 mm，故称为毛细管柱，其固定相涂覆在柱的内壁上。

气相色谱柱中固定相是影响组分分配系数的主要因素，因此对分离情况起着决定性的作用。不论是填充柱还是毛细管柱，柱内使用的固定相可以是固体（即气-固色谱），也可以是液体（即气-液色谱），以下介绍这两种类型的固定相。

气-固色谱固定相

气-固色谱一般用表面具有活性的吸附剂作固定相。常用的有非极性的活性炭、极性的氧化铝、氢键型的硅胶，后来又发展了分子筛、高分子多孔微球、石墨化炭黑、碳多孔小球等，它们对各种气体的吸附能力强弱不同，可以根据试样选择合适的吸附剂。气-固色谱常用的吸附剂见表 11-1。

表 11-1　气-固色谱常用的几种吸附剂及其性能

吸附剂	主要化学成分	使用温度	性质	分析对象	备注
活性炭	C	<300 ℃	非极性	惰性气体（-196 ℃），N_2、CO_2、CH_4 等气体，低沸点烃类等	色谱峰脱尾严重，现较少使用
石墨化炭黑	C	>500 ℃	非极性，表面积小	分离气体、烃类及部分高沸点有机化合物	克服了活性炭的缺点，峰形对称
碳多孔小球（碳分子筛）	C	<400 ℃	非极性，表面积大	分离永久性气体、半水煤气及低碳烃中的水分等	
硅胶	$SiO_2 \cdot xH_2O$	<400 ℃	氢键型	一般气体，C_1—C_4 烷烃，N_2O、SO_2、H_2S、COS、SF_6、CF_2Cl_2 等气体	使用前需在 200 ℃ 以下活化处理
氧化铝	Al_2O_3	<400 ℃	弱极性	分离 C_1—C_4 烃类及其异构体，在低温下可分离氢的同位素	
分子筛	$x(MO) \cdot y(Al_2O_3) \cdot z(SiO_2) \cdot nH_2O$	<400 ℃	极性	特别适用于永久性气体和惰性气体的分离	使用前需在 550 ℃ 干燥 2 h
高分子多孔微球（GDX）	以苯乙烯、二乙烯苯为主体的高分子聚合物	<300 ℃	聚合时原料不同，极性不同	气体、液体试样中水分的分析，低沸点烃及异构体、低级醇、一般气体以及 H_2S、SO_2、NH_3、NO_2 等的分析	不同原料和工艺合成的 GDX，其分离对象和性能不同，具体参见参考书[1]

① 李浩春.分析化学手册:第五分册　气相色谱分析.2 版.北京：化学工业出版社,1999.

气-固色谱是气相色谱分析中发展较早的一种。但由于吸附剂种类有限,且吸附剂的性能与其制备、活化条件有很大关系,因此不同厂家,甚至同一厂家不同批号的吸附剂,其分离性能常常不同。而且在气-固色谱分析时,进样量稍多,色谱峰就拖尾,造成色谱分析的困难,因而气-固色谱的应用受到限制。不过气-固色谱对于气态烃类及永久性气体的分离能获得较好的效果。

高分子多孔微球是一种应用日益广泛的气-固色谱固定相,特别适用于有机物中痕量水分的测定,水分子先出峰,峰形对称。国产商品牌号为 GDX,国外商品牌号为 Porapak 等。

气-液色谱固定相

气-液色谱的固定相由担体和固定液组成,分离主要依靠固定液的作用,固定液涂渍在担体上,装填于柱中构成色谱柱。气-液色谱发展极为迅速,应用的固定液种类也十分繁多,气相色谱分析法中大多数采用气-液色谱法。

1. 担体

担体应是一种化学惰性的、多孔性的固体微粒,能提供较大的惰性表面,使固定液以液膜状态均匀地分布在其表面。对担体一般有如下要求:

(1) 比表面积大,孔径分布均匀;

(2) 化学惰性好,其表面没有吸附性或吸附性很弱,与被分离组分不起任何化学反应;

(3) 热稳定性好,有一定的机械强度,不易破碎;

(4) 颗粒均匀,大小适度,常用 60~80 目、80~100 目、100~120 目。

要获得完全满足上述要求的担体是困难的,只能在实践中选择性能较好的使用。

常用担体有硅藻土型和非硅藻土型两类。硅藻土型担体是应用较早、也是目前应用最广泛的担体。它又可分为红色担体和白色担体两类,都是由天然硅藻土煅烧而成,所不同的是白色担体在煅烧前于硅藻土原料中加入少量助熔剂,如碳酸钠。

红色担体(如 6201 红色担体、Chromosorb P 等)表面孔穴密集,孔径较小,表面积较大,机械强度较好,对于非极性或弱极性试样分离效率较高。但其表面有吸附中心,涂极性固定液时分布不易均匀,因而对极性试样分离效果较差。

白色担体(如 101 白色担体、Chromosorb W 等)表面孔径较大,表面积较小,质地较疏松,机械强度差,但表面吸附中心显著减少,吸附性小,适于分离极性试样。

由于担体表面往往有吸附中心,会使固定液涂布不均匀,分离极性组分时吸附这些组分,而使色谱峰拖尾,影响分离。因此分析极性试样用的担体应加以处理,以除去其表面的吸附中心,使之"钝化"。处理方法有酸洗、碱洗、硅烷化处理、釉化处理等。

非硅藻土型担体如氟担体,适用于强极性、腐蚀性气体的分析;玻璃微球担体适用于高沸点物质的分析;高分子多孔微球既可用于气-固色谱中作吸附剂,又可用于气-液色谱中作担体。

气-液色谱常用的担体及其性能和用途见表 11-2。

表 11-2　气-液色谱常用的担体及其性能和用途

担体名称		特点	用途
红色硅藻土担体	6201 担体 201 担体	具有一般红色担体的特点	分析非极性、弱极性物质
	釉化担体 301 担体	性能介于红色担体和白色担体之间	分析中等极性物质
白色硅藻土担体	101 担体 102 担体	一般白色担体	易于配合极性固定液,分析极性或碱性物质
	101 硅烷化白色担体 102 硅烷化白色担体	经硅烷化处理	分析高沸点、氢键型物质
非硅藻土类	玻璃微球 硅烷化玻璃微球	比表面积较小($0.02\ m^2 \cdot g^{-1}$)	分析高沸点和易分解物质,固定液含量小于 1%
	氟担体	经硅烷化处理,比表面积大($10.5\ m^2 \cdot g^{-1}$)	分析强极性物质、腐蚀性气体
	高分子多孔微球	见表 11-1	

2. 固定液及其选择

对固定液一般有如下要求:

（1）在工作温度下为液体，对试样中各组分有适当的溶解能力；

（2）选择性好，对所分离的混合物有选择性分离能力；

（3）沸点高，挥发性小，热稳定性好；

（4）化学稳定性好，不与被分离物质发生不可逆的化学反应。

固定液一般是高沸点的有机化合物，各有其特定的最高使用温度，而实际使用温度应更低些。能满足上述要求的固定液种类很多，附录十三介绍的十余种只是其中的一小部分。在实际应用中如何根据试样的性质选用合适的固定液，是一个需要认真考虑的问题。为了便于讨论固定液的选择，先对固定液的极性进行讨论。

固定液的极性早期用相对极性来表示，并规定 β, β'-氧二丙腈相对极性为 100，角鲨烷的相对极性为零，以它们作为标准，其它各种固定液的相对极性在 0 至 100 之间。又把 0~100 分成五级，每 20 为一级。用"+"号表示。例如附录十三中的 β, β'-氧二丙腈为"+5"，是强极性固定液；邻苯二甲酸二壬酯为"+2"，是中等极性固定液；阿皮松 L 为"－"，是非极性固定液等。

上面所谓的极性强弱，代表了物质分子间相互作用力的大小，而物质分子间的相互作用力是相当复杂的。已知极性分子间存在着静电力（偶极定向力）；极性分子和非极性分子间存在着诱导力；非极性分子间存在着色散力；此外能形成氢键的分子间还存在着氢键力。因而仅用相对极性这个单一的数据来评价固定液是不够的。于是后来又提出用麦氏常数来说明固定液的极性。每种固定液的麦氏常数有五个，代表各种作用力，分别以 x'、y'、z'、u'、s' 表示，见附录十三。用五个数值的总和，即用各种相互作用力的总和来说明一种固定液的极性。例如，角鲨烷五个常数的总和为零，表示角鲨烷是标准非极性固定液；邻苯二甲酸二壬酯的为 801，是中等极性固定液；β, β'-氧二丙腈的为 4427，是强极性固定液。麦氏常数愈大，表示分子间作用力愈大，固定液极性愈强。用五个麦氏常数表示固定液极性的强弱，比用单一的相对极性数值表示更为全面、更为合理[①]。

当了解了各种固定液的相对极性或麦氏常数后，根据试样的性质，就可以参照"相似相溶"原则选用适当固定液。固定液的选择大致可分为以下五种情况。

（1）分离非极性组分，一般选用非极性固定液。这时试样中各组分按沸点次序流出色谱柱。例如，用角鲨烷作固定液分离甲烷（沸点-161.5 ℃）、乙烷（沸点-88.6 ℃）、丙烷（沸点-47 ℃）时，沸点较低的甲烷先出峰，沸点较高的丙烷则最后出峰。

（2）分离极性组分，选用极性固定液。各组分按极性大小顺序流出色谱柱，

① 参阅：金鑫荣. 气相色谱法. 北京：高等教育出版社，1987：162-166.

极性小的先出峰。例如,用极性固定液聚乙二醇-600分析乙醛、丙烯醛混合物时,由于乙醛的极性较丙烯醛小,所以乙醛较丙烯醛先出峰。

（3）分离非极性组分和极性组分的（或易被极化的）混合物,一般选用极性固定液。此时,非极性组分先出峰,极性（或易被极化的）组分后出峰。例如,苯和环己烷的沸点相差不到1℃,用非极性固定液很难使之分离,但若用中等极性的邻苯二甲酸二壬酯作固定液,苯的保留时间是环己烷的1.5倍;若选用强极性的β,β'-氧二丙腈作固定液,苯的保留时间是环己烷的6.3倍,很容易分离。

（4）对于能形成氢键的组分,如醇、胺和水等的分离,一般选择极性的或氢键型的固定液。这时试样中各组分根据与固定液形成氢键能力的大小先后流出。不易形成氢键的先流出,最易形成氢键的最后流出。

（5）对于复杂的难分离的组分,常采用特殊的固定液或两种甚至两种以上的固定液,配成混合固定液。如苯系物的分离,苯系物指苯、甲苯、乙苯、二甲苯（包括对、间、邻异构体）乃至异丙苯、三甲苯等,使用有机皂土固定液,能使间位和对位的二甲苯分开,但不能使乙苯和对二甲苯分开。若使用有机皂土配入适当量邻苯二甲酸二壬酯的混合固定液,即能将各组分分开。

至于固定液用量,应以能均匀覆盖担体表面形成薄的液膜为宜。各种担体表面积大小不同,固定液配比（固定液与担体的质量比）也不同,一般在5%~25%之间。采用低的固定液配比时,柱分离效能高,分析速度快,但允许的进样量少。

§11-5 气相色谱检测器

检测器的作用是将经色谱柱分离后的各组分按其特性及含量转换为相应的电信号E。在一定范围内,信号的大小与进入检测器的物质的质量m（或浓度）成正比,即

$$E \propto m, \quad E = Sm \qquad (11-32)$$

比例系数S称为检测器的响应值（或灵敏度、应答值）,它表示单位质量（或单位浓度）的物质通过检测器时产生的响应信号的大小。

E可以用检测器检出信号（电压或电流）表示,也可以用色谱峰的峰面积或峰高表示。当E用峰面积表示时,上式可写成:

$$S_i = \frac{A_i}{m_i} \qquad (11-33)$$

式中,m_i为组分i的进样量;A_i为组分i的峰面积;S_i为检测器对组分i的响

应值。

检测器按响应特性可分为浓度型检测器和质量型检测器两类。浓度型检测器检测的是载气中组分浓度的瞬间变化,其响应信号与进入检测器的组分浓度成正比;质量型检测器检测的是载气中组分的质量流量的变化,其响应信号与单位时间内进入检测器的组分的质量成正比。

无论何种类型的气相色谱检测器,其工作性能都应尽可能满足灵敏度高、检测限低、稳定性好、线性范围宽和响应快等要求。这些也是评价检测器性能的指标。

检测器的种类虽然很多,但常用的仅四五种,其中尤以热导检测器和氢火焰离子化检测器应用最多。现简要介绍如下。

热导检测器

热导检测器(thermal conductivity detector, TCD)结构简单,灵敏度适中,稳定性好,线性范围宽,对可挥发的无机物及有机物均有响应,虽然灵敏度不高,但仍是目前应用最广泛的检测器之一。

1. 结构

热导池由池体和热敏元件组成。池体多用不锈钢做成,其中有两个或四个大小相同、形状完全对称的孔道,孔内各固定一根长短、粗细和电阻值完全相同的金属丝(热丝)作热敏元件。为提高检测器的灵敏度,热敏元件一般选用电阻率高、电阻温度系数①大的钨丝、铂丝或铼钨丝做成。目前广泛使用的是电阻率高、性能稳定的铼钨丝。

用两根热丝作热敏元件称为双臂热导池,一臂为参比池,另一臂为测量池。用四根热丝作热敏元件称为四臂热导池,其中两臂是参比池,另两臂是测量池。热导池结构如图 11-10 所示。

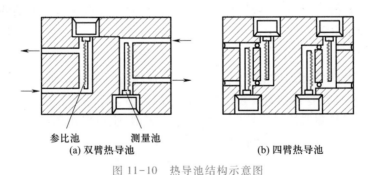

参比池　　　测量池
(a) 双臂热导池　　　　　　(b) 四臂热导池

图 11-10　热导池结构示意图

---

① 温度改变 1 ℃导体电阻的相对变化值。

2. 检测原理

热导检测器是基于不同气体或蒸气具有不同的热导系数 λ 而设计的。一些气体或蒸气的热导系数见表 11-3。从表中可见，H_2、He 的热导系数特别大，其余气体的较小。

表 11-3 某些气体与蒸气的热导系数(λ) （单位：$J \cdot cm \cdot ℃ \cdot s^{-1}$）

气体	$\lambda \times 10^5$		气体	$\lambda \times 10^5$	
	0 ℃	100 ℃		0 ℃	100 ℃
氢	174.4	224.3	甲烷	30.2	45.8
氦	146.2	175.6	乙烷	18.1	30.7
氧	24.8	31.9	丙烷	15.1	26.4
空气	24.4	31.5	甲醇	14.3	23.1
氮	24.4	31.5	乙醇	—	22.3
氩	16.8	21.8	丙酮	10.1	17.6

热敏元件的电阻值随温度升高而增大。当恒定直流电通过热丝时，热丝被加热到一定温度，其电阻值上升到一定值。在未进试样时，通过参比池和测量池的都是载气，由于载气的热传导作用，使热丝的温度下降，电阻减小。但此时参比池和测量池中热丝温度的下降和电阻值减小的数值是相同的。当有试样进入检测器时，流过参比池的仍是纯载气，而流经测量池的是带着试样组分的载气。由于载气和待测组分混合气体的热导系数与纯载气的热导系数不同，因而测量池中散热情况发生变化，使参比池和测量池的热丝温度及电阻值产生了差异。通过测量此差值，即可确定载气中组分的浓度。为此，将双臂热导池的两臂和两个等值的固定电阻组成一惠斯顿电桥，如图 11-11。四臂热导池则以自身的四臂组成电桥。

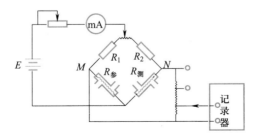

图 11-11 热导检测器电桥线路示意图

在惠斯顿电桥中,当仅有流量相同的载气流经参比池和测量池时,$R_参 = R_测$,设定 $R_2 = R_1$,所以 $R_参 \cdot R_2 = R_测 \cdot R_1$。

根据惠斯顿电桥的工作原理,此时电桥处于平衡,M、N 两端电位相等,$\Delta E_{MN} = 0$,无电压信号输出,记录系统记录一条直线,即基线。

当载气携带试样进入检测器时,通过参比池和测量池的气体成分不同,致使 $R_参 \neq R_测$,$R_参 \cdot R_2 \neq R_测 \cdot R_1$,电桥失去平衡,$M$、$N$ 端有电位差存在,即 $\Delta E_{MN} \neq 0$,因而有电压信号输出。载气中被测组分(c)含量愈高,测量池中气体热导系数改变愈大,池内热丝的温度及电阻值的改变(Δt、ΔR)也愈大,M、N 端的输出电压数值也就愈大(若为四臂热导池,则灵敏度较双臂热导池大一倍)。

$$\Delta E \propto \Delta R \propto \Delta t \propto \Delta \lambda \propto \Delta c$$

在热导检测器的线性范围内,响应信号与进入热导池载气中的组分浓度成正比,因此热导检测器是典型的浓度型检测器。

3. 操作条件的选择

(1) 桥电流   桥电流增加,使热丝温度增高,热丝和池体的温差增大,有利于气体的热传导,灵敏度就高。热导检测器的灵敏度和桥电流的三次方成正比,即 $S \propto I^3$。所以增加桥电流,可以提高灵敏度。但桥电流也不可过高,否则将引起噪声增大,基线不稳,甚至烧坏热丝。

(2) 检测器温度   桥电流一定时,热丝温度一定。若适当降低池体温度,则热丝和池体的温差增大,从而可提高灵敏度。但检测器温度不能低于柱温,否则待测组分可能会在检测器内冷凝。

(3) 载气   载气与待测组分的热导系数相差愈大,灵敏度就愈高。一般物质蒸气的热导系数较小,所以应选择热导系数大的 H_2(或 He)作载气。载气热导系数大,允许的桥电流可适当提高,从而又可提高检测器的灵敏度。如果选用 N_2 作载气,由于载气与待测组分热导系数差别小,灵敏度较低。此外,还常因二元混合气的热导系数与其组成不呈线性关系,热导性能差,使热对流作用在热导池中影响增大等,有可能在流速增大或温度提高时,出现不正常的色谱峰(如倒峰、W 峰),因此,一般很少使用 N_2 作载气。

氢火焰离子化检测器

氢火焰离子化检测器(flame ionization detector,FID),简称氢焰检测器。它对大多数有机物有很高的灵敏度,一般较热导检测器的灵敏度高出近 3 个数量级,能够检出 10^{-12} g·mL^{-1} 的有机物质,适于痕量有机物的分析。其结构简单,灵敏度高,线性范围宽,稳定性好,是目前最常用的气相色谱检测器之一。

1. 结构

氢焰检测器的主要部件是一个离子室,其结构如图 11-12 所示。

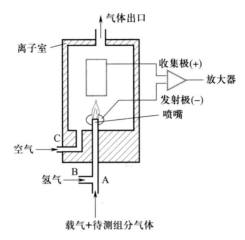

图 11-12 氢焰检测器离子室示意图

离子室为圆筒状,外罩一般由不锈钢制成,其作用是防止外界气流扰动火焰,避免灰尘进入,并对电干扰起屏蔽作用。

离子室内有发射极(又叫极化极)、收集极、喷嘴及点火线圈。发射极一般用铂丝做成圆环。收集极用铂、不锈钢或其它金属做成圆筒或圆盘或喇叭形,位于发射极的上方。两极间距可用调节螺丝调节(一般不大于 10 mm)。

在收集极和发射极间加一定的直流电压(常用 100~300 V)。收集极作正极,发射极作负极,构成一外加电场。

载气一般用 N_2,燃气用 H_2,分别由 A、B 两处通入,调节载气和燃气的流量使它们以一定比例混合后,由喷嘴喷出。助燃空气由 C 处进入离子室以供给 O_2。在喷嘴附近装有点火线圈(或发射极兼作点火用),使在喷嘴上方产生氢火焰作为能源。

2. 检测原理

微量有机组分被载气带入检测器,在氢火焰(2 100 ℃)热能的作用下离子化,产生的离子在发射极和收集极的外电场中,定向运动而形成微弱的电流(10^{-6}~10^{-14} A)。有机物在氢焰中的离子化效率极低,估计约每 50 万个碳原子仅产生一个离子。离子化产生的离子数目,及由此而形成的微弱的电流的大小,在一定范围内与单位时间内进入火焰的组分质量成正比。

离子电流虽很微弱,但流经高电阻(10^8~10^{11} Ω)检出电压信号后,在其两端产生电压降,经微电流放大器放大后,即可由记录系统记录下与单位时间内进入检测器的组分质量成比例的色谱流出曲线。所以氢焰检测器是质量型检测器。

有机物质引入氢火焰后为什么会发生离子化作用？其机理至今还不十分清楚。一般认为，有机物在火焰中的电离是化学电离，例如有机物 C_nH_m 在火焰提供能量的情况下电离形成含碳自由基 $CH_3^·$、CH_2 和 $CH·$。生成的自由基与火焰外层扩散进来的、激发态的原子或分子氧发生氧化反应：

$$2CH· + O_2^* \longrightarrow 2CHO^+ + 2e^-$$

这是化学电离的主反应。生成的 CHO^+ 与火焰中大量存在的水蒸气分子碰撞生成 H_3O^+ 离子：

$$CHO^+ + H_2O \longrightarrow H_3O^+ + CO$$

化学电离产生的正离子 CHO^+、H_3O^+ 和生成的电子 e^-，在外加直流电场作用下定向运动而产生微电流，经放大后，记录得到色谱图。

氢焰检测器对大多数有机化合物有很高的灵敏度，但对不电离的无机化合物，如永久性气体、水、二氧化碳、一氧化碳、氮的氧化物、硫化氢等无响应。因此它很适合于水和大气中痕量有机物的分析。

3. 操作条件的选择

（1）载气流量的选择　一般用 N_2 作载气，载气流量的选择主要考虑分离效能。对一定的色谱柱和试样，要通过实践，找到最佳的载气流量，使色谱柱的分离效果最好。

（2）氢气流量　氢气流量的选择主要考虑检测器的灵敏度。H_2 流速过低，不仅火焰温度低，组分分子离子化数目少，检测器灵敏度低，而且容易熄火。H_2 流速过大，基线不稳。

当用 N_2 作载气时，N_2、H_2 流量的比值有一最佳值。在此最佳比值下，检测器灵敏度高，稳定性好。一般 N_2：H_2（流量）的最佳比在（1：1）～（1：1.5）之间。

（3）空气流量　在低流量时，离子化效率随空气流速的增加而增大，大于一定值后，空气流量对离子化效率几乎没有影响。一般选择氢气和空气流量的比例为 1：10。

（4）检测器温度　氢焰检测器的响应信号对温度的变化不敏感。但由于氢燃烧产生大量的水蒸气，若温度太低，水蒸气不能从检测器中正常排除，冷凝成水，使灵敏度下降，噪声增大。因此，氢焰检测器的温度一般应大于 120 ℃。

此外，对于屏蔽、绝缘、接触是否良好、管路及离子室的清洁、气体的净化等都应予以足够的注意。

其它检测器

1. 电子俘获检测器

电子俘获检测器(electron capture detector,ECD)是一种高选择性、高灵敏度的浓度型检测器。选择性是指它只对具有电负性的物质(如含有卤素、硫、磷、氧的物质)有响应,电负性愈强,灵敏度愈高,能测出 10^{-14} g·mL^{-1} 的强电负性物质。

电子俘获检测器结构如图 11-13 所示。在检测器池体内有一圆筒状的 β 射线放射源(吸附有氚的钛箔或镍的同位素^{63}Ni),筒体上端为阳极,下端为阴极。在此两极间施加一直流或脉冲电压。当载气(一般采用高纯氮)进入检测器时,在放射源发射的 β 射线作用下发生电离:

$$N_2 \xrightarrow{\ \beta\ 射线\ } N_2^+ + e^-$$

生成的正离子和慢速低能量电子,在恒定电场作用下分别向两电极运动,形成恒定的电流,即基流。当具有电负性的组分随载气进入检测器时,俘获了检测器中的慢速低能量的电子而产生带负电荷的分子离子并放出能量:

$$AB + e^- \Longleftrightarrow AB^- + E$$

由于负离子的质量比电子大几个数量级,故在电场作用下的运动速度比电子慢得多,因此,它更容易与 N_2^+ 发生以下复合反应:

$$AB^- + N_2^+ \longrightarrow AB + N_2$$

复合成中性化合物,被载气带出检测室外,结果使基流降低,产生负信号,形成倒峰。载气中组分浓度愈高,倒峰愈大,因此电子俘获检测器是浓度型的检测器。

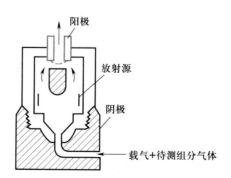

图 11-13 电子俘获检测器结构示意图

这种检测器对强电负性的组分有很高的灵敏度,但不具有电负性的组分,就无响应或响应很小,因而具有高选择性。近年来广泛应用于食品中农药残留量的分析、大气及水中污染物的分析等。

2. 火焰光度检测器

火焰光度检测器(flame photometric detector, FPD)是对含硫化合物、含磷化合物有高选择性和高灵敏度的一种检测器。这种检测器主要由火焰喷嘴、滤光片和光电倍增管三部分组成,如图 11-14 所示。当含硫的有机物在富氢-空气焰中燃烧时,发生如下反应:

$$有机硫化物 \longrightarrow SO_2$$
$$2SO_2 + 4H_2 \longrightarrow 2S + 4H_2O$$

生成的 S 在适当温度下生成激发态的 S_2^* 分子:

$$S + S \longrightarrow S_2^* \qquad\qquad S_2^* \longrightarrow S_2 + h\nu$$

当其回到基态时就发射出最强波长为 394 nm 的特征光谱。

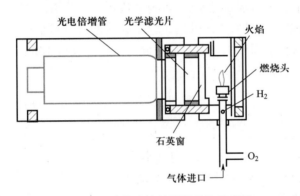

图 11-14 火焰光度检测器结构示意图

有机磷化合物则首先被氧化燃烧生成磷的氧化物,然后被富氢焰中的 H 还原成 HPO。这个含磷碎片被火焰高温激发后,发射出一系列特征波长的光,其最强波长为 528 nm。

这些发射光通过相应的滤光片照射到光电倍增管上,转变为光电流,经放大后记录下硫或磷化合物的色谱图。

由于这种检测器对硫、磷化合物具有高选择性和高灵敏度,因而 FPD 主要用于石油产品中硫化合物的测定、食品中农药残留物分析、大气及水的污染分析等。

§11-6 气相色谱操作条件的选择

为了使气相色谱分离获得满意的效果,首先要选择适当的固定相,这在

§11-4中进行了讨论。其次要选择适当的分离操作条件,本节将根据速率理论,以总分离效能为指标,讨论这一问题。

载气种类及流速的选择

由方程式 $H=A+\dfrac{B}{u}+Cu$ 可知,分子扩散项与载气流速成反比,传质阻力项与载气流速成正比,故必有一最佳流速能使色谱柱的理论塔板高 H 最小,柱效能最高。

在填充色谱柱中,当柱子固定以后,针对某一特定物质,用在不同载气流速下测得的塔板高度 H 对流速 u 作图,得 H-u 曲线,如图11-15所示。在曲线的最低点 H 最小,即柱效能最高。与该点对应的载气流速为最佳流速 $u_{最佳}$。但此时分析速度较慢,在实际工作中,为了缩短分析时间,往往使流速稍高于最佳流速。

当载气流速小时,分子扩散项对柱效能的影响是主要的,此时应选用摩尔质量大的气体(例如 N_2、Ar)作载气,以抑制纵向扩散,获得较好的分离效果。

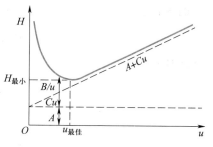

图11-15 塔板高度 H 与
载气流速 u 的关系

当载气流速较大,传质阻力项(气相传质阻力项)起主要作用时,采用摩尔质量较小的气体(例如 H_2、He)作载气,可减小传质阻力,提高柱效。

载气的选择还应考虑检测器的种类,这已在§11-5中进行了讨论。

实际操作中载气流速一般以载气的体积流量($mL \cdot min^{-1}$)来表示,可用皂膜流量计在柱后进行测定。

对于内径为3~4 mm的色谱柱,N_2 的体积流量一般为15~60 $mL \cdot min^{-1}$,H_2 的体积流量一般为40~90 $mL \cdot min^{-1}$,具体选择应通过试验决定。

柱温的选择

柱温是个十分重要的操作参数。所选柱温应低于固定液的最高使用温度,否则固定液随载气流失,不但影响柱的寿命,而且固定液随载气进入检测器,将污染检测器。

柱温又直接影响分离效能和分析时间。柱温选高了,会使各组分的分配系数 K 值变小,各组分之间的 K 值差也变小,各组分的挥发度靠拢,保留时间的差值($t_{R_2}-t_{R_1}$)减小,分离变差。为了使组分分离得好,宜采用较低的柱温。但柱温过低,不仅传质速率显著降低,柱效能下降,峰形变差,而且会延长分析时间。

因此,柱温的选择应使难分离的两组分达到预期的分离效果,峰形正常而又不太延长分析时间为宜。对于沸点小于 300 ℃的试样,一般柱温应比试样中各组分的平均沸点低 20 ~ 30 ℃;对于高沸点试样(沸点大于 300 ℃),需用低固定液涂渍量的固定相,柱温可低于沸点 100 ~ 200 ℃,具体的选择可通过试验决定。

　　对于沸点范围较宽的试样,宜采用程序升温,即柱温按预定的加热速度,随时间呈线性或非线性地增加。一般线性升温最为常用,即单位时间内温度上升的速度是恒定的,比如每分钟上升 2 ℃、4 ℃、6 ℃等。开始时柱温较低,低沸点组分得到很好分离;随着柱温逐渐升高,高沸点组分也获得满意的峰形,这就要求仪器备有程序升温装置。图 11-16 所示系宽沸程试样在恒定柱温和程序升温时,分离效果的比较。图中(a)为柱温恒定时的分离情况,低沸点组分出峰密集,分离不好,而高沸点组分峰形平坦,定量困难;(b)为程序升温时的分离情况,从 48 ℃升温至 285 ℃,低沸点和高沸点组分都获得良好分离。

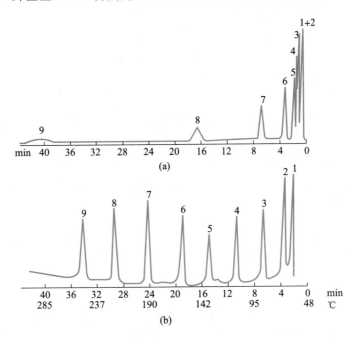

图 11-16　醇类在恒定柱温和程序升温时的分离情况①

1—甲醇;2—乙醇;3—1-丙醇;4—丁醇;5—1-戊醇;

6—环己醇;7—1-辛醇;8—1-癸醇;9—1-十二烷醇

　　①　尤因 G W.化学分析的仪器方法.华东化工学院分析化学教研组,译.北京:高等教育出版社,1986:422.

柱长和柱内径的选择

已知分离度 R 正比于柱长的平方根,增加柱长对分离有利。但柱长增加,各组分的保留时间增加,分析时间延长;同时柱阻力也增加,操作不便。因此只要能达到分离目的,应尽可能采用较短的柱。一般最常用的柱长为 1~3 m。色谱柱的内径增加会使柱效能下降,不利于分离。常用的填充柱内径为 3~4 mm。

进样量和进样时间的选择

进样量应控制在与峰面积或峰高呈线性关系的范围内。一般进样量都较少,液体试样为 0.1~5 μL,气体试样为 0.1~10 mL。进样量太少,会使微量组分因检测器灵敏度不够而无法检出;进样量太多,会使柱超载,峰宽增大,峰形变差,从而影响分离。具体进样多少应根据试样种类、检测器的灵敏度等通过实践确定。

进样速度必须很快,使试样进入色谱柱后仅占柱端的一小段,即以"塞子"形式进样,以利于分离。如进样慢,试样起始宽度增大,将使色谱峰严重扩展,影响分离。一般用注射器或气体进样阀进样,在 1 s 内完成。

汽化温度的选择

液体试样进样后要求能迅速汽化,并被载气带入色谱柱中,因此进样口后有一汽化室。适当提高汽化室温度对分离和定量测定有利,一般较柱温高 30~70 ℃。但热稳定性较差的试样,汽化温度不宜过高,以防试样分解。

§11-7 毛细管气相色谱法简介

由 §11-1 讨论的气相色谱填充柱的速率方程可知,由于柱内填充了固定相颗粒,气体通过色谱柱的途径是弯曲、多途径的,从而引起涡流扩散,传质阻力也较大,这些都影响柱效。而且柱内填充的固定相,使柱阻力增加,柱长受到限制,因而一根填充柱的理论塔板数充其量不过几千。后来发展了毛细管气相色谱法(capillary gas chromatography),使柱效能大为提高。

毛细管色谱柱的固定相附着于管内壁,管中间留有载气通道,因而又称开管柱。早期的开管柱将固定液直接涂在玻璃毛细管内壁上,由于玻璃对固定液的润湿性差,且性脆易断,因此发展了由熔融石英管拉制成的石英毛细管柱,它经过表面处理后,对固定液的润湿性增加,并具有化学惰性、热稳定性、柔性和机械强度高的优点,目前被广泛使用。

毛细管柱按其固定相的涂覆方法可分为如下几种类型：壁涂开管柱（wall coated open tubular，WCOT）、多孔层开管柱（porous layer open tubular，PLOT）和载体涂渍开管柱（support coated open tubular，SCOT）。壁涂开管柱将固定液涂于毛细管内壁上，但这种方式涂渍的色谱柱，固定液容易流失，柱寿命不长。后来人们采用交联技术，使涂于毛细管内壁的固定液分子相互交联起来，形成一层不流动、不被溶解的薄膜；或者将固定液通过化学键合固定在毛细管内壁上，从而减少了固定液的流失，延长了毛细管柱的寿命，扩大了毛细管色谱分析的应用范围。多孔层开管柱是在管壁上涂一层多孔性吸附剂固体微粒，不再涂固定液，实际上是使用开管柱的气-固色谱。载体涂渍开管柱是在毛细管内壁上涂一层很细的多孔颗粒（颗粒度<2 μm），然后再在多孔层上涂渍固定液，这种毛细管柱的液膜较厚，因此柱容量较壁涂开管柱高。

毛细管柱是中空的，不存在填充物引起的涡流扩散；分析速度较快，纵向扩散较小；而柱内径很小（0.1～0.53 mm），固定液涂层较薄，传质阻力大为减小，因此，毛细管柱的柱效能很高，每米理论塔板数可达 3 000～4 000。又由于毛细管柱内不存在填充物，载气可以顺畅通过，柱阻力很小，柱长可大为增加，一般为 20～100 m。上述两方面原因致使一根毛细管色谱柱的总的理论塔板数可达 10^4～10^6，为填充柱的 10～100 倍。由于毛细管柱的柱效很高，因而可以降低对固定液选择性的要求。如果实验室中能准备 3～4 根不同极性固定液的毛细管柱，就可解决一般的分析问题，从而避免了选择固定液的麻烦。

由于毛细管柱内径很小，固定液用量很少，只有填充柱的几十分之一到几百分之一，因此柱容量很小，液体试样的允许进样量为 10^{-2}～10^{-3} μL，用微量注射器很难使这么少的试样准确、重复、瞬间注入毛细管柱。一般需要采用分流技术，如图 11-17 所示，即将汽化室出口处的气体分成两路，大部分试样随载气放空，小部分进入毛细管柱。

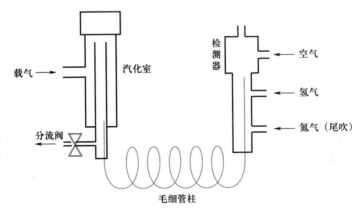

图 11-17 毛细管气相色谱仪结构示意图

　　另一方面,毛细管柱的载气流量低,为了保持毛细管柱的高效率,必须注意将柱外死体积的影响减至最小,所以毛细管柱色谱仪对死体积的限制很严格。采用分流进样方式的另一个作用是:在分流放空之前载气的流速较高,因此减小了进样器死体积对分离的影响。而为了减少组分在柱后的扩散,在毛细管柱的出口到检测器的流路中增加一尾吹气(氮气),提高柱后的载气流速,以克服检测器死体积的影响。由于进入毛细管柱中的试样量极少,因此必须配以高灵敏度的检测器,如氢焰检测器。在柱后加入尾吹气,增加氮、氢比,从而也提高了氢焰检测器的灵敏度(参阅§11-5)。

　　毛细管气相色谱分析的分离效能高,分析速度快,因此适合于组成十分复杂试样的分析。图11-18是抚顺页岩油180~250℃馏分的毛细管气相色谱图。

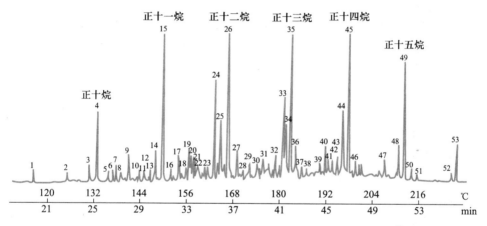

图11-18　抚顺页岩油180~250℃馏分的毛细管气相色谱图[①]
柱:OV-1石英毛细管柱,长50 m,FID,进样量0.1 μL,分流比100:1

§11-8　高效液相色谱法概述

高效液相色谱法的特点与应用

　　高效液相色谱法(high performance liquid chromatography,HPLC)又称高压液相色谱法、高速液相色谱法或现代液体色谱,是20世纪70年代飞速发展起来的

---

　　①　参见华东化工学院1990年硕士生王海波的毕业论文《抚顺和茂名页岩油主要成分的定性分析》。

一种新颖、快速的分离分析技术,这种分析方法具有以下特点。

（1）高压   高效液相色谱以液体作为流动相（或称洗脱液）,为使流动相能克服阻力,迅速通过色谱柱,须对其施加高压。色谱柱柱前压力一般可达 $100 \times 10^5 \sim 350 \times 10^5 \, Pa$。

（2）高速   高效液相色谱由于采用了高压,流动相流速快,因而所需的分析时间较经典的柱色谱少得多,一般为数分钟到数十分钟。

（3）高效   高效液相色谱分析的柱效能按单位长度的塔板数来看,要比气相色谱的柱效高得多。

（4）高灵敏度   由于采用了高灵敏度的检测器,最小检测量可达 $10^{-9} g$,甚至 $10^{-12} g$[①]。而所需试样量很少,微升数量级的试样就可以进行全分析。

高效液相色谱法可用于高沸点、离子型、热不稳定物质的分析。一般来讲,沸点在 500 ℃ 以下,相对分子质量在 400 以下的有机物原则上可用气相色谱法分析,但这些物质只占有机物总数的 15% ~ 20%,而其余的 80% ~ 85%,包括备受关注的生物活性物质的分析,目前原则上都可采用高效液相色谱法分析。

影响色谱峰扩展及色谱分离的因素

高效液相色谱法和气相色谱法在基本概念和理论基础,如分配系数、分配比、保留值、分离度、塔板理论、速率理论等方面是一致的。二者主要的区别是流动相不同,一为液体,一为气体。液体的密度是气体的一千倍,黏度是气体的一百倍,扩散系数为气体的万分之一至十万分之一,这些差异对色谱分离过程产生明显的影响。现根据速率理论简要讨论影响色谱峰扩展及色谱分离的因素。

（1）涡流扩散项   和气相色谱法相同。

（2）分子扩散项   由于组分在液体中的扩散系数 D_m 仅为其在气体中的扩散系数 D_g 的万分之一到十万分之一,因此在高效液相色谱中,当流动相的线速度 u 稍大（$> 0.5 \, cm \cdot s^{-1}$）时,由分子扩散所引起的色谱峰扩展即可忽略不计。而在气相色谱中这一项却是塔板高度增加的主要原因。

（3）传质阻力项   传质阻力项包括固相传质阻力和液相传质阻力,在高效液相色谱中,传质阻力是使色谱峰扩展的主要原因。

① 固相传质阻力   试样分子从流动相进入固定相内进行质量交换的传质过程引起的色谱峰展宽,取决于固定相厚度、流速和组分分子在固定相中的扩散

---

① 荧光检测器的最小检测量可达 10^{-12} g。

系数等因素。

对于液液分配和键合相色谱,使用薄的固定液层或键合相层;对于吸附、离子交换色谱,使用微小的固定相颗粒,都可使固相传质阻力降低。

② 液相传质阻力　又包括流动的流动相中的传质阻力和滞留的流动相中的传质阻力。流动的流动相中的传质阻力与流速、固定相的填充状况和柱的形状、直径、填料结构等因素有关。滞留的流动相中的传质阻力与固定相微孔的大小、深浅等因素有关。

总之,高效液相色谱分离过程中,分子扩散项可以忽略不计,决定其塔板高度的是传质阻力项,因此要减小塔板高度,提高分离效率,必须采用粒度细小、装填均匀的固定相。现采用湿法匀浆装柱技术,使颗粒小于 $5\ \mu m$ 的微粒型固定相已逐渐成为目前应用广泛的高柱效的填料。

对于高效液相色谱法,除上述的影响色谱扩展的因素外,柱外展宽(柱外效应)的影响亦不能忽略。所谓柱外展宽是指色谱柱外各种因素引起的峰扩展,分为柱前和柱后两种因素。柱前峰展宽主要由进样所引起,液相色谱法进样方式大都是通过六通进样阀将试样注入色谱柱顶端,采用这种进样方式时,由于进样器的死体积,以及进样时液流扰动引起的扩散造成了色谱峰展宽。柱后展宽则主要由连接管、检测器流通池体积引起。

§11-9　高效液相色谱仪

近年来,由于高效液相色谱分析迅速发展,其分析仪器的结构和流程已是多种多样,图 11-19 是典型的高效液相色谱仪的结构示意图。高效液相色谱仪一般具有贮液器、高压泵、梯度洗提装置、进样器、色谱柱、检测器、数据记录及处理装置等部件。贮液器贮存的流动相(常需预先脱气)由高压泵送至色谱柱入口,试液由进样器注入,随流动相进入色谱柱进行分离。分离后的各个组分进入检测器,转变成相应的电信号,供给数据记录及处理装置。现将主要部件简单介绍如下。

1. 高压泵

由于高效液相色谱分析中固定相颗粒很小(直径约数微米),柱阻力很大,为了获得高速的液流,进行快速分离,必须有很高的柱前压。一般对高压泵要求输出压力达到 $400\times10^4 \sim 500\times10^5$ Pa,流量稳定,且压力平稳无脉动。

在高效液相色谱仪中一般采用往复泵,其结构如图 11-20 所示。当柱塞推入缸体时,流动相出口的单向阀打开,流动相进口的单向阀关闭,此时向流

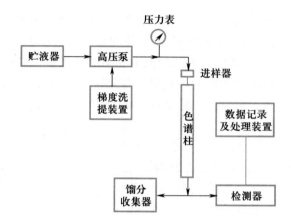

图 11-19　高效液相色谱仪结构示意图

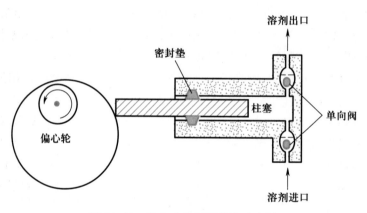

图 11-20　活塞式往复泵结构示意图

动相出口输出约 0.1 mL 的流体。反之,当柱塞从缸体向外拉时,流动相入口的单向阀打开,出口的单向阀关闭,一定量的流动相就由其贮液器吸入缸体中。柱塞每分钟大约需往复运动 100 次,可连续供给流动相并维持稳定的输出流量。

2. 梯度洗提

又称梯度洗脱、梯度淋洗。在高效液相色谱分析中梯度洗提的作用与气相色谱分析中的程序升温相似。梯度洗提是按一定程序连续改变流动相中不同极性溶剂的配比,以连续改变流动相的极性,或连续改变流动相的浓度、离子强度及 pH,借以改变被分离组分的分配系数,以提高分离效果和加快分离速度。

3. 色谱柱

高效液相色谱分析中常用的标准柱型内径为 3.9 mm 或 4.6 mm,长为 10~30 cm 的直形不锈钢柱,填料的颗粒度为 3~5 μm,理论塔板数可达每米 10^4~10^5。近年来,颗粒度小于 2 μm(如 1.8 μm)的色谱柱也已被广泛应用,柱内径通常为 2.1 mm。由于柱阻力大,柱长度一般 ≤15 cm,即便如此,柱前压力也高达数十兆帕,故称为超高压液相色谱法。由于颗粒度很小,柱效高,分析速度快,故又称为超高效液相色谱法,简称 UPLC。这也是高效液相色谱的重要进展之一。

固定相须用湿法(也称匀浆法)装柱,即用合适的溶剂或混合溶剂作为分散介质,使填料微粒高度分散在其中形成匀浆,然后用高压将匀浆压入管柱中,以制成填充紧密、均匀的高效柱。

4. 检测器

高效液相色谱要求检测器具有灵敏度高、重现性好、响应快、检测限低、线性范围宽、应用范围广等性能。目前应用较广的有紫外光度检测器、示差折光检测器、荧光检测器、电导检测器等数种,简单介绍如下。

(1) 紫外光度检测器(ultraviolet photometric detector)　它的作用原理是基于待测组分对特定波长紫外线的选择性吸收(参见§9-1),图 11-21 为可变波长紫外光度检测器的光路图。光源(常用氘灯)1 发出的光,通过透镜 2、滤光片 3 和狭缝 4,经反射镜 5 反射后,由光栅 6 进行分光,一定波长的光束经半透半反镜 8 分成强度相等的两束光,其中一束通过流通池 9,照在光电池 10 上,另一束直接照在光电池 11 上,两个光电池响应信号进行比较,即可得被测组分的吸光度。检测波长在 200~600 nm 范围内可以任意选择。

这种检测器的灵敏度很高,其最小检测浓度可达 10^{-9} g·mL^{-1};对温度和流速都不敏感,可用于梯度洗提;结构也较简单。因此几乎所有的高效液相色谱仪都备有紫外光度检测器。其缺点是不适用于对紫外线完全不吸收的试样,也不能使用能够吸收紫外线的溶剂(如苯)等。

近年来出现的光电二极管阵列检测器(photo-diode array detector)是紫外可见光度检测器的一个重要进展,推进了色谱技术的发展和应用。

(2) 荧光检测器(fluorescence detector)　它是利用某些物质在受到紫外线激发后能发射荧光的性质而制成的检测器。图 11-22 是典型的直角形滤光片荧光检测器的光路图。由卤化钨灯产生的 280 nm 以上连续的强激发光,经透镜和激发光滤光片将光源发出的光分为所要求的谱带宽度并聚焦在流通池上。流通池中待测组分发射出的荧光与激发光成 90°角射出,通过透镜聚焦和发射光

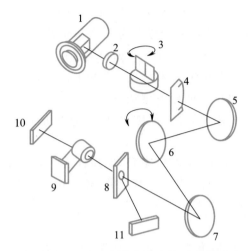

图 11-21 可变波长紫外光度检测器光路图

1—氘灯;2—聚光透镜;3—滤光片;4—狭缝;5,7—反射镜;6—光栅;
8—半透半反镜;9—流通池;10,11—光电池

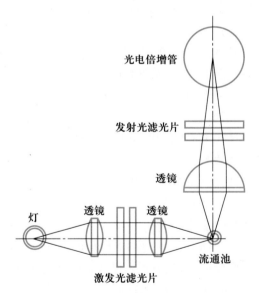

图 11-22 直角形滤光片荧光检测器光路图

滤光片,照射在光电倍增管上而被检测。荧光检测器的灵敏度一般要比紫外光度检测器高 2~3 个数量级,选择性也好,但其线性范围较差。

具有对称共轭结构的有机芳环化合物,在受到紫外线激发后,能辐射出比吸收波长更长的荧光,都可用荧光检测器检测,如多环芳烃、黄曲霉素、维生素 B、卟啉类化合物,以及许多生化物质,包括某些代谢产物、药物、蛋白质、胺类、甾族化合物等。某些不发射荧光的物质也可通过化学反应(衍生化),转变为能发射荧光的产物而得以检测。

(3)示差折光检测器(differential refractive index detector) 它是利用连续测定工作池中试液折射率的变化,来测定试液浓度的检测器。溶有被测组分的试液和纯流动相之间折射率之差与被测组分在试液中的浓度有关,因此可以根据折射率的改变,测定被测组分。

图 11-23 是一种偏转式示差折光检测器的光路图。光源 1 发射出的光线,由透镜 2 聚焦,经遮光板 4 的狭缝射出一条细窄光束,由反射镜 5 反射,经透镜 6 聚焦,透过工作池 7 和参比池 8,被平面反射镜 9 反射出来,经透镜 6 二次聚焦,再经平面细调透镜 10,成像于棱镜 11 的棱口上,然后光束被均匀分解为两束,到达左右两对称的光电管 12 上。如果工作池和参比池通过的都是纯流动相,光束无偏转,左右两个光电管接受的能量相等,此时输出平衡信号;如果工作池中有被测组分通过,折射率改变,光束偏转,偏离棱口,两个光电管所接受的光束能量不等,输出信号的大小与被测组分浓度有关。红外隔热滤光片 3 可以阻止红外光通过,以免引起工作池和参比池发热,以保证工作系统热稳定性。平面细调透镜 10 用来调整光路系统的不平衡。

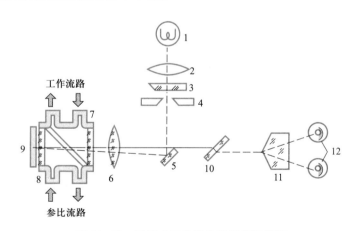

图 11-23 偏转式示差折光检测器光路图

1—钨丝灯光源;2—透镜;3—红外隔热滤光片;4—遮光板;5—反射镜;6—透镜;7—工作池;
8—参比池;9—平面反射镜;10—平面细调透镜;11—棱镜;12—光电管

由于几乎每种物质都有不同的折射率,因而都可用示差折光检测器来检测。该检测器灵敏度较低,约为 $10^{-7}\mathrm{g\cdot mL^{-1}}$;对温度的变化很敏感,温度控制精度应

为 $\pm 10^{-3}\ ^{\circ}\mathrm{C}$。由于溶剂组成改变所引起的折射率信号的改变,将完全淹没被测组分所产生的信号,因此这种检测器不能用于梯度洗提。

(4) 电导检测器(electrical conductivity detector)　电导检测器是根据物质在某些介质中电离后所引起的电导变化来测定电离物质的含量。

图 11-24 是电导检测器的结构示意图。电导池内的检测探头是由一对平行的铂电极(表面镀铂黑以增加其表面积)组成,将两电极构成电桥的一个测量臂,即可测定流动相的电导值及其变化。

电导检测器的响应受温度的影响较大,因此要求严格控制温度。一般在电导池内放置热敏电阻进行监测。电导检测器主要用于可电离化合物的检测,属电化学检测器。该检测器的最小检测浓度可达 $10^{-9}\ \mathrm{g\cdot mL^{-1}}$,是离子色谱法中应用最广泛的检测器。

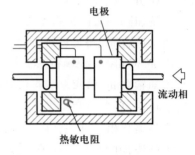

图 11-24　电导检测器结构示意图

§11-10　高效液相色谱法的主要分离类型

高效液相色谱法根据分离机理的不同,可分为分配色谱法、吸附色谱法、离子交换色谱法和空间排阻色谱法等。

液-液分配色谱法和化学键合相色谱法

1. 液-液分配色谱法及其分离原理

液-液分配色谱法(liquid-liquid partition chromatography)的固定相是由担体与其表面涂覆的一层固定液所组成,试样随流动相流动时,在流动相与固定液之间进行溶解和分配,通过多次分配平衡后,分配系数不同的各组分得到分离。

在液-液分配色谱中,为避免固定液被流动相溶解而流失,对于亲水性固定液,常采用疏水性的流动相,此时流动相的极性弱于固定液,称为正相液-液色谱(normal phase liquid chromatography)。反之,若流动相的极性强于固定液,则称为反相液-液色谱(reverse phase liquid chromatography),二者的出峰顺序恰好相反。

薄壳型微球和全多孔型硅胶微粒吸附剂常用作液-液分配色谱的担体,常用的固定液有 β,β'-氧二丙腈、聚乙二醇-400 和角鲨烷等几种。尽管在液-液分配色谱中固定相和流动相的极性差异很大,但固定液在流动相中仍有微量溶解,固定液的不断流失导致保留行为变化、柱效和分离选择性变差。因此以机械涂渍的液体为固定相的液−液分配色谱法现已完全淘汰。

2. 化学键合相色谱法

为了解决固定相流失的问题,近年来发展了化学键合固定相。通过化学反应把有机分子键合到硅胶颗粒表面游离的羟基上,色谱柱稳定性好,寿命长;表面无液坑,比一般液体固定相传质快;可以键合不同的官能团,能灵活改变选择性。化学键合固定相的分离机制目前还不十分明确,现一般认为化学键合相色谱法(chemically bonded phase chromatography)中,溶质既可能在固定相表面的烃类和流动相之间进行分配,也可能吸附于固定相表面的烃类分子上,这两种分离作用都存在,只是按键合量的多少而各有侧重。

化学键合相色谱法已成为目前应用最广的分离模式,尤其是其中的反相键合相色谱法,由于操作系统简单,色谱分离过程稳定,分离技术灵活多变,已占高效液相色谱应用的 70% 左右。以下主要介绍化学键合相色谱法。

3. 固定相

化学键合固定相目前大多采用 $3 \sim 5 \ \mu m$ 的全多孔型硅胶颗粒作为担体,它是由纳米级的硅胶微粒堆聚而成的多孔小球。由于其颗粒小,传质距离短,因此柱效高,柱容量也不小。在硅胶表面通过化学反应以化学键结合各种分子,形成类似刷子一样的分子层。根据与硅胶表面硅羟基的化学反应不同,键合固定相可分为硅氧碳键型($\equiv$Si—O—C)、硅氧硅碳键型($\equiv$Si—O—Si—C)、硅碳键型($\equiv$Si—C)和硅氮碳键型($\equiv$Si—N—C)四种类型。例如,在硅胶表面利用硅烷化反应制得硅氧硅碳键型键合相的反应为

$$
\text{—Si—OH} + \text{Cl—}\underset{\underset{\text{CH}_3}{|}}{\overset{\overset{\text{CH}_3}{|}}{\text{Si}}}\text{—R} \longrightarrow \text{—Si—O—}\underset{\underset{\text{CH}_3}{|}}{\overset{\overset{\text{CH}_3}{|}}{\text{Si}}}\text{—R}
$$

式中,R 通常是直链的十八烷基或辛烷基,也可以是其它的一些有机官能团如脂肪胺、芳烃(如苯)、氰基等,因此可以得到不同极性的化学键合相,其中,十八烷基键合硅胶(octadecylsilyl,ODS)是最常用的反相色谱固定相。

4. 流动相

在气相色谱中,载气的性质相差不大,所以要提高柱的选择性,主要是改变固定相的性质。在高效液相色谱中则不同,当固定相选定时,流动相的种类、配比能显著影响选择性因子,从而影响分离,因此流动相的选择很重要。

高效液相色谱的流动相一般需用色谱纯试剂;采用黏度小的流动相可获得

高的柱效和低的柱前压力,有利于分离;所使用的流动相还要注意与检测器匹配。在选用溶剂时,溶剂的极性显然仍为重要的依据。为了获得合适的溶剂极性(强度),常采用二元或多元组合的溶剂系统作为流动相。

几种常用的溶剂按其极性增强次序排列如下:正己烷、环己烷、四氯化碳、苯、甲苯、氯仿、乙醚、乙酸乙酯、正丁醇、正丙醇、1,2-二氯乙烷、丙酮、吡啶、乙醇、甲醇、水、乙酸。

在正相色谱中,最常采用的低极性溶剂为正己烷或正庚烷,为了获得合适的选择性和洗脱强度,在其中加入弱极性的二氯甲烷、氯仿、甲基叔丁基醚、异丙醇等。在反相色谱中,通常以极性最强而洗脱能力最弱的水为流动相的主体,加入不同配比的有机溶剂作极性调节剂,常用的有机溶剂是甲醇、乙腈、四氢呋喃等。

采用反相色谱法分离强极性化合物或弱解离化合物(弱酸、弱碱)时,由于这些化合物在随流动相运行的过程中不断发生解离,并以离子和分子两种形态存在,离子在非极性的十八烷基键合相中分配系数很小,而分子的分配系数较大,因此出现不对称的色谱峰甚至分叉峰。此时,需在流动相中添加少量的酸、碱或一定 pH 的缓冲盐,以抑制这些化合物在分离过程中的电离行为,避免出现不对称的色谱峰,增大保留时间。

而对于强有机酸、碱的分析,上述添加剂已无法抑制它们的解离,此时可采用反相离子对色谱法。离子对色谱法是将一种(或多种)与溶质分子电荷相反的离子(称为对离子或反离子)加到流动相中,使其与溶质离子结合形成疏水型离子对化合物,离子对的保留行为与中性化合物类似,从而使溶质离子得到分离。用于阴离子分离的对离子如氢氧化四丁基铵、氢氧化十六烷基三甲铵等;用于阳离子分离的对离子有十二烷基磺酸钠、己烷磺酸钠等。离子对色谱法通常采用化学键合固定相,根据离子对的分配系数的差异实现分离,因此也是一种化学键合相色谱法。

5. 应用

化学键合相色谱法的应用十分广泛,适用的试样极性范围很广,从强极性到非极性的试样均可分析。采用合适的分离模式,可用于中性小分子、有机离子甚至部分大分子的分离,如肽、低聚核苷酸等,在药物、农药、生化、环境等领域均有应用。

图 11-25 是环境监测中取代尿素除莠剂的分析色谱图,包括反相键合相和正相键合相两种模式。

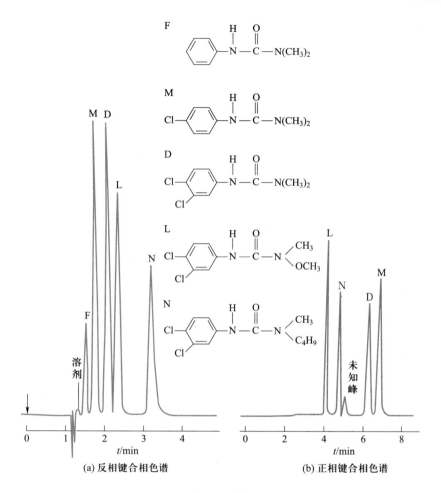

图 11-25 取代尿素除莠剂的色谱分析

F—非草隆;M—灭草隆;D—敌草隆;L—立草隆;N—3,4-二氯苯基甲基正丁基脲

(a) 色谱柱: C_8 改性多孔硅质微球,8.4 μm(25×0.46 cm);流动相:容积比 ψ(甲醇:水)= 75:25;流量:2.0 mL·min^{-1};温度:50 ℃;检测器:紫外 254 nm;试样:25 μL,每种组分的质量浓度均为 0.1 mg·mL^{-1}

(b) 色谱柱:Zorbax-CN(氰基键合相),6~8 μm(25×0.46 cm);流动相:容积比 ψ(四氢呋喃:己烷)= 20:80;温度:室温;检测器:紫外 254 nm

液-固吸附色谱法

1. 分离原理

液-固吸附色谱法(liquid-solid adsorption chromatography)采用吸附剂为固定相,溶剂为流动相,根据各物质吸附能力强弱的不同而分离。其作用机

制是溶质分子(X)和溶剂分子(S)对吸附剂活性表面的竞争吸附,可用下式表示:

$$X_m + nS_a \Longleftrightarrow X_a + nS_m$$

式中,X_m、X_a 分别表示在流动相中的溶质分子和被吸附的溶质分子;S_a 表示被吸附在吸附剂表面上的溶剂分子;S_m 表示在流动相中的溶剂分子;n 是被吸附的溶剂分子数。溶质分子 X 被吸附,将取代固定相表面上的溶剂分子,这种竞争吸附达到平衡时,可用下式表示:

$$K = \frac{[X_a][S_m]^n}{[X_m][S_a]^n}$$

式中,K 为吸附平衡系数。上式表明,如果溶剂分子吸附性更强,则被吸附的溶质分子将相应地减少;如果吸附剂对溶质分子的吸附力强,K 值大,保留值也就大。

2. 固定相

液-固吸附色谱的固定相常见的有硅胶、氧化铝、分子筛、聚酰胺等,其中细颗粒($5 \sim 10~\mu m$)的硅胶固定相由于吸附容量较大,类型多,应用最广泛。在吸附色谱中,随着溶质极性的增大,保留时间延长。

3. 流动相

由于液-固吸附色谱中的固定相种类不多,因此流动相成为影响分离的主要因素。常用的流动相按其极性减弱的顺序排列为:水、甲醇、乙醇、丙酮、二氧六环、四氢呋喃、乙酸乙酯、乙醚、二氯甲烷、氯仿、苯、四氯化碳、环己烷、正己烷。为了获得合适极性的溶剂,常采用二元或多元混合溶剂作流动相。

4. 应用

液-固吸附色谱法常用于分离含有不同官能团的有机化合物及异构体。缺点是非线性等温吸附,常引起色谱峰的拖尾现象。图 11-26 是有机氯农药的液-固吸附色谱分析示例。

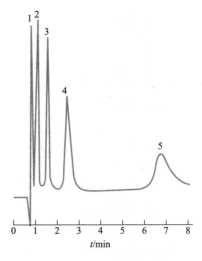

图 11-26　有机氯农药的色谱分析

1—艾氏剂;2—p,p'-DDT;3—p,p'-DDD;4—γ-666;5—异狄氏剂

固定相:薄壳硅胶 Corasel II($37 \sim 50~\mu m$);流动相:正己烷;色谱柱:$50~cm \times 2.5~mm$;流量:$1.5~mL \cdot min^{-1}$;检测器:示差折光检测器

离子交换色谱法和离子色谱法

1. 离子交换色谱法及其分离原理

离子交换色谱法(ion-exchange chromatography, IEC)采用离子交换树脂作为固定相,以含酸、碱、盐的水溶液作为流动相(淋洗液)。离子交换树脂通常采用苯乙烯-二乙烯苯共聚微球为单体,在苯环上键合阳离子交换基团(如磺酸基)或阴离子交换基团(如季氨基),在离子交换树脂固定相上发生如下交换反应:

$$阳离子交换 \qquad R—SO_3^- \, Y^+ + X^+ \rightleftharpoons R—SO_3^- \, X^+ + Y^+ \tag{1}$$

$$阴离子交换 \qquad R—NH_4^+ \, Y^- + X^- \rightleftharpoons R—NH_4^+ \, X^- + Y^- \tag{2}$$

式中,Y 为流动相离子;X 为试样离子。式(1)为阳离子交换色谱,试样离子 X^+ 和流动相离子 Y^+ 竞争离子交换树脂上的交换中心 $R—SO_3^-$;式(2)为阴离子交换色谱,试样离子 X^- 和流动相离子 Y^- 竞争离子交换树脂上的交换中心 $R—NH_4^+$。不同离子与离子交换树脂的亲和力不同,在与流动相离子的交换反复多次达到平衡后得以分离,与离子交换树脂上交换中心作用力强的离子保留时间长,反之则短。

传统的离子交换树脂法广泛用于无机及有机离子的分离、纯化等,如去离子水的制备、生化产品如氨基酸、蛋白质的分离。这些操作一般在常压下进行,分离时间较长。又由于流动相为酸、碱、盐的水溶液,使用电导检测器时产生很大的背景干扰,检测灵敏度极低。因此,该方法很少用于离子型试样的分析。

2. 离子色谱法

离子色谱法(ion chromatography, IC)是 1975 年由 Small 提出的,为了克服离子交换色谱中流动相对电导检测器的干扰,在分析柱和检测器之间增加了一个抑制柱,其简单流程如图 11-27 所示。离子色谱仪的流程与常规的高效液相色谱不同,进行离子色谱分析时需使用专门的离子色谱仪。

现以阴离子 Br^- 的分析为例说明抑制柱的作用。在阴离子分析中,最简单的流动相是 NaOH,试样通过阴离子交换树脂分离后,随流动相中的 OH^- 一起进入电导检测器,由于 OH^- 的浓度要比试样阴离子浓度大得多,因此,与流动相的电导值相比,由试样离子进入流动相而引起的电导的改变非常小,使测定的灵敏度极低。若使分离柱流出的流动相通

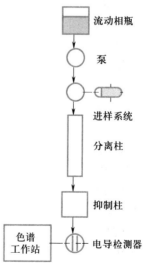

图 11-27　离子色谱仪流程

过填充有高容量 H^+ 型阳离子交换树脂的抑制柱,则在抑制柱上将同样发生离子交换反应:

$$R—H^+ + Na^+OH^- \longrightarrow R—Na^+ + H_2O$$
$$R—H^+ + Na^+Br^- \longrightarrow R—Na^+ + H^+Br^-$$

从抑制柱流出的流动相中,OH^- 已被转变成电导值很小的水,消除了本底电导的影响;试样阴离子则被转变成其相应的酸,由于 H^+ 的离子淌度 7 倍于 Na^+,因此极大地提高了 Br^- 的检测灵敏度。

上述方法被称为双柱抑制型离子色谱,抑制柱使用一段时间后需要再生处理,为解决这一问题,目前多采用电化学连续抑制装置或纤维管连续抑制装置。

当采用低电导、低浓度的有机弱酸或弱酸盐做流动相时,可以省去抑制柱,称为单柱离子色谱或无抑制离子色谱。

3. 固定相

离子色谱法的固定相通常分为两种类型,一类以薄壳玻璃珠为担体,在它表面涂以约 1% 的离子交换树脂。另一类是离子交换键合固定相,它是用化学反应把离子交换基团键合在担体表面。后一类又可分为键合薄壳型(担体是薄壳玻璃珠)和键合微粒硅胶型(担体是微粒硅胶)两种。键合微粒硅胶型是近年来出现的新型离子交换树脂,交换容量大,柱效高。

上述的离子交换树脂,也可分为强酸性与弱酸性的阳离子交换树脂和强碱性与弱碱性的阴离子交换树脂。强酸性和强碱性离子交换树脂比较稳定,适用的 pH 范围较宽,在离子色谱中应用较多。

4. 流动相

离子色谱分析主要在含水介质中进行。双柱抑制型离子色谱的流动相离子对离子交换树脂的亲和力应比试样离子的相近或稍大,且能发生抑制反应生成电导率很小的物质。因此分离阴离子时,常用的流动相为 $B_4O_7^-$、OH^-、HCO_3^-、CO_3^{2-} 等,其中 HCO_3^-/CO_3^{2-} 混合离子是最常用的阴离子淋洗液;单柱离子色谱常用低浓度的苯甲酸盐、邻苯二甲酸盐、柠檬酸盐等。阳离子分析使用的淋洗液有 HCl、HNO_3、$HClO_4$、乙二胺等。

离子色谱中组分的保留值可用流动相中盐的浓度(或离子强度)和 pH 来控制,增加盐的浓度导致保留值降低。对于弱酸、弱碱型离子交换树脂,交换能力受流动相 pH 影响较大,而对于强酸或强碱型树脂,pH 在一定范围内对保留值无影响。

5. 应用

离子色谱法主要用来分离分析离子或可解离的化合物,它不仅应用于无机离子的分析,还可以分析有机离子,还成功地分析了糖类、氨基酸、核酸、蛋白质等。离子色谱法是目前水溶液中阴离子分析的最佳方法。

图 11-28 是离子色谱分析多组分镇痛药的应用示例。

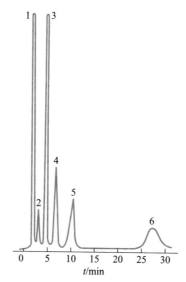

图 11-28　多组分镇痛药的离子色谱分析

1—可待因磷酸盐;2—咖啡因;3—非那西汀;4—阿司匹林;5—苯甲酸(内标);6—苯巴比妥;

固定相:强阴离子交换剂(SAX);流动相:0.005 mol·L^{-1} NaNO$_3$(pH = 9.2);

流量: 1.2 mL·min^{-1};检测器:紫外 254 nm

空间排阻色谱法

1. 分离原理

空间排阻色谱法(steric exclusion chromatography,SEC)以凝胶为固定相,因此也称为凝胶色谱法。凝胶是一种经过交联而有立体网状结构的多聚体,具有数纳米到数百纳米大小的孔径。空间排阻色谱的分离原理是利用凝胶中孔径大小的不同(如图 11-29 所示),当试样随流动相进入色谱柱,在凝胶间隙及孔穴旁流过时,试样中的体积最大的分子 A 和次大的分子 B 被完全排斥在孔穴之外,直接通过色谱柱并最早流出,小分子 D 可以进入所有孔穴而形成全渗透,最晚流出色谱柱。体积在 B、D 之间的分子 C 则只能进入部分合适孔径的微孔中,在两者之间流出,最后使大小不同的分子分别被分离、洗脱。

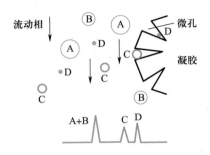

图 11-29　空间排阻色谱分离原理示意图

2. 固定相

常用的空间排阻色谱固定相分为软质、半硬质和硬质凝胶三种。软质凝胶有葡聚糖凝胶、琼脂糖凝胶等，适合用水作流动相，这类凝胶只能用于常压排阻色谱法，不适合高压液相色谱。半硬质凝胶如苯乙烯-二乙烯基苯交联共聚凝胶（交联聚苯乙烯凝胶）是应用最多的有机凝胶，适用于非极性有机溶剂，不能用于丙酮、乙醇类极性溶剂。硬质凝胶主要有多孔硅胶、多孔玻璃珠等，多孔硅胶是用得较多的无机凝胶，它的特点是化学稳定性、热稳定性好，机械强度高。可控孔径玻璃珠具有恒定的孔径和较窄的粒度分布，受流动相体系、压力、流速、pH 或离子强度等的影响较小，适用于较高流速下操作。

在选择柱填料时首先要考虑相对分子质量排阻极限（即无法渗透而被排阻的相对分子质量极限）。

3. 流动相

空间排阻色谱所用的流动相必须与凝胶本身非常相似，这样才能润湿凝胶，当采用软质凝胶时，因其孔径大小是溶剂吸留量的函数，所以选择的溶剂必须能溶胀凝胶。流动相的黏度非常重要，低黏度的流动相有利于大分子的扩散，减小传质阻力，提高分辨率。另外，流动相需与检测器匹配，如使用紫外光度检测器时，不宜用芳烃类流动相。一般情况下，对合成的高分子有机化合物的分离通常用四氢呋喃、甲苯、N,N-二甲基甲酰胺等作流动相；生物大分子的分离主要用水、缓冲盐溶液、乙醇及丙酮作流动相。

4. 应用

空间排阻色谱法适用于分离相对分子质量大的化合物（1 000 以上），只要这些试样在流动相中是可溶的，都可用空间排阻色谱法进行分离，空间排阻色谱法的分离效率并不高，它只能分离相对分子质量差别在 10% 以上的分子。

空间排阻色谱法的另一个重要应用是快速测定合成聚合物或天然大分子如多糖、蛋白质的相对分子质量及其分布。图 11-30 是聚苯乙烯相对分子质量测定的分级分离图。

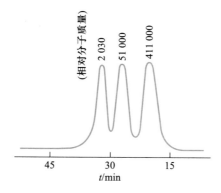

图 11-30 聚苯乙烯相对分子质量分级分离图

固定相:多孔硅胶微球 Zorbax 型(孔径约为 35 nm)5~6 μm;流动相:四氢呋喃;

色谱柱:250 mm×2.1 mm;流量:10 mL·min^{-1};柱温:60 ℃;检测器:紫外光度检测器

§11-11　高效液相色谱法分离类型的选择

　　高效液相色谱法有多种分离模式,应用高效液相色谱法对试样进行分离、分析,在选择分离类型时,应考虑各种因素,包括试样的性质(相对分子质量、化学结构、极性、溶解度参数、解离参数等化学性质和物理性质)、分析的要求(定性、定量)等。

　　一般的液相色谱类型适合分析相对分子质量为 200~2 000 的试样,而相对分子质量大于 2 000 的则需采用空间排阻色谱法。对于未知相对分子质量的试样,可预先采用空间排阻色谱法进行快速测定,根据分析结果判定试样中是否具有相对分子质量大的聚合物、生物大分子等化合物,以及测出这些大分子的相对分子质量的分布情况。

　　了解试样在各种溶剂中的溶解情况,有助于选择分离类型。首用戊烷、三氯甲烷、甲醇和水作为溶剂测试一下试样的溶解性能,溶于戊烷的试样,可选用液-固吸附色谱;如溶于三氯甲烷,则多用正相色谱和吸附色谱;如溶于甲醇,则可用反相色谱。对能溶解于水的试样可采用反相色谱;若溶于酸性或碱性水溶液,则表示试样为离子型化合物:若试样为弱酸、弱碱化合物,可以采用反相键合相色谱,在流动相中加入合适的 pH 调节剂,分离效果通常比离子色谱法更好;如果是强酸、强碱化合物,宜采用离子对色谱法或离子色谱法。一般用吸附色谱分离异构体,用分配色谱来分离同系物。对分离类型进行选择依据可参考图 11-31。

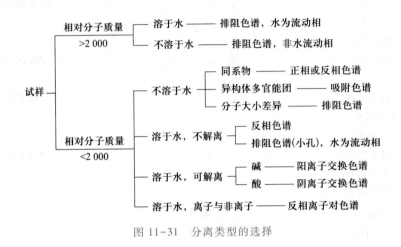

图 11-31　分离类型的选择

由于科学技术的不断发展,试样越来越复杂,而提供的试样量却可能很少。在如此严峻的挑战下,近年来,色谱分析法也获得了喜人的进展,现择要简述三点:

(1) 以两种(或两种以上)测试手段相结合形成的联用技术进展很快,除较为成熟的气相色谱-质谱联用外,又出现液相色谱-质谱、液相色谱-核磁共振波谱、液相色谱-原子吸收光谱等多种联用技术,这些新技术在解决新的分析课题(尤其是生命科学方面)中,发挥了重要作用。

(2) 全二维色谱技术,即试样通过第一根色谱柱分离后,将全部流出物通过接口的作用转入第二根极性或作用原理完全不同的色谱柱作进一步分离,从而获得成千上万的色谱峰,这是过去难以想象的。

(3) 包括色谱仪在内的分析仪器的微型化已成为发展的必然趋势,人们已经普遍接受"小巧玲珑就是妙(small is beautiful)"的观点。当然,纳米技术、生物芯片、微流控芯片技术等的发展,也为实现分析仪器的微型化提供了可能。

思考题

1. 试按流动相和固定相的不同对色谱分析进行分类。

2. 为什么气相色谱分析可以达到很高的分离效能?试讨论之。

3. 欲使两种组分分离完全,必须符合什么要求?这些要求各与何种因素有关?

4. 色谱柱的理论塔板数很大,能否说明两种难分离组分一定能分离?为什么?

5. 范·第姆特方程主要说明什么问题?试讨论之。

6. 分离度 R 和相对保留值 r_{21},这两个参数中哪一个更能全面地说明两种组分的分离情况?为什么?

7. "用纯物质对照进行定性鉴定时,未知物与纯物质的保留时间相同,则未知物就是该纯物质"。这个结论是否可靠? 应如何处理这一问题?

8. 色谱分析的定性能力是比较差的,如何解决这个问题?

9. 为什么可以根据峰面积进行定量测定? 什么情况下可不用峰面积而用峰高进行定量测定?

10. 什么是绝对校正因子、相对校正因子? 为什么一般总是应用相对校正因子进行定量计算? 在什么情况下可以不用校正因子进行定量计算?

11. 相对校正因子如何测定?

12. 什么是内标法、外标法、归一化法? 它们的应用范围和优缺点各有什么不同?

13. 简单说明气相色谱分析的优缺点。

14. 简单说明气相色谱分析的流程。

15. 试述气-固色谱和气-液色谱的分离原理,并对它们进行简单的对比。

16. 气-液色谱固定相由哪些部分组成? 它们各起什么作用?

17. "担体是一种惰性支持剂,用以承担固定液,对分离完全不起作用"。这种表述是否正确? 试讨论之。

18. 简单说明两种评价固定液的方法。你认为哪一种评价方法比较合理? 试讨论之。

19. 怎样选择固定液?

20. 什么是浓度型检测器? 什么是质量型检测器? 各举例说明之。

21. 简单说明热导检测器的作用原理。如何提高它的灵敏度?

22. 简单说明氢火焰离子化检测器的作用原理。如何考虑其操作条件?

23. 简单说明电子俘获检测器的作用原理和应用特点。

24. 简单说明火焰光度检测器的作用原理和应用特点。

25. 在气相色谱分析中载气种类的选择应从哪几方面加以考虑? 载气流速的选择又应如何考虑?

26. 柱温和汽化温度的选择应如何考虑?

27. 为什么进样速度要快? 试样量的选择应如何考虑?

28. 什么是程序升温? 什么情况下应采用程序升温? 它有什么优点?

29. 毛细管色谱柱的特点是什么? 试讨论之。

30. 高效液相色谱法的特点是什么? 它和气相色谱法相比较,主要的不同点是什么?

31. 简单说明高效液相色谱分析的流程。

32. 什么是梯度洗提? 它有何作用?

33. 高效液相色谱法常用哪几种检测器? 简单说明它们的作用原理。

34. 高效液相色谱法可分为哪几种类型? 简述其分离原理及主要应用。

35. 什么是化学键合固定相? 有什么优点?

36. 什么是正相色谱和反相色谱?

37. 什么是抑制柱? 它的主要作用是什么?

38. 如何选择液相色谱的分离类型?

习题

1. 色谱图上有两个色谱峰,它们的保留时间和峰底宽分别为 $t_{R1} = 3$ min 20 s, $t_{R2} = 3$ min 50 s, $W_1 = 16$ s, $W_2 = 19$ s。已知 $t_M = 20$ s。求这两个色谱峰的相对保留值 r_{21} 和分离度 R。

2. 分析某试样时,两种组分的相对保留值 $r_{21} = 1.16$,柱的有效塔板高度 $H = 1$ mm,需要多长的色谱柱才能将两组分完全分离(即 $R = 1.5$)?

3. 测得石油裂解气的色谱图(前面四个组分为经过衰减 1/4 而得到,即峰面积减小到原有的 1/4),各组分的 f 值和从色谱图量出各组分的峰面积分别如下:

出峰次序	空气	甲烷	二氧化碳	乙烯	乙烷	丙烯	丙烷
峰面积	34	214	4.5	278	77	250	47.3
校正因子	0.84	0.74	1.00	1.00	1.05	1.28	1.36

用归一化法求各组分的质量分数。

4. 有一试样含有甲酸、乙酸、丙酸及不少水、苯等物质。称取试样 1.055 g,以环己酮作内标,称取 0.190 7 g 环己酮加到试样中,混合均匀后,移取此试液 3 μL 进样,得到色谱图,从色谱图上量出各组分峰面积。已知 S 值:

组分	甲酸	乙酸	环己酮	丙酸
峰面积	14.8	72.6	133	42.4
响应值 S	0.261	0.562	1.00	0.938

求甲酸、乙酸、丙酸的质量分数。

5. 在测定苯、甲苯、乙苯、邻二甲苯的峰高校正因子时,称取如下表所列质量的各组分的纯物质。在一定色谱条件下,所得色谱图上各种组分色谱峰的峰高分别如下:

组分	苯	甲苯	乙苯	邻二甲苯
质量/g	0.596 7	0.547 8	0.612 0	0.668 0
峰高 / mV	180.1	84.4	45.2	49.0

以苯为标准,求各组分的峰高校正因子。

6. 测定氯苯中的微量杂质苯、对二氯苯、邻二氯苯时,以甲苯为内标,先用纯物质绘制标准曲线,得如下数据。试根据这些数据绘制峰高比与质量比之间的关系曲线。

编号	甲苯	苯		对二氯苯		邻二氯苯	
	质量/g	质量/g	峰高比	质量/g	峰高比	质量/g	峰高比
1	0.045 5	0.005 6	0.234	0.032 5	0.080	0.024 3	0.031
2	0.046 0	0.010 4	0.424	0.062 0	0.157	0.042 0	0.055
3	0.040 7	0.013 4	0.608	0.084 8	0.247	0.061 3	0.097
4	0.041 3	0.020 7	0.838	0.119 1	0.334	0.087 8	0.131

在分析未知试样时,称取氯苯试样 5.119 g,加入内标物 0.042 1 g,测得色谱图,从图上量取各色谱峰的峰高,并求得峰高比如下。求试样中各杂质的质量分数。

苯与甲苯峰高之比 = 0.341

对二氯苯与甲苯峰高之比 = 0.298

邻二氯苯与甲苯峰高之比 = 0.042

7. 以气相色谱法分析肉类试样,称取试样 3.85 g,用有机溶剂萃取其中的六氯化苯,提取液稀释到 1 000 mL。取 5 μL 进样,得到六氯化苯的峰面积为 42.8 mV·min。同时进 5 μL 六氯化苯的标准样,其浓度为 0.050 0 μg·mL^{-1},得峰面积为 58.6 mV·min。计算该肉类试样中六氯化苯的含量(以 μg·g^{-1} 表示)。

8. 含农药 2,4-二氯苯氧乙酸(2,4-D)的未知混合物,用气相色谱分析。称取 10.0 mg 未知物,溶解在 5.00 mL 溶剂中;又称取四份 2,4-D 标样,亦分别溶于 5.00 mL 溶剂中,同样进行分析,获得下列数据。计算未知混合物中2,4-D的质量分数。

$\rho_{2,4-D}/[\text{mg}\cdot(5\text{ mL})^{-1}]$	2.0	2.8	4.1	6.4	未知物
进样量/μL	5	5	5	5	5
峰面积/(mV·min)	12	17	25	39	20

习题参考答案

第 *12* 章　波谱分析法简介
Introduction of Spectrum Analysis

　　有机化合物数目庞大,种类繁多,但绝大部分仅由 C、H、O、N、S、P 和卤素等少数元素组成。这主要因为有机化合物的性质不仅取决于组成其原子的种类及数量,还与这些组成原子的连接次序、空间位置有关,即存在同分异构现象。例如,分子式同为 C_2H_6O 的乙醇和二甲醚就是因具有不同的结构而性质完全不同的两种化合物。

　　因此,有机化合物结构分析是有机分析的重要任务之一。早期的有机化合物结构分析依靠化学方法,即利用有机化合物的化学性质和合成途径获得结构信息。对于比较复杂的分子,不仅费时、费力和需要较多的试样,而且有时还不能得到确切的结论。20 世纪 50 年代以来,仪器分析方法有了很大进展,由于仪器分析方法具有分析速度快,所需试样少,获得信息可靠等优点,在实际工作中逐步取代了化学方法,成为有机化合物结构分析的强有力工具,其中尤以红外光谱、紫外光谱、核磁共振波谱和质谱应用最为普遍。为此,本章将简要介绍红外光谱、核磁共振波谱和质谱的基本原理和应用。

§12-1　红外光谱

　　分子能选择性吸收某些波长的红外线,而引起分子中振动能级和转动能级的跃迁,检测红外线被吸收的情况可得到物质的红外吸收光谱(infrared absorption spectrum, IR),简称红外光谱。红外光谱又称分子振动光谱或振转光谱。红外光谱具有特征性强、适用范围宽、操作简便等优点,是有机化合物结构分析最常用的方法之一。有机化合物大部分基团的振动频率出现在波长为 2.5~25 μm(波数为 4 000~400 cm⁻¹)的中红外区,所以红外光谱通常所指的是中红外光谱。

红外光谱通常以透射率-频率曲线表示。谱图的横坐标为频率(常以波数表示,σ/cm^{-1}),纵坐标为透射率(transmittance,$T/\%$)。早期谱图的横坐标也有用波长($\lambda/\mu\text{m}$)表示的。波数(wave number)与波长的关系为 $\sigma(\text{cm}^{-1}) = 1 \times 10^4/\lambda(\mu\text{m})$。当某一波长的红外光被分子吸收时,透过试样的光强度减弱,因此在记录得到的红外光谱上是一个倒峰,如图 12-1 所示。

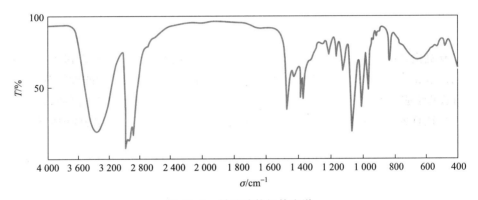

图 12-1　异丁醇的红外光谱

基 本 原 理

分子内以化学键相连接的各个原子,在各自的平衡位置作微小振动。振动方式可分为伸缩振动和弯曲振动(或称变形振动)。前者是指原子沿化学键方向往复运动,振动时键长发生变化;后者是指原子垂直于化学键方向的振动,振动时键角发生变化。根据振动时原子所处的相对位置还可将这两种振动分为若干不同的类型。图 12-2 列出了二氧化碳的振动类型及振动频率。

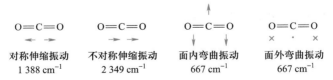

图 12-2　二氧化碳的振动类型及振动频率

图 12-2 中,"→"表示原子沿纸面运动;"×"表示原子垂直于纸面向纸内运动,"·"则表示原子垂直于纸面向纸上运动。

不同基团有不同的振动频率。由经典力学可导出双原子分子的分子振动方程式(12-1)。该式表明了影响伸缩振动频率的因素:

$$\sigma = \frac{1}{2\pi c}\sqrt{\frac{k}{\mu}} \qquad (12-1)$$

式中,σ 为基团振动频率(cm^{-1});c 为光速(2.998×10^{10} $cm\cdot s^{-1}$);k 为连接原子的化学键力常数($N\cdot cm^{-1}$);μ 为基团中原子的折合质量(g),若组成基团的两个原子质量分别为 m_1 和 m_2,则

$$\mu = \frac{m_1 m_2}{m_1 + m_2}$$

由式(12-1)可知,影响基团振动频率的直接因素是化学键的强度和基团的折合质量。随着化学键强度增加,基团振动频率增大。如碳碳键的力常数按单键、双键、三键的顺序递增,其伸缩振动频率以同样的顺序增大,分别出现在 1 200 cm^{-1}、1 680 cm^{-1} 及 2 100 cm^{-1} 附近;随着基团原子折合质量增大,振动频率减小。如 C—H 基团,$\mu\approx1u$,其伸缩振动频率约为 3 000 cm^{-1},处于高频区,同样是单键的 C—C 基团,$\mu=6u$,伸缩振动频率则约为 1 200 cm^{-1}。此外,基团振动频率还与分子的其它结构因素及化学环境有关。

当红外线照射分子时,若分子中某个基团的振动频率恰好等于照射光的频率,两者就会发生共振,光的能量通过分子偶极矩的变化传递给分子,分子的振幅加大,即振动能量增大,由原来的振动基态跃迁到振动激发态。偶极矩没有变化的振动,如 CO_2 对称伸缩振动,不能吸收光能,是红外非活性的。检测红外光被吸收的情况就可以获得该化合物的红外光谱。分子中有若干个基团,同一个基团又有若干个不同频率的振动方式,因此在光谱图的不同频率位置会出现许多个吸收峰。根据吸收峰的位置可以推测基团的类型。

为了便于研究,将红外光谱区划分为四个区域。4 000~2 500 cm^{-1} 是含氢基团伸缩振动区,2 500~2 000 cm^{-1} 是三键和累积双键伸缩振动区,2 000~1 500 cm^{-1} 是双键伸缩振动区。这三个区域中的吸收峰基本上与化合物中的基团一一对应,特征性强,能用于确定化合物中是否存在某些官能团,因此该区域又统称为基团特征频率区。例如,在双键区 1 700 cm^{-1} 左右出现强吸收峰,说明被测物中含有羰基;如果在 2 000~1 500 cm^{-1} 区域没有吸收峰,则说明被测物中不含羰基、苯环等双键基团。第四个区域位于 1 500 cm^{-1} 以下,吸收峰主要来自各种单键伸缩振动和含氢基团的弯曲振动,数量多而特征性差,但对分子整体结构十分敏感,犹如人的指纹,因而又称为指纹区,一般用于与标准红外光谱图比较,以确认被测物质分子的结构。

图 12-3 列出有机化合物主要官能团在红外光谱中的大致分布,详细信息可查阅有关资料。

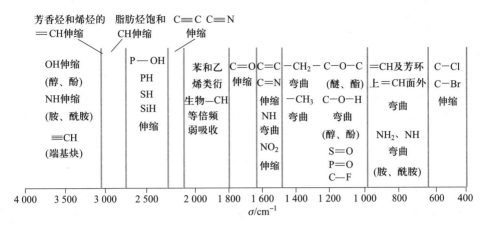

图 12-3 有机化合物主要官能团在红外光谱中的大致分布

红外光谱仪

红外光谱仪分为色散型红外光谱仪(称为红外分光光度计)和傅里叶变换红外光谱仪两大类。傅里叶变换红外光谱仪(Fourier transform infrared spectrometer,FT-IR)是新一代红外光谱仪。与色散型仪器相比,具有扫描速度快、灵敏度高、分辨率和波数精度高、光谱范围宽等许多优点,因此 FT-IR 发展迅速,目前已取代色散型仪器。

但是,为了有助于理解红外光谱的获得,以常见的双光束红外分光光度计为例简单介绍色散型红外光谱仪的构造和工作原理(图 12-4)。由光源发出的红外连续光经过一组反射镜分成两束相互平行、等强度的红外光,分别称为测量光束和参比光束。它们通过试样池或参比池,进入单色器。单色器中有一个以一定速度转动的半圆镜,使两光束交替通过,并投射到光栅上色散成具有一定带宽的

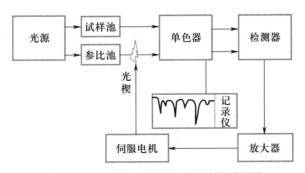

图 12-4 双光束红外分光光度计的原理图

一组单色光。转动光栅,可使不同波长的单色光依次到达检测器。当测量光束中部分光被试样吸收时,两束光的强度不相等,便可检测到一个交变信号。该信号被解调、放大后驱动一个伺服电机,带动光楔移动插入参比光束,遮挡住部分参比光,使两束光强度重新平衡。光楔与记录笔同步移动,记录下一个吸收峰。测量光束被吸收得越多,光楔移动插入参比光束越多,记录笔的移动距离越大,吸收峰就越强。同时,记录纸的移动与光栅转动同步,这样,就在记录纸上直接绘出纵坐标为 T、横坐标为波数 σ 的红外吸收光谱。

FT-IR 的结构和工作原理(图 12-5)与色散型仪器完全不同,它没有单色器。由光源发出的光经过干涉仪转变成干涉光,干涉光包含了光源发出的所有波长光的信息。当它通过试样池时,某一些波长的光被试样吸收,而携带了试样的信息。检测器检测到的是试样的干涉图,经过计算机进行傅里叶变换后得到通常的红外光谱图。

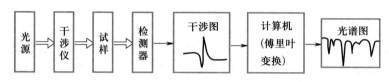

图 12-5　FT-IR 工作原理示意图

红外光谱的应用

有机物的红外光谱有鲜明的特征性。组成分子的原子、化学键性质、基团的连接次序和空间位置的不同都会在光谱图上显示出来。因此红外光谱适合于定性鉴定和结构分析。

定性鉴定的方法主要是谱图比较,如果两个化合物不仅基团特征频率区,而且指纹区的吸收峰位置、形状、相对强度都一致,一般可以判断这两个化合物结构相同。这种比较可以在待测物与纯物质的谱图之间进行,也可以在待测物谱图与红外标准谱图之间进行。现代红外光谱仪备有标准谱库和计算机检索软件,进行标准谱图的检索非常方便。

在结构分析中,红外光谱的主要作用是利用基团特征频率区的吸收峰确定官能团。由于每个基团在分子中都处于特定环境,它周围的原子或其它基团可通过诱导或共轭等电子效应、空间效应及氢键作用等影响它的化学键强度,从而使该基团频率即吸收峰位置发生位移。利用谱峰位移可以推测基团连接次序和空间位置等分子结构信息。对于较为复杂的有机物,单凭红外光谱解析很难完成未知物的结构分析任务,一般还需应用质谱、核磁共振波谱等其它光谱数据。

红外光谱也能用于定量分析。与其它吸收光谱一样,其依据也是朗伯-比尔定律。但因灵敏度低等原因,红外光谱定量分析的应用远不如定性分析和结构鉴定。

§12-2　核磁共振波谱

核磁共振波谱法(nuclear magnetic resonance spectrum,NMR)是另外一种有机物结构分析的重要方法,其中最常用的是氢核磁共振波谱(^{1}H NMR)和碳-13核磁共振波谱(^{13}C NMR)。这里简要介绍核磁共振的原理和^{1}H NMR 应用。

基 本 原 理

1. 核磁共振现象

自旋量子数 $I \neq 0$ 的原子核具有自旋现象,称为自旋核,其自旋角动量的大小为 p。由于原子核带正电荷,自旋时还产生核磁矩,大小为 μ。当自旋核处于外磁场 B_0 中,外磁场和核磁矩之间的作用力使原来简并的能级分裂成 $2I+1$ 个磁能级。氢原子核(也称质子,常用 ^{1}H 表示氢核)$I = 1/2$,则分裂成 2 个磁能级,它们的能级差为

$$\Delta E = \frac{h}{2\pi}\gamma B_0 \qquad (12-2)$$

式中,B_0 为外磁场的磁感应强度;γ 为氢原子核的旋磁比,等于 μ/p;h 为普朗克常量。两个能级分别代表 ^{1}H 的两种自旋状态 $m = +1/2$ 和 $m = -1/2$(m 为磁量子数)。如果在垂直于 B_0 的方向施加频率为射频区域的电磁波(即无线电波)作用于 ^{1}H,而其能量正好等于能级差 ΔE,^{1}H 就能吸收电磁波的能量,从低能级跃迁到高能级,这就是核磁共振现象。此时外加电磁波的频率 ν 为

$$h\nu = \Delta E = \frac{h}{2\pi}\gamma B_0$$

$$\nu = \frac{1}{2\pi}\gamma B_0 \qquad (12-3)$$

2. 化学位移

处于分子中的氢核外有电子云,在外磁场 B_0 的作用下,核外电子云产生一

个方向与 B_0 相反,大小与 B_0 成正比的感应磁场(图 12-6)。该感应磁场对原子核起屏蔽作用,使原子核实际所受到的外磁场磁感应强度减小。核外电子云的屏蔽作用大小可用屏蔽常数(shielding constant) σ 表示,则式(12-3)修正为

$$\nu = \frac{\gamma}{2\pi}B_0(1-\sigma) \qquad (12-4)$$

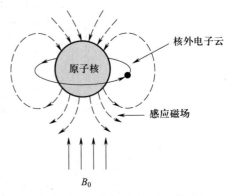

图 12-6　核外电子云的屏蔽作用

核外电子密度愈大, σ 值愈大,核实际受到的外磁场作用愈小,核的共振频率就愈低。例如,在 CH_3—C、CH_3O 或 OH 基团中的 ^1H,由于所处化学环境的差别,共振频率不同。这种因 ^1H 所处化学环境不同而造成的共振频率的变化称为化学位移(chemical shift)。

　　因不同化学环境而产生的 ^1H 共振频率的差别非常小,大约只有 ^1H 共振频率的百万分之十几。想要准确测定如此小的差别很困难,所以实际测量的是相对于某个标准物质共振频率的差值,为此定义化学位移为

$$\delta = \frac{\nu_{试样} - \nu_{标准物}}{\nu_{标准物}} \times 10^6 \qquad (12-5)$$

式中, δ 为化学位移,是量纲一的值, $\nu_{试样}$ 和 $\nu_{标准物}$ 分别是试样和标准物的共振频率。常用的标准物是四甲基硅烷(tetramethyl silane,TMS)。按国际纯粹与应用化学联合会(IUPAC)规定:TMS 的化学位移为零,位于谱图的右边。由于硅的电负性比碳小,TMS 中的 ^1H 核外电子密度比一般有机物的 ^1H 大,即屏蔽常数大,共振频率低。所以大多数有机物的化学位移为正值,在谱图上处于 TMS 的左边。

　　影响 ^1H 化学位移的主要因素是相邻基团的电负性、非球形对称电子云产生的磁各向异性效应、氢键及溶剂效应等。现有许多计算各种化学环境 ^1H 化学位移的经验公式、数据和计算机软件。图 12-7 为不同化学环境中 ^1H 的化学位移范围。更详细的资料读者可查阅有关书籍。

　　3. 自旋耦合和自旋裂分

　　自旋核相当于一个小磁铁,能产生一个微小磁场 ΔB。处于外磁场 B_0 作用下的 ^1H 有两种不同自旋状态(取向),当 $m = +1/2$ 取向时,产生的 ΔB 与 B_0 方向相同; $m = -1/2$ 取向时, ΔB 与 B_0 方向相反。因此相邻核受到的实际磁场又发生微小的变化,共振频率不再符合式(12-4),而应进一步修正为

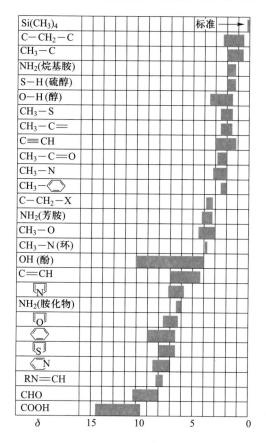

图 12-7 不同化学环境中 ^1H 的化学位移范围

$$\nu_1 = \frac{\gamma}{2\pi}\big[B_0(1-\sigma)+\Delta B\big], \nu_2 = \frac{\gamma}{2\pi}\big[B_0(1-\sigma)-\Delta B\big] \qquad (12-6)$$

式(12-6)说明当 ^1H_A 邻近没有其它 ^1H 存在时,它的共振频率为 ν,若邻近有一个其它核 ^1H_B 时,它的共振频率将改变为 ν_1 和 ν_2,也就是说谱图上原来位置的吸收峰消失,在其左右各产生一个峰。同时 ^1H_A 对 ^1H_B 也会产生类似的作用。这种磁核之间的相互作用称为自旋-自旋耦合(spin-spin coupling),吸收峰产生裂分的现象称为自旋裂分。

对于 ^1H NMR,通过相隔三个化学键的耦合(即邻碳上的氢耦合)最为重要。自旋裂分符合 $2nI+1$ 规则,对于 $I=1/2$ 的 ^1H 而言,可简化为 $n+1$ 规则,即当被测氢核 ^1H_A 邻近有 n 个相同的其它氢核 ^1H_B 时, ^1H_A 的核磁吸收信号显示出 $n+1$ 重峰,这些峰的强度比符合二项式 $(a+b)^n$ 展开式的系数比。裂分峰之间的裂距表示磁核之间相互作用的程度,称作耦合常数(coupling constant),用 J 表示,单位为 Hz。耦合常数是一个重要结构参数。

核磁共振氢谱及其提供的信息

核磁共振氢谱能提供三方面信息,现以乙苯(图 12-8)为例加以说明。

(1) 化学位移(即吸收峰的位置)　化学位移能提供基团的类型及所处化学环境的信息。因为乙苯中甲基没有与电负性较强的基团直接相连,所以其吸收峰出现在靠近 TMS 处,δ 为 1.2;亚甲基与苯环相连,受其影响 δ 为 2.5;环状共轭 π 电子云的各向异性效应使苯环上的 ^{1}H 信号位于 $\delta=7$ 左右。

(2) 自旋裂分和耦合常数　自旋裂分和耦合常数能提供基团与基团连接的次序及空间位置信息。例如图 12-8 中,甲基是一个三重峰,说明与它相邻的基团含有两个 ^{1}H,即亚甲基(CH_2);而 2.5 处的亚甲基是四重峰,说明与它相连的基团中有 3 个相同的 ^{1}H,即甲基(CH_3)。这种三重峰和四重峰的组合说明分子中有乙基存在。

(3) 积分曲线高度比　从图 12-8 还可以看到吸收信号处的台阶形曲线,这是 ^{1}H NMR 谱图提供的第三个信息——积分曲线。每个台阶的高度代表它们对应峰的峰面积,这些台阶高度的整数比相当于产生吸收峰的各个基团中氢核数目之比。图中从右到左为 3 : 2 : 5。这再一次证明了它们依次为甲基(含 3 个氢原子)、亚甲基(含 2 个氢原子)及单取代苯(含 5 个氢原子)。

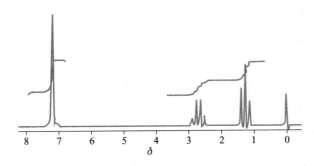

图 12-8　乙苯的核磁共振氢谱

由此可见,根据 ^{1}H NMR 谱图提供的三方面信息,可以推测有机物结构。学习了这一部分内容后,读者自己可以推测一下甲苯的 ^{1}H NMR 谱图。

核磁共振波谱仪

核磁共振波谱仪的型号、种类很多。按产生磁场方式的不同,分为永久磁铁、电磁铁和超导磁体三种;按磁感应强度不同,所用的高频电磁波可分为60 MHz(相

对于磁感应强度 $B_0 = 1.409\ T)$、$100\ MHz(B_0 = 2.350\ T)$ 和 $200\ MHz(B_0 = 4.700\ T)$ 仪器等。根据高频电磁波的来源不同,又分为连续波和脉冲波傅里叶变换两种仪器。随着超导、计算机等现代技术的发展,目前实际使用的仪器绝大部分为超导傅里叶变换核磁共振波谱仪,最好的仪器高频电磁波的频率高达 $1\,000\ MHz$。

图 12-9 是连续波核磁共振波谱仪的结构示意图。其中,磁铁提供静磁场 B_0。磁核在 B_0 作用下裂分成 $2I+1$ 个磁能级。射频振荡器和射频线圈提供磁能级跃迁所需的能量。扫描发生器和扫场线圈逐渐改变磁感应强度使处于不同化学环境的 ^1H 依次发生共振。接收线圈和射频接收器用来检测由被测试样吸收后的射频信号(高频电磁波)。测定时,试样和标准物(TMS)须用氘代试剂或四氯化碳等不含氢原子的溶剂溶解后放入试样管中。用一个转子带动试样管旋转,使试样分子受到的磁感应强度更为均匀。

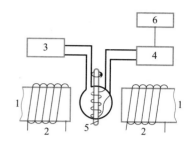

图 12-9　连续波核磁共振
波谱仪结构示意图

1—磁铁；2—扫场线圈；3—射频振荡器；
4—射频接收和放大器；5—试样管；
6—记录仪或示波器

§12-3　有机质谱

质谱法(mass spectrometry,MS)是分离和记录离子化的原子或分子的方法。以有机化合物为研究对象的质谱法称为有机质谱法。它能提供有机物的相对分子质量、分子式、所含结构单元及连接次序等信息,是有机物结构分析的重要工具之一。

基 本 原 理

以某种方式使有机分子电离、碎裂,然后按质荷比大小把各种离子分离,检测它们的强度,并排列成谱,这种方法称为质谱法。按离子质荷比排列成的谱图就是质谱图(图 12-10),质谱图的纵坐标为离子相对强度,横坐标是离子质荷比(mass-charge ratio,m/z),即离子质量 m(以相对原子量单位计)与其所带电荷 z(以电子电荷量为单位计)之比,例如甲基离子(CH_3^+)的质荷比为 15。常规质谱研究正离子。

用于检测有机化合物质谱的仪器称为质谱仪。质谱仪由离子源、质量分析器、离子检测器、进样系统和真空系统五个部分组成(图 12-11),另外还配有控制系统和数据处理系统。试样由进样系统导入离子源,在离子源中被电离和碎

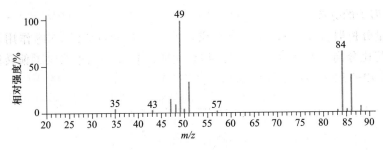

图 12-10　二氯甲烷的电子轰击质谱

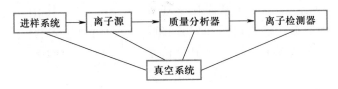

图 12-11　质谱仪的结构示意图

裂成各种离子,离子进入质量分析器,按质荷比大小被分离后依次到达检测器,检测到的信号经数据处理成为质谱图或以质谱数据表的形式输出。整个仪器必须在高真空条件下工作。以下简要讨论离子源及质量分析器。

1. 试样的电离

试样在离子源中电离。离子源(ion source)是质谱仪的核心部件之一。电子轰击离子源(electron impact ionization,EI)是通用的常规离子源。它利用灯丝加热时产生的热电子与气相中的有机分子相互作用("轰击"),使分子失去价电子电离成为带正电荷的分子离子。如果分子离子的热力学能较大,就可能发生化学键的断裂,生成碎片离子。图 12-12 是有机分子在电子轰击电离时的示意图,ABCD 表示由若干个基团组成的有机分子。

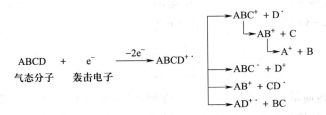

图 12-12　电子轰击电离和碎裂示意图

除了 EI 外,在质谱发展过程中还出现过多种其它类型的离子源,以适应不同性质的有机物分析。目前应用最广泛的是电喷雾离子源(electrospray ionization,ESI)。

2. 离子的分离

质量分析器(mass analyzer)是质谱仪的另一个核心部件,它的作用是将离子按质荷比分离。有多种方法可完成这一任务,在此仅以单聚焦磁偏转质量分析器(图 12-13)为例作一简单说明。

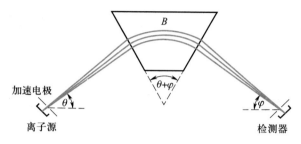

图 12-13　单聚焦磁偏转质量分析器原理图

在离子源中的离子具有势能(zeV),当它受到离子加速电压 V 被拉出离子源时,势能全部转化为动能($mv^2/2$),即

$$zeV = \frac{mv^2}{2} \tag{12-7}$$

式中,z 为离子所带的电荷数;e 为电子电荷量;V 为加速电极的电压;m 为离子质量;v 为离子运动的线速度。

当离子进入磁场,受到磁场力($Bzev$)作用作圆周运动。此时磁场力(向心力)与离心力相等,即

$$Bzev = \frac{mv^2}{R} \tag{12-8}$$

式中,B 为磁感应强度;R 为离子圆周运动的半径;e、m 和 v 同式(12-7)。

将式(12-8)整理后代入式(12-7)得

$$m/z = \frac{B^2 R^2 e}{2V} \tag{12-9}$$

这就是磁偏转质谱仪的基本方程。由方程可知,若保持 V 和 R 不变,依次改变磁场强度 B(扫描磁场),可以使不同质荷比离子依次通过磁场到达检测器。

质谱离子的类型及提供的结构信息

有机分子经电子轰击电离后,将产生多种离子,其中最重要的是分子离子、同位素离子和碎片离子,它们的质荷比及相对强度可提供有机物丰富的

结构信息。

1. 分子离子

分子失去一个价电子后生成的正离子称为分子离子,通常用 $M^{+\cdot}$ 表示。图 12-10 中 m/z 84 离子就是二氯甲烷的分子离子。分子离子是质谱图中最重要的离子。其一,它的质荷比就等于化合物的相对分子质量,因此,通过确定质谱图上的分子离子可测定化合物的相对分子质量;其二,它的相对强度表明分子的稳定性程度,由此可以推测化合物的类型;其三,谱图中所有碎片离子都是由分子离子直接或间接碎裂而产生的。

分子离子必须是质谱图中质荷比最大的离子(除同位素离子外),但质荷比最大的离子不一定是分子离子。因为大分子、强极性或者多官能团化合物在电子轰击时可能全部碎裂成为碎片离子。这时必须用特殊实验技术,如电喷雾离子源等,才能测定相对分子质量。

2. 同位素离子

组成有机化合物的常见元素中,除了 ^{19}F、^{31}P 和 ^{127}I 之外,其它都有一个以上的稳定同位素,它们的相对丰度是恒定的,如表 12-1 所示。这些同位素都能在质谱中得到显示。例如,甲烷的质谱中可以看到 m/z 16 和 17 两个峰,分别对应 $^{12}C^{1}H_4$ 和 $^{13}C^{1}H_4$,它们的强度比约为 100:1.1(因为 ^{12}C 和 ^{13}C 的丰度比约为 100:1.1)。前者是分子离子,后者则称为同位素离子。氢也有同位素,但 ^{2}H 的丰度仅是 ^{1}H 的 0.015%,只有当分子中有许多个氢原子时,才会对谱图有明显的影响。分子离子和同位素离子的相对强度可以用 $(a+b)^n$ 来计算,其中 a 是轻同位素(A)的相对丰度,b 是重同位素($A+1$ 或 $A+2$)的相对丰度,n 是分子中该同位素原子个数。例如,仅考虑碳同位素的话,丙烷有 $^{12}C_3^{1}H_8$(M, m/z 44)、$^{12}C_2^{13}C^{1}H_8$($M+1$, m/z 45)、$^{12}C^{13}C_2^{1}H_8$($M+2$, m/z 46)、$^{13}C_3^{1}H_8$($M+3$, m/z 47)四种离子,它们的相对强度比为下述二项展开式的各项值之比:

$$(100+1.1)^3 = 10^6 + 3.3 \times 10^4 + 3.6 \times 10^2 + 1.21$$

与第一项相比,最后两项可以忽略,所以 $M:M+1 = 100:3.3$。还有一些元素,如氯、溴等有丰富的 $A+2$ 同位素,它们在质谱图中会出现特征的同位素离子峰形,因此能够非常容易地判断分子中是否含氯或溴以及数量。例如,二氯甲烷分子中含 2 个氯原子,其质谱图分子离子区域出现 m/z 84、86、88 三个离子,相对强度也可按 $(a+b)^n$ 计算得到,近似于 9:6:1(图 12-10),它们分别对应于 $^{12}CH_2^{35}Cl_2$、$^{12}CH_2^{35}Cl^{37}Cl$ 和 $^{12}CH_2^{37}Cl_2$。因此,根据分子离子和它的同位素离子质量和相对强度可以推测有机物中含有元素的种类和原子个数,当相对分子质量不大时还能推测出分子式。

表 12-1　有机化合物中常见元素的稳定同位素及丰度

同位素 A	丰度/%	同位素 A+1	丰度/%	同位素 A+2	丰度/%
^{1}H	100	^{2}H	0.015		
^{12}C	100	^{13}C	1.1		
^{14}N	100	^{15}N	0.37		
^{16}O	100	^{17}O	0.04	^{18}O	0.2
^{28}Si	100	^{29}Si	5.1	^{30}Si	3.4
^{32}S	100	^{33}S	0.8	^{34}S	4.4
^{35}Cl	100			^{37}Cl	32.5
^{79}Br	100			^{81}Br	98

3. 碎片离子

在电子轰击电离时,生成的分子离子有很高的能量,处于激发态,所以会使其中的一些化学键断裂,产生质量较低的碎片,其中带正电荷的碎片就叫作碎片离子。例如,图 12-10 二氯甲烷的电子轰击质谱中 m/z 49 就是碎片离子。它是分子离子中的 C—Cl 键断裂,丢失一个 Cl· 生成的 CH_2Cl^+。碎片离子的质荷比和相对强度可用于推测有机物的结构。可用一个通俗的比方来说明碎片离子在有机物结构解析方面的作用:设想一个精巧的花瓶被弹弓射出的石子打碎了,假如小心收集这些碎片,这个花瓶就可以重新被拼构起来。花瓶好比有机分子,它被打碎的过程犹如被电子轰击电离,收集碎片就是将离子按质荷比分离检测。在详细研究质谱碎裂规律的基础上,就能解析谱图,完成重拼花瓶(有机分子)。每一个有机分子都有独特的、可以重复的碎裂方式,不同的分子得到不同质荷比和相对强度的碎片离子,所以可把它们区别开。

综上所述,质谱可提供有机物相对分子质量、分子式、分子所含基团及连接次序等结构信息。

§12-4　波谱的综合应用

前面三节简要介绍了红外光谱、核磁共振波谱和质谱的最基本的知识,下面通过一个未知物结构解析实例,讨论它们的综合利用。图 12-14 是从茉莉花中提取得到的一种芳香物质的质谱（MS）、红外光谱（IR）和核磁共振氢谱（^{1}H NMR），根据这三张谱图对其进行结构解析的步骤如下：

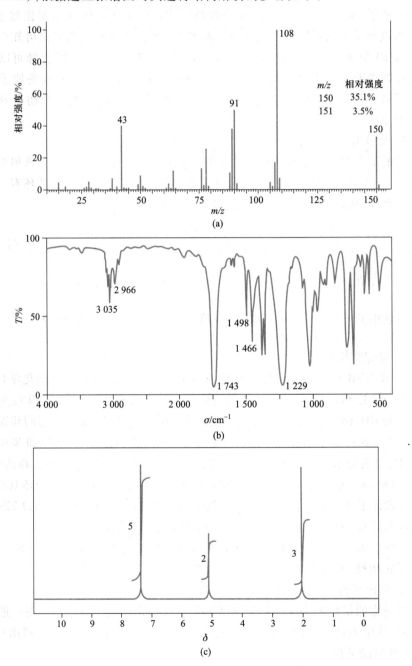

图 12-14　未知物的质谱(a)、红外光谱(b)和核磁共振氢谱(c)

1. 确定相对分子质量和分子式

由 MS 图可知未知物的分子离子质荷比为 150，即相对分子质量为 150；从分子离子（m/z 150）与 $M+1$ 同位素离子（m/z 151）的相对强度比接近 9.9 可推测该分子中可能有 9 个碳原子；从 ^{1}H NMR 的积分曲线高度比可知该分子中共有 10 个氢原子；从 IR 图中 1 743 cm^{-1} 和 1 229 cm^{-1} 的强吸收峰可以推测该化合物含有一个酯基（COO），即分子中有 2 个氧原子。以上这些原子的相对原子质量总和为 150，与相对分子质量一致，由此可确定该化合物的分子式为 $C_9H_{10}O_2$。

2. 计算分子的不饱和度 f

所谓不饱和度是指分子中所有的环和双键数目之总和（一个三键相当于两个双键）。例如，环己烷和乙烯的不饱和度 f 均为 1；乙炔的 f 为 2；苯环有三个双键和一个环，所以 $f=4$。不饱和度的计算通式如下：

$$\text{不饱和度}\quad f = 1 + n_4 + \frac{n_3 - n_1}{2} \tag{12-10}$$

式中，n_1、n_3 和 n_4 分别为分子中一价、三价和四价原子的数目。

本题中 $f = 1 + 9 + \dfrac{0-10}{2} = 5$，由此可推测该化合物中可能含有苯环。

3. 确定结构单元

从 ^{1}H NMR 提供的信息可以确定含氢基团。参考图 12-7 可知化学位移 δ 小于 5 的是饱和碳原子上的 ^{1}H 产生的信号，结合积分曲线高度比可以归属 $\delta \approx 2$ 的信号是 CH$_3$；$\delta \approx 5$ 的信号为 CH$_2$。这两个信号均为单峰，说明与它们相连的基团不含氢。$\delta \approx 7$ 是苯环上的 ^{1}H 产生的信号，积分曲线高度比为 5，即苯环上有五个 ^{1}H，说明是单取代的苯环。可参考图 12-3 判断 IR 图主要吸收峰的归属。大于 3 000 cm^{-1} 芳烃的 =CH 以及双键区 1 600 cm^{-1} 附近和 1 498 cm^{-1} 苯环双键的伸缩振动印证了苯环的存在；1 743 cm^{-1} 的强吸收峰是 C=O 的伸缩振动，1 229 cm^{-1} 是醚或酯的 C—O 伸缩振动，结合起来考虑该化合物可能是酯。

这样已确定的 CH$_3$、CH$_2$、COO 和单取代苯四个结构单元，它们的原子总和与分子式相符，不饱和度也与计算值一致。

4. 列出可能结构，并进行验证

将确定的结构单元按化学价键理论要求，排列出可能结构，然后逐一进行验证，排除其中不合理的，必要时还应对照标准谱图。在本例中，可以列出（a）和（b）两种可能结构：

(a)   (b)

验证:两种可能结构的质谱主要断裂及生成的离子如下所示,结构(a)的主要碎片离子与 MS 图相符。

(a)   (b)

再用 ^{1}H NMR 化学位移(参考图 12-7)进行验证:

基　　团	化学位移(δ)		
	结构(a)	结构(b)	实测值
CH$_3$	2~3	3~4.5	2.1
CH$_2$	约 5	约 3	5.1
C$_6$H$_5$(苯环)	6.5~9	6.5~9	7.3

可见,结构(a)乙酸苄酯与图 12-14 提供的波谱信息相符。查阅文献得知乙酸苄酯是茉莉花精油的主要成分之一,进一步证明波谱解析结果是正确的。

思考题

1. 红外吸收的条件是什么? 是否所有的分子振动都会产生红外吸收峰? 为什么?

2. 简述基团特征频率区的特点和用途。

3. 简述指纹区的特点和用途。

4. 何谓化学位移? 它是怎样产生的?

5. 化学位移是如何定义的? 测量化学位移时常用的标准物质是什么?

6. 什么是自旋耦合和自旋裂分? 它们在结构分析中有什么用途? 请举例说明。

7. 从一张 ^{1}H NMR 谱图可以得到哪些信息?

8. 核磁共振波谱仪中的磁铁起什么作用?

9. 质谱仪有哪些部件组成? 请说明它们各自的作用。

10. 在质谱仪中试样经电子轰击电离后,产生哪些重要离子? 它们在结构解析时各有什么用处?

习题

1. 列出水分子可能有的振动形式。

2. C—C 和 C—Cl 的伸缩振动哪一个频率高？丁烯（$CH_2=CH—CH_2—CH_3$）和丁二烯（$CH_2=CH—CH=CH_2$）中 $C=C$ 的伸缩振动哪一个频率高？为什么？

3. 某化合物分子中含有羰基（$C=O$）和腈基（$C\equiv N$），预测其红外光谱在哪些区域会出现特征吸收峰？

4. 图 12-1 异丁醇的红外光谱中 $3\,400\sim3\,200\ cm^{-1}$ 和 $3\,000\sim2\,800\ cm^{-1}$ 的吸收峰是什么基团的何种振动产生的？

5. 丙烯醇（$CH_2=CH—CH_2—OH$）和丙酮（CH_3COCH_3）是同分异构体，能否用红外光谱鉴别它们，为什么？

6. 请预测下列化合物的 $^1H\ NMR$：

（1）$CH_3—CH_2—Cl$　　　（2）

7. 能否用核磁共振氢谱区别乙醇（CH_3CH_2OH）和二甲醚（CH_3OCH_3），为什么？

8. 下列叙述哪些是正确的？如果是错误的，请写出正确的叙述。

（1）某未知物的质谱图中分子离子的 m/z 为 132，所以该化合物的相对分子质量是 132。

（2）溴代甲烷（CH_3Br）质谱图中，分子离子区域有 m/z 94 和 96 两个相对强度大体相等的离子，因为 m/z 96 比 m/z 94 大，所以前者应是分子离子，而后者则是碎片离子。

习题参考答案

第 *13* 章 分析化学中的分离与富集方法

Separation and Enrichment Methods in Analytical Chemistry

前面各章讨论了各种基本的化学定量分析方法和一些常用的仪器分析方法,但只有在配位滴定一章中讨论过用掩蔽方法消除干扰问题。实际上,在分析较复杂的试样时,其它组分的存在往往影响定量测定的准确度,情况严重时(干扰组分量大)甚至可使测定无法进行,因此在分析测定时,必须考虑共存组分对测定的影响及其减免方法。此时,除采用掩蔽方法外,在许多情况下,特别是对于复杂多组分试样(如天然产品、环保试样、生物化学等试样),需要选用适当的分离方法使待测组分与干扰组分分离。对于试样中微量或痕量组分的测定,由于含量常低于测定方法的检测限,为此需要富集后才能测定。应当注意的是,在分离的同时往往也进行了必要的浓缩和富集,因此分离通常包含有富集的意义在内,可见,分离对定量分析是至关重要的。

对于常量组分的分离和痕量组分的富集,总的要求是分离、富集要完全,亦即待测组分回收率要符合一定的要求。当然,也应该兼顾是否会引入新的干扰,操作是否简单、快速等。

本章讨论几种常用的分离方法。

§13-1 沉淀分离法

沉淀是一种经典的分离方法,其原理简单,无需特殊仪器设备,目前仍广泛应用于试样前处理和工业生产中。沉淀分离的相关理论参见第 7 章。下面介绍几种常用的沉淀分离方法。

无机沉淀剂沉淀分离法

无机沉淀剂有很多,形成沉淀的类型也很多。此处只对形成氢氧化物和硫化物沉淀的分离法作简要讨论。至于一些生成盐类（如碳酸盐、草酸盐、硫酸盐、磷酸盐等）的反应,在第 7 章已有讨论,这里不再重复。

1. 氢氧化物沉淀分离法

使离子形成氢氧化物沉淀[如 $Fe(OH)_3$、$Al(OH)_3$、$Mg(OH)_2$]或含水氧化物（如 $SiO_2 \cdot xH_2O$、$WO_3 \cdot xH_2O$、$Nb_2O_5 \cdot xH_2O$、$SnO_2 \cdot xH_2O$ 等）。一些常见金属氢氧化物开始沉淀和沉淀完全时的 pH 见表 13-1。

应当指出,表 13-1 所列的各种 pH,是从表中所假定的条件,根据溶度积计算而得。实际上,溶液中可能存在的金属离子浓度以及沉淀完全的要求,并不完全是这样,因此沉淀开始和沉淀完全时应控制的 pH 可能有所不同。其次,§7-3 已经讲到,沉淀的溶解度因沉淀条件不同而改变,而且文献上所记载的 K_{sp} 值是指稀溶液中,没有其它离子存在时的溶度积,因而查得的文献值与实际数值会有一定的差距。总之,表 13-1 中的 pH 只能参考,实际上,为了使某种金属离子沉淀完全,所需的 pH 往往比表中所列要高些。例如,为了使 $Fe(OH)_3$ 沉淀完全所需 pH,并不是表中所列的 3.1,而是在 4 以上。当然,为了使氢氧化物沉淀完全,并不是 pH 愈高愈好。当 pH 超过一定数值时,许多两性物质将会溶解。因此利用氢氧化物沉淀分离,关键在于根据实际情况,适当选择和严格控制溶液的 pH。氢氧化物沉淀分离时常用下列试剂来控制溶液的 pH。

表 13-1　各种金属离子氢氧化物开始沉淀和沉淀完全时的 pH

氢 氧 化 物	溶度积 K_{sp}	开始沉淀时 pH 假定 [M] = 0.01 mol·L⁻¹	沉淀完全时 pH 假定 [M] = 10⁻⁶mol·L⁻¹
$Sn(OH)_4$	1×10^{-56}	0.5	1.5
$TiO(OH)_2$	1×10^{-29}	0.5	2.5
$Sn(OH)_2$	5.45×10^{-27}	1.9	3.9
$Fe(OH)_3$	2.79×10^{-39}	1.8	3.1
$Al(OH)_3$	2×10^{-32}	4.1	5.4
$Cr(OH)_3$	5.4×10^{-31}	4.6	5.9
$Zn(OH)_2$	1.2×10^{-17}	6.5	8.5
$Fe(OH)_2$	4.87×10^{-17}	6.8	8.8
$Ni(OH)_2$	6.5×10^{-18}	6.4	8.4
$Mn(OH)_2$	1.9×10^{-13}	8.6	10.6
$Mg(OH)_2$	1.8×10^{-11}	9.6	11.6

（1）NaOH 溶液[①]　通常用它可控制溶液 pH≥12。常用于两性金属离子和非两性金属离子的分离。许多非两性金属离子都生成氢氧化物沉淀,只有溶解度较大的钙、锶等离子的氢氧化物才部分沉淀;两性金属离子则生成含氧酸阴离子留在溶液中。

（2）氨和氯化铵缓冲溶液　可以将 pH 控制在 9 左右,常用于沉淀不与 NH_3 形成配离子的许多种金属离子,亦可使许多两性金属离子沉淀成氢氧化物沉淀。

其它如乙酸和乙酸盐、六亚甲基四胺及其共轭酸所组成的缓冲溶液等,可分别控制一定的 pH(参见 §4-3),以进行沉淀分离。

氢氧化物沉淀分离法的选择性较差。又由于氢氧化物是非晶形沉淀,共沉淀现象较为严重。为了改善沉淀性能,减少共沉淀现象,沉淀作用应在较浓的热溶液中进行,使生成的氢氧化物沉淀含水分较少,结构较紧密,体积较小,吸附杂质的机会减小。沉淀完毕后加入适量热水稀释,使吸附的杂质离开沉淀表面转入溶液,从而获得较纯的沉淀。如果让沉淀作用在尽量浓的溶液中进行,同时加入大量没有干扰作用的盐类,即进行"小体积沉淀",可使吸附其它组分的机会进一步减小,沉淀较为纯净。

2. 硫化物沉淀分离法

能形成硫化物沉淀的金属离子有 40 余种,由于它们的溶解度相差悬殊,因而可以通过控制溶液中 $[S^{2-}]$ 的办法使硫化物沉淀分离。

硫化物沉淀分离所用的主要沉淀剂是 H_2S,在溶液中 H_2S 存在如下解离平衡:

$$H_2S \underset{+H^+}{\overset{-H^+}{\rightleftharpoons}} HS^- \underset{+H^+}{\overset{-H^+}{\rightleftharpoons}} S^{2-}$$

溶液中的 S^{2-} 浓度与溶液的酸度有关,因此控制适当的酸度,亦即控制 $[S^{2-}]$,即可进行硫化物沉淀分离。和氢氧化物沉淀法相似,硫化物沉淀法的选择性较差。硫化物是非晶形沉淀,吸附现象严重。如果改用硫代乙酰胺为沉淀剂,利用硫代乙酰胺在酸性或碱性溶液中水解产生 H_2S 或 S^{2-} 来进行均相沉淀,可使沉淀性能和分离效果有所改善。硫代乙酰胺在酸性或碱性溶液中的反应如下所示:

$$CH_3CSNH_2 + 2H_2O + H^+ = CH_3COOH + H_2S + NH_4^+$$
$$CH_3CSNH_2 + 3OH^- = CH_3COO^- + S^{2-} + NH_3 \uparrow + H_2O$$

有机沉淀剂沉淀分离法

由于有机沉淀剂的选择性和灵敏度较高,生成的沉淀性能好,显示了有机沉

---

① 不是很浓的溶液。

淀剂的优越性,因而得到迅速的发展。

有机沉淀剂与金属离子形成的沉淀主要有:螯合物沉淀、缔合物沉淀和三元配合物沉淀。

1. 形成螯合物(即内络盐)沉淀

所用的有机沉淀剂常具有下列官能团:—COOH、—OH、=NOH、—SH、—SO$_3$H 等,这些官能团中的 H$^+$ 可被金属离子置换。同时在沉淀剂中还含有另外一些官能团,这些官能团具有能与金属离子形成配位键的原子,如 N。即在一分子有机沉淀剂中具有不止一个可键合的原子,因而这种沉淀剂能与金属离子形成具有五元环或六元环的螯合物。例如,8-羟基喹啉与 Mg^{2+} 的作用可简单表示为

8-羟基喹啉   8-羟基喹啉镁

这类螯合物不带电荷,含有较多的憎水性基团,因而难溶于水。

这类有机沉淀剂所形成螯合物的溶解度大小及其选择性,都与沉淀剂本身的结构有关。在其结构中憎水性基团的增大,如以—C$_2$H$_5$ 代替—CH$_3$、以 代替 都能使沉淀的溶解度减小。

属于这一类的有机沉淀剂种类很多,在此不一一列举。

2. 形成缔合物沉淀

所用的有机沉淀剂在水溶液中解离成带正电荷或带负电荷的大体积离子。沉淀剂的离子与带不同电荷的金属离子或金属配离子缔合,成为不带电荷的难溶于水的中性分子而沉淀。例如氯化四苯砷、四苯硼钠等,它们形成沉淀的反应如下:

$$(C_6H_5)_4As^+ + MnO_4^- \rightleftharpoons (C_6H_5)_4AsMnO_4 \downarrow$$

$$2(C_6H_5)_4As^+ + HgCl_4^{2-} \rightleftharpoons [(C_6H_5)_4As]_2HgCl_4 \downarrow$$

$$B(C_6H_5)_4^- + K^+ \rightleftharpoons KB(C_6H_5)_4 \downarrow$$

一种有机沉淀剂能与什么金属离子形成沉淀,取决于沉淀剂分子中的官能团。如含有—SH 基的沉淀剂可能与易生成硫化物的金属离子形成沉淀;含有—OH 基的沉淀剂,可能与易生成氢氧化物的金属离子形成沉淀;含有氮或氨基的沉淀剂易与金属离子形成螯合物沉淀。近来含—AsO$_3$H$_2$ 基团的沉淀剂的应用日益增多,许多能被磷酸根离子沉淀的金属离子都能与它形成沉淀。

3. 形成三元配合物沉淀

这是泛指被沉淀的组分与两种不同的配体形成三元混配配合物或三元离子

缔合物。例如,在 HF 溶液中,硼与 F^- 和二安替比林甲烷及其衍生物所形成的三元离子缔合物就属于这一类。二安替比林甲烷及其衍生物在酸性溶液中形成阳离子,可与 BF_4^- 配阴离子缔合成三元离子缔合物沉淀,如下式所示:

$$\left[\begin{array}{c} \overset{R}{\underset{}{|}} \\ H_3C - C = C - CH - C = C - CH_3 \\ \underset{\delta+}{|} \quad \quad \underset{\delta+}{|} \\ H_3C - N - C \quad \quad C - N - CH_3 \\ \underset{}{|} \quad N \quad O \quad O \quad N \quad \underset{}{|} \\ C_6H_5 \quad \quad H \quad \quad C_6H_5 \end{array} \right]^{+} BF_4^-$$

(R可以是H、C_3H_7、C_6H_5等)

形成三元配合物的沉淀反应不仅选择性好、灵敏度高,而且生成的沉淀组成稳定、摩尔质量大,作为重量分析的称量形式也较合适。三元配合物不仅应用于沉淀分离中,也应用于分析化学的其它方面,如吸光光度法(参见§9-3)等。

沉淀分离法主要用于常量待测组分的分离。当待测组分为微量或痕量组分时,则可利用沉淀法除去试样中常量的干扰组分,或利用共沉淀分离法对微量组分进行富集。

共沉淀分离法

共沉淀现象是由于沉淀的表面吸附作用、混晶或固溶体的形成、吸留或包藏等原因引起的。在重量分析中,由于共沉淀现象的发生,使所得沉淀混有杂质,因而要设法消除共沉淀现象;但在微量或痕量组分的分离与分析中,却可以利用共沉淀现象分离和富集痕量组分。例如水中痕量 $Hg^{2+}(0.02\ \mu g \cdot L^{-1})$,由于浓度太低,不能直接使它沉淀下来。如果在水中加入适量的 Cu^{2+},再用 S^{2-} 作沉淀剂,则利用生成的 CuS 作载体(或称共沉淀剂),可使痕量的 HgS 共沉淀而富集。利用共沉淀进行分离富集,主要有下列三种情况。

1. 利用吸附作用进行共沉淀分离

例如,微量的稀土离子用草酸难以使它沉淀完全。若预先加入 Ca^{2+},再用草酸作沉淀剂,则利用生成的 CaC_2O_4 作载体,可将稀土离子的草酸盐吸附而共同沉淀下来。又如铜中的微量铝,氨水不能使铝沉淀分离;若加入适量的 Fe^{3+},则在加入氨水后,利用生成的 $Fe(OH)_3$ 作载体,可使微量的 $Al(OH)_3$ 共沉淀而分离。

2. 利用生成混晶进行共沉淀分离

两种金属离子生成沉淀时,如果它们的晶格相同,就可能生成混晶而共同析出。例如痕量 Ra^{2+},可用 $BaSO_4$ 作载体,生成 $RaSO_4$、$BaSO_4$ 的混晶共沉淀而得以富集。海水中含 $10^{-12}\ mol \cdot L^{-1}$ 的 Cd^{2+},可用 $SrCO_3$ 作载体,生成 $SrCO_3$ 和 $CdCO_3$

混晶沉淀而富集。这种共沉淀分离的选择性较好。

3. 利用有机共沉淀剂进行共沉淀分离

有机共沉淀剂的作用机理和无机共沉淀剂不同,一般认为有机共沉淀剂的共沉淀富集作用是由于形成固溶体。例如,在含有痕量 Zn^{2+} 的微酸性溶液中,加入 NH_4SCN 和甲基紫,则 $Zn(SCN)_4^{2-}$ 配阴离子与甲基紫阳离子生成难溶的沉淀,而甲基紫阳离子与 SCN^- 离子所生成化合物也难溶于水,是共沉淀剂,就与前者形成固溶体而一起沉淀下来。这类共沉淀剂除甲基紫外,常用的还有结晶紫、甲基橙、亚甲基蓝、酚酞、β-萘酚等。

由于有机共沉淀剂一般是大分子物质,它的离子半径大,在其表面电荷密度较小,吸附杂质离子的能力较弱,因而选择性较好。又由于它是大分子物质,分子体积大,形成沉淀的体积亦较大,这对于痕量组分的富集很有利;另一方面,存在于沉淀中的有机共沉淀剂,在沉淀后可借灼烧而除去,不影响以后的分析。

§13-2 溶剂萃取分离法

分配系数、分配比和萃取效率、分离因数

分析化学中应用的溶剂萃取主要是液-液萃取,这是一种简单、快速,应用范围又相当广泛的分离方法。这种分离方法是基于各种物质在不同溶剂中分配系数大小不等这一客观规律。例如,当溶质 A 同时接触两种互不混溶的溶剂时,如果一种是水,另一种是有机溶剂,A 就分配在这两种溶剂中,当这个分配过程达到平衡时:

$$\frac{[A]_{\text{有}}}{[A]_{\text{水}}} = K_D \text{①} \tag{13-1}$$

这个分配平衡中的平衡常数 K_D 称分配系数。$[A]_{\text{有}}$ 是溶质 A 在有机溶剂中的平衡浓度,$[A]_{\text{水}}$ 是溶质 A 在水中的平衡浓度。

由于溶质 A 在一相或两相中,常常会解离、聚合或与其它组分发生化学反应,情况比较复杂,不能简单地用分配系数来说明整个萃取过程的平衡问题。另

---

① 严格地讲,这里应该是溶质在两相中的活度比,这时的分配系数以 P_A 表示,即

$$P_A = \frac{a_{\text{有}}}{a_{\text{水}}} = K_D \frac{\gamma_{\text{有}}}{\gamma_{\text{水}}}$$

一方面,分析工作者主要关心的是存在于两相中的溶质的总量。于是又引入分配比 D 这一参数。分配比 D 是存在于两相中的溶质的总浓度之比,即

$$D = \frac{c_有}{c_水} \tag{13-2}$$

c 代表溶质以各种形式存在的总浓度。只有在最简单的萃取体系中,溶质在两相中的存在形式又完全相同时,$D = K_D$;在实际情况中 $D \neq K_D$。

如果物质在某种有机溶剂中的分配比较大,则用该种有机溶剂萃取时,溶质的极大部分将进入有机溶剂相中,这时萃取效率就高。根据分配比可以计算萃取效率。

当溶质 A 的水溶液用有机溶剂萃取时,设水溶液的体积为 $V_水$,有机溶剂的体积为 $V_有$,则萃取效率 E 为

$$E = \frac{\text{A 在有机相中的总含量}}{\text{A 在两相中的总含量}} \times 100\%$$

即

$$E = \frac{c_有 V_有}{c_有 V_有 + c_水 V_水} \times 100\% = \frac{D}{D + \dfrac{V_水}{V_有}} \times 100\% \tag{13-3}$$

可见萃取效率由分配比 D 和体积比 $V_水/V_有$ 决定。D 愈大,萃取效率愈高。如果 D 固定,减小 $V_水/V_有$,即增加有机溶剂的用量,也可提高萃取效率,但效果不太显著。另一方面,增加有机溶剂的用量,将使萃取以后溶质在有机相中的浓度降低,不利于进一步的分离和测定。因此在实际工作中,对于分配比较小的溶质,常常采取分几次加入溶剂的办法,以提高萃取效率。

为了达到分离目的,不仅要求萃取效率要高,而且还应考虑共存组分间的分离效果要好,一般用分离因数 β 来表示分离效果。β 是两种不同组分分配比的比值,即

$$\beta = \frac{D_A}{D_B}$$

如果 D_A 和 D_B 相差很大,分离因数很大,两种物质可以定量分离;如果 D_A 与 D_B 相差不大,两种物质就难以完全分离。

萃取体系的分类和萃取条件的选择

无机物质中只有少数共价分子,如 HgI_2、$HgCl_2$、$GeCl_4$、$AsCl_3$、SbI_3 等可以直

接用有机溶剂萃取。大多数无机物质在水溶液中解离成离子,并与水分子结合成水合离子,从而使各种无机物质较易溶解于极性溶剂水中。而萃取过程却要用非极性或弱极性的有机溶剂,从水中萃取出已水合的离子,这显然是有困难的。为了使无机离子的萃取过程能顺利地进行,必须在水中加入某种试剂,使被萃取物质与试剂结合成不带电荷的、难溶于水而易溶于有机溶剂的分子。这种试剂称为萃取剂。根据被萃取组分与萃取剂所形成的可被萃取分子性质的不同,可把萃取体系分类如下。

1. 形成螯合物的萃取体系

这种萃取体系在分析化学中应用最为广泛。所用萃取剂一般是有机弱酸或弱碱,也是螯合剂。例如 8-羟基喹啉,可与 Pd^{2+}、Tl^{3+}、Fe^{3+}、Ga^{3+}、In^{3+}、Al^{3+}、Co^{2+}、Zn^{2+} 等离子螯合(以 Me^{n+} 代表金属离子):

所生成的螯合物难溶于水,可用有机溶剂氯仿萃取。

又如二硫腙 $S=C$，它微溶于水,形成互变异构体,并可与 Ag^+、Au^{3+}、Bi^{3+}、Cd^{2+}、Hg^{2+}、Cu^{2+}、Co^{2+} 等离子螯合,如下式所示:

所生成的螯合物难溶于水,可用 CCl_4 萃取。

此外,如乙酰基丙酮:

$$CH_3-C-CH_2-C-CH_3$$

既是萃取剂,又可作溶剂。

铜铁试剂(又称铜铁灵,N-亚硝基苯胲铵)、铜试剂(二乙基胺二硫代甲酸钠)、丁二酮肟等都是常用的萃取剂。

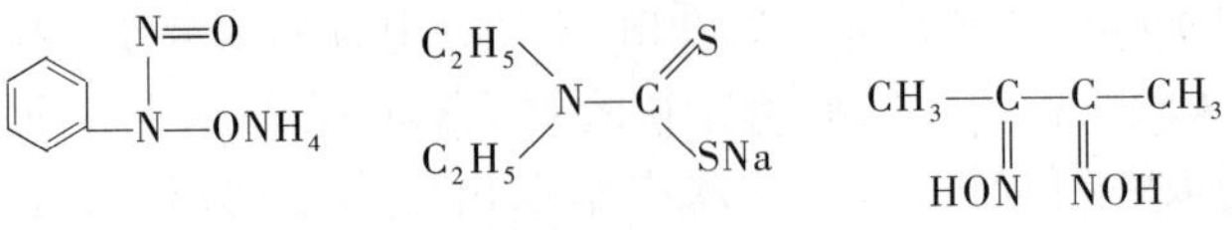

铜铁试剂　　　　　　　　铜试剂　　　　　　　　丁二酮肟

这类萃取剂如以 HR 表示,它们与金属离子螯合和萃取过程简单表示如下:

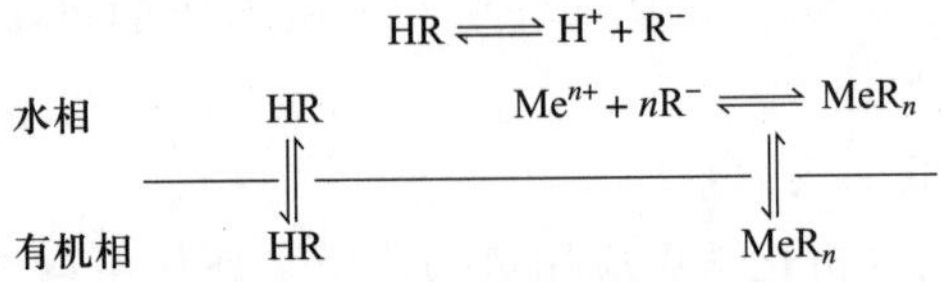

$$HR \rightleftharpoons H^+ + R^-$$

水相　　　　　HR　　　　　$Me^{n+} + nR^- \rightleftharpoons MeR_n$

有机相　　　　HR　　　　　　　　　　　MeR_n

萃取剂 HR 易解离,它与金属离子形成的螯合物 MeR_n 愈稳定,螯合物的分配系数愈大,而萃取剂的分配系数愈小,萃取愈容易进行,萃取效率愈高。对于不同的金属离子,由于所生成螯合物的稳定性不同,螯合物在两相中的分配系数不同,因而选择和控制适当的萃取条件,包括萃取剂的种类、溶剂的种类、溶液的酸度等,就可使不同的金属离子得以萃取分离。

2. 形成离子缔合物的萃取体系

属于这一类的是带不同电荷的离子,互相缔合成疏水性的中性分子,而被有机溶剂所萃取。

例如,用乙醚从 HCl 溶液中萃取 Fe^{3+} 时,Fe^{3+} 与 Cl^- 配合成配阴离子 $FeCl_4^-$;而溶剂乙醚可与溶液中的 H^+ 结合成𨦡离子:

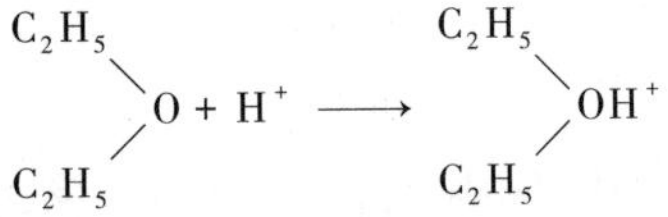

𨦡离子与 $FeCl_4^-$ 配阴离子缔合成中性分子𨦡盐:

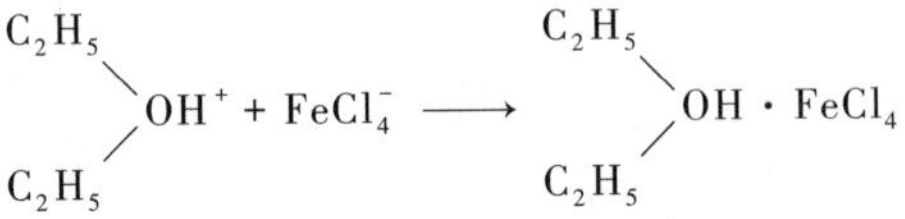

𨦡盐是疏水的,可被有机溶剂乙醚萃取。在这类萃取体系中,溶剂分子参加到被萃取的分子中去,因此它既是溶剂又是萃取剂。

又如,在 HNO_3 溶液中,用磷酸三丁酯(TBP)萃取 UO_2^{2+},也属于这一类。UO_2^{2+} 在水溶液中成水合离子 $[UO_2(H_2O)_6]^{2+}$,由于磷酸三丁酯中的氧原子具有较强的配位能力,它能取代水合离子中的水分子形成溶剂化离子,并与 NO_3^- 缔合成疏水性的溶剂化分子 $UO_2(TBP)_6(NO_3)_2$,而被磷酸三丁酯萃取。

对于这类萃取体系,加入大量的与被萃取化合物具有相同阴离子的盐类,例如,在 HNO₃ 溶液中用磷酸三丁酯萃取 UO_2^{2+} 时加入 NH₄NO₃,可显著提高萃取效率,这种现象称为盐析作用,加入的盐类称为盐析剂。

3. 形成三元配合物的萃取体系

由于三元配合物具有选择性好、灵敏度高的特点,因而这类萃取体系发展较快。例如,为了萃取 Ag⁺,可使 Ag⁺ 与邻二氮菲配位成配阳离子,并与溴邻苯三酚红的阴离子缔合成三元配合物,如下式所示。在 pH = 7 的缓冲溶液中可用硝基苯萃取之,然后就在溶剂相中用光度法进行测定。

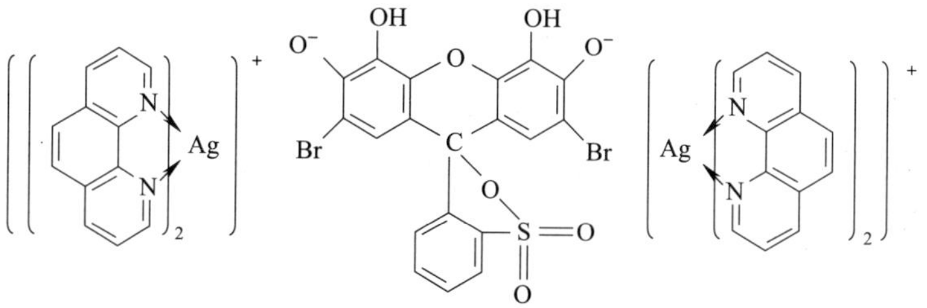

邻二氮菲银　　　　溴邻苯三酚红　　　　邻二氮菲银

三元配合物萃取体系非常适用于稀有元素、分散元素的分离和富集。

有机物的萃取分离

在有机物的萃取分离中,"相似相溶"原则是十分有用的。极性有机化合物和有机化合物的盐类,通常溶解于水而不溶于非极性有机溶剂中。非极性有机化合物则不溶于水,但可溶于非极性有机溶剂如苯、四氯化碳、环己烷等,因此根据相似相溶原则,选用适当溶剂和条件,常可从混合物中萃取某些组分,而不萃取另一些组分,从而达到分离目的。例如,可用水从丙醇和溴丙烷的混合物中,萃取极性的丙醇;用弱极性的乙醚可从极性的三羟基丁烷中萃取弱极性的酯等。

在分析工作中,萃取操作一般用间歇法,在梨形分液漏斗中振荡进行。对于分配系数较小物质的萃取,则可以在各种不同类型的连续萃取器中进行连续萃取。

双水相萃取

溶剂萃取过程通常是在互不相溶的水和有机溶剂中进行,但对于一些亲水性、强极性的活性生物分子,有机溶剂的使用受到限制。为解决这一问题,可使用双水相萃取法(aqueous two-phase extraction)。双水相的形成是利用某些亲水性高分子聚合物的水溶液超过一定浓度后可以形成两相的特性,且两相中水分均占很大比例。例如,将质量分数为 15% 的聚乙二醇 2000(PEG 2000)水溶液和质量分数为 17% 的 K_2HPO_4 水溶液混合,静置,即可分层,形成两个水相,再利用待分离组分在两相中分配系数的差异进行萃取分离。由于两相均为水相,双水相萃取尤其适合分离在有机相中分配系数极小的强极性化合物,以及亲水性生物活性物质,如蛋白质、肽、核酸等。

§13-3　色谱法

色谱法的最大特点是分离效率高,它能把各种性质极相类似的组分彼此分离,而后分别加以测定,因而是一类重要而常用且发展最快的分离、分析手段。有关色谱法的基本概念及气相色谱法、高效液相色谱法已在第 11 章中讨论。本节将讨论薄层色谱法和柱色谱法。

薄层色谱法

薄层色谱(thin layer chromatography,TLC)也称板层析,在这种色谱法中,把固定相(吸附剂)均匀地铺在一块玻璃板、塑料板或铝箔上形成薄层,然后在此薄层上进行色谱分离。

例如,进行 1-氨基蒽醌的薄层色谱分析时,可以把吸附剂中性氧化铝均匀地铺在条形玻璃板上,做成色谱用的薄层板(层析板)。把 1-氨基蒽醌溶于二氧六环或丙酮中配成试液,用玻璃毛细管或微量注射器吸取试液,点在薄层板的一端离边缘一定距离处。溶剂挥发后,把薄层板放入层析缸中,使点有试样的薄层板的一端浸入由丙酮、四氯化碳、乙醇(体积比为 1:3:0.04)配成的展开剂中(注意:原点勿浸入展开剂中),另一端斜搁在层析缸壁上,形成 10~20° 倾斜,如图 13-1 所示。由于氧化铝薄层的毛细管作用,展开剂将沿着氧化铝薄层逐渐上升。于是点在薄层上的试样将被溶解,并随展开剂沿着氧化铝薄层上升。组分在上升过程中当遇到新的吸附剂氧化铝时,又被吸附。接着又被不断流过的展开剂溶解,再随展开剂继续上升。试样中各组分沿着氧化铝薄层不断地发生溶解、吸附、再溶解、再吸附的过程,将按它们在氧化铝上吸附能力强弱的不同而分离开来,在氧化铝薄层上显现出各个有色斑点。待层析进行到溶剂前沿已接近薄层上端时,层析可以停止。取出薄层板,可以清楚地看到离原点最远处有一个面积最大、颜色最深的橙色斑,这是主成分 1-氨基蒽醌,其次是橙红色的 1,5-二氨基蒽醌,桃红色的 1,8-二氨基蒽醌,黄色的 2-氨基蒽醌,红色的 1,6-二氨基蒽醌和橙黄色的 1,7-二氨基蒽醌,原点则显褐色,层析谱如图 13-2 所示。

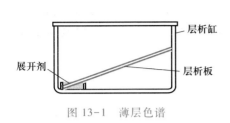

图 13-1 薄层色谱

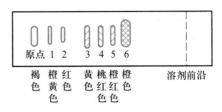

图 13-2 氨基蒽醌层析谱

各组分在薄层中移动的距离,可用比移值 R_f 表示,其定义为

$$R_f = \frac{\text{组分(斑点中心)移动的距离}}{\text{溶剂前沿移动的距离}}$$

在相同条件下,某一组分的 R_f 值是一定的,因此根据 R_f 值可以进行定性鉴定。由于影响 R_f 值的因素很多,如吸附剂的种类、黏度和活化程度,展开剂的组成和配比,层析缸的形状和大小以及层析温度等,要严格地控制条件一致十分困难,因此文献上的 R_f 值只能参考。要进行定性分析,必须用已知试剂作对照试验。

在薄层色谱中,为了获得良好的分离,必须选择适当的吸附剂和展开剂。

吸附剂必须具有适当的吸附能力,而与溶剂、展开剂及欲分离的试样不会发生任何化学反应。吸附剂都做成细粉状,一般以 200~600 目较为合适。其吸附能力的强弱,往往和所含的水分有关。含水多,吸附能力就大为减弱,因此需将吸附剂在一定温度下烘焙以驱除水分,进行"活化",在薄层色谱中用得最广泛的吸附剂是硅胶和氧化铝。

硅胶是一种微带酸性的吸附剂,常用于分离中性和酸性物质。硅胶一般和黏合剂煅石膏($CaSO_4 \cdot 1/2H_2O$)粉按一定比例混合,配成硅胶 G(G 是石膏 gypsum 的缩写)。用时加水调成糊,均匀涂于玻璃板上成薄层,然后加热烘干,使之活化,制成"硬板",保存于干燥器中备用。

氧化铝是一种吸附能力、分离能力较强的吸附剂,适用于分离中性和碱性物质。层析用的氧化铝按生产条件的不同,又可分为中性、碱性和酸性三种。其中中性氧化铝应用较广。氧化铝一般不加黏合剂,就用其干粉铺成薄层,进行层析,这样的层析板称"软板"。制备软板时,涂层操作比较简单。将氧化铝撒于玻璃板上,用两端套有圆环的玻璃棒或不锈钢制的铺层棒,压在氧化铝上,按一定方向用同一速度缓缓移动,如图 13-3 所示,即得平滑均匀的薄层。

薄层色谱按其分离机理主要可分为两种,即吸附色谱和分配色谱,两种色谱所用的展开剂也不相同。

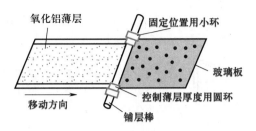

图 13-3　软板涂层操作

　　吸附色谱是利用吸附剂对试样中各组分吸附能力的不同来进行分离的,一般是用非极性或弱极性展开剂来处理弱极性化合物,如 1-氨基蒽醌。必须根据试样中各组分的极性、吸附剂的活化程度,来选择适当的弱极性的溶剂或混合溶剂作展开剂。溶剂的极性强弱次序可参见第 11 章液-液分配色谱及键合相色谱中的流动相。

　　分配色谱是利用各组分在互不相溶(或部分相溶)的两种溶剂间分配系数的不同进行分离的。两种溶剂之一是吸收并键合在吸附剂中的展开剂成分,例如吸附在硅胶中的水。因此,此时的吸附剂也被称作载体,而被吸收的溶剂则起到固定相的作用。分配色谱一般是用极性展开剂处理极性化合物,例如,蒽醌磺酸薄层色谱的展开剂是用极性溶剂正丁醇、氨水、水按照体积比 2∶1∶1 配成的。

　　吸附色谱展开速度较快,需 10~30 min,分配色谱往往需 1~2 h。吸附色谱受温度影响较小,分配色谱受温度影响较大。

　　薄层色谱展开操作一般采用上升法。对于软板,应采用近水平方向展开,参阅图 13-1。对于硬板,采用近垂直方向展开,如图 13-4 所示。

　　对于组成复杂而难以分离的试样,如一次层析不能使各组分完全分离,可用双向展开法。为此,点试样于薄层的一角,用一种展开剂展开,层析完毕待溶剂挥发后,再用另一种展开剂,朝着与原来垂直的方向进行第二次展开。如果前后两种展开剂选择适当,可以使各组分完全分离。氨基酸及其衍生物的分离,用双向展开法获得了满意的结果。

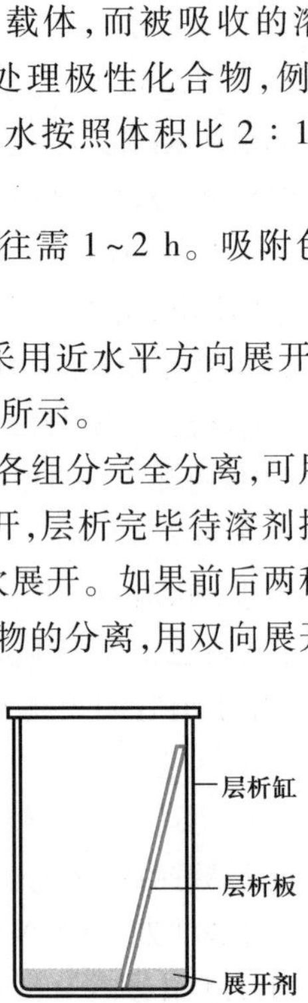

　　有色物质经色谱展开后呈明显色斑,很易观察。对于无色物质,常用下述方法进行观测:许多有机化合物在紫外线照射下会产生荧光,或导致薄层板中的荧光试剂发生猝灭,因而可在紫外分析灯下观察斑点的位置;或喷洒某些化学试剂,使之成为发荧光物质,或出现有色斑点(显色法),据此判别斑点位

图 13-4　近垂直方向展开

置(见下述无机离子分离的例子)。

薄层色谱的主要用途是利用比移值对照定性,如果要测定试样中某种组分的含量,则在展开后将该组分的斑点连同吸附剂一齐刮下或取下,然后将该组分从吸附剂上洗脱下来,收集洗脱液,进行定量测定。这样的定量测定虽然比较费事,所需点样量也较多,但准确度较高,而且不需要复杂的仪器。采用薄层色谱扫描仪,可在层析板上直接扫描各个斑点,得出积分值,自动记录并进行定量测定。这种方法速度快,准确度也不差,只是仪器较为复杂,对层析板要求也较高。

薄层色谱法不但可作定性及定量分析,还可作为一种有效的分离提纯手段,从复杂混合物中分离制备纯化合物,一般适于分离几十毫克到几百毫克试样。在多块薄板上重复分离也可制备更大量的纯物质。

薄层色谱法在染料、制药、生化工程、农药等方面已广泛地应用在产品质量检验、反应终点控制、生产工艺选择、未知试样剖析等。此外,它在研究中草药的有效成分、天然化合物的组成,以及药物分析、香精分析、氨基酸及其衍生物的分析等方面应用也很广泛。

对于无机离子,如 Cu^{2+}、Pb^{2+}、Cd^{2+}、Bi^{3+}、Hg^{2+} 的分离,可在硅胶 G 板上,用正丁醇、1.5 $mol \cdot L^{-1}$HCl 溶液和乙酰基丙酮按 100:20:0.5 混合作展开剂。展开后喷以 KI 溶液,待薄层干燥后以氨熏,再以 H_2S 熏,可得棕黑色 CuS 斑、棕色 PbS 斑、黄色 CdS 斑、棕黑色 Bi_2S_3 和棕黑色 HgS 斑,R_f 值依上述次序增加。

应当指出,由于薄层色谱分离效能还不够高,因此成分太复杂的混合物试样,用薄层色谱分离、分析还有困难。然而这一缺陷正在得到克服并出现了“高效薄层色谱法”。根据色谱理论,提高柱效能的一个重要途径是减小吸附剂的颗粒直径(参见第 11 章)。在高效薄层色谱法中,由于采用了吸附剂平均颗粒直径约为 5 μm 的高效薄板(经典薄板采用的吸附剂的平均颗粒直径为 50~100 μm),就大大提高了薄层色谱的分离效能。在高效薄层色谱中还采用了一些改进的色谱装置和色谱技术,加上设备简单易行,快速灵敏,因而薄层色谱法日益显示出它的重要性。

柱 色 谱 法

柱色谱法(column chromatography)又称柱层析法,是最早出现的一种液相色谱法。在这种方法中,固定相填充在玻璃管中,试液由柱顶加入,流动相(淋洗液)靠重力自上而下通过固定相实现色谱分离。为使洗脱有足够的速度,一般使用粒径大于 100 μm 的固定相,因而柱效不高,目前已很少用于分析检测,但由于柱内径大(5~30 mm),试样容量大,又不需要特殊仪器设备,现普遍用于复杂混合物的预分离及净化上。例如,严重污染的地面水水样、土壤、食品、生物类试样等几乎无例外地将净化作为一项必不可少的试样前处理操作,以分离试样中存在的脂肪、蜡质、色素等,避免干扰下一步分析或污染仪器。对于复杂混合物,在合适的条件(适合的填料及洗脱液)下可进行预分离以利下一步分析。因此,柱色谱法在合成化学、天然产物成分分离、残留农药分析等方面有重要应用价值。

根据试样体系及组分性质,可选用不同的柱填料,如硅胶、氧化铝、离子交换剂、凝胶等。所涉及的分离机理有吸附、分配、离子交换及空间排阻等。以下着重讨论两种类型的柱色谱方法:吸附柱及离子交换柱色谱法。

1. 吸附柱色谱法

吸附柱色谱法所用的填料有硅胶、氧化铝、弗罗里硅土、聚酰胺、活性炭、氧化镁等。不同吸附剂有不同的性能及应用。

硅胶可分离大多数不同极性的有机化合物,但对非极性的化合物,如长链饱和烃等吸附性很低,分离各种石油制品时,常选用吸附性更强的氧化铝。

弗罗里硅土(floisil)是一种合成的硅酸镁,适宜于净化含脂肪或油脂量高的试样。

中性氧化铝对农药残留量分析是一种常用的吸附剂,其活性比弗罗里硅土要大得多,农药在柱上不易被洗脱,若用强极性溶剂则农药与杂质会同时被淋洗下来。因此,有必要对氧化铝进行降活处理,即在经活化后的氧化铝中加入适量的水(3%~15%的水),使达到合适的活性。许多吸附剂的活性与含水量有关,因此改变含水量,是调整其活度的有效办法(参见表 13-2)。

表 13-2　硅胶、氧化铝活度级别

含水量/%		活 度 级 别	
硅　　胶	氧　化　铝		
0	0	I	强
5	3	II	
15	6	III	
25	10	IV	↓
38	15	V	弱

活性炭对色素有较好的吸附效果,但对脂肪、蜡质的吸附能力较弱。

将不同性能的吸附剂混合装柱,可在吸附能力上得到相互补充,对分离、纯化组分复杂的试样可得到更好的效果。

色谱柱通常选用内径 5~30 mm 玻璃管,管下端拉细并塞少许玻璃棉,或装有烧结玻璃滤板作填充料的支持体。柱色谱中吸附剂的装填情况是影响柱效的因素之一。装柱方法有干法和湿法两种。干法是直接将吸附剂加入管中并轻敲柱侧使之填装匀实,然后用溶剂淋洗;湿法是将吸附剂悬浮于溶剂中缓慢注入柱中,注意保持吸附剂不露出溶剂面,吸附剂层内无气泡、裂缝。

上样时将试样溶解在少量低极性溶剂中(或试样经前处理后得到的试液),倾入柱顶,使之均匀地被吸附在吸附剂表面,然后以溶剂进行淋洗展开。展开与淋洗是色谱分离的关键操作。淋洗液的选择与所用溶剂的极性及吸附剂的性能有关。将选定的溶剂以适当比例混配,可调成极性梯度更细的混合溶剂。通常在初次使用某一牌号的柱填料时,应由实验来确定最佳的淋洗条件,以达到用最少量的淋洗液将被分离组分完全淋洗下来的目的。

以下举例阐述吸附柱色谱法在农药残留量分析上的一些应用。

农药残留量分析中,气相色谱法是普遍应用的测定方法。不同品种农药在气相色谱中采用不同的检测器。对火焰光度检测器及氮-磷检测器,可用简单的试样净化方法;分析含氯农药时,通常用电子俘获检测器,由于该检测器中放射源易受污染,所以要求净化严格,否则会影响测定,还会缩短检测器的使用寿命。因此在农药残留量分析中,净化是不可缺少的步骤。

中性氧化铝是一种常用的吸附剂。它对色素、脂肪、蜡质等的吸附效果好,而在柱上吸附的农药又易于被洗脱,从而达到欲测农药与杂质的分离净化。

其中一种中性氧化铝净化柱为:柱内径 1 cm,内填装 8 g V 级活度中性氧化铝。先用 15 mL 正己烷预淋洗,有机磷农药试样浓缩液进入柱后,用 30 mL 正己烷淋洗(流量控制在 $4 \sim 5$ mL·min^{-1}),再用 2%丙酮-正己烷 80 mL 淋洗,收集这两部分淋洗液,浓缩定容,供气相色谱用。其中正己烷收集液为含低极性有机磷农药(溴硫磷、甲拌磷、乙拌磷),2%丙酮-正己烷收集液为含中等极性的有机磷农药(马拉硫磷、杀螟硫磷、对硫磷、敌噁磷、保棉磷、二嗪磷)。

2. 离子交换柱色谱法

离子交换柱色谱法利用离子交换剂与溶液中的离子之间发生交换反应来进行分离。这种分离方法不仅可用来分离带不同电荷的离子,也可用以分离带相同电荷的离子,以及富集微量或痕量组分和制备纯物质。

离子交换剂的种类很多,目前应用较多的是有机交换剂,即离子交换树脂。

离子交换树脂是一种高分子聚合物①,其网状结构的骨架部分一般很稳定,与酸、碱、一般的有机溶剂和较弱的氧化剂都不起作用,也不溶于溶剂中。在网

---

① 应用较多的是苯乙烯和二乙烯苯的聚合物。

状结构的骨架上有许多可以被交换的活性基团,根据这些活性基团的不同,离子交换树脂可分成阳离子交换树脂、阴离子交换树脂、螯合树脂。

（1）阳离子交换树脂（cation-exchange resin ）　这是含有酸性基团的树脂,酸性基团上的 H^+ 可以和溶液中的阳离子发生交换作用,如磺酸基—SO_3H、羧基—COOH 和酚基—OH 等酸性基团。磺酸是较强的酸,因此含磺酸基的树脂为强酸性阳离子交换树脂,若以 R 代表树脂的网状结构的骨架部分。则这一类树脂可用 R—SO_3H 表示。其它两种树脂 R—COOH 及 R—OH 则为弱酸性阳离子交换树脂。强酸性阳离子交换树脂在酸性、碱性和中性溶液中都可应用,交换反应速率快,与简单的、复杂的、无机的和有机的阳离子都可以交换,因而在分析化学上应用较多。弱酸性阳离子交换树脂的交换能力受外界酸度的影响较大,羧基在 pH>4、酚基在 pH>9.5 时才具有离子交换能力,因此应用受到一定限制,但选择性较好,可用来分离不同强度的有机碱。上述各种树脂中酸性基团上的 H^+ 可以解离出来,并能与其它阳离子进行交换,因此又称为 H-型强酸性阳离子交换树脂。

H-型强酸性阳离子交换树脂与溶液中的其它阳离子如 Na^+ 发生的交换反应,可简单地表示如下:

$$R—SO_3H+Na^+ \underset{\text{洗脱过程}}{\overset{\text{交换过程}}{\rightleftharpoons}} R—SO_3Na+H^+$$

溶液中的 Na^+ 进入树脂网状结构中,H^+ 则交换进入溶液,树脂就转变为 Na-型强酸性阳离子交换树脂。由于交换过程是可逆过程,如果以适当浓度的酸溶液处理已经交换的树脂,反应将向反方向进行,树脂又恢复原状,这一过程称为再生或洗脱过程。再生后的树脂经过洗涤又可以再次使用。

（2）阴离子交换树脂（anion-exchange resin）　这是含有碱性基团的树脂。含有伯氨基—NH_2、仲氨基—$NH(CH_3)$、叔氨基—$N(CH_3)_2$ 的树脂为弱碱性阴离子交换树脂,树脂水合后即分别成为 R—$NH_3^+OH^-$、R—$NH_2CH_3^+OH^-$ 和 R—$NH(CH_3)_2^+OH^-$;水合后含有季氨基—$N(CH_3)_3^+OH^-$ 的树脂为强碱性阴离子交换树脂。这些树脂中的 OH^- 能与其它阴离子如 Cl^- 发生交换。交换过程和洗脱过程可表示如下:

$$R—N(CH_3)_3^+OH^-+Cl^- \underset{\text{洗脱过程}}{\overset{\text{交换过程}}{\rightleftharpoons}} R—N(CH_3)_3^+Cl^-+OH^-$$

上述各种阴离子交换树脂为 OH-型阴离子交换树脂,经交换后则转变为 Cl-型阴离子交换树脂。交换后的树脂经适当浓度的碱溶液处理后,可以再生。

各种阴离子交换树脂中以强碱性阴离子交换树脂的应用最广,在酸性、中性和碱性溶液中都能应用,对于强酸根和弱酸根离子都能交换。弱碱性阴离子交换树脂在碱性溶液中就失去了交换能力,在分析化学中应用较少。

（3）螯合树脂(chelate resin)　在离子交换树脂中引入某些能与金属离子螯合的活性基团,就成为螯合树脂。例如,含有氨基二乙酸基团的树脂,由该基团与金属离子的反应特性,可估计这种树脂对 Cu^{2+}、Co^{2+}、Ni^{2+} 有很好的选择性。因此从有机试剂结构理论出发,可以根据需要,有目的地合成一些新的螯合树脂,以有效地解决某些性质相似的离子的分离与富集问题。

表 13-3 是一些在分析中常用的离子交换树脂的简要性质及部分商品牌号。

表 13-3　几种牌号的离子交换树脂

类型	结构	活性基团	可交换的 pH 范围	商品树脂牌号
强酸型	交联的聚苯乙烯	$-SO_3H$	$0\sim14$	强酸 001×7,强酸 732, Amberlite IR-120, Dowex 50, Zerolit 225
弱酸型	聚丙烯酸	$-COOH$	$6\sim14$	弱酸性阳[#]101, Amberlite IRC-50
强碱型	交联的聚苯乙烯	$-N(CH_3)_3Cl$	$0\sim14$	强碱阴[#]717,强碱阴[#]201, Amberlite IRA-400, Amberlite IRA-410, Dowex 1, Dowex 2, Zerolit FF
弱碱型	交联的聚苯乙烯	$-NH(CH_3)_2OH$ $-NH_2(CH_3)OH$	$0\sim7$	强碱阴[#]704,弱碱阴[#]330, Amberlite IR-45, Dowex 3,Zerolit H
双交换基团	酚甲醛聚合物	$-OH$ 和 $-SO_3H$	磺酸基可以在任何 pH 时交换,酚羟基在 pH>9.5 时交换	强酸 42, Amberlite-IR 100, Zerolit 215
螯合树脂	交联的聚苯乙烯	$-CH_2N\begin{matrix}CH_2COOH\\CH_2COOH\end{matrix}$	$6\sim14$	DowexA-1, Chelex 100

　　在分析化学中应用最多的是强酸性阳离子交换树脂和强碱性阴离子交换树脂,根据分离任务选用适当的树脂。市售的树脂往往颗粒大小不均匀或粒度不合要求,而且含有杂质,需经处理。处理步骤包括晾干[①]、研磨、过筛,筛取所需粒度范围的树脂,再用 $4\sim6$ mol·L^{-1}HCl 溶液浸泡一两天以除去杂质,并使树脂溶胀,然后洗涤至中性,浸泡于去离子水中备用。此时阳离子交换树脂已处理成 H-型,阴离子交换树脂已处理成 Cl-型。

　　离子交换分离一般在交换柱中进行。经过处理的树脂在玻璃管中充满水的情况下装入管中做成交换柱装置,如图 13-5(a)、(b) 所示。图 13-5(a) 的装置可使树脂层一直浸泡在液面下,树脂层中不会混入空气泡,以免影响液体流动,影响交换和洗脱,但其进出口液面高度差很小,流速慢。图 13-5(b) 的装置简单,使用时要注意勿使树脂层干涸而混入空气泡。

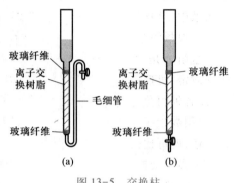

图 13-5　交换柱

　　交换柱准备好后,将欲交换的试液倾入交换柱中,试液流经树脂层时,从上到下一层层地发生交换过程。如果柱中装的是阳离子交换树脂,试液中的阳离子与树脂上的 H$^+$交换而留于柱中,阴离子不交换而存在于流出液中,阳离子和阴离子由此得以分离。阴离子交换树脂上的分离情况与此相似。

　　交换完毕后应进行洗涤,以洗下残留的溶液及交换时所形成的酸、碱或盐类。合并流出液和洗涤液,分析测定其中的阳离子或阴离子。洗净后的交换柱可以进行洗脱,以洗下交换在树脂上的离子,就可以在洗脱液中测定交换的离子。对于阳离子交换树脂,常用 HCl 溶液作为洗脱液;对于阴离子交换树脂,则常用 HCl、NaCl 或 NaOH 溶液作洗脱液。

　　3. 应用

　　前面已经讨论到,用离子交换分离法分离不同电荷的离子是十分方便的,下面再举数例简单说明之。

　　(1) 去离子水的制备　水中常含一些溶解的盐类,如果让自来水先通过 H-型强酸性阳离子交换树脂,以交换除去各种阳离子:

$$Me^{n+}+nR—SO_3H \Longrightarrow (R—SO_3)_nMe+nH^+$$

---

① 晒干、烘干都会使树脂变质。

然后再通过 OH⁻型强碱性阴离子交换树脂,以交换除去阴离子:

$$nH^+ + X^{n-} + nR—N(CH_3)_3^+OH^- \Longrightarrow [R—N(CH_3)_3]_nX + nH_2O$$

则可以方便地得到不含溶解盐类的去离子水,它可代替蒸馏水使用。交换柱经再生后可以再用。

(2) 带相反电荷干扰离子的分离　例如,硼镁矿的主要成分是硼酸镁,也含有硅酸盐,为了测定硼镁矿中的硼,可把试样熔融分解后溶于稀酸中,然后让试液通过 H⁻型强酸性阳离子交换树脂,以交换除去阳离子。硼则以 H_3BO_3 形式进入流出液中,这样就可用酸碱滴定法测定硼含量。

(3) 痕量组分的富集　当试样中不含大量的其它电解质时,用离子交换法富集痕量组分是比较方便的。例如,天然水中 K^+、Na^+、Ca^{2+}、Mg^{2+}、Cl^-、SO_4^{2-} 等组分的测定,可取数升水样,使之流过 H⁻型阳离子交换柱和 OH⁻阴离子交换柱,以使各种组分分别交换于柱上。然后用数十毫升到 100 mL 的稀盐酸洗脱阳离子,另用数十毫升到 100 mL 的稀氨液洗脱阴离子。流出液中各种离子被富集了几十倍,就可比较方便地分别测定。

(4) 离子交换色谱法　离子交换柱亦可用来分离各种相同电荷的离子,这是基于各种离子在树脂上的交换能力不同。离子在树脂上的交换能力的大小称为离子交换亲和力。

在强酸性阳离子交换树脂上,碱金属离子、碱土金属离子和稀土金属离子的交换亲和力顺序分别如下:

$$Li^+ < H^+ < Na^+ < K^+ < Rb^+ < Cs^+;$$
$$Mg^{2+} < Ca^{2+} < Sr^{2+} < Ba^{2+};$$
$$Lu^{3+} < Yb^{3+} < Er^{3+} < Ho^{3+} < Dy^{3+} < Tb^{3+} < Gd^{3+} < Eu^{3+} <$$
$$Sm^{3+} < Nd^{3+} < Pr^{3+} < Ce^{3+} < La^{3+}$$

不同价数的离子,其交换亲和力随着原子价数的增加而增大,例如:

$$Na^+ < Ca^{2+} < Al^{3+} < Th^{4+}$$

在强碱性阴离子交换树脂上,各种阴离子的交换亲和力顺序如下:

$$F^- < OH^- < CH_3COO^- < Cl^- < Br^- < NO_3^- < HSO_4^- < I^- < CNS^- < ClO_4^-$$

由于带相同电荷离子的交换亲和力存在差异,因而可以进行离子交换色谱分离。例如,为了分离 Li^+、Na^+、K^+,可让这三种离子的中性溶液通过细长的、填充有强酸性阳离子交换树脂的交换柱,这三种离子都留在交换柱的上端,接着以 0.1 mol·L⁻¹HCl 溶液洗脱,它们都将被洗下,随着洗脱液流动时,在下面的树脂层又交换上去,接着又被洗脱。如此沿着交换柱,不断地发生交换、洗脱、又交换、又洗脱的过程。于是交换亲和力最弱的 Li^+ 首先被洗下,接着是 Na^+,最后是 K^+。如果洗脱液分段收集,就可把 Li^+、Na^+、K^+ 分离,然后分别测定。

由于离子间交换亲和力的差异往往较小,单独依靠交换亲和力的差异来分离离子比较困难,如果采用某种配位剂溶液作洗脱液,则结合洗脱液的配位作用可使分离作用进行得更好。

离子型有机化合物的离子交换色谱也获得了日益广泛的应用,尤其在药物分析和生物化学分析方面应用更多。例如对氨基酸的分离,在一根交换柱上已能分离出 46 种氨基酸和其它组分[①]。

为使交换和洗脱具有足够的流速,柱填料通常要使用粒度较粗(颗粒度 $>100~\mu m$)的离子交换剂,这样就影响了固定相的传质扩散和柱效能。但是随着高效液相色谱法的飞速发展和细粒度($5\sim10~\mu m$)新型高效离子交换剂的出现,离子交换色谱法已可在高速、高效下进行,使之在氨基酸、蛋白质、核糖核酸、有机胺及药物等方面的应用越来越广。

§13-4　电泳分离法

电泳现象最早于 1807 年由俄国学者 Reuss 发现,直至 1936 年,瑞典学者 Tiselius 利用电泳原理分离了马血清白蛋白的 3 种球蛋白,该方法才开始应用。由于许多重要的生物分子,如氨基酸、多肽、蛋白质、核酸、核苷酸都可用电泳法进行分离,因此,电泳分离法在生物化学发展进程中起到了重要作用。

基 本 原 理

在外加电场作用下,带电的胶体粒子或离子在分散介质中作定向泳动,由于粒子或离子带电荷量不同以及分子质量、几何体积不同,致使其泳动方向、速率和距离不同而得到相互分离,这种分离方法称为电泳分离法(electrophoresis)。

电泳仪是实现电泳分离的仪器,其基本构成就是电源和电泳槽。将电压施

---

① 尤因 G W.化学分析的仪器方法.华东化工学院分析化学教研组,译.北京:高等教育出版社,1986:453.

加于电泳槽的正、负电极上形成电场,在电场强度为 E 的电场中,带电粒子的迁移速率 μ(也称为电泳淌度)可写成

$$\mu = \frac{v}{E} = \frac{Q}{6\pi\gamma\eta} \qquad (13-4)$$

式中,v 为带电粒子的运动速率;Q 为粒子所带的有效电荷;γ 为粒子的表观液态动力学半径;η 为介质的黏度。因此,在一定的实验条件下,各种带电离子的 μ 值是一个定值。

设两种带电粒子 A、B 的迁移速率分别为 μ_A 和 μ_B,运动速率分别为 v_A 和 v_B,在电场作用下,经过时间 t 后,两种离子的迁移距离差 Δs 为

$$\Delta s = v_A t - v_B t = (\mu_A - \mu_B)tE = \Delta\mu t \frac{V}{L} \qquad (13-5)$$

式中,V 是外加电压;L 为两电极间的距离。可见,$\mu_A - \mu_B$、t、V/L 越大,A、B 两个粒子分离越完全。

分　类

电泳分离法种类很多,通常可按分离原理分为等速电泳、等电聚焦电泳、凝胶电泳等,也可按有无支持载体分为自由电泳和区带电泳两类。自由电泳是无固体支持体、溶液自由极性的电泳,等速电泳和等电聚焦电泳就属于此类。区带电泳是以各种固体材料作为支持体,如滤纸、醋酸纤维素薄膜、聚丙烯酰胺凝胶、琼脂糖凝胶等。以下简要介绍几种电泳方法。

1. 等速电泳

等速电泳是一种不连续介质的自由电泳,它完全基于离子电荷的差异实现分离,且仅适合于带同种电荷的离子的分离。

以阴离子的分离为例说明等速电泳的分离原理,如图 13-6 所示。电泳槽内加入两种不同的电解质溶液,其中一种所含的离子 L^- 的迁移速率比所有待分离离子都大,称为前导离子,另一种含有的离子 T^- 的迁移速率比所有待分离离子都小,称为结尾离子。假定试样中组分 A^-、B^-、C^- 的迁移速率顺序是 $A^- > B^- > C^-$,当施加电场后,由于迁移速率的不同,逐渐形成 A^-、B^-、C^- 三个区带,每个区带中只有一种阴离子。若前导离子 L^- 迁移太快,与 A^- 区带脱离开,就会出现一段没有离子的"真空"地带,这一地带中的电场强度将无限增高,由于离子泳动速率与电场强度成正比,A^- 离子就会加速赶上去,直到 A^- 与 L^- 区带衔接为止。反之 A^- 离子也不会进入 L^- 区带,因为 L^- 区带中的电场强度比在 A^- 区带中的低,如有 A^- 离子因为热运动等原因进入 L^- 区带,则其速率将减慢,最后仍落入 A^- 区带中。其

它各区带的离子也莫不如此。各区带将紧紧邻接不会脱开，以同一速率前进，并保持鲜明的界限，故称为等速电泳。

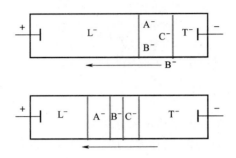

图 13-6 等速电泳分离原理示意图[①]

等速电泳的分辨率很高，分离速度快，不仅可以用于无机离子、小分子有机离子，也可用于大分子如蛋白质、核酸的分离及定性和定量分析。

2. 等电聚焦电泳

这是一种利用电场和 pH 梯度的共同作用来实现两性物质分离的电泳方法。

其中一种形成 pH 梯度的方法是，在正、负极间引入等电点彼此接近的一系列两性电解质的混合物，如脂肪族多氨基多羧酸。在正极端引入酸液，如硫酸，在负极端引入碱液，如氢氧化钠。电泳开始前，两性电解质的混合物 pH 为一均值，即各段介质中的 pH 相等。电泳开始后，电解质混合物中等电点最低的分子 A，带负电荷最多，向正极移动速率最快，当移动到正极附近的酸液界面时，得到酸提供的质子，pH 急剧下降，甚至接近或稍低于 A 分子的等电点 pI，从而呈现出电中性而停止移动。由于两性电解质具有一定的缓冲能力，使其周围一定的区域内介质的 pH 保持在它的等电点范围。等电点稍高的第二种两性电解质分子 B，也移向正极，但它不能超越 A 区域，这是因为 A 区域的 pH 低于 B 分子的等电点，它在此将带上正电荷而反向向阴极移动，所以分子 B 只可能排在 A 区域的阴极侧。若有很多两性电解质分子，它们就会按照等电点由低到高的顺序依次排列，这样就形成一个由阳极到阴极逐步升高的线性 pH 梯度。

若分离的试样是蛋白质，蛋白质在大于其等电点的 pH 环境中以带负电荷形式向正极移动，在小于其等电点的 pH 环境中以带正电荷形式向负极移动。在移动过程中，蛋白质所处的 pH 随两性电解质形成 pH 的梯度不断变化，所带

① 竺安.等速电泳简介.化学通报，1981(11):26.

电荷数逐步减少,移动速率变慢,当到达其等电点的 pH 位置时,即停止移动,聚集成狭窄区带。于是,蛋白质混合物将按 pI 值的顺序依次分开。

由于等电聚焦电泳的分辨率很高,可达 0.01 pH 单位,因此特别适合分离相对分子质量相近而等电点不同的蛋白质组分。

3. 凝胶电泳

凝胶电泳是以凝胶状高分子聚合物作为支持体的电泳方法。凝胶的网孔产生的分子筛效应,对大分子物质如蛋白质、多肽、DNA 及片段的分离起重要作用,在这种方法中,物质的分离由各物质所带电荷和分子尺寸两方面性质的差异决定。

常用的凝胶有聚丙烯酰胺和琼脂糖凝胶。聚丙烯酰胺凝胶是以丙烯酰胺单体和亚甲基双丙烯酰胺交联剂按一定比例混合,在催化剂作用下聚合而成的交叉网状结构的凝胶,凝胶孔径大小可以通过制备条件加以控制。当被分离组分的分子大小与聚丙烯酰胺凝胶孔径比较接近时,孔道会对物质的迁移产生明显的阻滞作用,即分子筛效应。如果在凝胶中加入表面活性剂十二烷基硫酸钠(SDS),使蛋白质等物质带上比其原有电荷多得多的负电荷,以致这些蛋白质的电荷差异变得很小,此时,控制蛋白质分离的因素就主要是凝胶的分子筛效应。因此,该方法可以用于分离体积差异明显的蛋白质。与聚丙烯酰胺相比,通过琼脂二糖和新琼脂二糖为单体共聚而成的琼脂糖凝胶含水量很高,孔径较大,分子筛效应较弱,适合分离的物质的体积也更大一些。

凝胶电泳已广泛用于生物医药试样的分离,如蛋白质、多肽、核酸、病毒等,具有分离效率高、速度快等优点。

近年来,蛋白质组学的研究发展迅速,二维电泳已成为蛋白质组学中最有效的试样预分离手段之一。二维电泳分离蛋白质的原理是:根据蛋白质的两个一级属性,即等电点和相对分子质量的特异性,分别采用等电聚焦模式和 SDS-聚丙烯酰胺凝胶电泳模式,从两个方向上分离蛋白质混合物。二维电泳对蛋白质的分辨极为精细,特别适合于复杂蛋白质试样的分离,还可形成蛋白质二维凝胶电泳图像,用于获取不同蛋白质的相对分子质量、等电点及表达量的相对丰度等信息。将感兴趣的蛋白质斑点切取下来,通过消化等预处理和质谱测定,从而获得蛋白质的序列等相关信息。

毛细管电泳

经典电泳技术也存在一些局限性,其最大局限性是难以克服由两端高电压引起的电解质离子流的自热(焦耳热),此热会引起电泳仪载板(滤纸、聚丙烯酰胺等作为支持体）从中心到两侧或管柱内径向的温度梯度、黏度梯度和速度梯度，从而导致区带展宽，影响迁移，降低效率，且此影响随外加电场强度增大而加剧，因此限制了高压电场的应用。毛细管电泳（capillary electrophoresis，CE）则是使电泳过程在散热效率很好的极细毛细管中进行，可减少因焦耳热效应引起的区带展宽，从而可采用较高的电压（10～30 kV），以利于获得很高的分离效率［参见下文中的式（13-6）及式（13-7）］，每米理论塔板数可达到十万乃至百万。因此毛细管电泳是以高压电场为驱动力，以极细内径的毛细管为分离通道，依据试样中各组分之间淌度（离子迁移速率）和分配行为上的差异来实现分离、分析物质的一类液相技术，是经典电泳技术和现代微柱分离相结合的产物。

毛细管电泳的基本装置如图 13-7 所示。一根内径 20～50 μm，长 1 m 左右的弹性熔融石英毛细管，管的两端分别浸在含有相同电解质溶液（缓冲液）的槽中，毛细管内充满此缓冲液，管的两端施加 10～30 kV 直流高电压，一端连接在线检测器，试样溶液从毛细管的另一端进入，通常进样量为 1～50 nL。常用的检测器为紫外光度检测器。此外，激光诱导荧光检测器现已商品化并得到广泛应用，其灵敏度比紫外光度检测器提高 3 个数量级，极大地拓宽了毛细管电泳的应用。

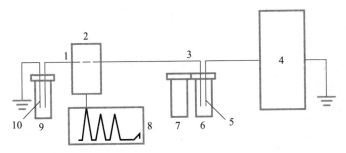

图 13-7 毛细管电泳仪的基本结构

1,3—毛细管；2—检测器；4—高压电源；5—正极；

6,9—电极槽；7—进样机构；8—记录系统；10—负极

毛细管电泳有多种分离模式：

（1）毛细管区带电泳（capillary zone electrophoresis，CZE）；

（2）胶束电动毛细管色谱（micellar electrokinetic capillary chromatography，MECC）；

（3）毛细管凝胶电泳（capillary gel electrophoresis，CGE）；

（4）毛细管等电聚焦（capillary isoelectric focusing，CIEF）；

（5）毛细管等速电泳（capillary isotachophoresis，CITP）；

（6）毛细管电色谱（capillary electrochromatography，CEC）。

现以应用广泛的毛细管区带电泳（CZE）为例来说明毛细管电泳的分离原理。其余模式具有不同的分离机理及选择性，可参阅有关毛细管电泳的专著及文献。

带电粒子在外加电场作用下，在毛细管内缓冲溶液中做定向移动（电泳）。另一方面，当石英毛细管内溶液 pH>3 时，由于硅羟基（SiOH）解离成 SiO⁻，使其内壁带负电荷，与所接触的缓冲液形成双电层，在高压电场的作用下，双电层中的水合阳离子层引起溶液在毛细管内整体向负极方向流动而形成电渗流（electroosmotic flow）。带电粒子在毛细管内缓冲溶液中的迁移速度等于电泳和电渗流二者的矢量和。在缓冲溶液中带正电荷的粒子迁移方向和电渗流相同，因此首先流出；中性粒子的电泳速度与电渗流相同；负电荷粒子的运动方向则与电渗流相反，由于电渗流速度一般大于电泳速度，所以它将在中性粒子之后流出，因而各种粒子因差速迁移而达到区带分离，这即 CZE 的分离原理。由于电渗流的存在，使 CZE 可同时分离、分析正、负离子，这和经典电泳不同。

CZE 的迁移时间 t 可用下式表示：

$$t = \frac{L_d L_t}{(\mu_{ep} + \mu_{eo}) V} \tag{13-6}$$

式中，μ_{ep} 为电泳淌度；μ_{eo} 为电渗淌度；V 为外加电压；L_t 为毛细管总长度；L_d 为进样端到检测器的毛细管长度。

理论塔板数 n 为

$$n = \frac{(\mu_{ep} + \mu_{eo}) V}{2D} \tag{13-7}$$

式中，D 为溶质的扩散系数。分离度 R 为

$$R = \frac{1}{4\sqrt{2}} (\mu_1 - \mu_2) \left[\frac{V}{D(\bar{\mu}_{ep} + \mu_{eo})} \right]^{1/2} \tag{13-8}$$

式中，μ_1、μ_2 分别为所分离的相邻两溶质的电泳淌度；$\bar{\mu}_{ep}$ 为两溶质的平均电泳淌度。

从式（13-7）可见 CZE 的 n 和溶质的扩散系数 D 成反比，而在高效液相色谱中，溶质的扩散系数 D 越大，n 越大（H 越小）。对于扩散系数小的生物大分

子($D = 10^{-6} \sim 10^{-7} \, cm^2 \cdot s$),毛细管电泳将比高效液相色谱有更高的分辨能力。生命科学的迅速发展对生物大分子的分离、分析日益重要,这促进了毛细管电泳的发展,出现了各种分离模式,仪器设备及操作技术有了很大的改进,使其应用范围得到了拓宽。现在除分离生物大分子(肽、蛋白质及其片段、DNA 和糖类等)外,还可用于小分子(氨基酸、药物等)、中性分子及离子(无机、有机),甚至可分离各种颗粒(如硅胶颗粒)等。

图 13-8 是以 CZE 分离几种碱性蛋白质的一个例子。实验条件为石英毛细管:50 μm(内径),375 μm (外径),总长 65 cm,有效分离长度(进样端至检测器)50 cm;紫外光度检测波长:214 nm;电泳电压:18 kV;温度:20 ℃。

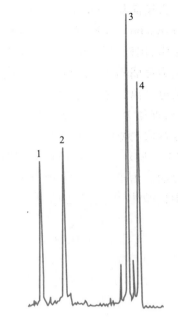

图 13-8　四种碱性蛋白质的电泳分离图
1—细胞色素 C;2—溶菌酶;
3—胰蛋白酶原;4—α-胰凝乳蛋白酶原 A

§13-5　其它分离技术简介

随着科学技术和工农业生产的发展,许多分析试样(环境分析、生命科学等)浓度低(痕量、超痕量)、组分复杂。对于这些复杂组分的试样,不经过前处理和预分离难以得到预期的分析结果。对许多现代化的分析仪器同样也是如此。因此,高效、快速的试样制备与前处理技术得到了迅速的发展。本节对部分较成熟的其它几种分离技术作简要介绍[①]。

固 相 萃 取

溶剂萃取是最常用的试样处理方法,其缺点是所用有机溶剂对环境有不同程度的污染,但在尽量减少溶剂用量和防止污染的前提下,溶剂萃取仍是一种受

---

① 黄骏雄.样品制备与处理的进展——无溶剂萃取技术.化学进展.1997,9(2):179.
　朱良漪.分析仪器手册.北京:化学工业出版社,1997:102-125.

欢迎的常用简易方法。近年来,一些不用或少用溶剂的方法,如固相萃取(solid-phase extraction,SPE)等受到重视和发展。固相萃取是一种基于色谱分离的前处理技术,用以取代传统的液-液萃取。它是根据试样中不同组分在固相填料上的作用力强弱不同,使被测组分与其它组分分离,即将试样通过装有填料的短柱进行组分分离或净化,同时又可将其中的痕量组分进行浓缩。固相萃取柱一般为开口,直径 1 cm,柱长 5~10 cm,装填的固相填料一般为几十到几百毫克。常规固相萃取的操作流程与柱色谱类似,分为预平衡、上样、淋洗和洗脱 4 个步骤,如图 13-9 所示。改变洗脱剂组成、填料的种类及其它操作参数可以达到不同的分离目的。由于填料性能的不断完善,商品化的固相萃取设备现已成为许多实验室中试样前处理的重要装置。

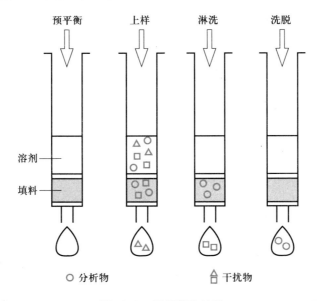

图 13-9 固相萃取过程

目前用于高效液相色谱柱的填料都可用于固相萃取,可基于反相、正相、吸附、离子交换等原理进行分离。但这种固相萃取短柱的缺点是截面积小,允许流量低,容易堵塞,传质慢等。后来研制成两类新型的膜片:一类是在膜片中混入各种化学键合固定相填料的微粒;另一类是膜片本身直接经化学反应,键合上多种不同的官能团。膜片介质由多孔网络状的聚四氟乙烯、聚氯乙烯等高分子材料或玻璃纤维组成,厚度为 0.5~1 mm,直径几十毫米,其相对截面积大,传质速率快,因而可允许较大流量通过。操作时可将膜片置于砂芯漏斗中,在真空抽气条件下,于膜片上加进液体试样(如环境水样、饮料等试液),水样中待测组分就选择性地保留在膜片上。固相萃取特别适用于野外现场处理试样,不但避免了大量水样的运输,更重要的优点是吸附在固相介质上的物质比存放在水箱内的水样更稳定,如烃类物质在固相介质中可保存 100 天,而在水样中只能稳定几天。试样经现场处理后送至实验室,分析测定时再用少量溶剂将被测组分从膜片上洗脱。固相萃取也可用于大气试样的前处理,根据欲检测的污染物,采用不同的萃取柱或膜片。十八烷基键合相(C_{18})膜片能有效地对大气中痕量污染物如多氯联苯和农药对硫磷、二嗪磷等进行富集。

固相微萃取

在固相萃取技术的实施过程中,除了应用广泛的萃取柱形式外,近年来还出现了固相微萃取、搅拌棒固相萃取、分散固相萃取和磁性固相萃取等新的萃取方式及吸附剂。

固相微萃取(solid-phase microextraction, SPME)是 20 世纪 90 年代发展起来的一种试样前处理富集技术,属于非溶剂型选择性萃取方法,多用于气相色谱分析的试样前处理。固相微萃取装置如图 13-10 所示,由手柄和萃取头组成,萃取头是一根涂有一定厚度的色谱固定相膜(如聚二甲基硅氧烷)的熔融石英纤维,为保护石英纤维头不被折断,在其外部套上中空不锈钢针管,用于采样或进样时刺穿隔垫,而纤维头则与推杆相连,可在不锈钢管内来回伸缩,SPME 手柄则用于安装和固定萃取头。

固相微萃取操作主要包括两个步骤:吸附步骤和解吸步骤。首先用 SPME 针管刺穿试样瓶的隔垫,推动手柄推杆使纤维萃取头伸出针管,将萃取头浸入液体试样或暴露于气态试样中进行吸附,或将萃取头悬空于试样(固体、液体)上方进行吸附。一定时间后,目标组分在萃取头上达到吸附(分配)平衡,缩回萃取头,取出针管,完成吸附步骤。立即将 SPME 针管插入气相色谱仪进样口,然后推动手柄推杆使纤维萃取头伸出针管,纤维头上吸附的目标组分通过进样口加热解吸,并随载气进入气相色谱柱进行分离、分析。

固相微萃取技术无需溶剂,操作简便,萃取选择性较好,具有很高的富集能力,目前已成为分离富集挥发性物质最有效的技术手段之一。

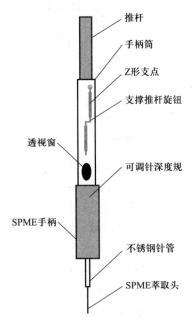

推杆
手柄筒
Z形支点
支撑推杆旋钮
透视窗
可调针深度规
SPME手柄
不锈钢针管
SPME萃取头

图 13-10　固相微萃取装置示意图

液膜分离法

由于膜具有选择性的特征,使其作为一种分离技术而得到广泛的重视,如微孔过滤、超滤、反渗透、透析、电渗透等。在分析化学中作为试样制备与前处理的膜技术,近年来也得到迅速发展。现以其中的液膜分离法(supported liquid membrane)为例讨论膜分离技术的应用。

液膜分离法又称液膜萃取法,其原理是用表面涂有与水互不相溶的有机液膜的聚四氟乙烯多孔膜将水溶液分隔成两相——萃取相和被萃取相。与流动的试样水溶液系统相连的一相称为被萃取相,另一静止不动的水相则称为萃取相。试样溶液中的欲测离子进入被萃取相与其中的某些试剂形成中性分子,这种中性分子扩散入有机液膜后可透过聚四氟乙烯多孔膜而进入另一水相(萃取相),一旦进入萃取相,中性分子受萃取相化学环境的影响,解离成原来的离子,无法再返回有机液膜中,因此,当试样水溶液不断流动时,其最终结果是被萃取相中的待测离子进入萃取相,而达到分离和富集的目的。

由上述可见,液膜萃取必须将试样中被萃取物转变为中性分子,透过液膜进入萃取相,再分解成离子。提高萃取回收率或选择性的途径是改变被萃取相或萃取相的化学环境,如调节 pH,使具有不同 pK 值的物质有选择地被分别萃取出来,或者改变液膜中有机溶剂的极性,可增加极性不同物质的溶解度等。

这种方法的特点是萃取相与被萃取相的体积比可高达 1:1 000,且操作易于自动化,特别适合于野外现场各种环境水样的前处理。试样经液膜法分离富集后,与其它分析技术(GC、HPLC)联用,已成功地检测水中酸性农药、金属离子,水、大气和生物试样中的有机胺,以及水中痕量氯代苯氧酸类及磺胺类除莠剂。

图 13-11 是以液膜分离法在流动体系中净化并富集水中痕量有机胺的示意图。液膜以聚四氟乙烯多孔膜浸渍正十六烷或正十一烷构成。当切换阀 2、6 处于图中所示实线位置时,蠕动泵 1 将试液及碱性缓冲液泵入混合管 4 内混合,使之呈碱性后,试液中有机胺形成中性分子,当进入液膜分离器 5 时,扩散入有机液膜并透过聚四氟乙烯多孔膜进入液膜分离器的第一水相处(即萃取相)。当切换阀 2、6 换向图中所示虚线时,蠕动泵 1 将酸性缓冲液泵入,并经三通 7 将萃取液(经净化与富集)酸化后,送至紫外分光光度计检测。

图 13-12 是液膜分离器用于现场采样的装置示意图。该装置成功地用于天然水样的采样,并同时从中萃取出酸性的农药。采样时,水样在采样点以 $0.8 \ \text{mL} \cdot \text{min}^{-1}$ 的流量与稀硫酸在混合管内混合,进入液膜分离器,萃取相为稀磷酸缓冲液。

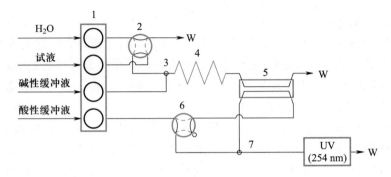

图 13-11　液膜分离法富集检测水中痕量有机胺示意图

1—蠕动泵;2,6—切换阀;3,7—三通;4—混合管;5—液膜分离器;

W—废液;UV—检测器(紫外分光光度计)

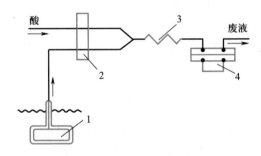

图 13-12　液膜分离器用于现场采样的装置示意图

1—采样头;2—蠕动泵;3—混合管;4—液膜分离器

超临界流体萃取

　　在日常分析中,对于固体试样如土壤、沉积物、灰分、高聚物、食品等,常需对试样进行预处理,即将待测组分快速、定量地分离出来。过去常使用索氏提取器,以有机溶剂对试样进行回流抽提,但这一方法既需接触有机溶剂,又费时较长。如萃取高密度聚乙烯中的添加剂时,一般要耗时1~2天。当物质处于临界温度和临界压力以上时,是以超临界流体状态存在,其性质介于气体和液体之间,既有与液体相仿的高密度,具有较大的溶解能力,又有与气体相近的黏度小、渗透力强等特点。以超临界流体作萃取剂能快速、高效地将待测组分从试样基质中分离出来。改变超临界流体的组成、温度、压力,可有选择地将不同的组分从试样中先后连续萃取进行分离,因此超临界流体是一种理想的萃取剂,超临界流体萃取(supercritical fluid extraction,SFE)得到了迅速的发展。

　　由于萃取过程必须使萃取剂处于超临界状态,因此需要在专门的仪器或设备中进行。其流程如图 13-13 所示,萃取剂(图中为 CO_2)液体由高压泵输入处于恒温的预热管,转换为超临界流体并进入装有试样的萃取管内进行萃取。萃取物随流体经限流管降温后一起进入装有少量填料的吸收管,最后在收集器内收集被萃取的组分。根据试样性质不同,有时可省去吸收管,直接在收集器内收集萃取物。在实际工作中,宜采用临界温度和临界压力较低的物质作萃取剂,用得最多的是 CO_2(超临界温度 31.1 ℃,超临界压力 72.9×10^6 Pa),它无毒、无臭、无味、化学性质稳定,不易与溶质反应,纯度高,又易于与溶质分离,特别适于萃取热不稳定的非极性物质。由于 CO_2 分子极性低,不适于萃取极性和离子型的化合物。此时可用 NH_3、NO_2、$CHClF_2$ 等极性较大的物质作萃取剂,但由于这类物质处于超临界态时化学活性强,对设备腐蚀严重,且有一定毒性,故不如 CO_2 用得普遍。

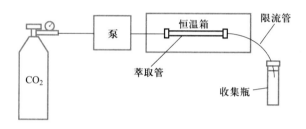

图 13-13　超临界流体萃取流程示意图

　　超临界流体萃取主要用于处理固体试样,特别适用于萃取烃类及非极性脂溶性化合物,已被广泛用于环境、食品、饲料、生物、高分子甚至无机物的萃取中。超临界流体萃取的另一特点是其很容易与其它分析方法联用,如 SFE-IR、SFE-GC、SFE-HPLC、SFE-GC-MS 等。

思考题

　　1. 如果试液中含有 Fe^{3+}、Al^{3+}、Ca^{2+}、Mg^{2+}、Mn^{2+}、Cr^{3+}、Cu^{2+} 和 Zn^{2+} 等离子,加入 NH_3-NH_4Cl 缓冲溶液,控制 pH≈9,哪些离子以什么形式存在于溶液中? 哪些离子以什么形式存在于沉淀中? 分离是否完全?

　　2. 形成螯合物的有机沉淀剂和形成缔合物的有机沉淀剂分别具有什么特点? 各举例予以说明。

　　3. 举例说明各种形式共沉淀分离的作用原理,并比较它们的优缺点。

　　4. 分别说明"分配系数"和"分配比"的物理意义。在溶剂萃取分离中为什么必须引入"分配比"这一参数?

　　5. 在溶剂萃取分离中萃取剂起什么作用? 今欲从 HCl 溶液中分别萃取下列各种组分,应分别采用何种萃取剂?

（1）Hg^{2+} （2）Ga^{3+} （3）Al^{3+} （4）Th^{4+}

6. 根据形成螯合物萃取体系的平衡过程,试讨论萃取条件的选择问题。

7. 色谱分析法有各种分支,你知道的有哪几种? 它们的共同特点是什么?

8. 试举例说明薄层色谱的作用机理。

9. 吸附柱色谱在哪些方面还很有应用价值? 讨论其原因。

10. 试举例说明 H-型强酸性阳离子交换树脂和 OH-型强碱性阴离子交换树脂的交换作用。如果要在较浓的 HCl 溶液中分离 Fe^{3+} 和 Al^{3+},应用哪种树脂? 这时哪种离子交换在柱上? 哪种离子进入流出液中?

11. 试述电泳分离法的分离原理。

12. 毛细管电泳与经典电泳有哪些异同之处?

13. 固相萃取一般包括哪些操作步骤? 试讨论每一操作步骤所起的作用。

习题

1. 含有 Fe^{3+}、Mg^{2+} 的溶液中,若使 $NH_3 \cdot H_2O$ 浓度为 $0.10 \ mol \cdot L^{-1}$、$[NH_4^+] = 1.0 \ mol \cdot L^{-1}$,能使 Fe^{3+}、Mg^{2+} 分离完全吗?

2. 25 ℃时,Br_2 在 CCl_4 和水中的分配比为 29.0,水溶液中的溴用（1）等体积的 CCl_4 萃取;（2）1/2 体积的 CCl_4 萃取;（3）1/2 体积的 CCl_4 萃取两次,萃取效率各为多少?

3. 某一弱酸 HA 的 $K_a = 2 \times 10^{-5}$,它在某种有机溶剂和水中的分配系数为 30.0,当水溶液的（1）pH = 1;（2）pH = 5 时,分配比各为多少? 用等体积的有机溶剂萃取,萃取效率各为多少?

4. 图 13-2 中各组分的 R_f 值为多少?

习题参考答案

第14章 定量分析的一般步骤

General Steps in Quantitative Analysis

定量分析大致包括以下几个步骤:取样、试样的分解、干扰组分的分离、测定、数据处理及分析结果的表示。关于各类测定方法的原理和特点,分析结果的计算和处理,以及干扰组分的掩蔽和分离等问题,前面各章已分别讨论。本章仅就试样的采取和处理,分析试样的制备和分解,测定方法的选择及分析结果准确度的保证和评价,进行讨论。

§14-1 试样的采取和制备

试样的采取和制备必须保证所取试样具有代表性,即分析试样的组成能代表整批物料的平均组成。否则,无论分析工作做得怎样认真、准确,所得结果也无实际意义,更有害的是提供了无代表性的分析数据,会给实际工作造成严重的混乱。因此,慎重地审查试样的来源,使用正确的取样方法是非常重要的。

取样大致可分三步:① 收集粗样(原始试样);② 将每份粗样混合或粉碎、缩分,减少至适合分析所需的数量;③ 制成符合分析用的试样。

根据原始试样物理性质的差异,取样和处理的各步细节会有很大差异。为了保证取样有足够的准确性,又不致花费过多的人力、物力,应该了解取样过程所依据的基本原则、方法。至于各类物料取样的具体操作方法可参阅有关国家标准或行业标准。

取样的基本原则

正确取样应满足以下几个要求:

(1)大批试样(总体)中所有组成部分都有同等的被采集的概率;

（2）根据给定的准确度，采用有次序的和随机的取样办法，使取样的费用尽可能低；

（3）将几个取样单元（如车、船、袋或瓶等容器）的试样混合均匀后，再分成若干份，每份分析一次，这样比采用分别分析几个取样单元的办法更优化。

例如，取 10 瓶（或袋）随机样本采用不同分析方案进行测定：① 分别分析每份样本，即分析 10 次；② 混合后取 1/10 测定一次；③ 混合后再分成三份，各测定一次。由数理统计可知，第③种分析方案与第①种所得的精确度相当，但前者分析次数只是后者的 1/3，即混合后再分成若干份分别测定，是最经济、最准确的方法。

取样操作方法

试样种类繁多，形态各异，试样的性质和均匀程度也各不相同。因此，首先将被采取的物料总体分为若干单元。它可以是均匀的气体或液体，也可以是车辆或船只装载的物料。其次，了解各取样单元间和各单元内的相对变化。如煤在堆积或运输过程中出现的偏析，即颗粒大的会滚在堆边上，颗粒小或密度大的会沉在堆下面，细粉甚至可能飞扬。正确划分取样单元和确定取样点是十分重要的。下面针对不同种类的物料简略讨论一些采样方法。

1. 组成比较均匀的物料

这一类试样包括气体、液体和某些固体，取样单元可以较小。对于大气试样，根据被测组分在空气中存在的状态（气态、蒸气或气溶胶）、浓度，以及测定方法的灵敏度，可用直接法或浓缩法取样。对于贮存于大容器（如贮气柜或槽）内的物料，因密度不同可能影响其均匀性时，应在上、中、下等不同高度处采取部分试样混匀。对于水样，其代表性和可靠性，首先取决于取样面和取样点的选择，例如江河、湖泊、海域、地下水等取样点的布法就很不一样，而且应在不同的水深处采样；其次取决于取样方法，例如表层水、深层水、废水、天然水等水质不同，应采用不同的取样方法，同时还要注意季节的变化。对于含有悬浊物的液槽，在不断搅拌下于不同深度取出若干份样本，以弥补其不均匀性。

如果是较均匀的粉状固体或液体，且分装多个小容器（如桶、袋或瓶）内，可从总体中按有关标准规定随机地抽取部分容器，再采取部分试样混匀即可。

在环境科学研究中，采取环境试样时，还必须考虑时间因子对试样组成的重要影响，试样经过保存，也可能使组成发生变化。

2. 组成很不均匀的物料

如矿石、煤炭、土壤等，颗粒大小不等，硬度相差也大，组成极不均匀。若是堆成锥形，应从底部周围几个对称点对顶点画线，再沿底线按均匀的间隔按一定数量的比例取样。若物料是采用输送带运送的,可在带的不同横断面取若干份试样。如是用车或船运的,可按散装固体随机抽样,再在每车(或船)中的不同部位多点取样,以克服运输过程中的偏析作用。取出份数越多,试样的组成越具有代表性,但处理时所耗人力、物力将大大增加。因此采样的数量可按统计学处理,选择能达到预期的准确度最节约的采样量。

根据经验,平均试样采取量与试样的均匀度、粒度、易破碎度有关,可按切乔特采样公式估算:

$$Q = Kd^2 \qquad\qquad (14-1)$$

式中,Q 为采取平均试样的最低质量(kg);d 为试样中最大颗粒的直径(mm);K 为表征物料特性的缩分系数,可由实验求得,如均匀铁矿,K 值为 0.02~0.3,不均匀铁矿 K 值为 0.5~2.0,煤矿 K 值取 0.3~0.5。

例如,有一铁矿石最大颗粒直径为 10 mm,取 $K = 0.1$,则应采集的原始试样最低质量(Q)为

$$Q \geqslant 0.1 \times 10^2 \text{ kg} = 10 \text{ kg}$$

显然,此试样不仅量大且颗粒极不均匀,必须通过多次破碎、过筛、混匀、缩分等手续,制成量小(100~300 g)且均匀的分析试样。

固体试样加工的一般程序是:先用颚式破碎机或球磨机进行粗碎,使试样能通过 4~6 号筛,再用盘式破碎机进行中碎,使试样能过 20 号筛,然后再经过细磨至所需的粒度。不同性质的试样要求细磨的程度不同,一般要求分析试样能过 100~200 号筛。

我国标准筛的筛号与相应的孔径见表 14-1。

表 14-1　标准筛的筛号和孔径

筛号①/目	10	20	40	60	80	100	120	200
筛孔直径/mm	2.00	0.83	0.42	0.25	0.177	0.149	0.125	0.074

试样过筛时未通过的粗粒,应再碎至全部通过,决不能随意弃去,否则会影响试样的代表性,因为不易粉碎的粗粒往往具有不同的组成。

试样每经破碎至一定细度后,都需将试样仔细混匀进行缩分。缩分的目的是使破碎试样的质量减小,并保证缩分后试样中的组分含量与原始试样一致。缩分方法很多,常用的是四分法,即将试样混匀后,堆成圆锥形,略为压平,由锥中心划

---

① 筛号是指每平方英寸内的孔数。

成四等份,弃去任意对角的两份,收集留下的两份混匀。每次缩分后保留的试样,其最低质量也应符合式(14-1)的要求,如此反复处理至所需的分析试样为止。

将制好的试样分装成两瓶,贴上标签,注明试样的名称、来源和采样日期。一瓶作为正样供分析用,另一瓶备查作副样。试样收到后,一般应尽快分析,否则也应妥善保存,避免试样受潮、风干或变质等[①]。

湿存水的处理

一般固体试样往往含有湿存水。湿存水是试样表面及孔隙中吸附的空气中的水分,其含量随试样的粉碎程度和放置时间而改变,因而试样各组分的相对含量也随湿存水的多少而变化。为了便于比较,试样各组分相对含量的高低常用干基表示。干基是不含湿存水的试样的质量,因此在进行分析前,必须先将试样烘干(对于受热易分解的物质采用风干或真空干燥的方法干燥)。湿存水的含量,根据烘干前后试样的质量变化即可计算。

例　称取 10.000 g 工业用煤试样,于 100~105 ℃烘 1 h 后,称得其质量为 9.460 g,此煤样含湿存水为多少? 如另取一份试样测得含硫量为 1.20%,用干基表示的含硫量为多少?

解:$w_{湿存水} = \dfrac{10.000 - 9.460}{10.000} \times 100\% = 5.40\%$

$w_{硫} = \dfrac{1.20}{100.00 - 5.40} \times 100\% = 1.27\%(以干基表示)$

湿存水的含量也是决定原料的质量或价格的指标之一。

§14-2　试样的分解

在一般分析工作中,除干法分析(如光谱分析、差热分析等)外,通常都用湿法分析,即先将试样分解制成溶液再进行分析,因此试样的分解是分析工作的重要步骤之一。它不仅直接关系到待测组分是否转变为适合的测定形态,也关系到以后的分离和测定。如果分解方法选择不当,就会增加不必要的分离手续,给测定造成困难,增大误差,有时甚至使测定无法进行。

分解试样时带来误差的原因很多,如分解不完全,分解时与试剂和反应器皿作用导致待测组分损失或污染,这种现象在测定微量成分时尤其要注意。另外,分解试样时应尽量避免引入干扰成分。

---

① 食品检验中常在理化检验前进行感官检验,感官检验后再混合均匀取样进行理化检验。

　　选择分解方法时,不仅要考虑对准确度和测定速度的影响,而且要求分解后杂质的分离和测定都易进行。所以,应选择那些分解完全,分解速率快,分离测定较顺利,同时对环境没有污染或很少污染的分解方法。

　　湿法是用酸或碱溶液来分解试样,亦称溶解法。干法则用固体碱或酸性物质熔融或烧结来分解试样,亦称熔融法。此外,还有一些特殊分解法,如热分解法、氧瓶燃烧法、定温灰化法、非水溶剂中金属钠或钾分解法等。在实际工作中,为了保证试样分解完全,各种分解方法常常配合使用。例如,在测定高硅试样中的少量元素时,常先用 HF 分解加热除去大量硅,再用其它方法完成分解。

　　另外,在分解试样时总希望尽量少引入盐类,以免给测定带来困难和误差,所以分解试样尽量采用湿法。在湿法中选择溶剂的原则是:能溶于水的先用水溶解,不溶于水的酸性物质用碱性溶剂,碱性物质用酸性溶剂,还原性物质用氧化性溶剂,氧化性物质用还原性溶剂。

　　除常温溶解和加热溶解外,近来也常采用在密闭容器内微波溶解的技术。利用试样和适当的溶(熔)剂吸收微波能产生热量加热试样,同时微波产生的交变磁场使介质分子极化,极化分子在高频磁场中交替排列导致分子高速振荡,使分子获得高的能量再结合密闭容器提高的压力和温度,使试样表层不断被搅动而破裂,促使试样迅速溶(熔)解。在制样过程中,易挥发元素或组分几乎不损失,试剂用量少,降低了测定空白值及废液对环境的污染,方法可靠并易于控制。此溶样方法已在原子吸收光谱法、等离子发射光谱法、质谱法等中使用。

无机物的分解

　　1. 溶解法

　　溶解试样常用的溶剂除水以外,还有以下几种:

　　(1) 盐酸　利用盐酸中 Cl^- 的还原性及 Cl^- 与某些金属离子的配位作用,主要用于弱酸盐(如碳酸盐、磷酸盐等)、一些氧化物(如 Fe_2O_3、MnO_2 等)、一些硫化物(如 FeS、Sb_2S_3 等)及电位次序在氢以前的金属(如 Fe、Zn 等)或合金的溶解,还可溶解灼烧过的 Al_2O_3、BeO 及某些硅酸盐。

　　盐酸加 H_2O_2 或 Br_2 等氧化剂,常用来分解铜合金和硫化物矿等,同时还可破坏试样中的有机物,过量的 H_2O_2 和 Br_2 可加热除去。在溶解钢铁时,也常加入少量 HNO_3 以破坏碳化物。

　　用盐酸分解试样和蒸发其溶液时,必须注意 $Ge(IV)$、$As(III)$、$Sn(IV)$、$Se(IV)$、$Te(IV)$ 和 $Hg(II)$ 等氯化物的挥发损失。

　　(2) 硝酸　硝酸具有强氧化性,除铂、金和某些稀有金属外,浓硝酸能分解几乎所有的金属试样,但铁、铝、铬等在硝酸中由于生成氧化膜而钝化,锑、锡、钨则生成不溶性的酸(偏锑酸、偏锡酸和钨酸),这些金属不宜用硝酸溶解。几乎所有硫化物及其矿石皆可溶于硝酸,但宜在低温下进行,否则将析出硫黄。欲使硫氧化成 SO_4^{2-},可用 HNO_3+KClO_3 或 HNO_3+Br_2 等混合溶剂。

浓硝酸和浓盐酸按 1:3(体积比)混合的王水,或 3:1 混合的逆王水,以及二者按其它比例混合形成的混合酸,可用来氧化硫和分解黄铁矿及铬-镍合金钢、钼-铁合金、铜合金等。

试样中有机物的存在常干扰分析,可用浓硝酸加热氧化破坏除去,也可加入其它酸如 H_2SO_4 或 $HClO_4$ 分解之。

用硝酸溶解试样后,溶液中往往含有 HNO_2 和氮的低价氧化物,它们常能破坏某些有机试剂而影响测定,应煮沸除去。

(3)硫酸　除碱土金属和铅等的硫酸盐外,其它硫酸盐一般都易溶于水,所以硫酸也是重要溶剂之一。其特点是沸点高(338 ℃),热的浓硫酸还具有强的脱水和氧化能力,用它分解试样较快。在高温下可用来分解萤石(CaF_2)、独居石(稀土和钍的磷酸盐)等矿物和某些金属及合金(如铁、钴、镍、锌等)。硫酸当加热至冒白烟(产生 SO_3)时,可除去试样中低沸点的 HF、HCl、HNO_3 及氮的氧化物等,并可破坏试样中的有机物。

(4)高氯酸　浓、热的高氯酸具有强的脱水和氧化能力,常用于不锈钢、硫化物的分解和破坏有机物。由于 $HClO_4$ 的沸点高(203 ℃),加热蒸发至冒烟时也可驱除低沸点酸,所得残渣加水很易溶解。

在使用高氯酸时应注意安全。有强脱水剂(如浓硫酸)或有机物、某些还原剂等存在一起加热时,会发生剧烈爆炸。所以对含有机物和还原性物质的试样,应先用硝酸加热破坏,然后再用高氯酸分解,或直接用硝酸和高氯酸的混合酸分解,在氧化过程中随时补加硝酸,待试样全部分解后,才可停止加硝酸。一般说来,使用高氯酸时必须有硝酸存在,这样才较安全。

(5)氢氟酸　常与 H_2SO_4 或 $HClO_4$ 等混合使用,分解硅铁、硅酸盐及含钨、铌、钛等试样。硅以 SiF_4 形式除去,H_2SO_4 或 $HClO_4$ 除去过量的氢氟酸。如有碱土金属和铅时,用 $HClO_4$;有 K^+ 时用 H_2SO_4。用氢氟酸分解试样,需用铂坩埚或聚四氟乙烯器皿(温度低于 250 ℃),在通风柜内进行,并注意防止氢氟酸触及皮肤,以免灼伤(不易愈合)。

(6)氢氧化钠溶液(20%~30%)　可用来分解铝、铝合金及某些酸性氧化物(如 Al_2O_3)等。分解试样应在银或聚四氟乙烯器皿中进行。

2. 熔融法

熔融法是利用熔剂与试样在高温下进行分解反应,使欲测组分转变为可溶于水或酸的化合物。根据所用熔剂的性质可分为酸熔法和碱熔法。

（1）酸熔法 常用焦硫酸钾（$K_2S_2O_7$）或硫酸氢钾（$KHSO_4$）作熔剂。$KHSO_4$ 加热脱水时亦生成 $K_2S_2O_7$。这类熔剂在 300 ℃ 以上可分解一些难溶于酸的碱性或中性氧化物、矿石，如 Fe_2O_3、刚玉（Al_2O_3）、金红石（TiO_2）等，生成可溶性的硫酸盐。例如：

$$TiO_2 + 2K_2S_2O_7 =\!=\!= Ti(SO_4)_2 + 2K_2SO_4$$

熔融常在瓷坩埚中进行，熔融温度不宜过高，时间也不要太长，以免硫酸盐再分解成难溶氧化物。熔块冷却后用稀硫酸浸取，有时还需加入酒石酸或草酸等配位剂，抑制某些金属离子[如 Nb(V)、Ta(V) 等]的水解。

此外，可用 KHF_2 分解稀土和钍的矿物，用它的铵盐可分解一些硫化物及硅酸盐。

（2）碱熔法 常用的碱性熔剂有碳酸钠、碳酸钾、氢氧化钠、氢氧化钾、过氧化钠或它们的混合熔剂等。Na_2CO_3（或 K_2CO_3）可分解一些硅酸盐、酸性炉渣。例如钠长石和重晶石的分解：

$$NaAlSi_3O_8 + 3Na_2CO_3 =\!=\!= NaAlO_2 + 3Na_2SiO_3 + 3CO_2 \uparrow$$
$$BaSO_4 + Na_2CO_3 =\!=\!= BaCO_3 + Na_2SO_4$$

经高温熔融后均转化为可溶于水和酸的化合物。

为了降低熔融温度，可用 $1:1 Na_2CO_3$ 与 K_2CO_3 混合熔剂（熔点约 700 ℃）。Na_2CO_3 加少量氧化剂（如 KNO_3 或 $KClO_3$）的混合熔剂，常用于分解含 S、As、Cr 等的试样，使它们分别分解并氧化为 SO_4^{2-}、AsO_4^{3-}、CrO_4^{2-}。Na_2CO_3 加入硫，常用于分解含 As、Sb、Sn 等的氧化物、硫化物和合金试样，使它们转变为可溶性硫代酸盐。例如锡石的分解：

$$2SnO_2 + 2Na_2CO_3 + 9S =\!=\!= 2Na_2SnS_3 + 3SO_2 \uparrow + 2CO_2 \uparrow$$

NaOH 和 KOH 是低熔点强碱性熔剂，常用于分解硅酸盐、铝土矿、黏土等试样。在分解难熔物质时，可加入少量 Na_2O_2 或 KNO_3。

熔融时为了使分解反应完全，通常加入 6~12 倍的过量熔剂。由于熔剂对坩埚腐蚀较严重，所以应注意选择适宜的坩埚，以保证分析的准确度。例如，以 $K_2S_2O_7$ 作熔剂时，可以选用铂、石英甚至瓷坩埚。但若选用瓷坩埚，将会引入瓷中的组分，如少量铝等，这在分析含有这些元素的试样时就不妥当了。又如，用碳酸钠或碳酸钾作熔剂熔融时可使用铂坩埚，但用氢氧化钠作熔剂时会腐蚀铂器皿，应改用银坩埚或镍坩埚，虽然此时银或镍亦会进入溶液中，但进入溶液的银将以不溶性氯化物形式而除去。当用碱性熔剂（如 Na_2O_2）熔融时还常用价廉的刚玉坩埚。

3. 半熔法(烧结法)

此法是将试样和熔剂在低于熔点的温度下进行反应,若试样磨得很细(如粒径为 0.074 mm),分解时间长一些也可分解完全,又不致侵蚀器皿。烧结可在瓷坩埚中进行。例如,常用 Na_2CO_3+MgO (或 ZnO)(1∶2)作熔剂,分解煤或矿石中的硫,其中 Na_2CO_3 作熔剂,MgO 或 ZnO 起疏松和通气作用,使空气中的氧将硫氧化为硫酸盐,用水浸出即可测定。为了促使硫定量地氧化,也可在烧结剂中加入少量氧化剂,如 $KMnO_4$ 等。

用 $CaCO_3+NH_4Cl$ 可分解硅酸盐,测定其中的 K^+ 和 Na^+,例如用它分解钾长石:

$$2KAlSi_3O_8+6CaCO_3+2NH_4Cl =\!=\!=$$
$$6CaSiO_3+Al_2O_3+2KCl+6CO_2\uparrow +2NH_3\uparrow +H_2O$$

烧结温度为 750~800 ℃,反应产物仍为粉末状,但 K^+、Na^+ 已转变为氯化物,可用水浸取之。

有机物的分解

1. 溶解法

低级醇、多元酸、糖类、氨基酸、有机酸的碱金属盐,均可用水溶解。许多有机物不溶于水可溶于有机溶剂。例如,酚等有机酸易溶于乙二胺、丁胺等碱性有机溶剂;生物碱等有机碱易溶于甲酸、乙酸等酸性有机溶剂。

根据相似相溶原理,极性有机化合物易溶于甲醇、乙醇等极性有机溶剂,非极性有机化合物易溶于 $CHCl_3$、CCl_4、苯、甲苯等非极性有机溶剂。有关溶剂的选择可参考有关资料,此处不详述。表 14-2 列出几种溶解高聚物的有机溶剂。

表 14-2 溶解高聚物的有机溶剂

高 聚 物	溶 剂
聚苯乙烯,乙酸纤维,乙酸-丁酸纤维素	甲基异丁基酮
聚丙烯腈,聚氯乙烯,聚碳酸酯	二甲基甲酰胺
聚氯乙烯-聚乙烯共聚物	环己酮
聚酰胺	60%甲酸
聚醚	甲醇

2. 分解法

欲测定有机物中的无机元素,分解试样的方法可分湿法和干法两类。

(1) 湿法 常用硫酸、硝酸或混合酸分解试样,在克氏烧瓶中加热,试样中

有机物即被氧化成 CO_2 和 H_2O,金属元素则转变为硝酸盐或硫酸盐,非金属元素则转变为相应的阴离子。此法适用于测定有机物中的金属、硫、卤素等元素。

（2）干法　典型的分解方式有两种。一种是在充满 O_2 的密闭瓶内,用电火花引燃有机试样,瓶内可盛适当的吸收剂以吸收其燃烧产物,然后用适当方法测定,这种方式叫氧瓶燃烧法。它广泛用于有机物中卤素、硫、磷、硼等元素的测定,也可用于许多有机物中部分金属元素如 Hg、Zn、Mg、Co 和 Ni 等的测定。

另一种方式是将试样置于敞口皿或坩埚内,在空气中一定温度范围（500～550 ℃）内,加热分解,灰化,所得残渣用适当溶剂溶解后进行测定,这种方式叫定温灰化法。灰化前加入一些添加剂（如 CaO、MgO、Na_2CO_3 等）,可使灰化更有效。此法常用于测定有机物和生物试样中的无机元素,如锑、铬、铁、钼、锶及锌等。另外还使用一种低温灰化法,该法通过高频电激发的氧气产生的强活性氧游离基在 100 ℃时即可使试样分解,可以最大限度地减少挥发损失,适用于生物试样中 As、Se、Hg 等易挥发元素的测定。

近年来有人提出用 V_2O_5 作熔剂。它的氧化力强,可用于含 N、S、卤素的有机物的分解,释放出的气体可检测出 N、S、卤素等。

§ 14-3　测定方法的选择

工农业生产和科学技术的发展,对分析化学不断提出更高的要求和任务,同时也为分析化学提供了更多更先进的测定方法,而且一种组分可用多种方法测定,因此必须根据不同情况选择适当的方法。选择测定方法应考虑如下一些问题。

（1）测定的具体要求　首先应明确测定的目的及要求,其中主要包括需要测定的组分、准确度及完成测定的时间等。一般对标准物和成品分析的准确度要求较高,微量成分分析则对灵敏度要求较高,而中间控制分析则要求快速简便。例如在无机非金属材料（如黏土、玻璃等）的分析中,二氧化硅是主要测定项目之一。测定二氧化硅的含量较多采用重量分析法,在试样分解后,在盐酸溶液中蒸干,脱水两次,使二氧化硅呈硅酸胶凝状沉淀析出,然后过滤,灼烧至恒重。但得到的二氧化硅往往仍含有少量杂质,如 Fe^{3+}、Al^{3+}、Ti^{4+} 等,使结果偏高。若是标准样或管理样,准确度要求更高,因此应用 HF 和 H_2SO_4 作进一步处理,使 SiO_2 转化为 SiF_4,挥发除去,再灼烧至恒重,由减差法求得二氧化硅含量。此法具有干扰少、准确度高、滤液可用于其它组分测定等优点,但操作烦琐,时间冗长。如果是成品分析,可只脱水两次,或改用动物胶-盐酸脱水一次,这样分析时间就大大缩短。如果是生产过程中的例行分析,则要求更快,就宜采用氟硅酸钾滴定法(参阅§4-7)。

(2) 待测组分的含量范围 在选择测定方法时应考虑待测组分的含量范围。常量组分多采用滴定分析法(包括电位、电导、库仑和光度等滴定法)和重量分析法,它们的相对误差为千分之几。由于滴定法简便、快速,因此当两种方法均可应用时,一般选用滴定法。对于微量组分的测定,则应用灵敏度较高的仪器分析法,如分光光度法、原子吸收光谱法、色谱分析法等。这些方法的相对误差一般是百分之几,因此用这些方法测定常量组分时,其准确度就不可能达到滴定法和重量分析法的那样高;但对微量组分的测定,这些方法的准确度已能满足要求了。例如钢铁中硅的测定,不能用重量分析法和滴定法,而应用分光光度法或原子吸收光谱法。

(3) 待测组分的性质 了解待测组分的性质常有助于测定方法的选择。例如,大部分金属离子均可与 EDTA 形成稳定的螯合物,因此配位滴定法是测定金属离子的重要方法。对于碱金属,特别是钠离子等,由于它们的配合物一般都很不稳定,大部分盐类的溶解度较大,又不具有氧化还原性质,但能发射或吸收一定波长的特征谱线,因此火焰光度法及原子吸收光谱法是较好的测定方法。又如,溴能迅速加成于不饱和有机物的双键,因此可用溴酸盐法测定有机物的不饱和度。再如,生物碱大多数具有一定的碱性,可用酸碱滴定法测定。

(4) 共存组分的影响 选择测定方法时,必须同时考虑共存组分对测定的影响。例如,测定铜矿中的铜时,用 HNO_3 分解试样,选用碘量法测定,其中所含 Fe^{3+}、$Sb(V)$、$As(V)$ 及过量 HNO_3,都能氧化 I^- 而干扰测定;若用配位滴定法, Fe^{3+}、Al^{3+}、Zn^{2+}、Pb^{2+} 等能与 EDTA 配位,也干扰测定;若用原子吸收光谱法,则 Fe、Zn、Pb、Al、Co、Ni、Ca、Mg 等均不干扰,但 H_2SO_4(或 SO_4^{2-})存在时可使吸收值降低产生负干扰。因此,如果没有合适的直接测定法,应改变测定条件,加入适当的掩蔽剂或进行分离,排除各种干扰后再行测定。

(5) 实验室条件 选择测定方法时,还要考虑实验室是否具备所需条件。例如,现有仪器的精密度和灵敏度,所需试剂和水的纯度以及实验室的温度、湿度和防尘等实际情况。有些方法虽能在很短时内分析成批试样,很适合于例行分析,但需要昂贵的仪器,一般实验室不一定具备,只能选用其它方法。

一个理想的分析方法应该是灵敏度高、检出限低、精密度佳、准确度高、操作简便,但在实际中往往很难同时满足这些要求,所以需要综合考虑各个指标,对选择的各方法进行综合分析。综合评价分析方法特征的主要参数有:标准偏差、检出限、灵敏度、测定次数、系统误差及置信概率等。

选择分析方法时,首先查阅有关文献,然后根据上述原则判定切实可行的分析方案,通过实验进行修改完善,最好应用标准样或管理(合成)样判断方法的准确度和精密度,确认能满足分析的要求后,再进行试样的测定。

§14-4　分析结果准确度的保证和评价

众所周知,任何测定都会产生误差,要使分析的准确度得到保证,必须使所有的误差,包括系统误差、随机误差,甚至过失误差减小到预期的水平。因此,一方面要采取一系列减小误差的措施,对整个分析过程进行质量控制;另一方面要采用行之有效的方法对分析结果进行评价,及时发现分析过程中的问题,确保分析结果的可靠性。

首先对采样、试样处理、运输、储存等步骤进行质量控制,以保证试样的真实性、代表性。当采集的试样发至实验人员进行分析测试时,为保证分析数据可靠,满足质量要求,必须进行质量监控。具体做法可采取在试样总量中投入 10% 左右的密码样(可以是标准样、内控标样(管理样)或相关分析人员日前曾经分析过的试样),这样管理者亦可根据分析数据监控分析质量。

其次是分析过程中的质量控制。当有代表性的试样送到实验室分析时,为取得满足质量要求的分析数据,必须在分析过程中实施各项质量控制,如检查分析测试人员的技术能力是否达到要求,仪器设备管理与定期检查制度是否完善,实验室应具备的基础条件是否满足等,只有在各项质量控制指标达到要求时,才能使各项分析测试数据的质量得到保证。

对分析结果的评价,就是对分析结果是否"可取"作出判断。质量评价方法通常可分为"实验室内"和"实验室间"两种。实验室内的质量评价包括:通过多次重复测定确定随机误差;用标准物质或其它可靠的分析方法检验系统误差;用互换仪器以发现仪器误差,交换操作者以发现操作误差;绘制质量控制图以便及时发现测量过程中的问题。实验室间的质量评价由一个中心实验室指导进行。它将标准样(或管理样)分发给参加的各实验室,可考核各实验室的工作质量,评价这些实验室间是否存在明显的系统误差。

在国家标准 GB/T 4471—1984 中规定了化工产品试验方法精密度——室间试验重复性和再现性的计算方法及判断原则。有关产品的技术指标及分析方法允许差的规定值可参阅相关的国家标准或行业标准。

例如,在国家标准 GB/T 4553—2016 中,有关硝酸钠的各项技术指标及平行测定的允许差如下:

项目	技术指标(一般工业型)		
	优等品	一等品	合格品
NaNO₃ 含量 ≥	99.7%	99.3%	98.0%
水分含量 ≤	0.5%	1.5%	2.0%
水不溶物含量 ≤	0.02%	0.03%	—
NaCl 含量 ≤	0.03%	0.30%	—
Na₂CO₃ 含量 ≤	0.05%	0.05%	0.10%

* 平行测定结果的绝对差值优等品≤0.05%,一等品和合格品≤0.1%。

假设测定一等品含量的平行结果为 99.15% 和 99.30%,它们之差为 0.15%,表明已超差,应重做。

对于一种新的试验方法,要检查其准确度和精密度,可用标准样(或管理样)与未知样作平行测定,将测定标准样的结果与标准值比较,检验是否存在显著性差异。如无显著性差异,可认为新方法是可靠的。也可采用回收试验,即在试样中加入一定量的待测组分,在最佳条件下测定,平行测定 10 次计算各次的回收率$\left(\dfrac{测得值}{加入量}×100\%\right)$,如微量组分的平均回收率达 95%~105%,认为测定可靠,同时在相同条件下,测定该组分检测下限的精密度,其相对标准偏差为 5%~10%,即可认为此法的准确度和精密度均符合要求。

另外,在工业生产的质量控制和日常分析测试数据的有效性检验时常用质量控制图,它是一种最简单、最有效的统计技术。质量控制图通常由一条中心线(如标准值或平均值)和对应于置信度 95% 或 99.7% 的 2σ 或 3σ 的上下控制限组成。

例如,某实验室每天测定组成大体一致的试样中的组分(A),在分析试样的同时连续几天插入一个或几个标准试样或内控标样(总数 20~40 个),然后由这批标样或内控标样的测定值与标准值,计算出标准偏差 σ,由这批标样值或标准偏差值便可绘制出质量控制图,如图 14-1 所示。图中中心(实)线代表标样中 A 的标准值(μ),在此中心线的上下分别画出 $\pm 2\sigma$ 的虚线作为上下警告限,$\pm 3\sigma$ 的实线作为上下控制限,如图 14-1 所示。图中的“●”表明落在 $\pm 3\sigma$ 控制限外的测定值出现的机会是 0.3%。显然,在第 3、第 5 两天出现了较大的偏差,这表明精密度已失控,就是说这两天的分析结果不可靠,可能存在过失误差或仪器失灵、试剂变质、环境异常等,应查明原因后重新测定。

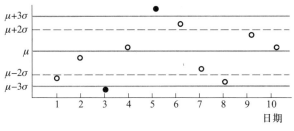

图 14-1　质量控制图

如重新测定,其值仍在 $\mu \pm 3\sigma$ 以外,那就表明当日的产品质量有问题,应进一步查清处理。

以平均值绘质量控制图应用最广(也有用标准偏差或极差来绘图的)。它是检验测量过程是否存在过失误差、平均值漂移及数据缓慢波动的有效方法。

当试样中所有组分都已测定时,还可用求和法和离子平衡法来检验分析结果的准确度。求和法是求算各组分的质量分数总和,当总和在 99.8%~100.2% 范围内时,可认为测定结果是相当满意的。如总和显然低于 100%,则表示可能漏测 1~2 个组分或测定结果偏低(存在系统误差)。离子平衡法是指检验无机试样中阴离子和阳离子的电荷总数,如果电荷总数相等,或相差甚小,可认为分析结果是满意的。

一般实验室提供的分析测试结果并不一定具有法律效力,只有该实验室经过计量认证合格并报请主管质量技术监督的部门进行实验室资格认可考查,获准认可的实验室才具有能够公正、科学和准确地为社会提供相关信息服务的资格。

计量认证是按我国的相关法规对产品质量检验机构的计量检定、测试能力和可靠性、公正性进行考核。考核合格的质检机构所出示的数据具有法律效力,计量认证是一种资格认证,是强制性的认证。

计量认证的重要目的是:① 保证全国计量单位制的统一和量值的准确可靠;② 提高质检机构的管理能力、检测技术水平和第三方公正性,使提供的测量数据具有法律效力和法律保护。

计量认证的重要内容是:① 计量检定、测试设备的配备情况与测试能力的符合程度,仪器设备的准确度、量程等重要技术指标必须达到计量认证的要求;② 计量检定、测试设备的工作环境,包括温度、湿度、防尘、防震、防腐蚀、防干扰等条件,均应适应测试工作的要求;③ 操作人员的专业理论知识和操作技能必须考核合格;④ 分析检测机构应具有保证测试数据公正可靠的管理制度。

计量认证工作坚持专家评审原则,评审组是由专业技术人员经培训、考试合格并获得中华人民共和国计量认证评审员资格的人员组成,以保证评审结果的权威性、科学性和客观公正性。评审时坚持技术考核与管理工作考核相结合的原则,坚持非歧视性原则和坚持采取考核与帮促相结合的工作方法。

思考题

1. 在进行农业试验时,需要了解微量元素对农作物栽培的影响。某人从试验田中挖一小铲泥土试样,送化验室测定。试问由此试样所得分析结果有无意义? 如何采样才正确?

2. 为了探讨某江河地段底泥中工业污染物的聚集情况,某单位于不同地段采集足够量的原始试样,混匀后取部分试样送分析室。分析人员用不同方法测定其中有害化学组分的含量。这样做对不对? 为什么?

3. 怎样溶解下列试样:锡青铜($Cu:80\%$,$Sn:15\%$,$Zn:5\%$)、高钨钢、纯铝、银币、玻璃(不需测硅)、方解石。

4. 欲测石灰石($CaCO_3$)和白云石$[CaMg(CO_3)_2]$中钙、镁的含量,怎样测定才能得到较准确的结果?

5. 当试样中有 Fe^{3+}、Al^{3+} 存在时,如何用配位滴定法测定其中 Ca^{2+}、Mg^{2+} 含量? 还可采用什么方法快速测定?

6. 某连续生产的控制分析结果为:11.7,10.9,11.3,11.5,11.1,11.3,11.8,11.5,11.2,10.7,11.2,10.8,11.3,11.4,10.4,10.4,10.9,10.6,10.7。根据现有数据和 95% 置信度绘制质量控制图。试判断生产和测定是否有问题。

附录

附录一　常用基准物质的干燥条件和应用

基准物质		干燥后的组成	干燥条件	标定对象
名称	分子式			
碳酸氢钠	$NaHCO_3$	Na_2CO_3	270~300 ℃	酸
碳酸钠	$Na_2CO_3 \cdot 10H_2O$	Na_2CO_3	270~300 ℃	
硼砂	$Na_2B_4O_7 \cdot 10H_2O$	$Na_2B_4O_7 \cdot 10H_2O$	放在装有氯化钠和饱和蔗糖溶液的密闭器皿中	
碳酸氢钾	$KHCO_3$	K_2CO_3	270~300 ℃	
二水合草酸	$H_2C_2O_4 \cdot 2H_2O$	$H_2C_2O_4 \cdot 2H_2O$	室温空气干燥	碱或 $KMnO_4$
邻苯二甲酸氢钾	$KHC_8H_4O_4$	$KHC_8H_4O_4$	110~120 ℃	碱
碳酸钙	$CaCO_3$	$CaCO_3$	110 ℃	EDTA
锌	Zn	Zn	室温干燥器中保存	
氧化锌	ZnO	ZnO	900~1 000 ℃	
重铬酸钾	$K_2Cr_2O_7$	$K_2Cr_2O_7$	140~150 ℃	还原剂
溴酸钾	$KBrO_3$	$KBrO_3$	130 ℃	
碘酸钾	KIO_3	KIO_3	130 ℃	
铜	Cu	Cu	室温干燥器中保存	
三氧化二砷	As_2O_3	As_2O_3	室温干燥器中保存	氧化剂
草酸钠	$Na_2C_2O_4$	$Na_2C_2O_4$	130 ℃	
氯化钠	NaCl	NaCl	500~600 ℃	$AgNO_3$
氯化钾	KCl	KCl	500~600 ℃	
硝酸银	$AgNO_3$	$AgNO_3$	220~250 ℃	氯化物

附录二　弱酸和弱碱的解离常数

酸

名　　称	温度/ ℃	解离常数 K_a	pK_a
砷酸 H_3AsO_4	25	$K_{a_1} = 5.5 \times 10^{-3}$	2.26
		$K_{a_2} = 1.7 \times 10^{-7}$	6.77
		$K_{a_3} = 5.1 \times 10^{-12}$	11.29
硼酸 H_3BO_3	25	$K_a = 5.7 \times 10^{-10}$	9.24
氢氰酸 HCN	25	$K_a = 6.2 \times 10^{-10}$	9.21
碳酸 H_2CO_3	25	$K_{a_1} = 4.5 \times 10^{-7}$	6.35
		$K_{a_2} = 4.7 \times 10^{-11}$	10.33
铬酸 H_2CrO_4	25	$K_{a_1} = 1.8 \times 10^{-1}$	0.74
		$K_{a_2} = 3.2 \times 10^{-7}$	6.49
氢氟酸 HF	25	$K_a = 6.3 \times 10^{-4}$	3.20
亚硝酸 HNO_2	25	$K_a = 5.6 \times 10^{-4}$	3.25
磷酸 H_3PO_4	25	$K_{a_1} = 6.9 \times 10^{-3}$	2.16
		$K_{a_2} = 6.2 \times 10^{-8}$	7.21
		$K_{a_3} = 4.8 \times 10^{-13}$	12.32
硫化氢 H_2S	25	$K_{a_1} = 1.3 \times 10^{-7}$	6.89
		$K_{a_2} = 7.1 \times 10^{-15}$	14.15
亚硫酸 H_2SO_3	25	$K_{a_1} = 1.4 \times 10^{-2}$	1.85
		$K_{a_2} = 6.3 \times 10^{-8}$	7.20
硫酸 H_2SO_4	25	$K_{a_2} = 1.0 \times 10^{-2}$	1.99
甲酸 HCOOH	25	$K_a = 1.8 \times 10^{-4}$	3.74
乙酸 CH_3COOH	25	$K_a = 1.8 \times 10^{-5}$	4.74
一氯乙酸 $CH_2ClCOOH$	25	$K_a = 1.4 \times 10^{-3}$	2.86
二氯乙酸 $CHCl_2COOH$	25	$K_a = 5.0 \times 10^{-2}$	1.30
三氯乙酸 CCl_3COOH	25	$K_a = 0.23$	0.64
草酸 $H_2C_2O_4$	25	$K_{a_1} = 5.9 \times 10^{-2}$	1.23
		$K_{a_2} = 6.4 \times 10^{-5}$	4.19
琥珀酸 $(CH_2COOH)_2$	25	$K_{a_1} = 6.4 \times 10^{-5}$	4.19
		$K_{a_2} = 2.7 \times 10^{-6}$	5.57
酒石酸 $CH(OH)COOH$ | $CH(OH)COOH$	25	$K_{a_1} = 9.1 \times 10^{-4}$	3.04
		$K_{a_2} = 4.3 \times 10^{-5}$	4.37

续表

名　　称	温度/℃	解离常数 K_a	pK_a
柠檬酸 CH_2COOH ｜ $C(OH)COOH$ ｜ CH_2COOH	25	$K_{a_1} = 7.4 \times 10^{-4}$ $K_{a_2} = 1.7 \times 10^{-5}$ $K_{a_3} = 4.0 \times 10^{-7}$	3.13 4.76 6.40
苯酚 C_6H_5OH	25	$K_a = 1.1 \times 10^{-10}$	9.95
苯甲酸 C_6H_5COOH	25	$K_a = 6.2 \times 10^{-5}$	4.21
水杨酸 $C_6H_4(OH)COOH$	18	$K_{a_1} = 1.07 \times 10^{-3}$ $K_{a_2} = 4 \times 10^{-14}$	2.97 13.40
邻苯二甲酸 $C_6H_4(COOH)_2$	25	$K_{a_1} = 1.3 \times 10^{-3}$ $K_{a_2} = 2.9 \times 10^{-6}$	2.89 5.54

碱

名　　称	温度/℃	解离常数 K_b	pK_b
氨水 $NH_3 \cdot H_2O$	25	$K_b = 1.8 \times 10^{-5}$	4.74
羟胺 NH_2OH	25	$K_b = 9.1 \times 10^{-9}$	8.04
苯胺 $C_6H_5NH_2$	25	$K_b = 4.6 \times 10^{-10}$	9.34
乙二胺 $H_2NCH_2CH_2NH_2$	25	$K_{b_1} = 8.5 \times 10^{-5}$ $K_{b_2} = 7.1 \times 10^{-8}$	4.07 7.15
六亚甲基四胺 $(CH_2)_6N_4$	25	$K_b = 1.4 \times 10^{-9}$	8.85
吡啶 ⬡N	25	$K_b = 1.7 \times 10^{-9}$	8.77

附录三　常用的酸溶液和碱溶液的相对密度和浓度

酸

相对密度 （15 ℃）	HCl 的含量		HNO_3 的含量		H_2SO_4 的含量	
	$w/\%$	$c/(mol \cdot L^{-1})$	$w/\%$	$c/(mol \cdot L^{-1})$	$w/\%$	$c/(mol \cdot L^{-1})$
1.02	4.13	1.15	3.70	0.6	3.1	0.3
1.04	8.16	2.3	7.26	1.2	6.1	0.6
1.05	10.2	2.9	9.0	1.5	7.4	0.8

相对密度	HCl 的含量		HNO$_3$ 的含量		H$_2$SO$_4$ 的含量	
（15 ℃）	w/%	c/（mol·L^{-1}）	w/%	c/（mol·L^{-1}）	w/%	c/（mol·L^{-1}）
1.06	12.2	3.5	10.7	1.8	8.8	0.9
1.08	16.2	4.8	13.9	2.4	11.6	1.3
1.10	20.0	6.0	17.1	3.0	14.4	1.6
1.12	23.8	7.3	20.2	3.6	17.0	2.0
1.14	27.7	8.7	23.3	4.2	19.9	2.3
1.15	29.6	9.3	24.8	4.5	20.9	2.5
1.19	37.2	12.2	30.9	5.8	26.0	3.2
1.20			32.3	6.2	27.3	3.4
1.25			39.8	7.9	33.4	4.3
1.30			47.5	9.8	39.2	5.2
1.35			55.8	12.0	44.8	6.2
1.40			65.3	14.5	50.1	7.2
1.42			69.8	15.7	52.2	7.6
1.45					55.0	8.2
1.50					59.8	9.2
1.55					64.3	10.2
1.60					68.7	11.2
1.65					73.0	12.3
1.70					77.2	13.4
1.84					95.6	18.0

碱

相对密度	NH$_3$·H$_2$O 的含量		NaOH 的含量		KOH 的含量	
（15 ℃）	w/%	c/（mol·L^{-1}）	w/%	c/（mol·L^{-1}）	w/%	c/（mol·L^{-1}）
0.88	35.0	18.0				
0.90	28.3	15				
0.91	25.0	13.4				
0.92	21.8	11.8				
0.94	15.6	8.6				
0.96	9.9	5.6				
0.98	4.8	2.8				
1.05			4.5	1.25	5.5	1.0
1.10			9.0	2.5	10.9	2.1
1.15			13.5	3.9	16.1	3.3

续表

相对密度 （15 ℃）	NH₃·H₂O 的含量		NaOH 的含量		KOH 的含量	
	$w/\%$	$c/(\text{mol}\cdot\text{L}^{-1})$	$w/\%$	$c/(\text{mol}\cdot\text{L}^{-1})$	$w/\%$	$c/(\text{mol}\cdot\text{L}^{-1})$
1.20			18.0	5.4	21.2	4.5
1.25			22.5	7.0	26.1	5.8
1.30			27.0	8.8	30.9	7.2
1.35			31.8	10.7	35.5	8.5

附录四　常用的缓冲溶液

1. 几种常用缓冲溶液的配制

pH	配 制 方 法
0	1 mol·L⁻¹HCl*
1	0.1 mol·L⁻¹HCl
2	0.01 mol·L⁻¹HCl
3.6	NaOAc·3H₂O 8 g,溶于适量水中,加 6 mol·L⁻¹HOAc 134 mL,稀释至 500 mL
4.0	NaOAc·3H₂O 20 g,溶于适量水中,加 6 mol·L⁻¹HOAc 134 mL,稀释至 500 mL
4.5	NaOAc·3H₂O 32 g,溶于适量水中,加 6 mol·L⁻¹HOAc 68 mL,稀释至 500 mL
5.0	NaOAc·3H₂O 50 g,溶于适量水中,加 6 mol·L⁻¹HOAc 34 mL,稀释至 500 mL
5.7	NaOAc·3H₂O 100 g,溶于适量水中,加 6 mol·L⁻¹HOAc 13 mL,稀释至 500 mL
7	NH₄OAc 77 g,用水溶解后,稀释至 500 mL
7.5	NH₄Cl 60 g,溶于适量水中,加 15 mol·L⁻¹ NH₃·H₂O 1.4 mL,稀释至 500 mL
8.0	NH₄Cl 50 g,溶于适量水中,加 15 mol·L⁻¹ NH₃·H₂O 3.5 mL,稀释至 500 mL
8.5	NH₄Cl 40 g,溶于适量水中,加 15 mol·L⁻¹ NH₃·H₂O 8.8 mL,稀释至 500 mL
9.0	NH₄Cl 35 g,溶于适量水中,加 15 mol·L⁻¹ NH₃·H₂O 24 mL,稀释至 500 mL
9.5	NH₄Cl 30 g,溶于适量水中,加 15 mol·L⁻¹ NH₃·H₂O 65 mL,稀释至 500 mL
10.0	NH₄Cl 27 g,溶于适量水中,加 15 mol·L⁻¹ NH₃·H₂O 197 mL,稀释至 500 mL
10.5	NH₄Cl 9 g,溶于适量水中,加 15 mol·L⁻¹ NH₃·H₂O 175 mL,稀释至 500 mL
11	NH₄Cl 3 g,溶于适量水中,加 15 mol·L⁻¹ NH₃·H₂O 207 mL,稀释至 500 mL
12	0.01 mol·L⁻¹NaOH**
13	0.1 mol·L⁻¹NaOH

＊Cl⁻对测定有妨碍时,可用 HNO₃。

＊＊Na⁺对测定有妨碍时,可用 KOH。

2. 不同温度下标准缓冲溶液的 pH

温度/℃	0.05 mol·L⁻¹ 草酸三氢钾	25 ℃ 饱和酒石酸氢钾	0.05 mol·L⁻¹ 邻苯二甲酸氢钾	0.025 mol·L⁻¹ KH₂PO₄ + 0.025 mol·L⁻¹ Na₂HPO₄	0.008 695 mol·L⁻¹ KH₂PO₄ + 0.030 43 mol·L⁻¹ Na₂HPO₄	0.01 mol·L⁻¹ 硼砂	25 ℃ 饱和氢氧化钙
10	1.670	—	3.998	6.923	7.472	9.332	13.011
15	1.672	—	3.999	6.900	7.448	9.276	12.820
20	1.675	—	4.002	6.881	7.429	9.225	12.637
25	1.679	3.559	4.008	6.865	7.413	9.180	12.460
30	1.683	3.551	4.015	6.853	7.400	9.139	12.292
40	1.694	3.547	4.035	6.838	7.380	9.068	11.975
50	1.707	3.555	4.060	6.833	7.367	9.011	11.697
60	1.723	3.573	4.091	6.836	—	8.962	11.426

$$\text{温度/℃ — see header: } 0.05 \text{ mol·L}^{-1}\text{KH}_2\text{PO}_4$$

3. 25 ℃时几种缓冲溶液的 pH

50 mL 0.1 mol·L⁻¹ 三羟甲基氨基甲烷 + x mL 0.1 mol·L⁻¹ HCl，稀释至 100 mL

pH	x	pH	x
7.00	46.6	8.20	22.9
7.20	44.7	8.40	17.2
7.40	42.0	8.60	12.4
7.60	38.5	8.80	8.5
7.80	34.5	9.00	5.7
8.00	29.2		

50 mL 0.025 mol·L⁻¹ Na₂B₄O₇ + x mL 0.1 mol·L⁻¹ HCl 稀释至 100 mL

pH	x	pH	x
8.00	20.5	8.60	13.5
8.20	18.8	8.80	9.4
8.40	16.6	9.00	4.6

50 mL 0.025 mol·L⁻¹ Na₂B₄O₇ + x mL 0.1 mol·L⁻¹ NaOH 稀释至 100 mL

pH	x	pH	x
9.20	0.9	10.20	20.5
9.40	6.2	10.40	22.1
9.60	11.1	10.60	23.3
9.80	15.0	10.80	24.25
10.00	18.3		

50 mL 0.05 mol·L^{-1}NaHCO$_3$ + x mL 0.1 mol·L^{-1}NaOH,稀释至 100 mL

pH	x	pH	x
9.60	5.0	10.40	16.5
9.80	7.6	10.60	19.1
10.00	10.7	10.80	21.2
10.20	13.8	11.00	22.7

50 mL 0.05 mol·L^{-1}Na$_2$HPO$_4$ + x mL 0.1 mol·L^{-1}NaOH,稀释至 100 mL

pH	x	pH	x
11.00	4.1	11.60	13.5
11.20	6.3	11.80	19.4
11.40	9.1	12.00	26.9

25 mL 0.2 mol·L^{-1}KCl + x mL 0.2 mol·L^{-1}NaOH,稀释至 100 mL

pH	x	pH	x
12.00	6.0	12.60	25.6
12.20	10.2	12.80	41.2
12.40	16.2	13.00	66.0

25 mL 0.2 mol·L^{-1}KCl + x mL 0.2 mol·L^{-1}HCl,稀释至 100 mL

pH	x	pH	x
1.00	67.0	1.60	16.2
1.20	42.5	1.80	10.2
1.40	26.6	2.00	6.5

50 mL 0.1 mol·L^{-1}邻苯二甲酸氢钾 + x mL 0.1 mol·L^{-1}HCl,稀释至 100 mL

pH	x	pH	x
2.20	49.5	3.20	15.7
2.40	42.2	3.40	10.4
2.60	35.4	3.60	6.3
2.80	28.9	3.80	2.9
3.00	22.3	4.00	0.1

50 mL 0.1 mol·L^{-1}邻苯二甲酸氢钾 + x mL 0.1 mol·L^{-1}NaOH,稀释至 100 mL

pH	x	pH	x
4.20	3.0	5.20	28.8
4.40	6.6	5.40	34.1
4.60	11.1	5.60	38.8
4.80	16.5	5.80	42.3
5.00	22.6		

50 mL 0.1 mol·L^{-1}KH$_2$PO$_4$+ x mL 0.1 mol·L^{-1}NaOH,稀释至 100 mL

pH	x	pH	x
5.80	3.6	7.00	29.1
6.00	5.6	7.20	34.7
6.20	8.1	7.40	39.1
6.40	11.6	7.60	42.8
6.60	16.4	7.80	45.3
6.80	22.4	8.00	46.7

50 mL H$_3$BO$_3$ 和 HCl 各为 0.1 mol·L^{-1}的溶液中加 x mL

0.1 mol·L^{-1}NaOH,稀释至 100 mL

pH	x	pH	x
8.00	3.9	9.20	26.4
8.20	6.0	9.40	32.1
8.40	8.6	9.60	36.9
8.60	11.8	9.80	40.6
8.80	15.8	10.00	43.7
9.00	20.8	10.20	46.2

附录五　金属配合物的稳定常数

金属离子	$I/($mol·L$^{-1})$	n	lg β_n
氨配合物			
Ag$^+$	0.1	1,2	3.40,7.40
Cd^{2+}	0.1	1,…,6	2.60,4.65,6.04,6.92,6.6,4.9
Co^{2+}	0.1	1,…,6	2.05,3.62,4.61,5.31,5.43,4.75
Cu^{2+}	2	1,…,4	4.13,7.61,10.48,12.59
Ni^{2+}	0.1	1,…,6	2.75,4.95,6.64,7.79,8.50,8.49
Zn^{2+}	0.1	1,…,4	2.27,4.61,7.01,9.06
氟配合物			
Al^{3+}	0.53	1,…,6	6.1,11.15,15.0,17.7,19.4,19.7
Fe^{3+}	0.5	1,2,3	5.2,9.2,11.9
Th^{4+}	0.5	1,2,3	7.7,13.5,18.0
TiO^{2+}	3	1,…,4	5.4,9.8,13.7,17.4
Sn^{4+}	*	6	25
Zr^{4+}	2	1,2,3	8.8,16.1,21.9

金属离子	$I/(\text{mol}\cdot\text{L}^{-1})$	n	$\lg\beta_n$
氯配合物			
Ag^+	0.2	$1,\cdots,4$	2.9,4.7,5.0,5.9
Hg^{2+}	0.5	$1,\cdots,4$	6.7,13.2,14.1,15.1
碘配合物			
Cd^{2+}	*	$1,\cdots,4$	2.4,3.4,5.0,6.15
Hg^{2+}	0.5	$1,\cdots,4$	12.9,23.8,27.6,29.8
氰配合物			
Ag^+	$0\sim0.3$	$1,\cdots,4$	—,21.1,21.8,20.7
Cd^{2+}	3	$1,\cdots,4$	5.5,10.6,15.3,18.9
Cu^+	0	$1,\cdots,4$	—,24.0,28.6,30.3
Fe^{2+}	0	6	35.4
Fe^{3+}	0	6	43.6
Hg^{2+}	0.1	$1,\cdots,4$	18.0,34.7,38.5,41.5
Ni^{2+}	0.1	4	31.3
Zn^{2+}	0.1	4	16.7
硫氰酸配合物			
Fe^{3+}	*	$1,\cdots,5$	2.3,4.2,5.6,6.4,6.4
Hg^{2+}	1	$1,\cdots,4$	—,16.1,19.0,20.9
硫代硫酸配合物			
Ag^+	0	1,2	8.82,13.5
Hg^{2+}	0	1,2	29.86,32.26
柠檬酸配合物			
Al^{3+}	0.5	1	20.0
Cu^{2+}	0.5	1	18
Fe^{3+}	0.5	1	25
Ni^{2+}	0.5	1	14.3
Pb^{2+}	0.5	1	12.3
Zn^{2+}	0.5	1	11.4
磺基水杨酸配合物			
Al^{3+}	0.1	1,2,3	12.9,22.9,29.0
Fe^{3+}	3	1,2,3	14.4,25.2,32.2
乙酰丙酮配合物			
Al^{3+}	0.1	1,2,3	8.1,15.7,21.2
Cu^{2+}	0.1	1,2	7.8,14.3
Fe^{3+}	0.1	1,2,3	9.3,17.9,25.1
邻二氮菲配合物			
Ag^+	0.1	1,2	5.02,12.07

续表

金属离子	$I/(\text{mol}\cdot\text{L}^{-1})$	n	$\lg\beta_n$
Cd^{2+}	0.1	1,2,3	6.4,11.6,15.8
Co^{2+}	0.1	1,2,3	7.0,13.7,20.1
Cu^{2+}	0.1	1,2,3	9.1,15.8,21.0
Fe^{2+}	0.1	1,2,3	5.9,11.1,21.3
Hg^{2+}	0.1	1,2,3	—,19.65,23.35
Ni^{2+}	0.1	1,2,3	8.8,17.1,24.8
Zn^{2+}	0.1	1,2,3	6.4,12.15,17.0
乙二胺配合物			
Ag^+	0.1	1,2	4.7,7.7
Cd^{2+}	0.1	1,2	5.47,10.02
Cu^{2+}	0.1	1,2	10.55,19.60
Co^{2+}	0.1	1,2,3	5.89,10.72,13.82
Hg^{2+}	0.1	2	23.42
Ni^{2+}	0.1	1,2,3	7.66,14.06,18.59
Zn^{2+}	0.1	1,2,3	5.71,10.37,12.08

＊离子强度不定。

附录六　金属离子与氨羧配位剂形成的配合物的稳定常数 $(\lg K_{\text{MY}})$

$I = 0.1\ \text{mol}\cdot\text{L}^{-1}$　　　$t = 20\sim25\ ℃$

金属离子	EDTA	EGTA	DCTA
Ag^+	7.32	6.88	9.03
Al^{3+}	16.3	13.90	19.5
Ba^{2+}	7.86	8.4	8.69
Be^{2+}	9.20		11.51
Bi^{3+}	27.94		32.3
Ca^{2+}	10.69	11.0	13.2
Ce^{4+}	15.98	16.06	
Cd^{2+}	16.46	16.7	19.93
Co^{2+}	16.31	12.3	19.2
Co^{3+}	36.0		
Cr^{3+}	23.4		
Cu^{2+}	18.80	17.71	22.0
Fe^{2+}	14.33	11.87	19.0

金属离子	EDTA	EGTA	DCTA
Fe^{3+}	25.1	20.5	30.1
Hg^{2+}	21.8	23.2	25.0
La^{3+}	15.50	15.84	16.96
Mg^{2+}	8.69	5.2	11.02
Mn^{2+}	13.87	10.08	17.48
Na^{+}	1.66		
Ni^{2+}	18.60	13.55	20.3
Pb^{2+}	18.04	14.71	20.38
Sn^{2+}	22.1	18.7	17.8
Sr^{2+}	8.73	8.5	10.59
Th^{4+}	23.2	7.3	25.6
Ti^{3+}	21.3		
TiO^{2+}	17.3		
U^{4+}	25.8		
VO_2^{+}	18.1		
VO^{2+}	18.8		20.10
Y^{3+}	18.09	17.16	19.85
Zn^{2+}	16.50	12.7	19.37

附录七　一些金属离子的 $\lg\alpha_{M(OH)}$ 值

金属离子	离子强度	pH													
		1	2	3	4	5	6	7	8	9	10	11	12	13	14
Al^{3+}	2					0.4	1.3	5.3	9.3	13.3	17.3	21.3	25.3	29.3	33.3
Bi^{3+}	3	0.1	0.5	1.4	2.4	3.4	4.4	5.4							
Ca^{2+}	0.1													0.3	1.0
Cd^{2+}	3									0.1	0.5	2.0	4.5	8.1	12.0
Co^{2+}	0.1								0.1	0.4	1.1	2.2	4.2	7.2	10.2
Cu^{2+}	0.1								0.2	0.8	1.7	2.7	3.7	4.7	5.7
Fe^{2+}	1									0.1	0.6	1.5	2.5	3.5	4.5
Fe^{3+}	3			0.4	1.8	3.7	5.7	7.7	9.7	11.7	13.7	15.7	17.7	19.7	21.7
Hg^{2+}	0.1			0.5	1.9	3.9	5.9	7.9	9.9	11.9	13.9	15.9	17.9	19.9	21.9
La^{3+}	3										0.3	1.0	1.9	2.9	3.9

金属离子	离子强度	pH													
		1	2	3	4	5	6	7	8	9	10	11	12	13	14
Mg^{2+}	0.1											0.1	0.5	1.3	2.3
Mn^{2+}	0.1									0.1	0.5	1.4	2.4	3.4
Ni^{2+}	0.1									0.1	0.7	1.6			
Pb^{2+}	0.1						0.1	0.5	1.4	2.7	4.7	7.4	10.4	13.4
Th^{4+}	1				0.2	0.8	1.7	2.7	3.7	4.7	5.7	6.7	7.7	8.7	9.7
Zn^{2+}	0.1									0.2	2.4	5.4	8.5	11.8	15.5

附录八　标准电极电位(18~25℃)

半　反　应	$\varphi^{\ominus}/V$
$Li^+ + e^- \rightleftharpoons Li$	-3.045
$K^+ + e^- \rightleftharpoons K$	-2.924
$Ba^{2+} + 2e^- \rightleftharpoons Ba$	-2.90
$Sr^{2+} + 2e^- \rightleftharpoons Sr$	-2.89
$Ca^{2+} + 2e^- \rightleftharpoons Ca$	-2.87
$Na^+ + e^- \rightleftharpoons Na$	-2.711
$Mg^{2+} + 2e^- \rightleftharpoons Mg$	-2.375
$Al^{3+} + 3e^- \rightleftharpoons Al$	-1.662
$ZnO_2^{2-} + 2H_2O + 2e^- \rightleftharpoons Zn + 4OH^-$	-1.216
$Mn^{2+} + 2e^- \rightleftharpoons Mn$	-1.18
$Sn(OH)_6^{2-} + 2e^- \rightleftharpoons HSnO_2^- + 3OH^- + H_2O$	-0.96
$SO_4^{2-} + H_2O + 2e^- \rightleftharpoons SO_3^{2-} + 2OH^-$	-0.92
$TiO_2 + 4H^+ + 4e^- \rightleftharpoons Ti + 2H_2O$	-0.89
$2H_2O + 2e^- \rightleftharpoons H_2 + 2OH^-$	-0.828
$HSnO_2^- + H_2O + 2e^- \rightleftharpoons Sn + 3OH^-$	-0.79
$Zn^{2+} + 2e^- \rightleftharpoons Zn$	-0.763
$Cr^{3+} + 3e^- \rightleftharpoons Cr$	-0.74
$AsO_4^{3-} + 2H_2O + 2e^- \rightleftharpoons AsO_2^- + 4OH^-$	-0.71
$S + 2e^- \rightleftharpoons S^{2-}$	-0.508
$2CO_2 + 2H^+ + 2e^- \rightleftharpoons H_2C_2O_4$	-0.49
$Cr^{3+} + e^- \rightleftharpoons Cr^{2+}$	-0.41
$Fe^{2+} + 2e^- \rightleftharpoons Fe$	-0.441

续表

半 反 应	$\varphi^{\ominus}/V$
$Cd^{2+}+2e^- \rightleftharpoons Cd$	-0.403
$Cu_2O+H_2O+2e^- \rightleftharpoons 2Cu+2OH^-$	-0.361
$Co^{2+}+2e^- \rightleftharpoons Co$	-0.28
$Ni^{2+}+2e^- \rightleftharpoons Ni$	-0.246
$AgI+e^- \rightleftharpoons Ag+I^-$	-0.152
$Sn^{2+}+2e^- \rightleftharpoons Sn$	-0.136
$Pb^{2+}+2e^- \rightleftharpoons Pb$	-0.126
$CrO_4^{2-}+4H_2O+3e^- \rightleftharpoons Cr(OH)_3+5OH^-$	-0.12
$Ag_2S+2H^++2e^- \rightleftharpoons 2Ag+H_2S$	-0.036
$Fe^{3+}+3e^- \rightleftharpoons Fe$	-0.036
$2H^++2e^- \rightleftharpoons H_2$	0.000
$NO_3^-+H_2O+2e^- \rightleftharpoons NO_2^-+2OH^-$	0.01
$TiO^{2+}+2H^++e^- \rightleftharpoons Ti^{3+}+H_2O$	0.10
$S_4O_6^{2-}+2e^- \rightleftharpoons 2S_2O_3^{2-}$	0.09
$AgBr+e^- \rightleftharpoons Ag+Br^-$	0.071
$S+2H^++2e^- \rightleftharpoons H_2S(水溶液)$	0.141
$Sn^{4+}+2e^- \rightleftharpoons Sn^{2+}$	0.154
$Cu^{2+}+e^- \rightleftharpoons Cu^+$	0.158
$BiOCl+2H^++3e^- \rightleftharpoons Bi+Cl^-+H_2O$	0.158
$SO_4^{2-}+4H^++2e^- \rightleftharpoons H_2SO_3+H_2O$	0.17
$AgCl+e^- \rightleftharpoons Ag+Cl^-$	0.22
$IO_3^-+3H_2O+6e^- \rightleftharpoons I^-+6OH^-$	0.26
$Hg_2Cl_2+2e^- \rightleftharpoons 2Hg+2Cl^-(0.1\ mol\cdot L^{-1}NaOH)$	0.268
$Cu^{2+}+2e^- \rightleftharpoons Cu$	0.34
$VO^{2+}+2H^++e^- \rightleftharpoons V^{3+}+H_2O$	0.36
$Fe(CN)_6^{3-}+e^- \rightleftharpoons Fe(CN)_6^{4-}$	0.36
$2H_2SO_3+2H^++4e^- \rightleftharpoons S_2O_3^{2-}+3H_2O$	0.40
$Cu^++e^- \rightleftharpoons Cu$	0.522
$I_3^-+2e^- \rightleftharpoons 3I^-$	0.534
$I_2+2e^- \rightleftharpoons 2I^-$	0.535
$IO_3^-+2H_2O+4e^- \rightleftharpoons IO^-+4OH^-$	0.56
$MnO_4^-+e^- \rightleftharpoons MnO_4^{2-}$	0.56
$H_3AsO_4+2H^++2e^- \rightleftharpoons HAsO_2+2H_2O$	0.56
$MnO_4^-+2H_2O+3e^- \rightleftharpoons MnO_2+4OH^-$	0.58
$O_2+2H^++2e^- \rightleftharpoons H_2O_2$	0.682
$Fe^{3+}+e^- \rightleftharpoons Fe^{2+}$	0.77

半 反 应	$\varphi^{\ominus}/V$
$Hg_2^{2+}+2e^- \rightleftharpoons 2Hg$	0.796
$Ag^++e^- \rightleftharpoons Ag$	0.799
$Hg^{2+}+2e^- \rightleftharpoons Hg$	0.851
$2Hg^{2+}+2e^- \rightleftharpoons Hg_2^{2+}$	0.907
$NO_3^-+3H^++2e^- \rightleftharpoons HNO_2+H_2O$	0.94
$NO_3^-+4H^++3e^- \rightleftharpoons NO+2H_2O$	0.96
$HNO_2+H^++e^- \rightleftharpoons NO+H_2O$	0.99
$VO_2^++2H^++e^- \rightleftharpoons VO^{2+}+H_2O$	1.00
$N_2O_4+4H^++4e^- \rightleftharpoons 2NO+2H_2O$	1.03
$Br_2+2e^- \rightleftharpoons 2Br^-$	1.08
$IO_3^-+6H^++6e^- \rightleftharpoons I^-+3H_2O$	1.085
$IO_3^-+6H^++5e^- \rightleftharpoons 1/2I_2+3H_2O$	1.195
$MnO_2+4H^++2e^- \rightleftharpoons Mn^{2+}+2H_2O$	1.23
$O_2+4H^++4e^- \rightleftharpoons 2H_2O$	1.23
$Au^{3+}+2e^- \rightleftharpoons Au^+$	1.29
$Cr_2O_7^{2-}+14H^++6e^- \rightleftharpoons 2Cr^{3+}+7H_2O$	1.33
$Cl_2+2e^- \rightleftharpoons 2Cl^-$	1.358
$BrO_3^-+6H^++6e^- \rightleftharpoons Br^-+3H_2O$	1.44
$Ce^{4+}+e^- \rightleftharpoons Ce^{3+}$	1.443
$ClO_3^-+6H^++6e^- \rightleftharpoons Cl^-+3H_2O$	1.45
$PbO_2+4H^++2e^- \rightleftharpoons Pb^{2+}+2H_2O$	1.46
$MnO_4^-+8H^++5e^- \rightleftharpoons Mn^{2+}+4H_2O$	1.51
$Mn^{3+}+e^- \rightleftharpoons Mn^{2+}$	1.51
$BrO_3^-+6H^++5e^- \rightleftharpoons 1/2Br_2+3H_2O$	1.52
$HClO+H^++e^- \rightleftharpoons 1/2Cl_2+H_2O$	1.63
$MnO_4^-+4H^++3e^- \rightleftharpoons MnO_2+2H_2O$	1.695
$H_2O_2+2H^++2e^- \rightleftharpoons 2H_2O$	1.776
$Co^{3+}+e^- \rightleftharpoons Co^{2+}$	1.842
$S_2O_8^{2-}+2e^- \rightleftharpoons 2SO_4^{2-}$	2.00
$O_3+2H^++2e^- \rightleftharpoons O_2+H_2O$	2.07
$F_2+2e^- \rightleftharpoons 2F^-$	2.87

附录九　条件电极电位 $\varphi^{\ominus\prime}$

半　反　应	$\varphi^{\ominus\prime}/V$	介　　质
$Ag(II)+e^- \rightleftharpoons Ag^+$	1.927	$4\ mol\cdot L^{-1}HNO_3$
$Ce(IV)+e^- \rightleftharpoons Ce(III)$	1.70	$1\ mol\cdot L^{-1}HClO_4$
	1.61	$1\ mol\cdot L^{-1}HNO_3$
	1.44	$0.5\ mol\cdot L^{-1}H_2SO_4$
	1.28	$1\ mol\cdot L^{-1}HCl$
$Co^{3+}+e^- \rightleftharpoons Co^{2+}$	1.85	$4\ mol\cdot L^{-1}HNO_3$
$Co(乙二胺)_3^{3+}+e^- \rightleftharpoons Co(乙二胺)_3^{2+}$	-0.2	$0.1\ mol\cdot L^{-1}KNO_3+$
		$0.1\ mol\cdot L^{-1}$乙二胺
$Cr(III)+e^- \rightleftharpoons Cr(II)$	-0.40	$5\ mol\cdot L^{-1}HCl$
$Cr_2O_7^{2-}+14H^++6e^- \rightleftharpoons 2Cr^{3+}+7H_2O$	1.00	$1\ mol\cdot L^{-1}HCl$
	1.025	$1\ mol\cdot L^{-1}HClO_4$
	1.08	$3\ mol\cdot L^{-1}HCl$
	1.05	$2\ mol\cdot L^{-1}HCl$
	1.15	$4\ mol\cdot L^{-1}H_2SO_4$
$CrO_4^{2-}+2H_2O+3e^- \rightleftharpoons CrO_2^-+4OH^-$	-0.12	$1\ mol\cdot L^{-1}NaOH$
$Fe(III)+e^- \rightleftharpoons Fe(II)$	0.73	$1\ mol\cdot L^{-1}HClO_4$
	0.71	$0.5\ mol\cdot L^{-1}HCl$
	0.68	$1\ mol\cdot L^{-1}H_2SO_4$
	0.68	$1\ mol\cdot L^{-1}HCl$
	0.46	$2\ mol\cdot L^{-1}H_3PO_4$
	0.51	$1\ mol\cdot L^{-1}HCl+0.25\ mol\cdot L^{-1}$ H_3PO_4
$H_3AsO_4+2H^++2e^- \rightleftharpoons H_3AsO_3+H_2O$	0.557	$1\ mol\cdot L^{-1}HCl$
	0.557	$1\ mol\cdot L^{-1}HClO_4$
$Fe(EDTA)^-+e^- \rightleftharpoons Fe(EDTA)^{2-}$	0.12	$0.1\ mol\cdot L^{-1}EDTA$ pH4~6
$Fe(CN)_6^{3-}+e^- \rightleftharpoons Fe(CN)_6^{4-}$	0.48	$0.01\ mol\cdot L^{-1}HCl$
	0.56	$0.1\ mol\cdot L^{-1}HCl$
	0.71	$1\ mol\cdot L^{-1}HCl$
	0.72	$1\ mol\cdot L^{-1}HClO_4$
$I_2(水)+2e^- \rightleftharpoons 2I^-$	0.628	$1\ mol\cdot L^{-1}H^+$
$I_3^-+2e^- \rightleftharpoons 3I^-$	0.545	$1\ mol\cdot L^{-1}H^+$
$MnO_4^-+8H^++5e^- \rightleftharpoons Mn^{2+}+4H_2O$	1.45	$1\ mol\cdot L^{-1}HClO_4$
	1.27	$8\ mol\cdot L^{-1}H_3PO_4$

半　反　应	$\varphi^{\ominus\prime}/V$	介　质
$Os(\text{VIII})+4e^- \rightleftharpoons Os(\text{IV})$	0.79	$5\ mol\cdot L^{-1}HCl$
$SnCl_6^{2-}+2e^- \rightleftharpoons SnCl_4^{2-}+2Cl^-$	0.14	$1\ mol\cdot L^{-1}HCl$
$Sn^{2+}+2e^- \rightleftharpoons Sn$	−0.16	$1\ mol\cdot L^{-1}HClO_4$
$Sb(\text{V})+2e^- \rightleftharpoons Sb(\text{III})$	0.75	$3.5\ mol\cdot L^{-1}HCl$
$Sb(OH)_6^-+2e^- \rightleftharpoons SbO_2^-+2OH^-+2H_2O$	−0.428	$3\ mol\cdot L^{-1}NaOH$
$SbO_2^-+2H_2O+3e^- \rightleftharpoons Sb+4OH^-$	−0.675	$10\ mol\cdot L^{-1}KOH$
$Ti(\text{IV})+e^- \rightleftharpoons Ti(\text{III})$	−0.01	$0.2\ mol\cdot L^{-1}H_2SO_4$
	0.12	$2\ mol\cdot L^{-1}H_2SO_4$
	−0.04	$1\ mol\cdot L^{-1}HCl$
	−0.05	$1\ mol\cdot L^{-1}H_3PO_4$
$Pb(\text{II})+2e^- \rightleftharpoons Pb$	−0.32	$1\ mol\cdot L^{-1}NaOAc$
	−0.14	$1\ mol\cdot L^{-1}HClO_4$
$UO_2^{2+}+4H^++2e^- \rightleftharpoons U(\text{IV})+2H_2O$	0.41	$0.5\ mol\cdot L^{-1}H_2SO_4$

附录十　难溶化合物的溶度积常数

难溶化合物	化　学　式	溶度积 K_{sp}	温　　度
氢氧化铝	$Al(OH)_3$	2×10^{-32}	
溴酸银	$AgBrO_3$	5.77×10^{-5}	25 ℃
溴化银	$AgBr$	5.35×10^{-13}	
碳酸银	Ag_2CO_3	8.46×10^{-12}	25 ℃
氯化银	$AgCl$	1.77×10^{-10}	25 ℃
铬酸银	Ag_2CrO_4	1.12×10^{-12}	25 ℃
氢氧化银	$AgOH$	1.52×10^{-8}	20 ℃
碘化银	AgI	8.52×10^{-17}	25 ℃
硫化银	Ag_2S	1.6×10^{-49}	
硫氰酸银	$AgSCN$	1.1×10^{-12}	
碳酸钡	$BaCO_3$	2.58×10^{-9}	25 ℃
铬酸钡	$BaCrO_4$	1.2×10^{-10}	
草酸钡	$BaC_2O_4\cdot3\frac{1}{2}H_2O$	1.62×10^{-7}	
硫酸钡	$BaSO_4$	1.08×10^{-10}	
氢氧化铋	$Bi(OH)_3$	4.0×10^{-31}	
氢氧化铬	$Cr(OH)_3$	5.4×10^{-31}	
硫化镉	CdS	8.0×10^{-27}	

续表

难溶化合物	化 学 式	溶度积 K_{sp}	温 度
碳酸钙	$CaCO_3$	3.36×10^{-9}	25 ℃
氟化钙	CaF_2	3.4×10^{-11}	
草酸钙	$CaC_2O_4 \cdot H_2O$	1.78×10^{-9}	
硫酸钙	$CaSO_4$	2.45×10^{-5}	25 ℃
硫化钴	$CoS(\alpha)$	4×10^{-21}	
	$CoS(\beta)$	2×10^{-25}	
碘酸铜	$Cu(IO_3)_2$	6.94×10^{-8}	25 ℃
草酸铜	CuC_2O_4	4.43×10^{-10}	25 ℃
硫化铜	CuS	6.3×10^{-36}	
溴化亚铜	$CuBr$	6.27×10^{-9}	
氯化亚铜	$CuCl$	1.72×10^{-7}	
碘化亚铜	CuI	1.27×10^{-12}	（18~20 ℃）
硫化亚铜	Cu_2S	2.5×10^{-48}	（16~18 ℃）
硫氰酸亚铜	$CuSCN$	1.77×10^{-13}	
氢氧化铁	$Fe(OH)_3$	2.79×10^{-39}	
氢氧化亚铁	$Fe(OH)_2$	4.87×10^{-17}	
草酸亚铁	FeC_2O_4	2.1×10^{-7}	25 ℃
硫化亚铁	FeS	6.3×10^{-18}	
硫化汞	HgS	$4 \times 10^{-53} \sim 2 \times 10^{-49}$	
溴化亚汞	Hg_2Br_2	5.8×10^{-23}	25 ℃
氯化亚汞	Hg_2Cl_2	1.3×10^{-18}	25 ℃
碘化亚汞	Hg_2I_2	4.5×10^{-29}	
磷酸铵镁	$MgNH_4PO_4$	2.5×10^{-13}	25 ℃
碳酸镁	$MgCO_3$	6.82×10^{-6}	25 ℃
氟化镁	MgF_2	7.1×10^{-9}	
氢氧化镁	$Mg(OH)_2$	1.8×10^{-11}	
草酸镁	MgC_2O_4	8.57×10^{-5}	
氢氧化锰	$Mn(OH)_2$	1.9×10^{-13}	
硫化锰	MnS	2.5×10^{-13}	
氢氧化镍	$Ni(OH)_2$	6.5×10^{-18}	
碳酸铅	$PbCO_3$	3.3×10^{-14}	
铬酸铅	$PbCrO_4$	1.77×10^{-14}	
氟化铅	PbF_2	3.2×10^{-8}	
草酸铅	PbC_2O_4	2.74×10^{-11}	
氢氧化铅	$Pb(OH)_2$	1.2×10^{-15}	
硫酸铅	$PbSO_4$	1.6×10^{-8}	
硫化铅	PbS	3.4×10^{-28}	

续表

难溶化合物	化 学 式	溶度积 K_{sp}	温　度
碳酸锶	$SrCO_3$	5.60×10^{-10}	25 ℃
氟化锶	SrF_2	2.8×10^{-9}	
草酸锶	$SrC_2O_4 \cdot H_2O$	1.6×10^{-7}	
硫酸锶	$SrSO_4$	3.44×10^{-7}	
氢氧化锡	$Sn(OH)_4$	1×10^{-56}	
氢氧化亚锡	$Sn(OH)_2$	5.45×10^{-27}	
氢氧化钛	$TiO(OH)_2$	1×10^{-29}	
氢氧化锌	$Zn(OH)_2$	1.2×10^{-17}	18～20 ℃
草酸锌	ZnC_2O_4	1.35×10^{-9}	
硫化锌	$ZnS(\beta)$	2.5×10^{-22}	

附录十一　国际相对原子质量表（2009 年）

符号	名称	相对原子质量	符号	名称	相对原子质量	符号	名称	相对原子质量	符号	名称	相对原子质量
Ac	锕	227.03	Cd	镉	112.411	Fr	钫	223.02	Lr	铹	260.11
Ag	银	107.868	Ce	铈	140.116	Ga	镓	69.723	Lu	镥	174.967
Al	铝	26.982	Cf	锎	251.08	Gd	钆	157.25	Md	钔	258.10
Am	镅	243.06	Cl	氯	35.453	Ge	锗	72.64	Mg	镁	24.305
Ar	氩	39.948	Cm	锔	247.07	H	氢	1.007 8	Mn	锰	54.938
As	砷	74.922	Co	钴	58.933	He	氦	4.002 6	Mo	钼	95.96
At	砹	209.99	Cr	铬	51.996	Hf	铪	178.49	N	氮	14.006
Au	金	196.967	Cs	铯	132.905	Hg	汞	200.59	Na	钠	22.989 8
B	硼	10.811	Cu	铜	63.546	Ho	钬	164.930	Nb	铌	92.906
Ba	钡	137.327	Dy	镝	162.500	I	碘	126.904	Nd	钕	144.242
Be	铍	9.012	Er	铒	167.259	In	铟	114.818	Ne	氖	20.179 7
Bi	铋	208.980	Es	锿	252.08	Ir	铱	192.217	Ni	镍	58.693
Bk	锫	247.07	Eu	铕	151.964	K	钾	39.098	No	锘	259.10
Br	溴	79.904	F	氟	18.998	Kr	氪	83.798	Np	镎	237.05
C	碳	12.010	Fe	铁	55.845	La	镧	138.905	O	氧	15.999
Ca	钙	40.078	Fm	镄	257.10	Li	锂	6.941	Os	锇	190.23

元素		相对原子质量	元素		相对原子质量	元素		相对原子质量	元素		相对原子质量
符号	名称		符号	名称		符号	名称		符号	名称	
P	磷	30.974	Rb	铷	85.468	Sm	钐	150.36	Tm	铥	168.934
Pa	镤	231.036	Re	铼	186.207	Sn	锡	118.71	U	铀	238.029
Pb	铅	207.2	Rh	铑	102.906	Sr	锶	87.62	V	钒	50.942
Pd	钯	106.42	Rn	氡	222.02	Ta	钽	180.948	W	钨	183.84
Pm	钷	144.91	Ru	钌	101.07	Tb	铽	158.925	Xe	氙	131.293
Po	钋	208.98	S	硫	32.065	Tc	锝	98.907	Y	钇	88.906
Pr	镨	140.908	Sb	锑	121.760	Te	碲	127.60	Yb	镱	173.054
Pt	铂	195.084	Sc	钪	44.956	Th	钍	232.038	Zn	锌	65.38
Pu	钚	244.06	Se	硒	78.96	Ti	钛	47.867	Zr	锆	91.224
Ra	镭	226.03	Si	硅	28.084	Tl	铊	204.382			

附录十二 一些化合物的相对分子质量

化 合 物	相对分子质量	化 合 物	相对分子质量
AgBr	187.78		
AgCl	143.32	$CaCO_3$	100.09
AgCN	133.89	CaC_2O_4	128.10
Ag_2CrO_4	331.73	$CaCl_2$	110.99
AgI	234.77	$CaCl_2 \cdot H_2O$	129.00
$AgNO_3$	169.87	CaF_2	78.08
AgSCN	165.95	$Ca(NO_3)_2$	164.09
		CaO	56.08
Al_2O_3	101.96	$Ca(OH)_2$	74.09
$Al_2(SO_4)_3$	342.15	$CaSO_4$	136.14
		$Ca_3(PO_4)_2$	310.18
As_2O_3	197.84		
As_2O_5	229.84	$Ce(SO_4)_2$	332.24
		$Ce(SO_4)_2 \cdot 2(NH_4)_2SO_4 \cdot 2H_2O$	632.54
$BaCO_3$	197.34		
BaC_2O_4	225.35	CH_3COOH	60.04
$BaCl_2$	208.24	CH_3OH	32.04
$BaCl_2 \cdot 2H_2O$	244.27	CH_3COCH_3	58.07
$BaCrO_4$	253.32	C_6H_5COOH	122.11
BaO	153.33	C_6H_5COONa	144.09
$Ba(OH)_2$	171.35	$C_6H_4COOHCOOK$	204.20
$BaSO_4$	233.39	（邻苯二甲酸氢钾）	

化 合 物	相对分子质量	化 合 物	相对分子质量
		HCOOH	46.03
CH_3COONa	82.02	HCl	36.46
C_6H_5OH	94.11	$HClO_4$	100.46
$(C_9H_7N)_3H_3(PO_4 \cdot 12MoO_3)$	2 212.73	HF	20.01
（磷钼酸喹啉）		HI	127.91
		HNO_2	47.01
$COOHCH_2COOH$	104.06	HNO_3	63.01
$COOHCH_2COONa$	126.04	H_2O	18.02
CCl_4	153.82	H_2O_2	34.02
CO_2	44.01	H_3PO_4	98.00
		H_2S	34.08
Cr_2O_3	151.99	H_2SO_3	82.08
		H_2SO_4	98.08
$Cu(C_2H_3O_2)_2 \cdot 3Cu(AsO_2)_2$	1 013.79	$HgCl_2$	271.50
CuO	79.54	Hg_2Cl_2	472.09
Cu_2O	143.09		
CuSCN	121.62	$KAl(SO_4)_2 \cdot 12H_2O$	474.39
$CuSO_4$	159.61	$KB(C_6H_5)_4$	358.32
$CuSO_4 \cdot 5H_2O$	249.69	KBr	119.01
		$KBrO_3$	167.01
$FeCl_3$	162.20	KCN	65.12
$FeCl_3 \cdot 6H_2O$	270.29	K_2CO_3	138.21
FeO	71.84	KCl	74.56
Fe_2O_3	159.69	$KClO_3$	122.55
Fe_3O_4	231.53	$KClO_4$	138.55
$FeSO_4 \cdot H_2O$	169.92	K_2CrO_4	194.20
$FeSO_4 \cdot 7H_2O$	278.02	$K_2Cr_2O_7$	294.19
$Fe_2(SO_4)_3$	399.88	$KHC_2O_4 \cdot H_2C_2O_4 \cdot 2H_2O$	254.19
$FeSO_4 \cdot (NH_4)_2SO_4 \cdot 6H_2O$	392.15	$KHC_2O_4 \cdot H_2O$	146.14
		KI	166.01
H_3BO_3	61.83	KIO_3	214.00
HBr	80.91	$KIO_3 \cdot HIO_3$	389.92
$H_2C_4H_4O_6$（酒石酸）	150.09	$KMnO_4$	158.04
HCN	27.03	KNO_2	85.10
H_2CO_3	62.02	K_2O	94.20
$H_2C_2O_4$	90.03	KOH	56.11
$H_2C_2O_4 \cdot 2H_2O$	126.07	KSCN	97.18

续表

化 合 物	相对分子质量	化 合 物	相对分子质量
K_2SO_4	174.26	NH_4Cl	53.49
		$(NH_4)_2C_2O_4 \cdot H_2O$	142.11
$MgCO_3$	84.31	$NH_3 \cdot H_2O$	35.05
$MgCl_2$	95.21	$NH_4Fe(SO_4)_2 \cdot 12H_2O$	480.18
$MgNH_4PO_4$	137.33	$(NH_4)_2HPO_4$	132.05
MgO	40.31	$(NH_4)_3PO_4 \cdot 12MoO_3$	1876.53
$Mg_2P_2O_7$	222.60	NH_4SCN	76.12
MnO	70.94	$(NH_4)_2SO_4$	132.14
MnO_2	86.94		
		$NiC_8H_{14}O_4N_4$(丁二酮肟镍)	288.91
$Na_2B_4O_7$	201.22		
$Na_2B_4O_7 \cdot 10H_2O$	381.37	P_2O_5	141.95
$NaBiO_3$	279.97		
$NaBr$	102.90	$PbCrO_4$	323.18
$NaCN$	49.01	PbO	223.19
Na_2CO_3	105.99	PbO_2	239.19
$Na_2C_2O_4$	134.00	Pb_3O_4	685.57
$NaCl$	58.44	$PbSO_4$	303.26
NaF	41.99		
$NaHCO_3$	84.01	SO_2	64.06
NaH_2PO_4	119.98	SO_3	80.06
Na_2HPO_4	141.96		
$Na_2H_2Y \cdot 2H_2O$	372.24	Sb_2O_3	291.52
（EDTA 二钠盐）		Sb_2S_3	339.72
NaI	149.89		
$NaNO_2$	69.00	SiF_4	104.08
Na_2O	61.98	SiO_2	60.08
$NaOH$	40.01		
Na_3PO_4	163.94	$SnCO_3$	178.72
Na_2S	78.05	$SnCl_2$	189.62
$Na_2S \cdot 9H_2O$	240.18	SnO_2	150.71
Na_2SO_3	126.04		
Na_2SO_4	142.04	TiO_2	79.87
$Na_2SO_4 \cdot 10H_2O$	322.20		
$Na_2S_2O_3$	158.11	WO_3	231.84
$Na_2S_2O_3 \cdot 5H_2O$	248.19		
Na_2SiF_6	188.06	$ZnCl_2$	136.29
		ZnO	81.38
$NH_2OH \cdot HCl$	69.49	$Zn_2P_2O_7$	304.70
NH_3	17.03	$ZnSO_4$	161.44

附录十三 气相色谱常用固定液

固定液	英文名称	分子式或结构式	最高使用温度/℃	常用溶剂	分析对象（供参考）	麦氏常数***
1. 异三十烷（角鲨烷）	Squalane	2,6,10,15,19,23-六甲基二十四烷	140	乙醚	是标准非极性固定液，分离烃类及非极性化合物	$x'=0, y'=0,$ $z'=0, u'=0,$ $s'=0$
2. 阿皮松 M 阿皮松 L 阿皮松 N	Apiezon M Apiezon L Apiezon N	高相对分子质量饱和烃混合物	240~300	苯，氯仿	各类高沸点有机化合物	M-型:$x'=31,$ $y'=22, z'=15,$ $u'=30, s'=40$ L-型:$x'=32, y'=22,$ $z'=15, u'=32, s'=42$ N-型:$x'=38, y'=40,$ $z'=28, u'=52, s'=58$
3. 二甲基硅油 二甲基硅橡胶 （SE-30, HP-1）	Dimethyl silicon oil (OV-101) Dimethyl silicon rubber (SE-30, HP-1)	$$Me\!-\!\underset{Me}{\overset{Me}{Si}}\!-\!O\!-\!\left[\underset{Me}{\overset{Me}{Si}}\!-\!O\right]_n\!-\!\underset{Me}{\overset{Me}{Si}}\!-\!Me$$ 二甲基硅油:$n=80\sim400$ 二甲基硅橡胶:$n>400$	250~325	丙酮，氯仿	非极性和弱极性各类有机化合物	OV-101:$x'=17,$ $y'=57, z'=45,$ $u'=67, s'=43$ SE-30:$x'=15,$ $y'=54, z'=44,$ $u'=64, s'=41$

续表

固定液	英文名称	分子式或结构式	最高使用温度/℃	常用溶剂	分析对象（供参考）	麦氏常数**
4.含苯量的聚甲基硅氧烷	Polyphenyl-silicone（SE-52,HP-5）	$(CH_3)_3Si-O-\left[\begin{array}{c}C_6H_5\\Si-O\\C_6H_5\end{array}\right]_m\left[\begin{array}{c}CH_3\\Si-O\\CH_3\end{array}\right]_n Si(CH_3)_3$　SE-52,HP-5均含有5%的苯基	300	三氯甲烷、甲苯	广,高沸点弱极性、中等极性有机化合物,芳香化合物,杂原子化合物,高级脂肪酸,酯,酚等	SE-52: $x'=32$, $y'=72$, $z'=65$, $u'=98$, $s'=67$
5.聚氰丙基,苯基硅氧烷	Polycyanopropyl, phenyl siloxane（OV-225）	$CH_3-Si-O-\left[\begin{array}{c}CN\\(CH_2)_3\\Si-O\\CH_3\end{array}\right]_n\left[\begin{array}{c}C_6H_5\\Si-O\\CH_3\end{array}\right]_m Si-CH_3$　OV-225:25%氰丙基,25%苯基	275	丙酮	中等极性和强极性的各类有机化合物,多环芳烃、硝基芳烃,酚,醇,多氯联苯,联苯胺,酯等	OV-225:$x'=228$; $y'=369$;$z'=338$; $u'=492$,$s'=386$
6.邻苯二甲酸二壬酯	dinonyl phthalate（DNP）	$\begin{array}{c}COOC_9H_{19}\\COOC_9H_{19}\end{array}$（苯环）	130	乙醚、甲醇	烃,醇,醛,酮,酯,酸各类有机化合物	$x'=81$,$y'=183$, $z'=147$,$u'=231$, $s'=159$

续表

固定液	英文名称	分子式或结构式	最高使用温度/℃	常用溶剂	分析对象（供参考）	麦氏常数**
7. 聚乙二醇20M与2-硝基对苯二甲酸的反应物	Carbowax 20M与2-nitro-terephthalic acid (FFAP)		275	丙酮，三氯甲烷，二氯甲烷	脂肪酸，醇，酯，酚，腈，香料，胺，硝基苯，二甲苯异构体	$x'=340, y'=580,$ $z'=397, u'=602,$ $s'=627$
8. 有机皂土-34	Bentone-34	$C_{18}H_{37}$—$N(CH_3)_2$—皂土（$C_{18}H_{37}$）	200	甲苯	芳烃，二甲苯异构体分析有机高选择性	
9. β,β'-氧二丙腈	β,β'-oxydipropioni-trile (ODPN)	$O\begin{cases}(CH_2)_2CN\\(CH_2)_2CN\end{cases}$	100	甲醇，丙酮	低级含氧化合物（如醇，伯胺，仲胺。不饱和烃，环烷烃，芳烃等极性化合物	$x'=588, y'=848,$ $z'=814, u'=1258,$ $s'=919^{**}$

续表

固定液	英文名称	分子式或结构式	最高使用温度／℃	常用溶剂	分析对象（供参考）	麦氏常数**
10. 聚乙二醇*	Polyethylene-glycol（PEG 或 Carbowax）	HO（CH₂CH₂O）ₙH n=4~450 平均相对分子质量:200~20 000	80~250	乙醇、氯仿、丙酮	醇、醛、酮、脂肪酸、酯及含氮官能团等极性化合物,对芳烃和非芳烃的分离有选择性	Carbowax 20M: x'=322, y'=536,z'=368, u'=572,s'=510

* 聚乙二醇的平均相对分子质量有 200,300,1 500,6 000,20 000 等,相对分子质量愈低,极性愈强。

** 来自不同文献的麦氏常数。参阅:中国科学院化学研究所色谱组.气相色谱手册.气相色谱分析.2 版.北京:化学工业出版社,1999.

色谱分析.北京:科学出版社,1977:101;李浩春.分析化学手册:第五分册　气相

参考文献

[1] 彭崇慧,张锡瑜.络合滴定原理.北京:北京大学出版社,1981.

[2] 阿尔伯托·费里格里奥.质谱法概要.卞慕唐,译.北京:化学工业出版社, 1981.

[3] 宋清.定量分析中的误差和数据评价.北京:高等教育出版社,1982.

[4] 陈永兆.络合滴定.北京:科学出版社,1986.

[5] 尤因 G W.化学分析的仪器方法.华东化工学院分析化学教研组,译.北京:高 等教育出版社,1986.

[6] 郑用熙.分析化学中的数理统计方法.北京:科学出版社,1986.

[7] 林邦 A.分析化学中的络合作用.戴明,译.北京:高等教育出版社,1987.

[8] 皮以凡.氧化还原滴定法及电位分析法.北京:高等教育出版社,1987.

[9] 金恒亮.高压液相色谱法.北京:原子能出版社,1987.

[10] Fritz J S,Schenk G H.Quantitative Analytical Chemistry.5th ed.Boston:Allyn and Bacon,1987.

[11] 王应玮,梁树权.分析化学中的分离方法.北京:科学出版社,1988.

[12] 卢佩章,戴朝政,等.色谱理论基础.北京:科学出版社,1989.

[13] 陈国珍,黄贤智,许金钩,等.荧光分析法.2 版.北京:科学出版社,1990.

[14] 刘克本.溶剂萃取在分析化学中的应用.2 版.北京:高等教育出版社,1990.

[15] 朱明华,施文赵.近代分析化学.北京:高等教育出版社,1991.

[16] 方荣.原子吸收光谱法在卫生检验中的应用.北京:北京大学出版社,1991.

[17] 张世森.环境监测技术.北京:高等教育出版社,1992.

[18] 唐恢同.有机化合物的光谱鉴定.北京:北京大学出版社,1992.

[19] 高华寿.化学平衡与滴定分析.北京:高等教育出版社,1996.

[20] 林炳承.毛细管电泳导论.北京:科学出版社,1996.

[21] 罗国安,王义明.毛细管电泳.大学化学,1996,11(1):1-5,27.

[22] 傅小芸,吕建德.毛细管电泳.杭州:浙江大学出版社,1997.

[23] 中华人民共和国国家进出口商品检验局《食品分析大全》编写组.食品分析 大全.北京:高等教育出版社,1997.

[24] 汪尔康.21 世纪的分析化学.北京:科学出版社,1999.

［25］李浩春.分析化学手册:第五分册　气相色谱分析.2 版.北京:化学工业出版社,1999.

［26］金钦汉.试谈分析化学的明天.大学化学,2000,15(5):1-7.

［27］王敬尊,瞿慧生.复杂样品的综合分析:剖析技术概论.北京:化学工业出版社,2000.

［28］宁永成.有机化合物结构鉴定与有机波谱学.2 版.北京:科学出版社,2000.

［29］Skoog D A,West D M,Holler F J,et al.Analytical Chemistry:An Introduction. 7th ed.California:Brooks/Cole,2000.

［30］Harvey D.Modern Analytical Chemistry.Boston:McGraw-Hill,2000.

［31］周南.第 23 届国际色谱会议简介.分析试验室,2001,20(2):98-100.

［32］方惠群,于俊生,史坚.仪器分析.北京:科学出版社,2002.

［33］邱德仁.原子光谱分析.上海:复旦大学出版社,2002.

［34］梁文平,庄乾坤.分析化学的明天——学科发展前沿与挑战.北京:科学出版社,2003.

［35］李克安.分析化学教程.北京:北京大学出版社,2005.

［36］叶宪曾,张新祥,等.仪器分析教程.2 版.北京:北京大学出版社,2007.

［37］刘志广.仪器分析.北京:高等教育出版社,2007.

［38］朱明华,胡坪.仪器分析.4 版.北京:高等教育出版社,2008.

［39］华东理工大学分析化学教研组,四川大学工科化学基础课程教学基地.分析化学.6 版.北京:高等教育出版社,2009.

［40］彭崇慧,冯建章,张锡瑜,等.分析化学:定量化学分析简明教程.3 版.北京:北京大学出版社,2009.

［41］吴性良,孔继烈.分析化学原理.2 版.北京:化学工业出版社,2010.

［42］曾泳淮.分析化学(仪器分析部分).3 版.北京:高等教育出版社,2010.

［43］华东理工大学分析化学教研组,四川大学工科化学基础课程教学基地.分析化学学习指导.北京:高等教育出版社,2011.

［44］华中师范大学,陕西师范大学,东北师范大学,等.分析化学.4 版.北京:高等教育出版社,2011.

［45］胡育筑,孙毓庆.分析化学.3 版.北京:科学出版社,2014.

［46］Christian G D,Dasgupta P K,Schug K A.Analytical Chemistry.7th ed.New York:Wiley and Sons,2014.

［47］刘约权.现代仪器分析.3 版.北京:高等教育出版社,2015.

［48］潘铁英.波谱解析法.3 版.上海:华东理工大学出版社,2015.

［49］武汉大学.分析化学:上册.6 版.北京:高等教育出版社,2016.

[50] 董慧茹.仪器分析.3 版.北京:化学工业出版社,2016.

[51] 张文清.分离分析化学.2 版.上海:华东理工大学出版社,2016.

[52] 郭伟强.分析化学手册:1 基础知识与安全知识.3 版.北京:化学工业出版社,2016.

[53] 王敏.分析化学手册:2 化学分析.3 版.北京:化学工业出版社,2016.

[54] 郑国经.分析化学手册:3A 原子光谱分析.3 版.北京:化学工业出版社,2016.

[55] 柯以侃,董慧茹.分析化学手册:3B 分子光谱分析.3 版.北京:化学工业出版社,2016.

[56] 苏彬.分析化学手册:4 电分析化学.3 版.北京:化学工业出版社,2016.

[57] 许国旺.分析化学手册:5 气相色谱分析.3 版.北京:化学工业出版社,2016.

[58] 张玉奎.分析化学手册:6 液相色谱分析.3 版.北京:化学工业出版社,2016.

[59] David S H,James R C.分析化学和定量分析:上册(中文改编版).王莹,于湛,朱永春,等译.北京:机械工业出版社,2016.

[60] 武汉大学.分析化学:下册.6 版.北京:高等教育出版社,2018.

Ag-AgCl 电极　　198

B 吸收带　　257

Cu-PAN 指示剂　　116

Grubbs 检验法　　17

Kovats 指数　　306

K 吸收带　　257

$n \to \sigma^*$ 跃迁　　257

PAN　　115

pH 的定义　　214

pH 的实用定义　　216

R 吸收带　　257

$\Delta E / \Delta V$-V 曲线法　　224

$\Delta^2 E / \Delta V^2$-V（二级微商）法　　224

$\pi \to \pi^*$ 跃迁　　257

$\sigma \to \sigma^*$ 跃迁　　257

E-V 曲线法　　224

F 检验法　　20

$n \to \pi^*$ 跃迁　　257

$n+1$ 规则　　365

Q 值检验法　　17

t 检验法　　19

A

氨羧类配位剂　　100

螯合树脂　　393

螯合物　　103,383

螯合物沉淀　　379

B

白色担体　　322

百里酚蓝　　64

百里酚酞　　64

板层析　　386

半峰宽　　307

包藏　　179

保留时间　　305

保留体积　　306

保留值　　305

保留指数　　306

苯酚红　　64

比色分析法　　234

比移值　　387

壁涂开管柱　　336

变色范围　　63

变形振动　　359

标定　　34

标准加入法　　287

标准偏差　　8,307

标准曲线　　26

标准曲线法　　286

标准溶液　　31

表面吸附　　179

波数　　359

玻璃电极　　204

薄层色谱法　　386

薄层色谱扫描仪　389

补色光　235

不饱和度　373

不对称电位　205

不均匀性参数　309

C

参比电极　68,196

参比溶液　251

参考水准　51

层析法　4,302

超高效液相色谱法　341

超高压液相色谱法　341

超临界流体萃取　406

超临界流体色谱法　303

沉淀　173

沉淀的形成　181

沉淀滴定法　2,32

沉淀法　173

沉淀分离法　376

沉淀剂　174

沉淀平衡　175

沉淀形式　174

沉淀掩蔽法　118,120

陈化　179,183

称量形式　174

程序升温　334

重铬酸钾法　152

传质阻力项　310

纯碱　79

萃取剂　383

萃取效率　382

D

担体　322

单点校正法　316

单晶膜电极　207

单聚焦磁偏转质量分析器　369

单重态　261

单柱离子色谱　350

氘代试剂　367

道南电位　203

等电聚焦电泳　398

等速电泳　397

滴定度　35

滴定　31

滴定分析法　2,31

第二类电极　200

第三类电极　200

第一类电极　200

缔合物沉淀　379

碘量法　154

电离干扰　287

电导检测器　344

电感耦合等离子炬　294

电荷平衡　52

电化学分析法　3

电化学连续抑制装置　350

电容量分析法　3

电渗流　401

电位测定法　195

电位滴定法　68,195

电位分析法　3,195

电位选择性系数　213

电泳分离法　396

电泳淌度　397

电泳仪　396

电重量分析法　3

电子俘获检测器　331

电子轰击电离　368
调整保留时间　305
调整保留体积　306
定量分析　2
定量校正因子　313
定向速率　181
定性分析　2
动物胶　186
对比度　245
多晶膜电极　207
多孔层开管柱　336
多元碱　78
多元酸　75
惰性金属电极　202
惰性溶剂　89

E

二甲酚橙　115
二维电泳　399

F

发色团　248
发射光谱　262
发射光谱分析法　3
法扬司法　190
反相液-液色谱　344
返滴定　123
返滴定剂　123
范·第姆特方程　309
非硅藻土型担体　323
非火焰原子化装置　283
非晶形沉淀　174
非水滴定　89
分辨率　311

分别滴定　116
分布曲线　48
分布系数　48
分光光度法　234
分光光度计　240
分离度　311
分离因数　382
分流　336
分配比　304,382
分配过程　304
分配色谱　388
分配系数　304,381
分析化学　1
分析结果准确度的保证　419,421
分子扩散项　310
分子离子　370
分子筛　321
分子筛效应　399
分子荧光分析法　260
分子振动方程式　359
分子振动光谱　358
酚酞　62,64
峰高　307
峰宽　307
峰面积　313
佛尔哈德法　189
弗罗里硅土　390
伏安分析法　3
氟硅酸钾滴定法　82
氟离子选择性电极　207
辅助配位剂　105
辅助配位效应　105,108
傅里叶变换红外光谱仪　361

G

钙指示剂　115
干扰离子效应　105
甘汞电极　197
高分子多孔微球　321
高锰酸钾法　148
高效薄层色谱法　389
高效液相色谱法　337
高效液相色谱仪　339
高压泵　339
高压液相色谱法　337
铬黑T　113
公差　16
汞电极　200
共沉淀　179,378
共沉淀分离法　380
共轭酸碱对　43
共振线　274
固定相　303
固相萃取　403
固相微萃取　404
光谱干扰　288
光电倍增管　243
光电二极管阵列　243
光电二极管阵列检测器　341
光电管　242
光学分析法　3
光泽精体系　268
归一化法　314
硅胶　321,387
硅藻土型担体　322
过饱和度　182

H

核磁共振波谱　358
核磁共振波谱法　363
核磁共振波谱仪　366
核磁共振现象　363
红色担体　322
红外非活性　360
红外分光光度计　361
红外光谱　358
红外吸收光谱　358
红外吸收光谱分析法　3
红移　248
后沉淀　180
化学干扰　288
化学发光分析法　265
化学发光强度　266
化学发光效率　266
化学分析法　2
化学计量点　31,69
化学键合相色谱法　345
化学键力常数　360
化学位移　363
化学修饰电极　212
化学因数　184
环己烷二胺四乙酸　100
缓冲　72
缓冲能力　61
缓冲溶液　60
换算因数　184
磺基水杨酸　115
回归分析　26
混合碱　79
混合配位效应　105

混合酸　78
混合指示剂　66
混晶　179
活化　387
活性炭　321
火焰光度检测器　332
火焰原子化装置　280

J

积分曲线　366
基态　274
基态原子　274
基团特征频率区　360
基团振动频率　360
基线　305
基准物质　33
激发光谱　262
激发光源　294
极差　18
极谱分析法　3
记录系统　320
甲基橙　63,64
甲基红　64
甲基黄　64
甲醛法　82
间接滴定法　32
间接法　33
检测器　320
检出极限　289,291
碱性溶剂　89
结尾离子　397
解蔽　118,121
解蔽剂　121
解离平衡常数　45

金属-金属离子电极　200
金属-金属难溶盐电极　200
金属离子的水解效应　107
金属指示剂　113
进样系统　320
近似计算式　57
晶核　181
晶体膜电极　207
晶形沉淀　174,182
精密度　9
精确计算式　57
酒石酸　119
聚丙烯酰胺凝胶　399
聚集速率　181
绝对校正因子　314
均相沉淀　378
均相沉淀法　183

K

克氏(Kjeldahl)定氮法　82
空间排阻色谱法　351
空心阴极灯　279
库仑滴定法　3

L

拉平溶剂　91
拉平效应　91
朗伯-比尔定律　237
累积稳定常数　106
离子缔合物　384
离子对色谱法　346
离子交换剂　391
离子交换亲和力　395
离子交换色谱法　349

离子交换树脂　　349,391
离子交换柱色谱法　　391
离子色谱法　　349
离子室　　329
离子选择性电极　　203
离子源　　368
理论变色点　　65
理论塔板高度　　308
理论塔板数　　308
连续波核磁共振波谱仪　　367
联用技术　　354
两性溶剂　　89
裂解气相色谱　　319
邻苯二甲酸氢钾　　86
邻二氮菲　　119
林邦曲线　　110
淋洗液　　389
灵敏度　　289,291,325
零类电极　　202
零水准　　51
流动相　　303
流动载体电极(液膜电极)　　209
硫化物沉淀分离法　　378
鲁米诺体系　　268
络合滴定法　　2

M

麦氏常数　　324
毛细管电泳　　400
毛细管气相色谱法　　335
毛细管区带电泳　　401
毛细管柱　　320
酶电极　　210
面积归一化法　　315

敏化电极　　210
摩尔比法　　255
摩尔吸收系数　　237
莫尔法　　188

N

内标标准曲线法　　316
内标法　　315
内标物　　315
内参比电极　　204
内参比溶液　　204
内转换　　261
凝胶　　351
凝胶电泳　　399
凝胶色谱法　　351
浓度型检测器　　326

O

耦合常数　　365

P

排阻极限　　352
配合物稳定常数　　99
配位滴定法　　2,32,99
配位化合物　　99
配位剂　　99
配位效应　　178
配位掩蔽法　　118
硼砂　　84
硼酸　　81
偏差　　7
屏蔽常数　　364
屏蔽作用　　364

Q

气-固色谱法　　303

气-液色谱法　　303

气敏电极　　210

气相传质阻力　　310

气相色谱法　　303,318

气相色谱检测器　　325

气相色谱仪　　319

汽化法　　173

汽化室　　320

前导离子　　397

强碱性阴离子交换树脂　　392

强酸性阳离子交换树脂　　392

羟基配位效应　　105,107

氢核磁共振波谱　　363

氢化物原子化装置　　283

氢火焰离子化检测器　　328

氢焰检测器　　328

氢氧化物沉淀分离法　　377

琼脂糖凝胶　　399

区带电泳　　397

区分溶剂　　91

区分效应　　91

区域宽度　　307

全二维色谱技术　　354

R

热导检测器　　326

容量比　　304

容量沉淀法　　2

容量分析法　　2

容量因子　　304

溶度积　　175

溶度积常数　　110

溶剂萃取分离法　　381

溶解度　　175,177

弱碱性阴离子交换树脂　　392

弱酸性阳离子交换树脂　　392

S

三乙醇胺　　119

三元配合物　　249,385

三元配合物沉淀　　379

三重态　　261

色层法　　302

色谱定量测定　　313

色谱定性分析　　312

色谱法　　4,302

色谱分析法　　303

色谱峰宽度　　307

色谱峰展宽　　309

色谱工作站　　314

色谱流出曲线　　305

色谱图　　305

色谱柱　　303

伸缩振动　　359

生色团　　248

生物电极　　212

十八烷基键合硅胶　　345

石墨化炭黑　　321

石墨炉原子化器　　283

示差折光检测器　　343

试剂空白溶液　　251

试样的采取和制备　　409

试样的分解　　413,415

适宜 pH 范围　　109

适宜 pH 条件　　109

双臂热导池　326

双波长分光光度法　256

双电层　401

双水相萃取法　385

双向展开法　388

双柱定性法　312

双柱抑制型离子色谱　350

水的质子自递常数　46

死时间　305

死体积　306

四臂热导池　326

四甲基硅烷　364

速率方程　309

速率理论　309

酸碱滴定法　2,31,43

酸碱滴定曲线　68

酸碱解离平衡　45

酸碱指示剂　62

酸碱质子理论　43

酸效应　105,106,177

酸效应曲线　110

酸效应系数　106

酸性铬蓝 K　115

酸性溶剂　89

随机误差　11

碎片离子　371

T

塔板理论　308

碳–13 核磁共振波谱　363

碳多孔小球　321

特征谱线　274

梯度淋洗　340

梯度洗提　340

梯度洗脱　340

填充柱　320

条件电极电位　129,130

条件平衡常数　134

条件稳定常数　108

同离子效应　176

同位素离子　370

铜试剂　121

透射率　237

W

外标标准曲线　316

外标法　316

弯曲因子　310

弯曲振动　359

往复泵　340

尾吹气　337

涡流扩散项　309

无机沉淀剂　377

无机配位剂　99

无机物的分解　413

无抑制离子色谱　350

物理干扰　288

物理化学分析法　3

物料平衡　52

物质的量浓度　34

误差　6

X

吸附剂　387

吸附色谱　388

吸附柱色谱法　390

吸光度　236,237

吸光光度法　3,234

吸留　179

吸收光谱　236

吸收曲线　236

洗脱　392

洗脱液　338,394

系间窜跃　261

系统误差　11

细菌电极　212

显色剂　245

线性滴定法　80

相比　305

相对保留值　306

相对过饱和度　182

相对极性　324

相对摩尔校正因子　314

相对响应值　314

相对校正因子　314

相对质量校正因子　314

相界电位　205

相似相溶　324,385

响应值　325

芯片实验室　5

溴百里酚蓝　64

溴酚蓝　64

溴甲酚绿　64

旋磁比　363

选择性因子　306

Y

亚硫酸钠法　84

亚砷酸钠-亚硝酸钠法　163

盐酸羟胺法　83

盐析剂　385

盐析作用　385

盐效应　177

衍生化气相色谱　319

掩蔽　117

阳离子交换树脂　350,392

氧化还原滴定法　2,32

氧化还原滴定曲线　139

氧化还原掩蔽法　118,121

氧化还原指示剂　143

液-固吸附色谱法　347

液-液萃取　381

液-液分配色谱法　344

液接电位　203

液膜萃取法　405

液膜分离法　405

液相传质阻力　310

液相色谱法　303

仪器分析法　3

乙二胺四丙酸　100

乙二胺四乙酸　100

乙二胺四乙酸二钠　101

乙二醇二乙醚二胺四乙酸　100

抑制柱　349

阴离子交换树脂　350,392

银量法　187

应答值　325

荧光分析法　3

荧光光谱　262

荧光检测器　341

荧光量子产率　262

荧光熄灭或猝灭　264

荧光效率　262

有机沉淀剂　378

有机配位剂　99

有机物的分解　416

有效数字 24

有效塔板高度 308

有效塔板数 308

原子发射光谱法 273

原子化系统 280

原子吸收光谱法 273

原子吸收光谱分析 3

原子荧光光谱法 273,297

允许的最低 pH 109

允许的最高 pH 109

Z

载气 303

载气系统 320

载体涂渍开管柱 336

再生 392

展开剂 387

折合质量 360

振动弛豫 261

振动能级 358

蒸馏法 81

正相液-液色谱 344

直接滴定 122

直接滴定法 32

直接法 33

指示电极 68,196

指示剂 31,62

指示剂常数 65

指示剂的变色范围 64

指示剂的封闭 114

指示剂的僵化 114

指纹区 360

质荷比 367

质量分数 38

质量分析器 368,369

质量型检测器 326

质谱 358

质谱图 367

质谱仪 367

质子条件式 51

置换滴定 123

中和法 2

中性红 64

中性溶剂 89

中性氧化铝 390

终点误差 31

重量分析 173

重量分析法 2

主体电极 203

助色团 248

柱层析法 389

柱色谱法 389

柱外效应 339

柱外展宽 339

柱效能 308

转动能级 358

准确度 7

紫外光度检测器 341

紫外吸收光谱分析法 3

自旋-自旋耦合 365

自旋裂分 364

自由电泳 397

纵向扩散项 310

总分离效能的评价指标 311

总离子强度调节缓冲液 219

最大吸收波长 236

最简式 58

郑重声明

高等教育出版社依法对本书享有专有出版权。任何未经许可的复制、销售行为均违反《中华人民共和国著作权法》，其行为人将承担相应的民事责任和行政责任；构成犯罪的，将被依法追究刑事责任。为了维护市场秩序，保护读者的合法权益，避免读者误用盗版书造成不良后果，我社将配合行政执法部门和司法机关对违法犯罪的单位和个人进行严厉打击。社会各界人士如发现上述侵权行为，希望及时举报，我社将奖励举报有功人员。

反盗版举报电话　（010）58581999　58582371

反盗版举报邮箱　dd@hep.com.cn

通信地址　北京市西城区德外大街 4 号　高等教育出版社法律事务部

邮政编码　100120

读者意见反馈

为收集对教材的意见建议，进一步完善教材编写并做好服务工作，读者可将对本教材的意见建议通过如下渠道反馈至我社。

咨询电话　400-810-0598

反馈邮箱　hepsci@pub.hep.cn

通信地址　北京市朝阳区惠新东街 4 号富盛大厦 1 座

　　　　　高等教育出版社总编辑办公室

邮政编码　100029

防伪查询说明

用户购书后刮开封底防伪涂层，使用手机微信等软件扫描二维码，会跳转至防伪查询网页，获得所购图书详细信息。

防伪客服电话　（010）58582300